UTB

UTB **2164**

Eine Arbeitsgemeinschaft der Verlage

Böhlau Verlag · Köln · Weimar · Wien
Verlag Barbara Budrich · Opladen · Farmington Hills
facultas.wuv · Wien
Wilhelm Fink · München
A. Francke Verlag · Tübingen und Basel
Haupt Verlag · Bern · Stuttgart · Wien
Julius Klinkhardt Verlagsbuchhandlung · Bad Heilbrunn
Lucius & Lucius Verlagsgesellschaft · Stuttgart
Mohr Siebeck · Tübingen
C. F. Müller Verlag · Heidelberg
Orell Füssli Verlag · Zürich
Verlag Recht und Wirtschaft · Frankfurt am Main
Ernst Reinhardt Verlag · München · Basel
Ferdinand Schöningh · Paderborn · München · Wien · Zürich
Eugen Ulmer Verlag · Stuttgart
UVK Verlagsgesellschaft · Konstanz
Vandenhoeck & Ruprecht · Göttingen
vdf Hochschulverlag AG an der ETH Zürich

Grundriß Allgemeine Geographie

herausgegeben von Heinz Heineberg
begründet von Paul Busch

Bisher sind erschienen:

Geomorphologie von Harald Zepp
Stadtgeographie von Heinz Heineberg
Anthropogeographie von Heinz Heineberg
Geographiedidaktik von Gisbert Rinschede
Wirtschaftsgeographie von Elmar Kulke
Verkehrsgeographie von Helmut Nuhm/Markus Hesse

Harald Zepp

Geomorphologie
Eine Einführung

4., aktualisierte und erweiterte Auflage

Ferdinand Schöningh
Paderborn · München · Wien · Zürich

Der Autor:
Prof. Dr. rer. nat Harald Zepp; seit 1994 Inhaber des Lehrstuhls „Physische Geographie und Angewandte Physische Geographie“ am Geographischen Institut der Ruhr-Universität Bochum. Seine Schwerpunkte in Lehre und Forschung sind:
Fließgewässergeomorphologie, Landschaftsökologie, Boden und Landschaftswasserhaushalt. Regionale Schwerpunkte sind Mitteleuropa und China.

Umschlagabbildung:
Foto: Harald Zepp; Rocky Mountains (Banff National Park, Kanada)

Bibliografische Information Der Deutschen Bibliothek

Die Deutsche Bibliothek verzeichnet diese Publikation in der Deutschen Nationalbibliografie; detaillierte bibliografische Daten sind im Internet über http://dnb.ddb.de abrufbar.

4. aktualisierte und erweiterte Auflage 2008

Gedruckt auf umweltfreundlichem, chlorfrei gebleichtem Papier ♾ ISO 9706

(Verlag Ferdinand Schöningh GmbH, Jühenplatz 1, D-33098 Paderborn)
ISBN 978-3-506-97013-8

Internet: www.schoeningh.de

Printed in Germany.
Herstellung: Ferdinand Schöningh, Paderborn
Einbandgestaltung: Atelier Reichert, Stuttgart

UTB-Bestellnummer: ISBN 978-3-8252-2164-5

Inhalt

Vorwort

Der Bitte von Herausgeber und Verlag, den Band Geomorphologie im Grundriß Allgemeine Geographie an die jüngeren Entwicklungen im Fach anzupassen, bin ich gerne gefolgt, allerdings ohne zu ahnen, daß ich mich für eine weitgehende und deshalb zeitaufwendige Neubearbeitung entschließen sollte. Dennoch konnten einzelne Textpassagen zu Talformen, zum Karst und zur Küstenformung aus dem Vorgängerband von Paul Busch übernommen werden. Nicht in jedem Einzelfall sind die Übernahmen von Satzteilen als wörtliches Zitat gekennzeichnet. Dies hätte den Textfluß eines Lehrbuchs zu stark gestört; für die Erlaubnis, in diesem Sinne nachlässig zitieren zu dürfen, danke ich Herrn Prof. Dr. Busch sehr.

Das Buch schließt mit einer knappen Darstellung der geomorphologischen Entwicklung Mitteleuropas; neuerdings bestehen leider auf diesem Gebiet bei vielen Studierenden Defizite, weil es in der Lehre vielfach zu stark in den Hintergrund gedrängt worden ist. Gerade im Rahmen einer Allgemeinen Geomorphologie halte ich einen regionalen Überblick für sinnvoll und motivierend: Er ermöglicht die Anwendung allgemeiner Kenntnisse und vertieft diese.

Früher war der Besuch geologischer Lehrveranstaltungen für Geographie-Studierende aller Studiengänge verpflichtend; aus einer Reihe von Gründen kann die Kenntnis solcher Teile der Geomorphologie nicht mehr vorausgesetzt werden, die an deutschsprachigen Universitäten – und im Gegensatz zu den Schulen – traditionell in der Geologie beheimatet sind. Deshalb ist Themen der endogenen Dynamik und den geologischen Strukturen ein relativ breiter Raum eingeräumt worden.

Der vorliegende Band zielt auf eine ausgewogene Darstellung geomorphologischer Grundlagen; daher ist der Stoff in eher traditioneller Weise angeordnet, allerdings mit stärkerer Gewichtung rezenter Formungsprozesse gegenüber systematisch-vollständigen Reliefformen-Katalogen. Das Verständnis geomorphologischer Prozesse ist besonders wichtig für die wiederholt angemahnte Praxisorientierung der Geographie und für den Dialog mit den Nachbarwissenschaften.

Einige Kapitel enthalten kurze, übersichtliche physikalische Gleichungen. Diese Formeln sind verwendet, um komplexe Zusammenhänge auf eine eingeschränkte Auswahl von Variablen zu reduzieren; sie vereinfachen die Realität, weil sie die Vorstellung eindeutiger Beziehungen vermitteln. Leser mit einer ausgeprägten Abneigung gegenüber Formeln mögen diese einfach überlesen und sich an die textlichen Erläuterungen halten. Anderen mögen sie eine Hilfe sein, denn das Ausprobieren mit Beispielzahlen verschafft eine vertiefte Vorstellung für Abhängigkeiten zwischen physikalischen Phänomenen und für Größenordnungen.

Verständnis für geomorphologische Prozesse und Formen, für Gesteine, Verwitterungsbildungen und Böden können Lehrbücher nicht alleine vermitteln. Dazu braucht es die Anschauung und möglichst aktive Betätigung im Gelände. Und gerade der Fortgeschrittenere findet immer wieder den Weg zurück ins Gelände, um seine Vorstellungen und Gedankengänge an der Realität zu überprüfen. Alle Leser möchte ich ermutigen, Gleiches zu tun und die Lehrenden aufzufordern, Gelegenheiten zur Geländearbeit zu bieten. Selbst gute Web-Seiten im Internet können dies nicht ersetzen. In diesem Buch sind sie nicht berücksichtigt, weil Internet-Adressen sehr schnell veralten und nach den eigenen Erfahrungen der letzten Semester die heutige Studentengeneration sehr versiert in der Internetrecherche ist.

Viele Kollegen hatten sich bereit gefunden, Teile des Manuskriptes vorab zu lesen und haben in den letzten 15 Jahren meine Vorstellungen über die Geomorphologie beeinflußt. Allen voran möchte ich Herrn Dr. Dieter Glatthaar nennen: Vom kritischen und deshalb voranbringenden Meinungsaustausch mit ihm über allgemeine Fragen der Geomorphologie durfte ich während der Arbeit am Manuskript und auch in gemeinsamen Lehrveranstaltungen profitieren. Mein Interesse an heutigen geomorphologischen Prozessen verdanke ich Herrn Prof. Dr. Peter Höllermann, der in meiner Bonner Assistentenzeit mein Verständnis von Geomorphologie nachhaltig geprägt hat.

Mein Vorgänger im Bochumer Institut, Herr Prof. Dr. Herbert Liedtke, war als Emeritus während seiner regelmäßigen Aufenthalte im Institut stets zu klärenden Gesprächen, unter anderem auf der Grundlage der Kapitel 9 und 10, bereit. Wertvolle Anregungen zum Manuskript gaben Herr Kollege Prof. Dr. Detlef Richter (Kap. 2 und 3), Herr Prof. Dr. Bernd Marschner (Kap. 5), Herr Dr. Achim Hennig (Kap. 6), Herr Dipl.-Geogr. Stefan Harnischmacher (Kap. 7).

Für die Überlassung von Bildvorlagen danke ich sehr Frau Heike Pientka-Noll, Frau Astrid Iklef, Herrn Dr. Jürgen Herget und den Herren Professoren H. Liedtke, M. J. Müller und E. Kroß. Herrn Prof. Dr. H. Heineberg und dem Verlag danke ich für das mir entgegengebrachte Vertrauen und die Geduld, die mich während der Erstellung des Manuskriptes begleitete. Dem Herausgeber danke ich auch sehr für die kommentierende Durchsicht des Manuskriptes.

Meine Sekretärin Frau Heike Pientka-Noll hat verantwortungsvoll, geduldig und interessiert die Hauptlast bei der Erstellung des Manuskriptes getragen; am Ende wurde sie durch Frau Tina Maibom und Frau Maren Parakenings unterstützt. Mit großem Geschick und Ausdauer hat Herr Tilman Mieseler die weitaus überwiegende Anzahl der Abbildungsvorlagen in die Reinfassung gebracht, unterstützt von Frau Dipl.-Geogr. Katja Holzmüller. Einige komplizierte Vorlagen wurden von unserer Instituts-Kartographie, Frau Sylvia Steinert und Herrn Dipl.-Ing. Ralf Wieland umgesetzt, die auch mit kartographischen Ratschlägen zur Seite standen.

Allen, die zur Fertigstellung des Buches beigetragen haben, danke ich sehr herzlich. Kritischen Kommentaren und Verbesserungsvorschlägen von Lesern, Studierenden und Kollegen erwarte ich gerne und dankbar (z. B. unter zepp@geographie.ruhr-uni-bochum.de).

Ich widme dieses Buches meiner lieben Familie (Karin mit Britta, Stefan und Meike) sowie meiner Mutter Ottilie Zepp. Es ist verfaßt in Erinnerung an Peter Zepp (1879-1943) und Josef Zepp (1910-1981), denen die Vermittlung geomorphologischer Kenntnisse besonders wichtig war.

Bochum/Essen, im März 2001

Vorwort zur 4. Auflage

Es ist ein Kennzeichen einführender Lehrbücher, daß sie nur eine Stoffauswahl bringen können. So waren mir bereits bei der Drucklegung der 1. Auflage Lücken in der Präsentation des Stoffes bewußt; damals ließ mir der Wunsch nach Fertigstellung des Manuskriptes keine Ruhe, das Buch zu komplettieren. Ergänzungen in einigen Kapiteln wurden in der Zwischenzeit drängender denn je und sind jetzt erfolgt.

Vor allem aber bringt die 4. Auflage ein eingeschobenes Großkapitel (Kap. 14, neu) mit weiterführenden Modellvorstellungen, Konzepten und Methoden der Geomorphologie. Hierzu gehören Einführungen in systemtheoretische Vorstellungen, Ausführungen über Methoden der systematischen (geomorphographischen) Beschreibung von Reliefformen sowie zu Datierungsmöglichkeiten von Formen und Sedimenten. Selbstverständlich soll das Lehrbuch kein Methodenbuch ersetzen, aber das Heranführen an exemplarisch ausgewählte Methoden darf nicht fehlen. Es ist meine Hoffnung, dass dadurch fortgeschrittene Anfänger einen leichteren Zugang zu einigen neuen Zweigen der jüngeren Geomorphologie erhalten. Zweifellos könnte man ein einführendes Geomorphologie-Lehrbuch auf der Basis der erweiterten theoretischen Grundlage des neuen Kapitels 14 vollkommen neu strukturieren; das wäre eine reizvolle Aufgabe, aber für Einsteiger scheint mir die an traditionellen Vorbildern orientierte Stoffanordnung, die in den Kapiteln 1–12 beibehalten worden ist, eingängiger. Diese Inhalte bilden dann das Handwerkszeug, auf dem weiterführende Ideen aufbauen können.

Der Abschnitt über die Reliefformung unter dem Einfluss des Menschen ist in einen Zusammenhang mit der Vorstellung der geomorphologischen Teildisziplin ‚Geoarchäologie' gerückt worden.

Durch die Veränderungen ist der Umbruch des Buches verändert, so daß die Seitenangaben der neuen mit denen der früheren Auflagen nicht übereinstimmen. Wegen der weitgehend identischen Struktur können weiterhin die alten Auflagen parallel benutzt werden. Um innerhalb des Buches nicht zwei Rechtschreib-Regelungen zu folgen, ist die alte Rechtschreibung beibehalten.

Zum Zeitpunkt der Drucklegung ist mir wiederum bewußt, daß auch diese 4. Auflage nicht abgeschlossen worden wäre ohne eine Portion Mut zur Lücke, oder anders ausgedrückt, sie enthält auch nur eine exemplarische Auswahl aus der Vielfalt geomorphologischer Inhalte.

Etliche Anregungen und Verbesserungsvorschläge kamen auch von Studierenden aus ganz Deutschland, z. B. R. Bauer, J. Karcher, M. Müller, A. Stock, die sich intensiv mit dem Buch auseinandergesetzt haben. Das zeigt mir, daß das Buch im Studienalltag tatsächlich benutzt wird. Aus der eigenen Erfahrung in der Lehre habe ich den Eindruck, daß es noch nutzbringender verwendet werden könnte, wenn die Hinweise auf weiterführende Literatur in den Kästen am Ende der Kapitel für Referate und Hausarbeiten sorgfältig durchgesehen würden.

Zahlreichen Kollegen, u. a. den Herren Kollegen Michael Becht (Eichstätt), Helmut Brückner (Marburg), B.W. Flemming (Wilhelmshaven), Dieter Glatthaar (Bochum), Stefan Harnischmacher (Bochum), Sven Lukas (Bern), Thomas Schneider (Augsburg), Lothar Schrott (Salzburg) und Ludwig Zöller (Bayreuth), möchte ich für ergänzende und kritisch-konstruktive Hinweise sehr danken.

Mein herzlicher Dank geht auch an bewährte und neue Helfer im Bochumer Institut: Frau Pientka-Noll, Till Kasielke, Robert Gerlach, Matthias Albrecht und Ralf Wieland.

Harald Zepp
Bochum/Essen, Januar 2008

1 Gegenstand, Aufgabe und Gliederung der Geomorphologie

Abb. 1.1 Nordseeinsel Wangerooge. Abtragungs- und Sedimentationsprozesse an der Gezeitenküste sowie Dünen prägen die Landschaft (vgl. Kasten 1.1).

1.1 Gegenstand und Stellung der Geomorphologie

Geomorphologie bedeutet – dem Sinn der aus dem griechischen stammenden Wortbestandteile nach – die **Lehre von der Form/Gestalt der Erde** (*gé* = Erde; *morphé* = Form/Gestalt; *logos* = Geist/Wort/Rede/Inhalt). Erklärungs- und Forschungsgegenstand der Geomorphologie sind die **Oberflächenformen** (beliebig großer Ausschnitte), das **Relief** der festen Erde. Die **Geomorphologie beschreibt** und **ordnet** die **Formen systematisch** (unter verschiedensten Gesichtspunkten) und **erklärt** ihre **Entstehung** und **Weiterbildung** (nach LOUIS/FISCHER 1979).

Die Gesamtgestalt der Erde beschreiben die Nachbardisziplinen **Geodäsie** und **Geophysik** als **Geoid** (s. 2). Es weicht in charakteristischer Weise von einem **Rotationsellipsoid** (abgeflachte Kugel) ab (s. Kasten 2.1). Man kann sich

Kasten 1.1 Relief und geomorphologische Formung im Westen der Insel Wangerooge (verändert nach EHLERS/MENSCHING 1982)

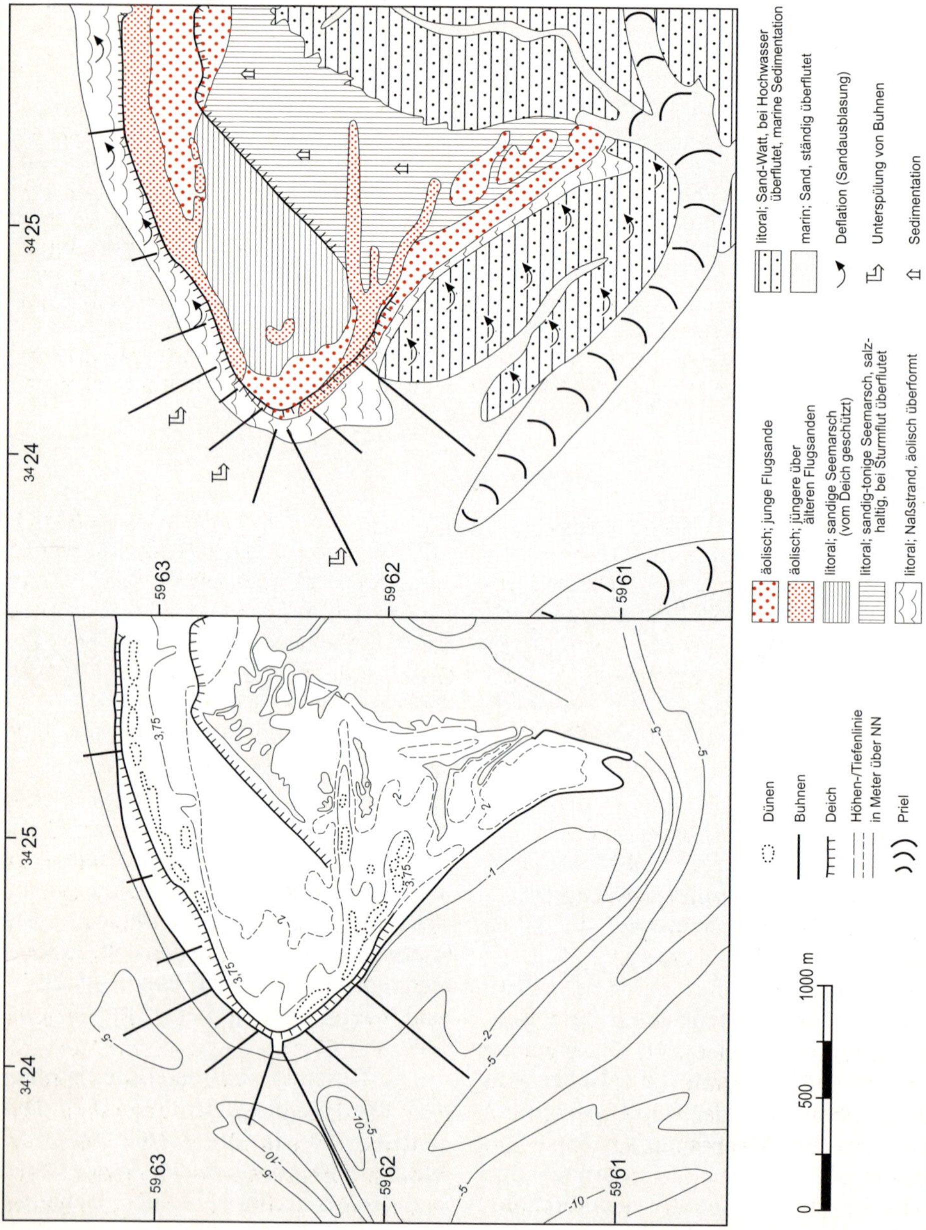

Die formende Wirkung des Meeres (litoral) und des Windes (äolisch) prägen die geomorphologische Gliederung Wangerooges. Der topographischen Reliefdarstellung (links) mit Höhenlinien, Küstenlinie und Dünensignaturen ist die geomorphologische Interpretation (rechts) gegenübergestellt. Die Geomorphologie deutet – räumlich differenzierend – Oberflächenformen und Beschaffenheit des Untergrunds nach ihrer morphogenetischen Entstehung und morphodynamischen Weiterbildung: Im Bereich der Gezeitenküste wurden vor wenigen Jahrtausenden Sande auf den bei Niedrigwasser trockengefallenen Sandplaten zu Dünen zusammengeweht und danach bei normalen Hochwässern nicht mehr überflutet. Aus diesen Anfängen wuchsen die Inseln, und sie veränderten ihre Form ständig. Gezeitenströmung und Sturmfluten verursachen durch Abtragung an der Westseite und Sedimentation am Ostende (s. Abb. 1.1) die Sandverlagerung und damit insgesamt eine Verlagerung der Insel. Durch Befestigungsbauwerke hat der Mensch in dieses Geschehen eingegriffen. Heutige morphologische Prozesse sind die fortgesetzte Unterspülung von Buhnen und Schäden an den Deichen, die Ausblasung von Sanden vom Naßstrand und vom Sandwatt westlich der Insel bei Niedrigwasser, ferner – während Sturmfluten – die Abtragung des immer wieder künstlich aufgehöhten Badestrandes (außerhalb der Karte) und auf der Wattseite die Sedimentation des salzhaltigen tonigen Schlicks (vgl. 13 und 15.2.2).

das Geoid als eine erdumspannende, ebene Bezugsfläche auf dem Niveau des mittleren Meeresspiegels denken. Das **Relief der Erde als Betrachtungs- und Erklärungsgegenstand der Geomorphologie** ergibt sich wiederum als Abweichung vom Geoid. Üblicherweise werden zur Charakterisierung des Reliefs Höhenangaben als relative Abweichungen vom Geoid, entsprechend dem Niveau des mittleren Meeresspiegels, in m ü. NN (Meter über Normal Null) angegeben. Die geomorphologischen Forschungen sind traditionell auf das **festländische Relief** (subaerisches Relief) konzentriert. Zu den Formen der Erdoberfläche gehören aber auch die Oberflächenformen der Meeresböden, das **marine Relief**. Hiermit hat sich die Geomorphologie in der Vergangenheit im Gegensatz zur **Meeresgeologie** und zur **Ozeanographie** weniger befaßt.

Die Erdoberfläche stellt ein Kontinuum dar, das aus nicht klar gegeneinander abgrenzbaren Formindividuen aufgebaut ist. Die bloße Beschreibung von Reliefunregelmäßigkeiten (vgl. 14.2.1) durch die Darstellung von Geländehöhen, etwa durch Höhenpunkte, Höhenlinien, Höhenschichten, geometrische Funktionen oder als plastisches Reliefbild, ist zwar zur Anschauung und für viele praktische Anwendungen wichtig, doch ist sie für die Geomorphologie weniger interessant, denn sie liefert keinen Ansatz für eine Ordnung der Formenvielfalt (vgl. Abb. 1.1 und Kasten 1.1). Daher ist eine **geomorphologische Systematik** von Formen an **formbildenden Prozessen** orientiert.

Räumlich bedeutet die Erforschung von reliefbildenden und -formenden Prozessen die Betrachtung der **Reliefsphäre**. Hier überlagern sich **Lithosphäre**, **Hydrosphäre**, **Pedosphäre**, **Biosphäre** und **Atmosphäre** zu einem komplexen Wirkungsgefüge (Abb. 1.2). Daraus ergeben sich zwangsläufig Anknüpfungspunkte

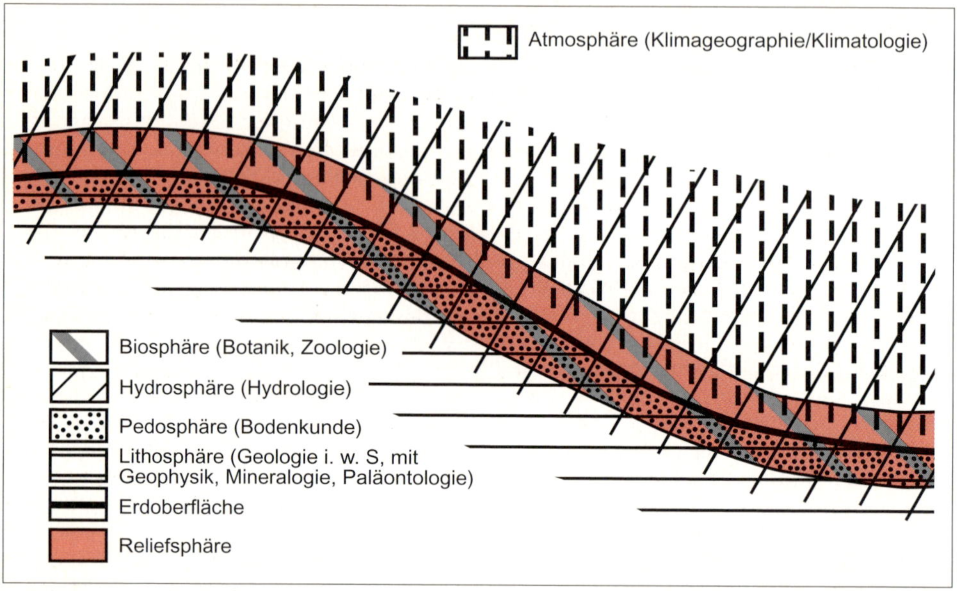

Abb. 1.2 Reliefsphäre als räumlicher Bezug der Geomorphologie. Durch die Betrachtung der Reliefsphäre ergeben sich für die Geomorphologie einerseits Anknüpfungspunkte zu geowissenschaftlichen und naturwissenschaftlichen Nachbardisziplinen und andererseits vielfältige Anwendungsaspekte, weil die Reliefsphäre räumlich weitgehend identisch ist mit der Landschaftshülle, dem Lebens- und Gestaltungsraum des Menschen.

zwischen der Geomorphologie und geowissenschaftlichen und naturwissenschaftlichen Nachbardisziplinen (vgl. Kasten 1.2). Die **Geologie** liefert Erkenntnisse über Strukturen und Prozesse der Erdkruste und liefert den erdgeschichtlich-historischen Zeitrahmen (s. 2 u. 3), in den die formbildenden Prozesse eingespannt sind. Enge Beziehungen bestehen zur **Bodenkunde**; zu ihren Forschungsgebieten gehört die Untersuchung von Eigenschaften und die Weiterentwicklung der an der Oberfläche anstehenden mineralischen und organischen Sedimente, einschließlich der Verwitterung. Da die meisten Formungsprozesse entweder mittelbar oder unmittelbar von atmosphärischen Faktoren gesteuert oder modifiziert werden, ergeben sich Anknüpfungspunkte zur **Klimatologie/Klimageographie**. Ebenso beeinflussen die verschiedensten Erscheinungsformen des Wassers (Wasserdampf, Bodenwasser, Bodeneis, fließendes Wasser in Bächen und Flüssen, Gletschereis) die Reliefformung. Neben diesen **hydrologischen Bezügen** ergeben sich Schnittstellen zu den **biologischen Wissenschaften**: Eine Pflanzendecke schützt die Reliefoberfläche vor dem Abtrag durch Wasser und Wind, eine intensive Durchwurzelung stabilisiert den Boden.

Kasten 1.2: Stellung der Geomorphologie

Die Geomorphologie beschreibt und ordnet die Oberflächenformen der Erde, und sie erforscht ihre Entstehungs- und Weiterbildungsprozesse.
Die Geomorphologie ist

- eine **Geowissenschaft**, weil sie Strukturen und Prozesse behandelt, die die Weiterentwicklung und das Funktionsgefüge der Erde prägen. Mit den geowissenschaftlichen Nachbardisziplinen Geologie, Mineralogie, Geophysik und Bodenkunde teilt sie Erkenntnisse und Methoden zur Erforschung von Material und Strukturen der Erdkruste einschließlich der Verwitterungsbildungen und Böden.
- ein **Teilgebiet der Geographie** im Sinne einer umfassenden Mensch-Umwelt-Wissenschaft, weil die Erdoberfläche eine wesentliche Randbedingung für das Handeln von Einzelpersonen und Gesellschaften darstellt und andererseits anthropogene Eingriffe reliefverändernde Prozesse auslösen. Als Geoarchäologie widmet sie sich der Klärung kulturgeschichtlicher Fragestellungen mit geowissenschaftlichen Methoden.
- eine **Naturwissenschaft**, weil sie anerkennt, daß reliefverändernde Prozesse grundsätzlich durch physikalisch-chemische Gesetzmäßigkeiten erklärt werden können. Grenzen der naturwissenschaftlichen Erklärung liegen in der Komplexität der Randbedingungen, der Vielzahl von Einflußfaktoren und in der mangelnden Kenntnis des Ausgangszustands der Reliefentwicklung.
- eine **empirische Wissenschaft**, weil ihre Gegenstände der unmittelbaren Erfahrung des Menschen zugänglich sind und ihre Aussagen über die Realität immer wieder den Beobachtungen, Messungen und Experimenten gegenübergestellt werden (müssen).
- eine **historische Wissenschaft**, weil sie die verschiedensten, meist nichtsprachlichen Quellen kritisch sichtet und interpretiert, um die Entwicklungsgeschichte eines Landschaftsraums zu rekonstruieren.

1.2 Gliederung der Geomorphologie: Reliefbildende und formbildende Prozesse

Die Existenz des Reliefs ist auf die Überlagerung verschiedener, teils gegenläufiger Prozesse zurückzuführen (s. Abb. 1.3 und 1.4). In globaler, erdumspannender Sicht ist es hilfreich, sich den Massenhaushalt der Erde und den Energiehaushalt an der Erdoberfläche anzusehen. Über lange geologische Zeiträume hinweg ist die Masse der Erde konstant geblieben. Gleichzeitig veränderte sich das Relief beständig durch tektonische Vorgänge, deren Ursachen weitgehend im Erdinneren zu suchen sind. Hierzu gehören die Förderung vulkanischer Gesteine und die Hebung von Teilen der Erdkruste (s. 2 u. 3). Demgegenüber stehen Senkungen von Teilen der Erdkruste sowie die Rückführung oberflächennah anstehender Gesteine in die Erdkruste und in den Erdmantel. Die skizzierten Prozesse werden – da überwiegend aus dem Erdinneren gesteuert – als **endogene Prozesse** bezeichnet. Sie sind primär verantwortlich für die Herausbildung von Höhenunterschieden. Endogene Vorgänge verursachen auch maßgeblich den **differenzierten strukturellen Aufbau und die Beschaffenheit der Erdkruste** (s. 12), die ihrerseits die feinere Ausgestaltung der Oberflächenformen durch die exogenen Prozesse beeinflußt.

Höhenunterschiede im Erdrelief sind Voraussetzung dafür, daß auf der Erdoberfläche Gesteinsmaterial unter dem

Einfluß der Schwerkraft transportiert wird, von einem Ort höherer zu einem Ort niedrigerer potentieller Energie (s. 14.1.3). Die Schwerkraft wirkt, bezogen auf die Erdoberfläche, niveauausgleichend. An der Erdoberfläche wirkt die Schwerkraft in den seltensten Fällen unmittelbar, sondern meistens mittelbar, gebunden an ein Transportmittel (Transportmedium). Als **Transportmedien** wirken **fließendes Wasser und Eis** sowie **bewegte Luft** (s. 7, 8, 9). Bei genügend steilem Relief kann lockeres, fließ- oder gleitfähiges Material unmittelbar in Bewegung geraten (gravitative Massenbewegungen, z. B. Steinschlag, Rutschungen, Bodenfließen; s. 6). Diese an der Erdoberfläche stattfindenden

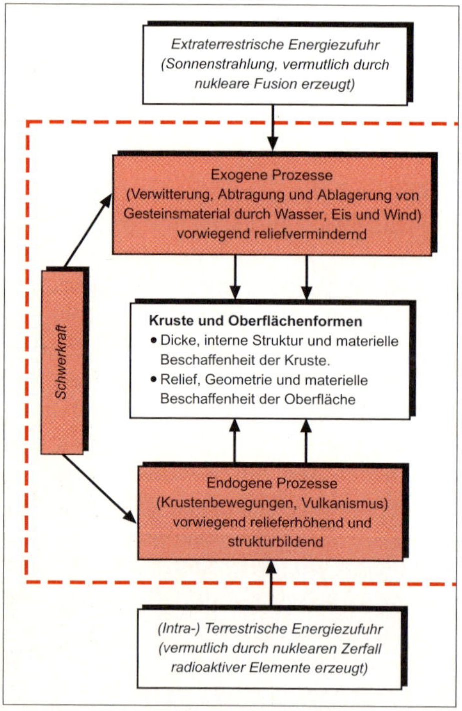

Abb. 1.3 Das Wirkungsgefüge endogener und exogener Vorgänge (nach AHNERT 1996, 35).

Prozesse werden als **exogene Vorgänge** zusammengefaßt. Sie wirken grundsätzlich auf einen Ausgleich von Höhenunterschieden hin. Ein weiteres übergeordnetes Kennzeichen der exogenen Formungsprozesse ist, daß sie stets mit Materialumlagerung auf der festen Erdoberfläche verbunden sind. Somit resultieren neben den **Abtragungsformen** auch zugehörige **Ablagerungsformen**.

Mit Ausnahme der schwerkraftbedingten Vorgänge werden die exogenen Formungsprozesse durch die Energiezufuhr von der Sonne in Gang gehalten (Abb. 1.4). Der **Umsatz von Strahlungsenergie** findet überwiegend **auf der Erdoberfläche** statt. Energieaufnahme und -umsatz treten zeitlich und räumlich auf der Erde ungleichmäßig verteilt auf. Dies hat die aus dem Klimasystem bekannten Ausgleichs- und Austauschprozesse zur Folge. Es sind die **ozeanischen und atmosphärischen Zirkulationssysteme**, welche in ihrer Verknüpfung mit dem **(globalen) Wasserkreislauf** die für die exogenen Formungsprozesse erforderlichen Energien bereitstellen. Meeresströmungen an Küsten, durch Wind verursachter Wellenschlag und Gezeiten sind verantwortlich für morphologische Veränderungen an den Küsten. Hieraus resultiert ein **litoraler Formenschatz** (s. 13). Auf dem Festland wird Material durch Wind, Wasser und Gletschereis bewegt, was zum **äolischen**, **fluvialen** und **glazialen Formenschatz** (s. 7, 8, 9) führt. Die Verwitterung als die physikalische und chemische Veränderung der an der Oberfläche anstehenden Gesteine bedingt häufig ebenfalls charakteristische Formen, die **Verwitterungsformen** (s. 5). Lockeres oder zusätzlich durch Feuchtigkeit bewegliches Material ist die Voraussetzung für **gravitative Massen-**

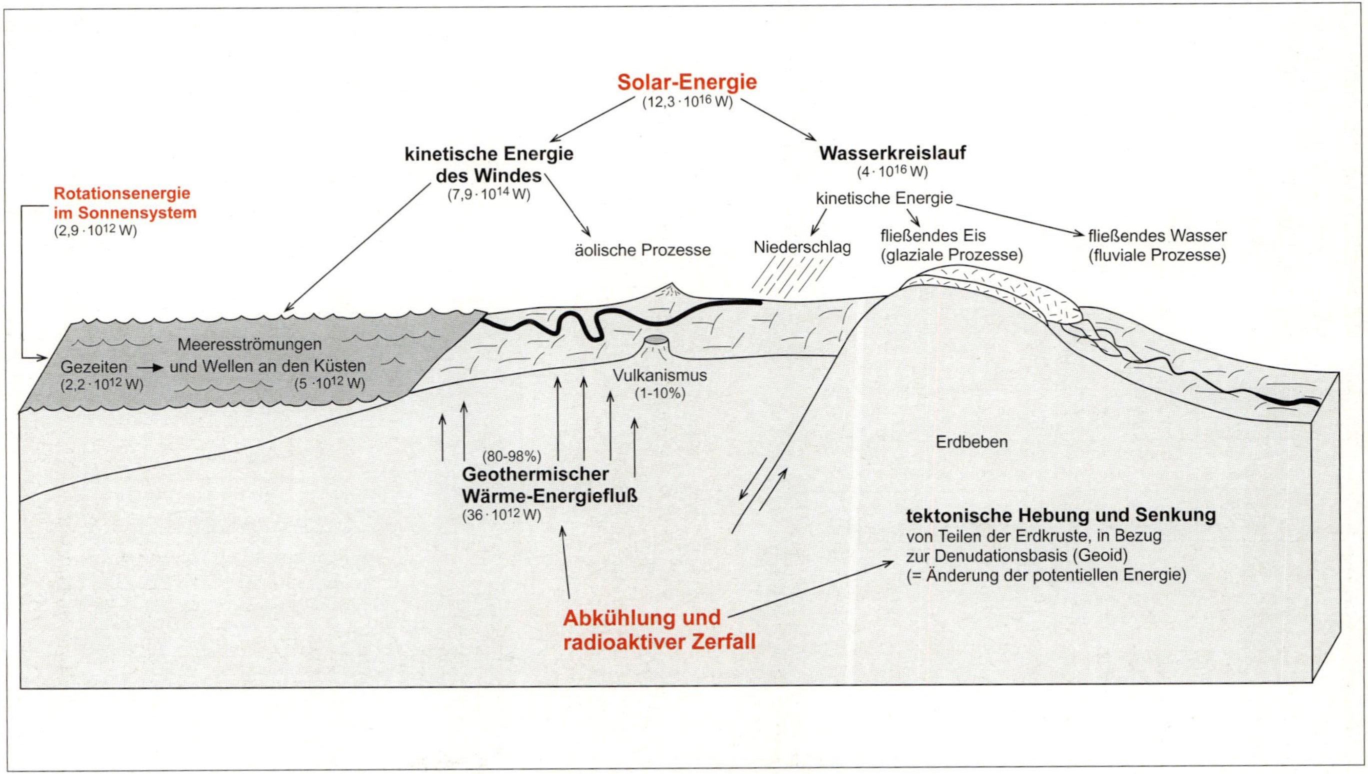

Abb. 1.4 Für die Erdoberflächenformung relevante Energieflüsse (Datengrundlage: Bloom 1978, 88 und Summerfield 1991, 21). Die reliefverändernden Prozesse werden durch verschiedene Energiequellen angetrieben: Solar-Energie, Rotationsenergie sowie Abkühlung der Erde und radioaktiver Zerfall. Diese Energien bewirken die endogenen und exogenen Kräfte und Prozesse.

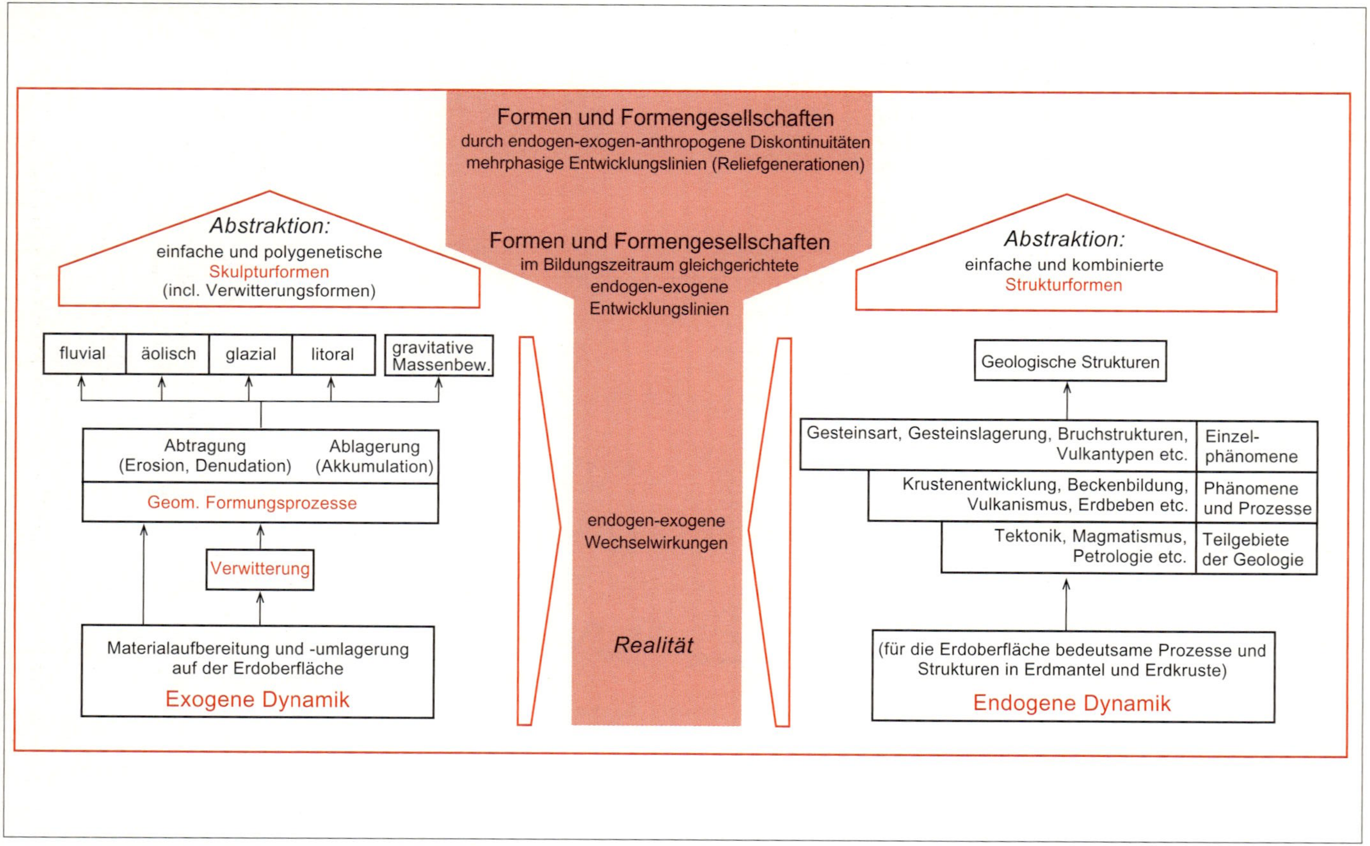

Abb. 1.5 Systematik einer genetisch orientierten Geomorphologie (stark verändert nach HÜSER 1973).

bewegungen (s. 6) und die daraus resultierenden Formen. Die Formen, die durch **exogene Prozesse** entstanden sind (vgl. auch 10 u. 11), werden unter dem Begriff **Skulpturform** zusammengefaßt (Abb. 1.5). Demgegenüber stehen **Strukturformen** (oder strukturgestützte Formen) (s. 12). Ihr Erscheinungsbild läßt endogene Vorgänge oder gesteinsbedingte Strukturen gut erkennen. Beispiele sind vulkanische Formen, Grabenbrüche und an besonders abtragungsresistente Gesteine gebundene Bergformen. So werden in den Strukturformen Krustenstrukturen und Prozesse sichtbar, die in der Erdkruste abgelaufen sind.

Die Unterscheidung von Skulpturformen und Strukturformen ist hilfreich für eine Systematisierung von Formen und Formungsprozessen, sie bedeutet andererseits eine starke Abstraktion. Im Grunde sind die in der Geomorphologie behandelten Oberflächenformen nur vor einem erdgeschichtlichem Hintergrund als Ergebnis endogen-exogener Wechselwirkungen zu erklären und zu verstehen (vgl. 1.3).

1.3 Vielfalt geomorphologischer Formen

Zu den grundlegenden Betrachtungsdimensionen der Geowissenschaften gehören Raum und Zeit. In Abb. 1.6 sind Reliefformen aufgeführt, die exemplarisch für unterschiedliche Raum- und Zeitbezüge stehen. Der Längendurch-

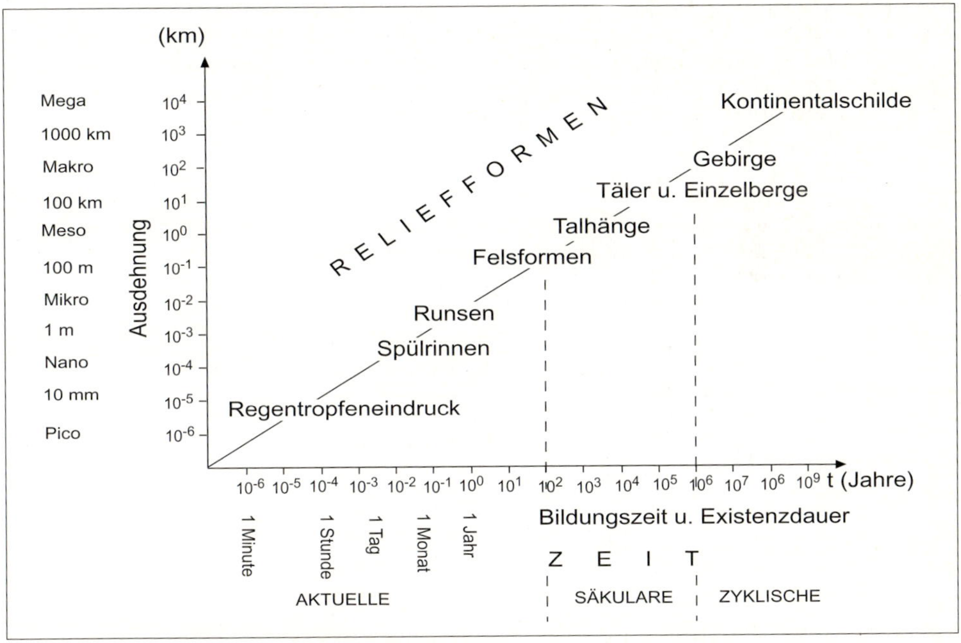

Abb. 1.6 Formgrößen und Bildungszeit/Existenzdauer von Reliefformen (nach AHNERT 1981, 9, verändert).

Kasten 1.3

Forschungsansätze und Arbeitsrichtungen in der Geomorphologie (vgl. 14)

Die **klimagenetische Geomorphologie** betonte vor allem die Klimaabhängigkeit von Verwitterung (5.5) und Formung vergleichend in verschiedenen Erdgegenden oder in der zeitlichen Aufeinanderfolge in einem Landschaftsraum (vgl. 11.1).
Eine **prozeßorientierte** Geomorphologie konzentriert sich auf die Erklärung vorwiegend exogener Formungsprozesse. In der Gegenwart ablaufende Prozesse untersucht die **Aktualmorphologie**. Diese Arbeitsrichtung bedient sich am stärksten physikalisch begründeter Erklärungsmodelle und bevorzugt die mathematische Formulierung von Zusammenhängen (Gesetze) (z. B. 7.2.3). Formulierte Gesetzmäßigkeiten werden im Gelände und im Labor durch geeignete Versuchsanordnungen überprüft; wichtig ist hierbei, daß die Gültigkeitsbedingungen für die Anwendung der Gesetze herausgearbeitet werden.
Eine prozeßorientiert **historisch-genetisch** ausgerichtete Geomorphologie rekonstruiert aus Reliefformen, Verwitterungsspuren und Sedimenten des oberflächennahen Untergrunds eines konkreten Landschaftsraums die Entwicklungsgeschichte des Reliefs. Dabei spielen mit Blick auf exogene Formungsprozesse markante Klimawechsel und für die endogene Beeinflussung der Reliefentwicklung tektonische Bewegungen entscheidende Rollen für die Gliederung in Entwicklungsphasen (vgl. Abb. 1.5). In der Regel folgt eine **regionale Geomorphologie** einem historisch-genetischen Gliederungsprinzip (z. B. 14).
Die geomorphologische **Kartierung** ist eine Arbeitsmethodik, die auf die maßstabsabhängig vollständige Erfassung und kartographische Darstellung der Reliefformen und des Materials des oberflächennahen Untergrundes in einem klar abgegrenzten Landschaftsraums zielt. In der Darstellung können **morphographische Gesichtspunkte** (Beschreibung, Lage und Anordnung von Formen) oder die genetische Deutung hervorgehoben sein. Eine geomorphologische Kartierung bedeutet eine umfassende Inventarisierung aller geomorphologisch relevanten Sachverhalte (s. 14.2.1).
Die **digitale Reliefmodellierung** entwickelt numerische Methoden, um aus Höhendaten, die im Computer in der Regel als Rasterdaten (Gitternetz) gespeichert sind, Aussagen über Reliefeigenschaften zu treffen. So werden Aussagen über Neigung, Wölbung, Exposition von Reliefelementen erzeugt, oberirdische Wassereinzugsgebiete abgegrenzt und Fließwege (Oberflächenabfluß) prognostiziert. Die digitale Reliefmodellierung ist wichtiger Bestandteil Geographischer Informationssysteme. Auch die automatische Abgrenzung und Klassifikation komplexer Reliefformen (z. B. Hang- und Talformen, Bergformen) ist angestrebt.

messer der Formen variiert vom Millimeterbereich bis zu mehreren Tausend Kilometern; so kann man von Pico-, Nano-, Mikro-, Meso-, Makro- und Megaformen sprechen. Die Vergänglichkeit einer Form und ihre Existenzdauer stehen in erster Näherung in Zusammenhang mit ihrer Größe; für die Bildung großer Formen sind längere Zeiträume erforderlich als für die Bildung von Kleinformen. Eine 30 cm tiefe Erosionsrinne in einem Ackerboden kann während eines sommerlichen Starkregens innerhalb weniger Minuten entstehen, die Bildung eines Mittelgebirgstals (z. B. Mittelrheintal oder das Tal der Elbe im Elbsandsteingebirge) vollzieht sich im Rahmen einer wechselvollen, mehrere 100 000 Jahre dauernden Entwicklungsgeschichte. Makro- und Megaformen können am besten durch endogene Prozesse erklärt werden. Je kleiner die betrachteten Formen sind, desto mehr spielen exogene Prozesse die entscheidende Rolle. Die Geomorphologie befaßt sich vorrangig mit Formen kleiner und mittlerer Dimension (Mikro- bis Makro-Reliefeinheiten). Dem Raum- und Zeitbezug der zu erklärenden Formen und Prozesse entsprechend wird die Untersuchungs- und Darstellungsmethodik gewählt (vgl. Kasten 1.3).

1.4 Zur Bedeutung des Reliefs und der Geomorphologie

Weshalb sind die Beschäftigung mit dem Relief und die Bearbeitung geomorphologischer Fragestellungen sinnvoll?

• Aus der Existenz und räumlichen Verschiedenartigkeit des Reliefs resultiert eine der Anschauung zugängliche Gliederung beliebiger Landschaftsausschnitte. Die Erfahrung zeigt, daß diese reliefgebundene Gliederung eine **Orientierung des Menschen im Raum** ermöglicht. In allen Kulturen und im alltäglichen Sprachgebrauch vermitteln Reliefeigenschaften einen topographischen Bezug anderer Phänomene; aus diesem Grund beinhaltet jede gute topographische Karte eine Darstellung des Reliefs. Die Beschreibung und teilweise die Erklärung des Verbreitungsmusters von Siedlungen, Industrieflächen, Verkehrswegen, die räumliche Differenzierung der landwirtschaftlichen Nutzung und die Erörterung von Lagebeziehungen geschehen vor dem Hintergrund und mit Bezug zur Reliefdifferenzierung. Die Geomorphologie stellt geeignete Fachausdrücke und Methoden zur Verfügung, um das Relief zu charakterisieren; diese werden teilweise in den allgemeinen Sprachgebrauch übernommen.

• Geomorphologen mit Geländeerfahrung kennen **Merkmale und Eigenschaften von Gesteinen, Sedimenten und Böden**. Sie kennen deren Verbreitung und Entstehung, weil sie das Material des oberflächennahen Untergrundes in Beziehung zu den Prozessen setzen, die die Erdoberfläche geformt haben. Gesetzmäßigkeiten der Formung und der Materialumlagerungen auf der Erdoberfläche bilden ihrerseits eine unverzichtbare Grundlage zur rationellen Kartierung von Sedimenten und Böden. Die Kenntnis der Materialien des oberflächennahen Untergrundes kann in die Landschaftsbewertung im Rahmen der ökologischen Planung und Landnutzungsoptimierung eingebracht werden.

• Umweltprobleme und sogenannte ökologische Krisen zeigen vielfach, daß die naturräumliche Umgebung des Menschen für eine kurz- bis mittelfristige Nutzung beurteilt und bewertet wird, jedoch die über Generationen hinweg **nachhaltige Leistungs- und damit Nutzungsfähigkeit des Landschaftshaushaltes** häufig vernachlässigt ist. Die auf lange Zeiträume gerichtete Perspektive der Geomorphologie vermittelt wichtige Einsichten in den Entstehungs- und Entwicklungszusammenhang des Landschaftshaushalts und somit in die Lebensgrundlagen von Menschen, Pflanzen und Tieren.

• Die aus geomorphologischen Befunden rekonstruierbaren historischen und prähistorischen Landschaftsveränderungen liefern wesentliche Beiträge zur Abschätzung und Relativierung der **Auswirkun-**

gen von Klimamodifikationen und -veränderungen, seien sie natürlich oder anthropogen beschleunigt.

- Aktuelle, kurzfristig ablaufende Prozesse der Umgestaltung der Erdoberfläche besitzen existentielle Bedeutung für den Lebensraum des Menschen. Sie werden von der Geomorphologie als Beitrag zur Erforschung von „***natural hazards***" (**Naturgefahren**) und im Rahmen einer interdisziplinären Risikoforschung untersucht. Hierzu gehören exogene Vorgänge, z. B. Bergstürze, Schlammlawinen im Zusammenhang mit Vulkanausbrüchen, Hangrutschungen, katastrophale Erosionsereignisse oder Dünenwanderung. Die Intensität etlicher morphodynamischer Prozesse wird durch anthropogene Einflüsse verstärkt. Die Kenntnis derartiger Prozeßabläufe erlaubt dem Geomorphologen, Planungshinweise und Vermeidungs- oder Minderungsstrategien vorzuschlagen.
- Das Relief besitzt viele Regelfunktionen für Prozesse des Landschaftshaushaltes (**Ökofunktionalität des Reliefs**). Es modifiziert das oberflächennahe Windfeld und somit die Ausbreitung von Luftschadstoffen. Weil das Relief die wichtigste Energieumsatzfläche des Erde-Atmosphäre-Systems darstellt, steuern Neigung und Exposition von Hängen das thermisch unterschiedliche Verhalten von Sonnen- und Schatthängen. Agrarökologische Bedeutung besitzen Geländedepressionen, Hohlformen und Unterhänge, weil hier bevorzugt Spätfröste auftreten können. Durch das Relief werden regionaler und lokaler Wasserhaushalt entscheidend bestimmt (Steigungsregen, humide Gebirge als Wasserlieferant für trockene Vorländer, für Flußoasen, Bewässerungswirtschaft oder Wasserkraftnutzung). Neigung und Wölbung der Geländeoberfläche steuern die Umverteilung des Oberflächenabflusses und in Verbindung mit den Eigenschaften des Untergrundes auch den unterirdischen Abfluß. Zur Analyse, Beurteilung und Kartierung derartiger Phänomene hält die Geomorphologie vielfältige Erfassungs- und Analysemethoden bereit, die auch von anderen landschaftsökologischen Disziplinen aufgegriffen werden.

Kasten 1.4 Literaturauswahl zur Ergänzung und Vertiefung des Kapitels 1 (vgl. Kasten 14.2)

- **Geschichte und Gegenstand der Geomorphologie**
  Ahnert 1981 (quantitative u. qualitative Methoden), 1996, 13-26, 406-408 (Lehrbuch), Hüser 1974 (Objekt und Methodik der Geomorphologie), Leser 1981, 10-14 (Lehrbuch), Louis u. Fischer 1979, 3-5 (Lehrbuch), Rhoads u. Thorn 1996 (Aufsatzsammlung, Wissenschaftstheorie), Summerfield 1991 (Kap. 1); *allen, die sich in der Beobachtungsvielfalt, den verästelten Forschungs-und Interpretationsansätzen aus der zweiten Hälfte des 20. Jh. zu verlieren drohen, sei – stellvertretend – der Blick in einen Klassiker von 1931 empfohlen; dort sind mit einfacher, klarer Sprache und abwägendem Urteil grundsätzliche Gedankenführungen des Faches zu lesen, die insbesondere bei der Erosion und Denudation manche, später differenzierter untersuchte Forschungsfrage vorwegnehmen:* Philippson 1931 (s. Zepp 2007)
- **Lehrbücher der Allgemeinen Geomorphologie und benachbarter Disziplinen:**

Geomorphologie: Ahnert 1996 (Lehrbuch), Baumhauer 2006 (Lehrbuch), Bloom 1978 (Lehrbuch), Blume 1991 (Bildatlas), Busche et al. 2005 (Bildatlas), Frater 1998 (Bildatlas auf CD), Hempel 1974 (Lehrbuch), Huggett 2003 (Lehrbuch), Huggett 2003 (Lehrbuch), Leser 1998, 2003 (Lehrbuch), Louis u. Fischer 1976 (Lehrbuch), Machatschek 1973 (Lehrbuch), Pritchard 1986 (Lehrbuch mit Bsp. aus Afrika), Rohdenburg 1971(Lehrbuch mit Betonung der fluvialen Formung), Rohdenburg 1989 (Lehrbuch), Schulz 1999 (Abiturwissen), Semmel 1991 (Lehrbuch, Zusammenhänge Relief – Gestein – Boden), Summerfield 1991 (Lehrbuch), Wilhelmy 1981 a, b, c (Geomorphologie in Stichworten), Wilhelmy et al. 1992 (Geomorphologie in Stichworten), Bridges 1990 (Übersicht zur regionalen Geomorphologie der Erde)
Bodenkunde und Bodengeographie: vgl. Kasten 5.3
naturwissenschaftliche Betrachtung geomorpholog. Prozesse: Allen 1997, von Engelhardt 1973
Geologie: Bahlburg u. Breitkreuz 2007 (Allgemeine Geologie), Jacobshagen et al 2000 (Einführung in die geolog. Wissenschaften), Press u. Siever 2008 (Allgemeine Geologie), Skinner u. Porter 1995 (Allgemeine Geologie); Murawski u. Meyer 2004[11] (Geol. Wörterbuch); Faupl 2000 (Historische Geologie), Rothe 2000 (Erdgeschichte), Stanley 1994 (Historische Geologie); Catt 1992 (Quartärgeologie), Ehlers 1994 (Quartärgeologie), Schreiner 1992 (Quartärgeologie), Eisbacher u. Kley 2001 (Rohstoff- und Umweltgeologie), Prinz 1997 (Ingenieurgeologie), Lexikon der Geowissenschaften 2002
Allgemeine Physische Geographie: Goudie 1995, Hendl u. Liedtke 1997, Strahler u. Strahler 1999, Thompson et al. 1986

- **digitale Reliefmodellierung**
  Dikau 1992 (digitale geomorpholog. Karte), Dikau 1994 (Digitale Reliefmodellierung), Dikau u. Schmidt 1999 (digitale Reliefanalyse und –klassifikation), Horman 1971 (Morphometrie), Huber 1992 (digitale geomorpholog. Karte), Köthe u. Lehmeier 1993, 1996 (automatische Reliefanalyse), Schmidt et al. 1998 (morpholog. Struktur u. hydrol. Modellierung)
- **konventionelle geomorphologische Kartierung**
  Barsch u. Stäblein 1989, Embleton 1988 (angewandt-geomorphologische Kartierung), Gellert u. Demek 1976 (Handbuch geomorphol. Detailkartierung), Kugler 1964 (geomorphol. Kartierung), Leser 1998 (GMK-Projekt, Geomorpholog. Detailkartierung), Leser 1998 (GMK-Projekt), Leser u. Stäblein 1975 (geomorpholog. Kartieranleitung), Mäusbacher 1985 (Anwendbarkeit der Geomorphologischen Detailkarte), Zepp 1987 (Geomorpholog. Detailkartierung u. Landschaftsplanung)
- **zusammenfassende Darstellungen zu Methoden in der Geomorphologie**
  Dikau, Friedrich u. Leser 1999 (Reliefaufnahme), Goudie 1990 (Untersuchungsmethoden, engl.), Goudie 1998 (Untersuchungsmethoden, deutsch), Leser 1977 (Feld- und Labormethoden), Bork u. Dalchow 2000 (Reliefaufnahme), Pfeffer 2006 (Methoden Physische Geographie)

2 Die Entstehung von Kontinenten, Gebirgen und Ozeanen (Mega- und Makrorelief)

Abb. 2.1 Grand Tetons (Wyoming, USA). Die Entstehung steil aufragender Gebirgsketten ist an die Hebung von Teilen der Erdkruste gebunden, die meistens mit plattentektonischen Prozessen in Zusammenhang stehen.

2.1 Hypsometrische Kurve

Das **Geoid** (s. Kasten 2.1) liefert den sinnvollen Bezug für eine differenziertere Betrachtung der Oberflächenformen, zunächst der Verteilung der Höhen und Tiefen auf Kontinenten und Meeren. In der **hypsometrischen Kurve** (Abb. 2.2) sind die Höhenstufen des Erdreliefs und ihre Summenhäufigkeiten gegeneinander aufgetragen. Knapp 30% der festen Erdoberfläche liegen über dem Meeresspiegel, zwei Drittel dagegen deutlich darunter. Erwartungsgemäß spiegelt die Summenkurve die Variationsbreite des Erdreliefs mit Großformen wie Hoch- und Mittelgebirge, Hügelland, Tiefland, Schelfgebiete, ozeanische Rücken, Tiefseebecken und Tiefseerinnen wider (vgl.

Abb. 2.7). Die mittlere Landhöhe beträgt 870 m ü. NN, die mittlere Meerestiefe 3700 m unter NN; die Häufigkeitsverteilung zeigt zwei Maxima, nämlich bei 100 m ü. NN und etwa 4700 m unter NN.

Die Ursachen für die beschriebene Höhenverteilung sind im Aufbau und in der Entwicklung der Erde, besonders bis 670 km Tiefe, zu suchen.

Kasten 2.1 Die Erde als Rotationsellipsoid und Geoid (Abb. A verändert nach STRAHLER/STRAHLER 1992, 6, Abb. B verändert nach BAHLBURG/BREITKREUZ 1998, 153)

Das Rotationsellipsoid kann man sich als eine abgeflachte Kugel vorstellen, deren Polardurchmesser etwa 42 km kürzer als der Äquatordurchmesser ist (Abb. A). Dies ist eine Folge der Zentrifugalkraft bei der Erdrotation. Tatsächlich weicht die wahre Gestalt der Erde vom Rotationsellipsoid ab. Diese bezeichnet die Geophysik als Geoid, sie bestimmt die Form des Geoids durch Schweremessungen. Schwereunterschiede gehen auf Dichteunterschiede in Kruste und Mantel zurück. Das Geoid ist eine geophysikalisch definierte erdumspannende Potentialfläche, die auf den Ozeanen ungefähr dem Meeresspiegel entspricht. In Abb. B ist in starker Überhöhung die Abweichung des Geoids vom Rotationsellipsoid dargestellt. Positive Abweichungen („Beulen") sind rot unterlegt, negative Abweichungen („Eindellungen") sind grau dargestellt. Somit variieren weltweit auch die Abstände zwischen Meeresoberfläche und Erdmittelpunkt um mehr als 100 m.

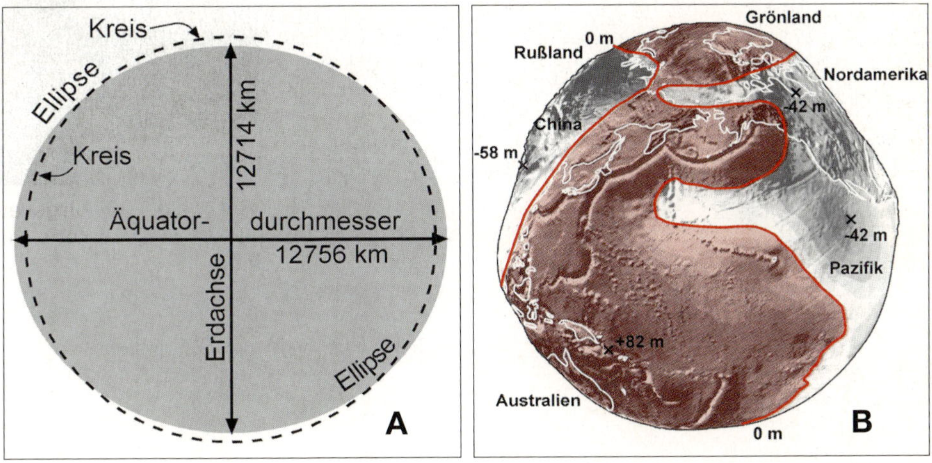

Die Erde kann man sich aus konzentrischen Schalen (Abb. 2.3) aufgebaut vorstellen. Um den **Erdkern** und **Erdmantel** legt sich eine chemisch und mineralogisch vielgestaltige **Kruste** mit mittleren Mächtigkeiten zwischen 10 km unter den Ozeanen und 40 km unter den Kontinenten. Es wird angenommen, daß in einem langen erdgeschichtlichen Prozeß, der bereits vor etwa 4,6 Milliarden

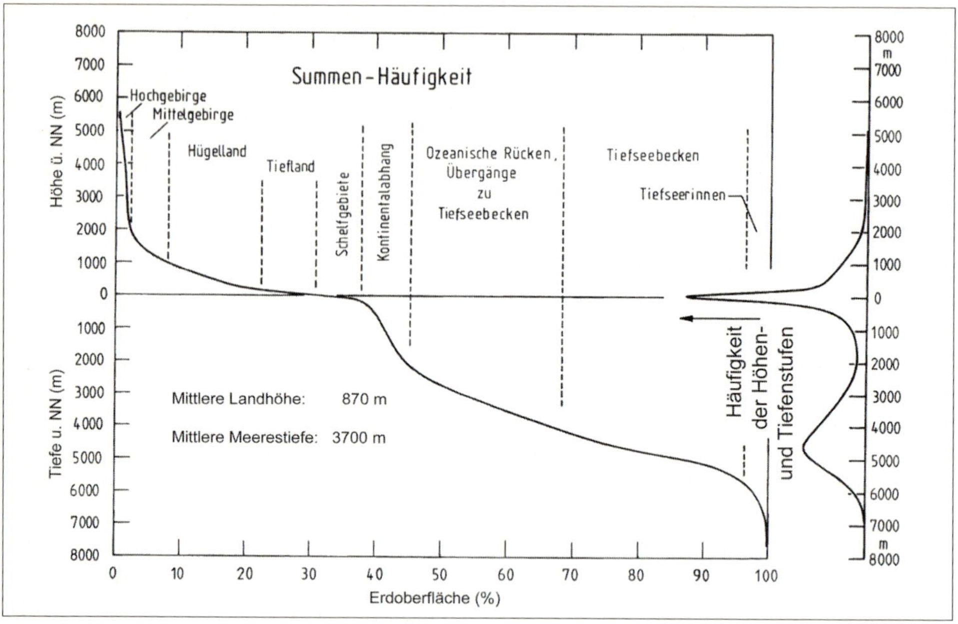

Abb. 2.2 Hypsometrische Kurve (aus STROBACH 1991, 49). Die Häufigkeitsverteilung des Erdreliefs spiegelt die unterschiedlichen spezifischen Gewichte und Mächtigkeiten von ozeanischen und kontinentalen Krusten wider. Die Differenzierung und das räumliche Nebeneinander der in der Abbildung bezeichneten Reliefbereiche geht auf die plattentektonische Entwicklung der Erde zurück.

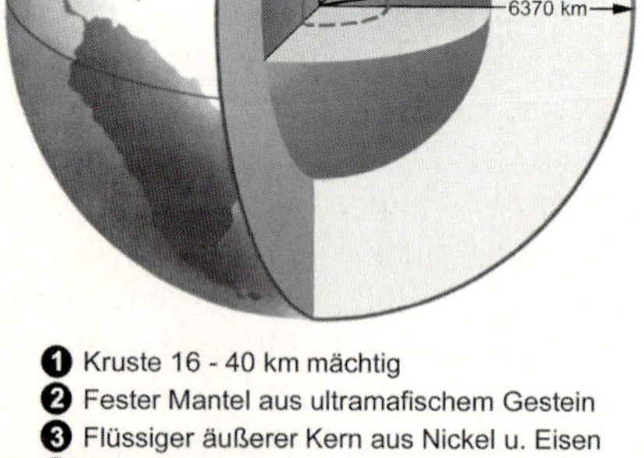

❶ Kruste 16 - 40 km mächtig
❷ Fester Mantel aus ultramafischem Gestein
❸ Flüssiger äußerer Kern aus Nickel u. Eisen
❹ Fester innerer Kern

Abb. 2.3 Schalenbau der Erde (nach STRAHLER/STRAHLER 1999, 272). Der innere Erdkern mit einem Radius von 1250 km besteht aus festem Material, hauptsächlich aus Eisen und Nickel. Die Grenze zwischen äußerem, flüssigem Kern (hauptsächlich Eisen) zum umgebenden Erdmaterial liegt ca. 3500 km vom Erdmittelpunkt entfernt und somit in 2900 km Tiefe. Der fast 3000 km mächtige Erdmantel ist hauptsächlich aus sog. mafischen Silikaten (Si-, Al-, Fe- und Mg-haltige Minerale) mit Si und Mg als charakteristischen Elementen aufgebaut. Mit Mächtigkeiten zwischen 5 und 80 km ist die Kruste vergleichsweise geringmächtig, doch Krustenstrukturen und -prozesse sind geomorphologisch relevant. Das Gesteinsmaterial der Kruste variiert sehr stark (s. 3.3).

Jahren begann, Differenzierungsprozesse zu einer Schalen- und Krustengliederung geführt haben. Entsprechend einer gravitativen Stofftrennung, bei der die spezifisch schwereren Komponenten nach unten sinken, nehmen bei der Erde die Gesteinsdichten von oben nach unten, also von außen nach innen, zu. Nicht nur im vertikalen Schnitt durch die Erde trifft man auf Dichteunterschiede, die auf Materialunterschieden beruhen, sondern auch im Nebeneinander von Kontinenten und Ozeanen (Abb. 2.4). Das spezifische Gewicht der **kontinentalen Kruste** beträgt 2,7 g/cm^3; die **ozeanische Kruste** ist mit 3,2 g/cm^3 deutlich dichter, weil sie vorwiegend aus basischen Magmagesteinen besteht (s. 3.3.4). Über lange Zeiträume hinweg betrachtet verhält sich das Material im Erdmantel plastisch; streng genommen ist es fest, obwohl es plastisch reagiert. Zwischen Mantel und Erdkruste stellen sich, ähnlich wie bei einem Floß oder einem Eisberg, die im Wasser schwimmen, Ausgleichsbewegungen ein in Richtung auf einen Gleichgewichtszustand (**Isostasie**). In der hypsometrischen Kurve (Abb. 2.2) finden die Dichte- und Mächtigkeitsunterschiede zwischen ozeanischer und kontinentaler Kruste ihren Ausdruck (Abb. 2.5).

Einen groben Überblick über die größten Formen des Erdreliefs vermitteln bereits moderne Atlaskarten. Besonders vielgestaltig ist die zu Anfang des 20. Jh. noch weitgehend unbekannte **Ozeantopographie**. Untermeerische (besonders mittelozeanische) Rücken – in ihrer Größe vergleichbar den kontinentalen Gebirgsformen – ragen im Mittel aus etwa 2000 m unter NN auf bis knapp unter den Meeresspiegel, teilweise auch über den Meeresspiegel. Beispiele bilden der mittelatlantische Rücken mit der aufsitzenden Vulkaninsel Island und der ostpazifische Rücken; eine andere auffällige Erscheinung sind die Ketten von Tiefseebergen, zu denen die Hawaii-Inseln gehören, die sich sogar bis 4200 m über den Meeresspiegel heben. Außerdem existieren Tiefseerinnen (z. B. Japangraben, Marianengraben, Philippinengraben), die 10 km und mehr unterhalb des Meeresspiegels eingesenkt sind.

2.2 Plattentektonik

Die **morphotektonische Erklärung** der größten Formenanlagen auf den Kontinenten und der Ozeanböden ist möglich geworden, seitdem man die Erde als dynamisches System versteht, bei dem Mantel- und Krustenmaterial in Austauschprozesse eingebunden sind. Die theoretische Grundlage bildet die **Plattentektonik** (Abb. 2.4). Durch plattentektonische Modellvorstellungen werden die Bildung von Gebirgen im morphologischen Sinne und die Entstehung der geologisch-tektonischen Struktur von Gebirgen (Gesteine und Lagerungsformen) erklärbar. Ältere Vorstellungen, die mit dem Begriff der „Geosynklinale“ (als Ablagerungsraum für Sedimente, aus denen später Gebirge entstehen) verbunden sind, werden nicht mehr diskutiert, da die Plattentektonik sehr viel umfassendere und weitergehende Begründungen für zahlreiche Aspekte der Gebirgsbildung (Orogenese) zuläßt. Aus geomorphologischer Sicht liefert die Plattentektonik zusätzlich plausible genetische Vorstellungen über die Oberflächenstrukturen der Ozeanböden (**mittelozeanische Rücken**,

Tiefseerinnen, **Inselbögen**, ***sea mounts*** als **Tiefseeberge**) sowie über die Verbreitung und Differenzierung von Erdbeben und Vulkanismus. Auch die Entstehung und Umwandlung von Gesteinen (insbesondere von magmatischen Gesteinen) werden vor dem Hintergrund der Plattentektonik besser verstanden.

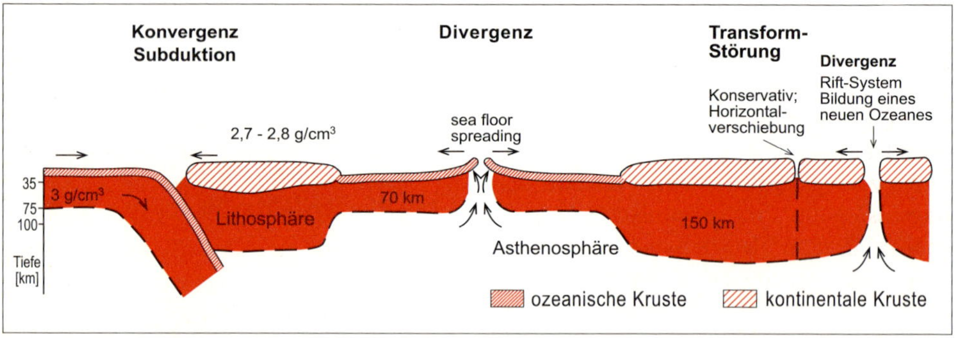

Abb. 2.4 Schematische Darstellung plattentektonischer Grundstrukturen (verändert nach FRISCH/LOESCHKE 1993, 7). Die Lithosphäre besteht aus ozeanischer oder kontinentaler Kruste mit dem darunter liegenden oberen Bereich des Erdmantels. Im Vergleich zur Asthenosphäre verhält sie sich überwiegend als fester, spröder Körper.

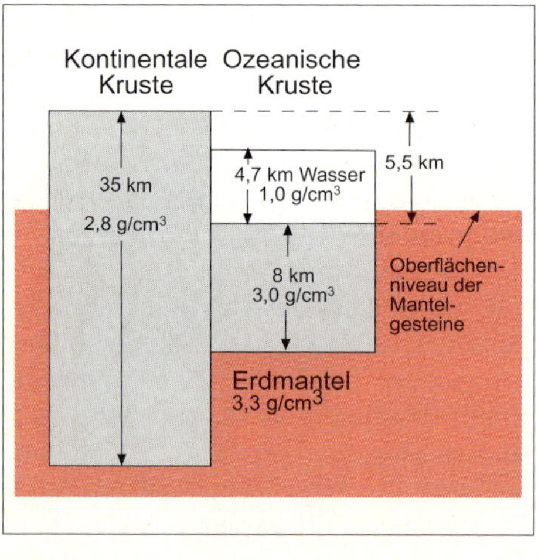

Abb. 2.5 Isostasie von Krustentypen (schematisch, nach STROBACH 1991, 51). Kontinentale und ozeanische Kruste mit unterschiedlichen Mächtigkeiten und Dichten „schwimmen“ auf dem Material des Erdmantels, die ozeanische Kruste wird vom Meerwasser bedeckt. Es stellt sich ein Gleichgewicht ein, mit einem Niveauunterschied von 5,5 km zwischen der Oberfläche der kontinentalen und der ozeanischen Kruste. Dieser Betrag stimmt mit der Differenz zwischen mittlerer Landhöhe (870 m ü. NN) und dem Maximum der Häufigkeitsverteilung bei 4700 m u. NN überein (Abb. 2.2).

Die Plattentektonik unterscheidet die **Lithosphäre** von der **Asthenosphäre**. Die Lithosphäre umfaßt die Erdkruste und den darunter liegenden, obersten Bereich des Erdmantels, welcher eine größere Festigkeit und Starre besitzt als die tieferliegenden Teile des Erdmantels. Für die Asthenosphäre „wird ein Schmelzanteil von wenigen Prozent angenommen"; sie ist „eine Schicht innerhalb des oberen Mantels mit relativ hoher Beweglichkeit" (FRISCH/LOESCHKE 1993, 10). Entsprechend einer Gliederung in kontinentale und ozeanische Kruste wird auch von **ozeanischer und kontinentaler Lithosphäre** mit Mächtigkeiten von 70 bzw. 150 km ausgegangen (Abb. 2.4). Die gesamte Erdkruste ist in zahlreiche Lithosphärenplatten gegliedert (Abb. 2.6). Durch Antriebskräfte im Erdmantel, zu deren Erklärung eine Reihe von Theorien existiert und die insgesamt auf einen Wärmeausgleich zwischen warmem Mantel und kalter Erdoberfläche zurückgeführt werden können, werden die Lithosphärenplatten relativ zueinander bewegt, ohne daß sich der Umfang der Erde dabei verändert. Durch Drehungen auf der Kugeloberfläche bewegen sich die Platten gegeneinander (**Konvergenz**), auseinander (**Divergenz**), oder sie werden horizontal entlang ihrer Grenzen gegeneinander bewegt (**Horizontalverschiebung**).

Bei divergierenden Platten wird die entstehende Lücke durch Material geschlossen, das aus der Asthenosphäre aufdringt. Dadurch wird im Bereich der mittelozeanischen Rücken die Kruste aufgewölbt und ständig neue, besonders basische ozeanische Kruste gebildet. Von diesen **Driftsystemen** her breitet sich der Ozeanboden in beide Richtungen aus (***sea floor spreading***), nach außen steigt somit das Alter der ozeanischen Kruste. Die ozeanische Kruste ist nirgendwo älter als 200 Mio. Jahre, weil sie an den konvergierenden Plattengrenzen wieder Richtung Asthenosphäre abtaucht. Die Krustenneubildung führt zur Verschiebung der Kontinente (s. Abb. 2.4 und Kasten 2.3).

In den Konvergenzzonen stoßen die Bewegungsrichtungen zweier Platten aufeinander. Wenn eine ozeanische und eine kontinentale Kruste an der Konvergenz beteiligt sind, wird wegen der Dichteunterschiede die spezifisch schwerere ozeanische unter die kontinentale Lithosphäre abtauchen, d. h. sie wird subduziert. Die **Subduktionszonen** sind an der Erdoberfläche (Ozeanboden) durch tiefe Rinnen (Tiefseegräben) gekennzeichnet. Außerdem wird die kontinentale Kruste durch die Subduktion gehoben, und ein Gebirge im morphologischen Sinn kann die Folge sein (s. Kasten 2.2).

Wenn durch Plattenkonvergenz zwei kontinentale Krustenblöcke aufeinanderprallen, bilden sich komplizierte tektonische Strukturen. Da beide kontinentalen Krusten eine ähnliche Dichte aufweisen, verdickt sich die Kruste, und es entsteht morphologisch ein Gebirge.

An **konservativen Plattenrändern** werden die Platten gegeneinander, weitgehend ohne Vertikalbewegungen verschoben (**Transformstörung**).

Kasten 2.2 „Die Entstehung von Gebirgen und Inselbögen" (verändert nach SUMMERFIELD 1991, S. 58-60)

An konvergenten Plattenrändern entstehen Inselbögen und Gebirge durch **Kollision** und **Subduktion**. Die Kollision kann zwischen angrenzenden kontinentalen Lithosphärenplatten, zwischen kontinentaler Lithosphärenplatte und einem Inselbogen oder zwischen zwei Inselbögen auftreten. Beim Aufeinandertreffen von ozeanischer und kontinentaler Lithosphäre taucht wegen ihrer größeren Dichte stets die ozeanische unter die kontinentale ab. Auch die Subduktion einer ozeanischen unter eine andere ozeanische Platte kommt vor.

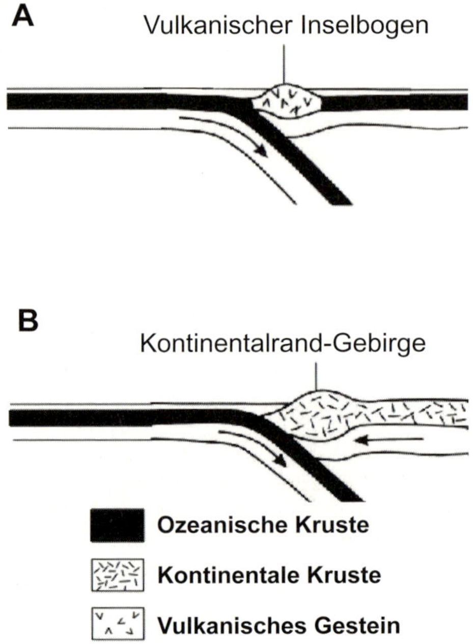

A Entstehung eines Inselbogens
Im Falle der Konvergenz zweier ozeanischer Platten tritt als Folge der Subduktion vulkanisches Material an die Oberfläche, ein aus dem Meer aufragender Inselbogen entsteht.

B Aktiver Kontinentalrand
Die Kollision von ozeanischer und kontinentaler Platte läßt ein Gebirge am Kontinentalrand (andiner Typ) entstehen (Anden, Sumatra, Java).

C

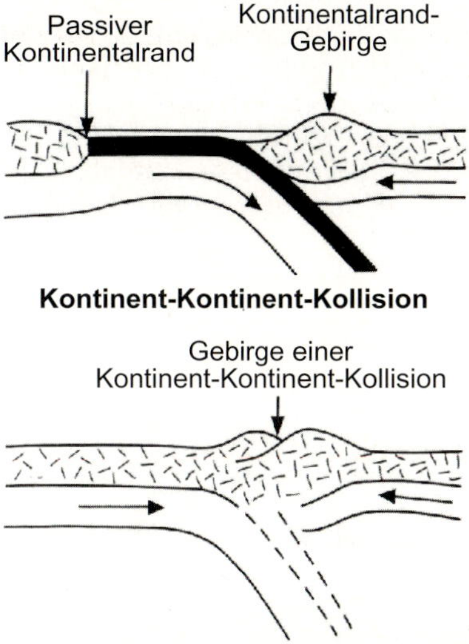

D

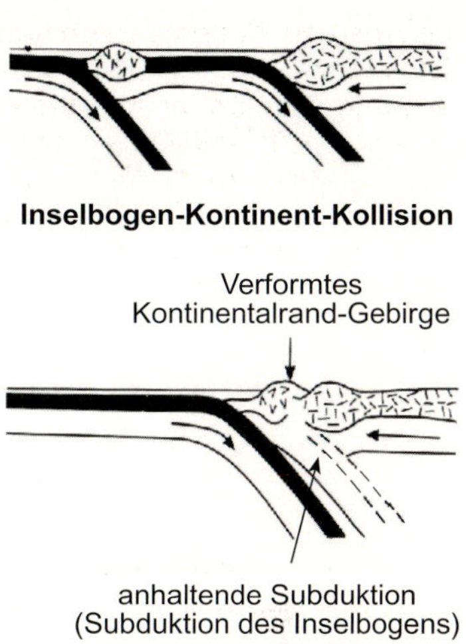

C Kontinent-Kontinent-Kollision

Nachdem eine ozeanische Platte mit angeschweißtem „passivem" Kontinentalrand vollständig subduziert worden ist, bildet sich durch die Kollision der beiden Kontinente ein Gebirge. Dabei ist unter anderem Folgendes zu beobachten: An der Nahtstelle der beiden kollidierenden Platten tritt die intensivste Deformation der beiden Krusten auf. Keile der ozeanischen Kruste werden schuppenförmig den Sedimenten der Subduktionszone aufgeschoben. Das aufsteigende Gebirge liefert Abtragsmassen, die in dem schmalen Meerestrog vor der Subduktionszone abgelagert werden. Sobald auch dieses Material in den Bereich der Subduktionszone gelangt, wird es abgeschält und ebenfalls zu Schuppen deformiert und aufgeschoben. Die endgültige Schließung des Meeresbeckens leitet die Krustenverdickung mit anschließender isostatischer Hebung und Gebirgsbildung im morphologischen Sinne ein (Beispiele: Himalaya, Ural, Appalachen).

D Inselbogen-Kontinent-Kollision

Auch Inselbögen können an einen aktiven Kontinentalrand angegliedert werden; nach der Angliederung wird der äußere Rand des Inselbogens teilweise in die Subduktion einbezogen. Das Ergebnis dieser Kollision ist ein modifizierter Kontinentalrand.

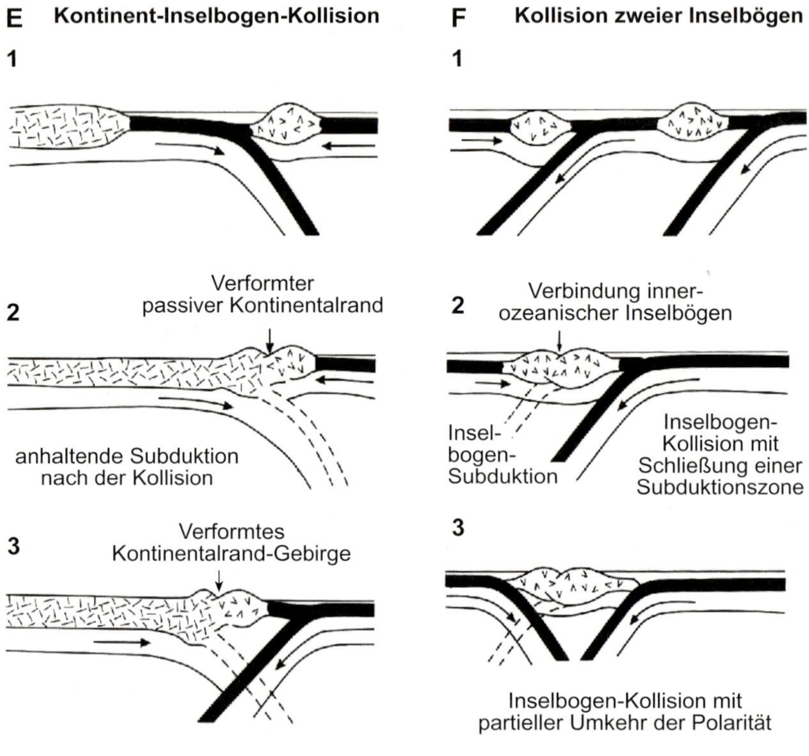

E 1-3 Kontinent-Inselbogen-Kollision
Bei der Bewegung eines Kontinents (mit passivem Kontinentalrand) in Richtung auf einen Inselbogen wird der Inselbogen dem Kontinentalrand angegliedert. Danach sind zwei unterschiedliche Entwicklungen denkbar: entweder die Subduktion ist abgeschlossen (E 2), oder die ozeanische Platte reißt vom Inselbogen ab und wird unter die kontinentale Platte subduziert (E 3) (sog. Umkehrung der Polarität der Subduktionszone).

F 1-3 Kollision von zwei Inselbögen
Bei der Kollision zweier Inselbögen sind wiederum zwei Entwicklungsrichtungen denkbar, beide sind verbunden mit einer Umkehr der Polarität (F2 und F3).

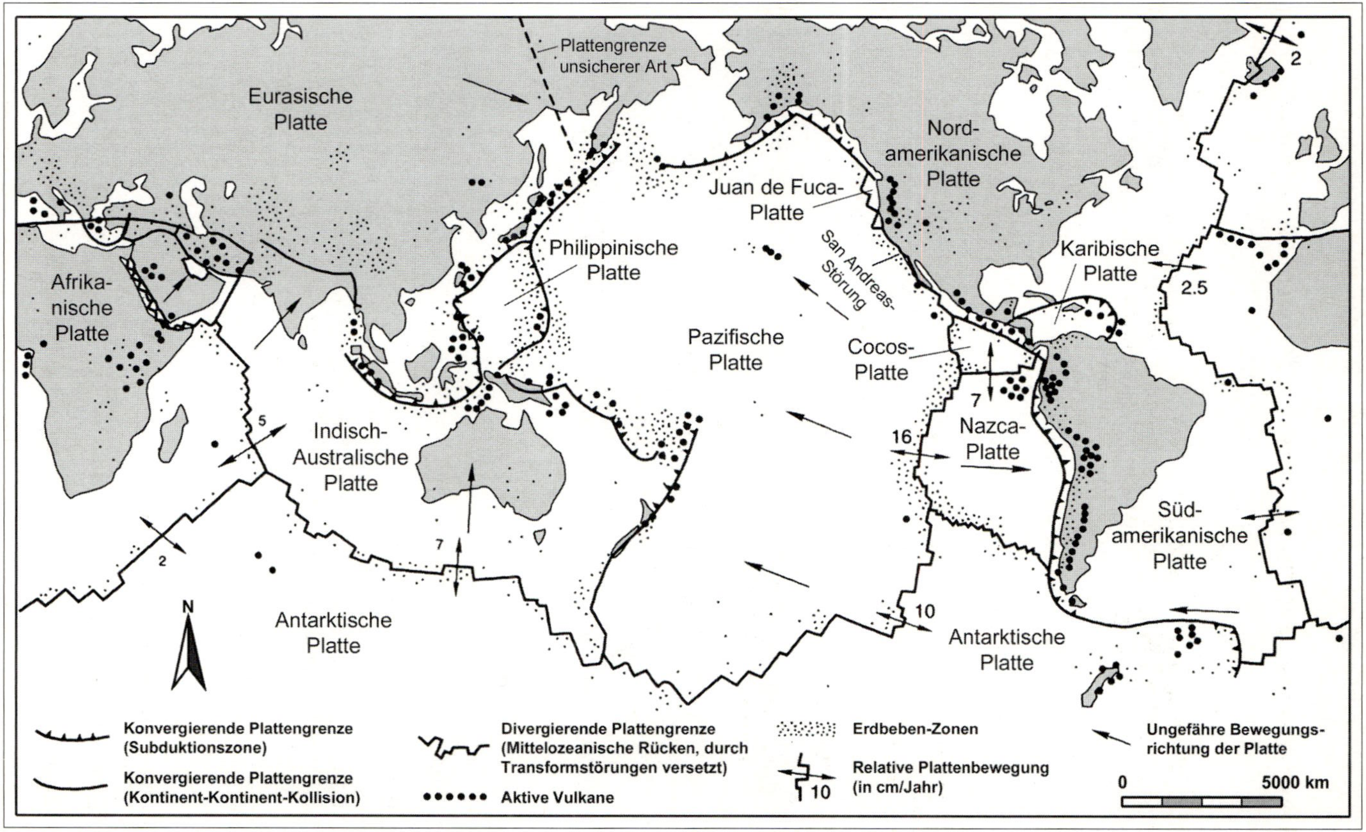

Abb. 2.6 Lithosphärenplatten (nach KELLER/PINTER 1996)

Bei näherer Betrachtung erweisen sich die Gebirge als komplizierte Strukturen, die nicht durch einfache Kollision und das Übereinanderstapeln der in Kasten 2.2 vereinfacht skizzierten Platten erklärt werden können. Besonders in **Gebirgen des alpinen Typs** treten sehr häufig sogenannte **Terranes** auf. Dies sind Teile ozeanischer oder kontinentaler Kruste, die meist von den umgebenden Gebirgs-

Kasten 2.3 Die Entstehung der heutigen Kontinente durch den Zerfall von Pangäa (verändert nach Bahlburg/Breitkreuz 1998, 271)

Bis zur Trias hatte sich der Superkontinent Pangäa gebildet (A), der später in das nördliche Laurasia (weiß) und Gondwana (grau) zerfiel. Die Öffnung des Atlantiks zwischen Nordamerika und Nordwestafrika wurde noch in der Trias eingeleitet, im Jura begann die Öffnung des Südatlantiks und somit die Lösung Afrikas von Südamerika. Gerade dies war aufgrund verschiedenster Indizien (Paßform der Umrisse beider Kontinente, Übereinstimmungen in der durch Fossilien dokumentierten Floren- und Faunenentwicklung beiderseits des Atlantik) bereits 1912 von Alfred Wegener postuliert worden (Kontinentalverschiebung); es dauerte Jahrzehnte, bis mit der Plattentektonik eine physikalisch stimmige Theorie zur Kontinentaldrift entwickelt worden war.
Der Nordatlantik entstand mit der Bildung der Labradorstraße zwischen Grönland und Kanada (C), später öffnete sich der Atlantik zwischen Grönland und Europa (D). Während des Mesozoikums und Tertiärs entwickelten sich neue Riftzonen mit der nachfolgenden Bildung neuer ozeanischer Kruste im Indischen und Pazifischen Ozean (B). Dadurch wurden Indien, Australien und die Antarktis von Afrika und untereinander getrennt. Seit dem Alttertiär (D) erfolgt – durch die Norddrift der Arabischen Platte und des indischen Subkontinents – die endgültige Schließung der Tethys, welche für lange Zeit das bedeutende ‚Mittelmeer' zwischen Eurasien und Gondwana gewesen war. Die heutigen Bewegungsrichtungen der Platten sind der Abb. 2.6 zu entnehmen.

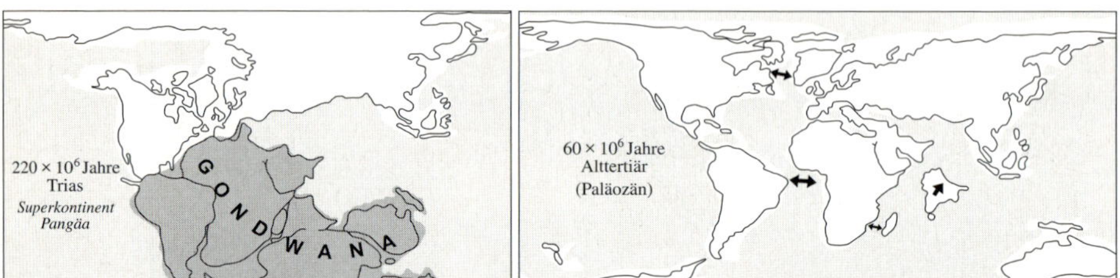

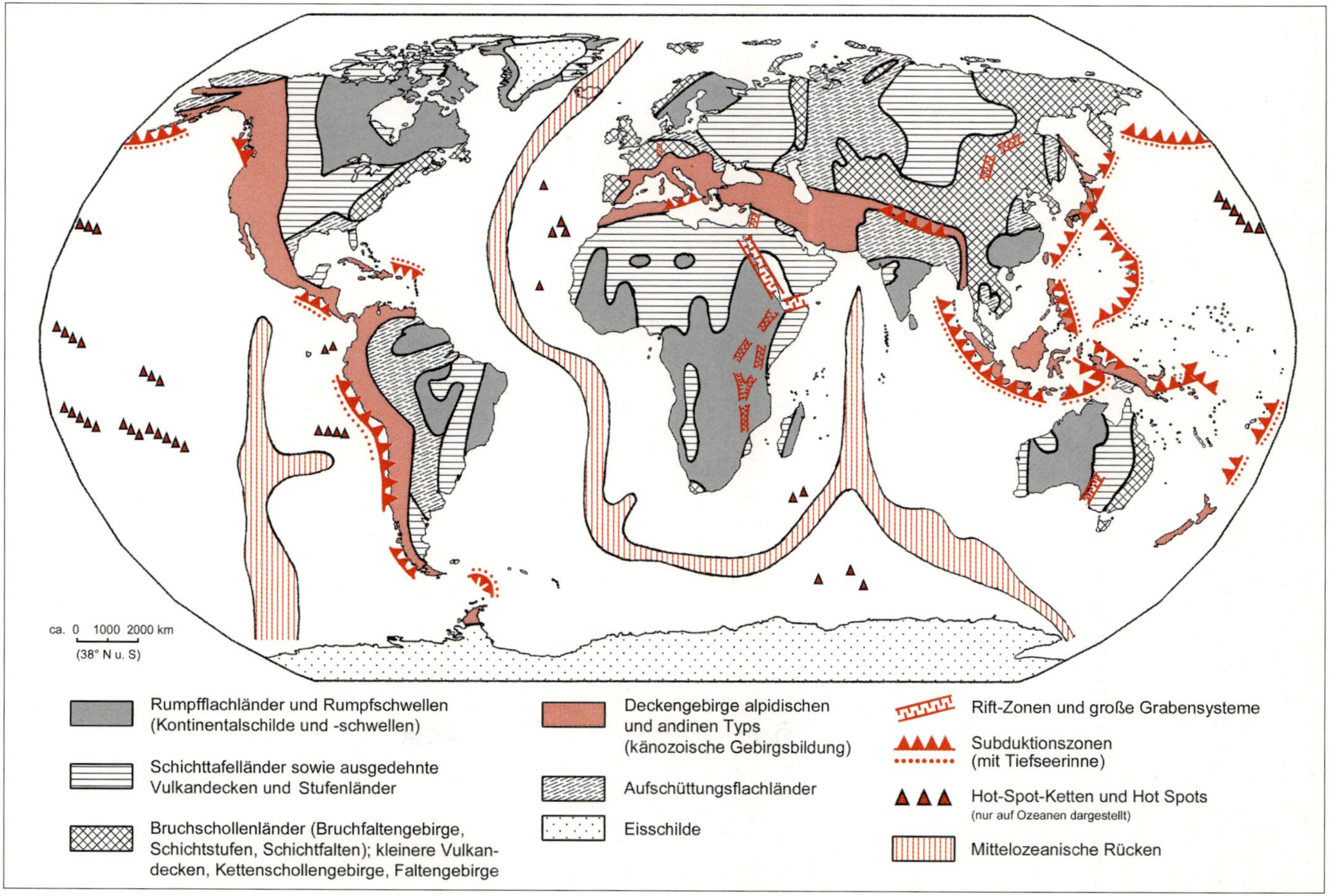

Abb. 2.7 Morphostrukturelle, endogen bestimmte Einheiten des Mega- und Makroreliefs der Erde (Entwurf unter Verwendung von SUMMERFIELD 1991, DONGUS 1980, STRAHLER/ STRAHLER 1992, AHNERT 1996)

teilen scharf abgegrenzt sind und vollkommen andere Gesteine und Lagerungsformen aufweisen. Durch horizontale Krustenbewegungen sind sie oftmals bis zu mehreren tausend Kilometern von ihrem Bildungsort verdriftet worden. Besonders vielgestaltig sind die mechanischen Beanspruchungen, denen das Krustenmaterial an Plattengrenzen ausgesetzt ist. Es bilden sich Falten, Decken, Brüche und Überschiebungen (s. 3.1). Spannungen entladen sich in Erdbeben. Durch Absenkung und Hebung gelangen Gesteine in Umgebungen mit veränderten Druck- und Temperaturbedingungen. Sie verändern ihre Mineralzusammensetzung, ihre Struktur und damit ihr Verhalten und ihre Eigenschaften (s. 3.3). Dies hat Auswirkungen auf exogene Formungsprozesse (s. 12.2 u. 12.3).

Kasten 2.4 Literaturauswahl zur Ergänzung und Vertiefung des Kapitels 2

FOWLER 1990 (Erdkörper), BOLT 1995 (Erdbeben), SEIBOLD U. BERGER 1993 (Meeresboden), FRISCH U. LOESCHKE 1993 (Plattentektonik), FRISCH U. MESCHEDE 2005 (Plattentektonik), KELLER U. PINTER 1996 (Beziehungen zwischen heutiger Tektonik und Geomorphologie), STROBACH 1992 (Unser Planet Erde), SUMMERFIELD 1991, 31-104, weitere Literatur in Kasten 1.4

3 Material, Prozesse und Strukturen der kontinentalen Kruste

Abb. 3.1 Gesteinsfalten entstehen bei überwiegend bruchloser Deformation von Krustenteilen; sie sind immer eine Folge von Einengung (Kompression).

3.1 Tektonik

3.1.1 Tektonische Bewegungen. Auf den Kontinenten, abseits der großen plattentektonischen Konvergenzzonen, gibt es vielfältige, geomorphologisch relevante Strukturen, die von der Geologie, speziell von der **Tektonik** (Lehre vom Bau der Erdkruste), beschrieben und analysiert wurden. Als Strukturen mittlerer Größenordnung fügen sie sich ein in das neue, plattentektonisch geprägte Verständnis der endogenen Prozesse.

Zum Teil können **Bewegungen der Erdkruste** als Anpassungen an die spektakulären Prozesse an den aktiven Kontinentalrändern und Inselbögen und als deren räumliche Fernwirkungen aufgefaßt werden. Außerdem belegen sie Wechselwirkungen zwischen Erdmantel und Erdkruste bzw. Lithosphäre und Asthenosphäre auch innerhalb scheinbar stabiler, konsolidierter Kontinente. Und schließlich kommen regionale Ursachen in Betracht, die z. B. mit besonderen Gesteinseigenschaften (Salzgesteine), Schweregleitung oder Isostasie erklärt werden können. **Krustenverstellungen** schaffen Höhenunterschiede und damit regionale und lokale Energiegefälle als Voraussetzung für exogene Prozesse (Materialumlagerung an der Oberfläche), die auf einen Niveauausgleich gerichtet sind.

Mit Erklärungsansätzen, die endogene und exogene Prozesse kombinieren, ist eine Vielzahl von Mesoreliefformen nachvollziehbar (s. 4). Durch tektonische Bewegung (horizontale und vertikale Verschiebungen) gelangen **Gesteine mit unterschiedlicher Abtragungsresistenz** an die Erdoberfläche. Gesteinshärte und -lagerung wirken sich in aller Regel auf die exogene Formung aus; die Formen zeigen deshalb eine Beziehung zu vorgegebenen geologischen Strukturen (s. 12).

Auf Beanspruchungen durch Druck und Zug reagiert das Gesteinsmaterial der Kruste – in Abhängigkeit vom Verfestigungsgrad (Sedimente) und vom geothermischen Gradienten – bis zu einer Tiefe von etwa 10 km spröde; es treten **Brüche** auf. Bei der Versenkung in größere Tiefen (Übergang zwischen **sprödem** und **duktilem** Bereich), verbunden mit einer entsprechenden Auflast, sind **bruchlose Verformungen** möglich. Bei langzeitiger Beanspruchung verhalten sich Gesteine unter diesen Umständen plastisch. Die mit zunehmender Tiefe steigenden Temperaturen (1 K/33 m = **geothermischer Gradient**), **Drücke** und **Stress** (einseitig gerichtete Drücke) bewirken die Umwandlung von Gesteinen (**Metamorpho-**

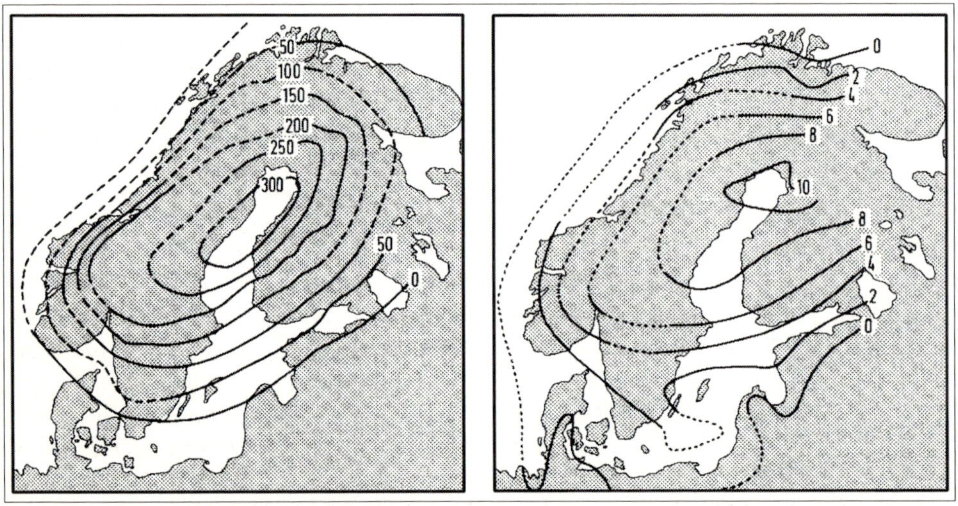

Abb. 3.2 Isostatische Hebung Skandinaviens (Quelle: Brinkmann 1975, leicht verändert und ergänzt); links: Hebung seit der letzten Vereisung in m, rechts: derzeitige jährliche Hebung in mm. In der letzten Eiszeit war Skandinavien von mächtigem Inlandeis bedeckt, das eine Absenkung der Kruste verursachte. Nach dem Abschmelzen des Eises vor etwa 10.000 Jahren hebt sich Skandinavien als Folge der Entlastung um jährlich bis zu 10 mm. Die (glazial)isostatische Ausgleichsbewegung hält theoretisch bis zur Einstellung eines neuen Gleichgewichts an.

se) bis zum partiellen oder vollständigen **Aufschmelzen der Gesteinsminerale** (300 – 500°C).

Die großräumige Hebung und Senkung von Krustenteilen werden häufig zusammenfassend als **Epirogenese** bezeichnet. Verschiedene Ursachen kommen in Betracht. Aufquellendes heißes Mantelmaterial erhitzt die Unterkruste; diese schmilzt, wird dünner, woraus wegen der Dichteunterschiede **isostatischer Auftrieb** resultiert (***thermal isostasy, hot spot***). Auch ein **Aufstieg von Magma aus der Asthenosphäre in die Kruste** kann Hebung verursachen. Mit den genannten Erklärungsversuchen ist häufig vulkanische Aktivität verbunden. Denkbar sind vertikale Krustenbewegungen auch als Folge von **Mineralumwandlungen im oberen Mantel** und hieran gekoppelte Volumenveränderungen. Die ehemals vergletscherten Kontinente (z. B. Grönland, Skandinavien) reagieren auf die **Druckentlastung durch Eisschmelze** mit isostatischem Hebungsausgleich (s. Abb. 3.2).

Auch die **Abtragung der Gebirge** bedeutet Entlastung und zieht isostatische Ausgleichsbewegungen nach sich (s. 4.3), die plattentektonische Hebungen überlagern oder ihnen zeitlich folgen können (z. B. Ostrand der zentralen Anden, Himalaya-Südrand). Im Falle des Himalayas und Tibetplateaus folgte der Plattenkollision vor rund 50 Mio Jahren die Hebung vermutlich erst zeitverzögert vor 5 Mio Jahren. Maximale Hebungsbeträge infolge plattentektonisch begründeter Krustenverdickung liegen bei 1 mm/Jahr (Alpen) bis 5 mm/Jahr (Nanga Parbat) (FRISCH/LOESCHKE 1993, 163). Epirogenetische Bewegungen vollziehen sich über lange Zeiträume. Sie sind mit geodätischen und geophysikalischen Methoden erfassbar (z. B. Feinnivellements und Schweremessungen) und können durch geomorphologische Beobachtungen nachvollzogen werden (z. B. Strandterrassen, Talformen).

Teile der Kruste, die abgesunken sind und Abtragungsschutt umgebender Hochgebiete aufnehmen, bezeichnet man als **Becken**. Hierzu gehören die am Rande von Konvergenzzonen durch Subduktion entstandenen Tiefseerinnen und Vorlandbecken sowie die Riftsysteme und Gräben (z. B. Oberrheingraben).

Den Absenkungsprozeß nennt man Subsidenz; sie ist endogen eingeleitet (sog. **tektonisch-thermische Subsidenz**). Der Eintrag von Sedimenten bedeutet zusätzliche Auflast im Becken, so daß zur endogen induzierten Subsidenz eine **Sediment-Auflast-Subsidenz** verstärkend hinzutritt.

Die während der Subsidenz stattfindende Verfüllung von Becken verhindert häufig, daß der Gesamtbetrag der Subsidenz an der Oberfläche der festen Erde, also im Relief, als Höhenunterschied sichtbar ist. **Orogenesen** (s. 3.2) werden verstanden als bedeutende, abgeschlossene Phasen mit Plattenkollisionen und Krustendeformationen. Diese Einteilung vereinfacht zwar die über lange Zeiträume ablaufenden orogenetischen Prozesse, doch sie erlaubt, Gebiete nach ihrem tektonischen Baustil und ihrer zeitlichen Stellung zu differenzieren. Die Bildung orogener Krustenstrukturen (Gebirgsbildung im geologischen Sinne) ist nicht gleichbedeutend mit der Entstehung eines Gebirgsreliefs, doch kann – unter gewissen Rahmenbedingungen – der tektonische Baustil die Oberflächenformung prägen.

3.1.2 Lagerungsformen und einfache tektonische Strukturen. Sedimente, die in einem Becken abgelagert werden, breiten sich meist als flächenhaft ausgedehnte Schichten aus. Diese **Schichten** unterscheiden sich nach der Größe, nach dem Mineralbestand und dem Chemismus der abgelagerten Materialien (s. 3.3). Die normale Lagerung von **Sedimentgesteinen** (**söhlige Lagerung**) entspricht demnach der horizontalen Ablagerung. Häufig sind die Schichten später durch tektonische Bewegungen verstellt. Sie gehen von einer söhligen in die **geneigte Lagerung** über (vgl. Abb. 3.3 und Kasten 3.1). Wenn sie senkrecht aufgestellt sind (**saigere Stellung**), dann ist die Altersabfolge der Schichten nicht ohne weiteres erkennbar. Gleiches gilt, wenn die **Schichten überkippt** sind; dann ruhen ältere Schichten auf jüngeren, die Lagerung ist invers.

Neben der Verkippung von Schichten durch tektonische Vorgänge (z. B. Einengung von Krustenteilen) treten auch Krustendehnungen auf. Sie sind häufig mit einer Ausdünnung der Kruste verbunden, so daß diese reißt und in einzelne Schollen zerlegt wird; dann bilden sich **Grabenstrukturen** (Abb. 3.5). Fortgesetzte

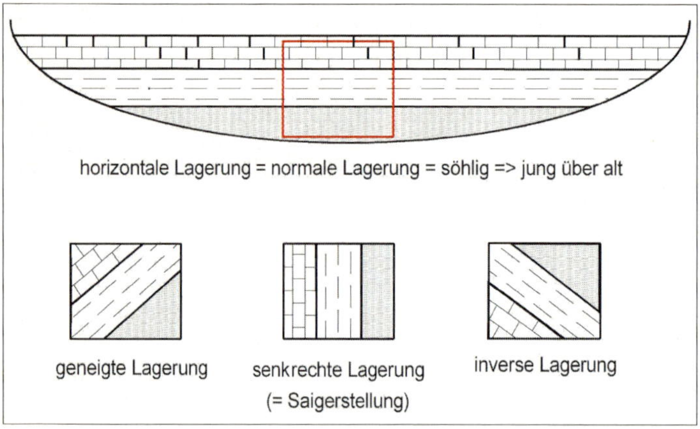

Abb. 3.3
Lagerungstypen von Sedimentgesteinen

Abb. 3.4
Steil (saiger) stehende Kalksteinschichten (Bretagne, Frankreich). Rechtwinkling zu den Schichten sind Klüfte zu erkennen.

Kasten 3.1 Konkordante und diskordante Lagerung (B aus Louis/Fischer, 1979, 52)

A Im Geologischen Garten (Bochum) lagern die Gesteine aus der Kreide diskordant den Sandsteinen des flözführenden Karbons auf.

B a Ungestört übereinander abgelagerte und erhaltene Schichten zeigen eine konkordante Lagerung.

b Konkordante Schichten erhalten ihre Konkordanz auch nach einer Verstellung.

c Oft ist die Kippung der Schichtserie mit Hebung und Abtragung verbunden; wenn anschließend – eventuell nach erneuter tektonischer Absenkung – die verstellte, teils abgetragene Schichtserie von neuen Schichten bedeckt wird, dann ist eine Diskordanz(fläche) entstanden. Diese Basisfläche der überlagernden Gesteine bildet einen Winkel mit den Schichtflächen der unterlagernden schräggestellten Schichtserie. Deshalb wird auch von Winkeldiskordanz gesprochen (s. Kasten 3.3).

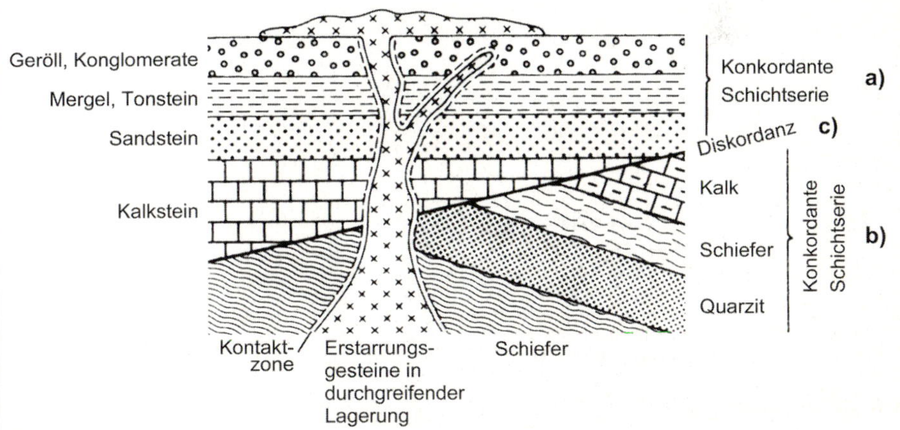

Dehnung kann zum vollständigen Aufbrechen der kontinentalen Kruste führen, und zwar mit nachfolgender Entstehung ozeanischer Kruste (an mittelozeanischen Rücken, s. 2.2), wie es heute für das ostafrikanische **Riftsystem** (Abb. 3.6) für möglich gehalten wird.

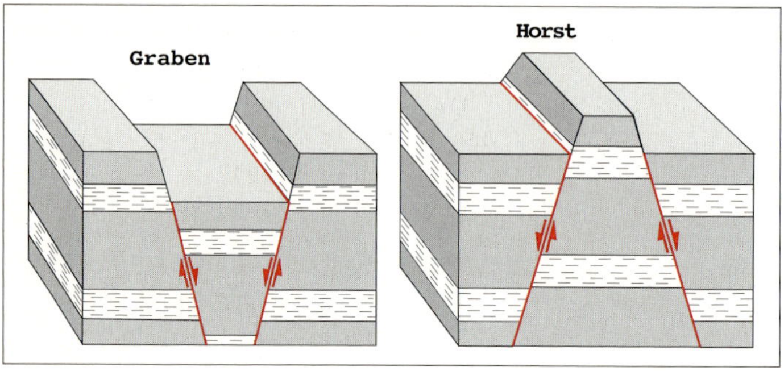

Abb. 3.5 Graben und Horst

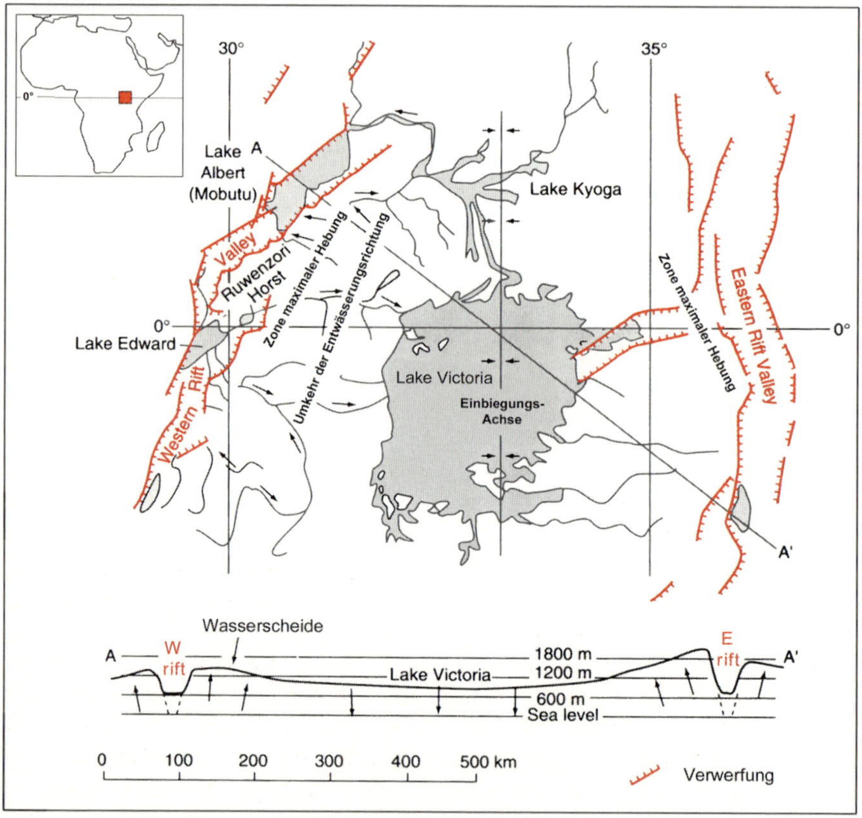

Abb. 3.6 Ostafrikanisches Riftsystem (nach Keller/Pinter 1996)

Die Grenzflächen von Krustenschollen, die vertikal oder horizontal gegeneinander bewegt werden, heißen **Störungen**, **Brüche** oder **Verwerfungen**. Den Vertikalbetrag, um den sich zwei Krustenschollen verschoben haben, nennt man **Sprunghöhe** (Abb. 3.7). Nur in Ausnahmefällen verläuft die Verwerfung vertikal. Häufiger sind geneigte Störungsflächen. Im Falle einer Krustendehnung fällt die Verwerfungsfläche zur Tiefscholle hin ein (Abschiebung). Der umgekehrte Fall sind die Aufschiebung und die Überschiebung (Abb. 3.8). Auf- und Überschiebungen sind an eine Raumeinengung (**Kompression**) der Erdkruste gebunden. Sprunghöhen können wenige Zentimenter ausmachen, aber im Laufe der Jahrmillionen auf über Tausende von Metern anwachsen.

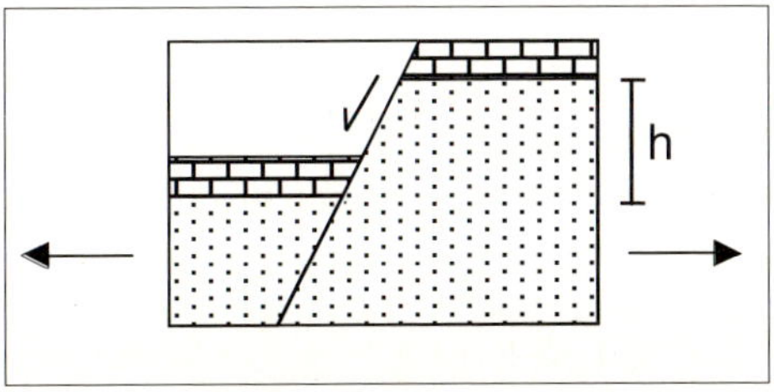

Abb. 3.7 Abschiebung, Verwerfung und Sprunghöhe. Bei einer Abschiebung als Ausdruck der Dehnungstektonik haben sich Hochscholle und Tiefscholle entlang einer zur Tiefscholle geneigten Verwerfungsfläche bewegt. Der Höhenunterschied einer Schichtgrenze links und rechts der Verwerfung gibt die Sprunghöhe an.

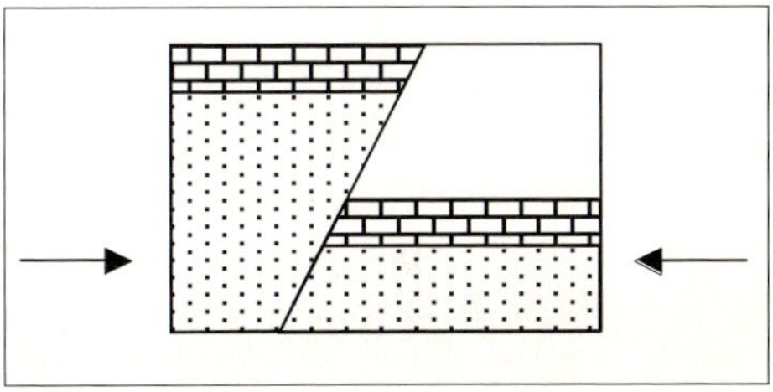

Abb. 3.8 Aufschiebung. Aufschiebungen und Überschiebungen sind Ausdruck einer seitlichen Einengung (Kompression) der Erdkruste.

Wenn eine Tiefscholle beidseitig von zwei Hochschollen umrahmt wird, liegt ein **Graben** (Abb. 3.5 u. 15.12) vor. Das Gegenstück – zwei Tiefschollen umgeben eine Hochscholle – ist der **Horst**. Beide Strukturen sind meist Ausdruck einer Dehnung. Seltener kommen dagegen Horste als Ergebnis einer Pressung zustande. Die Ränder von Gräben und Horsten werden meist nicht als einzelne Störungen, sondern durch **Verwerfungsscharen**, durch parallel und teilweise spitzwinklig zueinander laufende Brüche gekennzeichnet. Bruchtektonische Strukturen haben in aller Regel Auswirkungen auf die Oberflächenform, vor allem wenn die Bewegungen noch heute ablaufen oder vor nicht allzu langer Zeit stattgefunden haben (s. 12.4).

Unter bestimmten geologischen Rahmenbedingungen können Gesteinsschichten verbogen werden, so daß sie **Sättel** (Wellenberge) und **Mulden** (Wellentäler) bilden (s. Abb. 3.1 und 3.9). Normalerweise sind Falten mit einer seitlichen Einengung verbunden. Während der Fal-

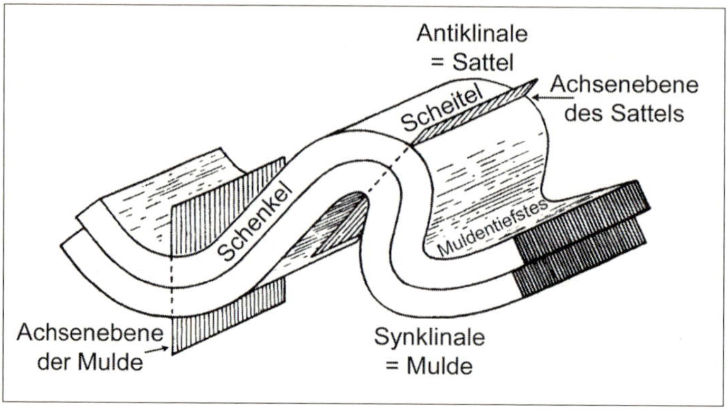

Abb. 3.9
Elemente einer Schichtfalte (nach METZ, aus LOUIS/FISCHER 1979, 53)

tung unterliegen die Gesteinsschichten einer **Deformation**. Voraussetzungen hierfür sind entsprechende Temperatur- und Druckbedingungen sowie die Mineralzusammensetzung der Gesteine; diese Voraussetzungen gelten nicht für Falten, die durch die schwerkraftbedingte Gleitung in Lockersedimenten (s. 6) entstehen. Bei der Faltung ändert sich der für die jeweilige Schicht zur Verfügung stehende Raum. Im Kern der Falte wird Material zusammengedrückt, außen verteilt es sich auf einen größeren Raum, und es wird dabei gezerrt. So können in Gesteinen Risse entstehen, sogenannte Klüfte. Eine **Spalte** ist eine größere, mit dem Auge gut erkennbare **Kluft**. Ist die Spalte nachträglich durch eine Füllmasse verschlossen, liegt ein **Gang** vor. Klüfte und Spalten stehen im Normalfall mehr oder weniger senkrecht zur Schichtung. Sie können durch mechanische Beanspruchung der Gesteinsschichten entstanden sein, aber auch durch **Schrumpfung bei Abkühlung** oder **Flüssigkeitsverlust während der Diagenese** (s. 3.3.5).

Bei einer Schichtfalte wechseln auf kurzer Distanz die **Einfallswinkel und Einfallsrichtungen der Schichtflächen**. Das **Streichen** (Kasten 3.2) bleibt dagegen gleich. Es wird angezeigt durch die Achsen der Mulden und Sättel. Die Grundform einer Schichtfalte ist durch senkrecht stehende Achsenebenen gekennzeichnet. Neigt sich die **Achsenebene** zu einer Seite, dann liegt eine schiefe oder sogar liegende Falte vor. Falten können nahezu jede Dimension annehmen. Sie kommen als kleine **Spezialfalten** im Zentimeter- und Meter-Bereich vor, sie können als große Aufwölbungen (**Antiklinalen**) und Einmuldungen (**Synklinale**) Wellenlängen bis zu einer Größenordnung von 10 km annehmen.

Kasten 3.2 Streichen und Fallen (A nach STRAHLER/STRAHLER, 1999; B nach ZEIL 1990, 183)

A) Durch tektonische Prozesse sind Gesteine häufig in eine geneigte Lagerung gebracht worden. Die dreidimensionale, räumliche Lage einer Schichtfläche ist eindeutig definiert durch das Streichen und Fallen. Das **Fallen** ist der Winkel zwischen einer gedachten horizontalen Ebene und der Schichtfläche (Einfallswinkel 0-90°), verbunden mit der Angabe der Himmelsrichtung, zu der sich die Schichtfläche neigt. Das **Streichen** ist definiert als die Winkelabweichung von der Nordrichtung, den die Schnittgerade (Schnittspur) einer gedachten horizontalen Fläche mit der Schichtfläche bildet. Im Beispiel streichen die Schichten (genauer: die Schichtfläche) N-S oder 0°. Die Richtung des Einfallens ist W.

B) Normalerweise fallen bei Mulden die Schichten von beiden Seiten zum Muldentiefsten ein (1); die Einfallsrichtungen sind entgegengesetzt, die Streichrichtung ist für die gesamte Mulde gleich. Falten, deren Achsen geneigt sind, zeigen umlaufendes Streichen (2). Das Streichen und Fallen ändert sich kontinuierlich. Es „läuft" gewissermaßen „um" die an der Erdoberfläche umbiegende Gesteinsschicht (sog. umlaufendes Streichen).

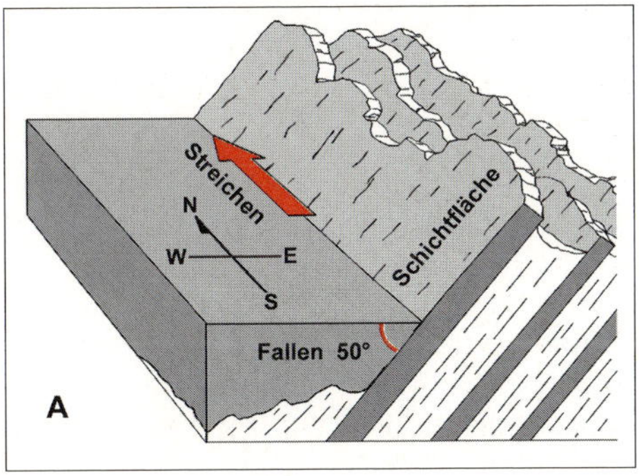

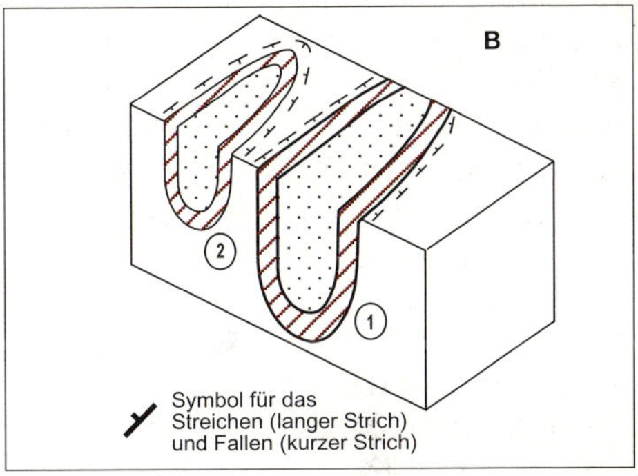

3.2 Geologische Zeitrechnung und erdgeschichtliche Entwicklung

Die **erdgeschichtliche Tabelle** (Tab. 3.1) bietet den zeitlichen Bezugsrahmen für endogene und exogene Prozesse sowie für die Entwicklung des Lebens auf der Erde. Sie ist abgeleitet aus dem Studium der Gesteine und ihrer Lagerungsbeziehungen; weil jüngere Schichten über älteren abgelagert werden, sind Angaben über relative Alter möglich (**Lithostratigraphie**); die Erkenntnis über die Entstehung, Ausdifferenzierung und das Aussterben der Pflanzen- und Tierarten erlaubt es, Schichten an verschiedenen Lokalitäten zu parallelisieren; hierzu werden die Fossilien untersucht (**Paläon-**

Tab. 3.1 Erdgeschichte

Äon	Ära	Periode	Abteilung	Ma (Mill. Jahre)	Orogenese
Phanerozoikum	Känozoikum	*Quartär*	Holozän Pleistozän	2	
		Tertiär	Pliozän Miozän Oligozän Eozän Paläozän	25 65	ALPIDISCH
	Mesozoikum	*Kreide*	obere untere	135	
		Jura	Malm Dogger Lias	190	
		Trias	Keuper Muschelkalk Buntsandstein	251	
	Paläozoikum	*Perm*	Zechstein Rotliegendes	290	VARISZISCH
		Karbon	Ober- Unter-	345	
		Devon	Ober- Mittel- Unter-	395	KALEDONISCH
		Silur		430	
		Ordovizium		500	
		Kambrium	Ober- Mittel- Unter-	570	CADOMISCH
Präkambrium		*Proterozoikum*		2500	
		Archaikum		3800	
		Hadeum			
		Erdentstehung		ca. 4550	

tologie/Biostratigraphie); durch **isotopen-geochemische Analysen** sind absolute Altersangaben möglich. Naturgemäß sinkt die Informationsdichte mit wachsendem Alter der erdgeschichtlichen Dokumente (Gesteine, **Fossilien**).

Die Bezeichnungen der Zeitabschnitte (**stratigraphische Einheiten**) sind wissenschaftshistorisch zu erklären, die meisten sind international vereinheitlicht. **Phanerozoikum** steht für die Ära, die durch Fossilien belegbar ist. **Paläozoikum, Mesozoikum** und **Känozoikum** heißen auch Erdaltertum, Erdmittelalter und Erdneuzeit. Oftmals gehen die Bezeichnungen von **Perioden** und **Abteilungen** auf Typlokalitäten zurück; in diesen Fällen ist das Verbreitungsgebiet der einem Zeitabschnitt zugeordneten Schichten namengebend geworden, z. B. **Kambrium** (Bezeichnung für die römische Provinz Nordwales), **Devon** (Grafschaft in England), **Perm** (ehemaliges russisches Generalgouvernement im Ural), **Jura** (Schweizer und französisches Jura-Gebirge). Die Namen **Ordovizium** und **Silur** sind von keltischen Stämmen in England und Wales abgeleitet. Bei manchen Bezeichnungen ist ein direkter Bezug des Namens zu typischen Gesteinsprägungen erkennbar, z. B. bei **Buntsandstein** (rötlich), **Muschelkalk** (mit Schalenresten von Biogenskeletten), **Karbon** (lateinisch für Kohle), aber auch bei

Abb. 3.10 Grand Canyon (USA). Der Colorado hat in einem bis zu 1800 m tiefen Tal präkambrische und paläozoische Gesteinsschichten (s. Tab. 3.1) angeschnitten. Den präkambrischen Gesteinen (unten, nicht sichtbar) liegen diskordant paläozoische Schichten (vorwiegend Sandsteine und Kalke) in weitgehend ungestörter Lagerung auf. Die harten Gesteine bilden markante Stufen und Steilhänge (s. 12.3).

Dogger, **Malm** (nach engl. Gesteinsbezeichnungen). Dies sollte nicht zu Fehlschlüssen verleiten. Grundsätzlich können zu allen Zeiten – in Abhängigkeit von den Bildungsbedingungen (s. 3.3) – die verschiedensten Gesteine entstehen. Kalksteine gibt es nicht nur aus der Muschelkalk-Zeit (vgl. Kasten 3.3), das Karbon war zwar die bedeutendste Zeit mit Kohlebildung, aber nicht die einzige. Neben dem für einen Zeitabschnitt namengebenden Gestein treten andere hinzu.

Tektonische Prozesse finden seit Beginn der Existenz des Planeten Erde vor rund 4,5 Mrd. Jahren statt. Seit mindestens 1 Mrd. Jahre konzentrierten sie sich nachweislich auf die plattentektonisch aktiven Räume (s. Kasten 2.3 und Abb. 2.6). Entsprechend dem mobilistischen Verständnis der plattentektonischen Entwicklung verlagerten sich im Verlaufe der Erdgeschichte die Räume stärkster epirogenetischer und orogenetischer Prozeßintensitäten. Ausgehend von den heutigen Kontinenten hat die Geologie eine Gliederung der Erdgeschichte in Phasen verstärkter Gebirgsbildung erarbeitet, denen die kontinentalen Krustenstrukturen übersichtlich zugeordnet werden können. In Europa begannen die Orogenesen mit der **cadomischen Phase** im Jungpräkambrium. Die entsprechenden Krustenstrukturen liegen in der Bretagne (Frankreich) vor. Das skandinavische Längsgebirge und der äußerste Norden Schottlands verdanken ihren Baustil der **kaledonischen Orogenese**. Rheinisches Schiefergebirge und Harz sowie die Appalachen Nordamerikas haben ihren Faltenbau während der **variszischen Gebirgsbildungsphase** (vgl. Kasten 3.3) erhalten. Alpen und Himalaya sind auf Plattenkollision während der **alpidischen Orogenese** zurückzuführen. Die Orogene können im einzelnen mit dem Aufbau und dem Zerfall des Superkontinentes Pangäa in Verbindung gebracht werden (Kasten 2.3). Die Strukturen **präkambrischer Orogenesen** lassen sich aus kristallinen Gesteinen (s. 3.3.6), die die **Kontinentalkerne** (**Kratone**, **Schilde**) bilden (z. B. Baltischer Schild in Nordeuropa, Laurentischer Schild in Kanada, s. Abb. 2.7), rekonstruieren.

Für die Charakterisierung der geologischen Situation auf regionaler Ebene (Maßstäbe > 1:500.000) reicht die in Tab. 2.1 wiedergegebene Grobgliederung nicht aus. Weitere Unterteilungen, verbunden mit der Angabe der Gesteinsausprägungen, sind dann erforderlich. **Geologische Karten**, als wichtige Grundlagen für die geomorphologische Erklärung von Landschaftsräumen, folgen in erster Linie einem **zeitlichen Gliederungsprinzip**. Erst untergeordnet – und nur auf großmaßstäbigen Karten – erscheint die Differenzierung der zu einer Zeiteinheit zusammengefaßten **Gesteinsausprägungen** (z. B. Abb. 15.11). Gerade diese sind für die Oberflächenformung besonders wichtig.

Das **Känozoikum** muß für geomorphologische Fragestellungen viel stärker unterteilt werden (s. Tab. 15.1). Zudem wächst die verfügbare Informationsfülle immer stärker an, je jünger die Prozeßspuren sind. Naturgemäß sind die an der Erdoberfläche vorkommenden Verwitterungsspuren fester Gesteine und Ablagerungen recht vergänglich und somit relativ jung im Vergleich zu den endogen gebildeten größeren Strukturen (Orogene, Riftzonen). So reichen die ältesten mit einiger Sicherheit rekonstruierbaren Oberflächenformen selten weiter als bis in das Tertiär zurück. Das **Alter der Formung** muß dabei klar vom **Alter der Gesteine**

Kasten 3.3 Tektonische Stockwerkgliederung und typische Gesteine in Mitteleuropa nördlich der Alpen (verändert und vereinfacht in Anlehnung an HARKE et al. 1985, 70)

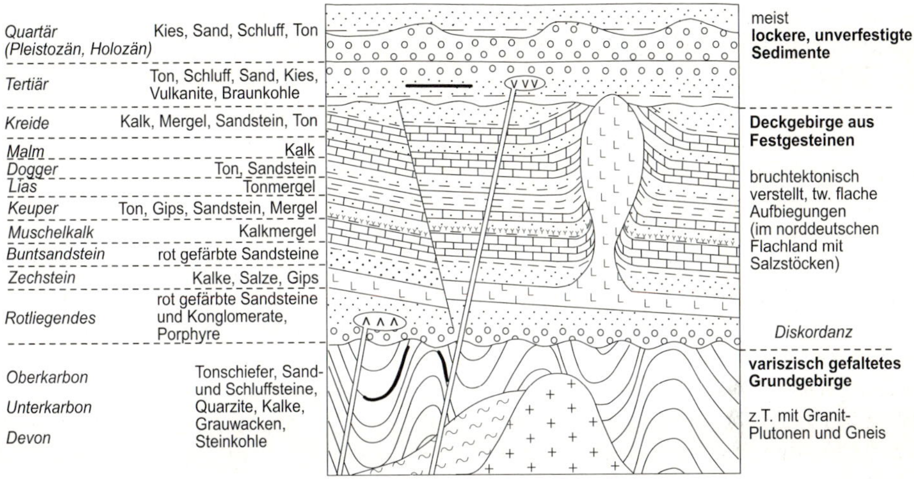

unterschieden werden. Zum Beispiel stammen die Gesteine, welche die finnische Seenplatte aufbauen, aus dem Präkambrium, gleichwohl erfuhr die Landschaft ihre entscheidende Formung während des **Pleistozäns** (Eiszeitalters), als die Gesteine des Baltischen Schildes durch eine mächtige Inlandeisdecke (s. 9) überformt wurden.

3.3 Gesteine und ihre geomorphologische Bedeutung

3.3.1 Eigenschaften und Bedeutung. Reliefformen sind – mit Ausnahme vulkanischer Formen – entweder durch die Abtragung vorhandener Gesteine entstanden oder durch die Ablagerung von Gesteinsschutt und Verwitterungsprodukten aufgebaut. Gesteine unterscheiden sich hinsichtlich ihrer Resistenz gegenüber den abtragend wirkenden Medien Luft, Wasser und Eis. Daher ist es für die Geomorphologie unverzichtbar, die für die Abtragung relevanten **Eigenschaften der Gesteine** und deren Verbreitung (vgl. Kästen 3.5 und Abb. 3.23) zu kennen. **Gesteine** werden traditionell als **Gemenge von Mineralien** definiert, so daß auch Mineraleigenschaften und die Anordnung der Minerale im Gestein beachtet werden müssen.

Für die Geomorphologie wichtige Eigenschaften sind: **Gesteins- und Mineralhärte**, **Struktur**, **Textur** (im petrographischen Sinn), **Schieferung**, **Schichtung** und **Körnung** (= Textur im bodenkundlichen Sinn). Sie werden in diesem Kapitel erläutert.

Darüber hinaus spiegeln sich Mineral- und Gesteinseigenschaften in Bodeneigenschaften wider. So beeinflussen sie die natürliche Bodenfruchtbarkeit als eine wichtige Dimension des Nutzungspotentials von Landschaften. Fragen der Linienführung von Verkehrstrassen oder etwa die Ausweisung und Beurteilung von Baugrund und Deponieflächen sind nur unter Klärung des Gesteinsuntergrundes zu beantworten. Mit den oberflächennah anstehenden Gesteinen hängt über die Nährstoffversorgung die Differenzierung der natürlichen und naturnahen Vegetation mittelbar zusammen. Auch die Ergiebigkeit von Grundwasservorkommen und die Qualität des Grundwassers sind maßgeblich vom Gestein beeinflußt. Die mannigfaltigen kulturräumlichen und landschaftsökologischen Bezüge begründen, daß für weite Teile der Geographie, nicht nur für die Geomorphologie, Grundkenntnisse über Gesteine und ihre Verbreitung vorteilhaft oder unverzichtbar sind.

3.3.2 Minerale. Die Erdkruste ist zum größten Teil aus wenigen **Elementen** aufgebaut: Silizium, Aluminium, Eisen, Magnesium, Mangan, Kalium, Natrium, Wasserstoff und Sauerstoff. In Mineralen schließen sich diese (und andere) Elemente zu (anorganischen) chemischen Verbindungen zusammen, indem sie als Anionen und Kationen **Kristallgitter** bilden. Es sind etwa 2000 Mineralarten bekannt, von denen wiederum nur etwa 50 gesteinsbildend auftreten. Die meisten **Mineraleigenschaften** werden durch die Gitterstruktur bestimmt (**Farbe, Härte, Glanz, Durchsichtigkeit, Bruch und Spaltbarkeit, Oberflächenbeschaffenheit**). Minerale entstehen bei der **Abkühlung magmatischer Schmelze** (flüssiges Material des Erdmantels), durch die **druck- und temperaturgesteuerte Umwandlung vorhandener Gesteine**, wenn diese in große Tiefe versenkt werden (etwa durch Subduktion (Kap. 2) oder Subsidenz (Kap. 3.1)) sowie durch **Kristallisationsprozesse** aus wässrigen Lösungen. Amorphe Minerale unterscheiden sich von kristallinen Mineralen dadurch, daß sie nicht den Kristallgittereigenschaften entsprechend ausgebildet sind. Wichtige Minerale sind **Silikate** (Feldspäte, Glimmer, Tonminerale, Augit, Hornblende), **Oxide** (Quarz u.a.), **Karbonate** (Calcit u.a.), **Sulfate** (Gips u.a.) und **Chloride** (Steinsalz u.a.).

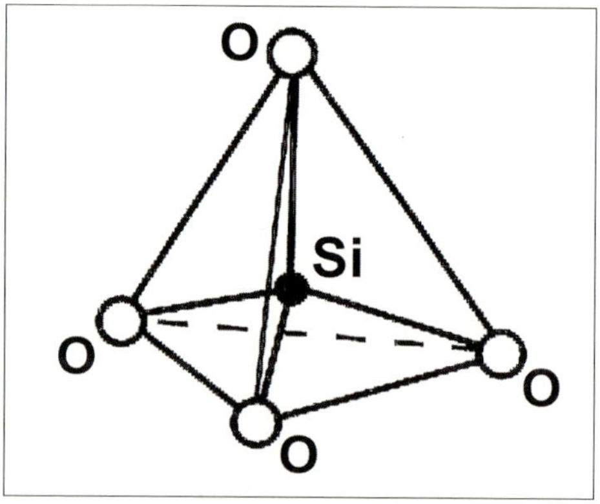

Abb. 3.11 SiO_4-Tetraeder, Grundbaustein silikatischer Minerale

Wichtigstes Bauelement der **Silikate** sind die **SiO_4-Tetraeder** (Abb. 3.11). Die Verknüpfung von SiO_4-Tetraedern kann auf unterschiedliche Weise erfolgen; je nach räumlicher Anordnung unterscheidet man Inselsilikate, Kettensilikate, Doppelketten, Netzsilikate und Gerüstsilikate (Abb. 3.12). **Feldspäte (Gerüstsilikate)** besitzen eine gute Spaltbarkeit und einen hohen Basengehalt; sie sind relativ

Abb. 3.12 Silikatstrukturen und -minerale (nach MACALESTER/HAY 1975, aus SCHWAB 1997, 41, verändert). Je nach räumlicher Verknüpfung der Tetraeder ergeben sich unterschiedliche Silikatstrukturen und Silikatminerale.

Mineralgruppe	**Strukturtyp**	**Beispiele** **Minerale und chem. Zusammensetzung**
Inselsilikate $[SiO_4]^{4-}$	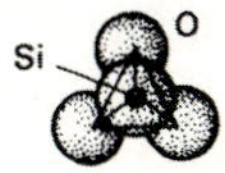	Olivin $(Mg,Fe)_2[SiO_4]$
Kettensilikate einfache Kette $[Si_2O_6]^{4-}$		Augit $(Ca,Mg,Fe)_2[(Si,Al)_2O_6]$
Doppelkette $[Si_4O_{11}]^{6-}$	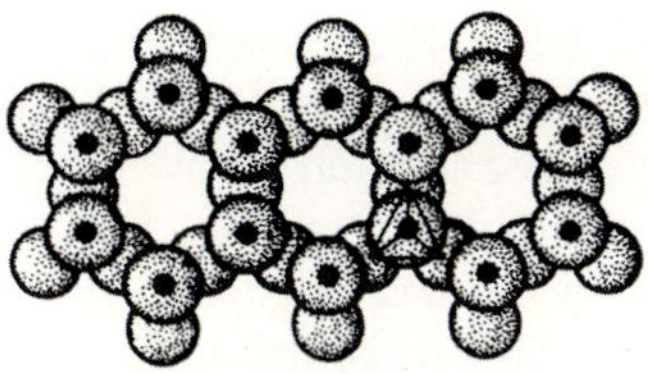	Hornblende $Ca_2(Mg,Fe)_5$ $[(OH)_2(Si,Al)_2(Si_6O_{22})]$
Netzsilikate $[Si_4O_{10}]^{4-}$	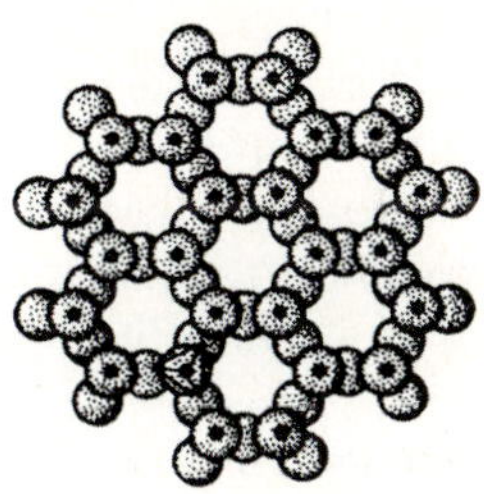	Glimmer Muskovit $KAl_2[(OH,F)_2/$ $AlSi_3O_{10}]$
Gerüstsilikate $[SiO_4]^{4-}$ $[AlSi_3O_8]^{-}$	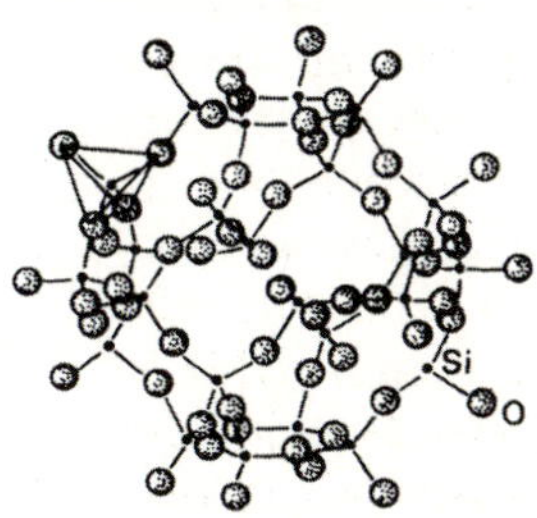	Quarz SiO_2 Orthoklas $K[AlSi_3O_8]$ *Plagioklase* Albit $Na[AlSi_3O_8]$ Anorthit $Ca[Al_2Si_2O_8]$

verwitterungsanfällig. Ein Teil der Siliziumionen ist durch Aluminiumionen ersetzt. Das dadurch verursachte Ladungsungleichgewicht wird durch den Einbau von Kalium, Natrium- und Calcium-Ionen ausgeglichen. So entsteht eine Mischkristallreihe von **Orthoklas** (*Kalifeldspat*, $KAlSi_3O_8$) und **Plagioklasen** (**Calcium-Natrium-Feldspäte** mit unterschiedlichen Na/Ca-Verhältnissen). 66% der Erdkruste werden aus Feldspäten aufgebaut. **Augit** (**Pyroxen**) und **Hornblende** (**Amphibol**) gehören zu den **Ketten-** und **Bändersilikaten**. Der Ladungsausgleich erfolgt durch die Elemente Calzium, Eisen und Magnesium. Sie bilden stets dunkle Minerale, typisch für magmatische Gesteine. Augite sind leicht verwitterbar, Hornblenden etwas verwitterungsresistenter. **Olivin** und **Granat** sind **Inselsilikate**. Isolierte SiO_4-Tetraeder werden durch Metallkationen verbunden; sie sind verwitterungsanfällig. **Glimmer** und **Tonminerale** gehören zu den **Schichtsilikaten**. Dies sind blättchenförmige Gebilde, die aus der flächigen Vernetzung von Tetraedern resultieren. Der Ladungsausgleich wird durch Metallkationen und OH-Ionen, welche zusammen eine Oktaederschicht bilden, hergestellt. Die Kombinationsmöglichkeiten von **Oktaeder-** und **Tetraederschichten** sind vielfältig. Häufig kommen der **Biotit** (dunkel gefärbter Eisenglimmer) und **Muskovit** (silbern glänzender Kaliumglimmer) vor. Auch die aus Verwitterungslösungen neu entstehenden Tonminerale gehören zu den Schichtsilikaten (**Kaolinit**, **Illit**, **Vermiculit**, **Montmorillonit**; s. 5.5.1). Daß Schichtsilikate leicht verwittern, geht u.a. auf ihre gute Spaltbarkeit zurück. Unter den verschiedenen Oxiden ist der sogenannte gemeine **Quarz** der für die Gesteine wesentliche. Quarz ist besonders hart und verwitterungsbeständig, denn die dreidimensional unendlich vernetzbaren SiO_4-Tetraeder weisen keine im Gitterbau vorgezeichneten Schwachstellen auf. Die hohe Resistenz des Quarzes läßt ihn zu einem sehr häufigen Mineral in Verwitterungsbildungen und in Sedimenten werden. **Amorphes SiO_2** kommt in einigen Sedimentgesteinen vor (s. 3.3.5).

Karbonate, **Sulfate** und **Chloride** sind Minerale geringer Härte und großer chemischer Reaktionsbereitschaft. Sie bilden sich an der Erdoberfläche durch verschiedenste gesteinsbildende Prozesse im Zusammenhang mit der exogenen Formung. Bereits relativ geringfügige Änderungen des hydrochemischen Milieus können die Verwitterung und Umbildung dieser Minerale einleiten.

3.3.3 Kreislauf der Gesteine. Der Kreislauf der Gesteine (Abb. 3.13) bietet ein einprägsames Schema, um genetische Verbindungen zwischen Gesteinsgruppen herzustellen. In Abhängigkeit von der geotektonischen Position und den äußeren Milieubedingungen wird Erdkrustenmaterial neu gebildet, zerstört und umgewandelt. **Magmatische Gesteine** (**Magmatite**) entstehen durch die **Abkühlung magmatischer Schmelze**, wenn diese in die Erdkruste oder an die Erdoberfläche aufdringen. Diese Prozesse laufen an konvergenten und divergenten Plattenrändern ab (s. 2), in Riftzonen oder durch andere Austauschprozesse zwischen Erdmantel und Erdkruste (u. a. *hot spots*). Krustenmaterial unterliegt an der Erdoberfläche der **Verwitterung** und **Erosion**, es wird abgetragen und andernorts als **Sediment** abgelagert. Die Ablagerung erfolgt meist in schichtigen Lagen; deswegen werden die aus den Sedimenten durch Verfestigung entstandenen **Sedimentgesteine** auch **Schichtgesteine** genannt. Wenn die Absenkung von Gesteinen – gleich ob Magmatite oder Sedimentgesteine – in größere Tiefen Umwandlungen im Mineralbestand hervorruft, dann entstehen **Metamorphite** (**Umwandlungsgesteine**). Gerade im Bereich von Subduktionszonen ist anzunehmen, daß Gesteine der Kruste vollständig aufschmelzen und somit der Feststoff Gestein in flüssiges Magma überführt wird. Die Modellvorstellung des Gesteinskreislaufs sollte nicht dazu verleiten, Altersbeziehungen zwischen den großen Gesteinsgruppen herzustellen oder anzunehmen, daß alle Gesteine ein- oder mehrfach den kompletten Zyklus durchlaufen müßten.

An der Erdoberfläche nehmen die Sedimentgesteine etwa 75% der Fläche ein, bezogen auf die gesamte Erdkruste überwiegen die Magmatite mit 95%.

3.3.4 Magmatite. Das aus dem oberen Erdmantel stammende Magma ist direkten Beobachtungen nicht zugänglich. Bereits beim Aufstieg an die Erdoberfläche ist sein Chemismus verändert. Dennoch lassen sich allgemein folgende Aussagen machen. **Magmen** bestehen aus zahlreichen Verbindungen (**Vielstoffgemische**) mit je **unterschiedlichen Schmelzpunkten** zwischen 700 und 1000 °C. Sobald sich heißes, flüssiges Magma verfestigt hat, nennt man es magmatisches Gestein (Magmatit). Dies geschieht immer dann,

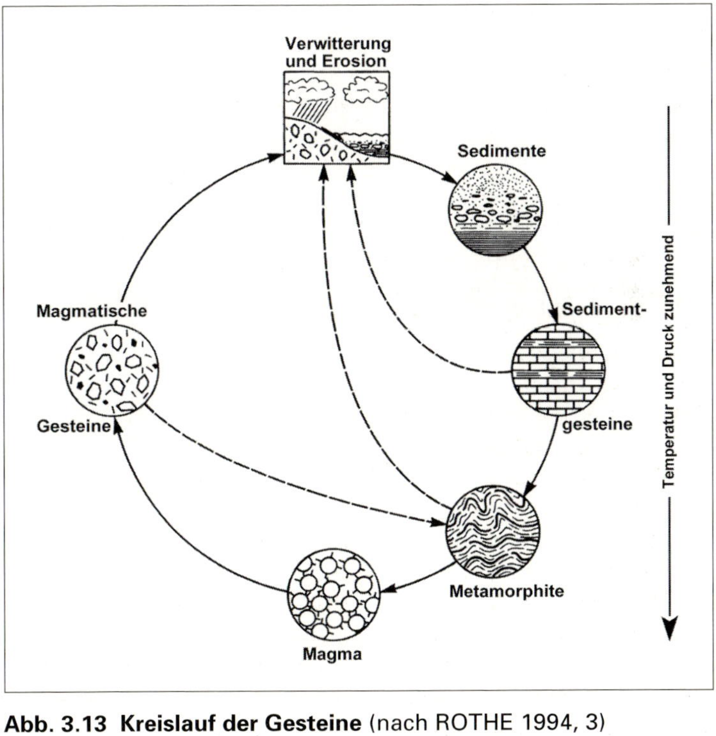

Abb. 3.13 Kreislauf der Gesteine (nach ROTHE 1994, 3)

wenn beim Aufstieg in die Kruste bzw. an die Erdoberfläche Druck und Temperatur sinken. Die Magmen enthalten **schwer flüchtige und leicht flüchtige Anteile**. Zu den schwer flüchtigen gehören SiO_2, Al, Fe, Ca, Mg, Na und K; zu den leicht flüchtigen zählen H_2O, CO_2, HCl, HF und H_2S, die als Gase in die Atmosphäre entweichen.

Chemisch-mineralogisch bilden Silikate die Hauptbestandteile der aus Magmen entstandenen Gesteine; Silikate können als Salze der Kieselsäure (H_4SiO_4) aufgefaßt werden. Der **Kieselsäuregehalt** wird vereinfacht in % SiO_2 angegeben. Es werden drei Magmengruppen unterschieden: **basisch** (< 52% SiO_2), **intermediär** (52-65% SiO_2) und **sauer** (> 65% SiO_2) (s. Abb. 3.14). Entsprechend des Elementangebots im Magma ändert sich der bevorzugte Mineralbestand der Magmatite. Die Ausscheidung der Minerale beim Erstarren des Magmas erfolgt – auch entsprechend der Schmelzpunkte der Silikate – in strenger Reihenfolge. Zuerst kristallisieren die Erze (Titanit, Zirkon), später die dunklen Gemengteile (Biotit, Augit und Hornblende) aus. Schließlich folgen Feldspat und zuletzt Quarz. Da die zuerst gebildeten Minerale genügend Platz haben, können sie ihre Eigengestalt (**idiomorphe** Gestalt), ihr **Kristallgitter**, voll entfalten; die später gebildeten Minerale können nur unvollkommen kristal-

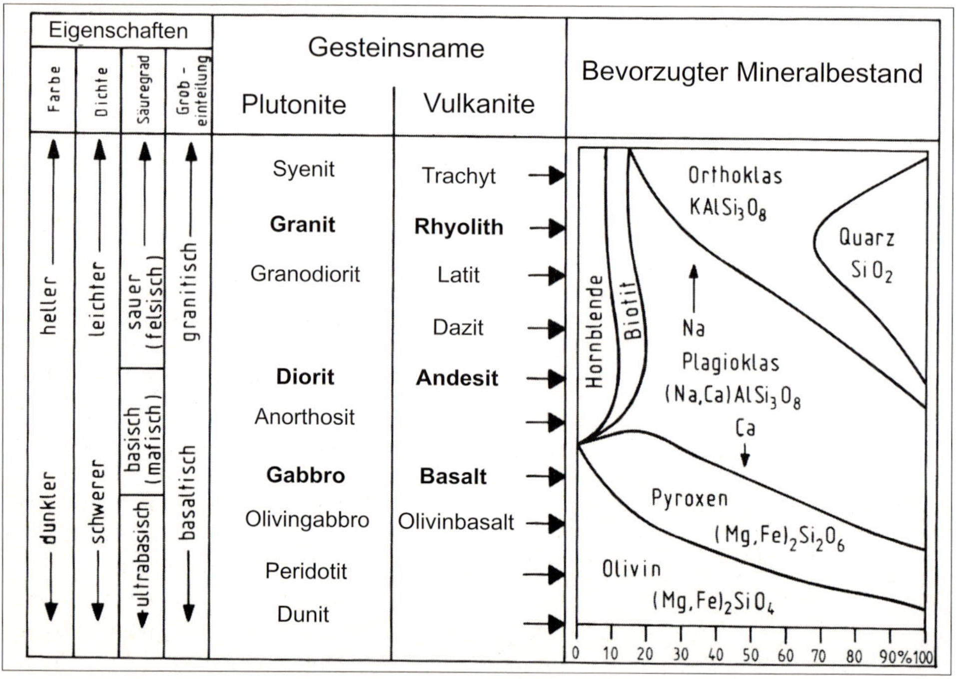

Abb. 3.14 Hauptgruppen magmatischer Gesteine (nach STROBACH 1991). Im Bowen-Schema sind die wichtigsten Gesteine – unterschieden nach Plutoniten und Vulkaniten – nach ihrer Mineralzusammensetzung geordnet. Der Mineralbestand bestimmt wichtige Gesteinseigenschaften (s. Kasten 3.5).

lisieren, sie sind fremdgestaltig (**xenomorph**).

Die **Kristallgröße** ist eine Folge der Geschwindigkeit der Abkühlung. Bei langsamer Abkühlung in der Erdkruste bilden sich **körnige Gefüge** mit großen Kristallen (Abb. 3.15). Hieran erkennt man schon mit bloßem Auge die **Plutonite** (**Tiefengesteine**). Dagegen kontrastiert das Gefüge der schnell an der Erdoberfläche erkalteten **Vulkanite** (feinkörnig = nur kleine Kristalle, oder porphyrisch = große Kristalle in einer feinkörnigen Grundmasse). Voraussetzung für das Vorkommen von Plutonit an der Erdoberfläche ist, daß zuvor eine mehrere Kilometer mächtige Überdeckung aus Erdkrustenmaterial abgetragen worden ist.

Zwischen den Plutoniten und den Vulkaniten stehen die sogenannten **Ganggesteine**. Sie entstehen, wenn Schmelze aus größeren Tiefen in Klüften aufdringt und erstarrt. Gerade Gangfüllungen aus Quarz (**Quarzgänge**) erweisen sich als sehr resistent gegenüber der Verwitterung und Abtragung.

Bei den Plutoniten werden die Verwitterungs- und Abtragungsformen sehr durch die Anordnung der Klüfte (z. B.

Abb. 3.15 Gesteinsgefüge von Granit (grobkörnig), Gangestein (feinkörnig) und Porphyr (porphyrisch)

edurch Gesteinsabkühlung entstandene Kontraktionsklüfte) beeinflußt. Schließlich ist die relative Verwitterungsanfälligkeit durch die Größe der Kristalle und die Verwitterungsresistenz der Minerale modifiziert, die im allgemeinen von den hellen zu den dunklen Mineralen sinkt.

Zwischen vulkanisch-magmatischen Prozessen und der durch die Plattentektonik gesteuerten Krustenentwicklung bestehen enge Beziehungen. Basaltischer Vulkanismus ist mit mittelozeanischen Rücken und Riftzonen, andesitischer Vulkanismus häufig mit Subduktion verbunden. Auch die Bildung von Plutonitkomplexen in der tieferen Kruste läßt sich vielfach plattentektonisch erklären.

Die bei **vulkanischer Förderung** austretenden Produkte werden in **Lava** und **Lockerstoffe** unterschieden. Die **basaltischen Laven** sind aufgrund ihres niedrigen Kieselsäuregehaltes **niedrigviskos** (**dünnflüssig**). Auf über 30° geneigten Hängen sind Fließgeschwindigkeiten von 900 m pro Minute gemessen worden. Mit zunehmender Entfernung vom Austrittsort und zunehmender Abkühlung sinken die Geschwindigkeiten drastisch. Je nach Geschwindigkeit und Stoffbestand unterscheiden sich die Oberflächen der Lavaströme. Es bilden sich **glatte Oberflächen (Fladen-, Stricklava)** und **rauhe Oberflächen (Blocklava)**. Langsam abkühlende Basaltlava erstarrt häufig zu **Basaltsäulen**, die durch Kontraktionsklüfte senkrecht zur Abkühlungsfläche voneinander begrenzt werden (Abb. 3.16). Feinkörnige Basaltlava ist relativ verwitterungs- und abtragungsresistent. Saure Magmen sind in der Regel hochviskos, Laven aus sauren vulkanischen Gesteinen sind deshalb an der Oberfläche seltener anzutreffen als basische Laven. Vielfach ist die Förderung saurer Magmen mit explosionsartigen Eruptionen von **vulkanischen Lockerstoffen** verbunden, die nach ihrer Ablagerung als **Pyroklastika** und **Tephra** bezeichnet werden. Die Größe der einzelnen Auswurfkomponenten variiert dabei von Blöcken mit Meterdurchmesser bis zu feinem Staub. Chemisch und mineralogisch besitzen die Lockerstoffe naturgemäß eine Verwandtschaft zu den Laven. Glühende Lavafetzen – in der Luft zu bizarren, rauhen Brocken verformt – erkalten zu **Schlacken**. Sie sind reich an Hohlräumen, die ursprünglich durch vulkanische Gase ausgefüllt waren. Werden größere Lavafetzen in noch glühendem Zustand durch die Luft gewirbelt, können sich rundliche, kugelige Körper – vulkanische **Bomben** (> 64 mm) – bilden. Kleinere Lavafragmente, in der Größe etwa vergleichbar mit den Substraten für die Hydrokultur, heißen nach einem italienischen Ausdruck **Lapilli** (2-64 mm). Noch kleinere Lockerstoffe sind die **vulkanischen Aschen** und **vulkanischer Staub** (< 2 mm). Entsprechend der Wucht und Richtung des Auswurfs sowie den Atmosphärenbedingungen variieren die Transportdistanzen. In der Umgebung des Förderschlotes bilden sich meist deutlich geschichtete Aschenlagen. Eine Besonderheit bilden **Glutwolken** als Gemische von Feststoffen und Gas, die sich mit hohen Geschwindigkeiten zu Tale wälzen und zu **Ignimbriten** erstarren. Später verfestigte Aschen werden als **Tuffe** bezeichnet. **Bimssteine**, erkennbar an ihrer hellen Farbe (saure Lava), am Reichtum an Hohlräumen und am gerin-

Abb. 3.16 Übereinander liegende Lavaströme (British-Columbia, Kanada). Die nacheinander erkalteten Ströme zeigen annähernd vertikale Abkühlungsklüfte. Die Abkühlung verlief so rasch, daß sich keine idealen Säulen entwickeln konnten.

Abb. 3.17 Bimsreiche Tephralagen des Laacher See-Vulkanismus (Eifel). Deutlich sind die aus Aschenwolken abgesetzten Lagen zu erkennen. Die einzelnen Lagen sind gut sortiert, d. h. sie besitzen jeweils annähernd gleiche Korngrößen.

gen spezifischen Gewicht (Bims schwimmt auf Wasser), sind für die Rekonstruktion der quartären Landschaftsentwicklung Mitteleuropas bedeutsam. **Bimse** vom Ausbruch des Laacher Sees (Eifel; Abb. 3.17) vor 12.900 Jahren bilden bis in den osteuropäischen Raum eine sichere **Zeitmarke in jungpleistozänen Sedimenten**. Hieran wird auch deutlich, daß feinkörnige Aschen und Stäube in höhere Atmosphärenschichten gelangen und weit verfrachtet werden können. So umrundeten die Stäube des Krakatau (Sumatra) nach der Explosion im Jahre 1883 dreimal die Erde. **Pyroklastika** besitzen im allgemeinen eine **geringe Abtragungsresistenz**: Gewässer schneiden sich in tiefen Kerben und Schluchten rasch ein. Gleichzeitig besitzt das Material eine so große Standfestigkeit, daß sich steile Hänge bilden können.

3.3.5 Sedimente und Sedimentgesteine. Sedimente (verfestigt: Sedimentgesteine) entstehen im Zusammenhang mit Verwitterungs-, Umlagerungs- und Biogenprozessen an der Erdoberfläche (s. Abb. 3.13).

Sobald das **Transportvermögen** von Wasser, Eis oder Wind nachläßt, wird der Abtragungsschutt, der von Hochgebieten in Senken verfrachtet worden ist, als **Sediment** abgelagert (sedimentiert). Dies geschieht z. B. in gefällsarmen Flußniederungen, in abflußlosen Becken der Wüsten, in Seen (**lakustrine Sedimente**) oder in Sedimentationsbecken am Rande der Kontinente, dabei häufig im Meer (**marine Sedimente**). Außerdem entstehen Sedimentgesteine durch Fällungsreaktionen aus wässrigen Lösungen und unter Mitwirkung von Pflanzen und Tieren. Auch Bildungen aus abgestorbenem organischen Material gehören zu den Sedimenten.

Die Geologie behandelt die Bildung von Sedimenten im Rahmen der exogenen Dynamik; die Geomorphologie beschäftigt sich mit (**festländischen**) **Sedimenten** und ihren **Ablagerungsmilieus** im Zusammenhang mit Formungsprozessen (s. 6-10). Ohne die Bildungsprozesse zu vertiefen, sollen im folgenden Kapitel die **Festgesteine** mit ihren Merkmalen kurz charakterisiert werden. Deshalb wird hier auf eine streng genetische Klassifikation nach Ablagerungsräumen verzichtet.

Ausgangsprodukte für die Sedimentgesteine können sowohl Magmatite, also Plutonite und Vulkanite, als auch Metamorphite (Umwandlungsgesteine; s. 3.3.6) sein. Die feinere Ausgestaltung der Erdoberfläche ist an die Umlagerung von Gesteinen an der Erdoberfläche gebunden. So sind die Sedimente und Sedimentgesteine zwar nur mit etwa 8% am Aufbau der Erdkruste beteiligt, doch sie bedecken 75% der Erdoberfläche.

Übergreifende Kriterien für Sedimentgesteine sind die häufig mit bloßem Auge erkennbaren Schichten, (s. 14.2.3) die uns in Festgesteinen als mehr oder weniger plattenförmige Gesteinskörper entgegentreten (Abb. 3.18). Die Schichten werden durch sogenannte **Schichtfugen** voneinander getrennt. Schichtfugen entstehen durch zeitbezogene Änderung des Sedimentmaterials und/oder des Ablagerungsmilieus: Dieses ändert sich zum Beispiel, wenn ein Fluß durch die Verlagerung des Flußbettes eine Sandbank über zuvor aufgeschüttete Kiese absetzt oder nach dem Trockenfallen des Flußbettes Dünensande aufgeweht werden. In solchen Fällen entsteht eine klare Grenze zwischen den Schichtkörpern, kurz: zwischen zwei Schichten. Die **Schichtmächtigkeit** ist der senkrechte Abstand zwischen zwei

Kasten 3.4 Einteilung der Sedimentgesteine

Klastische Sedimente

Unterscheidung nach der Korngröße und -form

Tonstein
Schluffstein (Siltstein)
Sandstein
Konglomerat (abgerundete Komponenten durch Bindemittel verkittet)
Breccie (eckige Komponenten durch Bindemittel verkittet)

Tonstein, Schluffstein (Siltstein), Sandstein → Mergel ← Kalksteine

Typisierung nach weiteren Merkmalen (Beispiele)

Arkose (Sandstein mit >25% Feldspat)
Grauwacke (meist paläozoischer Sandstein mit Gesteinstrümmern, mit 28-53% Quarz, 25-47% Feldspat, Glimmer, Chlorit)
Kalksandstein (Sandstein mit Kalk)
Glaukonit-Sandstein (Sandstein mit grünlichem Glaukonit-Mineral)

Nichtklastische Sedimente

Chemische Sedimente	Biogene Sedimente: Organogene Sedimente	Biogene Sedimente: Organische Sedimente
Kalksteine: Travertin, Sinterkalke, Seekreide	Schill > Schillkalk	Torf > Kohle
	Riffkalke	Faulschlamm (organische und klastische Substanz) > Erdöl
Dolomit	Kieselschiefer	
Evaporite: Anhydrit, Gips, Steinsalz, Kalisalz	Kalktuff	bituminöse Schiefer: z. B. Ölschiefer

Schichtfugen. Kennzeichen für großräumige Ablagerungsgebiete sind großflächig ausgedehnte, parallel übereinander liegende Schichten (Abb. 3.10). In strömendem Wasser von Flüssen oder an der Küste wird häufig das mitgeführte Material hin- und hertransportiert, so daß kleinere Sedimentkörper entweder seitlich an bereits vorhandene angefügt werden oder kreuzförmig versetzt übereinander angeordnet sind. In diesem Fall spricht man von **Schräg-, Diagonal- oder Kreuzschichtung**.

Abb. 3.18 Kalkstein-Schichten des unteren Muschelkalks bei Göttingen. Kalksteinbänke überlagern dünnlagige, blättrige Kalkschichten.

Die **klastischen Sedimente** (s. Kasten 3.4) bestehen aus Gesteinstrümmern unterschiedlicher Größe. Ihre mineralogische Zusammensetzung hängt dabei einerseits von den Gesteinen ab, die zuvor verwittert und abgetragen worden sind, und andererseits auch von der Transportart und -distanz.

Je größer die Transportdistanz ist, umso mehr harte Minerale bleiben übrig, während andere Minerale mit vergleichbarem Durchmesser schon längst zerstört sind (selektive Anreicherung). Die Mineralhärte bei magmatischen Gesteinen steigt von den zuerst zu den zuletzt auskristallisierten Mineralen. Besonders widerstandsfähig sind die Quarzminerale. Während des Transports kann eine Materialsortierung stattfinden, d. h. eine Trennung nach Korngrößen (z. B. beim Transport in fließendem Wasser, vgl. Kap. 7.3). Die **Korngrößenzusammensetzung** eines Sediments ist die wichtigste Charakteristik. Man unterscheidet bei den unverfestigten Sedimenten **Tone**, **Schluffe**, **Sande**, **Kiese** und **Schutt** (vgl. Kasten 5.1). In dieser Reihenfolge nimmt die mittlere Korngröße der beteiligten Komponenten zu.

Abb. 3.19 Konglomerat (Oregon, USA)

Durch Verfestigung werden Tone zu **Tonsteinen**, Schluffe zu **Schluffsteinen** und Sande zu **Sandsteinen** (s. Abb. 8.11). Die **Verfestigung** der **Lockersedimente** zu Festgesteinen ist ein **Teilprozeß der Diagenese**. Sie umfaßt alle Veränderungen des Sediments vom Augenblick seiner Ablagerung über das Stadium der Überdeckung durch auflagernde Sedimente bis zu dem Zeitpunkt, an dem es wieder an die Oberfläche tritt und der Verwitterung ausgesetzt ist. Die diagenetischen Prozesse gehen ohne scharfe Grenze über in tiefergreifende Umwandlungen des Gesteins (**Metamorphose**, s. folgendes Kapitel). Durch die zunehmende Auflast überdeckender Schichten wird das Gestein verdichtet. Es setzt sich, es wird kompaktiert; vorhandenes Wasser, das bis über 80% des ursprünglichen Volumens ausmachen kann, wird ausgepreßt. Mit fortschreitender Versenkung in größere Tiefen der Erdkruste nimmt auch die Temperatur zu. Hierdurch und auch durch zirkulierendes Grundwasser können **Bindemittel** Gesteinspartikel miteinander verkitten. Dabei können sich neue amorphe und kristalline Minerale bilden.

Wenn gröbere Komponenten durch ein Bindemittel verkittet sind, dann spricht man von Breccien oder Konglomeraten. **Konglomerate** (s. Abb. 3.19) sind aus gerundeten Komponenten zusammengesetzt, z. B. Gerölle oder Geschiebe, und **Breccien** aus eckigen Gesteinsbruchstücken. Breccien sind damit allgemein ein Beleg für eine geringe Transportdistanz, während Konglomerate auf eine vorhergehende gute Zurundung der Komponenten während eines langen Transportweges hindeuten.

Bei den nichtklastischen Sedimenten (s. Kasten 3.4) werden die biogenen und die chemischen unterschieden. Eine strenge Trennung zwischen beiden Gruppen ist nicht durchzuhalten, es gibt zahlreiche Übergänge zwischen **biogenen und chemischen Sedimenten**. Die organischen Sedimente **Kohle** und auch das Erdöl gehen auf abgestorbene organische Substanz zurück. Kohlen entstehen aus der Inkohlung akkumulierter, unvollständig zersetzter Pflanzenteile, ebenso wie **Torfe**, die – aus Mooren hervorgegangen – eine Vorstufe der Kohlebildung sein können. Der Bildung von **Erdöl** geht im allgemeinen voraus, daß organisches Material „unter Abgabe von NH_3, NO_2 und CH_4 zu Bitumen (in organischen Lösungsmitteln lösliche Verbindungen) oder unlöslichem Kerogen“ entsteht. „Durch thermische Spaltung entstehen oberhalb von 60 °C Gebirgstemperatur flüssige und gasförmige Verbindungen, das Erdöl und das **Erdgas**“ (BRINKMANN/ZEIL 1980, 102).

Faulschlamm (Sapropel) entsteht in sauerstoffarmem Milieu – meist am Grunde von stehenden, schlecht durchlüfteten Gewässern – unter Mitwirkung anaerober Bakterien, die niedersinkende Organismenreste zum Teil unvollständig zersetzen.

Organogene Kalksteine können auf verschiedene Weise entstehen: einmal aus der Akkumulation von Schalen, Skelettresten und Bruchstücken von Organismen (= Schill), z. B. **Muschelkalk** und **Schneckenkalk**, sowie aus den Bauten von riffbildenden Organismen, z. B. von Korallen, Schwämmen, Algen und Moostierchen (**Riffkalk**). Organogen sind auch **Feuerstein** und **Kieselschiefer**. Sie entstehen unter Mitwirkung von Kieselschwämmen bzw. Radiolarien, die dem Meerwasser Kieselsäure entziehen, um ihre Skelette aufzubauen.

Dagegen bilden die chemischen Sedimente im engeren Sinne Ausfällungen chemischer Verbindungen aus dem Meerwasser oder aus Süßwasser. Chemische Sedimente liegen entweder als Chloride, Sulfate oder als Carbonate vor. Die am weitesten verbreiteten Carbonate sind die **Calciumcarbonate**, die die **Kalksteine** aufbauen. Sie gehen verbreitet aus marinem Kalkschlamm hervor; es gibt auch kontinentale Süßwasserkalke, besonders bekannt sind **Travertin** (Abb. 12.8, Sinterterrassen) und **Seekreide**. **Dolomit** ($CaMg(CO_3)_2$) ist ein im marinen oder eingeschränkt kontinentalen Milieu verändertes Karbonatgestein. Während Karbonate auch im offenen Meer ausgeschieden werden, ist die Bildung der **Sulfat- und Chloridgesteine** auf abgeschnittene, aussüßende Meeresteile oder auf Binnenseen, Salzpfannen und Salzseen beschränkt. Sie werden auch als **Evaporite** (Evaporation = Verdunstung von Wasserflächen und unbewachsenen Landoberflächen) zusammengefaßt. Idealtypisch werden im Zuge der Erhöhung der Ionenkonzentration eines trockenfallenden Meeresbeckens nacheinander **Calciumcarbonat** ($CaCO_3$), **Anhydrit** ($CaSO_4$), **Steinsalz** (NaCl) und **Kalisalz** (KCl) ausgefällt. Dieser Zyklus ereignete sich im heutigen Mitteleuropa mehrfach während des Zechsteins (s. Tab. 3.1).

Eine den Tonen verwandte Ablagerungsgruppe bilden die **Mergel** (s. Abb.

3.20). Bei ihnen tritt zu den Tonmineralen und ggf. Quarzkörnern Calciumcarbonat hinzu; so ergibt sich eine Mischungsreihe, die kontinuierlich von Ton über die Mergel bis zu reinem Kalk reicht. Es werden Mergeltone, Tonmergel oder Mergelkalke unterschieden. Geomorphologisch wichtig ist, daß Tone und Mergel im allgemeinen als wenig verfestigte und geringer resistente Gesteine vorliegen (s. 12.3).

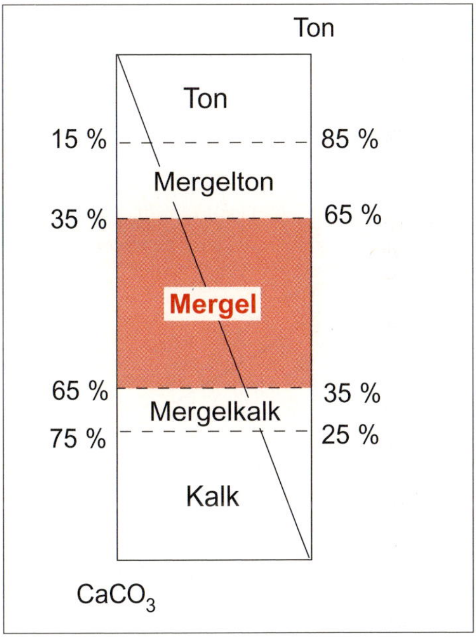

Abb. 3.20 Einteilung der Mergel

3.3.6 Metamorphe Gesteine. Die metamorphen Gesteine oder **Metamorphite** bilden die dritte Gesteinsgruppe. Mit zunehmender Tiefe ändern sich die Temperatur- und Druckverhältnisse, denen die in große Tiefen versenkten Gesteine ausgesetzt sind (Abb. 3.21).

Dabei werden die Minerale des ursprünglichen Gesteins instabil. Sie kommen in ein Milieu, das nicht dem entspricht, in dem sie gebildet wurden. Die Minerale werden umgebildet, um eine neue Gleichgewichtssituation zu erreichen; so entstehen typische Minerale hoher Dichte. Beispiele für typische Minerale metamorpher Gesteine sind Disthen, Sillimanit und Granat. Außerdem beginnen Stoffe zu wandern, und durch gerichtete Drücke (**Stress**) ändert sich das Gefüge der Gesteine. Bekanntes Beispiel hierfür ist die **Schieferung** von Tonschiefern oder **Glimmerschiefern**. Der Abb. 3.21 können häufig vorkommende Metamorphite und ihre Ausgangsgesteine entnommen werden: aus Kalkstein entsteht der kristalline **Marmor**; Sandstein wird zu **Quarzit** zunächst während der Diagenese durch Quarzzementierung; daneben gibt es metamorphe Quarzite. Aus Tonstein wird über mehrere Zwischenstufen, die den **Tonschiefer** einschließen, der **Phyllit**. Schließlich soll als Beispiel für die Metamorphose eines Tiefengesteins der Granit dienen, der durch Metamorphose in **Gneis** übergeht.

Bei extrem hohen Temperaturen und Drücken können die Gesteine sogar teilweise, d. h. partiell oder vollständig aufschmelzen. Solche Gesteine nennt man auch **Migmatit** und **Anatexite** (s. Abb. 3.22).

Kontaktmetamorphose tritt auf, wenn magmatische Gesteinskörper in heißem Zustand in Fremdgestein aufdringen und dabei in diesem Material Mineralumwandlungen bewirken. Das wohl bekannteste Beispiel für kontaktmetamorphe Gesteine ist der **Hornfels**. Er kommt häufig in der Umgebung granitischer Intrusionskörper (Plutone) vor, so z. B. in der Umgebung des Brockengranits im Harz. Dort sind devonische Grauwacken zu Hornfels umgebildet worden.

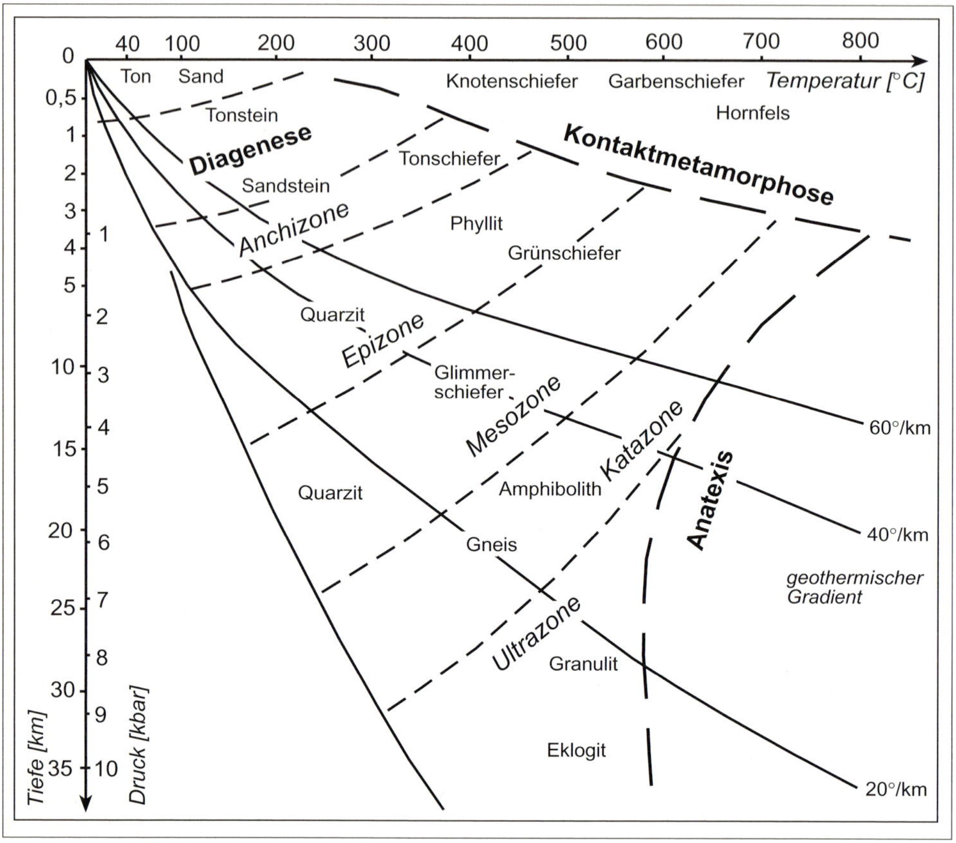

Abb. 3.21 **Metamorphose** (nach SCHWAB 1997, 72). Auf der Tiefenachse des Diagramms sind die den einzelnen Tiefen entsprechenden Drücke in jeweils 1000 bar-Schritten zugeordnet. Die Tiefenachse reicht bis in 35 km, d. h. bis in den Grenzbereich zwischen Kruste und oberem Mantel. In diesem Tiefenprofil hat man mit einer Temperaturzunahme von den normalen Atmosphärentemperaturen bis auf etwa 800 °C zu rechnen. Je tiefer nun ein Sediment oder auch ein Magmatit in die Tiefe abgesenkt wird, desto stärker werden die Gesteins- und Mineralumwandlungen. Auf die Zone der Diagenese folgen die drei Zonen Epizone, Mesozone und Katazone. Bei besonders hohen Drücken spricht man von der Ultrazone und bei besonders hohen Temperaturen, die die Gesteinsaufschmelzung bewirken, von Anatexis.

Abb. 3.23 **Verbreitung dominanter Lockersedimente und Festgesteine an der Erdoberfläche in Mitteleuropa (verändert nach SCHLICHTING in SCHEFFER-SCHACHTSCHABEL 1992).** Die Karte vermittelt einen groben Überblick über die dominanten Substrate. Die ausgewiesenen Raumeinheiten dürfen keineswegs als homogen mißverstanden werden (vgl. 15.1).

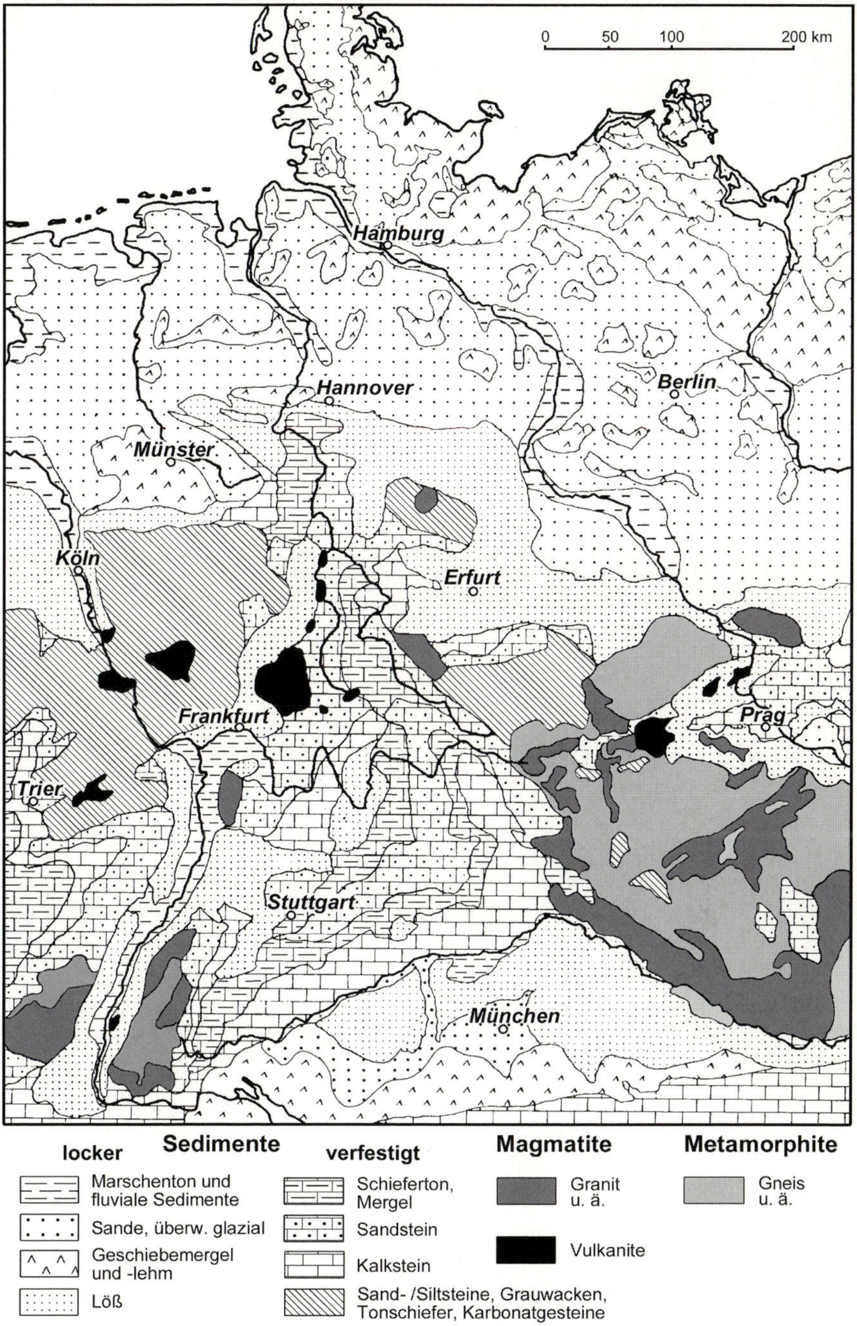
0 50 100 200 km
Hamburg
Berlin
Hannover
Münster
Köln
Erfurt
Frankfurt
Prag
Trier
Stuttgart
München
Sedimente
locker
Marschenton und fluviale Sedimente
Sande, überw. glazial
Geschiebemergel und -lehm
Löß
verfestigt
Schieferton, Mergel
Sandstein
Kalkstein
Sand- /Siltsteine, Grauwacken, Tonschiefer, Karbonatgesteine
Magmatite
Granit u. ä.
Vulkanite
Metamorphite
Gneis u. ä.

Abb. 3.22 Kristallines metamorphes Gestein vom Großen Arber (Bayerischer Wald)

Kasten 3.5 Eigenschaften wichtiger Festgesteine (nach Zepp 1999 in Zepp/Müller 1999, 81-86)

Gestein	typische Mineralzusammensetzung	Verwitterungsresistenz; Durchwurzelbarkeit	verbreiteter geochemischer Grundwassertyp	Beeinflussung morphodynamischer Prozesse	verbreitete Bodenart des Verwitterungsproduktes (Abk. s. Kasten 5.1)
magmatische Festgesteine					
Granit, Rhyolith, Gneis	Feldspat, Quarz, Glimmer	Festgestein	eher mäßig sauer-sauer; geringe Lösungsinhalte	indifferent	S-Sl
Syenit, Diorit, Andesit	Plagioklas, Hornblende	Festgestein	neutral, eher geringe Lösungsinhalte	indifferent	Ls-L
Gabbro, Basalt, Diabas, Phonolit	Plagioklas, Augit, Olivin	Festgestein	neutral bis schwach basisch	indifferent	Ls-L
vulk. Tuffe	dem namengebenden Vulkanit entsprechend, z. B. Basalttuff	geringe Festigkeit, i.a. gut durchwurzelbar und verwitterungsanfällig	dem namengebenden Vulkanit entsprechend, z. B. Basalttuff	bei toniger Verwitterung möglicherweise bei Hanganschnitten rutschungsempfindlich	sehr verschieden
metamorphe Festgesteine					
Gneis, siehe Granit					

Gestein	typische Mineral-zusammen-setzung	Verwitterungs-resistenz; Durchwurzel-barkeit	verbreiteter geochemi-scher Grund-wassertyp	Beeinflus-sung morpho-dynamischer Prozesse	verbreitete Bodenart des Verwitterungs-produktes (Abk. s. Kasten 5.1)
Glimmer-schiefer	Glimmer (Muskovit), Quarz	Halbfestge-stein, ver-witterungs-anfällig	schwach sauer	Hanginstabili-tät verbreitet	Tl
Phyllit	Quarz, Serizit	Halbfestge-stein, ver-witterungs-anfällig	wegen gerin-ger Verbrei-tung wohl kaum hydro-geochemisch prägend	denudations-anfällig	Tl
Quarzit-schiefer	Quarz, Muskovit	Festgestein	dto.	k.A.	k.A.
Quarzit	Quarz	Festgestein	sauer, geringe Lösungsin-halte	abtragungs-resistent, meist Härt-linge oder Stufen bil-dend	S
Marmor	Calcit	Festgestein	alkalisch, Ca- und HCO_3 -reich	dto.	T
sedimentäre Festgesteine					
Konglomerat	entsprechend der Gesteins-trümmer und Bindemittel	i.a. mittelfest	k.A.	k.A.	enthält kiesigen Grobboden
Breccie	entsprechend der Gesteins-trümmer und Bindemittel	i.a. mittelfest	k.A.	k.A.	enthält eckigen Gesteins-schutt
Sandstein	Quarz, kiesel-iges Binde-mittel oder Quarz u. kalk-iges/mergeli-ges Binde-mittel (s. S. 71)	Festgestein mittelfest	pH 5-6, gerin-ge Lösungs-inhalte, je nach Bin-demittel hohe Gehal-te Na, Cl, SO_4	besonders bei kieseligen Bindemitteln in der Regel Härtlinge oder Stufen bildend Mg, Ca	S-Sl

Gestein	typische Mineral-zusammen-setzung	Verwitterungs-resistenz; Durchwurzel-barkeit	verbreiteter geochemi-scher Grund-wassertyp	Beeinflus-sung morpho-dynamischer Prozesse	verbreitete Bodenart des Verwitterungs-produktes (Abk. s. Kasten 5.1)
Siltstein	Quarz (Feld-späte, Karbo-nate)	Festgestein	eher schwach sauer	k.A.	U
Tonstein	Tonminerale	weich - mittelfest	k.A.	in weicher Ausbildung wenig resis-tent; Rut-schungen und Fließungen möglich	T,Tl
Arkose	Quarz, Feld-spat, Glimmer	meist fest	ähnlich Granit	k.A.	k.A.
Grauwacke	Quarz, Feld-spat, Glimmer, Chorit	fest	k.A.	k.A.	S
Quarzit	Quarz	sehr fest	pH 5-6, ge-ringe u. stark schwankende Lösungs-inhalte	Härtlinge oder Stufen bildend	S mit Gestein-schutt
Lydit, Kiesel-schiefer	Quarz, Chalzedon	Festgestein, sehr resistent	geringe Verbreitung, hydrogeome-trisch kaum prägend	k.A.	k.A.
Hornstein	Quarz,	Festgestein, sehr resistent	dto.	k.A.	k.A.
Flint, Feuer-stein	Kieselsäure konkretion	liegt meist in Matrix vor	dto.	k.A.	k.A.
Gangquarz	Quarz	Festgestein, sehr resistent	dto.	kann als Härtlingsrippe freigelegt sein	Sl, Schutt
Kalk(stein)	Calcit	Festgestein, löslich	$Ca(HCO_3)_2$-reich, gut gepuffert	Härtlings-kuppen und Stufen bildend; karstkorrosive Prozesse und Formen	T, Tl und Kalkschutt TU

Gestein	typische Mineralzusammensetzung	Verwitterungsresistenz; Durchwurzelbarkeit	verbreiteter geochemischer Grundwassertyp	Beeinflussung morphodynamischer Prozesse	verbreitete Bodenart des Verwitterungsproduktes (Abk. s. Kasten 5.1)
Dolomit-(stein)	Dolomit	Festgestein, löslich	$Ca(HCO_3)_2$- u. $Mg(HCO_3)_2$-reich, gut gepuffert	Härtlingskuppen und Stufen bildend; karstkorrosive Prozesse und Formen schwächer als bei Kalkstetin	T, Tl und Kalk TU
Kalkmergel-(stein)	Calcit (Ton)	weiches Festgestein	$Ca(HCO_3)_2$-reich, gut gepuffert	k.A.	T, Tl TU
Dolomitmergel-(stein)	Dolomit (Ton)	dto.	$Ca(HCO_3)_2$- u. $Mg(HCO_3)_2$-reich, gut gepuffert	k.A.	T, Tl TU
Tonmergel-(stein)	Tonminerale (Calzit)	dto.	$Ca(HCO_3)_2$-reich, gut gepuffert	leicht ausräumbar, Rutschungen und Fließungen möglich	Tl, Tu
Schluffmergel-(stein)	Quarz, Silicate, Calzit	dto.	dto.	leicht ausräumbar	Tl, Tu
Sandmergel-(stein)	Quarz, Calzit	dto.	dto.	leicht ausräumbar	Ts, St
Sandstein (kalkhaltig)	Quarz, (Calzit)	Festgestein	dto.	häufig rippen- oder stufenartig exponiert	St
Kalksandstein	Quarz, Calcit	dto.	dto.	häufig rippen- oder stufenartig exponiert	St

Kasten 3.6 Literaturauswahl zur Ergänzung und Vertiefung des Kapitels 3

- **Tektonik und Lagerungsformen**
  EISBACHER 1996 (Lehrbuch, Tektonik), POWELL 1995 (Interpretation geol. Karten)
  vgl. auch Kasten 2.4
- **Geologische Zeitrechnung und erdgeschichtliche Entwicklung**
  s. Lehrbücher in Kasten 1.4
- **Gesteine**
  FÜCHTBAUER 1988 (Entstehung von Sedimenten und Sedimentgesteinen), JASMUND u. LAGALY 1993 (Tonminerale, Tone), MARESCH, u. MEDENBACH 1987 (Lehr- und Bestimmungsbuch), READING 1986 (Entstehung von Sedimentgesteinen), REINSCH 1991 (Natursteinkunde), ROTHE 1994 (Lehrbuch), SCHMINCKE 2000 (Vulkanismus), SYMES ET AL. 1994 (Gesteine u. Mineralien), VINX 2005 (Gesteinsbestimmung), ZEPP 1999 (Eigenschaften von Gesteinen)
  vgl. Kasten 1.4 (Lehrbücher der Geologie)
  vgl. Kasten 15.3 (Literatur zur regionalen Geologie Mitteleuropas)

4 Das Relief der Erde: Konzepte und Modellvorstellungen

Abb. 4.1 Mittelgebirgsrelief im Siegerland, Rheinisches Schiefergebirge. Die Reliefentwicklung der Mittelgebirge wurde im 20. Jahrhundert teilweise recht kontrovers diskutiert. Im Mittelpunkt standen Modellvorstellungen, die entweder den Einfluß der Tektonik betonten oder von klimagenetischen Vorstellungen dominiert waren.

4.1 Modellvorstellungen in der Geomorphologie

Die Geomorphologie verfügt als wissenschaftliche Disziplin über eine Fülle von Erklärungsansätzen, um die Reliefformen in ihrer Genese nachzuvollziehen, Formungsprozesse abzubilden und teilweise auch zu prognostizieren. Diese Ansätze tragen den Charakter von **Modellvorstellungen** im Sinne allgemeingültiger, erklärender und aufeinander bezogener Aussagen über Ursache-Wirkungs-Zusammenhänge. Im Unterschied zu den exakten Naturwissenschaften kennt die Geomorphologie kein geschlossenes Theoriegebäude zur Erklärung der Oberflächenformen in jeglichem Zeit- und Raumbezug. So ist es nicht möglich, aus einigen allgemeinen Sätzen der Physik und Chemie die Entwicklung von Formen des Megareliefs bis zu den Kleinformen vollständig deterministisch zu erklären. In der Regel sind die **Ausgangsreliefs** (**Vorformen**) der Formenentwicklung nicht hinreichend genau rekonstruierbar; dies ist umso schwieriger, je länger die Reliefentwicklung zurückverfolgt werden soll. Auch die in der erdgeschichtlichen Vergangenheit wirksamen klimatischen Steuerfaktoren der exogenen Formungsprozesse können nicht für alle Formungsphasen hinreichend präzisiert werden (vgl. 14.1.2).

Wie andere empirische Wissenschaften entwickelt auch die Geomorphologie Modellvorstellungen, um verallgemeinerbare Erkenntnisse zu formulieren. Modellvorstellungen zu Reliefentwicklungen helfen, ausgewählte und grundsätzliche Formungsabläufe nachzuvollziehen und diese am konkreten Fallbeispiel in der Natur zu überprüfen. Sie zwingen zu einem hypothesengeleiteten, strukturierten Denken und Arbeiten und schaffen die Basis für naturwissenschaftliche Erklärungen von Formen, die über die bloße geometrische Beschreibung von Höhenverteilungen hinausgehen. Bei der Anwendung und **Übertragung geomorphologischer Modellvorstellungen** auf konkrete Reliefsituationen und ihre Entwicklungen müssen die Voraussetzungen, Randbedingungen besonders sorgfältig geprüft werden.

Graduelle Unterschiede bestehen zwischen geomorphologischen Modellvorstellungen hinsichtlich ihrer **Allgemeingültigkeit**, der **Betrachtungsmaßstäbe**, des Zeitbezugs und des Quantifizierungsgrades der in Modellen formulierten Abhängigkeiten. Das Spektrum reicht von qualitativen Konzepten bis zu quantitativen **Simulationsmodellen**. Die in Abb. 1.3 veranschaulichte Vorstellung vom **Wirkungsgefüge endogener und exogener Vorgänge** bildet die allgemeine, grundsätzliche und qualitative Modellvorstellung der Geomorphologie. Für die Erklärung der Formen des Megareliefs bieten die **Modellvorstellungen der Plattentektonik** – im Einklang mit dem in Abb. 1.3 veranschaulichten Konzept – einen geeigneten theoretischen Rahmen. Zur Erklärung der Formenvielfalt der Gebirge müssen andere Modellvorstellungen herangezogen werden, welche die Bedingungen für die differenzierte, strukturell und klimatisch gesteuerte Abtragung berücksichtigen.

Die verfügbaren Modelle und Erklärungsansätze für kleinräumigere geomorphologische Phänomene beziehen sich meist auf einzelne Formungsprozesse (s. 7.2.3 und Kasten 7.6). Je kleiner das Modellgebiet ist und je kürzer der zu modellierende Prozeß dauert (z. B. der Bodenabtrag von einer am Hang liegenden Ackerfläche nach drei Starkregenereignissen oder die Weiterentwicklung eines Gewässerquerschnitts nach einigen Hochwasserabflüssen), umso detailreicher kann eine Modellierung der Reliefentwicklung auf der Grundlage von Gleichungssystemen sein, die naturwissenschaftliche Gesetzmäßigkeiten kombinieren.

Die prinzipielle Schwierigkeit, sinnvolle (allgemeingültige) Modellvorstellungen für das Erdrelief zu entwickeln, hat in der Vergangenheit vielfach zu einer kritischen bis ablehnenden Haltung gegenüber formalisierten Modellen geführt. Dies geschah besonders in der Auseinandersetzung mit Modellvorstellungen zur Erklärung von Formen des Mesoreliefs und beruhte zu einem wesentlichen Teil auf Mißverständnissen, weil Randbedingungen und Gültigkeitsgrenzen nicht ausreichend beachtet wurden.

4.2 Der Abtragungs-Zyklus von W.M. Davis (1899)

W.M. Davis entwickelte gegen Ende des 19. Jahrhunderts ein Modell, das auf eine **genetische Klassifikation der Oberflächenformen** zielt. Er ging von folgenden richtigen Annahmen aus: Die Höhe des Reliefs hängt vom Hebungsbetrag ab; mit zunehmendem Alter der Reliefentwicklung bestimmt die Abtragung mehr und mehr die Form der Erdoberfläche. Den Normalfall der Abtragung sah er in der Abtragung durch fließendes Wasser; als Abweichungen von der Norm formulierte er Winde in Trockenklimaten, Eis und Kältewüsten, Wellen und Gezeiten an den Küsten. Weitere Annahmen, die aus heutiger Sicht Widerspruch provozieren, bleiben hier zunächst unberücksichtigt, da sie in diesem Zusammenhang zweitrangig sind. Aus dem zeitlichen Ablauf (Prozeß) von einmaliger Hebung und Abtragung konstruierte Davis einen allgemeingültigen Ablauf, den er als (**geographischen**) **Zyklus** (s. Kasten 4.1) bezeichnete.

Es resultieren drei Stadien verschiedener Zeitdauer mit charakteristischen Höhenunterschieden und Veränderungsraten. Das kurze **Jugendstadium** ist gekennzeichnet durch schnelle Reliefveränderungen, Wildbäche und Erdrutsche; die größte Reliefenergie und ein breites Spektrum an Oberflächenformen treten im **Reife-Stadium** auf. Es ist ferner geprägt durch freie Flußschlingen (freie Mäander) der großen Flüsse in Flußebenen und durch die Zerstörung der ursprünglichen Landoberfläche auch im Bereich der Wasserscheiden. Das **Alters-**

Kasten 4.1 Entwicklungsstadien des Davis-Zyklus (A nach Davis 1899; B nach Strahler/Strahler 1992, verändert)

Der ideale Zyklus beginnt mit der schnellen Hebung einer Landmasse mit beliebiger geologischer Struktur (Zeitpunkt I). Nach der Hebung finden bis zur völligen Abtragung auf Meeresniveau keine tektonischen Hebungen oder Senkungen statt. Die gehobene Landmasse besitzt ein vorgegebenes Relief mit B als der durchschnittlichen Höhe der Gipfel; A repräsentiert die Lage der tiefen Geländeteile. Verwitterung setzt ein, Niederschlag fällt, er fließt ab und sammelt sich in den Tiefenlinien. Die Flüsse fließen entsprechend der Abdachung, d. h. dem Gefälle der Landmasse, dem Vorland des Gebirges zu. Dabei schneiden sie sich ein, so daß zum Zeitpunkt II die Tiefenlinien auf das Niveau C erniedrigt sind. Die hochgelegenen Geländeteile, in denen das Wasser nicht konzentriert abfloß, werden weniger schnell erniedrigt, bis auf das Niveau D. Das bedeutet, daß die Reliefenergie, d. h. der Unterschied zwischen höchsten und tiefsten Geländeteilen, zugenommen hat. Insgesamt ist also das Relief versteilt, die Hänge sind steiler geworden. Während der Periode II-III schneiden sich die Nebenflüsse weiter ein, die Landmasse wird weiter stark zerschnitten, während die Hauptflüsse sich nur noch geringfügig bzw. langsam eintiefen (Linie C E G). Dafür werden nun die höheren Gebiete etwas schneller erniedrigt, am schnellsten zwischen III und IV. Nach dem Zeitpunkt IV nimmt die Reliefenergie ganz langsam, ganz allmählich ab. Um den gesamten Zyklus abzubilden, müßte die Zeitachse des Diagramms A erheblich erweitert werden.

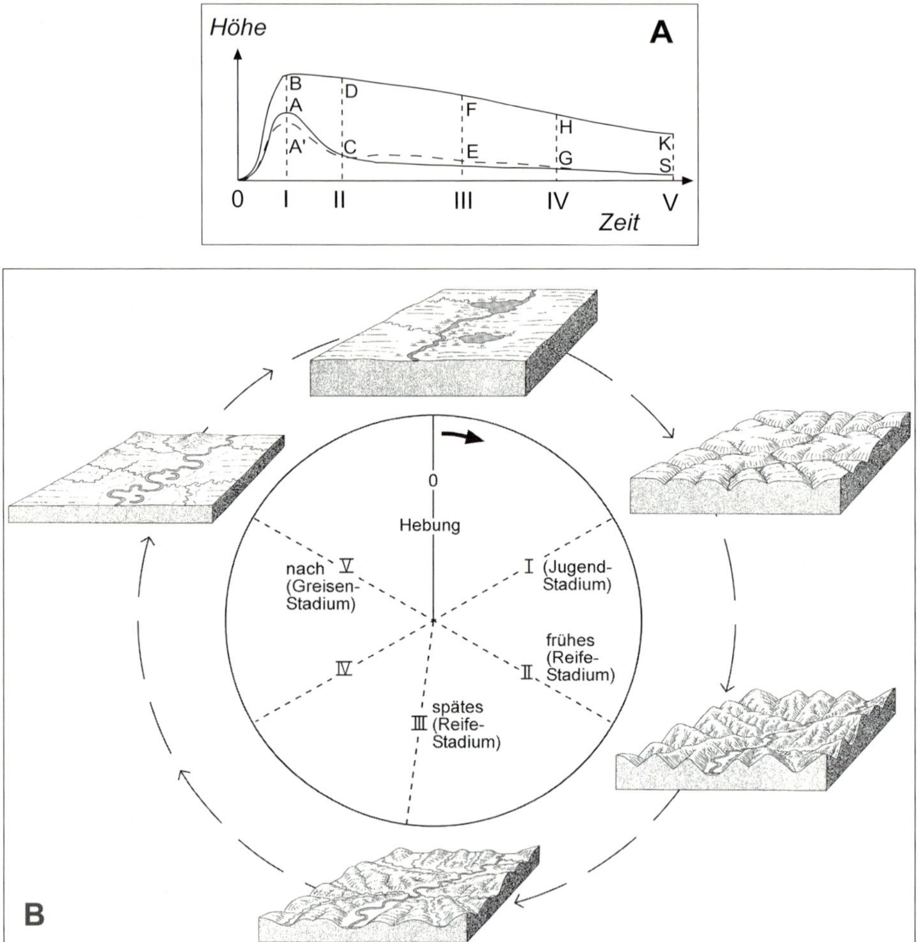

stadium (= Greisenstadium) dauert sehr lange; es weist geringe Abtragungsraten auf, ist gekennzeichnet durch träge dahinfließende, breite Flüsse auf einer fast ebenen, auf Meeresniveau abgetragenen, ausdruckslosen Tieflandsfläche, der sog. ***'Peneplain'*** (wörtlich: Fastebene) oder **Rumpffläche** (vgl. 11.2.1).

Die **Kritik am Davis-Zyklus** kann folgendermaßen zusammengefaßt werden: Der skizzierte Davis-Zyklus geht von der Vorstellung aus, daß einer raschen Hebung eine lange Phase tektonischer Ruhe ohne epirogenetische Bewegung folgt. Er trägt damit nicht der Gleichzeitigkeit und der Wechselwirkung endogener und exogener Prozesse Rechnung. Die Bezeichnung Zyklus erweckt den Eindruck, als wiederhole sich der Ablauf mehrfach. Dies steht im Widerspruch zu den heutigen plattentektonischen Vorstellungen. Doch unverändert bleibt der prinzipielle Wert des Davis-Zyklus als ein Schema zur denkbaren Abfolge einzelner Reliefentwicklungsphasen. Die von Davis formulierte These, derzufolge alle Gebiete den Zyklus durchlaufen und sich jeder Erdraum einzelnen Stadien zuordnen ließe, muß abgelehnt werden. Davis' Zykluslehre enthält weitere Aussagen, die in ihrer Pauschalisierung heute abgelehnt werden.

4.3 Das exponentielle Abtragungsmodell nach Strahler/Strahler (1992)

Manchen der Kritikpunkte am Davis-Zyklus trägt eine **quantitative Modellvorstellung** von STRAHLER/STRAHLER (1992) Rechnung. Sie erklärt die Hebung und Abtragung eines Gebirgsblocks von 100 km Länge und einigen 10er km Breite (Abb. 4.2). Im Unterschied zu Davis konnten die beiden Autoren rund 100 Jahre später realistische Zeitvorstel-

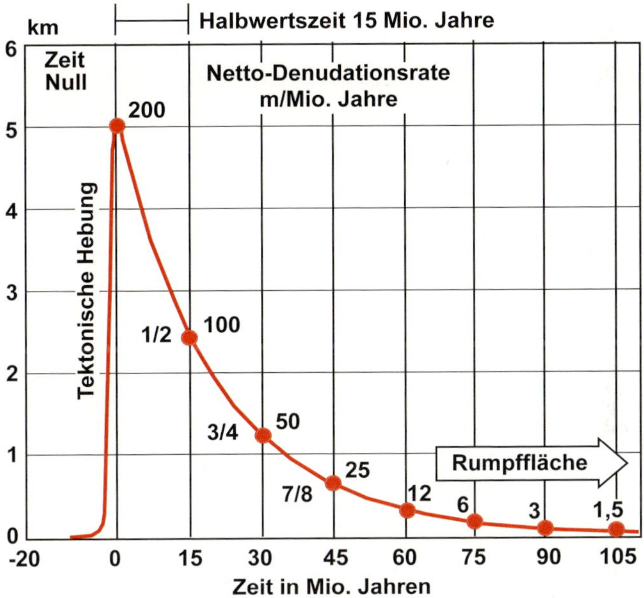

Abb. 4.2 Exponentielle Abtragung einer gehobenen Landmasse (nach STRAHLER/ STRAHLER 1999, 401). Die Abtragungsrate von 1 mm/Jahr wird großenteils durch die isostatische Hebung kompensiert, und zwar so, daß die resultierende (Netto-) Erniedrigung der Landoberfläche 1/5 der Abtragungsrate beträgt (1 mm → 0,2 mm). Die Abtragungsrate nimmt mit abnehmender Höhe der Landmasse derart ab, daß nach 15 Mio. Jahren die Höhe halbiert ist, ebenso die Abtragungsrate. Höhe und Abtragungsrate nehmen exponentiell ab, und zwar mit einer Halbwertzeit von 15 Mio. Jahren.

lungen und Abtragungsraten berücksichtigen.

Vorausgesetzt wird, daß die Abtragung unter einem humiden Klima mit Oberflächenabfluß (s. 4.4) und durch Flüsse stattfindet. Die initiale Abtragungsrate des gehobenen Gebirgsblocks beträgt 100-150 cm in 1000 Jahren oder anders ausgedrückt 1-1,5 mm/Jahr (Abb. 4.3). Sie nimmt im Laufe der Zeit als Funktion der Gebirgshöhe, der Hangneigungen und der Gefälle der Flüsse ab. Die isostatische Hebung (s. Abb. 3.2) des Gebirges während der Abtragung wird berücksichtigt. Die maximale Gipfelhöhe beträgt 6000 m, die durchschnittliche Höhe des leicht gewölbten, an den Rändern steil abfallenden Gebirgsblockes 5000 m. Der Aufstieg des Gebirgsblockes erstreckt sich über 5 Mio. Jahre, der größte Teil der Hebung findet während eines Zeitraumes von 2 Mio. Jahren statt. Die mit der Hebung zeitgleich stattfindende Abtragung läßt zum Zeitpunkt 0 ein bereits steiles Relief entstehen. Durch die isostatische Hebung (s. 3.1.1) verringert sich die Abtragungsrate von 1 mm/Jahr auf 0,2 mm/Jahr oder 200 m in 1 Mio. Jahre.

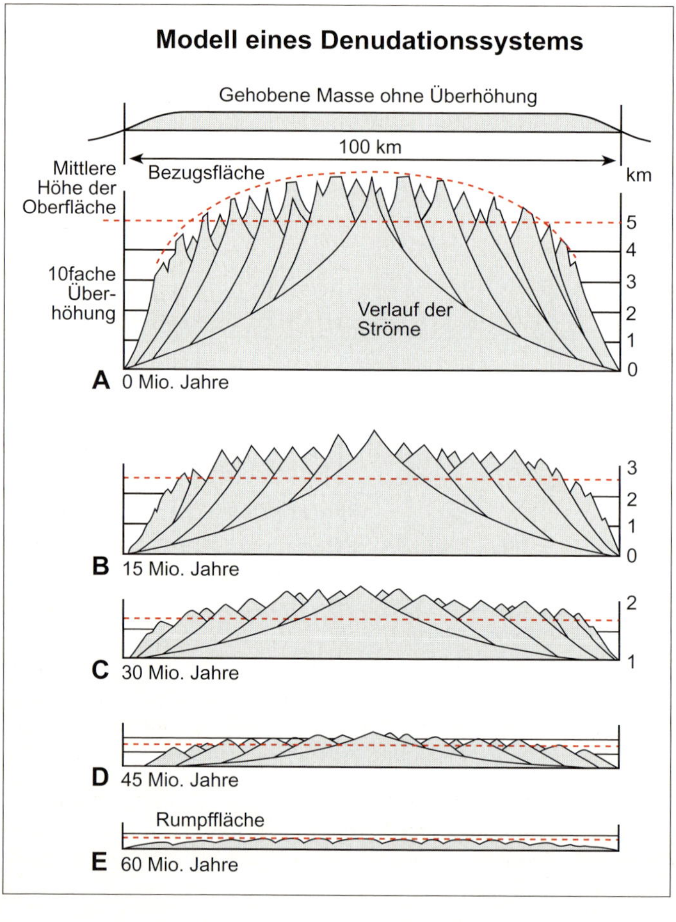

Abb. 4.3 Schematisches Diagramm der Reliefentwicklung entsprechend der Modellvorstellung nach Abb. 4.2 (nach STRAHLER/STRAHLER 1999, 401)

Somit nimmt die Nettoabtragungsrate exponentiell ab. Nach 15 Mio. Jahren ist etwa die Hälfte des Gebirgsblockes abgetragen, nach weiteren 15 Mio. Jahren drei Viertel.

Die vorgestellten qualitativen und quantitativen Modellvorstellungen stehen hier stellvertretend für eine Vielzahl anderer, variantenreicher Ansätze, die z. B. variable Hebungsraten einschließen (AHNERT 1996, 42).

Die mathematische Formulierung der Abtragung durch eine Exponentialfunktion ist recht einfach. Zeitliche Variationen der Hebungsintensität bleiben ebenso unberücksichtigt wie die Physik und Chemie der Verwitterung und Abtragungsprozesse. Klimasteuerung und Gesteinsresistenz modifizieren morphologische Prozesse und Formen (s. 7.4.1, 11 u. 12.3).

4.4 Denudationsraten in Flußeinzugsgebieten

Durch zahlreiche Studien sind mittlerweile Größenordnungen für **Denudationsraten** bekannt. Für große Flußeinzugsgebiete wurde bilanziert, wieviel Tonnen **Fracht** (**Feststoffe** und **gelöste Stoffe**) pro Jahr ausgetragen werden (vgl. 14.1.3 und 14.2.2). Auf die Fläche des Einzugsgebiets bezogen können so der Austrag in Tonnen/km² und bei bekannter Dichte des Materials (z. B. 2,67 g/cm³ für viele Gesteine) die jährliche oder auf 1000 Jahre bezogene Denudationsrate ermittelt werden (Tab. 4.1). Die Denudationsraten wachsen mit der Reliefenergie (Steilheit, Hangneigungen, Hanglängen) (Abb. 4.4). Zusätzlich wird die Abtragsleistung durch klimatisch gesteuerte Variablen, z. B. durch Niederschlag (Höhe, Verteilung, Intensität), Vegetationsbedeckung sowie durch die Abtragungsresistenz der Gesteine beeinflußt. Unterschiede im Verhältnis Feststoff- zu Lösungsaustrag gehen ebenfalls auf diese Einflüsse zurück.

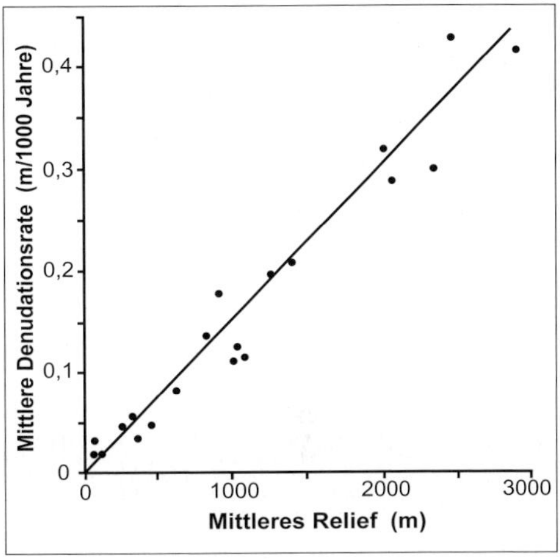

Abb. 4.4 Beziehung zwischen mittlerer Reliefenergie und Denudationsrate für Einzugsgebiete in Europa und Nordamerika (aus AHNERT 1996, 38)

Durch derartige empirische Befunde ist abgesichert, daß die vollständige Abtragung von Gebirgen sich mindestens über 10er von Millionen Jahren erstreckt, vor allem weil mit abnehmender Reliefenergie die Denudationsrate sinkt. Die **Denudationsbasis** (**Erosionsbasis**) ist das Niveau, bis zu dem die festländische (subaerische) Abtragung erfolgen kann. Der Meeresspiegel ist die absolute Erosionsbasis (vgl. 7.3.5); Becken, Senken und Seen können lokale, untergeordnete Erosionsbasen darstellen.

Tab. 4.1 Denudationsraten ausgewählter Flüsse (Quelle: SUMMERFIELD 1991, 385).
In der Tabelle ist zwischen Denudation durch Feststoffaustrag und durch Lösungsaustrag unterschieden. Die Denudationsraten für die 35 größten Flußeinzugsgebiete der Erde, von denen hier nur eine Auswahl aufgeführt ist, schwanken zwischen 300 und 677 mm/1000 Jahre. Lokale (kleinräumige) Denudations- und Erosionsraten weichen naturgemäß stark von den großräumigen ab. In den neuseeländischen Alpen wurden 4717 mm/1000 Jahre gemessen, für chinesische Lößgebiete muß mit 19814 mm/100 Jahre gerechnet werden. Daneben gibt es Flußeinzugsgebiete in den Mittelbreiten, deren Denudationsraten unter 1 mm/1000 Jahre liegen.

	Einzugsgebietsgröße (10^6 km^2)	**Abfluß (mm a^{-1})**	**Gesamt-Denudation (mm ka^{-1})**	**Denudation durch Feststoffaustrag**	**Denudation durch Lösungsaustrag**	**Anteil des Lösungsaustrags an der Gesamt-Denudation (in %)**
Amazonas	6.15	1024	70	57	13	18
Zaire (Congo)	3.82	324	7	4	3	42
Mississippi	3.27	177	44	35	9	20
Nil	2.96	30	15	13	2	10
Paranà (La Plata)	2.83	166	19	14	5	28
Ob	2.50	154	7	2	5	70
Chiang Jiang (Yangtze)	1.94	464	133	96	37	28
Orinoco	0.99	1111	91	78	13	14
Indus	0-97	245	124	108	16	13
Donau	0.81	254	47	31	16	35
Huang He (Yellow)	0.77	63	529	518	11	2
Colorado	0.64	31	84	78	6	7
Brahmaputra	0.58	1049	677	643	34	5
Dnepr	0.50	104	6	1	5	88

Kasten 4.2 Zum Begriffsverständnis von Abtragung, Erosion und Denudation.

Bei der Erläuterung der Modelle ist der Begriff **Abtragung** in sehr allgemeinem Sinne verwendet worden; dies ist immer dann sinnvoll, wenn keine weitergehende Differenzierung der formenden Prozesse angestrebt ist. Im deutschen Sprachraum wird zwischen Denudation und Erosion unterschieden. **Erosion** steht für den linienhaft konzentrierten Abtrag durch fließendes Wasser, in aller Regel verbunden mit einer deutlich erkennbaren Einschneidung in den Untergrund (Rinne, Graben, Tal o.ä.). Der Begriff **Denudation** (wörtlich: Entblößung) wird für die flächenhafte Abtragung verwendet, meist um den Gegensatz zur Erosion auszudrücken. Dabei spielt zunächst die Größe der betrachteten Fläche keine Rolle; es kann sich um einen Hang oder ein Gebirge handeln. So wäre es korrekt, im Rahmen der erläuterten Modellvorstellungen von DAVIS (4.2) und STRAHLER/STRAHLER (4.3) statt von Abtragsraten von Denudationsraten zu sprechen, denn dem Sinnzusammenhang ist zu entnehmen, daß insgesamt eine großräumige, flächenhafte Erniedrigung der Gebirge gemeint ist. Die englischsprachige Literatur faßt alle Abtragungsprozesse unter dem Begriff *erosion* zusammen (vgl. auch Bodenerosion, 7.2).

4.5 Klimagebundenheit exogener Formungsprozesse

Die Formung der Erdoberfläche durch Wasser, Eis und Wind läuft klimamodifiziert oder teilweise klimagesteuert ab. Entsprechend haben Geomorphologen immer wieder die **Klimabeeinflussung der exogenen Verwitterungs- und Formungsprozesse** in den Mittelpunkt ihrer Forschung gestellt, ja sogar das Klima als den wichtigsten Einflußfaktor der Reliefformung herausgestellt (**Klimageomorphologie**). Dies fand seinen Ausdruck u. a. in der Ausweisung **klimageomorphologischer Zonen** (s. 11.1), als an Klimazonen angelehnte Zonen mit einheitlicher Formbildung (BÜDEL 1977). Allerdings wirkt das Klima auf die Reliefformung indirekt über den Wasser- und Wärmehaushalt und über die Vegetationsdecke. Das Tauen und Gefrieren von Wasser, Eiswachstum, Häufigkeit, Höhe und Intensität von Niederschlag und Abfluß, Windgeschwindigkeiten und –richtung, Schutz der Boden- und Verwitterungsdecke durch die Vegetation, all dies wirkt sich auf die Formungsintensität durch die verschiedensten Prozesse aus. Gleichwohl ist die einfache Übertragung der aus der Klimageographie bekannten Klimaklassifikationen nicht gerechtfertigt, um die weltweit unterschiedliche Klimabeeinflussung morphodynamischer Prozesse auszudrücken. Zutreffender ist es, die klimabeeinflußt räumlich unterschiedlichen **Prozeßkombinationen** zu benennen (s. 11.1). Ein solches Vorgehen läßt Raum für den Einfluß endogener Prozesse und Strukturen, die Gesteinsabhängigkeit der Formung sowie die überragende, weil kausal primäre Bedeutung der Reliefenergie für die Formenentwicklung.

4.6 Formen, korrelate Sedimente und Aktualismus

Denudations- und Erosionsprozesse wirken niveauausgleichend, weil Material am Abtragsort verloren geht und an einem anderen Ort abgelagert wird. Mit dem Niveauausgleich ist eine Veränderung der Form verbunden. Im Idealfall entspricht einer Form ein zugehöriges Sediment (**korrelates Sediment**). Unmittelbar einsichtig ist dieser Zusammenhang z. B. bei einer Hangrutschung (s. 6). Der muschelförmigen Abrißnische entspricht die am Unterhang abgelagerte Rutschmasse. Der Zusammenhang wird undeutlicher mit wachsender Entfernung zwischen Abtragungs- und Ablagerungsort. So sind die Sedimente, aus denen ein Flußdelta aufgebaut ist, zweifellos durch Erosion und Denudation im Flußeinzugsgebiet bereitgestellt. Ein klarer Bezug zu einer einzelnen (Klein-)Form besteht nicht mehr. Dazwischen steht der **Transport**, währenddessen **Selektions-** und **Sortierungsprozesse** stattfinden. Beim Transport in einem Fluß sind dies die Sortierung nach Korngrößen, die Zerkleinerung von Geröllen durch Abrieb, chemische Lösungsprozesse etc. Man sieht daran, daß die Analyse von Sedimenten (**Sedimentanalyse**) im Hinblick auf Abtragungs- und Transportprozesse sowie auf Sedimentationsbedingungen zu einer komplexen Aufgabe wird, die im übrigen Geomorphologen mit Geologen verbindet (s. 14.2.3).

Dabei wird unterstellt, daß die Gesetzmäßigkeiten, die man für das Prozeßgeschehen formuliert, auch in der erdgeschichtlichen Vergangenheit gültig sind (**Aktualismusprinzip**). Nur unter dieser Annahme ist es sinnvoll, Sedimente als Archive für die Rekonstruktion der Reliefentwicklung (vgl. Kasten 8.2) zu interpretieren.

4.7 Bedeutung des Klimawandels

Häufig können **Sedimente und Verwitterungsspuren als Indikatoren für bestimmte Klimate** (vgl. 14.2.3 u. Kasten 15.1) herangezogen werden. So sind Moränen nur in Verbindung mit einer Vergletscherung denkbar, die Entwicklung eines humosen Bodens setzt zumindest ein warm-gemäßigtes Klima und eine Vegetationsentwicklung voraus. Derartig unterschiedliche Bildungen kommen häufig übereinander oder in unmittelbarer räumlicher Nähe zueinander vor; dann liegt der Schluß nahe, daß sich im Laufe der Erdgeschichte das Klima grundlegend gewandelt hat. Folglich kann an einem Ort das Relief durch unterschiedliche, **klimatisch gebundene Formungsstile** aus verschiedenen Erdzeitaltern geprägt sein.

So sind gleichzeitig nicht nur unterschiedliche Prozesse in einem Gebiet kombiniert (z. B. Abspülung am Hang und Tiefenerosion im Bachbett), sondern in der Vergangenheit können die unterschiedlichsten Prozesse am selben Ort gewirkt haben, z. B. an einem Hang zuerst Bodenfließen einer wassergesättigten oberen Boden- und Sedimentschicht über gefrorenem Untergrund, anschließend unter trockenerem Kaltklima die Akkumulation von Staubsediment (Löß) und in historischer Zeit die Abspülung des Ackerbodens unter dem Einfluß der

Landwirtschaft. Die Geomorphologie spricht von **polygenetischer Formung** (**polygenetische Formen**), wenn die verschiedensten Entwicklungslinien an der Reliefformung beteiligt sind. In der Vergangenheit ist häufig der Begriff der **Reliefgeneration** verwendet worden, wenn in der Landschaft nebeneinander oder ineinandergeschachtelt Reliefformen zu erkennen sind, die unterschiedlich alt angelegt und unter morphologisch einheitlich wirkendem Klima entstanden sind (s. 11.1, Abb. 15.7 u. Kasten 15.1).

Grundsätzlich muß bei der zeitlichen und klimatischen Interpretation polygenetischer Reliefformung beachtet werden, daß Formen und Sedimente aus einer früheren Zeit mit einheitlicher Reliefformung nur dann erhalten sein können, wenn nicht eine nachfolgende Zeit mit größerer Formungsintensität die Formen und Sedimente zerstört hat (**Intensitäts-Auslese-Prinzip**, ROHDENBURG 1989; vgl. 7.4.3).

Unter anderem Klima angelegte Formen werden im allgemeinen als **Vorzeitformen** bezeichnet. Da diese heute häufig durch die aktuell wirksamen Prozesse überprägt werden, heißen sie auch **Reliktformen**. **Fossile Formen** wären dagegen solche, die unter einem jüngeren Sediment begraben sind. Dies ist nur möglich, wenn sich das morphologische Prozeßgeschehen grundlegend geändert hat. Nicht immer sind die Ursachen hierfür in einer Klimaänderung zu sehen. Meeresspiegelanstieg, tektonische Absenkung und auch anthropogene Einflüsse sind denkbar.

4.8 Relief als Ergebnis endogen-exogener Wechselwirkungen

Endogene Prozesse verhindern die endgültige, weltweite Abtragung der Land-massen bis zur Denudationsbasis, ihre Intensität verläuft räumlich und zeitlich diskontinuierlich (vgl. 2). Ebenso wirken die exogenen Verwitterungs-, Abtragungs-, Transport- und Ablagerungsprozesse räumlich und in ihrer Intensität klimatisch differenziert. Der erdgeschichtliche Klimawandel und zunehmend auch der Einfluß des Menschen bedeuten ebenfalls **Diskontinuitäten der Reliefentwicklung** (vgl. Abb. 1.5). Die Überlagerung (Interferenz) der räumlich und zeitlich diskontinuierlichen endogenen und exogenen Prozesse macht die Reliefbildung und Reliefentwicklung zu einem komplexen Ursache-Wirkungs-System, das nur in seinen Grundzügen gesamthaft und nur ausschnittsweise mit detaillierten Erklärungs-Konzepten und Modellvorstellungen nachvollzogen werden kann (vgl. 14.1).

Kasten 4.3 Literaturauswahl zur Ergänzung und Vertiefung des Kapitels 4

- **Modellvorstellungen und Analysekonzepte in der Geomorphologie**
  AHNERT 1970, 1984, 1987, 1994, DAVIS 1899 (‚Geogr. Zyklus'), DIKAU 1998 (Modellierung d. Reliefentwicklung), STRAHLER/STRAHLER 1992 (Modell der exponentiellen Abtragung), 1999 (deutsche Ausgabe), GOUDIE 1995 (geomorphologische Prozeßraten), KIRKBY 1994 (Aufsatzsammlung, Prozeßmodellierung und Theoretische Geomorphologie), CROZIER U. MÄUSBACHER 1999 (Aufsatzsammlung, Größen-Frequenz-Analysen in der Geomorphologie), THOMAS 2001 (Sensitivitätskonzept, Landschafts- und Reliefentwicklung)
- **Denudationsraten in Flußeinzugsgebieten**
  MILLIMANN 1997 (Denudationsraten in Flußeinzugsgebieten), SCHMIDT 1985 (Denudationsraten, Colorado, USA)
- **Klimagebundenheit exogener Formungsprozesse und Bedeutung des Klimawandels**
  BULL 1991 (Klimawandel und Geomorphologie), HEINE 1998 (Namibia, Klimawandel), ROHDENBURG 1970b (morphodynamische Aktivitäts- und Stabilitätszeiten), weitere Literatur s. Kästen 11.1 und 15.3 (Mitteleuropa)

5 Verwitterungsprozesse und Verwitterungsformen

Abb. 5.1 Wollsackverwitterung im Granit (Harz). Wenn druckentlastete, hydrolytisch verwitterte Tiefengesteine an der Erdoberfläche freigelegt werden, können diese an Wollsäcke erinnernden Formen entstehen, vgl. 5.6.

5.1 Die Verwitterung als Teil der exogenen Dynamik

Als **Verwitterung** wird die Veränderung der physikalischen, chemischen und mineralogischen Eigenschaften von Gesteinen und Sedimenten an der Erdoberfläche unter dem Einfluß der Atmosphäre, Hydro- und Biosphäre bezeichnet. Verwitterungsprozesse umfassen im Unterschied zu Erosions- und Denudationsprozessen keinen Materialtransport auf der Erdoberfläche. Bei Festgesteinsuntergrund erleichtert die Verwitterung die nachfolgende Abtragung durch denudative Prozesse, denn sie stellt Material bereit, das durch Wasser, Wind und Eis oder als gravitative Massenbewegung verlagert wird.

Während der Verwitterung werden Gesteinsstruktur (z. B. Schichtung und Klüftung) und Gesteinsgefüge (z. B. das porphyrische Gefüge von Vulkaniten oder das grobkristalline Gefüge von Graniten) aufgelöst. Große Gesteinsblöcke werden zu Steinen zerkleinert, Steine zerfallen zu Sand und Schluff. Minerale des Ausgangsgesteins (sog. **primäre Minerale**) werden verändert: Bestandteile des Mineralgitters werden als Ionen mit dem Wasser in Boden und Untergrund (**Bodenlösung**) über kürzere Distanz (cm, dm oder m) verlagert oder ausgewaschen; neue Minerale (sog. **sekundäre Minerale**) können sich aus dem Verwitterungs- und **Lösungsrückstand** bilden. Insgesamt führen die vielfältigen Verwitterungsprozesse zu einer Vergrößerung der Gesamtoberfläche aller Bodenteilchen. Mit der Zunahme der Oberfläche ist ein zusätzliches Aufnahmevermögen für Wasser verbunden; dies ist zugleich Voraussetzung für die Nährstoff- und Schadstoffanlagerung in Verwitterungsbildungen und in Böden.

Die Untergrenze der **subaerischen Verwitterung** (subaerisch = unter dem Einfluß der Atmosphäre) reicht in etwa bis zu einer Tiefe, in der Witterungseinflüsse (Temperaturunterschiede, Bodenfeuchteveränderungen) deutlich abgeschwächt sind oder die Grundwasseroberfläche erreicht ist. Unterhalb der Grundwasseroberfläche schließt sich der Bereich der **subhydrischen Verwitterung** an. Art, Intensität und Tiefe der subaerischen Verwitterung hängen – abgesehen vom Untergrundmaterial – vor allem vom Klima ab (vgl. 14.2.3). In humiden Landschaften reicht der Einfluß tiefer als in ariden Gebieten, weil Niederschläge in den Untergrund infiltrieren und zu einem Teil (10-50%) das Grundwasser erreichen. In ariden und semiariden Gebieten mit ihrer überwiegend vertikal aufsteigenden Bodenwasserbewegung sind die Verwitterungswirkungen in der Regel auf die oberflächennahen Bereiche beschränkt. Gering sind die Verwitterungstiefen auch in den Polarregionen und in den Hochgebirgen oberhalb der Waldgrenze.

Die Verwitterung läßt sich gedanklich in physikalische und chemische Prozesse gliedern; biologische Prozesse rufen physikalische und chemische Wirkungen hervor. In der Realität sind physikalische, chemische und biologische Vorgänge nicht immer klar voneinander zu trennen, sie greifen vielfach ineinander und bedingen sich gegenseitig.

5.2 Physikalische Verwitterung

Unter **physikalischer Verwitterung** werden alle Prozesse zusammengefaßt, die die Zerkleinerung von Gesteinen und Sedimenten (am Ort ihres Vorkommens) bewirken. Physikalische Verwitterung schafft durch die Vergrößerung des Hohlraumvolumens (**Porenvolumen**) Wasserwegsamkeit und neue, größere Oberflächen, an denen die chemischen Verwitterungsprozesse ansetzen können.

5.2.1 Druckentlastung und Abkühlung von Magmen. Die meisten Festgesteine sind unter der Auflast überlagernder Schichten und unter anderen, meist höheren und nahezu konstanten Temperaturen entstanden (s. 3.3.3); somit entsprechen die an der Erdoberfläche herrschenden Temperaturen, Temperaturwechsel und Druckzustände nicht den spezifischen Bildungsbedingungen der Festgesteine. Wenn sie an die Erdoberfläche gelangen, werden Gesteine mechanisch entlastet. Als Folge dieser **Druckentlastung** entstehen Spannungen, und Klüfte reißen auf. Die oberflächenparallelen Abschuppungen bei Tiefengesteinen werden **Exfoliation** (s. Abb. 5.2) genannt. Während und nach dem Aufstieg von vulkanischen Schmelzen (s. 3.3.4) in die Nähe der Erdoberfläche kühlen diese ab, sie verlieren an Volumen und bilden Absonderungsgefüge (z. B. Basaltsäulen; s. Abb. 3.16). Neben diesen makroskopischen, d. h. mit dem bloßen Auge erkennbaren Druckentlastungs- oder Abkühlungsklüften besitzt jedes Festgestein - aus den gleichen Ursachen - ein feinmaschiges Netz mikroskopischer innerer Bruchflächen. Sie lehnen sich an bevorzugte Spaltflächen von

Abb. 5.2 Exfoliation bei Plutoniten (Yosemite-Nationalpark, USA) ist eine Folge der Druckentlastung bei Massengesteinen.

Mineralen und an Mineralkorngrenzen an.

5.2.2 Desorption und Adsorption von Wasser. Mineralische Grenzflächen überziehen sich außer bei lufttrockener Atmosphäre mit dünnen Wasserfilmen; die Mineraloberflächen adsorbieren Wasser (vgl. 5.3.2) aufgrund von elektrostatischen Kräften, van der Waals-Kräften und Wasserstoffbrücken. Die **Adsorption** von Wassermolekülen kann an den Grenzflächen von Silikaten mechanische Wirkungen hervorrufen: Wasser besitzt im Vergleich zu Mineraloberflächen eine wesentlich geringere Oberflächenspannung gegenüber Luft. Dadurch überzieht sich die Gesteinsoberfläche mit einem dünnen Wasserfilm, der bis in die feinsten Haarrisse des Gesteins vorrückt (Abb. 5.3). Überschlägige Berechnungen (v. ENGELHARDT 1973, 12) haben ergeben, daß mit Drücken um 8000 kg/cm^2 bei Schichtdicken des Adsorptionswassers von 10 Å (Å = 10^{-8} cm) gerechnet werden muß. Die sprengende Wirkung (**Spreitungsdruck**) nimmt mit abnehmender Schichtdicke des Adsorptionswassers zu, sie ist demnach gerade in den feinsten Rissen im Gestein besonders wirksam, die mit dem bloßen Auge nicht mehr erkannt werden können. Für einen wirksamen Gesteinszerfall dürfte das stetige **Wechseln von Adsorption und Desorption** eine Voraussetzung sein. In humiden, luftfeuchten und somit auch bodenfeuchten Gegenden spielt dieser Verwitterungsprozeß allenfalls bei sonnenexponierten, strahlungsbegünstigten Materialoberflächen ohne Boden- und Vegetationsbedeckung eine Rolle; dagegen können in ariden Regionen Gesteinsoberflächen bei hoher Sonneneinstrahlung und geringer Luftfeuchte vollkommen abtrocknen, während nachts bei steigender Luftfeuchte die Benetzung wieder einsetzt.

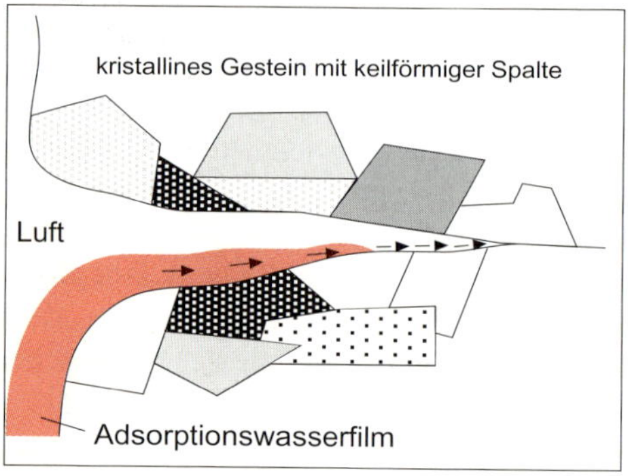

Abb. 5.3 Schematische Darstellung vom Vorrücken einer Adsorptionswasserschicht in eine trockene Gesteinsspalte

5.2.3 Temperaturwechsel. Beobachtungen an Verwitterungsmaterial in Wüsten gaben Anlaß zu der Vorstellung von einer **Insolations-** oder **Temperaturverwitterung**. Die Tag-Nacht-Unterschiede der Oberflächentemperatur von Gesteinen können bis zu 50 Kelvin betragen (Abb. 5.4). Wegen der schlechten Wärmeleiteigenschaften von Gesteinen bauen sich Spannungen zwischen Gesteinsinnerem und Gesteinsoberfläche auf; bei Temperaturzunahme dehnt sich das Material an der Oberfläche aus, und bei Temperaturabnahme kontrahiert es wieder. Außerdem ist damit zu rechnen, daß helle und dunkle Mineraloberflächen sich bei Sonneneinstrahlung unterschiedlich stark erwärmen. Unterschiedliche Erwärmung und Ausdehnungskoeffizienten nebeneinander liegender Minerale müßten an den Mineralkorngrenzen Zugspannungen auslösen, die insgesamt zu einer Lockerung des Gesteinsverbandes führen. Allerdings konnten diese Modellvorstellungen in Laborversuchen (BLACKWELDER 1933, GRIGGS 1936) nicht nachvollzogen werden. Auch nach tausenden von Abkühlungs- und Erwärmungszyklen mit Temperaturamplituden, die größer waren als die in der Natur vorkommenden Temperaturschwankungen, konnten keine Verwitterungseffekte festgestellt werden. Erst in Kombination mit Wasser waren sie nachweisbar. Dies deutet darauf hin, daß **Temperaturwechsel** alleine nicht verwitterungswirksam sind, sondern Adsorptions- und Desorptions-Zyklen ursächlich den Gesteinszerfall bewirken. Die zeitlich in der Regel parallel verlau-

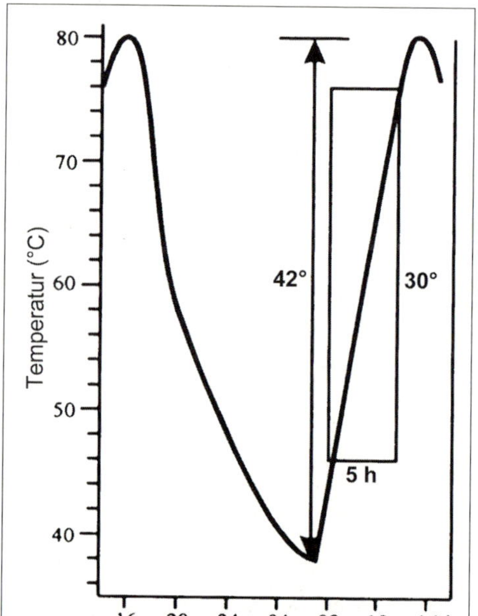

Abb. 5.4 Amplitude der Oberflächentemperatur (Basalt), Tibesti (Sahara) (nach PEEL 1974, aus BLAND & ROLLS 1998, 103)

fenden Temperaturwechsel können einer der Gründe für die Abtrocknung und Wiederbefeuchtung sein.

5.2.4 Frostsprengung und andere Verwitterungseffekte durch Volumenvergrößerung. Ein sehr wirksamer Verwitterungsprozeß ist die **Frostsprengung** (**Frostverwitterung**); s. Abb. 5.10. Wenn Wasser zu Eis kristallisiert, dehnt es sich um 9 Vol.-% aus. Unter bestimmten Voraussetzungen kann der dabei entstehende **Kristallisationsdruck** von bis über 2100 kg/cm^2 den Gesteinsverband lockern: Die Hohlräume müssen vollständig wassererfüllt sein, und während des Gefriervorgangs müssen die Öffnungen des Hohlraums durch Eisbildung verschlossen sein, bevor das gesamte Wasser gefriert (Abb. 5.5). Dann überträgt sich der Druck durch die **Volumenvergrößerung** auf das umliegende Gestein und kann eine Sprengwirkung ausüben. Andererseits treten beim **Wachstum von Eiskristallen** gerichtete Drücke auf, die ebenfalls den Gesteinsverband lockern. Frostverwitterung wird durch rasche Abkühlung auf unter –5 °C und durch häufige Wechsel zwischen Tauen und Gefrieren (**Frostwechsel**) gefördert. Einzelheiten des Frostverwitterungsprozesses sind noch ungeklärt. Bevorzugte Gebiete der Frostverwitterung durch Volumenvergrößerung dürften die alpinen Stufen von Hochgebirgen sein, während in den Polargebieten Auftau- und Gefrierprozesse vorwiegend jahreszeitliche Phänomene sind und somit **Eiswachstum** (s. 10 u. 6.3) mit Kristallisationsdruck besonders wichtig ist.

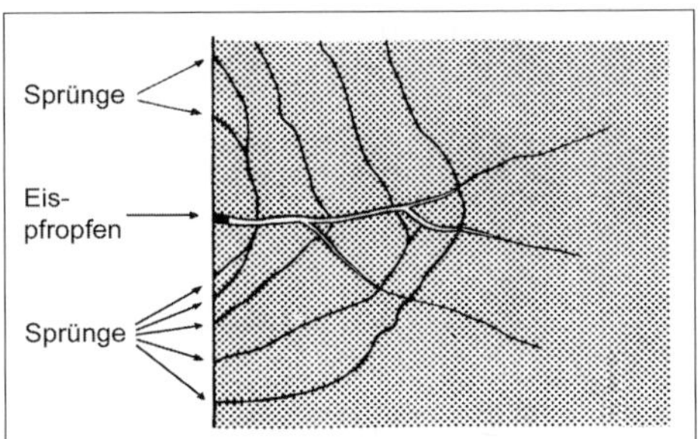

Abb. 5.5 Frostsprengung durch Volumenvergrößerung von gefrierendem Wasser (aus KUNTZE et al. 1994, 43)

Auch andere natürliche Prozesse sind mit einer Volumenvergrößerung verbunden und können dadurch eine Lockerung des Gesteinsverbandes bewirken. **Kristallbildung und –wachstum aus übersättigten Lösungen** kann sprengend wirken, wenn die entstehenden Kristalle ein größeres Volumen beanspruchen als die Ausgangsstoffe. Einige wasserfreie Salze, z. B. $CaSO_4$ (x 2 H_2O), NaCl, Na_2SO_4 (x 10 H_2O), Na_2CO_3 (x 10 H_2O), können Kristallwasser aufnehmen (**Hydratisierung**) und dehnen sich dabei aus. Die Hydratisierung wird in der Natur gesteuert durch den Zutritt von flüssigem Wasser zu Salzlagerstätten oder durch Variationen der relativen Luftfeuchte, welche meist mit Temperaturvariationen einhergehen. Da die thermischen Ausdehnungskoeffizienten vieler Salze größer sind als die von Gesteinen, können in Lockermaterialien sogar Temperaturunterschiede alleine verwitterungswirksam werden. Die kombinierten, an das Vorhandensein von Salzen gebundenen Prozesse werden häufig auch unter dem Begriff **Salzverwitterung** zusammengefaßt. Vor allem für semiaride und aride Regionen sind sie bedeutsam; außer den oben genannten Salzen sind K_2SO_4, $MgSO_4$ und KCl weitere wichtige Salze.

Organische Körper, z. B. Pflanzenwurzeln, können Druck auf das umgebende Gestein ausüben; dies geschieht nicht durch die Bildung organischer Substanz, sondern durch den **Quellungsdruck**, der aus der Wasseraufnahme **der Wurzeln** resultiert. Dieser Effekt entspricht der Sprengwirkung, „die man durch Befeuchtung eines in trockenem Zustand in eine Gesteinskluft eingepreßten und anschließend befeuchteten Holzkeils erzeugen kann" (VON ENGELHARDT 1973, 16).

5.3 Chemische Verwitterung

5.3.1 Allgemeine Charakteristik. Die **chemische Verwitterung** vollzieht sich durch Reaktionen zwischen der **Verwitterungs-/Bodenlösung** (Wasser und Inhaltsstoffe) und den Mineraloberflächen. In der Natur läuft sie nicht in einem geschlossenen System ab: Weil das Wasser in Boden und Untergrund ständig in Bewegung ist, kann sich langfristig kein **chemisches Gleichgewicht** zwischen den Mineralen und den in den Gesteins- und Bodenhohlräumen fließenden Lösungen einstellen. Die Art und Intensität der chemischen Verwitterungsprozesse ist abhängig von Gesteins- und Mineraleigenschaften, von der Wasserwegsamkeit der Gesteine sowie von der Menge und der chemischen Zusammensetzung des durchströmenden Wassers; besonders wichtig sind der pH-Wert und der Sauerstoffgehalt des Wassers.

Zu den wichtigsten **Teilprozessen der chemischen Verwitterung** gehören die Hydratisierung (vgl. 5.2.4), die Lösung, Oxidation und Reduktion, Hydrolyse und Protolyse (Säure-Base-Reaktionen) sowie die Bildung organo-metallischer Komplexe (Abb. 5.6).

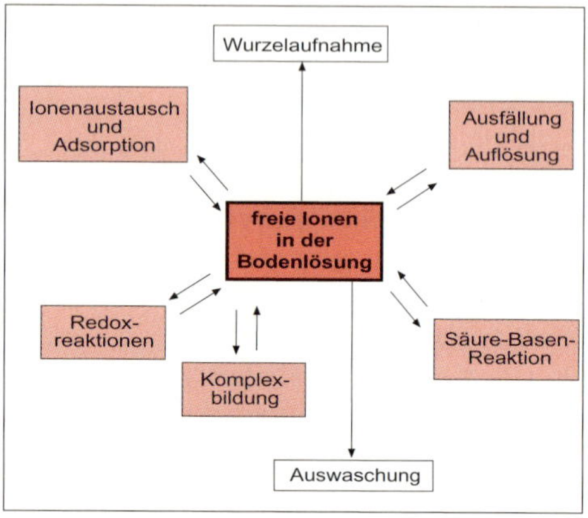

Abb. 5.6 Konzentrationsbestimmende Reaktionen zwischen Boden-/Verwitterungslösung und umgebender Matrix sowie dem Stofftransport (nach GISI et al. 1990, 107, verändert)

5.3.2 Lösungsverwitterung. Die **Löslichkeit** verschiedener Minerale variiert sehr stark. Salzgesteine und Gips sind relativ leicht in Wasser löslich (s. Tab. 5.1). Obwohl Kalksteine schwerlöslich sind, werden sie im allgemeinen – sprachlich unscharf – zu den lösungsfähigen Gesteinen gerechnet, da in Anwesenheit von Kohlensäure Säure-Base-Reaktionen ablaufen, die die Auflösung der Carbonate bewirken. Generell gilt, daß Ionen mit niedrigem Ionenpotential (Ladung/Ionenradius in Å; z. B. Na^+, K^+, Cl^-, Mn^{2+}) bevorzugt, solche mit hohen Potentialen (z. B. Si^{4+}, Mn^{4+}, Al^{3+}, Fe^{3+}) relativ schwerer in Lösung gehen. Das im Boden und im oberflächennahen Verwitterungsbereich fließende Wasser (Bodenlösung/Verwitterungslösung) enthält häufig komplizierte Ionen-Mischungen, die jahreszeitlichen Konzentrationsschwankungen unterliegen. Große Abhängigkeit zeigt die stoffliche Zusammensetzung der

Lösungen von der Beschaffenheit des Ausgangsgesteins (vgl. Kasten 3.5); jahreszeitliche Änderungen können zusätzlich auf bio-geochemische Umsätze in den Ökosystemen (Aufnahme durch Pflanzenwurzeln, mikrobielle Umsätze) zurückgeführt werden (s. Abb. 5.6).

Tab. 5.1 Löslichkeit von Salzgesteinen in Wasser bei 18 °C

Gestein	Chem. Formel	Löslichkeit
Steinsalz, Kalisalz	$NaCl$ KCl	356 g/l
Gips	$CaSO_4 \times 2\ H_2O$	2,6 g/l
Kalk, Dolomit	$CaCO_3$ $CaMg(CO_3)_2$	1,5-13 mg/l

5.3.3 Kationenaustausch. Die Lösungsphase steht in Wechselwirkung mit der Festphase; hierbei ist der Kationenaustausch (**Desorption und Adsorption von Kationen**) ein wichtiger Prozeß. Er besitzt zwar keine Verwitterungswirkung im engeren Sinne, jedoch können ohne ihn die anderen Teilprozesse der chemischen Verwitterung nicht verstanden werden.

Die Oberfläche von Partikeln kolloidaler Größe (**Kolloide** < 0,2 µm), z. B. **Tonminerale** und **Humus**, sind Orte, an denen bevorzugt Oberflächenreaktionen stattfinden. Die Oberflächen von Tonmi-

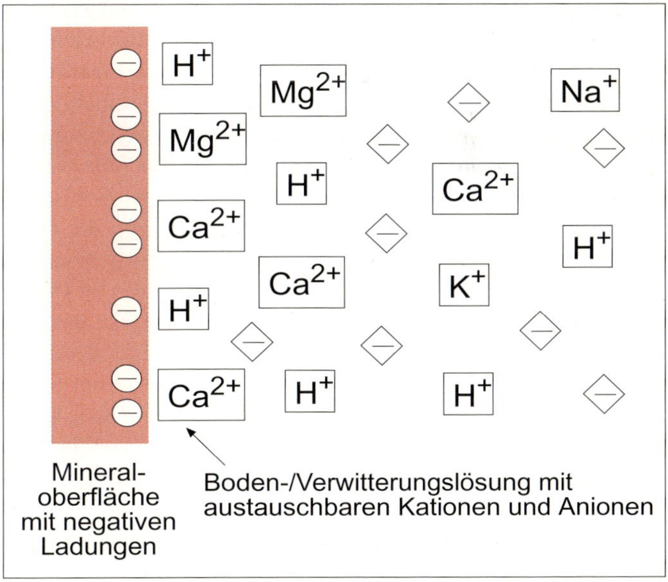

Abb. 5.7 Schematische Ionenverteilung an der Oberfläche eines negativ geladenen Mineralpartikels und in der Boden-/Verwitterungslösung

neralen besitzen negative Ladungen, z. B. weil häufig das Silizium (Si^{4+}) im Mineralgitter durch Aluminim (Al^{3+}) ersetzt ist. An Humuskolloiden treten negative Ladungen durch Carboxylgruppen (-COOH), Säuregruppen und phenolische OH-Gruppen auf. Kationen der Bodenlösung (H^+, K^+, Ca^{2+}, Mg^{2+} und Al^{3+}) werden an den Mineraloberflächen adsorbiert (Abb. 5.7). In Abhängigkeit von der Ionenzusammensetzung der Lösung können die adsorbierten Kationen ausgetauscht werden (z. B. Ca^{2+} gegen 2 K^+). Die Fähigkeit eines Bodens zum Kationenaustausch wird als **Kationenaustauschkapazität (KAK)** bezeichnet; sie steigt mit der Zunahme des Tonmineralgehalts und der organischen Substanz sowie mit dem pH-Wert des Bodens. Außerdem beeinflußt die Art der im Boden vorliegenden Tonminerale die Kationenaustauschkapazität.

5.3.4 Redox-Reaktionen (Oxidationsverwitterung). In wässrigen Lösungen treten Redoxreaktionen (Elektronenübergangsreaktionen) häufig auf. **Eisen** (Fe) und **Mangan** (Mn) sind als Bestandteile silikatischer Minerale (z. B. Augit, Hornblende und Muskovit) besonders betroffen. Die **Oxidation** findet an der Mineraloberfläche statt: Durch den Kontakt mit dem Luftsauerstoff geben die zweiwertigen Mn- und Fe-Ionen am Rand der Minerale Elektronen ab; dabei geht Eisen von der 2-wertigen in die 3-wertige Form über ($Fe^{2+} \rightarrow Fe^{3+}$). Wegen der veränderten Ladung und des veränderten Durchmessers nach der Oxidation können Eisen und Mangan nicht im Kristallverband bleiben; sie scheiden sich an der Oberfläche ab.

Darüber hinaus können durch andere Verwitterungsprozesse (z. B. Hydrolyse, s. 5.3.5) größere Mengen an Fe^{2+} freigesetzt werden, die anschließend rasch oxidiert werden. Die wichtigsten in Böden und Verwitterungsbildungen vorkommenden Oxide und Oxidhydrate des Eisens sind **Brauneisen** ($FeO(OH) \cdot H_2O$), **Goethit** ($FeO(OH)$) und **Hämatit** (Fe_2O_3).

Reduktionsprozesse laufen bevorzugt bei Wassersättigung, also im Grundwasserbereich oder im Stauwasserkörper, ab. Während sie für die Bodenbildung und die Bildung von Metallen bedeutsam sind, spielen sie für die Verwitterung eine nur untergeordnete Rolle. Redoxreaktionen sind in natürlichen Systemen wegen der Vielzahl der Redoxpaare und Reaktionspartner nicht einfach vorherzusagen. Wechsel zwischen Wassersättigung und Belüftung beeinflussen ebenso wie Veränderungen der Bodenreaktion (pH-Wert), etwa durch Protonenzufuhr, die ablaufenden Prozesse.

5.3.5 Hydrolyse und Protolyse (Säureverwitterung). Im Gegensatz zur Oxidationsverwitterung bewirken Hydrolyse und Protolyse die nachhaltige Zersetzung gesteinsbildender Minerale. **Hydrolyse** bezeichnet die Umsetzung der Ionen eines Salzes (z. B. Karbonate, Silikate) mit den H^+- und OH^--Ionen des Wassers. Wenn die H^+-Ionen aus organischen oder anorganischen Säuren stammen, spricht man von **Protolyse**. Die Verwitterungsintensität steigt mit sinkendem pH-Wert der Bodenlösung. Bei der hydrolytischen Verwitterung werden die Metallkationen (K^+, Na^+, Ca^{2+}, Mg^{2+}) des Mineralgitters durch Wasserstoff ersetzt (Abb. 5.8), sie gehen mit dem verbleibenden OH^--Rest in Lösung und bewirken eine pH-Wert-Erhöhung der Lösung. In nachfolgenden Reaktionen können die Bindungen zwischen Silizium, Sauerstoff und Aluminium ebenfalls hydrolytisch aufgebrochen werden. Aus dem Zersetzungsrückstand von Kalifeldspat bilden sich z. B. Kieselsäure, Aluminiumhydroxid (Gleichung 1) oder **Kaolinit** (Gleichung 2):

Kalifeldspat

$$KAlSi_3O_8 + 8\ H_2O \rightarrow Al(OH)_3 + 3\ H_4SiO_4 + KOH \quad (1)$$

Aluminiumhyroxid — **Kieselsäure** — **Kalilauge**

$$2\ KAlSi_3O_8 + 11\ H_2O \rightarrow Al_2Si_2O_5(OH)_4 + 4\ H_4SiO_4 + 2KOH \quad (2)$$

Kaolinit

In ähnlicher Weise sind die hydrolytischen Verwitterungsprozesse auf andere silikatische Minerale übertragbar. **Organische und anorganische Säuren** (H_2SO_4, HNO_3) aus natürlichen Prozessen und anthropogene Zufuhr von Säurebildnern (Düngung, Luftverschmutzung) verstärken die Säureverwitterung.

Natürliches Niederschlagswasser ist schwach sauer (pH 5,6), es enthält **Kohlensäure** (vgl. Kasten 12.1) entsprechend des CO_2-Partialdrucks der Atmosphäre:

$$CO_{2\,(g)} + H_2O \rightarrow H_2CO_3$$

Durch die Aktivität von Mikroorganismen im Boden kann der CO_2-Gehalt (CO_2 gasförmig) von 0,03 Vol.-% in der Atmosphäre bis 3,5 Vol.-% in der Bodenluft, in Ausnahmefällen sogar bis 11 Vol.-% steigen. Die schwache Säure H_2CO_3 dissoziiert in $H^+ + HCO_3^-$. Wenn Wasser mit gelöster Kohlensäure auf Kalkstein trifft, dann ist die folgende Reaktion zu beobachten:

$$CaCO_3 + H_2CO_3 \rightarrow Ca^{2+} + 2\ HCO_3^-$$

Bei dieser **Kohlensäureverwitterung** wird der Kalkstein in die wasserlöslichen Ionen **Calcium** und **Hydrogencarbonat** zerlegt und schließlich mit der Verwitterungslösung abgeführt. Deshalb besitzen

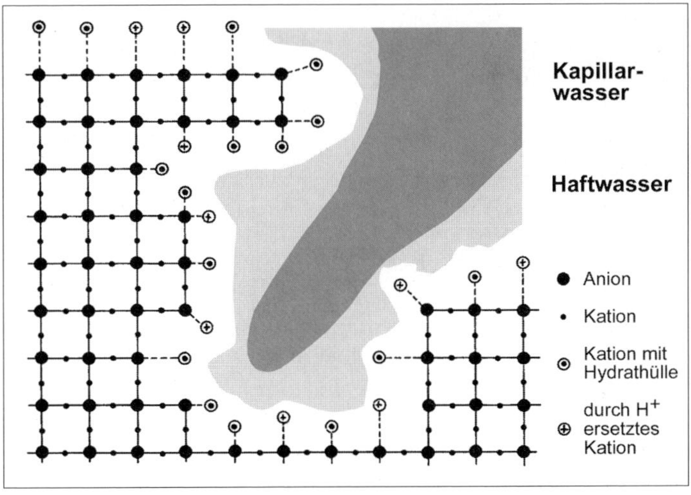

Abb. 5.8: Strukturschema eines hydratisierten silikatischen Minerals (verändert nach KUGLER/BILLWITZ 1977, aus LESER 1981, 77)

die oberirdischen und unterirdischen Wässer in Landschaften mit karbonathaltigen oder Karbonatgesteinen (s. Kasten 3.3) besonders hohe Konzentrationen an Calcium und Hydrogencarbonat. In Landschaften mit Karbonatgesteinen beeinflussen Karbonatverwitterung und Lösungstransport so stark die geomorphologische Formung, daß der Formenschatz unter dem Begriff **Karst** (s. 12.2) zusammengefaßt wird.

5.4 Verwitterungsprodukte

5.4.1 Wirkung der physikalischen Verwitterung. Prozesse der physikalischen Verwitterung bewirken die **mechanische Zerkleinerung** von Festgesteinen und die Zerlegung größerer Blöcke und Steine in Lockermaterial geringer Korngröße. Durch physikalische Verwitterung werden gröbere Komponenten (nur) bis auf Sand- und Schluffgröße zerkleinert (s. Kasten 5.1).

Großen Einfluß auf die Korngrößenzusammensetzung des Verwitterungsprodukts besitzen **Gefüge und Textur des verwitternden Gesteins** (s. 3.3). Kristallines Gestein (z. B. Granit) zerfällt zu Grus (s. Abb. 5.1), ein lockeres Gemisch aus den angewitterten Mineralkörnern des ehemaligen Festgesteins. Metamorphe Kristallingesteine ergeben unter dem Einfluß der Frostverwitterung häufig scharfkantige Gesteinsbruchstücke. Die Korngrößenzusammensetzung der durch physikalische Verwitterung beanspruchten Sedimentgesteine spiegelt naturgemäß das Korngrößenspektrum des Ausgangsgesteins wider (s. Kasten 3.5). Da Gesteinsfugen und Schichtflächen bevorzugte Angriffspunkte für die Verwitterung bieten, wird sich der Charakter der Schichtung in plattenförmigen (plattigen) Gesteinsbruchstücken wiederfinden. Der weitere Gesteinszerfall hängt wiederum von der Körnung des Gesteins ab.

5.4.2 Verwitterungsneubildungen und Prozesse der Bodenbildung. Im Zuge der chemischen Verwitterung werden nicht nur Verwitterungsrückstände in gelöster Form ausgewaschen, sondern es entstehen neue, sogenannte **sekundäre Minerale**, die sich deutlich von den primären Mineralen der Ausgangsgesteine unterscheiden. Die wichtigsten Mineralgruppen sind **Tonminerale** (vgl. 3.3.2 und 5.3.5) und **oxidische Minerale**; daneben spielen **Salze** (Sulfate, Chloride und Karbonate) eine Rolle. Die Tonminerale bilden einen wichtigen Bestandteil der Tonfraktion (vgl. Kasten 5.1).

Gesteinszersatz durch chemische Verwitterung und Mineralneubildung ergeben zusammen komplexe Umwandlungsprodukte, die fast überall als Verwitterungsrinde und Boden die Erdoberfläche bilden (vgl. Kasten 5.2); ausgenommen sind Gebiete mit starker rezenter Erosion, Denudation und Sedimentation. Als **Boden** wird das mit Wasser, Luft und Lebewesen durchsetzte und unter dem Einfluß der Umweltfaktoren entstandene Umwandlungsprodukt mineralischer und organischer Substanzen bezeichnet. Von der Bodenkunde werden die **Transformationsprozesse** (Umwandlungsprozesse) zu den bodenbildenden Prozessen gezählt. Transformationsprozesse umfassen auch die zum Aufbau des Humuskörpers führende Mineralisierung und Humifizierung abgestorbener

Kasten 5.1 Korngrößenklassen und Korngrößenzusammensetzung

Die mineralischen Komponenten in Sedimenten, Verwitterungsbildungen und Böden werden nach ihrem Durchmesser in Korngrößenklassen (Kornfraktionen) eingeteilt (s. Tabelle). In Deutschland ist die Klassifizierung in Ton, Schluff, Sand, Grus/Kies, kantige Steine/runde Steine und Blöcke eingeführt. Mit einer Benennung der Korngrößen ist noch keine Aussage über die Entstehungsart (Genese) des Materials verbunden. Dennoch können genetisch wichtigen Sedimenten typische, vorherrschende Korngrößenbereiche zugeordnet werden.
Die meisten Sedimente und Verwitterungsbildungen liegen als Gemische verschiedener Korngrößen vor. Üblicherweise werden Feinsediment und Grobsediment (Feinboden und Grobboden) getrennt nach ihren jeweiligen Anteilen der Fraktionen

Korngrößenklassen, Bezeichnungen und Äquivalentdurchmesser				eckig-kantige Formen			gerundete Formen		
		Ø in mm	Ø in µm						
GROBSEDIMENTE	Psephite	2000		kantige Steine (X)	kantige Großblöcke	gX	runde Steine (O)	runde Großblöcke	gO
		630			kantige Blöcke	mX		runde Blöcke	mO
		200			kantige Steine	fX		runde Steine	fO
		63		Grus (Gr)	Grobgrus	gGr	Kies (G)	Grobkies	gG
		20			Mittelgrus	mGr		Mittelkies	mG
		6,3			Feingrus	fGr		Feinkies	fG
		2,0							
FEINSEDIMENTE	Psammite	0,63	630	Sand (S)	Grobsand			gS	
		0,2	200		Mittelsand			mS	
		0,063	60		Feinsand			fS	
	Pelite	0,02	20	Schluff (U)	Grobschluff			gU	
		0,006	6		Mittelschluff			mU	
		0,002	2		Feinschluff			fU	
		0,0006	0,6	Ton (T)	Grobton			gT	
		0,0002	0,2		Mittelton			mT	
					Feinton			fT	

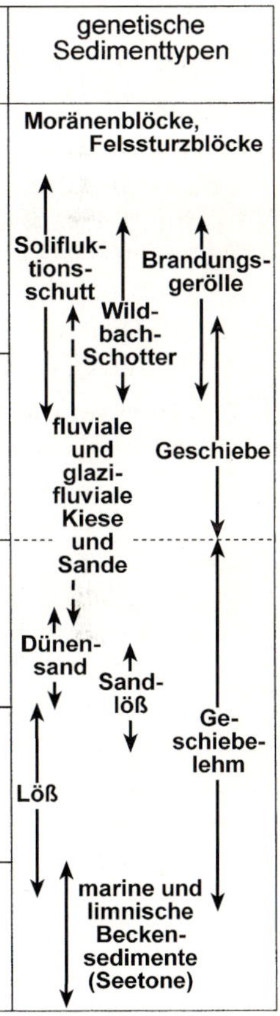

Korngrößenklassen und Beispiele genetisch wichtiger Sedimenttypen:
(nach Leser 1981, 27 und AG Boden 1994, 132 und 133; verändert)

angegeben. Für den Feinboden sind die im Bodenartendiagramm (s. Abbildung) nach den Schluff- und Tonanteilen abgegrenzten Korngrößengemische (= Bodenarten) gebräuchlich. Ein Material mit 15% Ton und 60% Schluff wird als Uls = sandig-lehmiger Schluff bezeichnet (vgl. Tabelle mit den Bezeichnungen der Bodenartenuntergruppen); die Differenz der Summe aus Ton- und Schluffgehalt zu 100% ergibt den Sandanteil (ein Beispiel: 100% - (60% Schluff + 15% Ton) = 25% Sand).

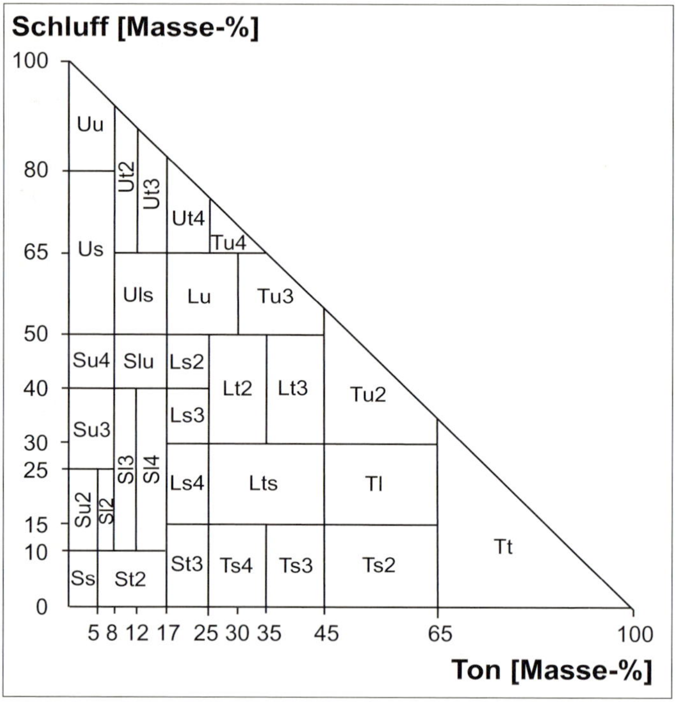

Bodenartendreieck (nach AG BODEN 1994, 134)

Bezeichnung der Bodenartenuntergruppen (nach AG BODEN 1994, 135)

Bodenartenuntergruppen	**Kurz-Zeichen**
reiner Sand	Ss
schwach schluffiger Sand	Su2
schwach lehmiger Sand	Sl2
mittel lehmiger Sand	Sl3
schwach toniger Sand	St2
mittel schluffiger Sand	Su3
stark schluffiger Sand	Su4

schluffig-lehmiger Sand	Slu	schwach toniger Schluff	Ut2
stark lehmiger Sand	Sl4	mittel toniger Schluff	Ut3
mittel toniger Sand	St3	sandig-lehmiger Schluff	Uls
schwach sandiger Lehm	Ls2	stark toniger Schluff	Ut4
mittel sandiger Lehm	Ls3	schluffiger Lehm	Lu
stark sandiger Lehm	Ls4	mittel toniger Lehm	Lt3
schwach toniger Lehm	Lt2	mittel schluffiger Ton	Tu3
sandig-toniger Lehm	Lts	stark schluffiger Ton	Tu4
stark sandiger Ton	Ts4	schwach sandiger Ton	Ts2
mittel sandiger Ton	Ts3	lehmiger Ton	Tl
reiner Schluff	Uu	schwach schluffiger Ton	Tu2
sandiger Schluff	Us	reiner Ton	Tt

Wenn das Material zusätzlich große Komponenten (> 2 mm) enthält, dann werden die entsprechenden Fraktionen genannt, z. B. schwach kiesiger sandig-lehmiger Schluff. Die Klassifizierung des Grobsediments erfolgt nach folgender Tabelle:

Klassifizierung des Grobboden-(Skelett)Anteils (nach AG Boden 1994, 141)

Masse-%	< 2	2 – 15	15 – 45	45 – 60	60 – 85
Bezeichnung	sehr schwach	schwach	mittel	stark	sehr stark

Pflanzen, Tiere und Mikroorganismen. Verwitterungs- und bodenbildende Prozesse sind miteinander verzahnt; bodenbildende Prozesse gehen über Verwitterungsprozesse hinaus: Außer den Transformationsprozessen werden die gefügebildenden und die Translokationsprozesse unterschieden.

Gefügebildende Prozesse (z. B. Quellung/Schrumpfung, Flockung, Verkittung, Verklebung) bestimmen die räumliche Anordnung der festen anorganischen und organischen Bodenteilchen. Die Intensität der bisher genannten Transformationsprozesse nimmt in der Regel von der Bodenoberfläche mit der Tiefe, also mit wachsender Entfernung von der Atmosphäre und Biosphäre, ab. So entstehen im Laufe der Bodenbildung durch bodenbildende Prozesse vertikal übereinander angeordnete, oberflächenparallele Abschnitte der Bodendecke, sog. **Horizonte**. Meist sind sie im Gelände an einem **Bodenprofil** (senkrechter Anschnitt durch die Bodendecke) mit bloßem Auge durch Farbunterschiede, Körnung und Gefüge erkennbar.

Besonders die Verlagerungsprozesse (**Translokationsprozesse**) führen zur Horizontdifferenzierung; sie beruhen auf der Mobilisierung, dem Transport und der Immobilisierung bodeneigener Substanzen. Profilprägend ist u. a. die Verlagerung von Tonmineralen, von Eisen- und Mangan oder von organischer Substanz aus dem Oberboden in den Unterboden.

Kasten 5.2 Verwitterungsprozesse und Bodenbildung im oberflächennahen Untergrund

Die Verwitterung schreitet an der Verwitterungsfront (auch Verwitterungsbasis genannt) in die Tiefe. In den humiden Tropen kann die Mächtigkeit der Verwitterungsdecke (Regolith*)) auf alten Landoberflächen bis 200 m betragen; dort ist im unteren Abschnitt des Regolith das Gestein bei gut erkennbarer Gesteinsstruktur geochemisch-mineralogisch verändert, ohne daß das Gesteinsvolumen verändert ist (isovolumetrische Verwitterung). Dieses weiche, mit einem Messer schneidbare Material wird als Saprolith bezeichnet. In der Nähe der Geländeoberfläche (< 2 m) dominieren die verschiedensten bodenbildenden Prozesse; sie führen zur Profildifferenzierung in Bodenhorizonte.
In Mitteleuropa beträgt die Mächtigkeit der Verwitterungs- und Bodendecke 0,5 – 2 m. Zudem liegen hier in Oberflächennähe häufig durch morphodynamische Prozesse (Umlagerung durch Wasser, Wind und Eis etc.) entstandene Schichten. Dies bedeutet, daß die Bodenbildung im Verwitterungsmaterial des Untergrundgesteins mit aufliegender(n) jüngerer(en) Deckschicht(en) abläuft.

*)Der Regolith-Begriff wird in der Literatur nicht einheitlich verwendet. Einige Autoren schließen den Saprolith ein, andere verwenden ihn ausschließlich für das durch Verwitterungsprozesse entstandene Lockermaterial über dem Festgestein (z. B. AHNERT 1996, BLAND & ROLLS 1998). Unstrittig ist die Zugehörigkeit jüngerer Deckschichten.

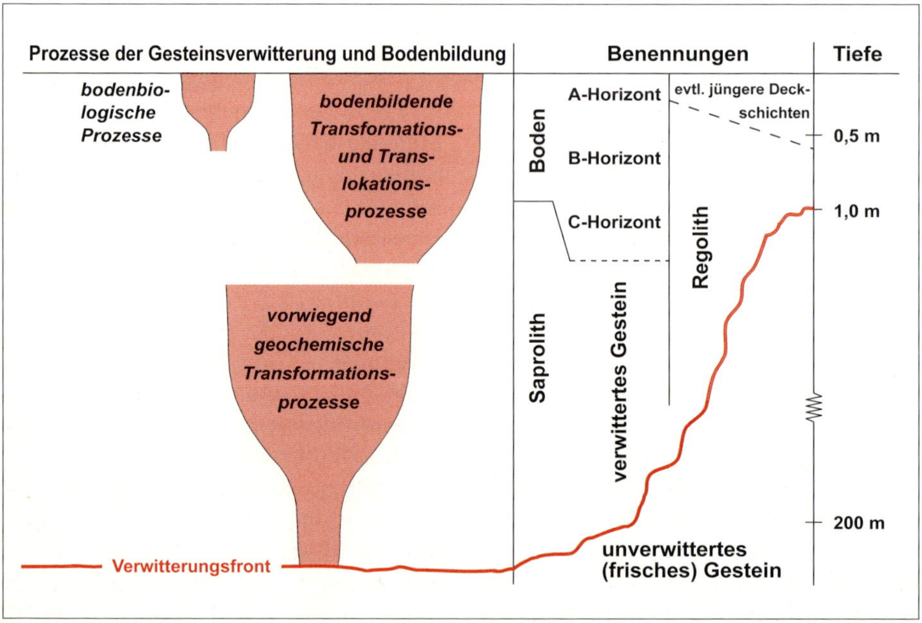

Ausdruck der Bodenentwicklung über die Zeit sind die **Bodentypen**, die im Gelände und gestützt auf Laboranalysen an der spezifischen Kombination von Bodenhorizonten erkennbar sind. Beispiele für wichtige Bodentypen sind Ranker, Rendzina, Pararendzina, Braunerde, Parabraunerde, Podsol, Pseudogley und Gley. Die Kombination aus dem Ausgangsgestein der Bodenbildung und dem Bodentyp wird auch als **Bodenform** bezeichnet.

Die **Bedeutung der Böden** für die Geomorphologie liegt in ihrem **Indikatorwert** für exogene Einflüsse auf die Relief- und damit Bodenoberfläche. Für bestimmte Bodentypen sind die erforderlichen Bildungsdauern bekannt; deshalb kann häufig aus der Existenz oder dem Fehlen einzelner Horizonte oder großer Teile des Bodenprofils auf die **Stabilität der Reliefoberfläche** bzw. auf Erosions- und Denudationsprozesse geschlossen werden (vgl. Kasten 7.4). Außerdem gibt die stoffliche Zusammensetzung Hinweise auf das **Alter und die Entstehungszeit der Böden** und damit auf das Mindestalter der Reliefoberfläche (vgl. 14.2.3). Weil Verwitterungs- und Bodenbildungsprozesse in ihrer Intensität nicht nur von der zur Verfügung stehenden Zeit, sondern auch vom Klima gesteuert werden und Klimaänderungen während des Tertiärs und Quartärs (s. Kasten 15.1) gut dokumentiert sind, sind Bodenmerkmale vielfach Indikatoren für **Mindestalter von Landoberflächen**. Aus diesem Grund sollten Geomorphologen in der Bodenansprache im Gelände geübt sein und die diagnostischen Möglichkeiten, die der Boden im Gelände und Bodenmaterial im Labor bieten, kennen. Die erforderlichen Fertigkeiten lassen sich nicht aus einem Lehrbuch erlernen, sondern nur in Kartierkursen und Praktika.

5.5 Klimazonalität der Verwitterung

Ein idealisierter Schnitt durch die Verwitterungsdecke vom Äquator bis in die hohen Breiten (Abb. 5.9) zeigt die größten **Verwitterungstiefen** bis 150 m unter der Geländeoberfläche in den tropischen Regenwäldern. Ein zweites Maximum der Verwitterungstiefe liegt im Bereich der humiden Mittelbreiten. Gering ist die Verwitterungstiefe in den durch Wärmemangel gekennzeichneten hohen Breiten sowie in den durch Trockenheit geprägten Halbwüsten und Wüsten. Klimatisch gesteuerte Unterschiede betreffen nicht nur die Verwitterungstiefe, sondern auch die Intensität der Verwitterungsprozesse.

5.5.1 Verwitterung in den feuchten Tropen. In den feuchten Tropen finden Mineralumwandlungen bei stets hohen Temperaturen und abwärts gerichteter Bodenwasserbewegung statt, die für das Auswaschen gelöster Substanzen sorgt. **Hydrolytische Verwitterung, Auswaschung von Alkali- und Erdalkali-Ionen, Tonverlagerung und der Verlust von Kieselsäure (Desilifizierung)** sind die wichtigsten bodenbildenden Prozesse in den Tieflagen der feuchten Tropen. **Anreicherungen von Eisenoxiden/-Hydroxiden und Aluminium** sowie die Dominanz des Tonminerals **Kaolinit** sind wichtige Merkmale der häufig rot gefärbten Böden, die 66% der humiden Tropen einnehmen sollen. Typischerweise ist eine Dreiteilung der Boden- und Verwitterungsprofile ausgebildet (Kasten 5.2): In der oberen Zone (***residual soil***) sind Eisen, Aluminium und Silizium (Kaolinit) angereichert; primäre Minerale fehlen.

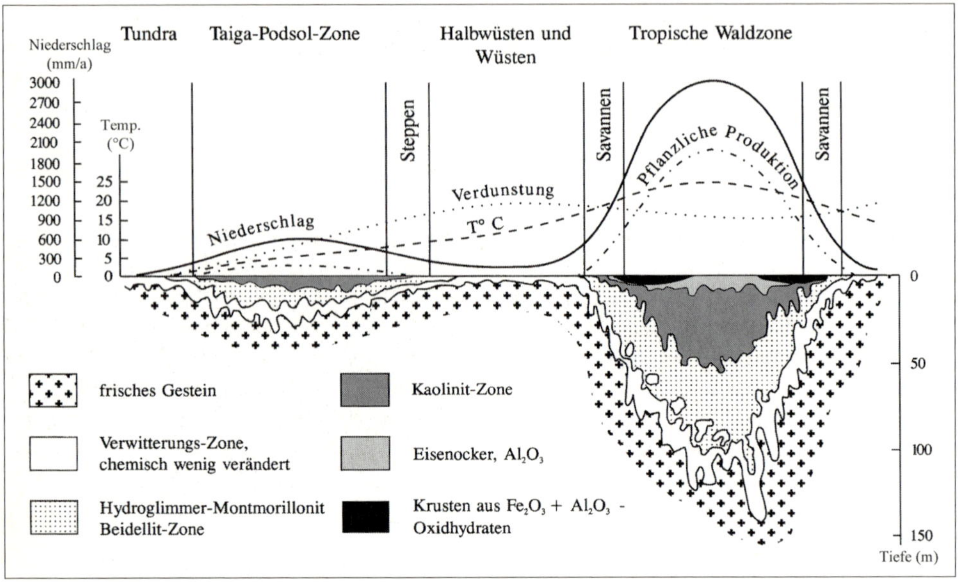

Abb. 5.9 Idealisiertes Profil der Verwitterungsintensität vom Pol zum Äquator (nach STRAKOW 1962, aus BAHLBURG/BREITKREUZ 1998, 25)

Wenn in tieferen Abschnitten der oberen Zone die Gesteinsstruktur noch erkennbar ist, jedoch das Gesteinsmaterial schon chemisch-mineralogisch tiefgreifend verändert ist, so spricht man von **Saprolith** (auch: Saprolit). Charakteristischerweise ist er so weich, daß man ihn mit einem Messer schneiden kann. Die selektive Anreicherung von Eisen, Aluminium und Kieselsäure kann bei Austrocknung zu einer irreversiblen Bildung von harten **Krusten** führen, die in der englischsprachigen Literatur als ***duricrusts*** bezeichnet werden (s. Abb. 11.6). In den feuchten Tropen mit starker Kieselsäureabfuhr bilden sich eisen- und aluminiumreiche **Laterite** (***ferricrete***) und Bauxite, deren Mächtigkeiten so groß sind, daß sie wichtige Rohstoffvorkommen bilden. In der Feuchtsavanne mit weniger intensiver Kieselsäureauswaschung bilden sich kieselsäurehaltige Krusten (***silcrete crusts***). Verhärtete Krusten sind geomorphologisch wichtig wegen ihrer höheren Widerstandsfähigkeit gegen Abtragung und wegen der unter Nutzungsaspekten negativen Eigenschaft, daß das Bodenwasser nahe der Oberfläche gestaut wird und die Böden vernässen.

Die skizzierten Besonderheiten der tropischen Bodendecke sind besonders typisch für die seit langer geologischer Zeit stabilen präkambrischen Schilde (s. 11.2), welche mindestens seit dem Beginn des Tertiärs durch eine tropische Verwitterung gekennzeichnet waren. Zwar ist für weite Teile der inneren Tropen bekannt, daß sie während der Kaltzeiten des Pleistozäns auch durch wechselfeuchte Klimate geprägt wurden, doch entscheidend ist, daß – etwa im Unterschied zum nördlichen Mitteleuropa und Nordeuropa – die Bodenbildung nicht erst vor 10.000 Jahren nach dem Ende der Kaltzeiten begann.

5.5.2 Verwitterung in Trockengebieten ist keineswegs – wie früher häufig vermutet wurde – auf die **physikalische Verwitterung** beschränkt. Zwar ist Oberflächenabfluß äußerst selten, doch Wasser steht aus Nebel und Taukondensation sowie aus gelegentlichen Niederschlägen zur Verfügung, so daß auch chemische Transformationsprozesse stattfinden können. Vor allem die **Salzverwitterung** ist an die Anwesenheit von Wasser gebunden; ihre Wirksamkeit wird stark von den hydrologischen Gesteinseigenschaften differenziert. Gerade aus Trockengebieten wurde eine Reihe von typischen Verwitterungsformen (z. B. **Tafoni**, s. 5.6) beschrieben. Zwar sind zahlreiche physikalische und chemische Teilprozesse der Verwitterung bekannt und vielfach in Laborexperimenten sowie im Gelände über kürzere Zeiträume untersucht, doch das Zusammenwirken als komplexer physiko-chemischer Vorgang ist vielfach noch ungeklärt (SMITH 1994). Oft kann nicht immer klar zwischen **junger Verwitterung** und **altem Verwitterungsmaterial** unterschieden werden, das sich möglicherweise unter dem Einfluß einer vorangegangenen, humideren Klimaphase gebildet hat.

5.6 Verwitterungsformen

Verwitterungsformen gehören zu den Kleinformen, die an der Oberfläche von Festgesteinen entstehen. Sie können auf spezifische Kombinationen von Gesteinsdisposition und wirksamen Teilprozessen der Verwitterung zurückgeführt werden. Voraussetzung für das Auftreten von Verwitterungsformen sind Denudations- oder Erosionsprozesse, die die verwitternde

Abb. 5.10 Frostsprengung (Spitzbergen, Foto: H. Liedtke)

Abb. 5.11 Wabenverwitterung auf einer Sandsteinoberfläche

Gesteinsoberfläche freigelegt haben. Während und unmittelbar nach der Verwitterung bewirken **selektive Materialtransporte** kleinsträumige Reliefunterschiede, die somit erst Formen im strengeren Sinne erzeugen. Mit dem Begriff Verwitterungsform ist eine verkürzte Betrachtung der tatsächlichen Prozesse verbunden.

Als Folge der Druckentlastung (s. 5.2.1) lassen Oberflächen massiger Gesteine **plattige Verwitterungskörper** erkennen. **Kernsprünge**, die z. B. Blöcke von 1 m Durchmesser in zwei Hälften teilen, werden häufig auf Frostverwitterung zurückgeführt. Für die **Wabenverwitterung** auf Sandsteinoberflächen (Abb. 5.11) dürften Prozesse der Salzverwitterung und der Desorption/Adsorption ausschlaggebend sein; die **Abschuppung** (**Desquamation**), welche häufig auf Festgesteinen der Trockengebiete zu beobachten ist, hat vermutlich ähnliche Ursachen. Die **Wollsackverwitterung** (s. Abb. 5.1) kann auftreten, wenn Massengesteine mit rechtwinkligen Kluftsystemen nach einer Phase der hydrolytischen Verwitterung durch Denudation und Erosion freigelegt werden.

Kasten 5.3 Literaturauswahl zur Ergänzung und Vertiefung des Kapitels 5

- **allgemeine Literatur**
  Lehrbücher: Bland u. Rolls 1998 (Lehrbuch,Verwitterung), Cohen u. Dethier 1986 (Lehrbuch), Martini u. Chesworth 1992 (Lehrbuch,Verwitterung u. Böden), Ollier 1975 (Lehrbuch, Verwitterung), Ollier u. Pain 1996 (Regolith, Böden und Oberflächenformen); Goudie 1995 (geomorphologische Prozeßraten)
  Lehrbücher u. Nachschlagewerke der Bodenkunde und Übersichten: AG Boden 1994[4] (Kartieranleitung), Billwitz 1997 (Lehrbuch), Blume et al. 1996 (Handbuch der Bodenkunde), Chen et al. 2000 (Verwitterung durch Flechten), Eitel 1999 (Lehrbuch, Bodengeographie), Felix-Henningsen u. Bleich 1996 (Relikt- u. Paläoböden), Gerrard 1981(Lehrbuch, Boden und Oberflächenformen), Gill 1993 (Chemische Grundlagen d. Geowissenschaften), Gisi et al.1990 (Bodenökologie), Hintermaier-Erhard u. Jasmund u. Lagaly 1993 (Tonminerale, Tone), Kuntze, Roeschmann u. Scherdtfeger 1994[5] (Lehrbuch Bodenkunde), Lieberoth 1991 (Lehrbuch, Bodenkunde), Mückenhausen 1993 (Lehrbuch Bodenkunde), Scheffer/Schachtschabel 1998, Schlichting 1986[2] (Bodenkunde), Semmel 1993 (Bodengeographie), Zech 1997 (Wörterbuch Bodenkunde)
- **Fallstudien zur Verwitterung**
  Viles 2000 (Aufsatzsammlung, Verwitterungsstudien), Pain 1999 (Aufsatzsammlung, Verwitterungsstudien), Rech u. Reeves 2001 (Verwitterungsintensität in Abhängigkeit von der Hangexposition)
  Mediterrangebiet und aride Räume: Burger 1992 (Travertin, Antalya, Türkei), Bronger u. Bruhn 1997 (Terra rossa, NW-Marokko), Eitel 1994 (Kalkkrusten Namibia), Besler 1992 (Lehrbuch), Blümel 1980 (Kalkkrusten, SW-Afrika, SE-Spanien), Blume, 1985 (klimabezogene Merkmale von Wüstenböden), Skowronek 1987 (Böden als Indikator f. klimagesteuerte Landformung, Sahara)
  feucht-tropische Verwitterung: Radtke u. Brückner 1991 (*silcretes* in Queensland, Australien), Sponholz u. Müller-Haude 1997 (Verkieselungen, Sandstein, Obervolta-Becken, Afrika), Zeese et al. 1994 (Lateritprofile Nigeria), Kubiniok 1988 (Kristallinvergrusung), Skowronek 1987 (Böden als Indikator f. klimagesteuerte Landformung, Sahara), Landesamt f. Natur und Umwelt ... 1996 (Paläoböden, Mitteleuropa)

6 Gravitative Massenbewegungen

Abb. 6.1
Sturzdenudation mit Schutthalde (Wutachschlucht, Baden-Württemberg)

6.1 Typisierung von gravitativen Massenbewegungen

Unter **gravitativen Massenbewegungen** versteht man hangabwärtsgerichtete Verlagerungsvorgänge, die in schwach geneigtem bis steilem Gelände überwiegend unter dem Einfluß der Schwerkraft erfolgen. Sie werden deshalb auch **Massenschwerebewegungen** genannt. Im Unterschied zu fluvialen, äolischen oder glazialen Prozessen bewirkt hier nicht ein

Transportmedium (mittelbar) die Verlagerung, sondern die Schwerkraft wirkt unmittelbar. Massenbewegungen sind ausserdem dadurch gekennzeichnet, daß benachbarte Partikel im ursprünglichen Verband gemeinsam bewegt oder meist unsortiert abgelagert werden.

Damit Massenbewegungen einsetzen, müssen die **treibenden Kräfte die haltenden Kräfte** übertreffen. Der Quotient

η = haltende Kräfte/treibende Kräfte

wird als **Sicherheitsfaktor** bezeichnet; er beschreibt die **Stabilität** (s. 6.2) oder Instabilität eines Hanges. Nach der Art der Bewegung läßt sich **Denudation** durch **Stürzen**, **Gleiten**, **Fließen** und durch **Versatz** voneinander unterscheiden (Abb. 6.2). Alle in der Natur vorkommenden Massenbewegungen (z. B. Sturz-, Gleit-, Rutsch-, Fließ- und Kriechbewegungen) können als Kombination der grundlegenden Bewegungstypen aufgefaßt werden.

Die **Geschwindigkeit** gravitativer Massenbewegungen variiert sehr stark. Sie reicht von weniger als 1 mm/Tag bis 100 m/s (Abb. 6.3); bestimmend sind die Randbedingungen, unter denen die Verla-

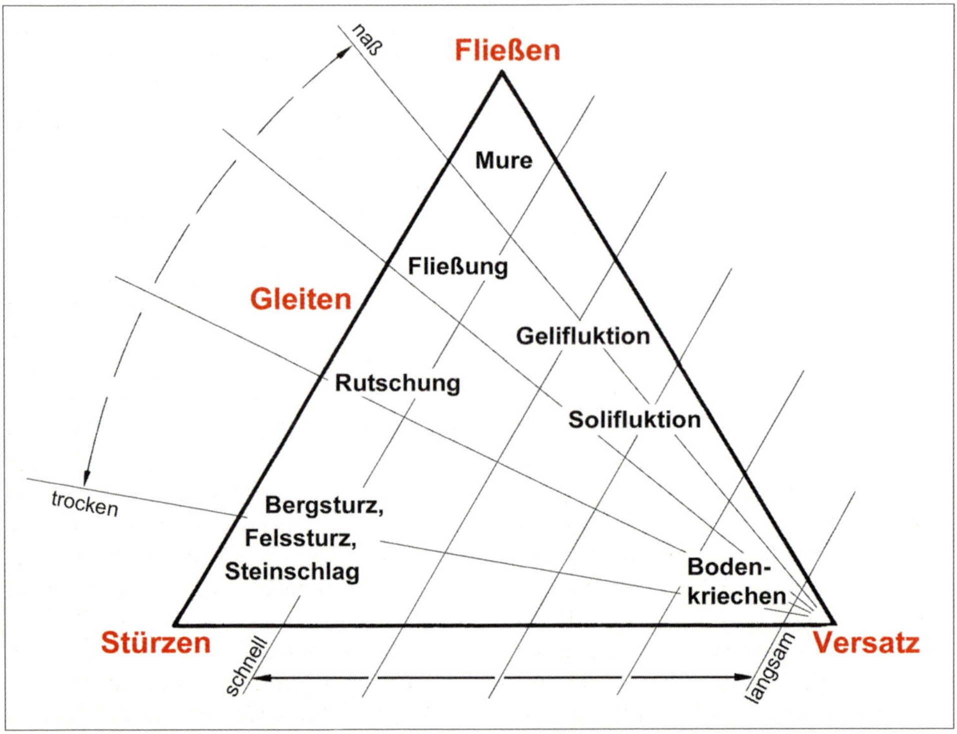

Abb. 6.2 Typisierung der Massenschwerebewegungen (verändert nach CARSON u. KIRKBY 1972, 100). Die Ecken des Diagramms werden durch die grundlegenden Bewegungstypen gebildet; in der Natur treten häufig Kombinationen auf. Zur Typisierung der Prozesse gehören die Materialfeuchte und die Bewegungsgeschwindigkeit.

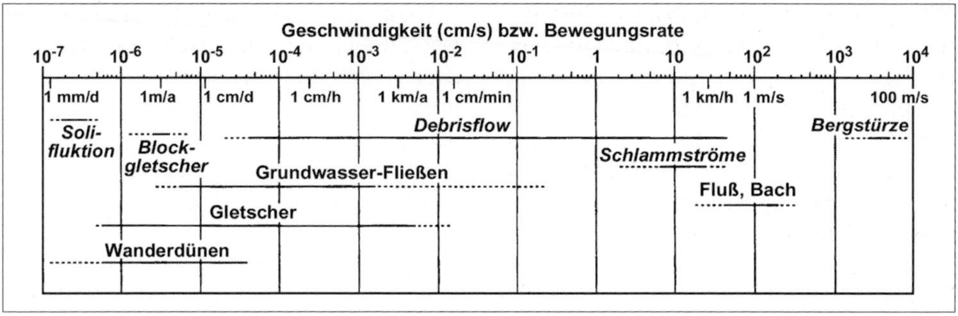

Abb. 6.3 Gemessene Bewegungsraten ausgesuchter Prozesse (nach LONGWELL et al. 1969, aus GOUDIE 1998, 24, verändert); Massenbewegungen sind kursiv gedruckt

gerungen stattfinden, allen voran der Wassergehalt: deshalb ist er in die Übersicht (Abb. 6.2) aufgenommen. Im folgenden Kapitel werden die Voraussetzungen und auslösenden Faktoren für Massenbewegungen erläutert.

6.2 Hangstabilität

Hänge sind stabil, wenn die Kräfte, die auf die einzelnen Bodenpartikel wirken, im Gleichgewicht stehen. In allgemeiner Form kann man vier Kräftegruppen unterscheiden (HARTGE 1978) und sie (physikalisch) als Kraftvektoren darstellen (Abb. 6.4). Die **Gewichtskraft** eines Partikels (Bodenaggregat, Steine, Blöcke etc.) ist ihrem Betrag und ihrer Richtung nach stets gleich; sie wirkt immer senkrecht in Richtung auf den Erdmittelpunkt. Überlagernde Partikel üben **Auflagerkräfte** aus. Sie übertragen an den Kontaktpunkten der Mineralpartikel den Gewichtsdruck auflagernder Partikel. Die Richtungen der Auflagerkräfte sind variabel; die Resultierende ist meist so gerichtet, daß eine Dichtlagerung der Partikel gefördert wird. Über die flüssige und die gasförmige Phasen übertragene Kräfte greifen meist seitlich, hangparallel an. Zu ihnen gehört der **Strömungsdruck** von Wasser oder durchströmender Luft. Schließlich sind **Kohäsions- und Adhäsionskräfte** zwischen benachbarten Bodenteilchen wichtig. Sie bewirken als intermolekulare Kräfte den Zusammenhalt von Teilchen und sind abhängig von den physikalisch-chemischen Eigenschaften der Partikel und der Umgebung, vom pH-Wert der Verwitterungs- oder Bodenlösung, von der Art der austauschbaren Kationen, vom Salzgehalt, vom Gehalt an organischer Substanz und vor allem vom Wassergehalt. Trockene Einzelkörner sind kohäsionslos; nach Befeuchtung (Hydratation, s. 5.2.2) und der Bildung von Wassermenisken zwischen den Einzelkörnern steigt ihr Zusammenhalt.

Die Resultierende der vier Kräftegruppen ist in der Regel von Null verschieden; das bedeutet, daß Richtung und Stärke der wirkenden Kräfte sich in der Regel nicht aufheben. Ein Hang bleibt dennoch stabil, weil den treibenden Kräften Ge-

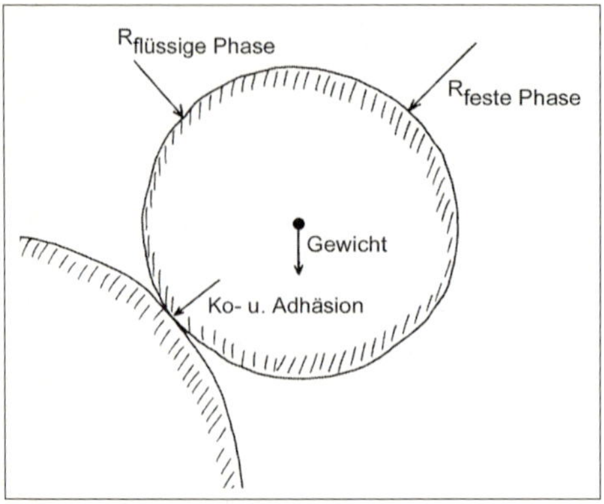

Abb. 6.4 Kräfte, die auf ein Bodenteilchen wirken (aus Hartge 1978, 55)

genkräfte entgegenstehen. Die hangparallel abwärts wirkenden Kräfte werden als **Scherspannung** zusammengefaßt. Die Hänge sind umso anfälliger für gravitative Bewegungen,

- je steiler sie sind; an einer senkrechten Wand ist die Auflagerkraft, auch Druckspannung oder Normalspannung genannt, gleich Null; dagegen entspricht die Scherspannung (= Schubspannung) der Schwerebeschleunigung.
- je geringer die innere Reibung ist; Material aus eckigen Körnern besitzt eine größere **innere Reibung** als runde Körner, weil sie sich ineinander verkeilen.
- je geringer die Kohäsion des Materials ist; Kohäsion wird vor allem durch den Wassergehalt beeinflußt. In feuchtem Material sorgen Haftwasser und Porenwinkelwasser für Kapillarkräfte, die den Zusammenhalt der Partikel fördern. Sobald die Poren wassererfüllt sind (Wassersättigung), baut sich ein (positiver) Porenwasserdruck auf, denn ein Teil der Gewichtskräfte überträgt sich auf das Wasser, die Partikel erfahren Antriebskräfte.

Diese Zusammenhänge werden in der Bodenmechanik für Rutschungen auf ebenen Gleitflächen durch das **Coulomb'sche Gesetz** ausgedrückt; es formuliert die Grenzscherspannung r_f, die erreicht werden muß, bevor Material gravitativ in Bewegung gerät (abrutscht):

$$r_f = c + (\sigma - u) \tan \varphi$$

c = Kohäsion (N/cm^2)

φ = Winkel der inneren Reibung: entspricht (anschaulich) dem natürlichen Böschungswinkel eines Materials, der sich einstellt, wenn es kohäsionslos (trocken) und unverdichtet aufgeschüttet wird

σ = Druckspannung (Normalspannung) durch überlagerndes Material und Bodenwasser (N/cm^2)

u = Porenwasserdruck (bei Wassersättigung positiv, im wasserungesättigten Material negativ) (N/cm^2)

Die Mehrzahl der gravitativen Massenbewegungen sind keine kontinuierlichen Prozesse, vielmehr treten sie periodisch oder episodisch auf. Meist führen **auslösende Faktoren oder Prozesse** zum Beginn der Bewegung. An erster Stelle sind niederschlagsbedingte positive Porenwasserdrücke zu nennen. Der Hangwasserhaushalt kann auch durch anthropogene Einflüsse soweit verändert werden, daß Hänge labil werden. Natürliche auslösende Faktoren sind auch Erschütterungen durch Erdbeben und die Versteilung eines Hanges durch fluviale Hangunterschneidung sowie Küstenerosion. Analog kommen anthropogene Hanganschnitte und Aufschüttungen im Zuge der Errichtung von Verkehrstrassen sowie bei der Gewinnung von Rohstoffen in Tagebauen in Betracht. Langfristig spielen für die Destabilisierung von Hängen auch Verwitterungsprozesse eine Rolle.

6.3 Sturzdenudation

Sturzdenudation tritt vor allem an steilen Felswänden (Abb. 6.1) auf. Die durch Verwitterungsprozesse aus dem festen Gesteinsverband gelockerten Teilchen stürzen als Grus, Steine oder Blöcke an den Fuß der Wand. Dort bildet sich eine **Sturzhalde (Schutthalde)**. In Abhängigkeit von der Größe der Gesteinstrümmer stellt sich eine maximale Neigung der Schutthalde (natürlicher Böschungswinkel) in der Regel zwischen 25 und 35° ein. Schutthalden weisen eine charakteristische Sortierung nach der Korngröße auf. Die groben Blöcke kommen erst am Fuße der Sturzhalde zum Stillstand, weil sie infolge der Trägheit ihrer großen Masse besonders weit springen. Die kleineren Steine bilden dagegen die höheren Abschnitte der Sturzhalde. An dieser **Schuttsortierung** kann man Sturzhalden gut von Ablagerungen durch fließendes Wasser unterscheiden; bei der Ablagerung aus fließendem Wasser werden stets die feinsten Partikel am weitesten transportiert.

Die Wandabtragung ist meist auf einzelne Rinnen (auf **Steinschlagrinnen**) konzentriert, die von der Gesteinsstruktur (z. B. Klüfte, Gesteinsfugen) vorgezeichnet sind. Räumlich und funktional stehen sie als Strecken des Durchtransports zwischen dem Abtragungsbereich der Wand und dem Akkumulationsbereich der Sturzhalde. Die Sturzhalde ist häufig als **Sturzkegel** ausgebildet. Wenn benachbarte Sturzkegel zusammenwachsen, bilden sie einen gemeinsamen Schuttsaum, einen **Haldenhang**. Unter der Voraussetzung, daß der Haldenhang nicht durch andere Prozesse abgetragen wird (z. B. durch fließendes Eis oder Wasser), oder wenn die Materialzufuhr durch **Steinschlag** größer ist als der Abtransport am Haldenfuß, wird die Wand allmählich zurückweichen (Abb. 6.5), und der Hang wird sich nach oben verlängern, bis im

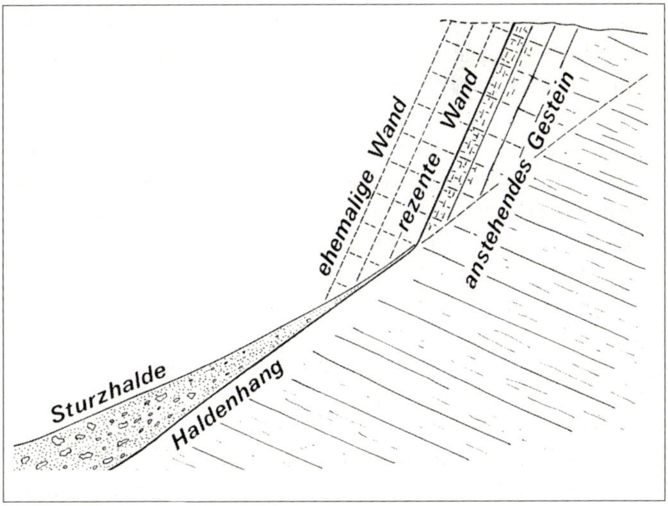

Abb. 6.5 Wandabtragung und Sturzhalde (aus Louis u. Fischer 1979, 140)

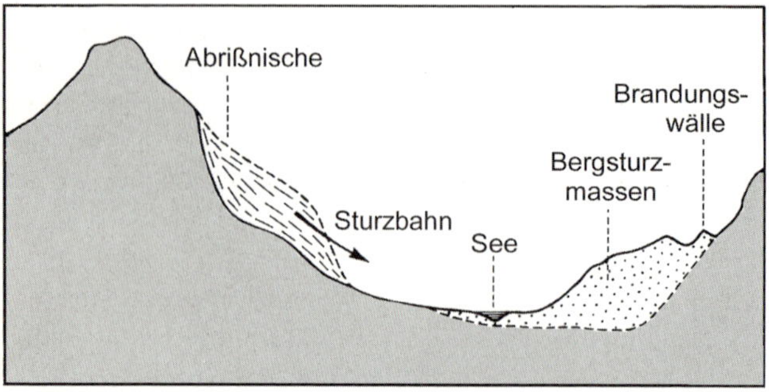

Abb. 6.6
Schema eines Bergsturzes (nach WILHELMY 1981, aus BUSCH, S. 9)

Endstadium die Wand durch einen Schutthang ersetzt ist.

Steinschlag gehört zu den schnellen Prozessen, für die Materialbewegung ist kein hoher Wassergehalt notwendig; trockene Steine und Blöcke können in Bewegung geraten. **Auslösende Faktoren** sind meist Verwitterungsprozesse, die an tagesperiodische Temperaturschwankungen (z. B. Frostsprengung, Desorption/Adsorption) gebunden sind.

Bergstürze (Abb. 6.6 und 6.7) sind Massenbewegungen großer Augenblicksleistung. In Sekunden bis Minuten gehen komplette Bergflanken zu Tal. Voraussetzung sind tief in das Untergrundgestein hineinreichende, vorgezeichnete Schwächezonen. Gut zu unterscheiden sind die **Abrißnische** und das **Akkumulationsgebiet**. Vielfach kommen die Bergsturzmassen erst auf dem gegenüberliegenden Unterhang zum Stillstand. Bergsturztrümmer sind stets chaotisch, d. h. regellos gelagert. Sie besitzen eine unregelmäßige, kleinreliefierte Oberfläche mit aufgesetzten, teils hausgroßen Gesteinsblöcken (**Tomalandschaft**).

Auslösende Faktoren für Bergstürze können Erdbeben sein, zur Labilisierung der Bergflanken trägt auch die Durchfeuchtung von Schwächezonen und Gleitflächen bei. Bergstürze kommen nur im Hochgebirgsrelief vor; in den Alpen sind sie besonders zahlreich

Abb. 6.7
Abrißnische des Tschirgant-Bergsturzes (Ötztalmündung, Österreich)

nach dem Abschmelzen der großen Talgletscher des Pleistozäns niedergegangen. In den durch die Gletschererosion übertieften und übersteilten Tälern fehlte nun das Eis als Widerlager. Daraufhin entluden sich die in den Bergflanken entstandenen Spannungen in Bergstürzen. Die bewegten Volumina erreichen Dimensionen von bis zu 20 km³. Häufig werden durch Bergsturzmassen Bäche und Flüsse aufgestaut, und es bilden sich vorübergehend oder dauerhaft Seen.

6.4 Versatzdenudation

Versatzdenudation ist ein sehr langsamer Abtragungsvorgang. Sie ist an die wiederholte Volumenvergrößerung und -verkleinerung, an das Ausdehnen und Zusammenziehen (**Expansion und Kontraktion**) des Materials gebunden, das den Hang bildet. Volumenvergrößerung kann durch die Wasseraufnahme quellfähiger Tone (besonders Montmorillonite) und durch das Gefrieren des Bodenwassers verursacht werden. Beide Vorgänge führen zu einer Anhebung der Bodenoberfläche (Abb. 6.8) und sind prinzipiell umkehrbar. Durch die Entwässerung von Tonen und das Auftauen des Bodeneises wird das Material auf das ursprüngliche Volumen zurückgeführt. Doch die Umkehr der Bewegung nimmt eine andere Richtung. Die Bodenpartikel erreichen nicht wieder ihre Ausgangslage, wie es bei starren, elastisch-verformbaren Körpern der Fall wäre, sondern sie folgen der Schwerkraft senkrecht zum Erdmittelpunkt. Der hohe Wassergehalt zum Beginn der Bewegungsumkehr setzt die Kohäsion der Bodenpartikel herab, so daß sie gegeneinander verschiebbar werden. Somit resultiert insgesamt eine **laterale Bewegungskomponente**, die Bodenpartikel werden hangabwärts versetzt (daher ‚Versatzdenudation'). Die lateralen Bewegungsbeträge wachsen mit der Hangneigung, mit zunehmender Volumenvergrößerung und mit der Häufigkeit der Expansions-/Kontraktionszyklen. An der Oberfläche sind die Hebungs- und somit die Versatzbeträge am größten, nach unten klingen sie ab (Abb. 6.8).

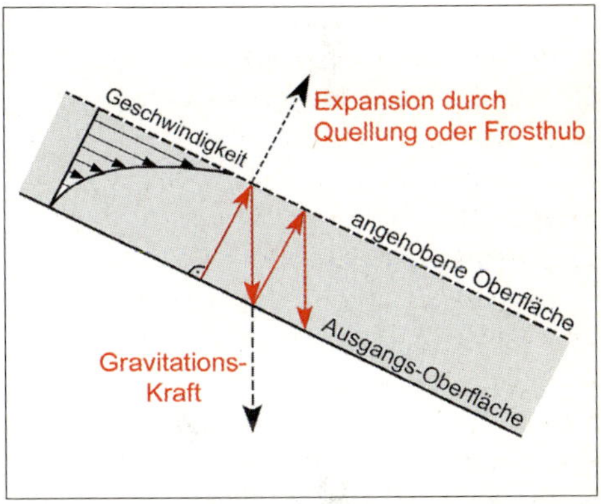

Abb. 6.8 Prinzipskizze zur Versatzdenudation (Geschwindigkeitsprofil)

In Kaltklimaten mit jahreszeitlichem Frostwechsel und Bodeneisbildung sind die Versatzbeträge besonders groß und tiefgreifend. In der Frostboden-Höhenstufe tropischer Gebirge sind dagegen die Bewegungsbeträge gering, aber häufiger, weil die Prozesse in Tag-/Nachtzyklen auftreten. Sie erfassen nur wenige Zentimeter des Oberbodens.

Der Begriff **Bodenkriechen** macht anschaulich, daß Versatzdenudation ein langsamer Prozeß ist. Meist ist sie der unmittelbaren Beobachtung nicht zugänglich, doch kann man sie durch wiederholte Messungen über einen längeren Zeitraum quantifizieren. Häufig ist im Gelände das Bodenkriechen am **Säbelwuchs** von Bäumen (Abb. 6.9) erkennbar. In der Nähe der Oberfläche wird das aufrechte Wachstum von Wurzel- und Stammbasis durch hangabwärts bewegtes Material behindert. Allerdings ist Säbelwuchs nicht immer nur ein Indikator für Versatzdenudation, er tritt auch bei Materialverlagerung durch Fließvorgänge auf.

Abb. 6.9 Typischer Säbelwuchs an einem Hang mit gravitativer Massenbewegung (nach SCHMID, aus LOUIS u. FISCHER 1979, 171)

6.5 Denudation durch Rutschen und Gleiten

Die Geschwindigkeit von **Rutschungen** und **Gleitungen** kann sehr unterschiedlich sein: es gibt schnelle und langsame Bewegungen. Wichtigstes Kennzeichen des Bewegungsvorganges ist, daß die verlagerte Masse sich als kompakte Einheit auf einer **Gleitfläche** hangabwärts bewegt. Innerhalb der Rutschmasse bleiben die ursprünglichen Lagerungsverhältnisse erhalten (Abb. 6.12).

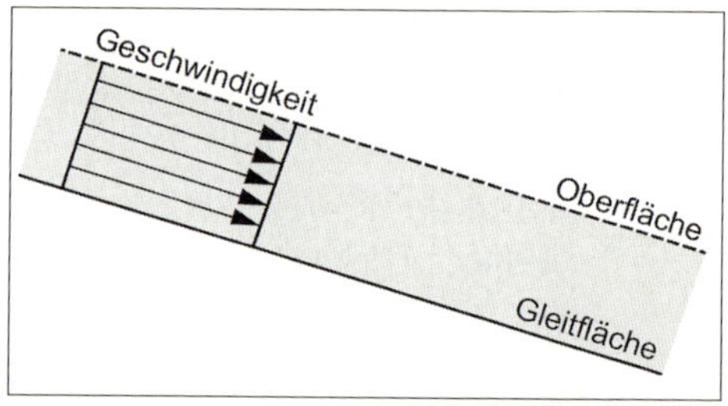

Abb. 6.10 Prinzipskizze zum Gleiten/Ruschen. Wegen der en bloc-Verlagerung sind Geschwindigkeiten und Verlagerungsdistanzen an jedem Punkt der Gleitmasse gleich.

Auf Gleitflächen, die bevorzugt auf wasserundurchlässigen Tonen entstehen, ist der Scherwiderstand nach Wassersättigung so weit herabgesetzt, daß die auf das Material wirkende, oberflächenparallel hangabwärts ansetzende Scherspannung einen kritischen Wert (Grenzscherspannung; s. 6.2) übertrifft. So reißt auf breiter Fläche der Kontakt zwischen Rutschmasse und unterlagerndem Material ab. Rutschungen an präformierten Gleitflächen (Diskontinuitätsflächen des Untergrund-

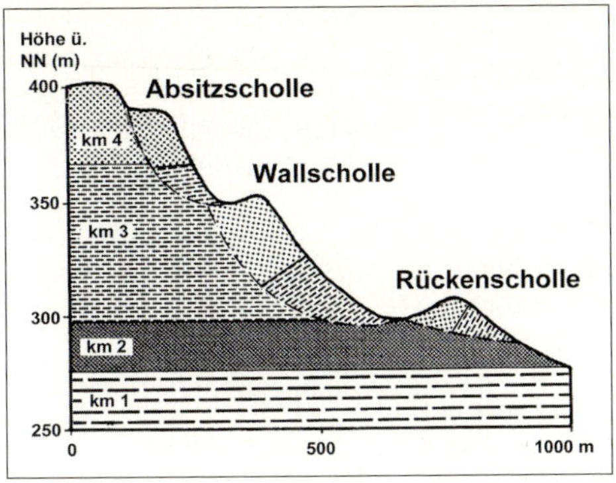

Abb. 6.11 Rotationsrutschung im Keuperbergland des Kraichgaus (nach BLUME u. REMMELE 1989, aus AHNERT 1996, 130; verändert)

materials, Schichtgrenzen) werden als **Translationsrutschungen** (Gleitungen im engeren Sinne) bezeichnet.

Rutschungen können sich auch in homogenem, plastisch verformbarem Material bilden, ohne daß eine Gleitfläche, etwa an einer Schichtgrenze, vorgegeben sein muß. Dann bilden sich konkav gekrümmte, zylindrische Gleitflächen. Die Rutschbewegung ist mit einer hangparallelen Rotation gegen den Hang verbunden (**Rotationsrutschung**; Abb. 6.11).

Ähnlich wie bei Bergstürzen wird auch bei Rutschungen zwischen Abrißgebiet, Bewegungszone und Akkumulationsgebiet unterschieden (Abb. 6.12). Außer an der Oberflächenmorphologie sind Rotationsrutschungen in bewaldetem Gebiet besonders gut an Bäumen zu erkennen, deren Stämme entgegengesetzt zur Hangneigung, also gegen den Hang verstellt sind.

6.6 Fließungen

Durchtränkungs- oder **Übersättigungsfließen** tritt auf, wenn feinerdereiches Material vollständig – und nicht nur oberhalb einer Gleitfläche – wassergesättigt ist. Durch Wasseraufnahme kann die Kohäsion des Materials so weit herabgesetzt sein, daß die **Fließgrenze** überschritten wird und das Material als flüssige Suspension in Bewegung gerät. Zur Beurteilung der Konsistenz und der möglichen Fließfähigkeit eines Materials gehört in der Bodenmechanik die

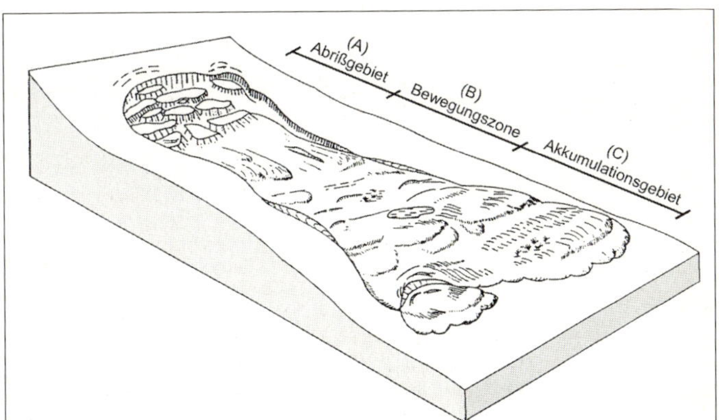

Abb. 6.12 Abrißgebiet, Bewegungszone und Akkumulationsgebiet bei Rutschungen (nach KLENGEL u. PASEK 1974, aus HARDENBICKER 1994, 24)

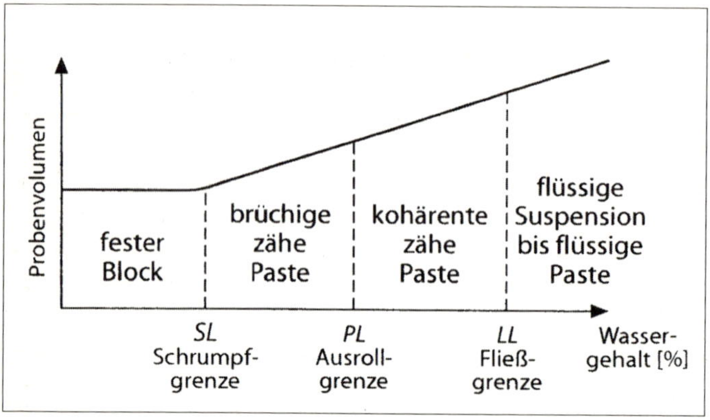

Abb. 6.13 Konsistenzgrenzen nach ATTERBERG und Fließverhalten (nach GOUDIE 1998, 194, verändert)

Bestimmung der **Konsistenzgrenzen** nach ATTERBERG (Abb. 6.13) zu den wichtigsten Materialkennzeichnungen. Durch schrittweise Wasserzugabe werden Fließ-, Ausroll- und Schrumpfgrenze als Wassergehaltsangabe ermittelt. In manchen tonreichen Substraten kann, vor allem ausgelöst durch Erschütterungen, das wassergesättigte Material schlagartig, scheinbar spontan in eine schnelle Fließbewegung übergehen; diese Materialeigenschaft nennt man **Thixotropie**.

In der Natur treten Fließvorgänge bei **Muren (= Schlammströme)** sowie bei der **Gelifluktion** auf. Von einer **Mure** spricht man, wenn wasserdurchtränkter Schutt breiartig hangabwärts fließt. Dies geschieht in einzelnen Schüben, den Murschüben. Muren sind an außergewöhnliche Witterungsereignisse gebunden; daher treten sie nicht regelmäßig, sondern episodisch auf. In Zeiten jahrelanger, scheinbarer Formungsruhe transportieren kleinere Massenschwerebewegungen wie Lawinen, Frostschutt oder Steinschlag Schutt auf Hangverflachungen oder schwächer geneigte Hangabschnitte. Dort wird er scheinbar stabil abgelagert (**metastabiles Gleichgewicht**); erst mit dem nächsten Murschub geht er ab. Weitere Voraussetzung für Murschübe ist daher neben den besonderen meteorologischen Konstellationen erst die Akkumulation von genügend Schutt. Prädestiniert für Murtätigkeit sind Gebiete mit kleinstückig verwitternden Gesteinen und steilen bis senkrechten Wänden, an deren Fuß das Material akkumuliert.

Gelifluktion ist das Durchtränkungsfließen des wassergesättigten Auftaubodens in Periglazialgebieten (s. 10). Mit der frostbedingten langsamen Versatzdenudation wird sie unter dem Oberbegriff Solifluktion zusammengefaßt.

6.7 Komplexe gravitative Massenbewegungen

In der Natur treten die unterschiedenen Bewegungstypen häufig in allen Übergängen auf (Abb. 6.2). Entsprechend vielgestaltig sind die Formen und Ablagerungen. Stürzendes Material kann Fließbewegungen am Mittel- und Unterhang auslösen; Rutschungen am Oberhang setzen sich vielfach hangabwärts in Fließbewegungen fort. Entsprechend können solche kombinierten Bewegungsabläufe als Sturzfließungen und Rutschfließungen bezeichnet werden. Reine Versatzdenudation kann bei Abnahme der Kohäsion in Fließbewegungen übergehen; so ist im Gelände nicht immer klar zu unterscheiden, ob Solifluktionserscheinungen allein auf Versatz oder auf Fließbewegungen zurückgeführt werden können.

6.8 Hangformung durch gravitative Massenbewegungen

Überlegungen zur **Formung durch langsame gravitative Massenbewegungen** am Beispiel der **Solifluktion** setzen bei der Betrachtung der **Massenbilanz** von Hängen an. Unterteilt man mit ROHDENBURG (1989) einen geraden, gestreck-

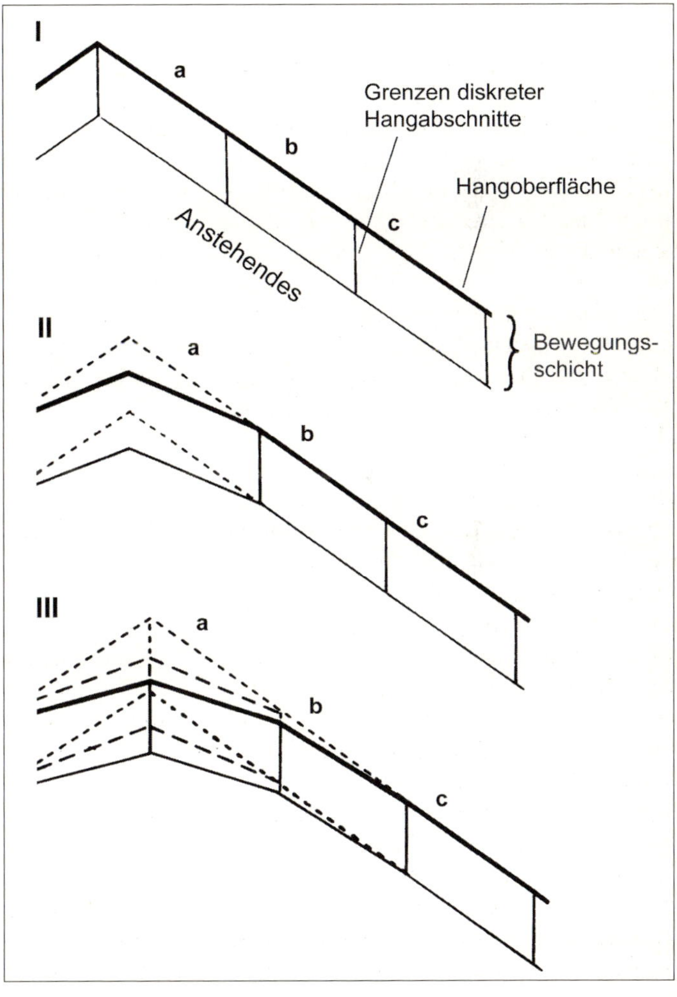

Abb. 6.14
Bildung eines konvexen Abtragungshangs durch Solifluktion (aus ROHDENBURG 1989, 24)

ten Hang mit homogenem Substrataufbau gedanklich in drei Abschnitte (a, b und c in Abb. 6.14), so wird die von der Hangneigung gesteuerte Solifluktion zunächst in allen Hangabschnitten gleich wirken. In den mittleren Abschnitt wird von oben exakt soviel Material eintreten wie an seinem unteren Ende austritt. Dies bedeutet für den mittleren Abschnitt zunächst Formkonstanz bei gleichzeitigem Materialdurchsatz. Dagegen verliert der obere Abschnitt Material, denn für ihn existiert kein höhergelegener benachbarter Abschnitt, er wird mit fortschreitender Zeit – oben beginnend – immer flacher. Damit treten Hangabschnitte mit größerer Neigung nur noch weiter unten auf; dort wirkt die Solifluktion unvermindert, während sich die Abflachung im Oberhang verlangsamt. Nach und nach dehnen sich so die Flachhangbereiche nach unten aus.

Wenn der Solifluktionsschutt nicht vom Hangfuß abtransportiert wird, dann entsteht ein konvex-konkaves Hangprofil (Abb. 6.15). Die Akkumulation des Hangschutts verringert die Hangneigung des Unterhangs und damit dessen Abtragsleistung. Im Laufe der Zeit pflanzt sich die Abnahme der Neigung und somit die Akkumulation hangaufwärts fort; diese Situation ähnelt im übrigen dem in Abb. 6.5 dargestellten Ersatz einer Wand durch einen Schutthang. Wenn das verlagerte Material am Unterhang z. B. durch fluviale Erosion abtransportiert wird und sich der Fluß eintieft, so resultieren andere Hangprofile, die in Kap. 7.4.1 erläutert sind.

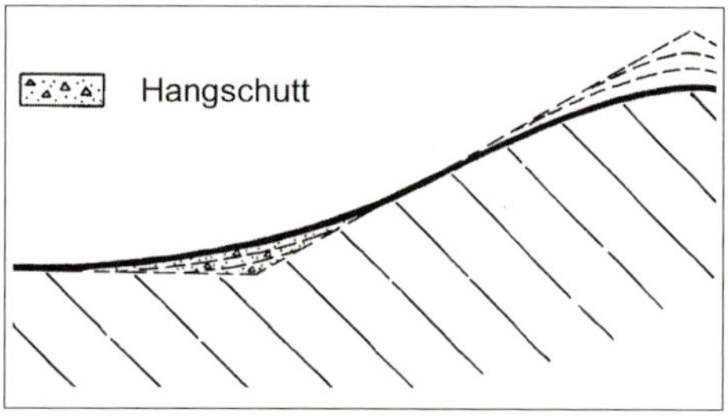

Abb. 6.15 Konvex-konkave Hangformung durch Solifluktion bei fehlendem Abtransport am Hangfuß (aus ROHDENBURG 1989, 25)

Kasten 6.1 Literaturauswahl zur Ergänzung und Vertiefung des Kapitels 6

- **Typisierung von gravitativen Massenbewegungen und allgemeine Literatur**
  Moser 1997 (Prognose von Massenbewegungen); Carson u. Kirkby 1972 (Hangformung); Hartge u. Horn 1999 (Hangstabilität); Ortigao u. Sayo 2004 (Hangstabilisierung)
- **Sturzdenudation**
  Abele 1994 (Felsgleitungen), Abele 1997 (Bergsturz-Mechanismen), Erismann u. Abele 2001 (Berg- und Felsstürze), Heuberger et al. 1984 (Bergstürze, Nepal, Alpen), Hewitt 2001 (Felsgleitungen, Karakorum-Himalaya), Jerz 1999 (Bergstürze Bayer. Alpen)
- **Versatzdenudation** (vgl. Kasten 10.2)
- **Denudation durch Rutschen und Gleiten und komplexe gravitative Massenbewegungen**
  Crozier 1986 (Lehrbuch, Rutschungen), Veder 1979 (Sanierung von Rutschungen), Bonnard 1990 (Kongreßband zu gravitativen Massenbewegungen); Goudie 1995 (geomorphologische Prozeßraten); Blume u. Remmele 1989 (Rutschung, Keuperstufe, Württemberg), Dikau et al 1996 (Rutschungen), Fischer 1999 (Massenbewegungen, Alpen), Glade 1996 (Auslösung von Rutschungen, Neuseeland), Grunert u. Hardenbicker 1991(Rutschungen, Bonn), Grunert u. Schmancke 1997 (Hangstabilitätskarte, Bonn), Hardenbicker 1994 (Rutschungen, Bonn), Jakob 2000 (Einfluß von Waldrodungen auf gravitative Massenbewegungen, Britisch-Kolumbien, Kanda), Moser u. Weidner 1998 (Talzuschübe, Alpen), Reid u. Dunne 1996 (Ermittlung von Sedimentransportraten)
- **Fließungen, Muren**
  Becht u. Rieger 1997 (Muren, Ostalpen), Strunk 1997a, b, c (Muren, Ostalpen, Datierung geomorphologischer Prozesse mit Hilfe der Dendrochronologie), Zimmermann et al. 1997 (Muren, Größen-Frequenz-Analyse)
- **Hangformung durch gravitative Massenbewegungen**
  Carson u. Kirkby 1972 (Hangformung), Rohdenburg 1989 (Lehrbuch), Parsons 1988 (Lehrbuch, Hangfom-Entwicklung), Schmidt u. Dikau (2000): Rutschungen und Hangformung

7 Fluviale Formung

Abb. 7.1 Hochwasserschäden an der Ruetz/Ötztal (Österreich). Die während eines Extremhochwassers transportierten Gerölle sind bei sinkendem Wasserstand und nachlassender Transportfähigkeit der Ruetz außerhalb des Gerinnebetts abgelagert worden.

Oberflächenformung durch fließendes Wasser (**fluviale Formung**) spielt in den meisten Erdgegenden eine überragende Rolle. In diesem Kapitel werden die Ablösung von Partikeln von der Oberfläche, der Transport und die Sedimentation durch fließendes Wasser sowie die resultierenden Formen behandelt. Fluviale Formung beschränkt sich nicht auf die Arbeit von Bächen und Flüssen, an deren Erosionsleistung man zuerst denken mag, sondern von der Denudation durch fließendes Wasser sind mit Ausnahme der vollariden Wüsten nahezu alle Landoberflächen betroffen, die keine ausreichend schützende Vegetationsdecke besitzen. Und selbst in Kernwüsten sind die Wirkungen der Oberflächenformung durch fließendes Wasser während vergangener Klimaphasen allgegenwärtig, sofern nicht äolische Umlagerungen die Prozeßspuren verwischt haben.

Die Intensität und die Orte, an denen fluviale Formung stattfindet, werden in zunehmendem Maße durch Einflüsse des Menschen auf den Landschaftshaushalt mitbestimmt. Entsprechende Auswirkungen besitzen land- und forstwirtschaftliche Aktivitäten (Ackerbau, Beweidung, Abholzung), die Eingriffe in die Vegetationsdecke bedeuten sowie gewässerbauliche Maßnahmen, die beispielsweise zur Schiffbarmachung und im Rahmen der Hochwasservorsorge vorgenommen werden. Darüber hinaus können Veränderungen des Landschaftswasserhaushaltes indirekte Wirkungen auf die fluviale Formung nach sich ziehen, wenn der Oberflächenabfluß nach Menge und zeitlicher Verteilung verändert wird.

7.1 Hydrologische Grundlagen

7.1.1 Wasserkreislauf und Abflußbildung. Der globale Wasserkreislauf (Abb. 7.2) und somit Austauschprozesse zwischen den Speichern, in denen das Wasser auf der Erde vorliegt (Tab. 7.1), nimmt eine Schlüsselstellung im Erde-Atmosphäre-System ein. Gleichzeitig überträgt der oberirdische Abfluß einen Teil der letztlich aus der Solarstrahlung stammenden Energie in Erosions- und Denudationsarbeit (Abb. 1.4).

Tab. 7.1 Speicher im globalen Wasserkreislauf und typische Verweilzeiten (nach MATTHESS/UBELL 1983, 247 u. ENDLICHER 1991, 77)

Speicher	Anteil (Prozent)	typische Verweilzeit (Jahre)
Ozeane	96,5	40.000
Grundwasser	1,7	5.000
Gletscher, Schnee	1,74	10.000
Seen	0,013	100
Flüsse	0,0002	1
Atmosphäre	0,001	0,1

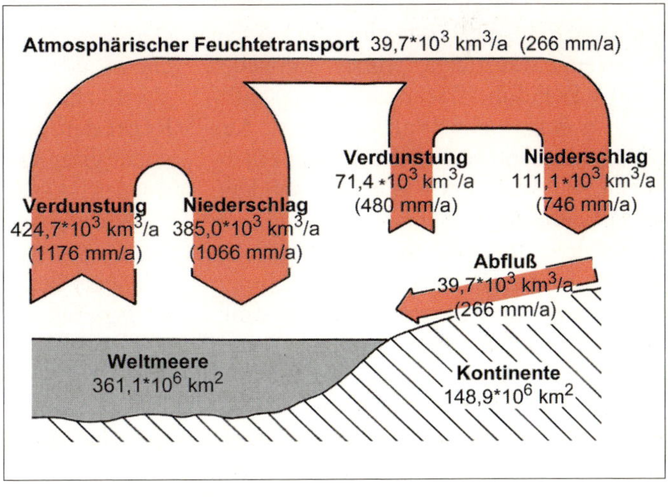

Abb. 7.2 Globaler Wasserkreislauf (nach verschiedenen Quellen, in ENDLICHER 1991, 76, verändert)

Über den Meeren übertrifft die Verdunstung den Niederschlag, über dem Festland ist der Niederschlag größer als die Verdunstung; dies bedeutet, daß im globalen Mittel der Abfluß meist als Oberflächenabfluß in Flüssen von den Landflächen ins Meer gerichtet ist. Gemessen an den großen Wasservorräten in den Meeren, im Grundwasser und in den Polargebieten machen das Oberflächenwasser und das nahe der Erdoberfläche bevorratete Boden- und Grundwasser mit kurzen Verweildauern nur einen geringen Teil aus, der jedoch für die Ausgestaltung der Meso- und Mikroreliefformen entscheidend ist.

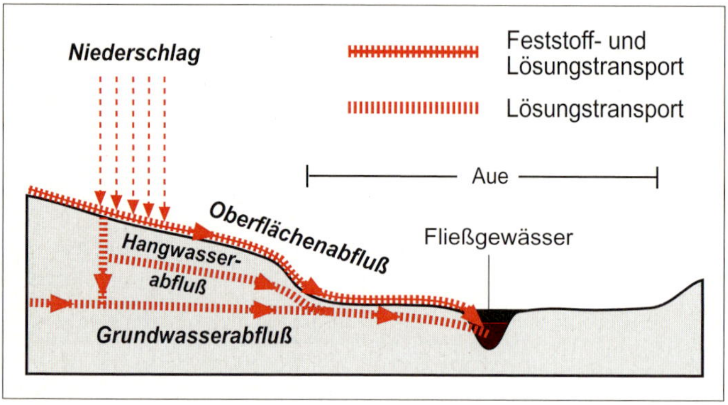

Abb. 7.3 Fließ- und Transportwege zwischen Hang und Fließgewässer

Der auf die Erdoberfläche auftreffende Niederschlag, vermindert um die Interzeptionsverdunstung (Verdunstung benetzter Vegetationsoberflächen), um die Bodenevaporation (Verdunstung von unbewachsenen Boden- und Gesteinsoberflächen) und die Transpiration (aktive Pflanzenverdunstung), fließt entweder auf der Reliefoberfläche ab, oder er infiltriert in den Boden (vgl. Abb. 7.3). Aus dem Bodenspeicher wird zu einem erheblichen Teil das Grundwasser neu gebildet, Grundwasserneubildung ist auch möglich durch den Übertritt von Flußwasser in den angrenzenden Grundwasserkörper. Von **Grundwasser** spricht man, wenn das Wasser sämtliche Hohlräume (Poren, Klüfte) zusammenhängend ausfüllt und seine Bewegungsmöglichkeit ausschließlich durch die Schwerkraft bestimmt wird; deswegen wird das Grundwasser auch als **gesättigte Zone** bezeichnet. Darüber liegt die **ungesättigte Zone** (**Sickerzone**). Wenn in die ungesättigte Zone relativ geringdurchlässige Schichten oberflächenparallel eingeschaltet sind, kann am Hang lateraler Abfluß (**Hangwasserabfluß**) auftreten. Entsprechend der Neigung der Grundwasseroberfläche strömt das Grundwasser in der Regel dem tiefer liegenden Fluß zu. Die wichtigsten Größen des Wasserhaushaltes werden – auf ein umgrenztes Gebiet (Wassereinzugsgebiet) – und meist auf ein hydrologisches Jahr (November bis Oktober) bezogen – in der **Wasserhaushaltsgleichung** zusammengefaßt:

$$A = N - E_{Int} - E_{Bod} - T$$

A = Abfluß (mm)
N = Niederschlag (mm)

E_{Int} = Interzeptionsverdunstung (mm)
E_{Bod} = Verdunstung von der Bodenoberfläche (mm)
T = Transpiration (mm)

Während die Betrachtung der Wasserbilanzen über längere Zeiträume (1 Tag bis 1 Jahr) vorgenommen wird, muß für die Untersuchung des **Oberflächenabflusses** eine feinere zeitliche Auflösung gewählt werden (< 15 Min.). Oberflächenabfluß tritt auf, wenn die Niederschlagsrate (N_r in mm/min) größer ist als die Wasseraufnahmefähigkeit des Bodens, die als maximale **Infiltrationsrate** ($I_{r,max}$ in mm/min) bezeichnet werden kann. Die maximale Infiltrationsrate wird häufig als **Infiltrationskapazität** bezeichnet, obwohl keine Kapazität im physikalischen Sinne gemeint ist. Die Bedingung für Oberflächenabfluß $N_r > I_{r,max}$ tritt in zwei Situationen auf:

Aufgrund ungünstiger physikalischer Bodeneigenschaften ist die maximale Infiltrationsrate gering. Sie wird herabgesetzt z. B. durch Verschlämmung und Aggregatzerstörung an der Bodenoberfläche (s. 7.2). Oberflächenabfluß, der unter diesen Bedingungen auftritt, wird als **Horton'scher Oberflächenabfluß** bezeichnet.

Auch wenn der Boden wassergesättigt ist – etwa durch hoch anstehendes Grundwasser oder nach ergiebigen Niederschlägen – tritt Oberflächenabfluß auf, sogenannter **Sättigungsabfluß**.

7.1.2 Abflußganglinien und Abflußregime. Für die Fließgewässer-Erosion und den Sedimenttransport sind der Abfluß und seine Veränderlichkeit die wichtigste Steuergröße. Die Kenntnis gewässerhydrologischer Grundbegriffe ist deshalb eine notwendige Voraussetzung für das Verständnis flußmorphologischer Prozesse.

Abflußganglinien geben Aufschluß über die hydrologische Gesamtreaktion eines Wassereinzugsgebietes auf Niederschläge und Verdunstung. Die typische Ganglinie eines **Hochwasserereignisses** besitzt einen kurzen steilen Anstieg; nach dem Abflußmaximum setzt der längere Abflußrückgang ein, die Steigung der Abflußganglinie wird immer geringer. Das während einer Hochwasserwelle abfließende Wasser wird, da es direkt (unmittelbar) nach dem Niederschlagsereignis den Abflußquerschnitt am Pegel passiert, als **Direktabfluß** bezeichnet. Der mit einiger Verzögerung nachfließende Abflußanteil wird **Zwischenabfluß** genannt. Vor und nach dem Durchgang der Hochwasserwelle fließt der sogenannte **Basisabfluß** ab. Der Basisabfluß wird überwiegend aus dem Grundwasser gespeist, über die Herkunft des Zwischenabflusses und des Direktabflusses gibt es in der Hydrologie unterschiedliche Vorstellungen. Die jeweiligen Abflußanteile variieren naturgemäß mit den Eigenschaften verschiedener Einzugsgebiete. Zweifellos enthält der Direktabfluß große Teile des Oberflächenabflusses und des oberflächennah abfließenden Hangwassers.

Unter gleichen Witterungsbedingungen können sich deshalb Abflußganglinien benachbarter Wassereinzugsgebiete erheblich unterscheiden. **Einzugsgebietseigenschaften** mit großem Einfluß auf die Abflußganglinie sind die Wasserdurchlässigkeit des Untergrundes, Reliefeigenschaften (Hangneigungen, Hanglängen, Reliefenergie, etc.), die Form des Einzugsgebietes und die Landnutzung. Abb. 7.4 veranschaulicht beispielhaft die Auswirkungen unterschiedlicher Unter-

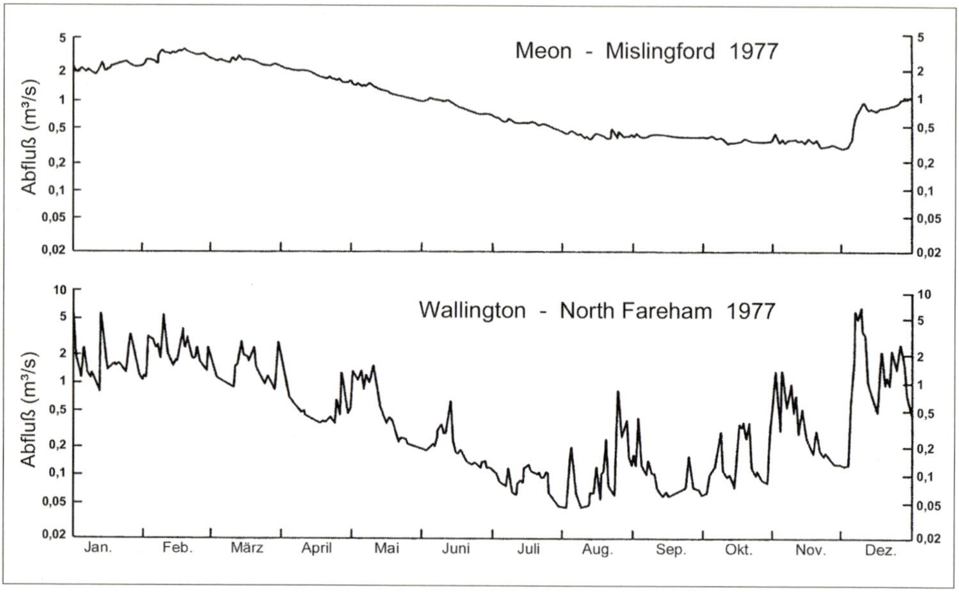

Abb. 7.4 Vergleich der Abflüsse zweier benachbarter Wassereinzugsgebiete mit unterschiedlichen Gebietseigenschaften

Tab. 7.2 Hauptwerte des Abflusses (nach DIN 4049)

Abflüsse in m^3/s	Erläuterungen
HHQ	höchster jemals gemessener Abfluß
HQ	höchster Abfluß in einem betrachteten Zeitraum
MHQ	Arithmetisches Mittel der Höchstwerte aus den einzelnen Jahren einer ausgewählten Beobachtungsdauer (Jahresreihen, z. B. 1951-1993)
HQx	Abfluß mit einer statistischen Wiederkehrperiode von x Jahren, z. B. 10-, 50-, 100jähriges Hochwasser
MQ	arithmetisches Mittel aller Hauptbeobachtungen im betrachteten Zeitraum einer festgelegten Reihe von Jahren
MNQ	das arithmetische Mittel der niedrigsten Werte aus den einzelnen Jahren einer ausgewählten Beobachtungsdauer (Jahresreihen)
NQx	Niedrigwasserabfluß mit einer statistischen Wiederkehrperiode von x Jahren
NQ	niedrigster Wert in einem betrachteten Zeitraum
NNQ	der niedrigste jemals gemessene Abfluß

grundgesteine auf die Abflußganglinie: Die höheren Abflußspitzen treten im Einzugsgebiet mit wasserundurchlässigen Tonen und somit hohem Anteil an Oberflächenabfluß unmittelbar nach Niederschlagsereignissen auf, der Abfluß des Vergleichsgebietes wird von Grundwasserabfluß dominiert.

In der Hydrologie sind zur Bezeichnung von Hochwasser- und Niedrigwasserabflüssen die in Tab. 7.2 zusammengestellten **Hauptwerte des Abflusses** und Abkürzungen gebräuchlich. Derartige Kenngrößen werden in empirisch-morphologischen Gleichungen zur Abschätzung der Dimensionen von Gerinnequerschnitt und Gewässergrundriß verwendet (vgl. Kasten 7.6).

Flüsse mit ganzjährigem Abfluß (s. auch Kasten 7.1: Abflußregimes) werden als **perennierende Flüsse** bezeichnet, solche, die mindestens einen Monat pro Jahr trockenfallen, als **periodisch wasserführende**. Ihr Verbreitungsschwerpunkt sind die semiariden Räume der Erde, z. B. die torrente in Italien. **Episodisch wasserführende** Flüsse sind für extreme Trockengebiete typisch, ihre Gerinnebetten sind z. B. als Wadis bekannt. Abfluß tritt nur unregelmäßig und nicht in jedem Jahr auf.

Kasten 7.1 Abflußregimes

Der Begriff Abflußregime steht für den typischen Jahresgang des Abflusses. Zur Darstellung monatlicher Abflußkoeffizienten nach PARDÉ (1947) werden langjährige, mittlere Monatsabflüsse durch Division mit dem langjährigen mittleren Jahresabfluß des Gewässers normiert. So resultieren relative Abflußganglinien, mit deren Hilfe man das Abflußverhalten von Gewässern unterschiedlicher Größenordnung vergleichen kann. Nach der Ursache für die Abflußmaxima unterschiedene Ganglinien werden als Abflußregimes zu Typen zusammengefaßt. Die Überlagerung der Jahresgänge von Verdunstung und besonders abflußwirksamer hydrologischer Prozesse prägt die Abflußregimes. Wenn nur eine Ursache maßgeblich den Jahresgang des Abflusses bestimmt, dann wird von **einfachen Abflußregimes** gesprochen; in der Regel sind sie eingipflig: Regenregimes (pluviale Regimes) werden durch die Hauptniederschlagszeit dominiert, Schneeregimes (nivale Regimes) durch die Schneeschmelze, Gletscherregimes (glaziale Regimes) durch das Abschmelzen von Gletschereis. Bei der Typisierung von Abflußregimes bleiben jahreszeitliche Unterschiede der Verdunstung zwar unberücksichtigt, doch selbstverständlich beeinflußt auch die Verdunstung die Abflußganglinie.

Besonders bei Flüssen mit großen Einzugsgebieten und Gebirgsflüssen überlagern sich die abflußwirksamen hydrologischen Prozesse, so daß man von **komplexen Regimes** spricht. Die Unterschiede zwischen höchsten und kleinsten monatlichen Abflußkoeffizienten geben gut die jahreszeitliche Veränderlichkeit des Abflusses wieder.

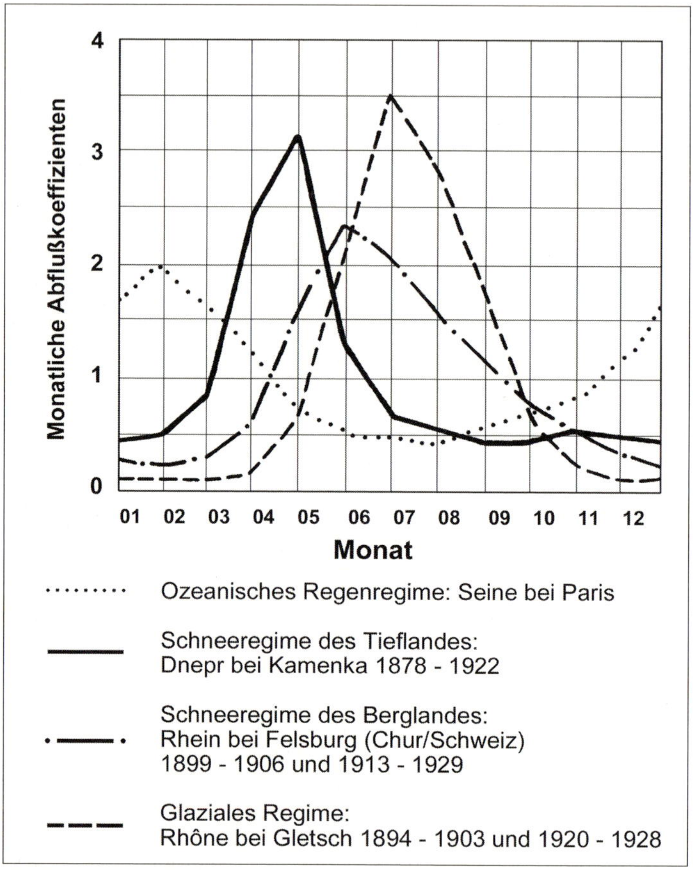

Einfache Abflußregimes (nach PARDÉ 1964, aus MARICNEK/ROSENKRANZ 1996, 205)

7.1.3 Abfluß und Fließgeschwindigkeit. Der **Abfluß** (umgangssprachlich auch Abflußmenge) ist als das Wasservolumen definiert, das pro Zeiteinheit einen Fließquerschnitt passiert. Dies gilt für ein Fließgewässer, einen Kanal oder einen Hang gleichermaßen. In einem Fließgewässer mißt man den Abfluß, indem die mittlere Geschwindigkeit des Wassers mit dem Fließquerschnitt (s. Abb. 7.5) multipliziert wird:

$$Q = v \cdot A$$

Q = Abfluß (m^3/s)
v = Geschwindigkeit (m/s)
A = Fließquerschnitt (m^2) = Breite (m) · Tiefe (m) für rechteckige Fließquerschnitte.

Die genauere Betrachtung der Geschwindigkeitsverteilung in einem geradlinigen Gerinne (Abb. 7.6) zeigt, daß die höchsten Geschwindigkeiten in der Mitte nahe

Abb. 7.5
Fließquerschnitt, benetzter Umfang und Sohlgefälle (nach Summerfield 1991, 197)

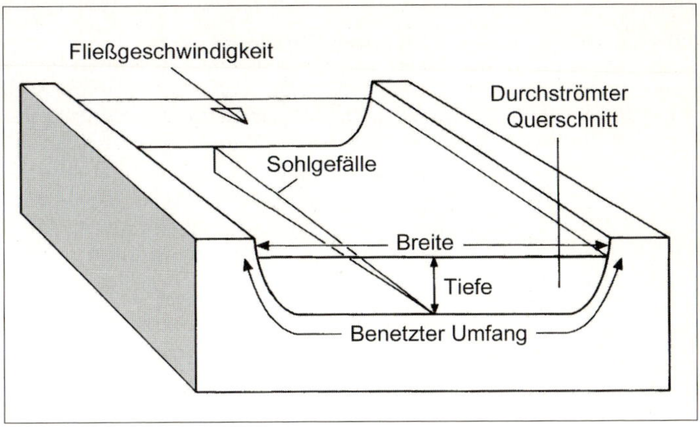

Abb. 7.6
Geschwindigkeitsverteilung in einem Gerinne (aus Dyck/Peschke 1995, 95)

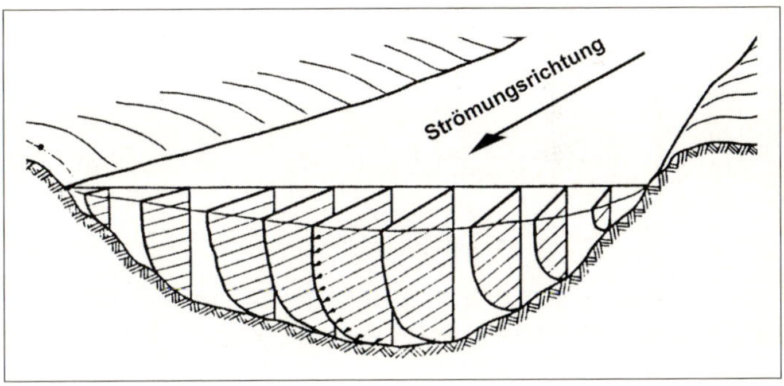

der Oberfläche auftreten. In Richtung auf die Gewässersohle nehmen sie wegen der Reibung ab und gehen gegen 0. In der Geomorphologie bezeichnet man die gedachte Linie, welche die Punkte höchster Oberflächengeschwindigkeiten verbindet, als **Stromstrich.** Dieser schwingt bei gewundenen Flußläufen (Mäandern, s. 7.6) jeweils an die außenseitigen Ufer der Flußbiegungen.

Die Abflußgleichung ist gleichzeitig die **Kontinuitätsgleichung**: $Q = v_1 \cdot A_1 = v_2 \cdot A_2$. Das bedeutet: wenn kein Wasser aus dem Gerinne verlorengeht und kein zusätzliches Wasser zuströmt, d. h. bei konstantem Abfluß, dann muß jegliche Veränderung einer der drei Größen (Breite, Tiefe oder Geschwindigkeit) durch die Anpassung der anderen kompensiert werden. Diese Zusammenhänge bilden die Basis der **Hydraulischen Geometrie** (s. Kasten 7.2). Wenn sich beispielsweise das Gerinne verengt, dann nehmen Fließgeschwindigkeit und Wassertiefe zu.

Die Ursache für die Zunahme der Fließgeschwindigkeit bei seitlicher Einengung des Fließquerschnitts liegt in der Abnahme der **Reibung** bei zunehmender Wassertiefe. Wegen der nahe der Gewässersohle gebremsten Geschwindigkeit macht es einen Unterschied, wieviel Wasser mit der Gewässersohle und dem Ufer

Kasten 7.2 Hydraulische Geometrie

Die Hydraulische Geometrie geht auf LEOPOLD u. MADDOCK (1953) zurück. Sie basiert auf der Annahme, daß der Abflußquerschnitt in erster Linie von der Größe des Abflusses abhängt und daß sich bei Fließgewässern ein der Abflußdynamik angepaßtes, günstiges Breiten-Tiefen-Verhältnis einstellt. Systematische empirische Untersuchungen der Breite (B), Tiefe (T) und mittleren Fließgeschwindigkeit (v) als Funktion des Abflusses (Q) ergaben einfache Potenzfunktionen. Da die Größen Breite, Tiefe und Geschwindigkeit die bestimmenden Variablen der Abflußgleichung (Kontinuitätsgleichung) sind, können sie durch die Potenzfunktionen ersetzt werden:

$$\mathbf{Q = B \cdot T \cdot v = a \cdot Q^b \cdot c \cdot Q^f \cdot k \cdot Q^m}$$

Aus mathematischen Gründen folgt:

$$\mathbf{a \cdot c \cdot k = 1 \qquad und \qquad b + f + m = 1}$$

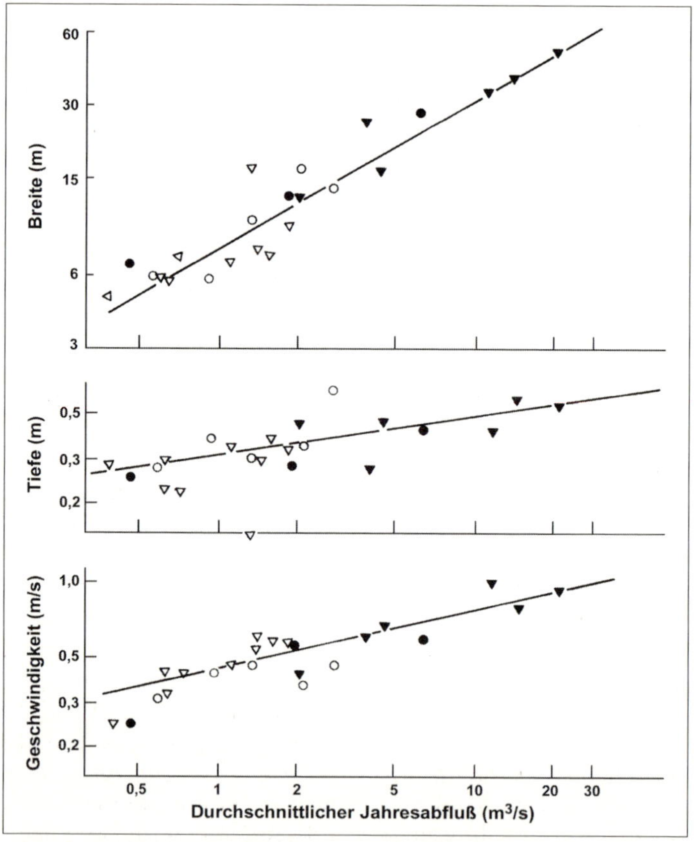

Breite, Tiefe und Fließgeschwindigkeit als Funktion des flußabwärts zunehmenden Abflusses (nach LEOPOLD/MADDOCK 1953)

LEOPOLD u. MADDOCK haben die Koeffizienten und Exponenten für Meßstationen im Gewässerlängsprofil (Oberlauf bis Unterlauf; ,downstream') und für unterschiedliche Abflüsse an einer Meßstation (,*at a station*') bestimmt (s. Tabelle). Sie sind folgendermaßen interpretierbar: Stromabwärts nimmt die Breite stärker zu als die Tiefe, das Verhältnis von Breite zu Tiefe wird also größer. An einer Meßstation nimmt bei Hochwasserabfluß vor allem die Wassertiefe zu. Bei beiden Varianten ist der Exponent der Wassertiefe gleich; hierin drückt sich die starke Abhängigkeit der Fließgeschwindigkeit von der Wassertiefe aus. Die Veränderung (Zunahme) der Fließgeschwindigkeit ist stromabwärts relativ schwach, denn normalerweise nimmt in gleicher Richtung das Gefälle ab.

Koeffizienten	im Längsprofil	an einer Meßstation
b	0,5	0,26
f	0,4	0,4
m	0,1	0,34

Zwar sind die ermittelten Beziehungen rein empirisch und sie können nicht ungeprüft auf beliebige Gewässer übertragen werden, doch illustrieren sie anschaulich wichtige Zusammenhänge zwischen Abfluß und Gerinnemorphologie.

in Kontakt ist. Ein geeignetes Maß hierfür ist der **Hydraulische Radius** (für rechteckige Querschnitte):

$$R = \frac{A}{2 \cdot T + B}$$

R = Hydraulischer Radius (m)
A = Abflußquerschnitt (m^2)
T = Tiefe (m)
B = Breite (m)

Bei breiten Gewässern entspricht der Hydraulische Radius in etwa der Gewässertiefe. Die Querschnittsflächen natürlicher Gewässer sind dem Abfluß mit seinen Schwankungen angepaßt. Während bei mittleren Abflüssen die Fließquerschnitte nicht ausgenutzt sind, wird bei Hochwasser ein großer Abfluß im bestehenden Gerinne gewährleistet, ohne daß größere Energieverluste für Reibungsarbeit oder Erosionsarbeit auftreten. Die geringsten Reibungsverluste entstehen beim sog. **bordvollen Abfluß**, bei dem der gesamte Querschnitt durchflossen wird. Noch größerer Abfluß wird im Überflutungsbereich bei geringen Wassertiefen abgeführt. Dort ist er wegen der starken Reibungsverluste morphologisch weniger aktiv als am Ufer und im Gerinnebett; die stärkste morphologische Wirkung im Gerinnebett entfaltet das Gewässer gerade bei bordvollem Abfluß.

Den Geomorphologen interessiert die **Fließgeschwindigkeit**, weil auf dieser Grundlage das Erosions- und Sedimentationsverhalten des Gewässers gekennzeichnet werden kann (Kap. 7.3). Die gebräuchlichsten empirischen Gleichungen, mit deren Hilfe die mittlere Fließgeschwindigkeit abgeschätzt werden kann, sind die Formeln nach **Manning-Strickler** und **Darcy-Weisbach**.

$$v = k_{Str} \cdot R^{2/3} \cdot S^{1/2}$$
(nach Manning-Strickler)

k_{Str} = Geschwindigkeitsbeiwert nach Strickler (s. Tab. 7.3) ($m^{1/3}/s$)
R = Hydraulischer Radius (m)
S = Sohlgefälle (dimensionslos)

$$v = \sqrt{\frac{1}{\lambda} \cdot 8 \cdot g \cdot R \cdot S}$$
(nach Darcy-Weisbach)

λ = Widerstandsbeiwert (-)
g = Schwerebeschleunigung (m/s^2)

In den Widerstandsbeiwert der Darcy-Weisbach-Gleichung gehen wiederum Rauhigkeitsmaße ein, die für den praktischen Gebrauch in Tabellen vorliegen. Sie sind von den Geschwindigkeitsbeiwerten nach Manning-Strickler verschieden (DVWK 1991). Der Vorteil der Darcy-Weisbach-Gleichung wird in der Möglichkeit gesehen, Rauhigkeiten eindeutiger zu formulieren. Diese sind – im Unterschied zu Manning-Strickler – von der Wassertiefe (Hydraulischer Radius) abhängig. Zudem ist die Formel dimensionsrein; wegen der analytischen Herleitung der Gleichung können in gegliederten Querschnitten Rauhigkeiten aufsummiert sowie Widerstandskräfte durch den Bewuchs berücksichtigt werden. Daher ist sie die in Deutschland im Wasserbau bevorzugte Formel.

Tab. 7.3 Geschwindigkeitsbeiwerte nach Manning-Strickler (aus PATT et al., 1998, 143)

Natürliche Wasserläufe	**k_{Str}-Werte**
Fluß mit fester Sohle, ohne Unregelmäßigkeiten	40 – 42
Fluß mit mäßigem Geschiebe	35 – 38
Fluß mit Geröll und Unregelmäßigkeiten	30
Fluß, reich an Grobgeschiebe	28 – 30
Wildbach mit grobem Geröll	15 – 20
Wildbach mit grobem Geröll, Geschiebe in Bewegung	10 – 15
Erdkanäle	**k_{Str}-Werte**
Sand, Lehm, Kies, stark bewachsen	20 – 26

7.1.4 Fließzustände. Laminarer Fluß (Abb. 7.7) tritt bei flachem, langsam bewegtem Wasser über glatten Oberflächen auf. Analog zu parallel übereinander gleitenden Glasplatten strömt das Wasser in Schichten, ohne daß Verwirbelungen von Stromfäden auftreten. Die Geschwindigkeit nimmt von oben nach unten ab. Die Reibung ist auf eine vernachlässigbar dünne Schicht an der Gewässersohle beschränkt. Bei höheren Fließgeschwindigkeiten geht das laminare in das **turbulente Fließen** über. Dabei entstehen unregelmäßig wirbelnde Mischbewegungen, die die allgemeine Fließrichtung überlagern. Sichtbarer Ausdruck des Übergangs ist die Veränderung von einer glatten zu

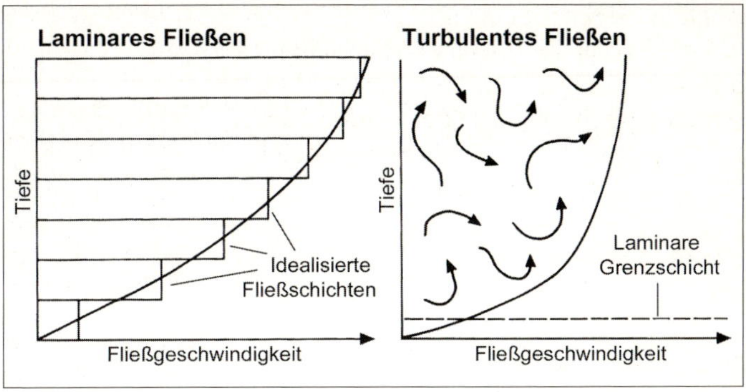

Abb. 7.7
Geschwindigkeits-Tiefenprofile für laminaren und turbulenten Fluß

einer unruhigen Wasseroberfläche (Abb. 7.8). Bei einer **Reynoldszahl** (Kasten 7.3) zwischen 500 und 2500 findet dieser Übergang statt.

Turbulentes Fließen ist wesentlich für die Ablösung von Partikeln von der Gewässersohle, denn die von der allgemeinen Fließrichtung abweichenden Geschwindigkeitsvektoren verursachen zusätzliche „Saug- und Druckkräfte“ (s. 7.3.2). Bei größeren Gewässern bilden sich auf geraden Laufstrecken spiralförmige **Doppelwalzen** (Abb. 7.9) aus.

Sprunghafte Veränderungen des Fließzustandes treten bei Einengungen des Fließquerschnitts und bei abrupten Gefällswechseln der Gewässersohle auf. Ein sogenannter kritischer Zustand (s. Kasten 7.3) ist erreicht, wenn der **strömende Abfluß** – z. B. an Stromschnellen oder

Abb. 7.8
Turbulentes Fließen eines Gebirgsbaches

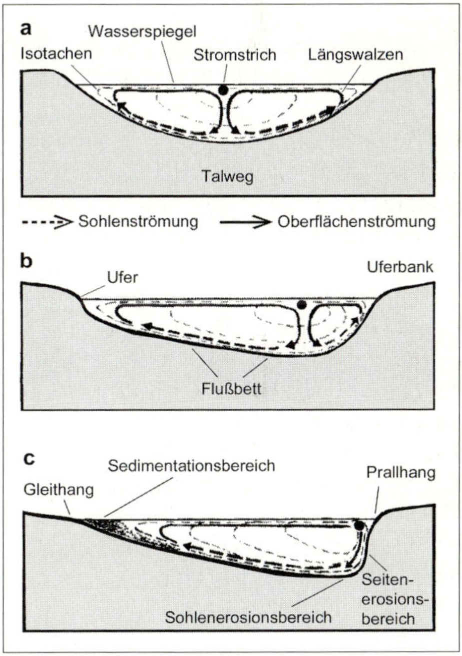

Abb. 7.9
Spiralige Walzenbewegung bei (a) geradlinigem, (b) leicht gekrümmtem und (c) stark gekrümmtem Flußlauf (nach LESER/PANZER 1981, aus BUSCH 1986, 27, verändert)

Kasten 7.3 Reynoldszahl und Froude-Zahl

Reynoldszahl und Froudezahl ermöglichen die Vorhersage von Fließzuständen auf der Grundlage leicht quantifizierbarer Variablen. Die Abbildung A stellt die Zustandsbereiche für laminaren, schießenden und turbulenten Abfluß mit den zugehörigen kritischen Grenzen der Kennziffern dar. Fließgeschwindigkeit und Wassertiefe (als Ersatz für den hydraulischen Radius) sind die entscheidenden Einflußgrößen.

A) Fließverhalten in Abhängigkeit von Wassertiefe und mittlerer Fließgeschwindigkeit (nach SUMMERFIELD 1991, 198)

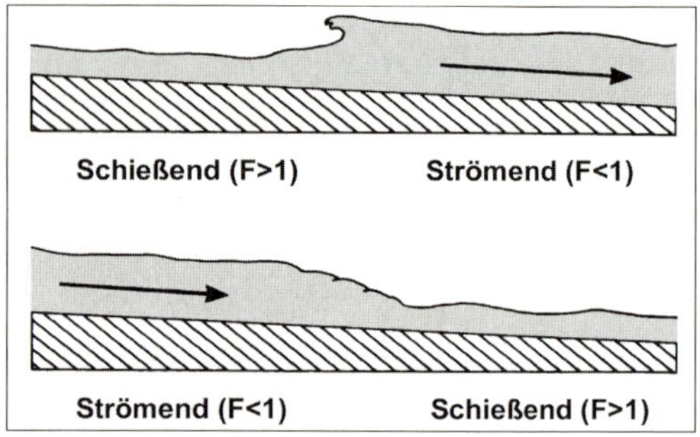

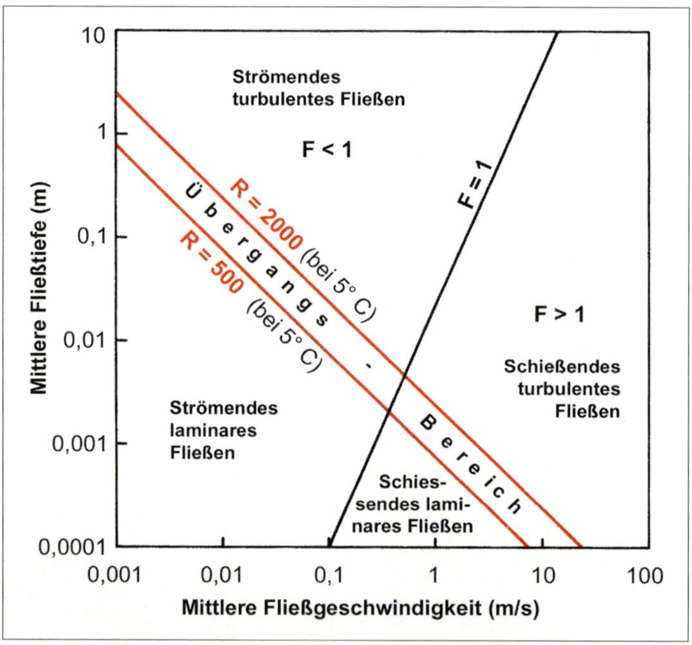

B) Übergänge zwischen schießendem (Froude-Zahl >1) und strömendem Abfluß (Froude-Zahl <1) (nach SUMMERFIELD 1991, 197)

$$\mathbf{Re} = \frac{\mathbf{v} \cdot \mathbf{R}}{\nu}$$

Re < 500: laminarer Fluß Re > 1500: turbulenter Fluß

v = Fließgeschwindigkeit (m/s)
R = hydraulischer Radius (m)
ϱ = Dichte des Wassers (g/cm^3)
ν = kinematische Viskosität des Wassers (m^2/s); vgl. S. 143

$$\mathbf{Fr} = \frac{\mathbf{v}}{\mathbf{v_c}}$$

v = charakteristische Geschwindigkeit, z. B. mittlere Fließgeschwindigkeit (m/s)
v_c = Fortpflanzungsgeschwindigkeit einer Oberflächenwelle (m/s)

Es gilt für rechteckige Fließquerschnitte

$$\mathbf{Fr} = \frac{\mathbf{v}}{\sqrt{\mathbf{g} \cdot \mathbf{T}}}$$

v = charakteristische Geschwindigkeit, z. B. mittlere Fließgeschwindigkeit (m/s)
g = Schwerebeschleunigung (m/s^2)
T = Wassertiefe (m).

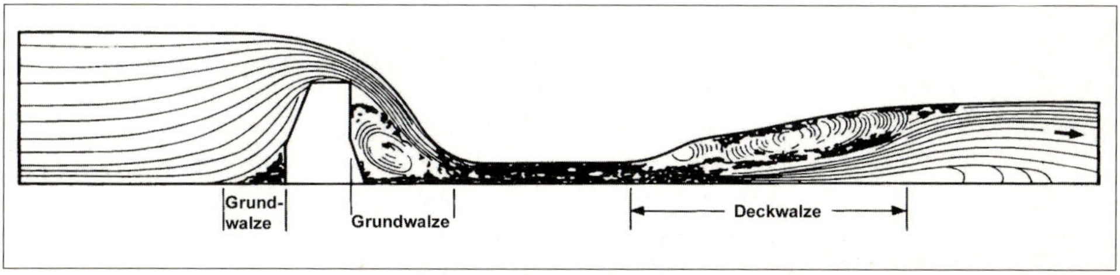

Abb. 7.10 Deck- und Grundwalzen vor und hinter einem eingebauten Hindernis (REHBOCK 1927, aus BUSCH 1986, 27)

künstlichen Wehren (Abb. 7.10) – in den **schießenden Abfluß** übergeht. Dieser Fließzustand ist an stehenden Wellen, d. h. an Aufwölbungen der Wasseroberfläche erkennbar. Dann ist die Geschwindigkeit einer Oberflächenwelle kleiner als die mittlere oder charakteristische Geschwindigkeit des Wassers. Mit dem schießenden Abfluß sind besonders große Erosionswirkungen verbunden. Der Übergang tritt bei **Froude-Zahlen** um 1 (Kasten 7.3) auf.

7.2 Denudation durch fließendes Wasser

Die Bedeutung des Wassers für die gravitativen Massenbewegungen liegt vor allem darin, die Kohäsion zwischen den Partikeln zu verringern und im Hangmaterial Porenwasserdruck zu erzeugen (s. 6). In diesem Sinne ist der Einfluß des Wassers bei den Massenbewegungen ein mittelbarer; dagegen wirkt das Wasser bei der **fluvialen Denudation** unmittelbar. Die Ablösung von Partikeln von der Bodenoberfläche und der Transport erfolgen durch bzw. mit dem Wasser als Transportmedium. So erreicht der Sedimentgehalt im Oberflächenabfluß auf Hängen Werte bis 50 g/l, im Gewässer ist er deutlich niedriger, häufig unter 1 g/l (Auerswald 1998, 61). Unter diesen Bedingungen sind Bindungskräfte zwischen den Partikeln unerheblich für den Transport.

7.2.1 Prozeßbetrachtung: Ablösung, Transport und Sedimentation. Die Gesetzmäßigkeiten der Denudation durch fließendes Wasser sind besonders intensiv im Rahmen der Bodenerosionsforschung (s. 7.2.2) untersucht worden. Zur einfacheren Beschreibung wird die flächenhafte Denudation gedanklich in die beiden Teilprozesse **Ablösung** und **Transport** zerlegt. In der Realität finden sie gleichzeitig statt, beide sind untereinander und ursächlich mit der Energie des Wassers verknüpft. Wenn die Energie, mit der Regentropfen auf die Bodenoberfläche treffen, größer ist als die aggregatstabilisierenden Kräfte, dann werden der Bodenoberfläche aufliegende Aggregate

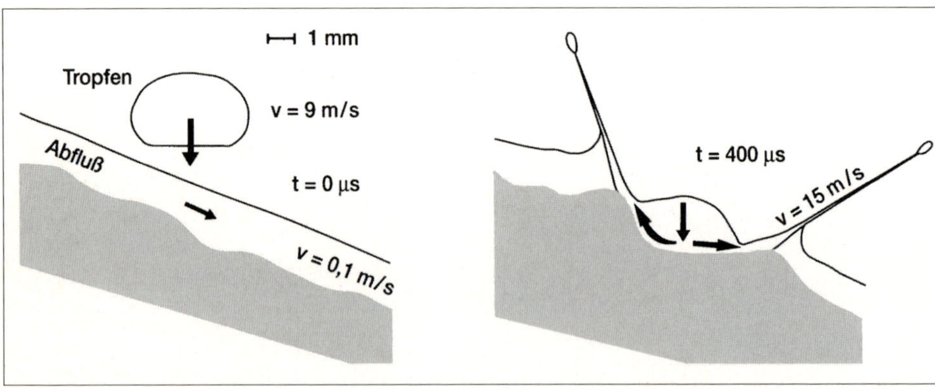

Abb. 7.11 Planschwirkung von Regentropfen (v = Geschwindigkeit, t = Zeit) (aus: Auerswald 1998, 34)

zerschlagen, und das Bodenmaterial zerspritzt radial in alle Richtungen. Übersteigt die Fallgeschwindigkeit der Tropfen die Infiltrationsgeschwindigkeit, so muß das auftreffende Wasser zur Seite ausweichen, und es wird dabei bis zum doppelten der Fallgeschwindigkeit beschleunigt (AUERSWALD 1998, 34); dadurch treten Scherspannungen auf (s. 6.6), die leicht die Scherfestigkeit des Bodens übersteigen, so daß Bodenpartikel mitgerissen und zur Seite geschleudert werden (Abb. 7.11). So entstehen durch jeden Niederschlagstropfen Miniaturkrater. Die Zerschlagung von Bodenaggregaten durch Regentropfen und das anschließende Zerspritzen von Wasser und Bodenpartikeln wird als **Planschwirkung (*splash effect*)** bezeichnet.

Mit der Planschwirkung sind noch einige andere Prozesse verbunden, die für den Fortgang der Denudation bedeutsam sind. Wenn trockene Aggregate (mit eingeschlossener Luft) durch einsetzenden Niederschlag plötzlich wiederbefeuchtet werden, entsteht einerseits durch das vordringende Wasser ein Druck, der zum Aggregatzerfall führt (**Luftsprengung**). Andererseits quillt trockener Boden bei Befeuchtung ungleichmäßig auf, wodurch Scherspannungen entstehen können, die ebenfalls den Aggregatzerfall bewirken. Die Produkte der Luftsprengung sind Mikroaggregate mit typischen Durchmessern zwischen 0,2 und 1 mm. Ihre weitere Zerlegung in Primärteilchen (Schluff, Ton und Sand) wird in hohem Maße von der Kationenbelegung an den Austauscheroberflächen (s. 5.3.3) gesteuert. Hohe Anteile von Calcium im Sorptionskomplex erschweren den Aggregatzerfall, Natrium und Kalium an den Austauscherplätzen erleichtern ihn. Die Zerlegung von Bodenaggregaten in Primärteilchen (**Dispergierung**) führt an der Bodenoberfläche zu einer räumlich dichteren Lagerung der Partikel; die Anzahl grober, wasserleitender Poren nimmt ab, feinere Poren treten an ihre Stelle. Diese **Verschlämmungsschicht** ist meist nur wenige Millimeter dick, doch sie setzt die Infiltrationskapazität des Bodens deutlich herab (s. 7.1.1), wodurch Oberflächenabfluß erleichtert wird. Wenn Regentropfen auf einen dünnen Wasserfilm von 0,1 – 0,3 Tropfendurchmessern treffen, dann ist die Planschwirkung besonders kräftig (AUERSWALD 1998, 35).

Tab. 7.4 Intensität, medianer Tropfendurchmesser, mittlere Fallgeschwindigkeit und kinetische Energie bei unterschiedlichen Arten des Niederschlags (verkürzt aus AUERSWALD 1998, 34)

	Intensität (mm/h)	medianer Durchmesser (mm)	Fallgeschwindigkeit (m/s)	kinetische Energie (k J/m²·h)
Sprühregen	0,2	0,10	0,200	10^{-3}
Nieselregen	0,5	1,00	4,200	10^{0}
Leichter Regen	1,0	1,20	4,900	10^{1}
Starker Regen	15,0	2,10	6,900	10^{3}
Gewitterregen	100,0	3,00	8,400	10^{4}

Planschwirkung und Verschlämmung bedeuten einen Materialtransport auf sehr kurzer Distanz. Planschwirkung an geneigten Hängen führt zu einem Versatz von Bodenpartikeln hangabwärts, denn die hangabwärtige Flugbahn des Partikels ist länger als die hangaufwärtige (s. Abb. 7.12). Die Summierung ungezählter einzelner Regentropfen bewirkt insgesamt die Sedimentverlagerung, die um so bedeutender ist, je häufiger erosiv wirksame Regentropfen fallen und je höher ihre kinetische Energie ist (Tab. 7.4).

Auf einem homogenen Hang mit einheitlicher Hangneigung und ohne Bodenunterschiede nimmt die Schichtdicke des Oberflächenabflusses hangabwärts zu, wenn der Hang gleichmäßig beregnet wird (Abb. 7.13). Schichtdicke und abfließendes Wasservolumen werden unter sonst gleichen Bedingungen von der Hanglänge bestimmt. Mit zunehmender Schichtdicke sinkt der Einfluß der Rauhigkeit der Bodenoberfläche. Die Geschwindigkeit des Wassers hängt von der Neigung des Hangs und von der Rauhigkeit der Bodenoberfläche (vgl. 7.1.3) ab. Mit der Zunahme der Geschwindigkeit

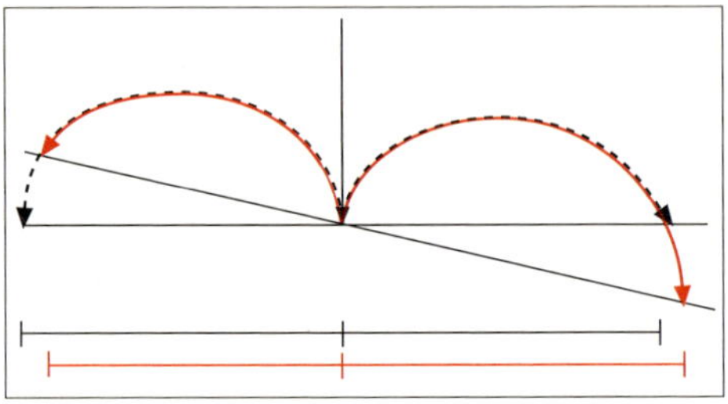

Abb. 7.12 Hangabwärtige Verlagerung von Bodenmaterial durch die Planschwirkung (rot). Auf einer ebenen Fläche wird das Bodenmaterial in alle Richtungen gleichweit verspritzt (schwarz).

geht eine Zunahme der Schubspannung (vgl. 7.3.2), also der oberflächenparallel wirkenden Abtragskraft des fließenden Wassers, einher; wenn die Schubspannung größer ist als der Scherwiderstand (Kraft, die der Boden dem vorrückenden Wassers entgegensetzen kann), dann werden Partikel von der Bodenoberfläche losgelöst. Mit dem Wasser fließen sie als Suspension und werden beschleunigt; einen Teil ihrer Bewegungsenergie übertragen sie auf noch auf der Bodenoberfläche ruhende Partikel, sie stoßen sie an, so daß

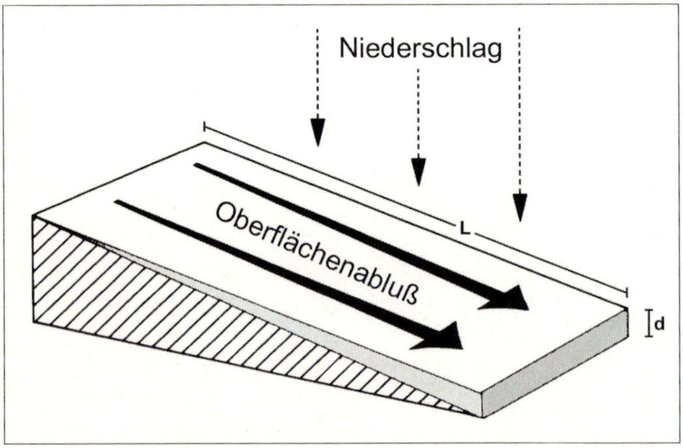

Abb. 7.13 Zunahme der Schichtdicke (d) des Oberflächenabflusses mit zunehmender Hanglänge (L)

die Anzahl der Partikel in der Suspension zunimmt. Zusätzliche Partikel werden durch die Planschwirkung des Niederschlages aufgewirbelt (tropfeninduzierte Turbulenz). Mit zunehmender Schichtdicke des Abflusses sinkt die Bedeutung der Reibung, und wenn alle Unebenheiten der Bodenoberfläche wasserbedeckt sind, dann erfolgt Bodenabtrag auf der gesamten Hangfläche. Dies wird als **flächenhafter Abtrag (*sheet wash*; Schichtflut)** bezeichnet. Wenn aber der Wasserfilm so dünn bleibt, daß das Mikrorelief (Aggregate, Steine) den Abflußvorgang behindert, dann wird er auf bevorzugte Fließwege konzentriert. Die Folge der **Abflußkonzentration** ist linienhafter Abtrag.

Bei großräumigerer Betrachtung gewinnt für die Abflußkonzentration die **Hangform** (s. 14.2.1) an Bedeutung. Der Oberflächenabfluß benachbarter Hangsegmente fließt in muldenförmigen Tiefenlinien, d. h. in konkaven Einbiegungen im Hang zusammen (Abb. 7.14). Da in der Regel Hänge unregelmäßig und nicht als ideale, schiefe Ebenen ausgebildet sind, überwiegt die Hangdenudation durch ein Geflecht von mehr oder weniger parallel verlaufenden Erosionsrillen und –rinnen (vgl. Tab. 7.5), die insgesamt eine Abtragung des Hangs bewirken. Flächenhafter Abtrag ist auf hohe Niederschlagsintensitäten beschränkt, die in den Außertropen sehr selten, z. B. bei sommerlichen Gewitterregen, in den humiden Tropen dagegen sehr häufig vorkommen (vgl. 11 u. Tab. 7.4).

Die Suspensionsfracht wird abgelagert, wenn die Transportkapazität sinkt. Dies kann durch **Abflußdivergenz** (mit den Folgen: abnehmende Schichtdicke des Wassers, Bedeutungszunahme der Reibung) bedingt und ebenso durch die Hangneigung vorgegeben sein. Bei Abnahme der Hangneigung im Bereich des Hangfußes sinken die Abflußgeschwindigkeit und die Turbulenz; das Niedersinken der Schwebfracht (Schluff, Ton) läßt sich mit Hilfe des Stoke'schen Gesetzes ausdrücken (s. 8.6.1), das gleichermaßen für die Sedimentation in der Luft und im Wasser gilt. Unterhänge sind daher bevorzugte Akkumulationsgebiete; das Hangsediment verbleibt dort, wenn das Material nicht durch andere Prozesse verfrachtet wird.

7.2.2 Natürliche Spüldenudation und Bodenerosion. Die beschriebenen Mechanismen der Ablösung von Partikeln, des Transportes und der Akkumulation durch fließendes Wasser werden in der Geomorphologie auch als **spülaquatische Denudation** oder **Spüldenudation** bezeichnet. Es sind natürliche Prozesse, die auf Flächen ohne geschlossene Vegetationsbedeckung beschränkt sind. Für

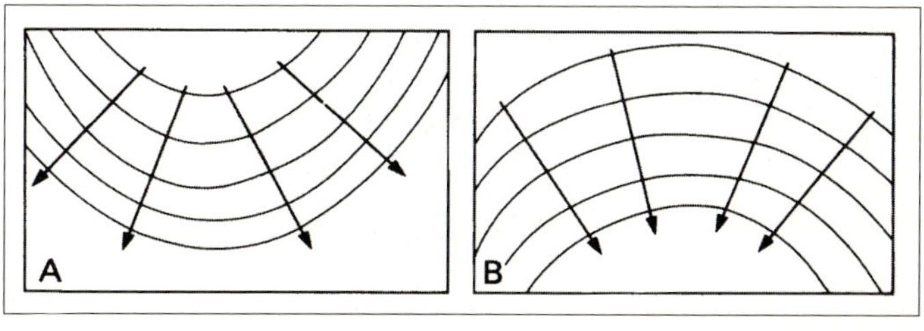

Abb. 7.14
Einfluß der Hangwölbung auf den Oberflächenabfluß (A: konvexer Hang mit Abflußdivergenz; B: konkaver Hang (Hangmulde) mit Abflußkonzentration) (aus SUMMERFIELD 1991, 178)

vom Menschen unbeeinflußte bewaldete Gebiete spielen daher Prozesse der Hangdenudation durch fließendes Wasser keine Rolle. Dagegen sind semiaride und aride Landschaften, die ganzjährig oder während der Trockenzeit keine oder nur eine spärliche Bodenbedeckung zeigen, besonders von der fluvialen Denudation betroffen. Häufig fallen dort die Niederschlagsereignisse größter Intensität mit den Zeiten zusammen, in denen die Bodenoberfläche ungeschützt ist. Jegliche Veränderung der Pflanzendecke, gerade im Übergangsbereich zwischen subhumiden und semiariden Regionen, besitzt großen Einfluß auf das Abtragsgeschehen. Die Auswirkungen einer Vegetationsauflichtung auf Oberflächenabfluß und Erosion zeigt Abb. 7.15; selbst eine zu Beginn geringfügige Vegetationsauflichtung führt über Selbstverstärkungsprozesse (positive Rückkopplung) zu erheblichen Umstellungen bei den landschaftshaushaltlichen Prozessen. Ursachen der Vegetationsauflichtung können Klimamodifikationen und –änderungen sein, aber auch direkte Einflußnahmen des Menschen (Beweidung, Ackerbau). Eine besondere Form der Spüldenudation tritt in Periglazialgebieten auf (**Abluation**; s. 10.3.6 und 15.2.1).

Unter dem Einfluß des Menschen ablaufende Hangdenudation und Erosion durch fließendes Wasser, die über ein natürliches Maß hinausgehen, werden nach der aus dem englischen übertragenen Bezeichnung ***soil erosion*** als **Bodenerosion** bezeichnet. Prinzipiell ver-

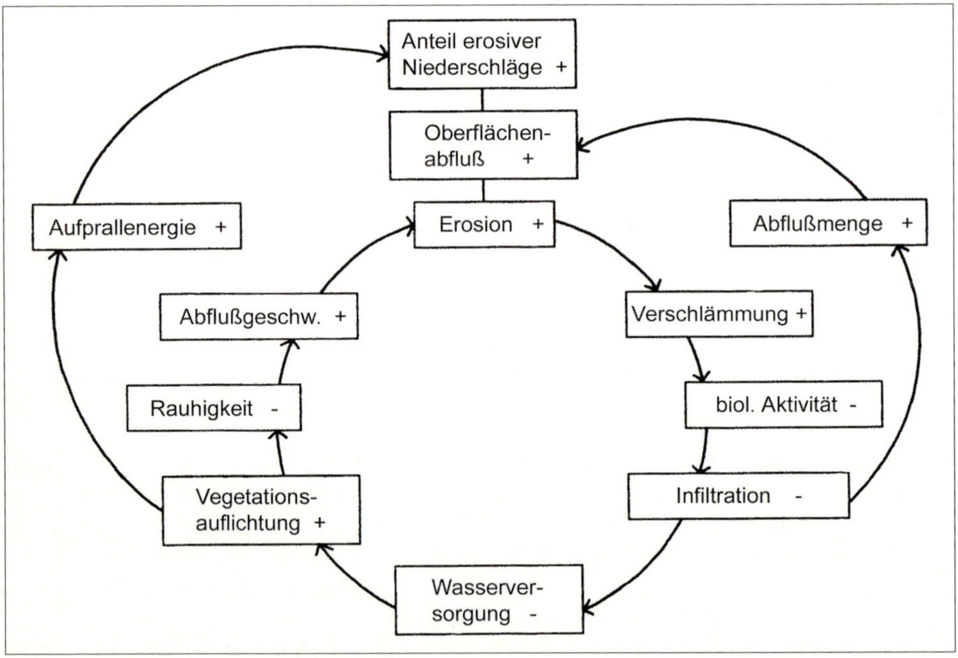

Abb. 7.15 Einfluß der Vegetationsauflichtung auf Oberflächenabfluß und Spüldenudation/Bodenerosion (+: Verstärkung, -: Verminderung) (aus ROHDENBURG 1989, 113)

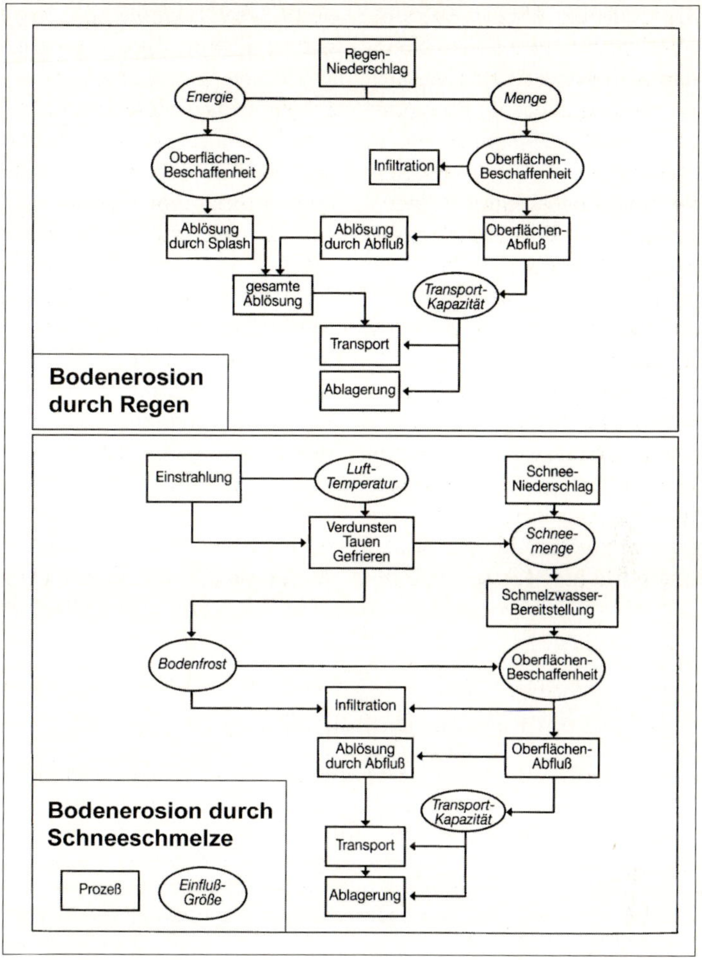

Abb. 7.16 Gegenüberstellung funktionaler Zusammenhänge zur Bodenerosion durch Regen und Schneeschmelze (nach Bernsdorf et al. 1995, aus Richter 1998, 48)

laufen die Prozesse so, daß sie mit allgemeingültigen naturwissenschaftlichen Gesetzmäßigkeiten erklärt werden können. Insofern handelt es sich um natürliche Prozesse, die Wirkung des Menschen ist eine indirekte; deshalb ist die Bodenerosion auch als quasinatürlicher Prozeß bezeichnet worden. Die deutschsprachige Geomorphologie verwendet den Begriff Erosion nur für lineare, fluviale und erosive Prozesse (vgl. Kasten 4.2), dagegen wird der Begriff Bodenerosion für jegliche vom Menschen bedingte übermäßige Abtragung durch Wasser und Wind verwendet.

In den Ackerbaugebieten der hohen Mittelbreiten mit einem beträchtlichen Anteil an Schneeniederschlag tritt als Besonderheit die **Schneeschmelz-Erosion** (Abb. 7.16) auf. Die Fließprozesse finden stets über Schnee-, Frost- oder Auftauboden statt. Die Schneedecke verursacht ein Muster von Abflußbahnen, das sich zunächst unabhängig vom Mikrorelief einstellt, es bilden sich Schmelzwassertümpel und im Anschluß hieran lineare Erosionsformen (Rillen, Rinnen, Gräben), welche bei nachlassender Transportkapazität des Abflusses teilweise verfüllt werden (BERNSDORF et al. 1995).

7.2.3 Bodenerosionsformen. Die Erosionsformen der Wassererosion können nach Tab. 7.5 typisiert werden. **Rillen** und **Rinnen** sind kurzlebige Formen. Durch entsprechende Bodenbearbeitung sorgen die Landwirte meist dafür, daß eine glatte Bodenoberfläche wiederhergestellt wird. Damit ist selbstverständlich der Verlust des Bodenmaterials nicht ausgeglichen. Nach einer Folge zahlreicher Erosionsereignisse kann auf diese Weise eine sogenannte Kulturwechselstufe an der Grenze zwischen Wald und Acker entstehen (s. Abb. 7.17).

Als Folge katastrophaler Niederschlagsereignisse reißen Gräben auf, die sich im Extremfall zu dauerhaften **Gräben** und **Schluchten** vertiefen können (s. Abb. 14.15). Die Erosionsformen gehören zu den *on-site*-Schäden, die Akkumulation von Bodenerosionsmaterial (**Kolluvium**) leitet über zu den *off-site*-Schäden (s. Kasten 7.4), z. B. die verstärkte Ablagerung von Hochwassersedimenten in den Bach- und Talauen (s. 15.3). Die Folgen der Bodenerosion für die Landwirtschaft sind kleinflächig unterschiedlich zu beurteilen.

Kasten 7.4 Folgen der Bodenerosion für die Landwirtschaft

Prinzipiell zerstört und gefährdet Bodenerosion die wichtigste Produktionsgrundlage, den Boden; allerdings müssen die Folgen zeitabhängig und kleinflächig unterschiedlich beurteilt werden. Die Fruchtbarkeit des Bodens an den Erosions- und Akkumulationsorten verändert sich. Das Beispiel zeigt, wie durch fortgesetzte Erosion am Oberhang (zeitliche Abfolge a-d) zunächst die Relativerträge steigen, da nährstoffreicher, calciumhaltiger Löß angeschnitten wird. Sobald eine kritische Lößmächtigkeit unterschritten ist, verschlechtern sich die Erträge drastisch; ein anderes, zumeist ökologisch ungünstigeres Ausgangsgestein gewinnt im Wurzelraum an Bedeutung. Der Unterhangstandort erfährt durch die Ablagerung des humosen, ehemaligen Pflughorizontes (Ap-Horizont) vom Oberhang (1) eine kräftige Qualitätssteigerung; da die ehemaligen Auswaschungs- und Anreicherungshorizonte (Al- und Bt-Horizonte; 2 und 3) ungünstigere Eigenschaften (insbesondere geringere Humusgehalte) besitzen, sinkt bei fortgesetzter Akkumulation die Bodenfruchtbarkeit wieder.

An diesem Beispiel wird deutlich, daß Bodenerosion positive und negative Auswirkungen besitzen kann. Zu den negativen Auswirkungen am Abtragsort gehören die Verringerung der Solumsmächtigkeit (geringere Wasserspeicherung, geringere Nährstoffvorräte), der Verlust humosen Oberbodens (geringere Nährstoffspeicherfähigkeit), die Verringerung der Filter-, Puffer- und Transformatorfunktionen der Grundwasserdeckschichten. Zu den negativen Folgen am Akkumulationsort gehören die Verschüttung von Saaten und jungen Pflanzenbeständen. Doch hier überwiegen die positiven Effekte dadurch, daß vorübergehend fruchtbares Bodensediment (Kolluvium) an der Bodenoberfläche ansteht und in Vorfluternähe wegen der Aufhöhung der Geländeoberfläche die Überflutungsgefahr sinkt. Je nach Standort ist der damit einhergehende tiefere Grundwasserstand positiv oder negativ zu beurteilen. Zu den *off-site*-Wirkungen gehören die Verschüttung von Wegen und Straßen, die verstärkte Sedimentation in Bach- und Flußauen sowie in Stauhaltungen (Staudämme und Talsperren). Hinzu kommt der verstärkte Austrag von Agrochemikalien (z. B. Phosphat, Nitrat, Pflanzenschutzmittel) von den Ackerflächen in die Fließgewässer.

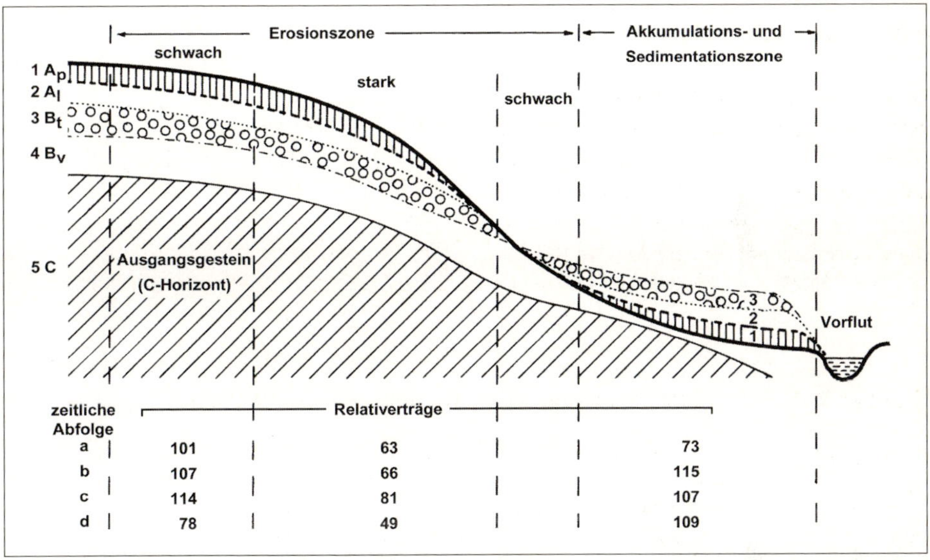

Auswirkungen von Erosion und Akkumulation an einem Hang mit Parabraunerde auf den Bodenaufbau und auf die Erträge von Kulturpflanzen (nach KRETZSCHMAR 1990, 171).

Bodenerosion ist ein weltweites Problem. Besonders gefährdet sind die ackerbaulich hochwertigsten Böden in Hügel- und Bergländern. Eine hohe Erosionsanfälligkeit besitzen Böden aus Löß, aus feinkörnigen Moränen sowie vulkanische Tuffe; Erosionsschäden und verwandte Denudationserscheinungen können bei allen lockeren bis schwach verfestigten Sedimentgesteinen auftreten. Tiefgründige tropische Verwitterungsdecken weisen eine vergleichbare Disposition für Bodenerosion auf.

Die Abtragsleistung einzelner Erosionsereignisse ist im Gelände ohne quantifizierende Messungen schlecht zu beurteilen. Nur spektakuläre Einzelereignisse hinterlassen Erosionsformen und Sedimente am Hangfuß. Ein Abtrag von gleichmäßig nur 3 mm Schichtdicke ent-

Tab. 7.5 Erosionsformen der Wassererosion (aus RICHTER 1998, 86)

Definition	**Bernsdorf, Richter u. Schmidt (1995)**	**DVWK-Fachausschuß (1996) Bodenerosion**	**engl. Sprach-Fachgebrauch**
Kurztransport von Bodenteilchen	Verspülung	kleinflächige Verspülungen	*sheet erosion*
kleine Rillen, dicht geschart und verzweigt	Scharung von Kleinstrillen	flächenhafte Abspülungen, einschließlich Kleinstrillen	*interrill erosion*
flächenhafte Erosion oder Akkumulation	Flächenspülung	Kleinstrillen	
kleine lineare Erosionsform	Rille 10 – 300 cm^2	Rille 2 – 10 cm tief	*rill erosion*
mittlere lineare Erosionsform	Rinne > 300 cm^2, bis 50 cm tief	Rinne 10-40 cm tief	
große lineare Erosionsform (breit)	Flutrinne > 200 cm breit		
große lineare Erosionsform (tief)	Graben > 50 cm tief	Graben > 40 cm tief	*gully erosion*

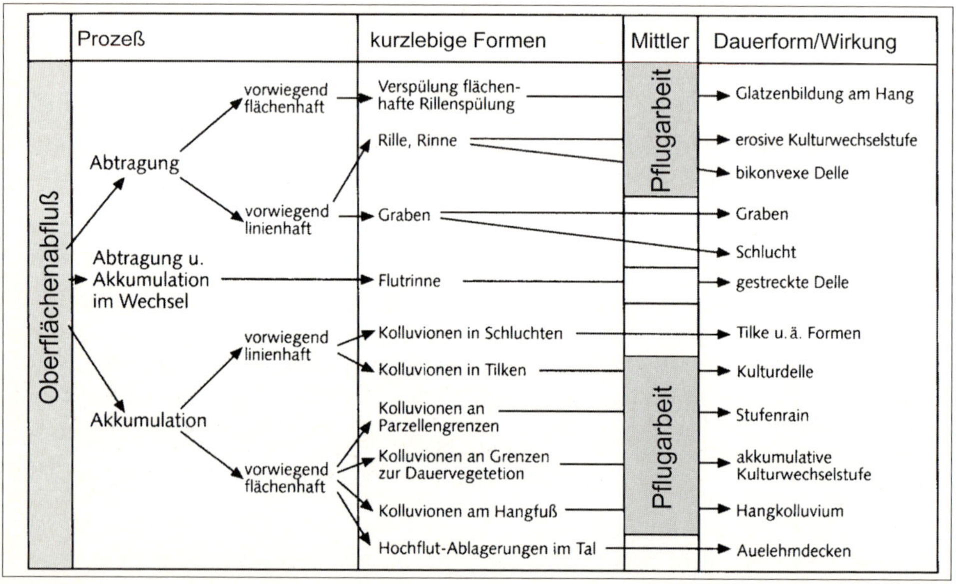

Abb. 7.17 Prozesse, kurzlebige Formen und Dauerformen/Wirkungen der Bodenerosion im Kulturland (aus RICHTER 1998, 87)

Kasten 7.5 Abschätzung der Bodenerosion durch die Allgemeine Boden-Abtrags-Gleichung (ABAG/USLE).

Mit Hilfe Geographischer Informationssysteme kann für größere, zusammenhängende Gebiete relativ leicht die Erosionsgefährdung sowie die Auswirkung von Erosionsschutzmaßnahmen abgeschätzt werden (s. Abb.).

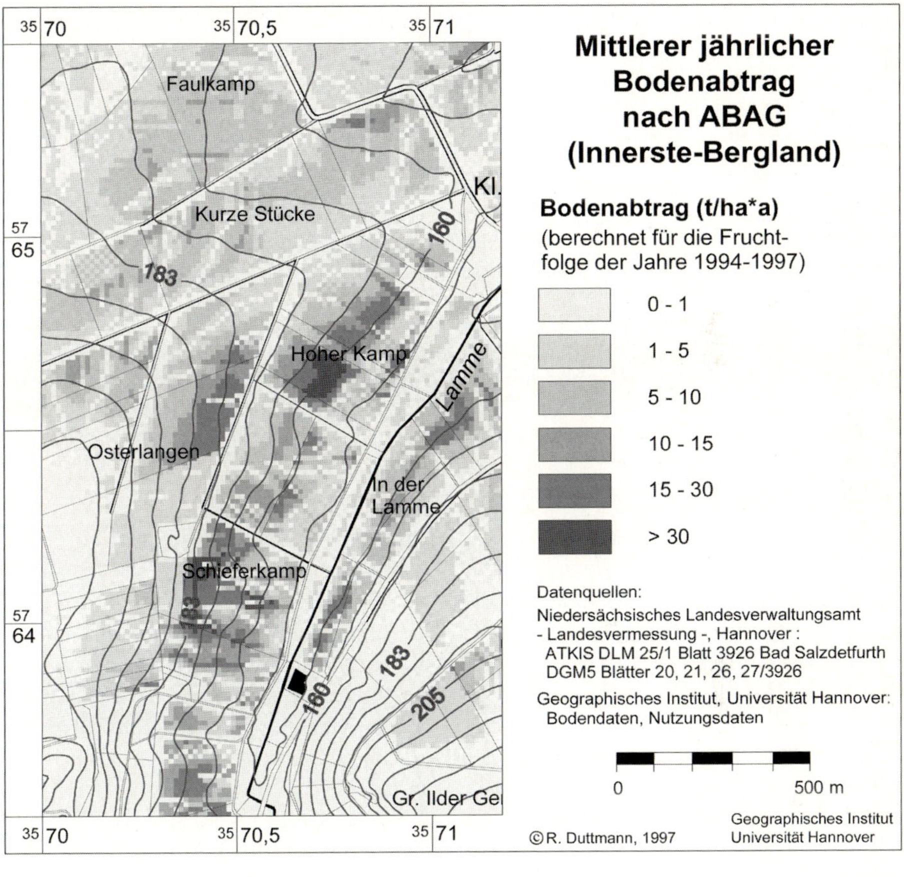

Die in den USA von Wischmeier & Smith (1958/59) entwickelte Universal Soil Loss Equation (USLE), im deutschen Sprachraum durch Schwertmann et al. (1990) als Allgemeine Boden-Abtrags-Gleichung (ABAG) für Mitteleuropa angepaßt, ist das am weitesten verbreitete empirische Modell. Mit ihr läßt sich, bezogen auf einzelne Hangparzellen, der mittlere jährliche Abtrag als Produkt von 5 Bestimmungsgrößen ermitteln:

$$A = R \cdot K \cdot LS \cdot C \cdot P$$

mit R = Erosivität der Niederschläge
K = Erodierbarkeit des Bodens
LS = Hanglängen- und Neigungsfaktor
C = Bodenbedeckungs- und Bearbeitungsfaktor
P = Erosionsschutzfaktor

Der R-Faktor drückt die kinetische Energie und die Intensität der Niederschläge aus. Für Anwendungen der Gleichung kann er Karten (SAUERBORN 1994) entnommen werden. Der K-Faktor drückt die Erodierbarkeit bzw. den Erosionswiderstand des Bodens unter standardisierten Bedingungen (Parzellenlänge = 22,1 m, Neigung = 9%, Schwarzbrache) aus. Somit steht er für Größen wie Infiltrationskapazität, Scherwiderstand und Aggregatstabilität. In der Praxis wird er aus Nomogrammen bestimmt, die Korngrößenanteile, den Gehalt an organischer Substanz, Steinbedeckung und Wasserdurchlässigkeit als Bestimmungsfaktoren enthalten. Weil mit zunehmender Hanglänge und wachsender Hangneigung die Abtragsleistung steigt, müssen Abweichungen von Hanglänge und Hangneigung gegenüber der Standardparzelle durch den dimensionslosen LS-Faktor berücksichtigt werden.
Der Bewirtschaftungs- und Fruchtfolgefaktor C integriert über unterschiedliche Einflüsse wie Länge der Bodenbedeckung durch die Feldfrucht, Anbaupraxis und Fruchtfolge. Besonders erosionsmindernde Schutzmaßnahmen wie Konturpflügen, Anlage von Grasstreifen, Minimalbodenbearbeitung, Verbleib von Ernterückständen auf dem Acker werden im P-Faktor berücksichtigt.

spricht einem Bodenverlust von 50 t/ha. Bei einer Bodenneubildungsrate von 0,1 mm/Jahr wären 1,67 t/ha · Jahr für mitteleuropäische Verhältnisse gerade noch tolerierbar (AUERSWALD 1998, 38).

Da das Prozeßgeschehen der Bodenerosion durch Wasser prinzipiell gut erforscht ist, werden zunehmend Modelle entwickelt, den Bodenabtrag einzelner erosiver Niederschläge und über längere Zeitspannen mit physikalisch begründeten **Simulationsmodellen** nachzuvollziehen. Einen Überblick gibt SCHMIDT (1998). Ausgangspunkt bildet die Kontinuitätsgleichung, die besagt, daß an jedem Punkt des Hangs die Erosions- bzw. Depositionsrate der Änderung des Feststoffmassenstromes entspricht. Für ein angenommenes Hangprofil (Abb. 7.18) erreicht der Austrag im steilen Hangabschnitt seine maximalen Werte. Dort, wo am Unterhang die Akkumulation des abgetragenen Bodensedimentes beginnt, wird das Maximum des Feststoffmassen stromes überschritten. Es kann niemals mehr Material ausgetragen werden, als die Transportkapazität des Oberflächenabflusses zuläßt. Die neueren Modelle beschreiben die Ablösung von Bodenpartikeln durch die erläuterte Tropfenwirkung sowie durch die Wirkung der Strömung. Weitere durch physikalische Gesetzmäßigkeiten ausgedrückte Prozesse sind der Suspensionstransport und die anschließende Sedimentation von Partikeln beim Nachlassen der Transportkapazität. In manchen Modellen ist die korngrößenabhängige Differenzierung der Sedimentation berücksichtigt.

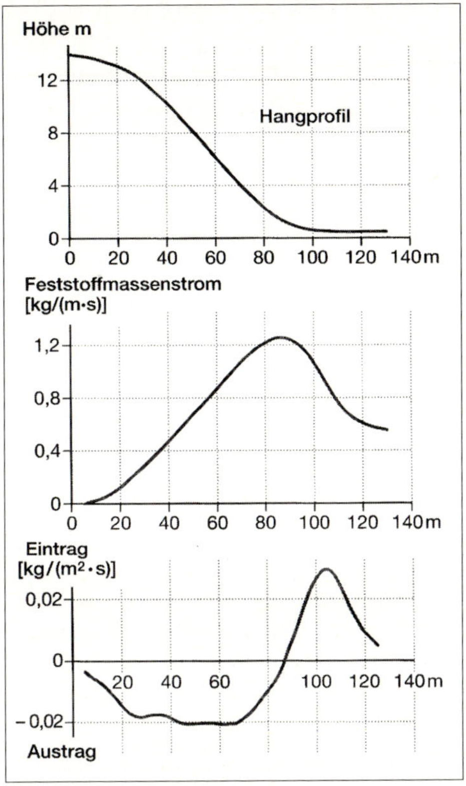

Abb. 7.18 Feststoffmassenstrom, Aus- und Eintrag am Beispiel eines konvex-konkaven Hangprofils (aus SCHMIDT 1998, 142)

7.3 Fluviale Prozesse im Gerinnebett

Denudation durch fließendes Wasser und Bodenerosion betrifft weite Landoberflächen, tritt jedoch im Vergleich zur fluvialen Formung in Tiefenlinien relativ selten auf. Bäche und Flüsse bilden mit ihrer Umgebung ein komplexes Wirkungsgefüge, in dem Abflußprozesse und morphologische Prozesse sich gegenseitig beeinflussen. Geomorphologisch sind folgende Aspekte hervorzuheben:

- Die mechanische Wirkung des fließenden Wassers in Gerinnebetten führt zur Erosion, Flüsse schneiden sich ein (**Tiefenerosion**).
- Flüsse und Bäche sind Leitbahnen für den Transport von Denudations- und Erosionsmaterial aus dem Wassereinzugsgebiet (**Transportfunktion**).
- Beim Transport werden mitgeführte grobe Materialien zerkleinert (**Korrasion**).
- Das von Flüssen transportierte Material wird bei nachlassender Transportkapazität entweder zeitweise oder endgültig abgelagert (**Sedimentation**, **Akkumulation**).

7.3.1 Energieumsatz in fluvialen Systemen. Zur Veränderung des Gerinnebetts von Flüssen und Bächen ist die Verrichtung von Arbeit Voraussetzung. Hierbei wird die **Energie** (potentielle und kinetische Energie) des **fluvialen Systems** umgesetzt; einzig die thermische Energie kann im Fluß nicht in mechanische Arbeit umgewandelt werden. Arbeit ist notwendig zur

- Überwindung der inneren Reibung des Wassers (Viskosität, Turbulenz),
- Überwindung der Reibung an der Gewässersohle und am Ufer,
- Erosionsarbeit an der Gewässersohle und am Ufer,
- Transportarbeit.

Erst wenn ein Fluß nach der Überwindung der Reibung noch einen Energieüberschuß besitzt, kann dieser in Erosion und Transport umgesetzt werden. Die Versuche, den Energiehaushalt und das Energieverbrauchsverhalten von Fließgewässern physikalisch zu beschreiben, haben bislang noch nicht zu dem Erfolg geführt, hieraus differenziert die Gerinnebettformung ableiten zu können. Immerhin macht die Formel für die ***stream power*** (Flußleistung), also die pro Wegstrecke und Zeiteinheit freiwerdende Energie, mit wichtigen Einflußgrößen bekannt.

$$\Omega = \varrho \cdot g \cdot Q \cdot S$$

Ω = *stream power* (Flußleistung) (W/m)
ϱ = Dichte (kg/m^3)
g = Schwerebeschleunigung (m/s^2)
Q = Abfluß (m^3/s)
S = Gefälle (-)

Da der Abfluß an einem beliebigen Ort des Fließgewässers selten konstant ist und im allgemeinen von der Quelle bis zur Mündung zunimmt, können sich Gleichgewichtssituationen kaum einstellen. Fluviale Systeme können sich – als offene Systeme – allenfalls an **stationäre Gleichgewichte** annähern: es findet immer ein Durchtransport von Wasser und Stoffen statt. Hierin liegen auch die Ursachen dafür, daß fluvialmorphologische Systeme die Fähigkeit zur **Selbstregulation** besitzen. Unter diesen und allgemein-morphologischen Gesichtspunkten ist die Unterscheidung von **vier Variablenkomplexen** sinnvoll, die die Fließgewässerstruktur kennzeichnen (s. Abb. 7.19): **Sohlenbeschaffenheit, Querprofil, Grundrißmuster** und **Sohlgefälle**. Jede Veränderung des Abflusses und der Feststofführung zieht eine Veränderung der Gerinnebettmorphologie nach sich. Dies geschieht durch Erosions- und Akkumulationsprozesse. Hierbei scheint es charakteristische Hierarchie- und Abhängigkeitsbeziehungen zu geben (Abb. 7.36), die an anderer Stelle noch erläutert werden. Nach ihrer räumlichen Ausdehnung (Länge) und ihrer **Persistenz** (Beharrungstendenz) unterscheiden sich die gewässermorphologischen Variablenkomplexe. Für die Sohlenbeschaffenheit stehen *pools* und *riffles* sowie Rippel, Dünen und Antidünen. Diese Variablenkomplexe sollen nach der Darstellung einiger Gesetzmäßigkeiten zur Erosion und zum Sedimenttransport definiert und erklärt werden.

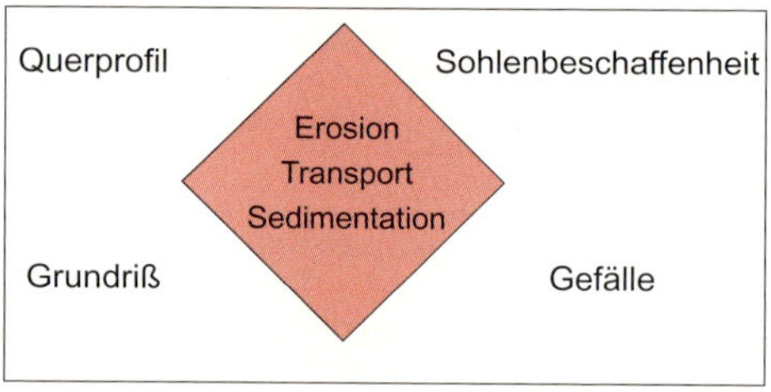

Abb. 7.19 Das System fließgewässermorphologischer Variablenkomplexe

7.3.2 Erosion und Sedimenttransport.

Erosion bedeutet die Ablösung, die Aufnahme von Partikeln vom Ufer und von der Gewässersohle. Dies geschieht, wenn die haltenden Kräfte kleiner sind als die durch die Strömung erzeugten Antriebskräfte, die letztlich die Aufwärts- und Vorwärtsbewegung des Partikels verursachen. Sedimenttransport geschieht entweder rollend oder springend auf der Gewässersohle (**Geröllfracht**, **Bodenfracht**, ***bed load***) oder in Suspension (**Schwebfracht**). Zwischen beiden Bewegungsarten besteht ein unscharfer Übergang. Ob Mineralkörner in der Schwebe gehalten werden, hängt nicht nur von ihrem spezifischen Gewicht, der Korngröße und der Kornform, sondern auch von den Auftriebskräften im fließenden Wasser ab, die die Sinkgeschwindigkeit kompensieren müssen. Tonpartikel bleiben sogar in unbewegtem Wasser stundenlang in der Schwebe, typischerweise gehört die Schluffraktion in fließenden Gewässern ebenfalls zur Schwebfracht. Die Geröllfracht setzt sich aus kantengerundeten Blöcken, Kiesen und unter Umständen auch aus Sand zusammen. Als dritte Frachtkomponente tritt die **Lösungsfracht** (chemisch gelöste Stoffe) als Produkt der chemischen Verwitterung hinzu. Für die physikalische Beschreibung der Erosion und des Sedimenttransportes ist sie weniger bedeutsam, am gesamten Austrag aus einem Einzugsgebiet kann sie allerdings den größten Anteil ausmachen (s. Tab. 4.1).

Für die physikalische Beschreibung von Erosion und Transport existieren verschiedene Konzepte. Zum einen kann der Erosionsbeginn auf der Basis einer **kritischen Scherspannung** (Abb. 7.20 A und 7.21) und zum anderen mit Hilfe des Konzepts der **kritischen** oder **Grenzgeschwindigkeit** (Abb. 7.22) erklärt werden.

Für gleichförmigen, laminaren Fluß gilt die Formulierung von Du Boys (1879), nach der die Scherspannung (vgl. 6.2) mit zunehmendem Gefälle und zunehmender Wassertiefe steigt:

$$\tau_0 = \gamma \cdot R \cdot S$$

τ_0 = mittlere Grenz-Scherspannung (N/m^2)
γ = Wichte von Wasser (N/m^3)
= Dichte (ϱ) · Schwerebeschleunigung (g)
R = Hydraulischer Radius (m)
S = Gefälle (-)

Bei dieser Formulierung wird die Kohäsion der Partikel an der Gewässersohle vernachlässigt. Für kugelförmige Körner mit definierten Durchmessern D läßt sich die kritische Scherspannung (Knighton 1998, S. 108) errechnen, die für die Ablösung des Partikels überschritten werden muß:

$$\tau_{crit} = \eta \cdot g \cdot (\varrho_s - \varrho) \cdot \frac{\pi}{6} \cdot D \cdot \tan \varphi$$

η = Dichtlagerung der Körner (*degree of packing*) (-)
= Partikelanzahl je Flächeneinheit ($1/m^2$) · quadrierter Durchmesser (m^2)
ϱ_s = Dichte des Korns (g/m^3)
φ = Winkel zwischen der Lotrechten und den Kornmittelpunkten (°)
D = Korndurchmesser (m)

Diese Formel kann leider nicht für Korngrößengemische (unterschiedliche Dichten) angewendet werden. In Tab. 7.6 sind die nach DIN 19 661 zulässigen **Grenzscherspannungen (Grenzschleppspannungen)** aufgeführt, die im Wasserbau angewendet werden. Aus der Gleichung für die mittlere Grenz-Scherspannung kann für geradlinige Gewässer mit bekanntem Fließquerschnitt und Gefälle näherungsweise auf die gerade noch transportierten Korndurchmesser geschlossen werden.

Allerdings werden die maximal transportierten Korngrößen meist unterschätzt, weil zusätzlich zu den Scherspannungen aufwärts gerichtete Kräfte auftreten: durch turbulentes Fließen sind Körner mit größeren Durchmessern mobilisierbar. Im Falle des häufig auftretenden turbulenten Fließens werden aufwärts gerichtete Kräfte wirksam. Partikel ragen aus der Gewässersohle in das fließende Wasser verschieden weit auf. Sie sind deshalb unterschiedlichen Geschwindigkeiten und damit Strömungsdrücken ausgesetzt. Dies verursacht nach oben gerichtete Druckgradienten (Tragflächen-

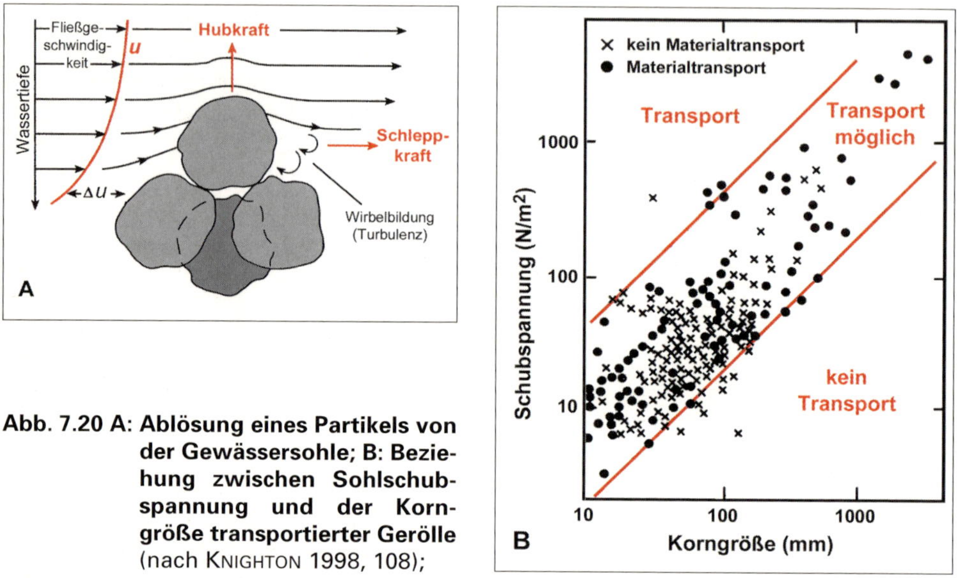

Abb. 7.20 A: Ablösung eines Partikels von der Gewässersohle; B: Beziehung zwischen Sohlschubspannung und der Korngröße transportierter Gerölle (nach KNIGHTON 1998, 108);

Tab. 7.6 Grenzscherspannungen (Grenzschleppspannungen) nach DIN 19 661 (aus NADOLNY 1994, gekürzt)

Sohlenbeschaffenheit	τ_0 [N/m²]	Sohlenbeschaffenheit	τ_0 [N/m²]
Feinsand, Korngröße 0,063 bis 0,2 mm	1,0	lehmiger Sand	2,0
Mittelsand, Korngröße 0,2 bis 0,63 mm	2,0	lehmhaltige Ablagerungen	2,5
Grobsand, Korngröße 0,63 bis 1 mm	3,0	lockerer Schlamm	2,5
Grobsand, Korngröße 1 bis 2 mm	4,0	lehmiger Kies, langanhaltend überströmt	15,0
Grobsand, Korngröße 0,36 bis 2 mm	9,0	lehmiger Kies, vorübergehend überströmt	20,0
Kies-Sand-Gemisch, Korngröße 0,36 bis 6,3 mm, festgelagert, langanhaltend überströmt	12,0	lockerer Lehm	3,5
Mittelkies, Korngröße 6,3 bis 20 mm	15,0	festgelagerter Lehm	12,0
Grobkies, Korngröße 20 bis 63 mm	45,0	Ton	12,0
plattiges Geschiebe, 1 bis 2 cm hoch, 4 bis 6 cm lang	50,0	festgelagerter Schlamm	12,0
		Rasen, langanhaltend überströmt	15,0
		Rasen, vorübergehend überströmt	30,0

effekt bei Flugzeugen!) vor dem aufragenden Korn; zusammen mit Wirbeln hinter dem Korn führen diese kleinräumig wirkenden Auftriebskräfte zu einer Ablösung des Korns von der Gewässersohle (Abb. 7.20 A); für den weiteren Transport reichen geringere Turbulenzen, um die Partikel in der Schwebe zu halten.

SHIELDS (1936) hat auf dieser Grundlage eine dimensionslose kritische Scherspannung θ definiert (Abb. 7.21); für die Ablösung feinerer Korngrößen (< 0,2 mm; Feinsand) sind höhere Scherspannungen erforderlich als für die Ablösung gröberer Partikel (0,2 – 0,7 mm; Mittelsand). In der Geomorphologie mißt man die **Kompetenz** eines Gewässers nach den größten Korngrößen, die von der Gewässersohle aufgenommen werden können.

Weniger gut physikalisch begründet, jedoch empirisch abgesichert ist das von HJULSTRÖM (1935) entwickelte Konzept der **Grenzgeschwindigkeit** (Abb. 7.22). Demnach ist ebenfalls Mittelsand am leichtesten, d. h. mit der geringsten Geschwindigkeit zu mobilisieren. Zu dem zuvor genannten Aspekt der Rauhigkeit kommt die Kohäsion hinzu; mit abnehmender Teilchengröße gewinnen die Oberflächenkräfte an Bedeutung (vgl. 6.1); bei zunehmender Korngröße wächst die Bedeutung der Gewichtskraft. Nachteil dieses Erklärungsansatzes ist die Verwendung einer mittleren Geschwindigkeit im Gerinne. Diese stellt eine Ersatzgröße dar, denn sie drückt nicht unmittelbar die auf einen Partikel an der Gewässersohle wirkende Kraft aus. Immerhin spiegelt das Diagramm gut die

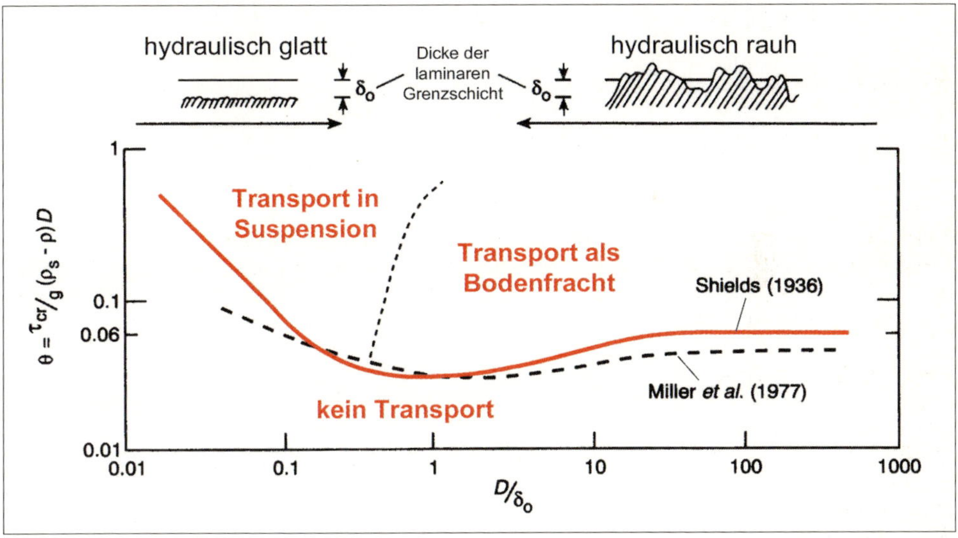

Abb. 7.21 **Shields-Diagramm** (nach KNIGHTON 1998, 110). Die Scherspannung θ (y-Achse) variiert mit dem Verhältnis der Korndurchmesser (D) zur Dicke der laminaren Grenzschicht (δ_0) (x-Achse); deren Bedeutung ist aus der Skizze über dem Diagramm (auch ohne nähere physikalische Erläuterung) ersichtlich (vgl. 8.1): unterschiedliche Korngrößen bedingen unterschiedliche Rauhigkeit/Glattheit der Gewässersohle.

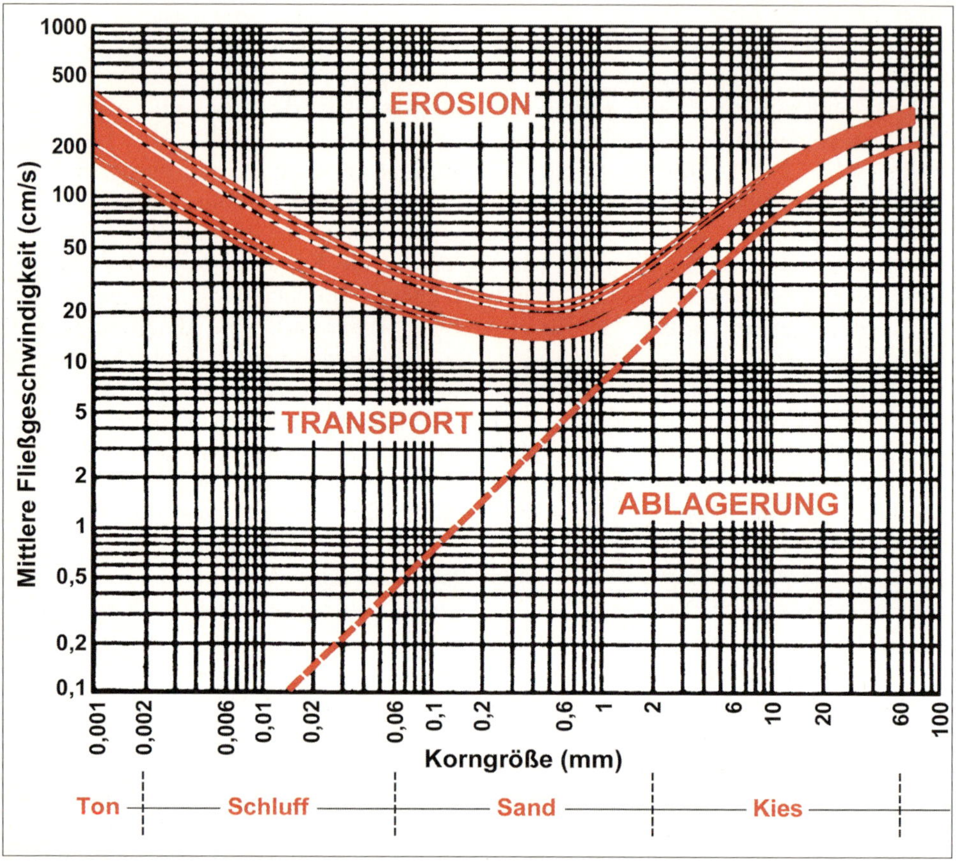

Abb. 7.22 Hjulström-Diagramm (aus LESER 1977, 122, ergänzt). Erosion, Transport und Ablagerung in Abhängigkeit von der Korngröße und der mittleren Fließgeschwindigkeit. Die empirischen Beziehungen hatte Hjulström bei Laborexperimenten mit homogenen Quarzkörnern (mit jeweils gleicher Korngröße) ermittelt.

beobachtbaren Abhängigkeiten der Erosion, des Transports und der Sedimentation von wichtigen Steuergrößen wider.

Der durchhängenden Grenzlinie zwischen Erosion und Transport steht die Gerade gegenüber, die den Transport von der Sedimentation trennt; diese Gerade ist als Geschwindigkeit, bei der die entsprechenden Korngrößen niedersinken, zu verstehen. Tatsächlich hängt die **Sedimentation** vor allem von der Fließgeschwindigkeit und der Partikelgröße ab.

Eine weitere Möglichkeit, die kritische Geschwindigkeit für die Aufnahme eines Partikels bestimmter Größe abzuschätzen, bietet die Formel von ZANKE (1982, zitiert in PATT 1998, 172). Sie gilt in der angegebenen Form für Wassertiefen zwischen 0,7 und 2,0 m, für abweichende Tiefen existieren Korrekturansätze.

$$v_{crit} = 2{,}8 \cdot \sqrt{\varrho' \cdot g \cdot d_{ch}} + 14{,}7 \cdot \frac{\nu}{d_{ch}} \cdot c_a$$

v_{crit} = kritische mittlere Fließgeschwindigkeit (m/s)
ϱ' = relative Feststoffdichte
= $(\varrho_s - \varrho_w/\varrho_w)$ (-)
p_s = Feststoffdichte (g/m³)
p_w = Dichte des Wassers (g/m³)
g = Schwerebeschleunigung (m/s²)
d_{ch} = charakterisischer Korndurchmesser (m)
ν = kinematische Viskosität von Wasser (m²/s)
= Viskosität μ/Dichte ϱ (kg/m · s)/(kg/m³); (ca. 10^{-6} m²/s)
c_a = Adhäsion (bei Sand ca. 1) (-)

Die erläuterten Ansätze erlauben aus einer Vielzahl von Gründen nur eine erste Abschätzung zur Kompetenz (KNIGHTON 1998). Auch vermögen die Formeln nicht die tatsächlich transportierte Sedimentmasse zu beschreiben. Geomorphologisch und in der Praxis des Wasserbaus ist die Kompetenz daher streng von der **Transportkapazität** eines Fließgewässers zu unterscheiden. Während für die Kompetenz Gefälle und Wassertiefe (vereinfacht für den Hydraulischen Radius) entscheidend sind, hängt die Transportkapazität zusätzlich vom Abfluß ab. Die zu Beginn des Kapitels 7.3.1 genannte Formel zum theoretischen Energieumsatz in fluvialen Systemen kann durch Division mit der Gewässerbreite normiert werden. So erhält man die Energie, die pro Sekunde für die über einer Flächeneinheit des Flußbettes befindliche Wassersäule zur Verfügung steht:

$$\omega = \frac{\Omega}{B}$$

ω = **spezifische *stream power* (spezifische Flußleistung** (W/m²))
Ω = stream power (W/m)
B = Breite (m)

In der Formulierung nach BAGNOLD (1980) läßt sich dann – nicht dimensionsrein und halbempirisch – die **maximale Transportrate** für die Bodenfracht q_{sb} pro Breitenmeter als Funktion des Gerölldurchmessers (D), der Wassertiefe (d) und der zur Verfügung stehenden überschüssigen Energie ausdrücken. Diese ergibt sich aus der Differenz der zur Erosion erforderlichen ω_{crit} und der Gesamtenergie ω.

$$q_{sb} = \frac{\sqrt{(\omega - \omega_{crit})^3}}{\sqrt[3]{d^2} \cdot \sqrt{D}}$$

ω = spezifische *stream power* (W/m²)
d = Wassertiefe (m)
D = Gerölldurchmesser (m)
q_{sb} = Bodenfracht (kg/m · s)

Trotz großer Anstrengungen ist es bisher noch nicht gelungen, befriedigende universell einsetzbare Vorhersagemodelle für den **Grölltransport** zu formulieren (Zusammenstellungen in PATT 1998 und KNIGHTON 1998). Manche können nur für bestimmte Korngrößen verwendet werden; vielfach sind die in einem Gewässer anzutreffenden Körnungsgemische sehr heterogen. Weitere Ursachen für die Unzulänglichkeit der Formeln sind die unterschiedlichen Transportmechanismen der Schweb- und Geröllfracht. Ob und wieviel Material tatsächlich transportiert wird, hängt in starkem Maße davon ab, wieviel an der Gewässersohle, am Ufer und an den Unterhängen potentiell bereitsteht oder kurzfristig durch gravitative Massenbewegungen und fluviale Denudation in das Gewässer gelangt.

Zur Vorhersage des Gerölltransports bei alpinen Gewässern (**Wildbächen**) (Abb. 7.1) ist die Kartierung der sog. **Geschiebeherde**, also der bei Hochwasser leicht mobilisierbaren Quellen für die Bodenfracht, besonders wichtig. Der Wechsel des Gefälles und des Gerinnequerschnitts, der häufig durch die Talbreite begrenzt ist, gehört zu den Ursachen für die charakteristische Abfolge von Laufstrecken alpiner Wildbäche mit abwechselnd vorherrschender Erosion und Akkumulation.

Insgesamt ist der Gerölltransport wesentlich komplexer als er mit summarischen Formeln ausgedrückt werden kann. Die Geschwindigkeit des einzelnen Sandkorns oder Gerölls ist meist wesentlich langsamer als die Fließgeschwindigkeit des Wassers. Wie bereits der Begriff Geröllfracht andeutet, geschieht die Korn-Bewegung häufig rollend und springend. Dabei legen die Partikel unterschiedliche Distanzen zurück; manche werden weit, andere nur über kurze Distanzen verfrachtet. Bei mittleren und niedrigen Abflüssen verhindert vielfach eine Sohlenpanzerung die Erosion feineren Materials. **Sohlenpanzerung** entsteht, wenn sich bei einer ablaufenden Hochwasserwelle größere, plattige Gerölle strömungsdynamisch günstig, dachziegelartig übereinanderschichten und so eine eher glatte Gewässersohle bilden. Die Bedingungen für das Aufreißen des Sohlenpanzerung sind kaum exakt vorherzubestimmen.

7.3.3 Morphologische Gewässerstrukturen. Bei sandigem Sohlsubstrat und ruhig-strömendem Fließen ($F < 1$, $Re \sim < 1000$; Kap. 7.1.4, Kasten 7.3) bilden sich an der Grenzfläche zwischen Wasser und Gewässersohle kleine wellenförmige Sedimentkörper: **Rippel** und **Dünen** (Abb. 7.23); diese Begriffe werden auch für äolische Formen (s. 8.5) verwendet; Strömungsrippel, die durch bewegtes Wasser und Luftströmung erzeugt sind, haben ähnliches Aussehen (Abb. 8.1)). Bei konstanten Fließbedingungen wahren die Rippel ihre Form, obwohl ständig Material an der Gewässersohle transportiert wird; die einzelnen Rippel wandern flußabwärts. Turbulentes Fließen mit entsprechend höheren Sohlschubspannungen und größerer Kompetenz zerstört die Strukturen.

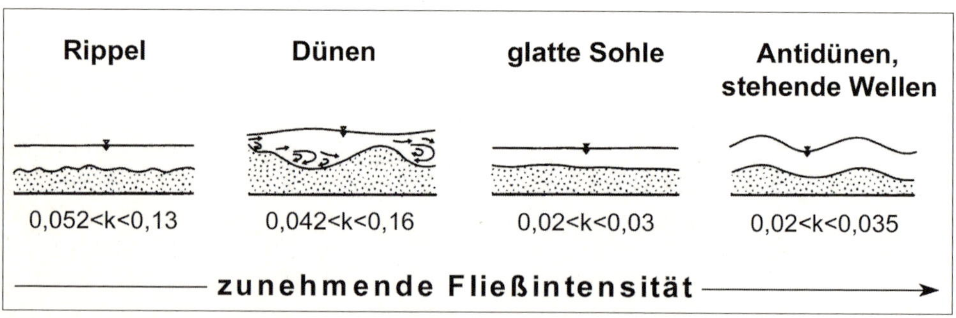

Abb. 7.23 Rippel und Dünen auf sandiger Gewässersohle (KNIGHTON 1998, 105, verändert). k = Rauhigkeitsfaktor der Darcy-Weisbach-Gleichung.

Durch Turbulenzen entstehende Sekundärzirkulationen führen häufig zu rhythmischen Geschwindigkeitsvariationen. Typisch für heterogenes grobkörniges Sohlsubstrat (Schotter, Kies) sind regelmäßige Abfolgen von Untiefen (Schnellen) und Stillen; international gebräuchlich sind die englischsprachigen Begriffe ***pool*** und ***riffle*** (Abb. 7.24). Am häufigsten sind *pool*-zu-*pool*-Abstände (Sp), die das 5-7fache der Gewässerbreite (B) betragen (KELLER u. MELHORN 1978):

$$Sp = 5{,}42 \cdot B^{1{,}01}$$

Das strömungsdynamische Bild an der Wasseroberfläche ist Ausdruck der Sohlbeschaffenheit; über den *riffles* ist eine unruhige Wasseroberfläche – oder sogar schießender Abfluß (Kap. 7.1.4) – und über den pools ist eine ruhige, glatte Wasseroberfläche zu beobachten.

Über Rückkopplungseffekte können kleine Gewässerstrukturen wie *pools* und *riffles* auch skalenmäßig übergeordnete Phänomene wie den Grundriß beeinflussen. So hat KELLER (1972; zitiert in MORISAWA 1985, 89) ein Fünf-Phasen-Modell entwickelt (s. Abb. 7.25), wie aus *pool-riffle*-Sequenzen als Folge konvergenter und divergenter Fließbewegungen schräg zur allgemeinen Fließrichtung Mäanderbögen entstehen können.

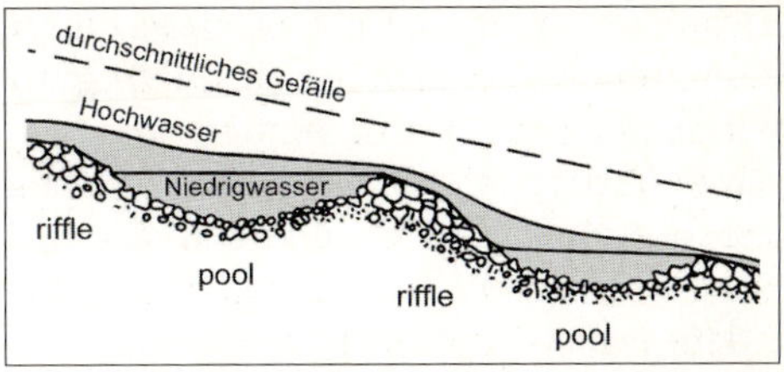

Abb. 7.24 *riffle-pool*-Abfolgen im Längsschnitt durch ein Gewässer mit heterogenem, grobkörnigem Sohlmaterial (nach KNIGHTON 1998, 194)

Flüsse passen ihren **Grundriß** an zeitliche Variationen des Abflusses, an das

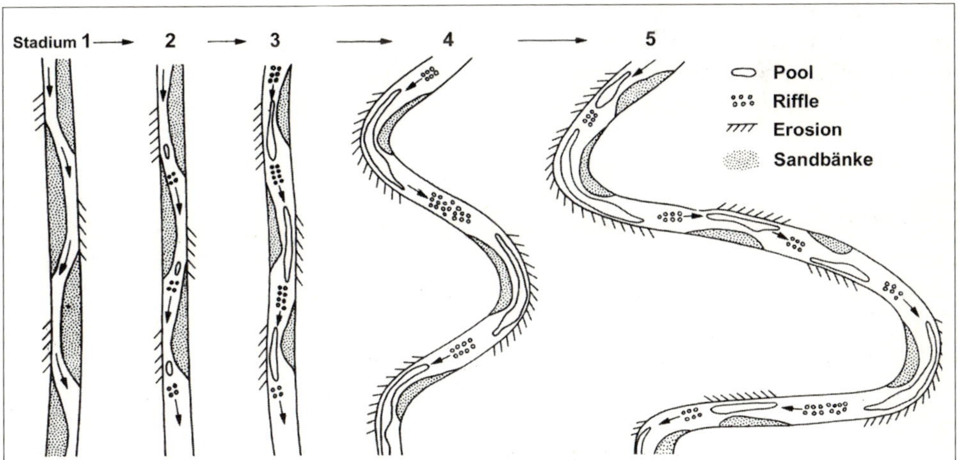

Abb. 7.25 Entstehung von Mäanderbögen aus *riffle-pool*-Abfolgen (nach MORISAWA 1985, 89)

Talgefälle, die Korngrößenzusammensetzung der Ufer und an die zum Transport bereitstehenden Sedimentmassen an. Drei Grundtypen des Fließmusters werden unterschieden: gerade – mäandrierend – verzweigt (*braided*). **Geradlinige Fließgewässerstrecken** sind eher selten und meist gebunden an große Talgefälle.

Mäandrierende Fließgewässer (s. Abb. 7.26) treten mit enorm vielfältigen Grundrißmustern auf. Zur Beschreibung der Mäandergeometrie werden einige sinnvolle Maße verwendet. Wellenlänge, Mäanderradius und Amplitude sind in Kasten 7.5 erläutert. Gebräuchlich ist auch die Kennzeichnung der Sinuosität S (Windungsgrad):

$$S = \frac{\text{Fließlänge}}{\text{Tallänge}}$$

Konventionell werden Fließgewässer mit S > 1,5 als mäandrierende Gewässer bezeichnet. Die Ursachen für das Mäandrieren sind – trotz zahlreicher theoretischer Ansätze – nicht vollständig geklärt, da die Zahl der potentiellen Einflußfaktoren sehr groß ist. Leopold & Wolman (1957) haben darauf hingewiesen, daß Mäander offenbar Ausdruck eines stabilen energetischen Gleichgewichts zwischen Gewässer und Gerinnebett sind. Funktionale Abhängigkeiten der Mäandergeometriemaße vom Abfluß und der Körnung des Ufermaterials sind in großer Zahl und auf empirischer Grundlage bestimmt worden (siehe Kasten 7.6).

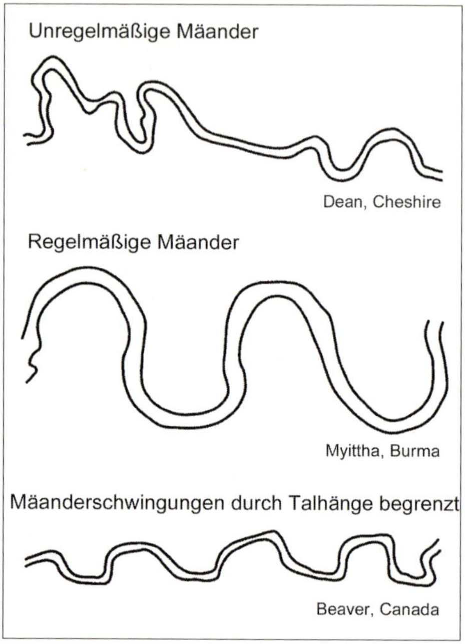

Abb. 7.26 Verschiedene Typen mäandrierender Fließgewässer (nach Knighton 1998, 214)

Mäander unterliegen der permanenten Lageveränderung (Abb. 7.27, 7.28 und Kasten 7.6). Am **Prallhang** bewirkt die Seitenerosion die Auslenkung der Mäanderbögen, am Gleithang wird der Materialverlust durch Akkumulation kompensiert. Durch fortgesetzte **Seitenerosion** werden Mäanderbögen am sog. **Mäanderhals** durchbrochen; die damit verbundene Zunahme des Wasserspiegelgefälles wird an anderen Fließgewässerabschnitten ausgeglichen, durch die Bildung eines neuen Mäanders oder die weitere Auslenkung eines vorhandenen Mäanders. Fluß- und Bachauen werden während Jahrzehnten und Jahrhunderten ständig umgeformt, die Wanderungsgeschwindigkeiten der Mäander können bis zu 1 m/Jahr erreichen.

Kasten 7.6 Mäandergeometrie

Der idealtypische Grundriß eines mäandrierenden Gewässers entspricht einer Sinuskurve. Die beschreibenden Maße sind Wellenlänge (λ), Mäanderradius r, Amplitude (A). In der Regel weichen die Grundrisse mäandrierender Flüsse deutlich von diesem Bild ab (s. Abb. 7.26).

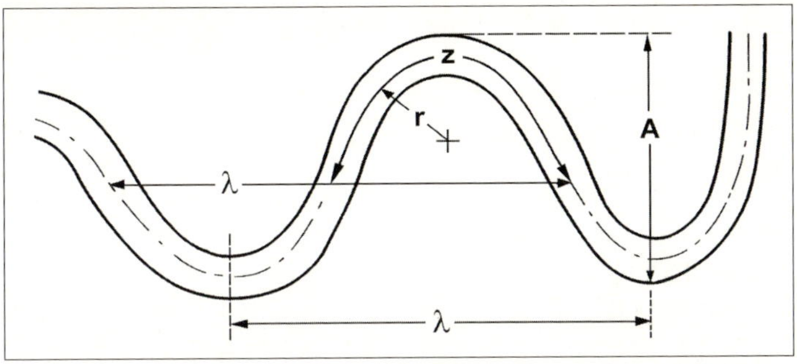

Definitionsskizze zu Mäandermaßen (aus NADOLNY 1994, 105)

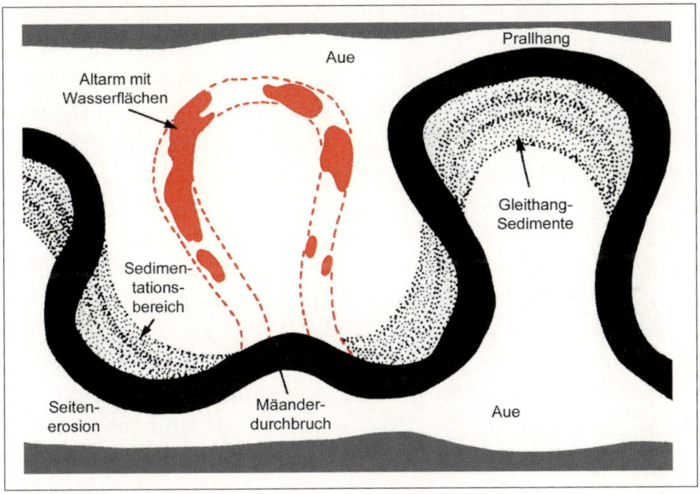

Laufverlagerungen können zur Abschnürung ehemaliger Mäander führen (sog. Altarme) (nach PRITCHARD 1986, 50).

Empirische Formeln drücken die Abhängigkeit der Mäandermaße vom Abfluß und von der Beschaffenheit des Ufermaterials aus, z. B.

$$\mathbf{r = 20{,}64 \cdot Q_b^{0{,}5}}$$

$$\mathbf{\lambda = 54 \cdot Q_{ma}^{0{,}5}} \quad \text{(DURY 1964)}$$

$$\mathbf{\lambda = 618 \cdot Q_b^{0{,}43} \cdot M^{-0{,}74}} \quad \text{(SCHUMM 1967)}$$

Q_{ma} = mittlerer jährlicher Abfluß (m^3/s)
Q_b = bordvoller Abfluß (m^3/s)
M = Anteil von Ton und Schluff im Ufermaterial (%)

Der Zusammenhang zwischen der Gewässerbreite (B) und der Wellenlänge ergibt sich in etwa entsprechend der folgenden Gleichung:

$$\lambda = 10 \cdot B^{1{,}03}$$ (KNIGHTON 1998, 7)

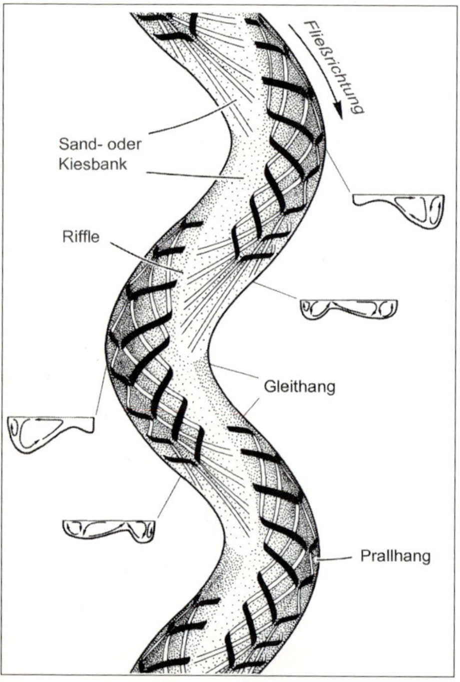

Abb. 7.27 Modell der Fließstrukturen und der Flußbettform in mäandrierenden Gewässern (nach THOMPSON 1986, 635). Gleithang mit Sedimentakkumulation, *pool* im Außenbereich der Mäanderbiegung und Prallhang mit bevorzugter Seitenerosion sowie *riffle* an geradliniger Fließstrecke oder am Wendepunkt treten in charakteristischer Abfolge auf. Oberflächenströmungen sind schwarz eingetragen.

Verzweigte Flüsse zeigen **Abflußdivergenz**, der Abfluß teilt sich auf mehrere Stromfäden auf. Abflußverzweigung tritt häufig bei stark sedimentführenden Flüssen auf, nachdem diese bei sinkendem Wasserstand **Sand**- oder **Kiesbänke** absetzen, die dann als Hindernis umflossen werden (Abb. 7.31). Im allgemeinen bilden sie keine lagekonstanten Strukturen, wenngleich aus ihnen – vor allem nach Stabilisierung durch eine Vegetationsdecke – für einige Zeit stabile Inseln entstehen können. Besonders eindrucksvolle verzweigte Grundrisse zeigen Schmelzwasserabflüsse auf Sandern oder auch Gletscherbäche im Gletschervorfeld.

LEOPOLD u. WOLMAN (1957) konnten durch die Zuordnung der Grundrißtypen ‚verzweigt' und ‚mäandrierend' zu den beiden Variablen Flußgefälle und bordvoller Abfluß zeigen, daß verzweigte Gerinne im Diagramm (Abb. 7.29) oberhalb einer Geraden liegen; sie scheinen an hohe Gefälle bei gleichzeitig niedrigem Abfluß und an große Abflüsse bei niedrigem Gefälle gebunden zu sein. Die neuere Literatur betont die Bedeutung der Sedimentfracht für die Ausprägung des Grundrisses. Demzufolge treten verzweigte Grundrisse bevorzugt bei großer Sedi-

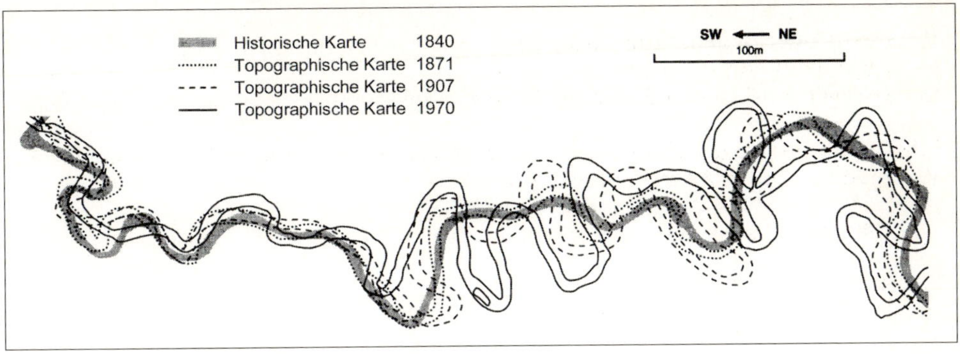

Abb. 7.28 Mäanderverlagerung, am Beispiel des Bolling (England) zwischen 1840 und 1970 (nach HOOKE 1995, 109)

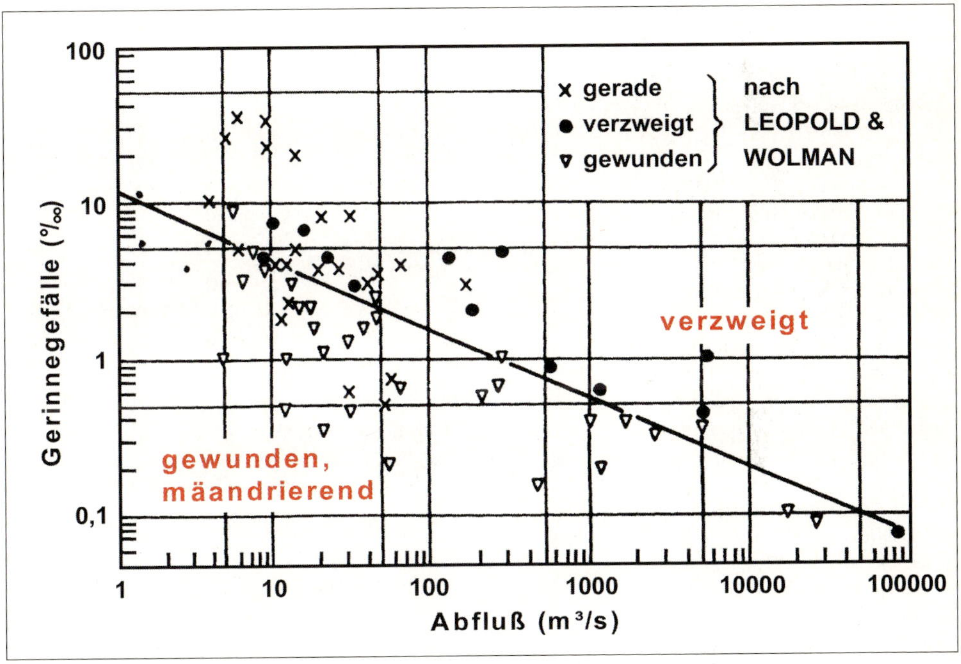

Abb. 7.29 Grundrißtypen in ihrer Beziehung zum Gefälle und Abfluß (nach LEOPOLD/WOLMAN 1957, aus KERN 1994, 18, verändert)

mentfracht und großen Korngrößen auf (Abb. 7.30); zudem besteht das transportierte Material überwiegend aus der Geröllfracht (*bed load*). Das Auftreten von Abflußverzweigungen wird begünstigt durch große Abflußschwankungen, wie sie beispielsweise bei glazialen Abflußregimes auftreten (Kasten 7.1).

Kasten 7.7 Natürliche Linienführung des Oberrheins und Rheinkorrektion

Bevor ab dem 19. Jh. am Oberrhein wasserwirtschaftliche Maßnahmen zur Hochwasserregulierung (Reduzierung der Überschwemmungsflächen), zur Niedrigwasserregulierung (Gewährung ganzjähriger Schiffahrt) und zur Gewinnung von Wasserkraft durchgeführt wurden, bot der Oberrhein ein besonders gutes Anschauungsbeispiel für die Abhängigkeit unterschiedlicher Grundrißtypen insbesondere vom Talgefälle. Verzweigte Linienführung trat zwischen Basel und Lauterburg bei abnehmendem Talgefälle von 1% auf 0,2% auf (Furkationsbereich; Flechtströmung); Grundrißtypen A und B. Zwischen Lauterburg und Oppenheim bildete der Rhein Mäanderschlingen mit 2,5 – 3,5 km Durchmesser aus. Das Talgefälle liegt bei 0,2 – 0,1%, wohingegen das Flußgefälle streckenweise nur Werte von 0,05% besaß (Grundrißtypen C und D). Im Inselbereich von Oppenheim bis Bingen fehlen die Mäander, der Grundriß ist durch Inseln und flußparallel verlaufende Rinnen und Altläufe gekennzeichnet. Gegenüber der vorgenannten Strecke steigt das Talgefälle wieder auf ca. 1%.

Die wichtigsten morphologischen Auswirkungen der Rheinkorrektion (u.a. Begradigung) und der Anlage von Staustufen bildete die Umstellung des Erosion- und Sedimentationsverhaltens. Die mit der Erhöhung der Fließgeschwindigkeit einhergehende Steigerung der Kompetenz wirkte sich in starker Tiefenerosion aus, die lokal 7 m erreichte. Andernorts bildete das Erosionsmaterial Sand- und Kiesbänke, was wiederum die Niedrigwasserregulierung notwendig machte. Die Staustufen wirken als Sedimentfallen; die Entfernung der Sedimente verursacht ebenso Kosten wie der Ausgleich der Tiefenerosion unterhalb der jeweils letzten Staustufe. Dort können innerhalb weniger Jahre bis 2,5 m tiefe Auskolkungen entstehen; für die Staustufe Iffezheim werden jährlich rund 170.000 t Kies künstlich eingebracht (Mock 1992, 193).

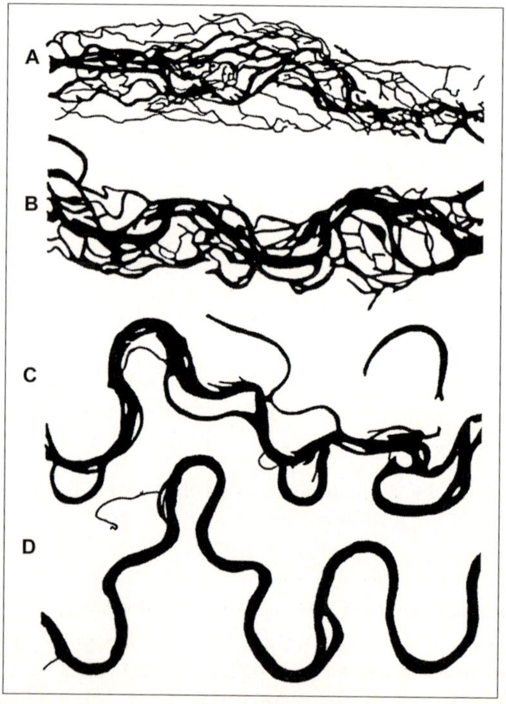

Der Oberrhein zu Beginn des 19. Jh.
(aus Mock 1992, 185)

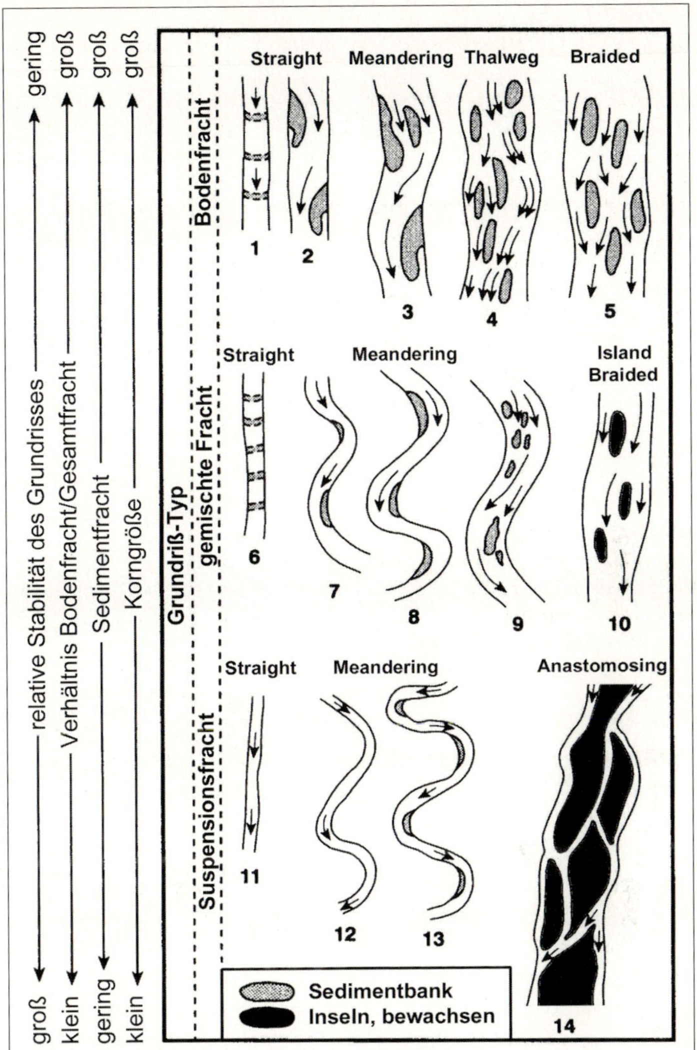

Abb. 7.30 Klassifikation von Gerinne-Grundrissen (nach SCHUMM 1981, 1985, aus KNIGHTON 1998, 206). Die englischen Bezeichnungen der Grundrißtypen sind übernommen, um umständliche deutsche Formulierungen zu vermeiden.

Gestreckte Fließgewässerstrecken sind in der Regel auf Gewässerstrecken mit hohem Talgefälle in Gebirgen beschränkt. Außerdem treten geradlinige Abschnitte untergeordnet bei verzweigten Grundrissen auf (s. Abb. 7.29). Zunehmend wird die traditionelle Dreigliederung der Grundrißtypen durch differenziertere Klassifikationen ersetzt (z. B. SCHUMM 1985, ROSGEN 1994; Abb. 7.30).

Abb. 7.31 Flußverzweigung und Sandbänke an der Loire (Frankreich)

7.3.4 Akkumulation und fluviale Akkumulationsformen. Akkumulation erfolgt, wenn die Transportkapazität des Fließgewässers abnimmt. Die in Suspension mitgeführten Schwebstoffe sedimentieren, sobald die Fließgeschwindigkeit und die durch Turbulenzen erzeugten Auftriebskräfte verringert werden. Gefällsverminderung oder Abnahme der Gewässertiefe, z. B. durch Abflußrückgang oder Abflußdivergenz, leiten die Sedimentation der Geröllfracht (Bodenfracht) ein. Während einer abklingenden Hochwasserwelle erfolgt bei sinkendem Wasserstand die Sedimentation zuerst im Überschwemmungsbereich außerhalb des Gerinnebetts (s. Abb. 7.1). Die geringen Wassertiefen bedingen relativ hohe Rauhigkeiten und geringe Fließgeschwindigkeiten. So entstehen die in der Regel feinkörnigen **Auensedimente** (**Auenlehme, Auensande**; Abb. 7.32).

„Bei anhaltender Akkumulation füllen die Flüsse sogar das zuvor geschaffene, in das Gelände eingetiefte Gerinnebett auf. Auch die Ufer, die bei Hochwasser überflutet werden und an denen niedrigwüchsige Vegetation, Gebüsch und Baumwuchs häufig die Fließgeschwindigkeit abbremsen und dadurch die Sedimentation verstärken, erhöhen sich. Ein solcher Fluß wird seitlich von natürlichen Dämmen begrenzt; man spricht deshalb vom **Dammfluß** oder **Dammuferfluß**. Schließlich liegen seine Wasserfläche und selbst das Flußbett höher als das umgebende Land. Bei besonders starkem Hochwasser kann er seitlich ausbrechen und sich ein neues Bett suchen, das er gewöhnlich auch nach dem Rückgang des

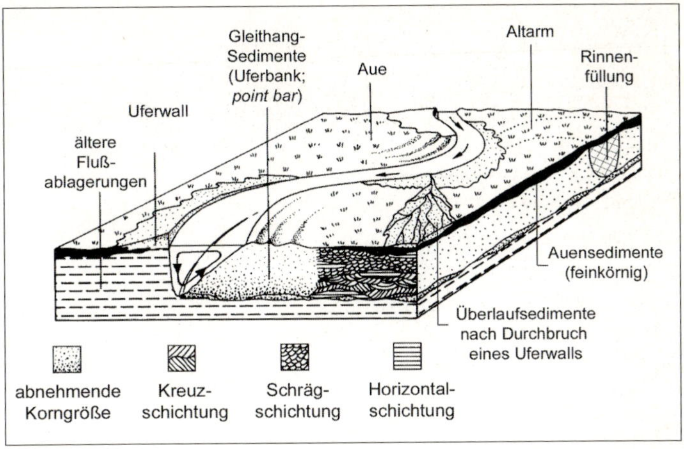

Abb. 7.32 Schematischer Querschnitt durch eine Flußniederung eines mäandrierenden Flusses (nach ALLEN 1964, aus SUMMERFIELD 1991, 222)

Hochwassers beibehält. Aus dieser Erhöhung des Flußbettes und der häufigen Laufverlegung erklärt sich die flächenhafte Ablagerung in Flußauen und großen Ebenen". Wenn natürliche Uferdämme bei Hochwasser durchbrochen werden, entstehen häufig Flußverzweigungen. „An vielen Strömen hat der Mensch durch künstliche Deiche den natürlichen Damm erhöht (Po, Hwangho, Mississippi). Diese Deiche werden von Zeit zu Zeit angepaßt, um mit der Aufschotterung des Flußbettes Schritt zu halten. Eine andere Möglichkeit, Katastrophen zu vermeiden, ist die Ausbaggerung des Flußbettes.

Schwemmkegel entstehen beim Austritt gefällsreicher Gebirgsbäche in die flache Talsohle eines Flusses (Abb. 7.33). Als Ursache für die Akkumulation tritt zum abrupten Gefällswechsel die plötzliche Verbreiterung des Tal- und Fließquerschnitts auf. An dem Gefällsknick beim Eintritt in die Talsohle läßt die Fließgeschwindigkeit plötzlich nach. Der Gebirgsbach ist gezwungen, einen großen Teil der mitgeführten Gerölle liegenzulassen, beginnend mit den gröberen. Dadurch verbaut er sich selbst seinen Weg, er muß seitwärts ausbrechen (Abflußdivergenz). So verändert er ständig seinen Lauf und sorgt für eine nahezu gleichmäßige Aufschotterung des Kegels" (BUSCH 1986, 30). Voraussetzungen für die Schwemmkegelbildung sind die ausreichende Sedimentführung des Nebengewässers, die durch intensive Hangabtragung gefördert wird, und eine relativ geringe fluviale Aktivität auf dem Talboden des Haupttals. Daher sind Schwemmkegel häufig in semi-ariden Räumen und im Hochgebirge anzutreffen. Oft drängen kleinere Gebirgsbäche den Hauptfluß auf die gegenüberliegende Talseite.

Verschleppte Mündungen entstehen, wenn ein Fluß mit starker Sedimentführung seine Nebenflüsse daran hindert, auf direktem Wege einzumünden. „Diese Nebenflüsse sind dadurch gezwungen, ihren Weg auf weiten Strecken parallel zum Hauptfluß zu nehmen, bis dieser ein niedrigeres Niveau erreicht hat bzw. sie selbst genügend aufgeschottert haben. Beispiele dafür sind die Ill vor ihrer Mündung in den Rhein im Oberrheingraben und Mincio und Po in der Poebene" (BUSCH 1986, 31).

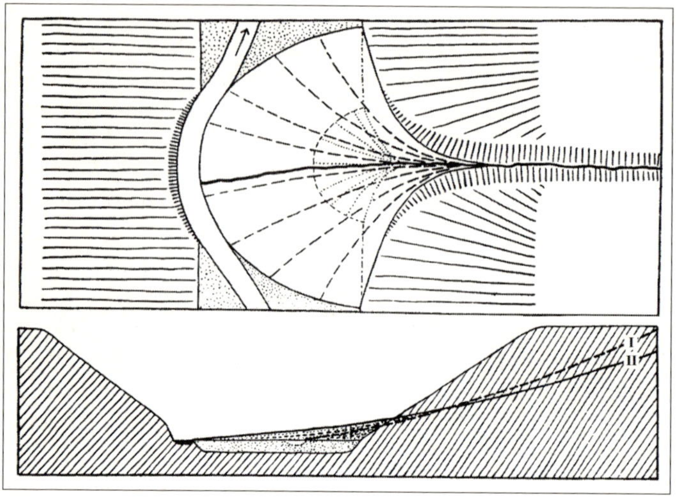

Abb. 7.33 Schwemmkegel im Grund- und Aufriß (nach WAGNER 1950, aus BUSCH 1986, 31). Durch fortgesetzte Akkumulation wächst die Spitze des Kegels bei gleichzeitiger Gefällsverminderung auf- und rückwärts (untere Abbildung: Stadium I und II).

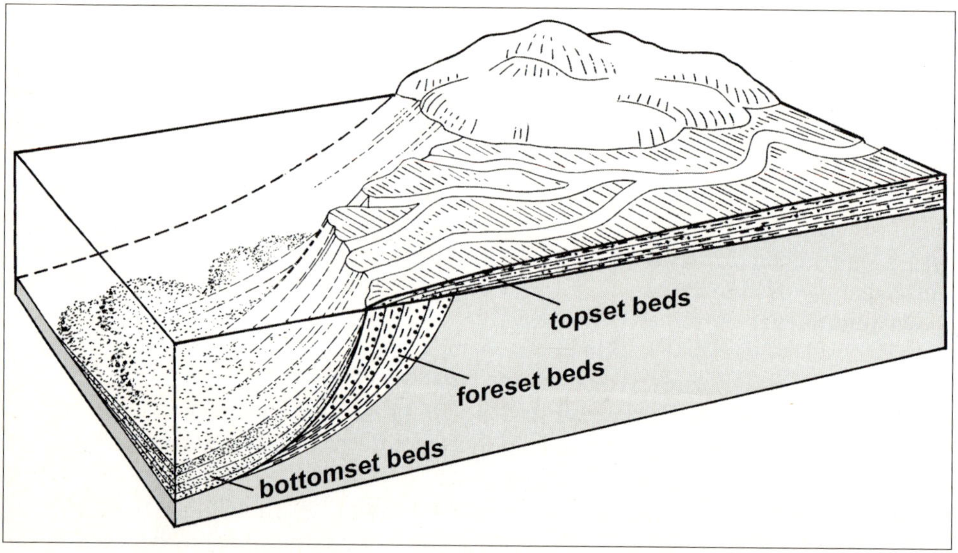

Abb. 7.34 Blockbild einer Deltamündung (nach WAGNER 1950, aus BUSCH 1986, 31). Vor der eigentlichen Mündung werden die Sedimentschichten horizontal als *bottomset beds* akkumuliert; die Deltavorschüttungen erfolgen an der Böschung als *foreset beds*; die Sedimentation wird durch die horizontalen *topset beds* abgeschlossen.

„Flache Schwemmkegel aus feinerem Material nennt man **Schwemmfächer**. Sie können so flach sein, daß sie im Gelände kaum mehr als solche zu erkennen sind" (BUSCH 1986, 30). Große Ströme, wie Rhein-Maas, Po, Ganges-Brahmaputra und Hwangho bilden im Unterlauf nahe der Mündung **Schwemmlandebenen** aus. Hauptursache ist das stark abnehmende Gefälle. Häufig gehen Schwemmlandebenen im Mündungsbereich der Flüsse ins Meer oder in einen See in **Deltas** über; nach dem griechischen Buchstaben sind sie wegen ihres oft dreieckigen Grundrisses benannt. Das geringe Gefälle zwingt die Flüsse nahe ihrer Erosionsbasis zur Sedimentation; auch Dammbildung ist an der Deltabildung beteiligt. So wird der Fluß dem stärksten Gefälle folgend zur Abflußdivergenz, zur Aufspaltung in mehrere Mündungsarme gezwungen. Durch die Deltabildung entsteht an der Küste oder am Seeufer Neuland, und insgesamt verlängert sich die Fließstrecke (Abb. 7.34). Die Sedimentschichten (***bottomset beds***) werden als horizontal abgelagerte Feinsedimente vor der eigentlichen Mündung akkumuliert (Abb. 7.34). Die Sedimentationsmechanismen werden stark von den Dichteunterschieden zwischen Flußwasser sowie Meer- und Seewasser beeinflußt, die durch Temperatur, Salz- und Schwebstoffgehalt hervorgerufen sind.

7.3.5 Gefälle und Längsprofil. Das **Gefälle** bestimmt in starkem Maße den Energieumsatz fluvialer Systeme (s. 7.3.1). Meist wird unter dem Gefälle das **Wasserspiegelliniengefälle** (Gefälle der

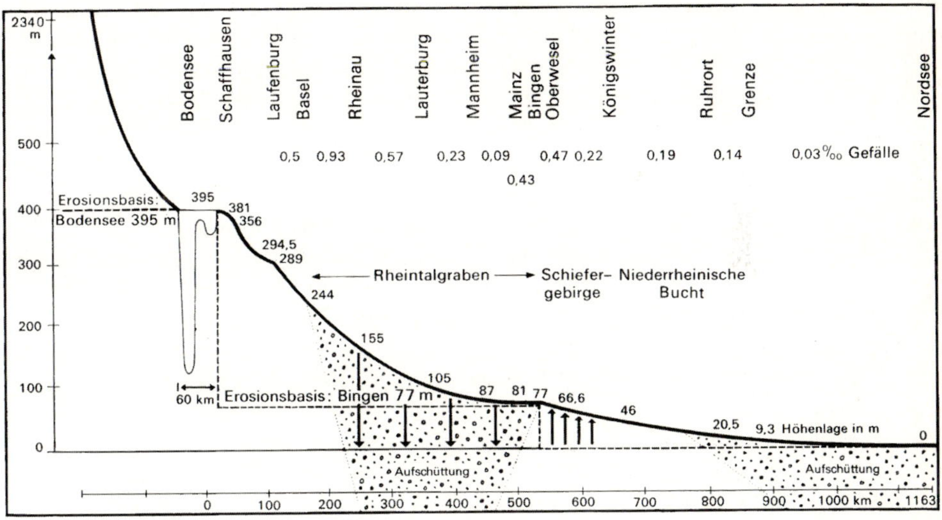

Abb. 7.35 Gefällskurve des Rheins, 1000fach überhöht (nach WAGNER 1950, aus BUSCH 1986, 30). Die Kurve zeigt deutlich neben der Erosionsbasis Nordsee (absolute Erosionsbasis) drei lokale Erosionsbasen (Becken des Bodensees und harte Schwellen bei Laufenburg und Bingen). Hebungen (Alpen, Rheinisches Schiefergebirge) und Senkungsgebiete (Oberrheingraben) haben dazu beigetragen, ein durchgehend konkaves Gefälle zu verhindern.

Wasseroberfläche) verstanden, das bei gleichförmigem Abfluß Ausdruck des Energiegefälles ist. Bei kleinräumiger Betrachtung kann das Sohlgefälle erheblich vom Wasserspiegelliniengefälle abweichen; bei ***pools*** und ***riffles*** ist es zudem streckenweise dem Wasserspiegelgefälle entgegengesetzt. Diese Unterscheidungen sind bei großräumiger Betrachtung nicht erforderlich, und meist wird das Flußgefälle im **Längsprofil** (Abb. 7.35; vgl. Kasten 7.7) bezogen auf den gesamten Gewässerlauf, untersucht. Es ist im allgemeinen relativ langlebig, weil es nur durch großräumig wirksame Erosion und Akkumulation (Aufhöhung der Flußsohle) sowie durch tektonische Bewegungen verändert wird. Je kürzer die betrachtete Strecke, desto stärker machen sich erosions- und akkumulationsbedingte Anpassungen des Längsgefälles an veränderte Abflüsse und Randbedingungen für den Sedimenthaushalt bemerkbar.

Das Längsprofil zahlreicher Flüsse besitzt eine konkave Form. Es wird im Sinne einer Ausgleichskurve als die ideale Profilform angesehen, die sich bei Flüssen im Laufe ihrer Entwicklungsgeschichte unter der Voraussetzung homogener Randbedingungen (homogenes Untergrundgestein, flußabwärts zunehmender Abfluß) einstellt. Weil Flußsysteme offene Systeme (Energie- und Massenverluste) sind, die kein statisches Gleichgewicht erreichen können, wird selbst ein ausgeglättetes konkaves Längsprofil weitergebildet. Allerdings nehmen die Veränderungsraten im Laufe der Zeit ab. Immer bleibt ein flußabwärts gerichtetes Energiegefälle erhalten – andernfalls wäre der Abfluß nicht möglich –, und so wird sich der Fluß an keiner Stelle unter das Niveau eintiefen, das er stromabwärts einnimmt. Von der Mündung, deren Höhenlage bei diesen theoretischen Überlegungen als konstant angesehen wird, verlagert sich der Bereich mit der stärksten Eintiefung flußaufwärts; man spricht daher von **rückschreitender Erosion.** Die Mündung bildet die **Erosionsbasis**, der Höhenunterschied bis zur Erosionsbasis wird als **Basisdistanz** bezeichnet. Das festgelegte Niveau der Erosionsbasis begrenzt das maximale Gefälle der oberhalb folgenden Flußstrecken (basigene Eintiefungshemmung im Sinne von ROHDENBURG 1989). Erst eine Absenkung der Erosionsbasis, etwa durch tektonische Bewegungen, erzeugt einen neuen, sich aufwärts fortpflanzenden Eintiefungsimpuls. Entsprechend der in Kap. 7.3.2 erläuterten Gesetzmäßigkeiten sind die stärksten Eintiefungsbeträge – bei sonst gleichen Randbedingungen – jeweils in den Flußabschnitten in schmalen Gerinnebetten mit großer Wassertiefe (Hydraulischer Radius!) bei gleichzeitig großem Gefälle und turbulenzerzeugender Rauhigkeit der Gerinnesohle anzutreffen. Durch die Korrasion nimmt flußabwärts die mittlere Korngröße der transportierten Gerölle ab.

In der Natur weisen Längsprofile häufig **Gefällsversteilungen** (Knicke im Längsprofil) auf. Sie können auf noch nicht vom Gewässersystem ausgeglichene tektonische Bewegungen (z. B. Bruchstrukturen an Grabenrändern) hinweisen, durch örtlich unterschiedlich starke Materialzufuhr oder eine nach Teileinzugsgebieten differenzierte Abflußdynamik bedingt sein; sehr häufig gehen sie auf Unterschiede der Gesteinsresistenz zurück. Eine zur Umgebung relativ höhere Gesteinswiderständigkeit verhindert oder verzögert die Tiefenerosion, so daß sie ähnlich der Erosionsbasis an der

Mündung Ausgangspunkte der rückschreitenden Erosion bildet (lokale Erosionsbasis). Gesteinsbedingte Gefällsstufen können über lange Zeit erhalten bleiben; zwischen ihnen werden die Flußabschnitte zu konkaven Profilen weitergebildet, mit der Tendenz zur Akzentuierung der Gefällsversteilung unmittelbar unterhalb der Stufe. Im Extremfall können daraus **Wasserfälle** resultieren; allerdings sind bei deren Entstehung häufig Verwerfungen beteiligt.

7.3.6 Entwicklung und Stationarität fluvialer Systeme. Fluviale Systeme besitzen die Fähigkeit zur Selbstregulation. Auf Änderungen von Systemgrößen (Abfluß und Feststoffzufuhr) reagieren sie mit Akkumulations- oder Erosionsprozessen. Diese wirken sich auf die Variablenkomplexe aus (Abb. 7.36 und 7.19): Räumlich und zeitlich kurzskalig passen sich die Sohlenstrukturen an den Abfluß an, veränderte Hochwasserabflüsse ziehen Änderungen des Gerinnequerschnitts nach sich, im Laufe von Jahrzehnten bis Jahrhunderten passen sich Grundrißmuster an. Gefällsversteilungen durch Tiefenerosion und Gefällsverminderungen durch fluviale Aufschüttung vollziehen sich auf unterschiedlichen Raum- und Zeitskalen. Mit der Änderung von Grundrissen (z. B. Zu- und Abnahme der Sinuosität) ist die Anpassung des Flußgefälles verknüpft. Will man bei fluvialen Systemen überhaupt von Gleichgewichtssituationen sprechen, so können damit nur **stationäre Gleichgewichte** (vgl. 7.3.1 u. 14.1.2) gemeint sein: relative Konstanz der Ausprägung und Dimension morphologischer Formen ist mit ständigem Durchtransport von Material (Wasser und Sediment) verbunden, Formkonstanz ist verbunden mit ständiger La-

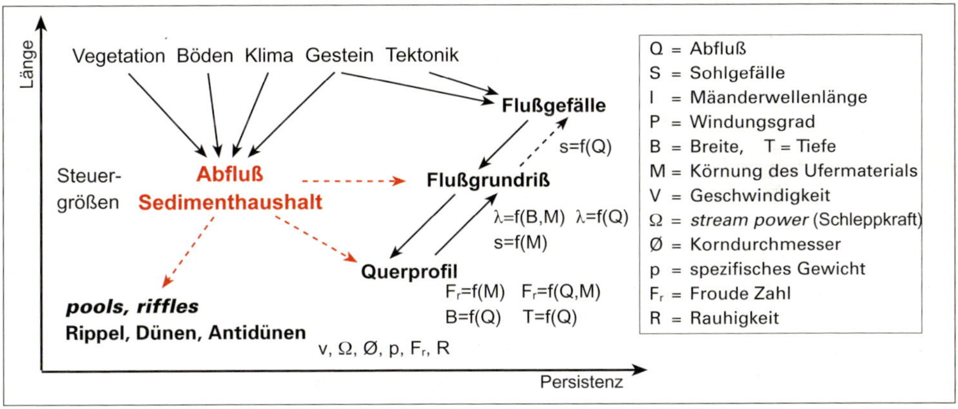

Abb. 7.36 Verhältnis von Größe und Persistenz für Charakteristika der Gerinnegeometrie. Kurzlebige Kleinformen (z. B. pools, riffles) stehen den bei größerräumiger Betrachtung weniger stark veränderlichen Variablenkomplexen Flußgrundriß und -gefälle gegenüber (vgl. Abb. 7.19). Die Pfeile deuten Wirkungsbeziehungen an. Abfluß und Sedimenthaushalt sind als primäre Ursachenkomplexe für die Flußmorphologie zu verstehen, die ihrerseits von den Geofaktoren Vegetation, Boden, Klima, Gestein und Tektonik bestimmt werden. Empirische Beziehungen und Variablen sind den Variablenkomplexen zugeordnet (rechts).

geveränderung (wandernde Rippel, sich verlagernde *pools* und *riffles*, Mäanderverlagerungen etc.). Einige der Gesetzmäßigkeiten, Abhängigkeitsrelationen und Wechselwirkungen in fluvialen Systemen können – wie in Abb. 7.36 angedeutet – durch empirische Beziehungen quantitativ beschrieben werden. Vor allem englischsprachige Lehrbücher enthalten mannigfaltige Beispiele für die Reaktion der Systeme auf natürliche und anthropogen ausgelöste Veränderungsimpulse in Richtung auf neue quasi-stationäre Gleichgewichte (MORISAWA 1985). Dennoch ist es trotz erfolgreicher Ansätze (Kontinuitätsgleichung, Gleichungen zum Fließwiderstand, Sedimenttransportgleichungen, s. 7.3.2) bisher nicht gelungen, das Verhalten fluvialer Systeme vollständig numerisch und physikalisch abzubilden. Zwei Ursachenkomplexe können benannt werden, weshalb dies – vermutlich prinzipiell – unmöglich ist (vgl. KNIGHTON 1984). Zum einen ist die Anzahl der zu bestimmenden Variablen zu hoch, und zum anderen müssen sich fluviale Systeme an eine Vielzahl von räumlich und zeitlich variablen Randbedingungen anpassen. Etliche der Randbedingungen der heute ablaufenden Prozesse sind talgeschichtlich ererbt und unterliegen selbst wieder längerfristigen Veränderungen. Einen Ausgangszustand zu rekonstruieren ist unmöglich.

7.4 Prozesse der Talbildung und Talformen

Täler sind durch fließendes Wasser entstandene, länglich gestreckte Hohlformen. Aus dieser genetischen Definition kann ein wichtiges Abgrenzungskriterium von Tälern gegenüber ähnlichen Hohlformen abgeleitet werden: **Talsohlen** besitzen ein gleichsinnig geneigtes Gefälle. Allerdings wird eine derart einfache Definition nicht der Komplexität der Talentwicklung gerecht; so wird man das Gerinnebett eines Fließgewässers nicht als Tal bezeichnen, sondern erst dann von einem Tal sprechen, wenn die seitlich angrenzende Aue und die Hänge in die Betrachtung eingeschlossen sind. Die Talform wird somit durch das Zusammenwirken der fluvialen Prozesse im Gerinnebett mit den **Prozessen der Hangformung** geprägt. Die Tiefenerosion ist dabei gewissermaßen der Motor der Talentwicklung, weil die durch sie geschaffenen Höhenunterschiede die Voraussetzung für die hangformenden Prozesse sind. Umgekehrt beeinflußt auch die fluviale Akkumulation auf dem Talboden die Hangentwicklung; im Extremfall werden vormals gebildete Täler verschüttet (**Talverschüttung**). Die obere Begrenzung der Talhänge ist streng genommen durch die oberirdische Wasserscheide, die die Grenze zum benachbarten Tal bildet, gegeben. Eine Unterscheidung zwischen Berghängen und Talhängen muß willkürlich bleiben. Häufig erscheint ein Hangknick in Oberhanglage als obere Talbegrenzung.

7.4.1 Modellüberlegungen zum Zusammenwirken von Hangdenudation und Flußarbeit. Prozesse der Hangformung werden an dieser Stelle – der Einfachheit halber – als denudative, flächenhaft wirksame Abtragung aufgefaßt. Sie treten in Form gravitativer Massenbewegungen (s. 6) und als Oberflächenabtrag durch fließendes Wasser auf. Bei den folgenden sechs Modellüberlegungen spielt das Geschehen am Hangfuß eine wichtige Rolle; der Hangfuß stellt den unteren Rand des Hanges dar, und es muß festgestellt werden, was dort morphologisch passiert (sog. untere Randbedingung); die untere Randbedingung beeinflußt maßgeblich die Hangform.

Aufgrund der in Kap. 7.2 erläuterten Gesetzmäßigkeiten nimmt bei der **fluvialen Denudation** an einem geraden Hang die Oberflächenabtragsleistung mit wachsender Hanglänge zu.

1. Wenn das am Hangfuß angelieferte Material durch einen Fluß vollständig abtransportiert wird, dann wird im Verlauf einer längeren Entwicklung der Hang immer steiler. Nach ROHDENBURG (1989) sind dabei theoretisch – aufgrund von Simulationsrechnungen – mehrere Varianten der Hangentwicklung möglich, von denen zwei exemplarisch dargestellt sind (Abb. 7.37).
2. Eine vollständig andere Hangentwicklung resultiert, wenn die Tieferschaltung des Gerinnebetts nicht mit der Abtragungsrate am Hangfuß Schritt halten kann. Dann bilden sich konkave Abtragungshänge mit rückwärts wanderndem Hangknick (Abb. 7.38). Diese Entwicklungslinie ähnelt der Entwicklung eines konkaven Fluß-Längsprofils (s. 7.3.5).
3. Ein gleich geformter Hang, aber mit anderer Genese und abweichendem Untergrund, entsteht, wenn das Fließgewässer auf der Talsohle akkumuliert. Das Material des oberflächennahen Untergrundes besteht in diesem Fall aus Flußablagerungen, die seitlich mit Hangfußsedimenten verzahnt sind (Abb. 7.39).

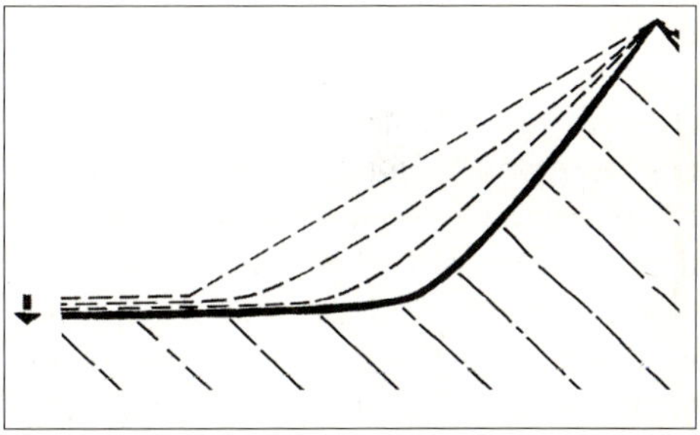

Abb. 7.38
Konkaver Abtragungshang bei Oberflächenabfluß und geringer Vorflutereintiefung (aus ROHDENBURG 1989, 36)

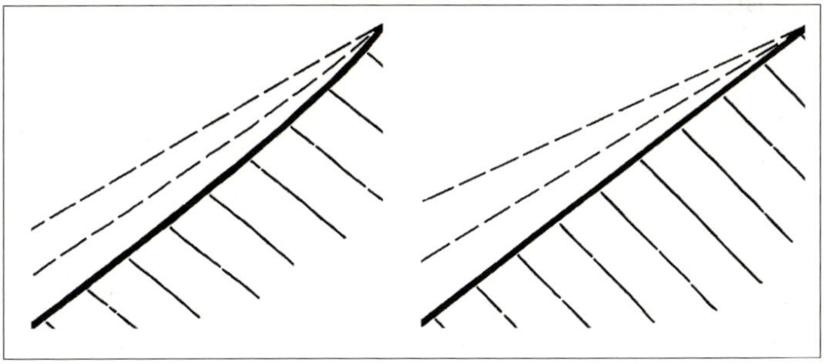

Abb. 7.37 Hangformung bei Oberflächenabfluß (aus ROHDENBURG 1989, 30). Simulationsrechnungen deuten darauf hin, daß in der Regel Gefällsversteilung als Folge der hangabwärts zunehmenden Abtragsleistung zu erwarten ist. Die beiden Skizzen unterscheiden sich nach an dieser Stelle nicht näher erläuterten Simulationsvarianten.

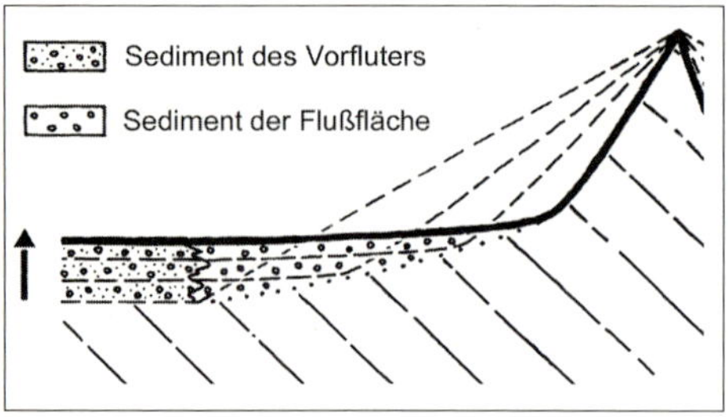

Abb. 7.39
Konkaver Akkumulationshang bei Oberflächenabfluß (aus ROHDENBURG 1989, 37)

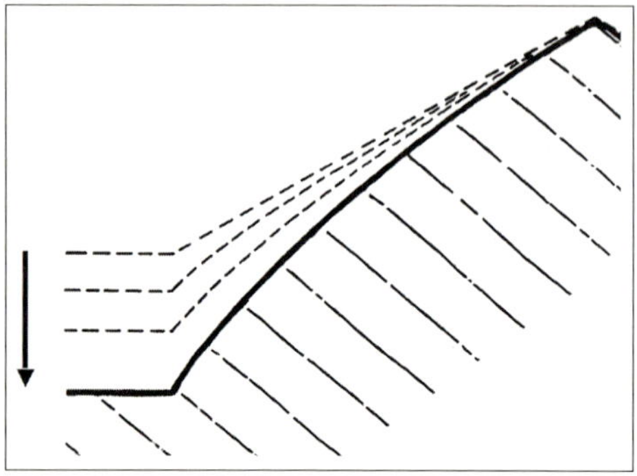

Abb. 7.40 Konvexer Abtragshang bei Oberflächenabfluß (aus ROHDENBURG 1989, 35)

4. Wenn die Tiefenerosion der Abtragungsrate am Hangfuß vorauseilt, dann entsteht ein sich versteilender Unterhang, also ein von der Wasserscheide bis zum Hangfuß durchgehend konvexer Hang (Abb. 7.40).

In allen Fällen ist am gesamten Hang oder an einigen Hangabschnitten die Tendenz zur Hangversteilung zu beobachten. Nach den theoretischen Überlegungen zur ausschließlich durch Oberflächenabfluß geprägten Formung bleibt die Höhe der Wasserscheide konstant. Die Modellfälle 3 und 4 waren schon von W. PENCK (1924) in einen Zusammenhang mit Überlegungen zur Tektonik gebracht worden. In Anknüpfung an die Modellvorstellungen von DAVIS (1899) interpretierte er Hangprofile als Indikatoren für unterschiedliche tektonische Hebungstendenzen. Da Flüsse durch die Hebung von Gebirgen einen Eintiefungsimpuls erfahren (Vergrößerung der Basisdistanz, Absenkung der Erosionsbasis im Gebirgsvorland und Zunahme des Gefälles, vgl. 4), sich also verstärkt einschneiden, sah er gestreckte, gerade Hänge als Ausdruck eines Gleichgewichts zwischen tektonischer Hebung und Tiefenerosion, konvexe Hänge dagegen als Anzeichen für beschleunigte Hebung. Akkumulation von fluvialen Sedimenten, erkennbar an konkaven Hangprofilen, wertete er als Indiz für die nachlassende Hebung. Aus heutiger Sicht ist die alleinige Interpretation von Hangformen ohne substrat- und morphodynamische Prozeßanalyse abzulehnen, weil die bloße geometrische Form nicht eindeutig auf bestimmte endogen-exogene Prozeßkombinationen zurückzuführen ist. Vielmehr können unterschiedliche Prozesse zu übereinstimmenden Formen führen (**Formenkonvergenz**).

Die Einflußfaktoren für **gravitative Massenbewegungen** sowie die resultierenden Formen sind in Kap. 6 erläutert; im Gegensatz zur fluvialen Denudation wird bei solifluidaler Formung die Wasserscheide erniedrigt und durch einen konvexen Oberhang ersetzt. Einflußreich ist – analog zur Hangformung durch fließendes Wasser – die Ausprägung der unteren Randbedingung:

1. Die untere Randbedingung „fluviale Akkumulation am Hangfuß“ ergibt ein

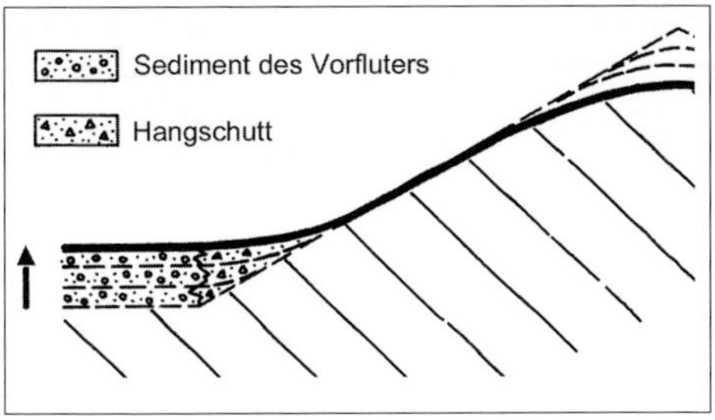

Abb. 7.41 Konvex-konkaver Akkumulationshang bei Solifluktion und geringer Vorflutereintiefung (aus ROHDENBURG 1989, 26)

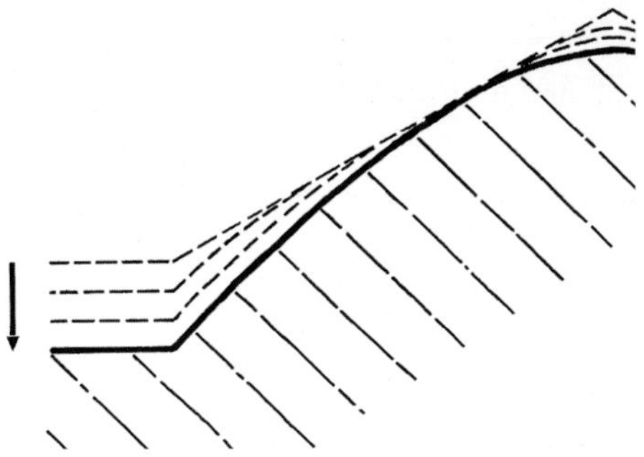

Abb. 7.42 Konvexer Abtragshang bei Solifluktion (aus ROHDENBURG 1989, 26)

konvex-konkaves Hangprofil (Abb. 7.41). Dies stimmt mit der Form bei ausschließlich solifluidaler Umlagerung (s. Abb. 6.15) überein; doch der Substrataufbau am Hangfuß ist verschieden.

2. Die untere Randbedingung „fluviale Eintiefung am Hangfuß" führt zur Ausbildung eines durchgehend konvexen, am Unterhang versteilten Hanges (Abb. 7.42).

Gemeinsames Merkmal der Hangentwicklung durch gravitative Massenbewegungen ist der konvexe Oberhang und damit insgesamt – im Gegensatz zur rein fluvialen Abtragung mit zumindest räumlich begrenzter Tendenz zur Versteilung – die Tendenz zur Relieferniedrigung.

In der Realität treten gravitative und fluvial-denudative Prozesse auf Hängen oft miteinander vergesellschaftet auf. Dies schränkt den Erklärungswert der vorstehenden Modellüberlegungen ebenso ein wie die auftretenden Formenkonvergenzen. Deshalb sollten Modelle stets dem empirischen Befund gegenübergestellt werden. Weiterhin weisen die Überlegungen auf die Möglichkeiten hin, Phänomene unterschiedlicher räumlicher Ausdehnung (vgl. 4: Hebung von Gebirgen, Hangformung) durch Modellüberlegungen zu verknüpfen, um damit Erklärungsansätze für beobachtbare Reliefformen zu gewinnen. Fortgeschrittene Modelle der Reliefentwicklung differenzieren sehr viel stärker die unterschiedlichen hangformenden Prozesse; dabei wird die Abhängigkeit der Formungsprozesse von Gesteinsart und -lagerung sowie vom Klima berücksichtigt (SCHMIDT 1988, AHNERT 1987).

7.4.2 Einfache Talformen. Zur Kennzeichnung von **Talformen** hat sich in der Geomorphologie eine qualitative Typologie etabliert, die sich auch außerhalb der Fachwissenschaft großer Beliebtheit erfreut, weil alltagssprachliche Namen verwendet werden. Allerdings sind die Formbegriffe nicht immer mit klaren genetischen Vorstellungen verknüpft.

Eine **Klamm** (s. Abb. 7.43) ist ein schmales, im Festgestein eingeschnittenes Tal. Dementsprechend besitzt die Klamm ein geringes Breiten-Tiefen-Ver-

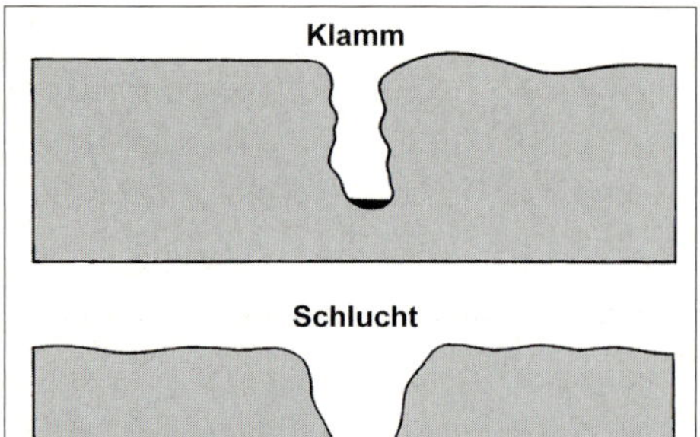

Abb. 7.43 Talformen bei vorherrschender Tiefenerosion (nach BUSCH 1986, 33)

hältnis. Sie ist das Ergebnis starker oder lang andauernder Tiefenerosion bei gleichzeitig hoher Standfestigkeit und vernachlässigbarer Denudation der nahezu senkrecht aufragenden, teils sogar überhängenden Felswände. In der Regel nimmt bei starker Wasserführung das aktive Gerinnebett die gesamte Breite der Klamm ein. Klammen entstehen vor allem dort, wo Bäche und Flüsse starke Gefällsunterschiede, z. B. im alpinen Bereich bei Hängetälern (s. 9), vorgefunden haben. Die im Festgestein ausgebildeten Gefällsstufen wurden durch rückschreitende Erosion zur Klamm weitergebildet.

Schluchten sind ähnlich den Klammen enge, steilwandige Täler, in denen in der Regel das Fließgewässer während Hochwasserzeiten ebenfalls den gesamten Talboden einnimmt. Die Tiefenerosionsrate ist größer als die Tieferschaltung der Hänge, das Gewässer besitzt eine genügend große Transportkapazität, um das von den Hängen eingetragene Material zu verfrachten. Schluchten kommen im Festgesteinsmaterial und im standfesten Lockermaterial vor (z. B. vulkanische Tuffe, Löß). Aus der Form kann nicht unmittelbar auf das Alter und den zur Schluchtbildung notwendigen Zeitraum geschlossen werden.

Kerbtäler oder **V-Täler** sind durch gerade, gestreckte Hänge gekennzeichnet, die vom schmalen Talboden beiderseits des Gerinnes aufsteigen. Auch sie lassen auf die Dominanz der Tiefenerosion gegenüber der Hangdenudation und auf ein zum Abtransport des anfallenden Hangmaterials ausreichendes Transportvermögen des Gewässers schließen.

Cañons sind eine durch die Gesteinsstruktur bestimmte Sonderform der Kerbtäler. Sie entstehen, wenn sich Gewässer in flach lagernde, unterschiedlich abtragunsresistente Sedimentgesteine (vgl. 12) eintiefen. Die abtragungsresistenten (härteren) Schichten bilden steile Wände und Stufen, die leicht ausräumbaren (weicheren) Schichten bilden schwächer geneigte Hangabschnitte. Das klassische Beispiel eines Cañons bildet der Grand Cañon im Südwesten der USA (Abb. 3.10). Die Stufen und Kanten sind wegen ihrer vollständig abweichenden Entstehung streng von den Flußterrassen zu unterscheiden (s. 7.4.3).

Muldentäler (Abb. 7.44) zeigen einen muldenförmigen Querschnitt bei großem Breiten-Tiefen-Verhältnis des Talein-

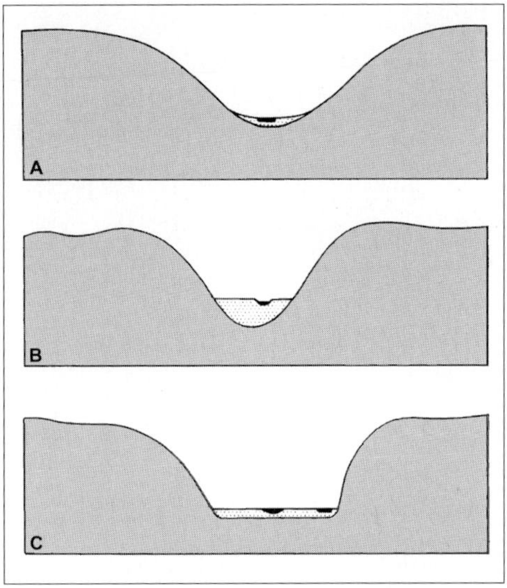

Abb. 7.44 Muldental (A), Sohlenkerbtäler (B: Aufschüttungssohlental; C: Abtragungssohlental) (nach BUSCH 1986, 35)

Abb. 7.45 Aufschüttungssohlenkerbtal (Perigord, Frankreich)

schnitts. Sie treten in einer großen Anzahl von Varianten auf, die stärksten Hangneigungen sind am Mittelhang zu finden. Im allgemeinen deuten Muldentäler auf Talbildungsprozesse mit bedeutsamer Hangdenudation hin. Konvexe Oberhänge können auf vorherrschend gravitative Massenbewegungen zurückgeführt werden, konkave Unterhänge auf eine geringe Transportkapazität und geringe Tiefenerosion des Fließgewässers.

7.4.3 Komplexe Talformen als Ergebnis diskontinuierlicher Reliefentwicklung (vgl. 4.8). Fließend sind die Übergänge zwischen Muldentälern und Kerbtälern zu **Sohlentälern** (Abb. 7.45). Bei nachlassender Transportkapazität des Gewässers (z. B. infolge tektonisch verursachter Gefällsverminderung oder klimatisch bestimmter Änderung des Abflußregimes) werden zuvor angelegte Erosionsformen durch fluviale Aufschüttung umgebildet (**Aufschüttungssohlentäler**). Derartige Gewässer mäandrieren in der Regel und besitzen somit die Tendenz zur fluvialen Umgestaltung des gesamten Talbodens. Seltener sind dagegen Sohlentäler, die durch Seitenerosion der Gewässer auf einer Abtragungssohle entstanden sind; in solchen Fällen ist das Gerinne unmittelbar im Untergrundgestein und nicht auf fluvialen Sedimenten angelegt (**Abtragungssohlentäler**).

Talmäander (eingesenkte Mäander) entstehen, wenn sich mäandrierende Flüsse in den Untergrund eintiefen (Abb. 7.46). Dies ist meist eine Folge der Ver-

Abb. 7.46 Talmäander und Flußterrassen (Wyoming, USA)

größerung der Basisdistanz durch eine Gebirgshebung bzw. Absenkung des Gebirgsvorlandes. Dabei wird die alte, auf die hydrologischen und morphologischen Rahmenbedingungen (Abfluß, Talgefälle, Sedimentführung) eingestellte Mäandergeometrie dem neuen Talverlauf vererbt. Da der Energiehaushalt der Flüsse während und nach der Eintiefung nicht im Einklang mit den ehemaligen Verhältnissen steht, werden die Talmäander auch als **Zwangsmäander** im Gegensatz zu den früheren **freien Mäandern** bezeichnet. Auf dem Talboden können sich bei geringen Abflüssen neue Mäander mit kleinerer Wellenlänge bilden, die einen auffälligen Kontrast zur Geometrie der großen Talmäander zeigen (*misfit streams*). Durch Seitenerosion können Talmäander an den Mäanderhälsen durchbrochen werden, und es entstehen **Umlaufberge** (Abb. 7.47).

Talterrassen (Flußterrassen) sind ehemalige, vom Fluß verlassene Talböden. Sie entstehen, wenn sich ein Gerinne nach einer Phase der Sohlenbildung erneut eintieft und Teile des alten Talbodens zerstört. Die erhaltenen Talbodenreste umgeben das eingetiefte Gewässer mit seinem rezenten Überflutungsbereich als mehr oder weniger breite Terrassen; sie können auf beiden oder nur auf einer Talseite ausgebildet sein; in Abhängigkeit der Bildungsbedingungen können die Talterrassen als kilometerbreite und lange Verebnungen oder schmale, wenige Meter breite, längliche leistenförmige Stufen vorliegen.

Terrassen können sowohl als Aufschüttungs- als auch als Abtragungssohlen ent-

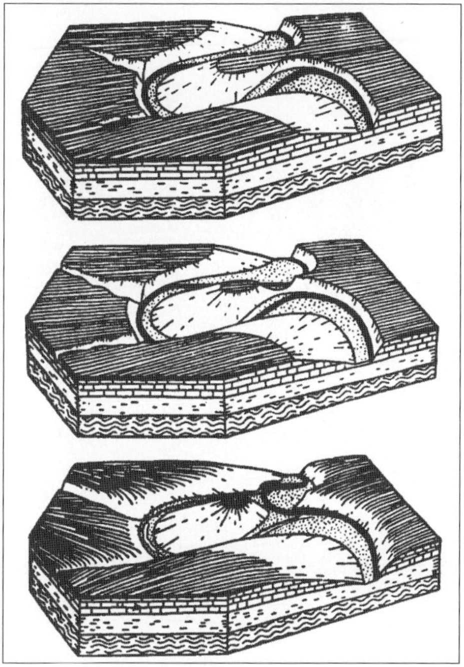

Abb. 7.47 Entstehung eines Umlaufbergs (WAGNER 1950, aus BUSCH 1986, 36)

stehen. Folglich werden sie als **Schotter- oder Aufschüttungsterrassen** bzw. als **Fels-, Felssohlen- oder Erosionsterrassen** bezeichnet. Erstere belegen eine der erneuten Tiefenerosion vorgeschaltete Akkumulationsphase; aus den Eigenschaften der fluvialen Sedimente (Geröllgröße und petrographische Zusammensetzung, Schichtung, Verwitterungszustand, Fossilinhalt etc.) kann auf die Bildungsbedingungen während der Ablagerung geschlossen werden. So ist in geeigneten Aufschlüssen (z. B. Kiesgruben, Straßeneinschnitte) häufig bereits ohne ergänzende Laboranalysen zu erkennen, ob es sich um einen mäandrierenden Fluß oder ein Gewässer mit Abflußverzweigung, einen warmzeitlichen oder einen kaltzeitlichen Fluß gehandelt hat.

Die Talentwicklung umfaßt in vielen Regionen lange Zeiträume (10^5 – 10^6 Jahre). So können an den Talhängen häufig mehrere Terrassenstufen unterschieden werden, die nebeneinander als sog. **Terrassentreppe** (Abb. 15.7) vorliegen. In relativ höherer Lage sind die älteren Terrassenablagerungen anzutreffen, einen geringeren Abstand zum rezent aktiven Talboden besitzen die jungen Terrassen. Aus dem Verwitterungsgrad und der relativen Höhenlage kann in erster Näherung das Alter abgeleitet werden. Mit zunehmendem Alter der Terrassenablagerungen steigt der Verwitterungsgrad, verwitterungsresistente Gerölle (Quarze, Quarzite, Kieselschiefer) werden relativ angereichert, weil die verwitterungsanfälligen (Kalksteine, Sand- und Schluffsteine, Schiefer etc.) zerfallen.

Terrassenbildung ist nicht auf Gebirge beschränkt, sondern besitzt gerade in den Gebirgsvorländern eine landschaftsprägende Bedeutung. Eine notwendige Voraussetzung für die Terrassenbildung ist der Eintiefungsimpuls, der unter anderem durch tektonische Hebung, durch Meeresspiegelabsenkung oder durch einen abflußwirksamen Klimawechsel (Änderung des Abflußregimes und der Bedingungen für die Hangdenudation bei einem Wechsel zwischen Kalt- und Warmzeit) ausgelöst sein kann. Hinsichtlich der Erhaltung von Terrassenstufen gilt hier das Intensitäts-Auslese-Prinzip (s. 4.7); es besagt, daß Flächenreste (hier: Terrassenflächen) nur dann erhalten bleiben, wenn die folgenden Reliefentwicklungsphasen entweder zu kurz oder nicht intensiv genug waren, um die zuvor gebildeten Oberflächen zu zerstören.

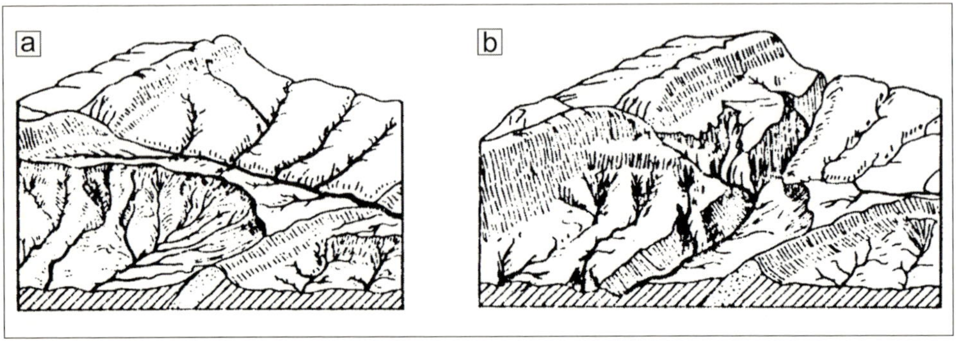

Abb. 7.48 Schema einer a) bevorstehenden und b) erfolgten Flußanzapfung (nach NEEF 1981, aus BUSCH 1986, 39)

7.4.4 Sonderformen tektonisch ausgelöster Talentwicklung.

Durch **Flußanzapfung** (rückschreitende Erosion) können Bergzüge zwischen benachbarten Talsystemen (Wassereinzugsgebieten) durchbrochen werden (Abb. 7.48). Eine häufige Ursache ist ein Eintiefungsimpuls, den der anzapfende Fluß durch die Tieferlegung seiner Erosionsbasis und die Gefällszunahme erhalten hat. Sein Einzugsgebiet vergrößert sich auf Kosten des Einzugsgebietes des benachbarten Flusses; nach der Anzapfung wird die für die Erosion verfügbare Energie durch den erhöhten Abfluß zusätzlich vergrößert. Bekannte Beispiele für Flußanzapfungen findet man entlang der Wasserscheide zwischen Rhein und Donau im Bereich der Schwäbischen Alb (vgl. 15.7).

„**Durchbruchstäler** (Abb. 7.49) sind Täler, deren Flüsse einen ihren heutigen Lauf durchquerenden Bergzug (scheinbar) durchbrechen.

Antezedente Durchbruchstäler sind Täler von Flüssen, deren Laufrichtung

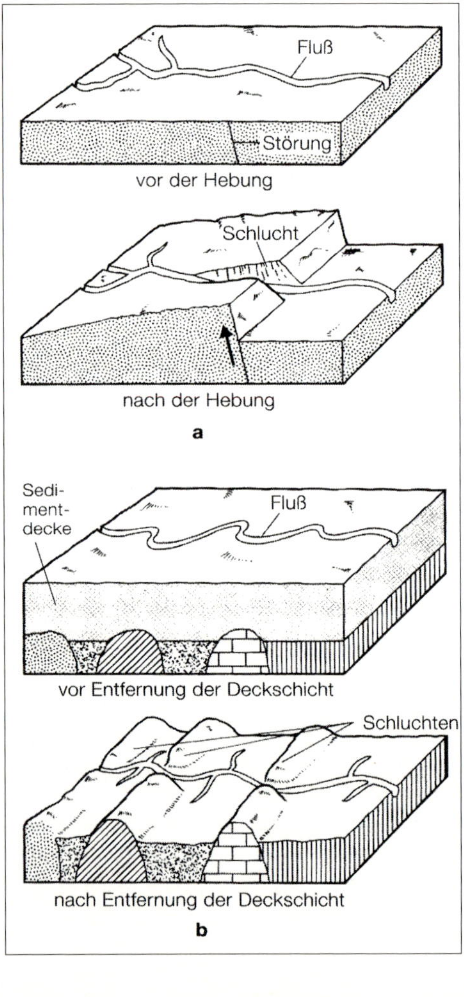

Abb. 7.49 Entstehung von Durchbruchstälern (aus GOUDIE 1995, 250)

schon festgelegt war, bevor das heute durchbrochene Gebirge aufstieg (Abb. 7.49 a). Mit der tektonischen Hebung Schritt haltend schnitt sich der Fluß in den aufsteigenden Gebirgskörper ein. Das Mittelrheintal im Rheinischen Schiefergebirge ist ein antezedentes Durchbruchstal.

Epigenetische Durchbruchstäler sind Täler, die in ihrer ersten Anlage auf Lockersedimenten entstanden, die einen verschütteten Gebirgs- oder Härtlingsrücken bedeckten (Abb. 7.49 b). Mit der allgemeinen Tieferlegung der Oberfläche durch fluviale Erosion und Hangdenudation werden diese Rücken wieder freigelegt und so gleichsam aus der weniger widerständigen Sedimenthülle herausmodelliert. Durch Tiefenerosion war der Fluß in der Lage, sich in den Härtlingsrücken einzuschneiden und somit das Tal zu bilden.

Überlaufdurchbruchstäler entstehen dadurch, daß sich hinter einem Bergriegel" (Busch 1986, 38/39) oder einer Schuttmasse (z. B. Bergsturzmasse) das Wasser staut und schließlich am niedrigsten Punkt überläuft. Dieser Überlauf (hohes Gefälle!) wird durch rückschreitende Erosion vertieft, der entstandene Stausee allmählich trockengelegt. Seesedimente oberhalb eines solchen Durchbruchs können diese Entstehungsart belegen.

Kasten 7.8 Literaturauswahl zur Ergänzung und Vertiefung des Kapitels 7

- **Hydrologische Grundlagen**

Lehrbücher: Chow et al. 1988 (Lehrbuch, Angewandte Hydrologie), DIN 4049 (Hydrologie, Begriffe), Dyk u. Peschke 1995 (Lehrbuch, Hydrologie), Endlicher 1991 (Hydrogeographie), Marcinek u. Rosenkranz 1996 (Lehrbuch, Wasser der Erde), Matthess u. Ubell 1983 (Lehrbuch, Hydrogeologie), Schmidt 1984 (Lehrbuch, Fluß und Einzugsgebiet), Wilhelm 1987 (Lehrbuch, Hydrogeographie), Smith et. al. 2007

- **Denudation durch fließendes Wasser (Spüldenudation) und Bodenerosion**

allgemein: Auerswald 1993 (Bodeneigenschaften, Bodenerosion), Auerswald 1998 (Prozeßbetrachtung d. Bodenerosion); Baade 1994 (Schwebstoffaufkommen in landwirtsch. Einzugsgebieten, Experimente), Bernsdorf et al. 1995 (Schneeschmelz-Erosion), Blume 1990 (Bodenschutz), Fohrer 1995 (Prozeßbetrachtung der Bodenerosion), Kirkby u. Morgan 1980 (Aufsatzsammlung Bodenerosion), Morgan 1986 (Aufsatzsammlung Bodenerosion), Richter 1998 (Aufsatzsammlung als Lehrbuch zur Bodenerosion)

regionale Fallstudien: Brunotte u. Sander 2000 (Bodenerosion, N-Namibia), Herweg 1988 (Bodenerosion Toskana, Italien), Herweg u. Ludi 1999 (Erosionsschutzumaßnahmen, Äthiopien, Eritrea), König 1992 (Bodenerosion Rwanda, Afrika), Müller-Haude 1994 (Bodenerosion Burkina-Faso), Ries et al. 2000 (Fallstudie, Ebro-Becken, Spanien)

Beispiele aus Mitteleuropa: siehe Kasten 15.3

Abschätzung und Kartierung der Bodenerosion: Baade, Gündra u. Armbruster 1996 (Bodenerosion, Kalkulation und Messung), Mollenhauer 1996 (Kartierung der Bodenerosion), Mosimann 1995 (Schätzung der Bodenerosion), Sauerborn 1994 (Erosivität der Niederschläge in Deutschland), Schwerdtmann et al. 1990 (Allgemeine Bodenabtragsgleichung), Schmidt 1979 (Erfassung der Bodenerosion), Seuffert 1999 (Regenerosivitätsindex), Wischmeier u. Smith 1978 (Universal Soil Loss Equation, Handbuch)

Modellierung der Bodenerosion: BRAZIER ET AL. 2001 (Bodenerosionsmodellierung), MILLWARD U. MERSEY 1999 (Bodenerosionsmodellierung in einem tropischen Bergland), NEARING 1998 (Güte der Bodenerosionsmodellierung), QUINTON 1997 (Bodenerosion, Modellvergleich), ROO 1999 (Aufsatzsammlung, Bodenerosionsmodellierung auf Einzugsgebietsebene)

- **Fluviale Systeme**

Lehrbücher: GREGORY U. WALLING 1973 (drainage basin, form and process), KERN 1994 (Gewässergeomorphologie als Grundlage für Renaturierungen), KNIGHTON 1998 (Lehrbuch Fluvialmorphologie), MANGELSDORF U. SCHEURMANN 1980 (Lehrbuch, Flußmorphologie), SCHUMM 1977 (Fluvialmorphologie), MORISAWA 1985 (Lehrbuch Fluvialmorphologie), PATT ET AL. 1998 (naturnaher Gewässerbau), ROSGEN 1996 (Angewandte Fluvialmorphologie); VON ENGELHARDT 1973 (Sedimentation), GORDON ET AL. 2004 (Lehrbuch)

allgemeine Themen: BARSCH U. MÄUSBACHER 1993 (Erfassung fluvialer Dynamik), BARSCH ET AL. 1994 (Messungen in fluvialen Systemen), DVWK 1991 (Hydraulische Berechnung von Fließgewässern), ERGENZINGER U. DE JONG 1998 (Hydraulik und Prozesse im Gerinnebett), GOUDIE 1995 (geomorphologische Prozeßraten), LEOPOLD U. WOLMAN 1957 (fluviale Prozesse), ROSGEN 1994 (geomorpholog. Fließgewässer-Klassifikation), REID U. DUNNE 1996 (Ermittlung von Sedimentransportraten), COLLINS 1997 (Methodik zur Analyse der Herkunft fluvialer Schwebfracht),

Hydraulische Geometrie: DURY 1969, LEOPOLD U. MADDOCK 1953, ZELLER 1967, KNIGHTON 1998

Schwebstoffführung: BECHT 1986 (Schwebstofführung, alpiner Wildbach), BECHT U. WETZEL 1994 (alpiner Wildbach), WETZEL 1992 (Feststofführung, alpiner Wildbach), BLÄTTLER 1995 (Wildbach, Ötztal, Alpen), SCHMIDT 1996 (Schwebstofftransport), LENZI U. MARCH 2000 (Schwebfracht bei Hochwasser, Dolomiten), XU 2000 (Korngrößenzusammensetzung der Schwebfracht des Gelben Flusses, China), SCHÜTT 1993 (Schwebstofftransport, Eifel)

Schottertransport: ERGENZINGER 1988 (Schottertransport), DE JONG U. ERGENZINGER 1998 (Schottertransport)

Fallstudien zu speziellen Themen: SCHULTE 1995 (Sedimenttransport u. Gerinnebettgestaltung, Kraichgau), GURNELL U. PETTS 1995 (Fallstudien, Gerinnebettmorphologie), HARNISCHMACHER U. ZEPP 2001 (renaturierter Bach, Monitoring), BEST U. BRISTOW 1993 (braided rivers), WUNDERLICH 1989 (Nildelta), HAGEDORN 1995 (Fallbeispiele zur Fluvialmorphologie in Mitteleuropa), MOCK 1992 (anthropogene Einflüsse Oberrhein), BRANDT 2000 (geomorpholog. Auswirkungen von Dämmen), COLTORI 1997 (anthropogener Einfluß auf die fluviale Entwicklung, Mittelitalien), TRIMBLE 1998 (Datierung fluvialer Prozesse durch historische Daten und Artefakte), WERRITTY U. LEYS 2001 (Anpassungen des fluvialen Systems an Landschaftsveränderungen, Schottland)

- **Prozesse der Talbildung und Talformen**

ROHDENBURG 1989 (Modellüberlegungen zum Zusammenwirken von Hangdenudation und Flußarbeit), ROHDENBURG 1968 (quartäre Taleintiefung in Mitteleuropa), Louis u. Fischer 1976, MACHATSCHEK 1973 (Lehrbuch, Geomorphologie)

Talentwicklung in Mitteleuropa: siehe Kasten 15.3

8 Äolische Formung

Abb. 8.1 Düne und Windrippel (Am Weißen Teffedest, Sahara, Algerien; Foto: A. Iklef). Deutlich ist der asymmetrische Kamm zu erkennen; der Sandtransport erfolgt (sichtbar) von rechts nach links. Im Vordergrund ist die Oberfläche durch Windrippel geprägt.

8.1 Besonderheiten und mechanische Grundlagen der Oberflächenformung durch Wind

Große Teile der Erdoberfläche werden durch die formende Wirkung des Windes (**äolische Formung**) geprägt. Verbreitungsschwerpunkte sind die Trockengebiete der Erde (aride und semiaride Räume, s. 5.5.2 und 11.3). Diese Gebiete sind zumindest zeitweise im Jahr durch eine unvollständige, lückenhafte Vegetationsdecke gekennzeichnet, die ihre Ursache in der klimatisch-hygrischen Minimumsituation findet. Wenn in solchen Gebieten an der Erdoberfläche Lockermaterial ansteht, das vom Wind aufgenommen werden kann, sind die Voraussetzungen für die äolische Formung erfüllt. Ähnliche Voraussetzungen bieten

Küsten (s. 13) mit ausgedehnten Sandstränden und vegetationslose, zur Austrocknung neigende Gerinnebetten großer Flüsse mit breitem, verzweigten Grundriß. Anthropogen ausgelöste Formung durch Wind ist dort zu erwarten, wo der Mensch durch Ackerbau und Viehzucht die natürlicherweise vorhandene Vegetationsdecke entfernt hat und vom Wind mobilisierbare Partikel die Oberfläche bilden. In einem solchen Zusammenhang spricht man von **Winderosion**, die z. B. auch in humiden und semihumiden Gebieten auftreten kann, z. B. in den von Sand geprägten Teilen Norddeutschlands oder in den Lößsteppen Nordamerikas und Eurasiens. Winderosion sowie die Remobilisierung vormals durch Vegetation stabilisierter alter Dünenkomplexe und die Verlagerung von Dünen gehören zu den Teilprozessen der Desertifikation.

Einige der grundsätzlichen Aussagen zur Wassererosion, zum Transport und zur Sedimentation im aquatischen Milieu können auf die äolische Formung übertragen werden. In beiden Fällen handelt es sich um ein Grenzflächenphänomen zwischen einer quasi festen Oberfläche und einer darüber hinwegstreichenden Strömung. Der große Unterschied zwischen beiden ist die geringere, etwa 1000 mal kleinere Dichte der Luft im Vergleich zum Wasser. Die äolisch transportierten Korngrößen bleiben erheblich unter denen der Gerölle, die bei fluvialem Transport bewegt werden, d.h. die Transportkompetenz des Windes ist sehr viel kleiner. Analog zum meist turbulent fließenden Wasser bewegt sich auch die Luft turbulent über die Oberfläche. Ebenso zeigt das Geschwindigkeitsprofil der Luftströmung Ähnlichkeiten zum fließenden Wasser: es ist logarithmisch ausgebildet; mit wachsender Entfernung von der Erdoberfläche nimmt die Windgeschwindigkeit zu (Abb. 8.2, vgl. Abb. 7.7), in Annäherung an die feste Oberfläche steigt der Einfluß der Reibung. Besteht die Bodenoberfläche aus sehr feinen Partikeln (< 80 µm, Ton und Schluff), so ist sie aerodynamisch glatt; besteht sie aus gröberen Partikeln, so ist sie aerodynamisch rauh. Die **Rauhigkeit** wird durch die **Rauhigkeitslänge** z_0 angegeben. Für Sandoberflächen beträgt sie etwa 1/30 der mittleren Korngrößendurchmesser, sie wird jedoch modifiziert durch die Form und die Abstände der Einzelkörner zueinander (Abb. 8.3). In der Höhe, die der Rauhigkeitslänge entspricht, beträgt die Windgeschwindigkeit Null. Analog wie beim fließenden Wasser (s. 7.3.2) definiert man auch beim Wind eine **Schubspannung** als Reibungskraft, die auf eine Flächeneinheit wirkt:

$$\tau = \frac{F_R}{A}$$

τ = Schubspannung (Pa)
F_R = parallel zu einer Fläche wirkende Reibungskraft (N)
A = Flächeneinheit (m^2)

Sie läßt sich als Produkt aus Dichte der Luft und der sogenannten Schubspannungsgeschwindigkeit berechnen:

$$\tau = \varrho_L \cdot U_*^{\,2}$$

ϱ_L = Luftdichte ($kg \cdot m^{-3}$)
U_* = Schubspannungsgeschwindigkeit ($m \cdot s^{-1}$)

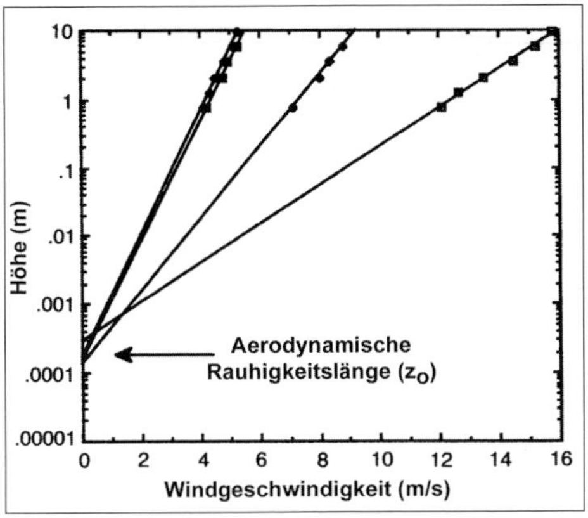

Abb. 8.2 Windprofil für unterschiedliche, in 10 m Höhe gemessene Windgeschwindigkeiten und Rauhigkeitslängen (nach LANCASTER und NICKLING 1994, 449)

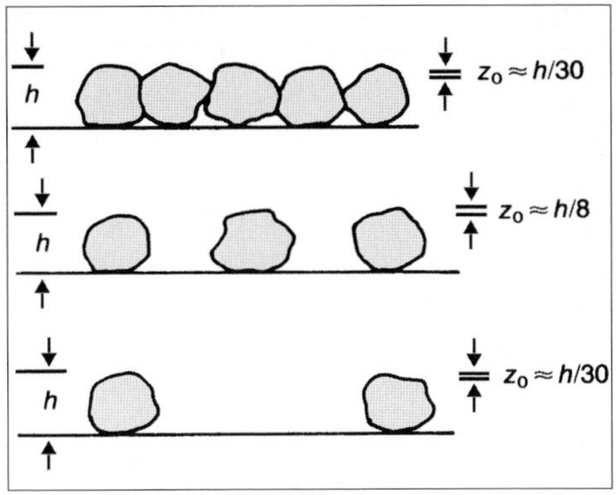

Abb. 8.3 Rauhigkeitslänge (z_0) in Abhängigkeit vom Abstand der auf der Bodenoberfläche liegenden Sandkörner (nach LANCASTER und NICKLING 1994, 449)

Die **Schubspannungsgeschwindigkeit** entspricht der Tangentialgeschwindigkeit der für die Partikelaufnahme so wichtigen Luftwirbel. Ihre praktische Bedeutung liegt darin, daß sie nach dem Windgesetz von PRANDTL aus der leicht zu messenden Windgeschwindigkeit berechnet werden kann. Das PRANDTL'sche Windgesetz gilt für vegetationsfreie Oberflächen, die im Rahmen dieser Betrachtung der äolischen Formung von größerem Interesse als vegetationsbestandene sind.

$$U(z) = U_*/ka \cdot \ln (z/z_o)$$

U = Windgeschwindigkeit ($m \cdot s^{-1}$)
U_* = Schubspannungsgeschwindigkeit ($m \cdot s^{-1}$)
z = Höhe (m)
z_o = Rauhigkeitslänge (m)
ka = KÁRMÁN-Zahl (-)

Diese Gleichung drückt aus, was Abb. 8.3 veranschaulicht: unterschiedliche aerodynamische Rauhigkeitslängen verursachen in der Reibungsschicht (die untere Atmosphärenschicht, die durch die Bodenreibung beeinflußt wird) unterschiedliche Geschwindigkeitsprofile.

8.2 Transportarten

Der durch den Wind ausgelöste Transport von Mineralpartikeln erfolgt auf verschiedene Weise. Kleine Korngrößen (Schluffe und Tone) werden in **Suspension** transportiert; bei genügend großer Turbulenz können sie sehr lange Transportdistanzen zurücklegen. Gröbere Partikel werden hüpfend und springend vorangetrieben (**Saltation**; Abb. 8.4). Die Sandkörner bewegen sich mit der Windrichtung in flachgestreckten Kurvenbahnen. Der Übergang zwischen Saltation und Transport in Suspension ist fließend. In Abb. 8.5 ist dieser Bereich als modifizierte Saltation eingetragen. Beim Aufprall springender Körner auf noch am Boden liegende Partikel wird auf diese Energie übertragen, so daß sie in kriechender Bewegung vorwärts gestoßen werden (**Reptation**). Typischerweise kommt es bei der Saltation zu einem fast senkrechten Abheben der Körner und einer parabelförmigen Flugbahn mit Höhen zu Weitenverhältnissen von etwa 1:6 (BESLER 1992). Die Sprunghöhen durch Saltation übersteigen selten 1 m; dies entspricht der Erfahrung, die man an einem Sandstrand bei starkem Wind machen kann. Bei der Sandbewegung wird die Energie von Korn zu Korn weitergegeben; die einzelnen Sandkörner legen meist keine große Entfernung zurück.

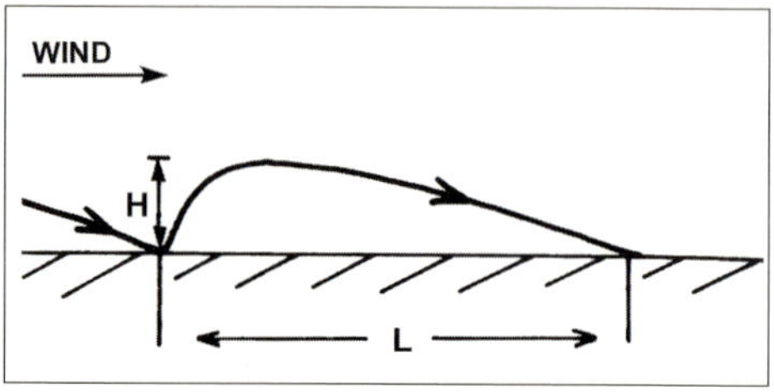

Abb. 8.4 Saltation; H = Saltationshöhe, L = Saltationslänge (aus LANCASTER und NICKLING 1994, 458)

Noch größere Partikel können, angetrieben durch niedersinkende Saltationskörner, über die Oberfläche geschoben oder gerollt werden. Zusammenfassend ist aus Abb. 8.6 zu erkennen, daß die Transportart eine Funktion von Korngröße und Schubspannungsgeschwindigkeit ist.

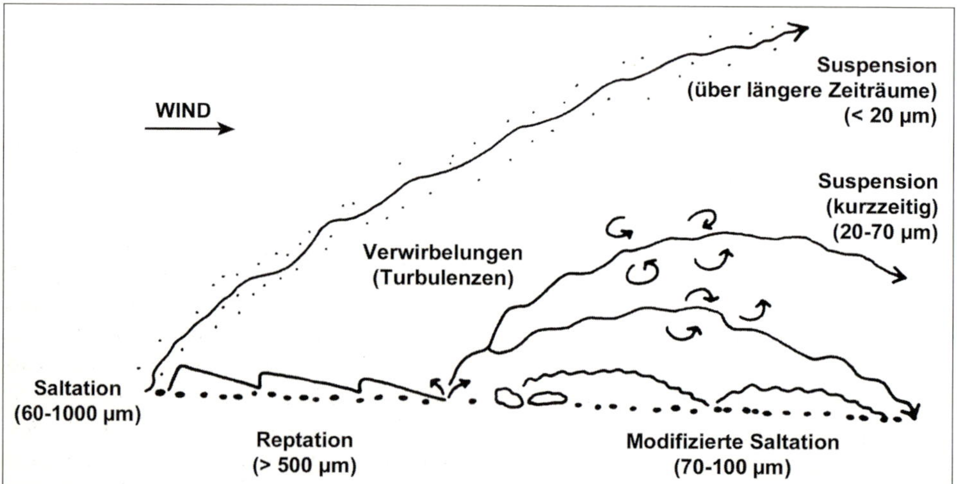

Abb. 8.5 Transportarten (nach PYE 1987 in LANCASTER und NICKLING 1994, 448)

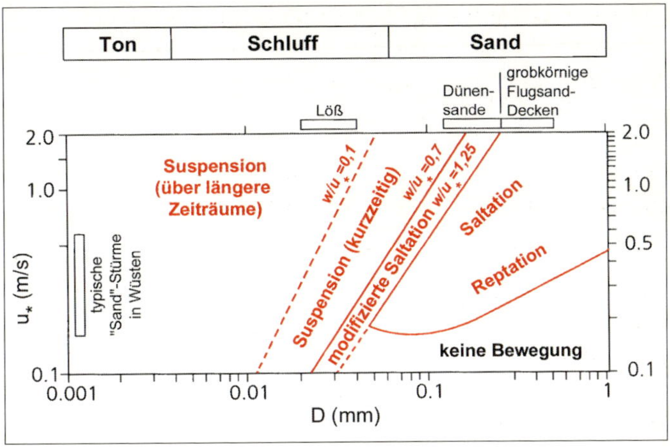

Abb. 8.6 Transportarten als Funktion von Schubspannungsgeschwindigkeit und Korngröße (nach Tsoar und Pye 1987, aus Allen 1997, 354). Die Grenzen zwischen den Transportarten sind im Diagramm nach dem Verhältnis Schubspannungsgeschwindigkeit zu Sinkgeschwindigkeit (vgl. 8.6.1) (w/u) gezogen.

8.3 Deflation und Deflationsformen

Als **Deflation** bezeichnet man die Ausblasung, das Abheben von Mineralkörnern von der Bodenoberfläche. Das Abheben der Mineralkörner setzt unvermittelt ein, ihm geht keine rollende Bewegung voraus. Es beginnt, wenn die aufwärts- und vorwärtsgerichteten Kräfte das Gewicht des Mineralkorns und die Kohäsion zwischen den Partikeln übertreffen. Die antreibenden Kräfte sind die Schubkraft der Luftströmung und die durch die Bodenrauhigkeit hervorgerufenen kleinsträumigen Unterschiede im Luftdruck; hinzu kommt die Geschwindigkeitsverteilung in der Umgebung eines Einzelkorns. Um diese Grenze physikalisch zu beschreiben, ist die **kritische Schubspannungsgeschwindigkeit** (Abb. 8.7) formuliert worden:

$$U_{krit} = A \cdot \sqrt{g \cdot d \cdot \frac{\varrho_P - \varrho_o}{\varrho_o}}$$

A = empirischer Koeffizient (–)
ϱ_P, ϱ_o = Dichte der Partikel und der Luft ($g \cdot cm^{-3}$)
g = Schwerebeschleunigung ($m \cdot s^{-2}$)
d = Partikeldurchmesser (cm)

Für die meisten Sandoberflächen gilt A = 0,1; für aerodynamisch glatte Oberflächen wächst A. Außerdem steigt mit sinkendem Korndurchmesser die Bedeutung der Kohäsionskräfte. Dies sind zum einen elektrostatische Kräfte, und – wenn die Körner feucht sind – treten Kapillarkräfte hinzu. Daß mit abnehmender Korngröße wegen der steigenden Bedeutung der Kohäsion und der Rauhigkeitsminderung höhere Schubspannungsgeschwindigkeiten erforderlich sind, bedeutet wiederum eine Analogie zur Partikelaufnahme durch fließendes Wasser (vgl. 7.3.2). Bereits geringe Wassergehalte stabilisieren die Mineralkörner; noch wirksamer sind – auch in geringen Konzentrationen – lösliche Salze, die einzelne Körner miteinander verkitten; im

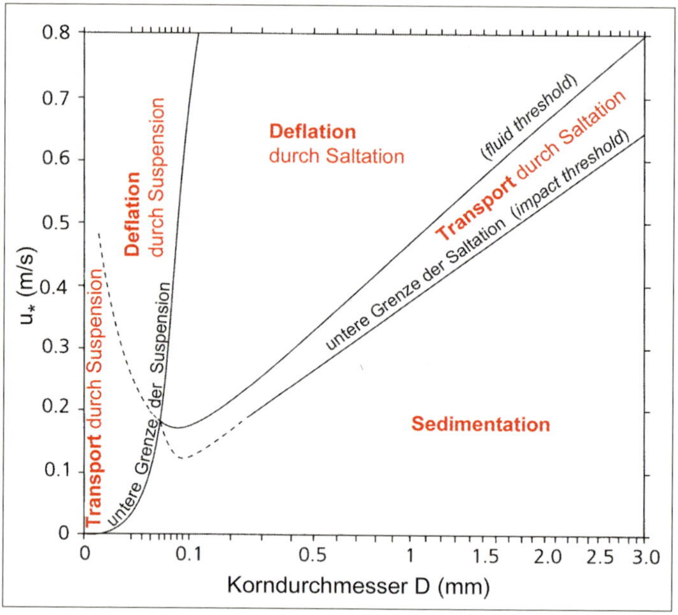

Abb. 8.7 Deflation, Transport und Sedimentation als Funktion von Kritischer Schubspannungsgeschwindigkeit und Korngröße (nach BAGNOLD 1941 und ALLEN 1997, 351). Die obere Kurve gilt für den Beginn des Partikeltransports durch Saltation, die untere Impakt-Kurve gilt für den dynamischen Fall, daß in einer Art Kettenreaktion die springenden Körner ihre Bewegungsenergie auf andere übertragen und der Transport als Saltation und Reptation abläuft. Bezogen auf Windgeschwindigkeiten der üblichen Meßhöhe von 2 m über Grund bedeutet dies, daß nennenswerter Sedimenttransport erst ab 4,5 m/s einsetzt.

Extremfall können die Mineralkörner verkrusten.

Im Gelände treten nebeneinander Gebiete bevorzugter und zurückbleibender Deflation auf, weil naturgemäß Unterschiede der Korngrößenzusammensetzung und der Durchfeuchtung sowie weiterer Einflußfaktoren auftreten. Wenn die Winde bevorzugt aus einer Richtung wehen, werden an leicht angreifbaren Stellen Auswehungshohlformen gebildet, etwa als langgestreckte Furchen (**Deflationswannen**). Im Unterschied zu der Formung durch fließendes Wasser kann Sand durch den äolischen Transport aufwärts bewegt werden. So entstehen geschlossene Ausblasungshohlformen. Wenn die Oberfläche aus Korngrößengemischen (z. B. aus Schluff, Sand und Steinen) besteht, wirkt die Deflation selektiv, das Feinmaterial wird ausgeweht, die groben Komponenten bleiben zurück. Solche Oberflächen nennt man **Wüstenpflaster** (auch *Hamada*, *Serir* oder *Rikh* genannt). Sobald das erste Feinmaterial ausgeblasen und damit die Rauhigkeit der Oberfläche größer geworden ist, nimmt die Deflation noch zu, denn die dem Feinmaterial aufliegenden gröberen Komponenten verursachen kräftigere Verwirbelungen. Insofern kann man von einem sich selbst verstärkenden Prozeß sprechen, an dessen Ende ein inaktives, stabiles Wüstenpflaster zurückbleibt.

Schluffe und Tone werden vom Wind aufgenommen, indem sie bei der Saltation durch auftreffende Sandkörner aufgewirbelt werden. Der Aufprall der Sandkörner ist notwendig, um die Kohäsion der Feinteile zu überwinden, die sich in der Regel zu einzelnen Aggregaten zusammenschließen. Sobald Schluffe und Tone einmal in die Atmosphäre gelangt sind, reichen die Turbulenzen, um sie über weite Distanzen zu transportieren.

8.4 Korrasion

Der Sandtransport führt auf Wüstenpflastern häufig zu Phänomenen des **Windschliffs** (**Korrasion**). So sind an Steinen, die der Oberfläche aufliegen, scharfkantige Grate zu beobachten (**Windkanter**; Abb. 8.8). Auf der Luvseite zur bevorzugten Windrichtung wird wie mit einem Sandstrahlgebläse Material abgeschliffen; kippt der Stein oder wechselt die Windrichtung, so ändert sich auch die Angriffsrichtung des korradierend wirkenden Sandes. So entstehen die scharfen, sich verschneidenden 'Kanten' an der Oberfläche der Windkanter.

Größere stromlinienförmig der Windrichtung angepaßte, parallel zueinander verlaufende, bis 10 m hohe und 100 m lange Rücken werden **Yardangs** genannt. Die windzugewandte Luvseite ist typischerweise abgeflacht, die Leeseite ist meist steil ausgebildet.

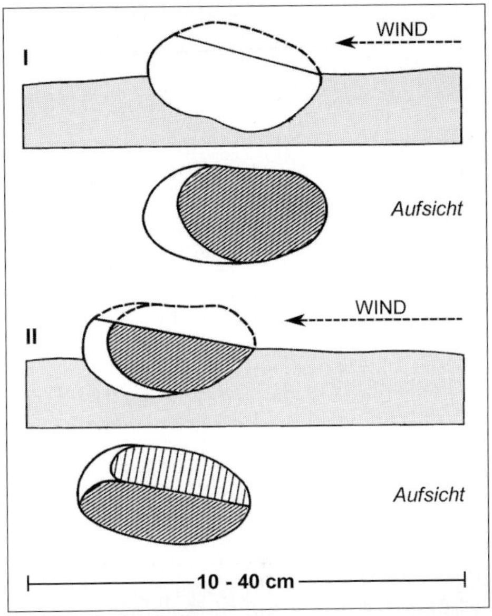

Abb. 8.8 Entstehung von Windkantern (nach WAGNER 1950, aus BUSCH 1986, 68). Durch Korrasion wird die dem Sandstrahl ausgesetzte Oberfläche des Steins abgeschliffen; dadurch entsteht eine glatte Schlifffläche (Bild I). Wenn der Stein kippt, dann kann eine neue Schlifffläche gebildet werden (Bild II).

An Felswänden oder an isoliert auftretenden Einzelfelsen kann man häufig in den unteren 1-2 m **Hohlkehlen** beobachten, die ebenfalls auf Korrasion zurückgeführt werden. Sie wirkt am stärksten, wenn der Wind spitzwinklig zur Oberfläche weht. Beim rechtwinkligen Aufprall wäre die Korrasionswirkung geringer, da der Wind vor dem Hindernis gebremst wird. Vermutlich wird die Korrasion durch Verwitterungsprozesse, insbesondere die Salzverwitterung (s. 5.2.4), begünstigt. Einzeln stehende Felsen mit Korrasionshohlkehlen heißen **Pilzfelsen** (Abb. 8.9) Bei Pilzfelsen aus Sedimentgestein werden häufig die verwitterungsanfälligeren und weniger widerständigen Schichten herauspräpariert.

Abb. 8.9 Pilzfelsen (links) aus Basalt (Teneriffa)

8.5 Transport und Akkumulation von Sand

8.5.1 Transport (Massenfluß). Der größte Anteil des transportierten Sandes wird nahe der Oberfläche bewegt. Die Sandkornkonzentration nimmt mit der Höhe exponentiell ab. Bei Windkanalstudien konnte man feststellen, daß die meisten Körner in 1-2 cm Höhe bewegt werden.

Für anwendungsbezogene Fragestellungen, etwa bei Fragen zur Versandung landwirtschaftlicher Nutzflächen oder Siedlungen, sind quantitative Abschätzungen zum Sandtransport hilfreich. Die klassische Formel geht auf BAGNOLD (1941) zurück.

$$q = \sqrt{\frac{D_p}{D_{PO}}} \cdot \frac{\varrho_L}{g} \cdot C \cdot U_*^3$$

q = Massenfluß ($kg \cdot m^{-1} \cdot s^{-1}$)
C = Sortierungskoeffizient, Maß für die Streuung der Größenverteilung der Sandkörner (1,5 – 3,5)
D_p = mittlerer Durchmesser der Sandkörner (μm)
D_{po} = Durchmesser des Standardsandkorns: 250 μm
ϱ_L = Dichte der Luft (1,293 kg/m^3)
g = Schwerebeschleunigung (9,81 m/s^2)
U_* = Schubspannungsgeschwindigkeit ($m \cdot s^{-1}$)

Ein anderer Ansatz, der sich auf die in einem Zeitraum transportierte Sandmenge bezieht, lautet nach BAGNOLD (1953 in BESLER 1992, 96):

$$Q = \frac{1{,}0 \cdot 10^{-4} \cdot t \cdot (U-16)}{(\log 100z)^3}$$

Q = Sandtransport (kg/m)
t = Anzahl der Windstunden
U = Windgeschwindigkeit (km/h)
z = Höhe der Windmessung ü. Gr. (m)

Beiden genannten Formeln ist gemeinsam, daß die transportierte Sandmenge proportional zur dritten Potenz der Windgeschwindigkeit ist. Messungen des Massenflusses unter natürlichen Bedingungen sind extrem schwierig. Dies steht einer Verifizierung der genannten und ähnlicher, später entwickelter Berechnungsansätze entgegen.

Mittlerweile sind zur Vorhersage der Winderosion verstärkte Anstrengungen unternommen worden, diese ähnlich wie mit der Universal Soil Loss Equation (s. Kasten 7.5) zu quantifizieren. Seit der Mitte der 80er Jahr liegen auch physikalisch basierte Modelle zur Winderosion vor (LANCASTER u. NICKLING 1994).

8.5.2 Akkumulation und Akkumulationsformen. Sand-Akkumulation findet statt, sobald die Transportkapazität des Windes nicht mehr ausreicht, die Körner durch Saltation und Reptation voranzutreiben. Nachlassende Wind- und Schubspannungsgeschwindigkeiten können z. B. durch Deformationen des Windfelds (Hindernisse, Leewirkung etc.) verursacht sein, aber auch durch veränderte Rauhigkeitslängen. Die Akkumulation von Schluffen und Tonen wird im folgenden Kapitel (s. 8.6) behandelt.

Windrippel (s. Abb. 8.1) sind die kleinsten Akkumulationsformen. Sie überziehen Sandoberflächen, über die gleichmäßig wehende Winde hinwegstreichen. Ihre Wellenlängen (Entfernung von Kamm zu Kamm) liegen zwischen wenigen cm und 5 m, ihre Höhen erreichen ca. 50 cm. Die Rippel zeigen einen asymmetrischen Aufbau mit einem etwa 10° geneigten Luvhang und einem steilen Leehang. Ähnlich wie die Rippelmarken in bewegtem Flachwasser (s. 7.3.3) sind

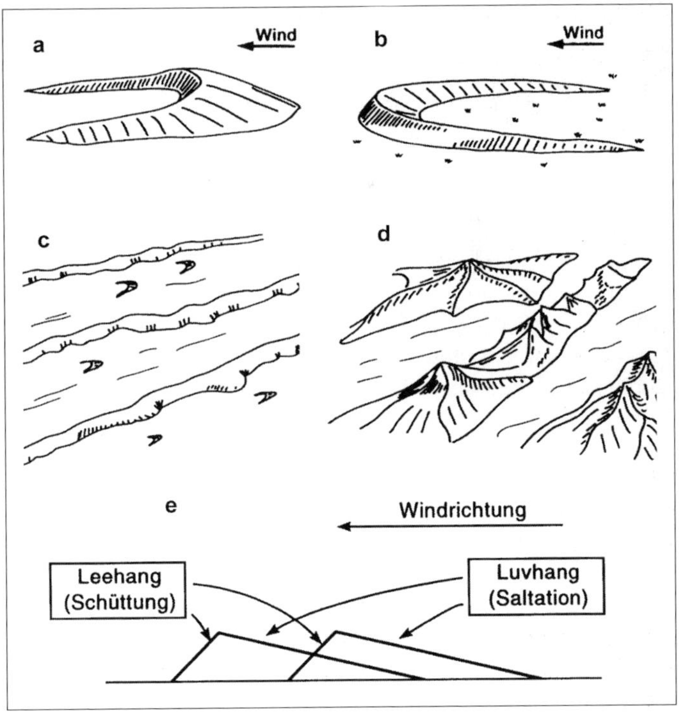

Abb. 8.10
Dünenformen (aus AHNERT 1996, 159; verändert nach COOKE/WARREN 1973, 288-289). a) Barchan, b) Parabeldüne, c) Längsdüne, d) Sterndüne, e) Schema der Dünenverlagerung.

die Windrippel Transportkörper. Reptation ist der entscheidende Transportmechanismus, der die Körner auf den Kamm der Rippel treibt, die gröberen Partikel bleiben bevorzugt in den Vertiefungen liegen. Die Körner fallen oder stürzen den Leehang hinunter und bilden dabei einen ca. 30° geneigten Miniatursteilhang. Vermutlich steht die Wellenlänge in einem ursächlichen Zusammenhang mit der Sprungweite der Einzelkörner bei der Saltation; wichtige Einflußfaktoren sind Windgeschwindigkeit und Korngröße, die ihrerseits den Aufschlagwinkel und die Rippelhöhe steuern (SHARP 1963). Bereits geringe Unregelmäßigkeiten in der überströmten Oberfläche genügen, um Rippelbildung auszulösen.

Von **Dünen** (s. Abb. 8.10) spricht man bei größeren Akkumulationskörpern, deren Wellenlängen zwischen 5 und 500 m liegen; über 500 m große Dünenkörper werden **Draa** genannt. Die Gesetzmäßigkeiten der Dünenbildung sind bisher nicht vollständig geklärt (LANCASTER 1994, 483). Dagegen ist vieles darüber bekannt, welche Einflußfaktoren die Entwicklung der verschiedenen Dünentypen dominieren. Allen Dünen gemeinsam ist, daß an der steilen Leeseite – wie bei den Windrippeln – ständig vorgeschüttet wird und sich ein Schüttungswinkel von etwa 30° – entsprechend dem inneren Reibungswinkel der Sandkörner – einstellt. Der Dünenkamm wandert, ehemalige Kamm- und Leeseitensandkörner geraten so immer mehr in das Innere der Düne, bis sie wieder im Luv ankommen und durch Saltation auf den Kamm getrieben werden (vgl. Abb. 8.10e).

Nach ihrer Form werden Dünen in Barchane, Parabeldünen, Längsdünen und Sterndünen unterteilt (s. Abb. 8.10); diese Dünenformen sind als **freie Dünen** bekannt, im Gegensatz zu den Sandakkumulationen an Hindernissen, den **gebundenen Dünen** (**Leedünen**, **Echodünen**, **Sandrampen**).

Abb. 8.11 Schrägschichtung in Sandsteinen, die aus Dünen hervorgegangen sind (Zion-Nationalpark, USA)

Barchane sind an ihrer gebogenen Form zu erkennen; die Leeböschung ist konkav gekrümmt, die Hörner der Düne wandern schneller als das Zentrum der Düne. Barchane treten meist als Einzelkörper auf. Voraussetzungen für ihre Bildung sind eine glatte Landoberfläche, eine relativ geringe Sandverfügbarkeit und starke Winde aus einer vorherrschenden Richtung. Häufig treten sie verschachtelt auf, kleinere Barchane können größere einholen, so daß sehr komplexe

Formen entstehen (BESLER 1992, 104). **Parabeldünen** weisen ebenfalls eine gebogene Form auf, sie sind jedoch schmal und sichelförmig mit luvwärts zeigenden Hörnern. Daran ist zu erkennen, daß der Mittelteil der Düne schneller wandert. An den Seiten ist der Sandtransport durch erhöhte Rauhigkeit, z. B. durch Sträucher, häufig behindert. **Längsdünen** bilden unter Passateinfluß oft Zehnerkilometer lange Sandwälle mit Kammlinien in NE-SW-Erstreckung. Um eine bevorzugte Richtung schwach alternierende Winde fegen den Sand von beiden Seiten zusammen. Auch korkenzieherartige Luftbewegungen (helikale Turbulenzen) treten auf. Große Formen der Längsdünen heißen **Lineardüne** oder **Draa**, kleine Formen liegen als **Sif** (**Seif**) vor; sie bilden aneinander gereihte gekrümmte Rücken mit wellenförmiger Kammlinie entsprechend der dominanten Windrichtung. **Sterndünen** sind besonders hohe Dünen, die bis über 100 m über die Umgebung aufragen können. Voraussetzung für ihre Bildung sind große Sandmengen und sich überlagernde Windrichtungen. Wenn das Sandangebot sehr groß ist und eine Windrichtung dominiert, bilden sich **Transversaldünen** (**Querdünen**). Daher kommen sie auch häufig an Sandküsten vor. Ihr Name kommt von der Orientierung der zumeist geradlinigen Dünenkämme senkrecht zur Windrichtung. Für alle freien Dünenformen gilt, daß das bewegte Sandvolumen mit der Höhe der Düne steigt; somit ist bei sonst gleichen Randbedingungen und Einflußfaktoren die Wanderungsgeschwindigkeit funktional mit der Dünenhöhe gekoppelt.

8.6 Staubsedimente und Löß

8.6.1 Transport und Sedimentation. Der Transport von Schluffen und Tonen erfolgt in Suspension. Bei nachlassender Turbulenz fallen sie aus und überdecken weite Flächen. Dies passiert, wenn die durch die Luftwirbel erzeugte Schubspannungsgeschwindigkeit unter die **Sinkgeschwindigkeit** der Körner abfällt. Diese kann nach dem **Stoke'schen Gesetz**

$$U_S = \frac{(\varrho_P - \varrho_L) \cdot g \cdot D^2}{18 \cdot \mu}$$

U_s = Sinkgeschwindigkeit (m/s)
ϱ_P = Dichte der Partikel ($kg \cdot m^{-3}$)
ϱ_L = Dichte der Luft ($kg \cdot m^{-3}$)
g = Schwerebeschleunigung (9,81 m/s^2)
μ = dynamische Viskosität der Luft ($1{,}8 \cdot 10^{-5}\ kg \cdot m^{-1} \cdot s^{-1}$, bei 20 °C)
D^2 = Quadrat des Korndurchmessers (m^2)

berechnet werden (VON ENGELHARDT 1973). Eine durch niedrigwüchsige Vegetation (Sträucher, Gräser) vergrößerte Rauhigkeit der überströmten Oberfläche fördert die Sedimentation. Neben der **trockenen Deposition** ist auch die **nasse Deposition**, das Auswaschen der Stäube in der Atmosphäre durch Niederschläge möglich.

Stäube können über weite Distanzen verfrachtet werden. Von feinkörnigen, vulkanischen Aschen ist bekannt, daß sie **lange Transportdistanzen** zurücklegen (s. 3.3.4). In Mitteleuropa und Nordamerika sinken gelegentlich Sahara-Stäube nieder, die besonders gut auf Autodächern als brauner Überzug zu erkennen sind. Sie machen hier nur einen Teil der Stäube der ohnehin geringen Staubsedimentation aus und sind quantitativ vernachlässigbar gering, so daß noch nicht von Sedimentation im geomorphologischen Sinne zu sprechen ist.

Depositionsraten für Staubsedimente übertreffen auch in dem für Staubsedimente berühmten Lößgebiet Chinas (s. 8.6.2) selten einige mm/a (DERBYSHIRE 1983). Entsprechend ist zum Aufbau mächtiger Staubsedimente eine lange Bildungsdauer anzusetzen. Lösse liegen – im Unterschied zu Dünensanden – als ungeschichtete Sedimente vor.

8.6.2 Lößzusammensetzung und Lößverbreitung. Löß ist ein terrestrisches äolisches Schluffsediment (PYE 1987), das hauptsächlich aus **Quarzkörnern** besteht. Hinzu kommen weitere, in ihren Anteilen stark variierende Minerale wie **Feldspäte**, **Glimmer**, **Tonminerale** und **Karbonate**. Die große Variationsbreite der Lößzusammensetzung hängt mit der Heterogenität des Ausgangsmaterials der äolisch verfrachteten Partikel zusammen, die nach ihrer Ablagerung den Löß bilden. Die Sedimentation erfolgt schichtungslos; am stärksten ist die Kornfraktion 10 – 50 µm vertreten (vgl. Abb. 15.4); die Einzelkörner liegen orientierungslos vor und ergeben eine lockere Lagerung. Derart entstandene Sedimente werden als typische oder **primäre Lösse** bezeichnet. Bevorzugte **Liefergebiete** sind trockengefallene Gerinnebetten von Flüssen, die Sedimente trockengefallener Seen, Sebchas (Salztonebenen),

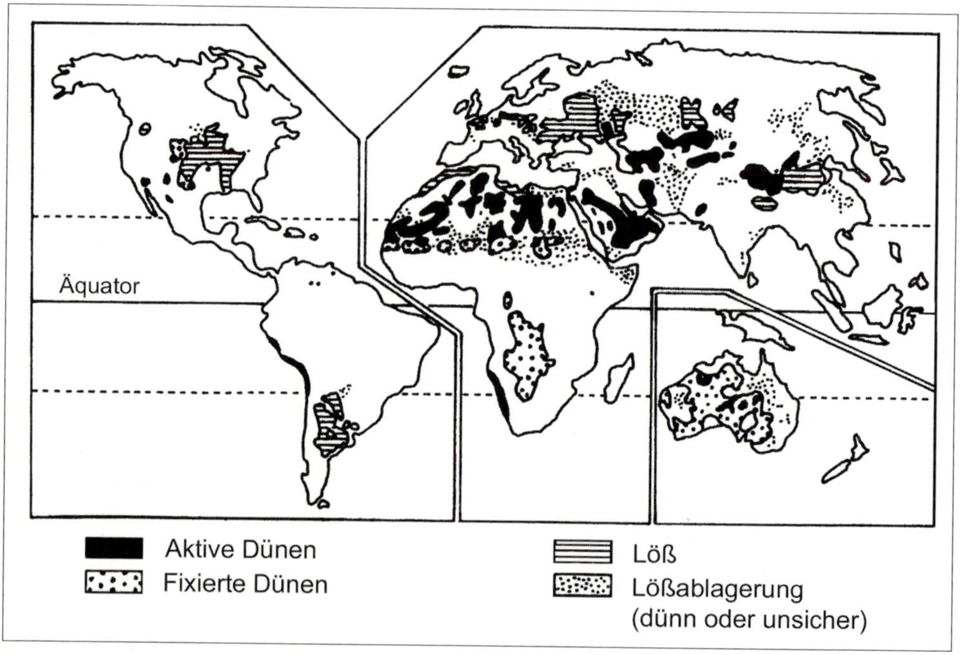

Abb. 8.12 Globale Verbreitung von Löß und Dünen (nach verschiedenen Quellen, aus BESLER 1992, 90)

Schwemmfächer und wiederum die Lößgebiete selbst. Korngrößengemische aus Schluff sowie Sand-Gemische, jedoch mit geringen Tonanteilen sind besonders anfällig für die Deflation. Primäre Lösse erweisen sich als sehr standfest und können an Talflanken und in Hohlwegen steile Lößwande bilden. Durch Erosion in primärem Löß können meterhohe Lößschluchten entstehen. Vom primären Löß ist der Sekundärlöß zu unterscheiden, der durch Umlagerung (Abspülung, Solifluktion, Bodenerosion) entsteht.

Löß ist ein weit verbreitetes Staubsediment der Außertropen, das in Nordamerika, Eurasien und Südamerika in großen zusammenhängenden Arealen vorkommt (Abb. 8.12). Etwa 10% der Kontinentflächen sind von mindestens 1 m mächtigem Löß bedeckt. Die größten **Lößmächtigkeiten** sind aus China bekannt; dort liegt er in bis zu mehreren hundert Meter mächtigen Ablagerungen vor. Dagegen erreichen die maximalen Mächtigkeiten in den anderen Verbreitungsgebieten nur einige Dekameter. Auffallend ist das weltweite Verbreitungsmuster der Lösse: sie kommen bevorzugt südlich der pleistozänen Eisrandlagen vor und sind dort als **reliktische** Sedimente anzusprechen (s. Kästen 8.1 und 8.2). Während der quartären Kaltzeiten (s. 15.1) standen im Periglazialgebiet (s. 10.1) genügend sedimentliefernde Ausblasungsgebiete zur Verfügung; nach dem Transport wurde die Lösse zwischen Gräsern der damaligen Tundren abgesetzt. Auch die **rezenten Lösse**, z. B. in China, kommen bevorzugt in der Nähe ausgedehnter Trockengebiete vor. Lösse überdecken das ursprüngliche Relief weitflächig, sie werden bevorzugt in Leelagen und in Hohlformen abgesetzt. So werden Höhenunterschiede ausgeglichen und Geländekanten geglättet.

Kasten 8.1 Löß in Mitteleuropa

In Mitteleuropa ist der Löß ein weit verbreitetes und wichtiges Sediment; die Hauptmasse des Lösses ist während des Hochglazials der Weichsel- oder Würm-Vereisung (s. Tab. 15.1) abgelagert worden; daneben gibt es Lösse aus der Saale- oder Riß-Kaltzeit. In Mächtigkeiten von 1 bis 2 m kommt er in den Bördenlandschaften nördlich der Mittelgebirge (‚Lößbörden'; vgl. Abb. 15.1) sowie in Grabensenken (z. B. Oberrheingraben) vor; dort ist der Löß das wichtigste bodenbildende Substrat, aus dem sich im Holozän Parabraunerden, Pseudogley-Parabraunerden und Schwarzerden entwickelt haben. In geschützten Lagen (Talflanken in Leelage, morphologische Becken und Senken) können die Lösse Mächtigkeiten bis 20 m erreichen (z. B. Kaiserstuhl, südliche Niederrheinische Bucht). Unverwitterter Löß ist in der Regel kalkhaltig; in Mitteleuropa sind die Lößböden meist bis in unterschiedliche Tiefen entkalkt (häufig 1-2 m Tiefe); die Entkalkungstiefe hängt u. a. vom primären Kalkgehalt und vom Klima (Sickerwasserhöhe) ab. Im Unterboden mächtiger Lösse treten verbreitet Kalkkonkretionen auf, die durch Kristallisation aus dem ausgewaschenen Calciumcarbonat entstanden sind. Wenn sie als harte, nierenförmige, fingergroße Konkretionen vorliegen, werden sie als Lößkindel bezeichnet. Kalkhaltigen Löß findet man außerdem an Erosionsstandorten nahe der Oberfläche (vgl. Kasten 7.4).

In den Randzonen der Verbreitungsschwerpunkte der Lösse nimmt die Lößmächtigkeit ab, und die Lösse liegen überwiegend als durch Abspülungsprozesse (spülaqua-

tische Denudation) umgelagerte, sogenannte **Schwemmlösse** vor. Diese Umlagerung fand noch während feuchter Abschnitte der Kaltzeiten statt, häufig zeitlich parallel zur Lößsedimentation.
Lößschleier und Lößbeimengungen kommen in periglazialen Decklagen bis in hohe Lagen der Mittelgebirge vor (s. Kasten 14.2); zwar sind diese äolischen Beimengungen auf vielen geologischen und Bodenübersichtskarten nicht eingetragen, doch sie wirken sich positiv auf die Eigenschaften und Nutzungspotentiale der Böden aus. Die hohe natürliche Bodenfruchtbarkeit der äolischen Lösse ist eine Folge der mineralogischen Zusammensetzung und der guten hydrologischen Eigenschaften. Die verwitterbaren Restminerale, vor allem Feldspäte und Calciumcarbonat, sorgen für eine langsame und stetige Freisetzung von Pflanzennährstoffen (Nährstoffnachlieferung), und als Folge der günstigen Korngrößenzusammensetzung (vgl. Abb. 15.4) besitzen Lösse in der Regel hohe Speicherfähigkeiten für pflanzenverfügbares Bodenwasser (hoher Anteil an Mittelporen; hohe nutzbare Feldkapazität).
Die Schwemmlösse sind nicht so locker gelagert wie die **äolischen Lösse**. Ihre physikalischen Eigenschaften sind für die landwirtschaftliche Nutzung nicht ganz so günstig.

Kasten 8.2 Lösse als Archive der Landschaftsentwicklung

Mächtige äolische Lößprofile in abtragungsgeschützten Geländepositionen können als Archive der Landschaftsentwicklung (vgl. 14.3.2) ausgewertet werden: Phasen mit Lößsedimentation wechselten mit Bodenbildungsphasen (s. 5.4.2); je nach Dauer und Klimagunst konnten sich so aus den zuvor abgesetzten Lössen durch Entkalkung, Humifizierung, Verbraunung oder Tonverlagerung unterschiedliche Böden entwickeln. Nach Klimaverschlechterung wurden die Böden durch erneute Lößsedimentation wieder überdeckt und dadurch zu fossilen Böden. Die Abbildung bildet ein regionales Beispiel für die zahlreichen, weltweit in allen Lößgebieten erarbeiteten Lößstratigraphien. Naßgleye werden als Anzeichen für Tundrenklima gedeutet. Mächtige Humuszonen konnten während Phasen mit kontinentalem Steppenklima entstehen; die organische Substanz aus abgestorbenen Gräsern reicherte sich an und wurde durch die Bodenfauna mit dem Löß vermischt (Steppenböden, Schwarzerden). Für die Braunerde- und Parabraunerdeentwicklung ist längere Klimagunst Voraussetzung, die der heutigen Warmzeit ähnlich ist, denn es müssen die Prozesse der Verwitterung mit Tonmineralneubildung, die Entkalkung, pH-Absenkung und Tonverlagerung ablaufen. Vulkanische Tuffe lassen sich mit den bekannten und datierten Vulkanausbrüchen (z. B. in der Eifel) parallelisieren. Durch verschiedenste Methoden der absoluten Altersdatierung (s. 14.2.3) ist es heute möglich, die Klima- und Landschaftsentwicklung nicht nur in ihrer relativen Abfolge, sondern auch zeitlich präzise zu erfassen. C^{14}-Datierung ist an humosen Substanzen, z. B. in fossilen Ah-Horizonten und Humuszonen möglich; ein neues Verfahren stellt die Thermolumineszenz-Methode dar.

Lößprofil mit fossilen Böden (Ziegeleigrube Bad Soden, südliches Taunusvorland; nach SEMMEL 1994, 54)

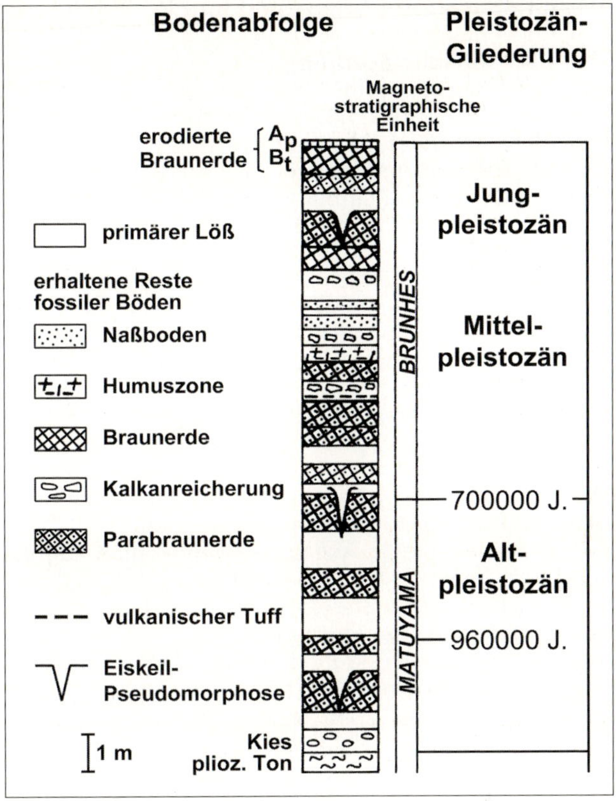

Lößprofil mit fossilen Böden (Ziegeleigrube Bad Soden, südliches Taunusvorland; nach SEMMEL 1994, 54)

Kasten 8.3 Literaturauswahl zur Ergänzung und Vertiefung des Kapitels 8

- **Sandtransport und äolische Formung**

allgemeine Literatur und Aufsatzsammlungen: BAGNOLD 1941, 1953, 1980 (klassische Arbeiten zum Sandtransport), BLÜMEL 1997 (Kongreßband, äolische Dynamik), HASSENPFLUG 1998 (Bodenerosion durch Wind), BESLER 1992 (Lehrbuch), BESLER 1996 (Dünensande), LANCASTER 1994 (Dünen, Formen u. Dynamik), LANCASTER u. NICKLING 1994 (äolischer Sedimenttransport), LIVINGSTONE u. WARREN 2007 (äolische Formung), PYE 1994 (Aufsatzsammlung zum Sedimenttransport), LIVINGSTON 1999 (Kongreßband zur äolischen Formung)
Fallstudien und spezielle Themen: BESLER 2000 (Dünen als Klimaarchive), LITTMANN u. GINTZ 2000 (Fallstudie Negev, Israel), LITTMANN u. SCHMIDT 1989 (S-Marokko), NITZ 1965 (Windkanter Altmoräne), RADTKE 1998 (Datierung von Dünensanden in Deutschland), HÖLLERMANN 1997 (Kalksanddünen, Kanarische Inseln), LOPEZ 1998 (Winderosion auf Ackerflächen, NE-Spanien)
geomorphologische Prozeßkombinationen in Trockengebieten: siehe Kasten 11.1
Dünen und Flugsande in Mitteleuropa: siehe Kasten 15.3

- **Staubsedimente und Löß**

PYE 1987 (Staub u. Staubsedimente), PECSI u. RICHTER 1996 (Löß-Monographie), LIU u. DING 1998 (Löß, China), ROST 1997 (Lösse in chines. Gebirgen), LU u. SUN 2000 (Herkunft chinesischer Lösse), MAHANEY u. ANDRES 1991 (Herkunft d. Quarzkörner im Löß), SMALLEY 1980 (Löß-Bibliographie)
Lößstratigraphie: PECSI 1979 (Lößstratigraphie), PECSI u. SCHWEITZER 1995 (Lößstratigraphie), ROUSSEAU et al. 1998 (Lößstratigraphie), KOSTIC u. PROTIC 2000 (Lößstratigraphie, Serbien), BRONGER 1999 (Löß-Paläoböden-Sequenzen Zentralasiens)
Lösse in Mitteleuropa: siehe Kasten 15.3

9 Formung durch Gletscher und Schmelzwässer

Abb. 9.1 Suldenferner unterhalb der Königs-Spitze (Ortlergruppe, Südtirol, Italien)

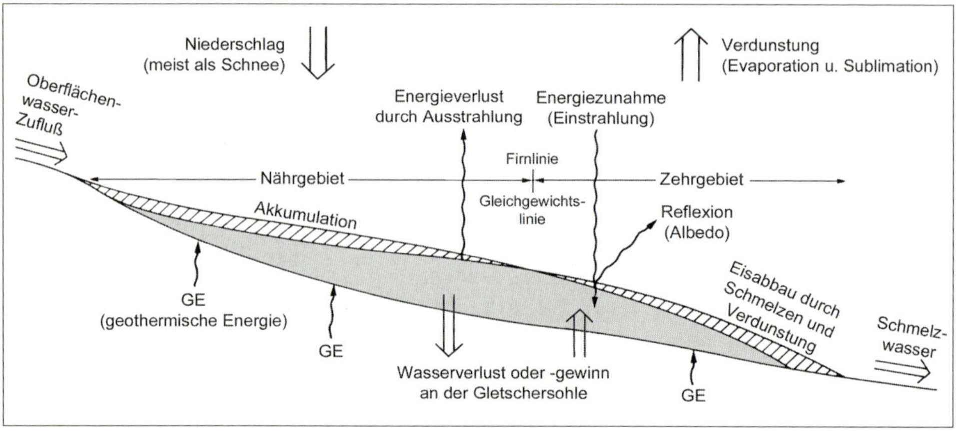

Abb. 9.2 Schematische Darstellung des Energie- und Massenhaushalts eines Gletschers (nach THOMPSON et al. 1986, 198)

Etwa drei Viertel des Süßwassers der Erde ist in den Gletschern gespeichert; sie bedecken etwa 10% der Erdoberfläche. Im unmittelbaren Umfeld der Gletscher, am Eisrand, wird die Morphodynamik offensichtlich entweder direkt vom vorrückenden oder abschmelzenden Eis bestimmt oder indirekt durch das Schmelzwasser geprägt. Der Beobachtung weitgehend entzogen ist dagegen das geomorphologische Geschehen unter dem Eis. Erst wenn Gletscher abschmelzen, geben sie das Gelände frei und somit Gelegenheit, die Wirkung des Eises und der Schmelzwässer auf die Erdoberfläche zu studieren. Während der großen Vereisungen des Pleistozäns besaßen die Gletscher eine um mehr als das dreifache größere Ausdehnung (44,4 Mio km^2) gegenüber heute (14,9 Mio km^2); sie haben das Relief ausgedehnter Landoberflächen Eurasiens und Nordamerikas geprägt. Nach dem Abschmelzen der Eismassen haben die Gletscher ein glaziales Relief mit den zugehörigen Sedimenten hinterlassen.

9.1 Gletscherentstehung, Massenbilanz

Gletscher sind Eismassen, die aus festem Niederschlag entstanden sind und dem Gefälle des Untergrundes folgend hangab- und talauswärts fließen. Sie bilden sich dort, wo über lange Zeiträume mehr fester Niederschlag fällt als durch **Ablation** (Abschmelzen und Sublimation) verlorengeht. Die Schneedecke unterliegt vielfältigen Umwandlungsprozessen, die unter der Sammelbezeichnung **Metamorphose** zusammengefaßt werden. Lockerer **Neuschnee** besitzt ein hohes Porenvolumen (Tab. 9.1); durch Temperaturwechsel um den Gefrierpunkt, durch die Auflast neuer Schneelagen und einsickerndes Schmelzwasser sinkt in der **Altschneedecke** das Porenvolumen bis auf 50%. Dabei werden die Schneekristalle durch Körner ersetzt. Die größeren Körner wachsen auf Kosten der kleineren wegen des Dampfdruckgefälles über den stark gekrümmten, kleineren Körnern zu den schwach gekrümmten groben Körnern. Aus Altschnee wird **Firn** mit einem Porenvolumen zwischen 20-50% und schließlich bläuliches **Gletschereis** mit vernachlässigbar kleinem lufterfüllten Porenvolumen.

Tab. 9.1 Lagerungsdichten und Porenvolumina von Schnee, Firn und Eis (aus WILHELM 1987, 110)

Schneeart/ Firn/Eis	Dichte in kg · m^{-3}	Porenvolumina in %
Neuschnee/ Pulverschnee	30 – 60	97 – 93
Neuschnee/ windgepackter Schnee	60 – 300	93 - 67
Altschnee	200 - 550	78 – 50
Firn	400 – 800	56 – 20
Eis	917	0

Firn ist als Altschnee definiert, der mindestens eine Ablationsphase überdauert hat. In einem Gletscher trennt die **Gleichgewichtslinie** das **Nährgebiet** (das Akkumulationsgebiet des Gletschers) vom **Zehrgebiet** (Abb. 9.2). Im Nährgebiet überwiegt der Gletscheraufbau durch Schneefall, Firn und Eisbildung gegenüber der Ablation; die **Massenbilanz** (**Eisentstehung** minus **Ablation**) ist positiv. Definitionsgemäß ist an der Gleichgewichtslinie die Massenbilanz ausgeglichen; so wie sie gletscheraufwärts zunimmt, sinkt sie in Annäherung an die Gletscherstirn. Da nur an wenigen Gletschern Massenhaushaltsuntersuchungen durchgeführt werden können, wird oft die leichter zu ermittelnde klimatische Schneegrenze als Ersatz für die Gleichgewichtslinie herangezogen. Zur Bestimmung der Schneegrenze sind eine Vielzahl von Methoden entwickelt worden; in etwa entspricht die über mehrere Jahre gemittelte Gleichgewichtslinie der Schneegrenze. Bei **stationären Gletschern**, deren Massenbilanz über mehrere Jahre ausgeglichen ist, die also weder vorstoßen noch abschmelzen, beträgt das Verhältnis zwischen der Fläche des Nährgebietes und Zehrgebietes etwa 2 zu 1.

Gletscher entstehen nur dann, wenn oberhalb der klimatischen Schneegrenze ausreichend große, schwach geneigte Flächen existieren, auf denen sich Schneeniederschlag akkumulieren und durch Metamorphose und Eisbildung zu Gletschereis werden kann.

9.2 Gletschertypen

Eine Typisierung der Gletscher läßt sich nach ihrer Beziehung zum unterlagernden Relief vornehmen. **Deckgletscher** überziehen mit ihrer geschlossenen Eisdecke Höhen und Tiefen eines Reliefs. Zu den Deckgletschern gehören das Inlandeis, die Eiskappen und die Plateaugletscher. Das **Inlandeis** der Antarktis und Grönlands umfaßt in riesigen zusammenhängenden Eismassen 95% der auf der Erde vorkommenden Gletscher. Es legt sich als mächtiger Eispanzer über die Kontinentflächen. Einzelne aus der Eisoberfläche herausragende Gipfel werden als **Nunatakker** bezeichnet. Sie sind durch Gletschererosion an ihren Flanken übersteilt worden. **Eiskappen** (**Eisschilde**) sind inlandeisähnliche mächtige Deckgletscher auf kleinerer Fläche. Wenn Randbereiche eines Inlandeises auf dem Meer aufschwimmen, wird es zum **Schelfeis**. Von der Eismasse abgelöste Teile driften als **Eisberge** mit der Meeres-strömung in wärmere Bereiche und schmelzen dabei ab. Eiskappen kommen auf Inseln in den Polarmeeren, aber auch auf Gebirgsstöcken vor. So rechnet man den Vatnajökull (Island), mit 8.400 km^2 der größte Gletscher Europas, zu diesem Gletschertyp (größte Mächtigkeit 1000 m). Noch kleinere Dimensionen erreichen die **Plateaugletscher** (besser: **Plateaueiskappen**) (Abb. 9.3). Ihre Eismächtigkeit ist geringer, und sie überdecken wellige Hochflächen. Ihre Ränder sind meist durch kleine Gletscherzungen gekennzeichnet, die an den Bergflanken hängen oder durch Täler abströmen. Besonders häufig findet man diesen Gletschertyp auf den norwegischen Fjell-Hochflächen (norwegischer Typus der Vergletscherung). Der größte dieser Plateaugletscher Norwegens (besser: Plateaueiskappe) ist der Jostedalsbre (70 km Längs- und 13 km Breitenerstreckung).

An steiles Gelände sind die **Talgletscher alpinen Typs** gebunden; kennzeichnend ist eine kilometerlange Gletscherzunge. Gletscherfreie Bergspitzen und Grate überragen die Nährgebiete dieser Gletscher. Einzelne Talgletscher können sich zu einem **Eisstromnetz** zusammenschließen, wenn das Eis so mächtig wird, dass es über Pässe hinweg in das benachbarte Talsystem überfließen kann. Ein bekanntes Beispiel sind die Gletscher in den St. Elias Mountains im südlichen Alaska und Kanada. Wenn Talgletscher weit in das Gebirgsvorland vorstoßen und sich dort zu einer zusammenhängenden Eismasse verbinden, spricht man von einem **Vorlandgletscher**. **Kargletscher** sind Gletscher, die aus Gletscherflecken und Firnmulden entstehen. Kleinflächige Gletscher werden **Nischengletscher** genannt.

Abb. 9.3 Der Nigardsbre (Norwegen) ist eine Gletscherzunge, die vom Plateaugletscher Jostedalsbre (oben) Eisnachschub erhält. Die oberhalb der Gletscherzunge anschließenden, hellgrauen Felswände belegen eine frühere, größere Eismächtigkeit; den Vordergrund bildet eine Rundhöckerflur

9.3 Gletscherbewegung

Für das menschliche Auge nicht wahrnehmbar bewegen sich Gletscher mit unterschiedlichen Geschwindigkeiten und Bewegungstypen. Bei den Alpengletschern liegen typische **Fließgeschwindigkeiten** zwischen 30 und 150 m/Jahr. Bei Gletschern im Himalaya wurden Geschwindigkeiten zwischen 500 und 1500 m jährlich gemessen (2–4 m täglich), und die Gletscher am Rande des grönländischen Inlandeises zeigen Geschwindigkeiten zwischen 3 und 10 km jährlich (10–30 m/Tag) (BUSCH 1986, 44). Gletscherbewegung und Gletscherbewegungsgeschwindigkeit hängen eng mit dem Massenhaushalt zusammen. In Abhängigkeit von der Eismächtigkeit, seinen physikalischen Eigenschaften und dem Gefälle gerät Gletschereis in Bewegung. Die Bewegung ist dabei zunächst an die Verformbarkeit der Eiskristalle gebunden; sie ist am besten durch plastisches Fließen charakterisierbar. Nach dem Gesetz von GLEN steigt die **Deformationsgeschwindigkeit** mit der Schubspannung:

$$e = A \cdot \tau^n$$

e = Deformationsgeschwindigkeit (m/s)
τ = Schubspannung (N/m^2)
A = temperaturabhängige Konstante ($m^2 \cdot s/kg$)
n = empirischer Exponent (–)

Die Konstante A sinkt mit abnehmender Temperatur des Eises. Eis mit Temperaturen von 0° C fließt etwa 100 mal schneller als Eis mit Temperaturen von -13 °C. Da die Schubspannung mit zunehmender Gletschermächtigkeit anwächst, wird verständlich, daß die höchsten Deformationsraten am Boden des Gletschers auftreten. Das Fließgesetz steht in Einklang mit Beobachtungen, denen zufolge Gletscher auf Mächtigkeitszunahmen mit erhöhter Fließgeschwindigkeit reagieren. In einer Art Selbstregulation nimmt dadurch die Mächtigkeit rasch ab.

Gletscherspalten sind der an der Eisoberfläche sichtbare Ausdruck von Scherspannungen im Eis. Sie resultieren aus Unterschieden der Fließgeschwindigkeit des Eises. Die Spalten erreichen nur in sehr kalten Gletscher 30-50 m Tiefe, denn mit zunehmender Mächtigkeit (Auflast) reagiert Eis nicht mehr spröde, sonder plastisch. Je nach Druck- und Zugbeanspruchung *(compressional und extensional flow)* werden typische Spaltenmuster ausgebildet. **Querspalten** reißen über Gefällsstufen des Untergrunds an der Oberfläche auf; sie werden nach der Überwindung der Gefällsstufe wieder geschlossen. An besonders hohen Stufen zerbricht das Gletschereis in große Schollen (**Gletscherbruch**, **Séracs**; Abb. 9.1). **Randspalten** zeigen Geschwindigkeitsunterschiede zwischen dem schneller bewegten Eis in der Mitte eines Gletschers und dem langsameren Eis an den Rändern (geringere Eismächtigkeit, Festfrieren am Untergrund). **Radialspalten** (Fiederspalten) sind für die Gletscherzunge typisch.

Schmelzwasser tritt auf, im und unter dem Gletscher auf. Das Schmelzen und Wiedergefrieren von Eis bzw. Wasser ergibt sich aus der Überlagerung verschiedener Prozesse des Wärmehaushalts, welche die Temperatur des Eises und Wassers steuern. Hierzu gehören die Energiezufuhr und -abgabe an der Eisoberfläche durch Strahlung, der Luftmassenaustausch über der Eisoberfläche sowie in Spalten, das Eindringen von Sickerwasser (Schmelzwasser und Regenniederschlag) in den Gletscher sowie der geothermische Wärmefluss, also die Zufuhr von Erdwärme, vor allem in vulkanisch aktiven Gebiete (z. B. Island). Durch das Eigengewicht des Gletschers sinkt an dessen Basis der Schmelzpunkt des Eises um etwa 0,06 °C pro 100 m (Ahnert 1996, 327). Diese auflastbedingte Schmelztemperatur wird **Druckschmelzpunkt** genannt. Der Druckschmelzpunkt liegt bei 2500 m Eismächtigkeit um -1,6 °C.

In **warmen (temperierten) Gletschern** liegt die Temperatur des Eises in der Nähe des Druckschmelzpunktes. Sie sind vor allem in den Mittelbreiten und Tropen verbreitet und produzieren ganzjährig Schmelzwasserabflüsse. Durch den niedrigen Druckschmelzpunkt entsteht an der Gletschersohle ein Wasserfilm, der keineswegs geschlossen, sondern flecken- und streifenförmig auftritt. Er begünstigt die Eisbewegung. Selbst kleinere Unebenheiten an der Gletschersohle können zu Temperaturschwankungen um den Druckschmelzpunkt führen. Die Folge davon sind Schmelzen und Wiedergefrieren (**Regelation**). Bewegt sich ein warmer Gletscher über Lockermaterial, dessen Poren wassergesättigt sind, so wird die Rauhigkeit an der Gletschersohle herabgesetzt und damit eine relativ hohe Fließgeschwindigkeit ermöglicht. Dabei wird die subglaziale Reliefoberfläche geformt (*soft deformation*).

Auf Klimamodifikationen und Klimaänderungen reagieren warme Gletscher mit Vorstößen oder Abschmelzen. Allerdings verbietet sich eine einfache Korrelation zwischen Jahreswerten der Temperatur und des Niederschlages mit der Veränderung der Lage der Gletscherzunge oder des Gletscherrandes. Je nach Größe des Gletschers und lokalen Besonderheiten ist von Reaktionszeiten zwischen wenigen Jahren und Jahrzehnten bis zu Jahrtausenden im Falle des Inlandeises zu rechnen. Spektakuläre Gletschervorstöße werden als *surges* bezeichnet. *Surges* treten periodisch mit Wiederkehrintervallen zwischen 15 und 100 Jahren offenbar immer dann auf, wenn ein kritischer Grenzwert überschritten ist, der den Gletscher instabil werden läßt. Neben einer bis zum fünffachen erhöhten Fließgeschwindigkeit des Eises wird bei manchen Gletschern lediglich die Mächtigkeitszunahme des Gletschers an der Gletscherstirn beobachtet (Summerfield 1991, 267).

Kalte Gletscher mit Eistemperaturen deutlich unter dem Druckschmelzpunkt sind für die Polargebiete typisch. Das Eis ist an der Gletschersohle angefroren, es reagiert spröde auf Druck – und Zugbeanspruchung. Blockbewegungen kennzeichnen den Eistransport.

9.4 Glaziale Erosion und Exaration

Die Erosion im Verbreitungsgebiet der Gletscher ist im wesentlichen auf zwei Prozesse zurückzuführen:

- Ähnlich wie das fließende Wasser übt auch das fließende Eis eine Schubspannung (s. 7.3.2 u. 6.2) auf den Untergrund aus. Das Verhältnis von Schubspannung zu Scherfestigkeit (Widerständigkeit) des überfahrenen Materials sowie die Schuttführung der Gletscherbasis bestimmen hauptsächlich die Abtragungsrate.
- Daneben sind am Grunde des Gletschers fließende Schmelzwässer, die häufig unter hydrostatischem Druck stehen, an der Erosion beteiligt (**subglazifluviale Erosion**).

Die durch das bewegte Gletschereis ausgeübte **Schubspannung** wächst entsprechend der folgenden Gleichung mit der Eismächtigkeit und mit dem Winkel der inneren Reibung:

$$\tau = (\varrho \cdot g \cdot h - b) \cdot \tan \varphi$$

τ = Schubspannung (N/m^2)
ϱ = Dichte des Eises (kg/m^3)
g = Schwerebeschleunigung (m/s^2)
h = Eismächtigkeit (m)
b = Wasserdruck an der Gletscherbasis im Untergrund (N/m^2)
φ = Winkel der inneren Reibung (im Untergrundmaterial) (–)

Durch Schmelzwasser zwischen Gletscherbasis und Untergrund wird die Schubspannung herabgesetzt. Wenn die Schubspannung die Kohäsion zwischen Eis und Gesteinspartikeln übertrifft, dann ist nach theoretischen Überlegungen (BOULTON 1979) damit zu rechnen, daß die Gesteinspartikel vom Eis umschlossen werden und die Erosion nachläßt. Dagegen ist die Abtragungsrate von reinem Eis gering. In Formeln kann die Bedeutung des vom Gletscher mitgeführten Schuttmaterials kaum quantitativ ausgedrückt werden.

Steine und Blöcke wirken als Schleifmittel auf den Untergrund. Wichtig für die Gletschererosion ist daher die ständige Zufuhr von neuem Gesteinsmaterial an die Gletscherbasis. Die schleifende Wirkung des Eises auf den Untergrund wird als **Detersion** bezeichnet. Dabei entstehen auch auf felsigen Erhebungen polierte Gesteinsoberflächen (Abb. 9.3), die wegen ihrer charakteristischen Form als **Rundhöcker** bezeichnet werden. Sie steigen auf der gegen den Eisstrom gerichteten Seite meist sanft an, auf der ihm abgekehrten fallen sie steil ab. In den Abtragungsgebieten des nordamerikanischen und skandinavischen Inlandeises, aber auch auf Talböden, die ehemals von alpinen Gletschern geformt wurden, kommen ausgesprochene Rundhöckerfluren vor. Charakteristisch sind Ritzungen und Striemungen der polierten Felsoberfläche, aus der die Fließrichtung des Eises rekonstruiert werden kann (Abb. 9.4). Die steiler abfallenden Leeseiten der Rundhöcker verdanken ihre Form der herausbrechenden Tätigkeit des Eises (**Detraktion**). Die flachen aufsteigenden Luvseiten der Rundhöcker können eine Druckschmelzpunkterniedrigung bewirken, weil durch das Hindernis der Fließquerschnitt des Eises eingeengt wird; ein feiner Wasserfilm überzieht das Gestein, wirkt als Schmiermittel, und das Eis gleitet über die Felsoberfläche hinweg. Das überfahrene Gestein besitzt in der Regel Klüfte, die bereits vor der Eisüberfahrung durch Druckentlastung (s. 5.2.1) entstanden sind und

Abb. 9.4 Gletscherschliff am Findelengletscher (Wallis, Schweiz) (Foto: J. Herget). Aus der Striemung der polierten Felsoberfläche (Gletscherschrammen) kann man die Bewegungsrichtung des Eises rekonstruieren.

durch Spaltenfrost (Frostsprengung) erweitert werden können. Ein Teil des Wassers dringt durch diese vorgegebenen Klüfte zur Rückseite des Hindernisses (Rundhöcker), wo sich der Druckschmelzpunkt wieder erhöht und das Wasser am Gestein anfriert. Dadurch treten Zugspannungen auf, die das Herausbrechen großer Gesteinsblöcke verursachen. Den Prozeß des Auftauens und Wiedergefrierens bezeichnet man als **Regelation**. **Exaration** (lat. exarare = auspflügen) ist ein Teilprozeß der Glazialerosion im Bereich der Gletscherstirn; dabei wird Lockergesteinsuntergrund ausgeschürft oder zusammengeschoben (vgl. 9.5.2).

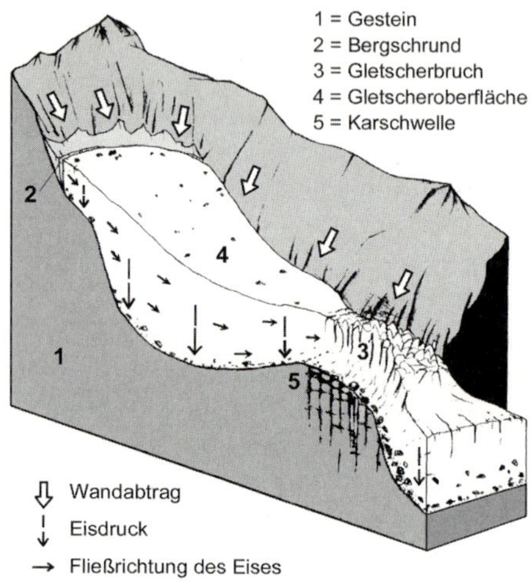

Abb. 9.5 Schema eines Kargletschers (nach LESER u. PANZER 1981)

9.5 Glaziale Abtragungsformen

Die Formung des subglazialen Reliefs wird auch durch die Beschaffenheit des Untergrundes geprägt. Während vom Eis überfahrene Lockermaterialien vorwiegend Formen zeigen, die an glaziale und glazifluviale Sedimente gebunden sind, existiert in Festgesteinslandschaften eine große Fülle von Erosionsformen. Sie können in Anlehnung an SUGDEN u. JOHN (1976) nach ihrer Größe und den dominanten Prozessen klassifiziert werden. Vereinfachend kann zwischen Formen unterschieden werden, die im Gebirge durch alpine Talgletscher entstanden sind, und solchen, die in Landschaften vorkommen, die großflächig vom Inlandeis überfahren worden sind.

9.5.1 Glaziale Abtragungsformen im Gebirgsrelief. Die vom Eis freigegebenen Ursprungsmulden von Hanggletschern nennt man **Kare** (Abb. 9.5; s. 9.2). Durch die Versteilung der Hänge und Vertiefung des Bodens in Firnmulden bildet sich allmählich eine lehnsesselförmige Hohlform mit steilen Rück- und Seitenwänden. „Der Karboden, muldenförmig ausgetieft, steigt zur Karschwelle wieder an. [...] Greifen mehrere Kargletscher einen Berg von verschiedenen Seiten an, kann dies zur Ausprägung pyramidenartiger Gipfel, sogenannter Karlinge, führen“ (BUSCH 1986, 47) (z. B. Matterhorn, Walliser Alpen).

„Trogtäler sind [ebenso wie Kare] besonders charakteristisch für einstmals stark vergletscherte Hochgebirge [(z. B. Alpen, skandinavisches Längsgebirge)]. Im Querschnitt haben solche Trogtäler die Form eines U, weshalb man auch von **U-Tälern** spricht (Abb. 9.6 u. 9.7). Vom Rande eines muldenförmigen Talbodens erheben sich steil die **Trogwände**. An ihrem oberen Rand, der **Trogkante**, gehen sie in sanfter ansteigende Hänge über, das **Schliffbord;** es endet an der **Schliffgrenze**, die manchmal durch eine **Schliffkehle** ausgeprägt ist. Die darüber aufsteigenden Hänge sind un-

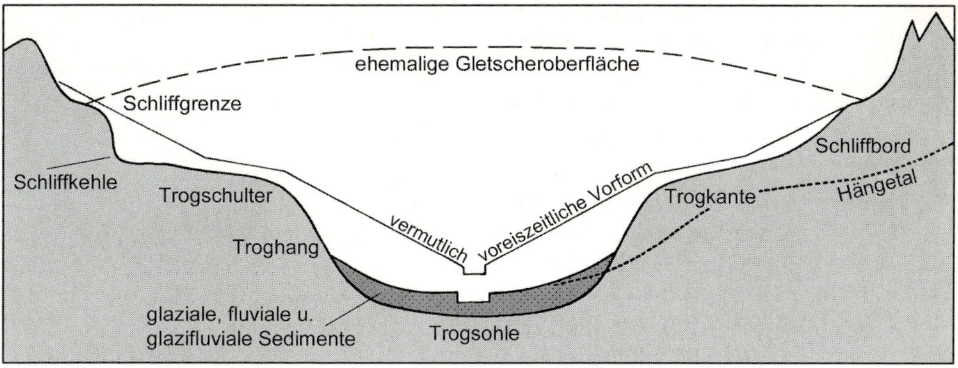

Abb. 9.6 Schematischer Querschnitt durch ein Trogtal (nach WEBER 1967, aus BUSCH 1986, 50)

Abb. 9.7 Glaziale Trogtäler (Norwegen). Links oberhalb des von einem See erfüllten Tales ist die Schliffgrenze des pleistozänen Gletschers zu erkennen. Der Bergrücken zwischen den beiden Tälern wurde früher vom Eis überflossen; die Glazialerosion hat die abgerundeten Formen geschaffen.

ausgeglichen rauh und kantig. Abb. 9.8 zeigt außer den Schliffborden zusätzlich die Ausbildung von **Trogschultern**, wie sie als Verebnung oberhalb mancher Trogtäler vorkommt. Zum Unterschied von ansteigenden Schliffbords sind Trogschultern

Verflachungen, die oft von Rundhöckern (s. 9.4 u. Abb. 9.3) bedeckt sind.

Allgemein wird angenommen, daß der Verlauf [der] Trogtäler durch voreiszeitliche fluviale Kerbtäler vorgezeichnet war. Bei seinem Vorstoß folgte ihnen das Eis. In der Einkerbung war [die Schubspannung (s. 9.4) am größten] und damit auch die Eintiefung und seitliche Ausweitung" (Busch 1986, 50).

„Im **Längsschnitt** fällt bei den von Gletschern verlassenen Trogtälern ihre Aufgliederung in [Engen mit] **Schwellen** (**Riegel**) und [in gefällsärmere] **Wannen und Becken** auf. Diese Form ist auch bei der Gliederung der Kare in Karboden und Karschwelle (Abb. 9.5) zu erkennen; sie wiederholt sich bei **Kartreppen** oft mehrfach" (Busch 1986, 50).

„Die Stufenbildung innerhalb der Trogtäler kann verschiedene Ursachen haben. Eine davon ist die Verstärkung der Eismächtigkeit und damit der Strömungsgeschwindigkeit und Schubspannung durch Zusammenfluß (Konfluenz; lat. *confluere* = Zusammenfließen) zweier Gletscher. Es entstehen **Konfluenzstufen**. Umgekehrt können sich dort, wo größere Eismassen in ein benachbartes Talsystem überfließen [**Transfluenzpaß**] und damit Eisdruck und –geschwindigkeit nachlassen, talabwärts aufsteigende **Diffluenzstufen** entwickeln. Ein solches Überfließen war während der Kaltzeiten des Pleistozäns beim Eisstromnetz der Alpen mehrfach der Fall.

Aber nur ein Teil der Schwellen scheint auf diese Weise entstanden zu sein. Einen weiteren Ansatz zur Stufenbildung geben Gesteinsunterschiede. Wo ein Gletscher seinen Weg aus morphologisch harten Gesteinen in weichere nimmt, werden ebenfalls Stufen ausgebildet, **Gesteinsstufen** genannt, in deren Fortsetzung Wannen entstehen" (Busch 1986, 51).

„Eine besondere Art der Stufenbildung zeigt sich bei den **Hängetälern** (Abb. 9.8). Es sind dies Täler kleinerer Nebengletscher, die oft hoch an der Trogwand eines größeren Haupttales enden. Infolge ihrer geringeren Mächtigkeit konnten diese Nebengletscher sich nicht so stark eintiefen wie der Gletscher des Haupttals. Manchmal ist in von Gletschern verlassenen Gebieten an der Trogwand des Haupttals in geradezu klassischer Form der Querschnitt eines kleineren U- oder Muldentals zu erkennen. In den Alpen haben sich jedoch meist schon die heutigen Bäche tief in den Fels eingeschnitten und Klammen und Schluchten gebildet. In Norwegen ist diese Entwicklung noch nicht so weit vorangeschritten. Dort werden diese Stufen oft in Wasserfällen oder Ketten von Wasserfällen überwunden" (Busch 1986, 52).

Abb. 9.8 Hängetal (aus Nusser 1997). Als Hängetal wird das Nebental bezeichnet, dessen Felsboden hoch über dem des Haupttals ausstreicht („hängt").

Fjorde sind eine Besonderheit glazialer Trogtäler. Die Trogtäler wurden bei tiefliegendem Meeresspiegel während der Eiszeiten des Pleistozäns angelegt, in der Regel sehr lang und sehr stark übertieft. Nach dem Eisrückgang und mit dem Meeresspiegelanstieg während des Holozäns drang das Meerwasser in die Täler ein. Eindrucksvolle Beispiele für diese steilwandigen Meeresarme bieten die Küsten Norwegens, Kanadas und der Südinsel Neuseelands.

9.5.2 Weitere glaziale Erosionsformen. Eine Reihe weiterer Erosionsformen kommt sowohl bei der Gebirgsvergletscherung als auch bei der Inlandvereisung vor. Hierzu gehören die in Kap. 9.4 erläuterten Rundhöcker, die Zungenbecken und subglaziale Schmelzwasserrinnen. „**Zungenbecken** sind weite, wannenartige Hohlformen in anstehendem, weichem Gestein oder in vorgeschütteten Ablagerungen. Oft wird diese Hohlform noch von einem Wall von Endmoränen [(s. 9.7.1)] verstärkt. Zungenbecken entstehen durch Exaration unmittelbar hinter der Stirnfront aktiver Gletscherzungen, wo diese auf leicht auszuräumende Gesteine stoßen“ (BUSCH 1986, 52). Diese Art der Abtragung ist Teil der **Exaration** (s. 9.4).

9.6 Glazialer und glazifluvialer Transport

Trotz der relativ geringen Bewegungsgeschwindigkeiten des Eises ist die **Transportleistung von Gletschern** beträchtlich. Die pleistozänen Inlandvereisungen Nordamerikas und Nordeuropas belegen, daß mit Gletschern Gesteinsmaterial über etwa 1000 km Entfernung transportiert worden ist. Die vom Gletscher mitgeführte Fracht kann aus Material bestehen, das

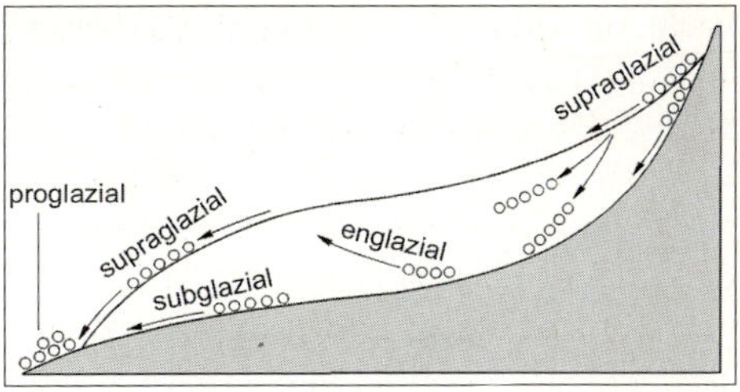

Abb. 9.9 Transportpfade in einem Talgletscher (schematisch) (aus SUMMERFIELD 1991, 271, verändert)

an der Gletschersohle durch Detersion und Detraktion vom Festgesteinsuntergrund herausgebrochen worden ist; es kann sich um Lockermaterial handeln, das vom Gletscher aufgenommen wird, und es besteht bei Gebirgsgletschern auch aus dem von den Felshängen auf den Gletscher herabstürzenden Schutt. Gerade im Bereich von Scherflächen und Gletscherspalten, welche an Gefällsbrüche oder überflossene Hindernisse gebunden sind, kommt es bevorzugt zu einer ins Gletscherinnere gerichteten Aufnahme von Fremdmaterial. Im Nährgebiet auf die Gletscheroberfläche fallender Schutt wird durch Überdeckung mit Schnee und Eis in große Tiefen versenkt; durch die Schmelzprozesse gelangt er im Zehrgebiet wieder an die Oberfläche. Bei diesem Eistransport wird der Schutt um so weiter transportiert, je näher am oberen Gletscherrand das Material dem Eis zugeführt worden ist (s. Abb. 9.2). Die Transportpfade werden entsprechend der Abb. 9.9 in **subglazial**, **supraglazial** und **englazial** unterschieden. Gleiches gilt für die Fließwege des Schmelzwassers.

Auch durch **subglazifluviale Schmelzwassererosion** können Teile der Gletscherfracht entstehen. Ebenso können subglazifluviale und intraglaziale Schmelzwässer Material über weite Entfernungen transportieren. Im Gegensatz zum fluvialen Transport in Fließgewässern stehen die sub- und intraglazifluvialen Schmelzwässer häufig unter großem hydrostatischen Druck und besitzen eine entsprechend hohe Transportkapazität.

9.7 Glaziale Akkumulation

Die „Ablagerung des von Gletschern mitgeführten Materials kann unmittelbar durch das Eis selbst, aber auch durch die Schmelzwässer erfolgen. Es sind deshalb glaziale Ablagerungen im engeren Sinne (**glazigene**) und **glazifluviale**, d. h. vom Schmelzwasser abgesetzte **Akkumulationen** zu unterscheiden" (Busch 1986, 52).

9.7.1. Moränen und verwandte Ablagerungen. Moränen nennt man alle glazigenen Schuttmassen auf und im Gletschereis sowie solche, die aus dem Eis abgesetzt worden sind. Im angelsächsischen Sprachgebrauch ist eine Unterscheidung zwischen der **Moräne** als Formbegriff und dem sog. *till* als Materialbegriff (Abb. 9.10, 13.5 u. 15.6) üblich. Materialkennzeichnende deutsche Begriffe sind: Geschiebelehm, -mergel, Geschiebe.

Im Gegensatz zu fluvialen und glazi-fluvialen Ablagerungen bestehen **Moränen** aus **unsortierten Lockergesteinsmassen**; es haben also keine Sortierungsprozesse nach Korngrößen stattgefunden, Feinmaterial (Lehm und Sand) ist mit kleinen und großen Geschieben sowie mit Findlingen miteinander vermengt (s. unten).

Bewegte oder **Wandermoränen** sind solche, die noch vom Eis transportiert werden. Zu ihnen gehört die **Obermoräne**; sie ist vor allem im Zehrgebiet an der

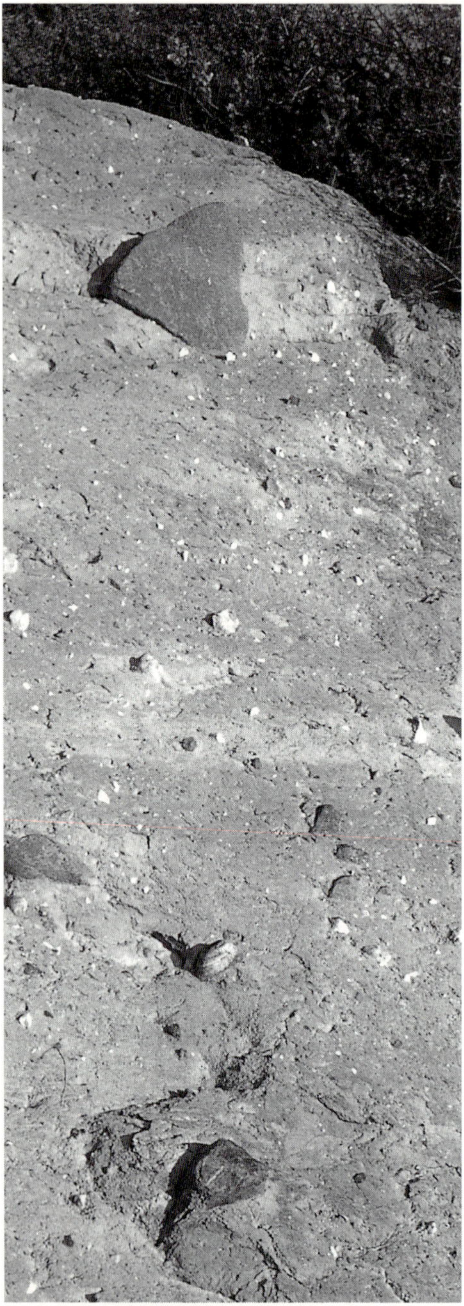

Abb. 9.10 Moräne (Usedom). (Foto: H. Liedtke)

Oberfläche stark abschmelzender Gebirgsgletscher anzutreffen. Mitunter kann sie fast vollständig das unterlagernde Eis abdecken, so daß dieses nur bei Gletscherbrüchen und am Gletschertor sichtbar wird. **Innenmoräne** (Abb. 9.11) ist die Gesamtheit des im Gletscher intraglazial vom Eis transportierten Materials. Ober- und Innenmoräne werden kaum vom Eis bearbeitet, ihre Komponenten bleiben in der Regel kantiger Schutt. Dagegen wird das Material der **Untermoräne**, der an der Gletscherbasis transportierten Moräne, stark beansprucht. Es „wird gegeneinander und am Untergrund abgeschliffen, zerkleinert, zerrieben und ritzt, schleift und poliert seinerseits die Gletschersohle. Je länger der Transportweg, umso stärker ist diese Zerkleinerung. [In der Geomorphologie bezeichnet man alle vom Eis bewegten Gesteinstrümmer als **Geschiebe**, im Gegensatz zu den vom Wasser bewegten Geröllen (dagegen bezeichnet der Wasserbau grobe Gerölle, die z. B. für Wildbäche charakteristisch sind, als Geschiebe)]. Kennzeichnend für die glazigenen Geschiebe ist, daß die ursprünglich scharfen Kanten abgeschliffen sind (**kantengerundet**) [und daß ihre Oberflächen vielfach Kritzungen aufweisen (**gekritzte Geschiebe**)]. An den Seiten mitgeführte oder schon abgelagerte Moränen nennt man **Seitenmoränen** (Abb. 9.12). Sie stammen nur zu einem geringen Teil aus Steinschlag oder dem an den Seiten anstehenden Gestein. Die Masse der Seitenmoränen besteht aus ehemaliger Untermoräne, die den Seiten zugeführt wird und infolge der dort stärkeren Ablation im Bereich des Zehrgebietes austaut. Vereinigt sich das aus verschiedenen Firnfeldern abströmende Eis zu einem zusammengesetzten Gletscher, bilden die einander zugewandten Seitenmoränen eine **Mittelmoräne**. Mittelmoränen sind oft kilometerlang als dunkle Schuttbänder zu verfolgen. Häufig läßt sich aus der Anzahl der Mittelmoränen auf die Anzahl der Firnfelder eines Gletschers schließen“ (BUSCH 1986, 53).

Bereits abgelagerte Moränen werden je nach ihrer Lage zum Eisrand und nach ihrer Genese typisiert. **Grundmoräne** im engeren Sinne ist abgelagerte Untermoräne. Von den Ablagerungen des Inlandeises ist sie von größter Bedeutung. Sie

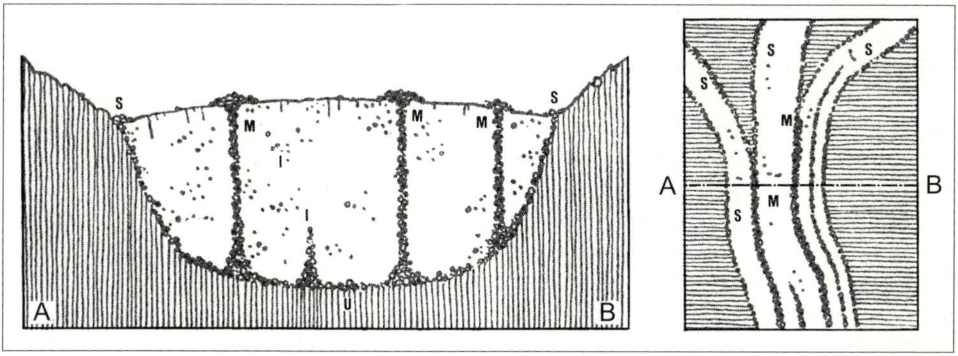

Abb. 9.11 Seiten-, Mittel-, Innen- und Untermoränen im Querschnitt und im Aufriß (nach G. WAGNER 1960, aus BUSCH 1986, 52)

Abb. 9.12 Gletscherzunge und Seitenmoränen des Findelengletschers (Wallis, Schweiz; Foto: J. Herget). Eine niedrige Endmoräne liegt vor der heutigen Gletscherstirn; die Seitenmoränen (große Wälle zu beiden Seiten des Gletschers) markieren einen höheren Gletscherstand aus der Neuzeit. Damals reichte der Gletscher weiter talabwärts (vgl. Abb. 9.3).

besteht aus dem vom Gletscher mitgeführten Material der Innen- und der Untermoränen und wird vor allem dann abgelagert, wenn die Bewegung des Gletschers zum Stillstand gekommen ist, weil kein neues Eis nachschiebt. Der randliche Teil des Zehrgebiets, der nicht mehr mit bewegtem Eis versorgt wird, wird zum stagnierenden Eis, das langsam niedertaut.

Ist ein Gletscher stationär, d. h. bleibt die Gletscherstirn für längere Zeit am gleichen Ort liegen, weil Nachschub und Abschmelzen sich die Waage halten, bilden sich **Endmoränen** (Abb. 9.12 u. 15.2.1). Im einfachsten Fall schmilzt das glazigen transportierte Geschiebe an der Gletscherstirn aus. Wenn dies über einen längeren Zeitraum an immer derselben Stelle geschieht, entsteht ein kleiner Wall, dessen Höhe im Vergleich zur Gletschermächtigkeit gering ist, der jedoch nach dem vollständigen Abschmelzen des Gletschereises als landschaftsprägender Höhenrücken erhalten bleiben kann. In diesem Fall liegt eine **Satzendmoräne** vor. Wenn beim Austauen der Gletscherschutt nicht in der ursprünglichen Lage erhalten bleibt, sondern rollend und stürzend umgelagert wird, können **Fließmoränen** (*flow till, supraglacial debriss flow*) (Abb. 9.13) entstehen. Häufig sind gestauchte Endmoränen (**Stauchendmoränen**) anzutreffen; sie sind dadurch gekennzeichnet, daß einzelne Schollen des vom Gletscher überfahrenen Untergrundmaterials in die Endmoräne aufgenommen sind. Diese Schollen zeigen, weil sie meist in tiefgefrorenem Zustand aufgepreßt wurden, noch die ursprüngliche Sedimentlagerung.

Stauchmoränen können auch Bestandteile der **Sohlmoräne** sein (s. Abb. 9.13); die gestauchten Teile des Untergrundes sind in diesem Fall nicht in die Eisbewegung einbezogen worden (s. Abb. 9.13, *deformation till*). Der fehlende Transport

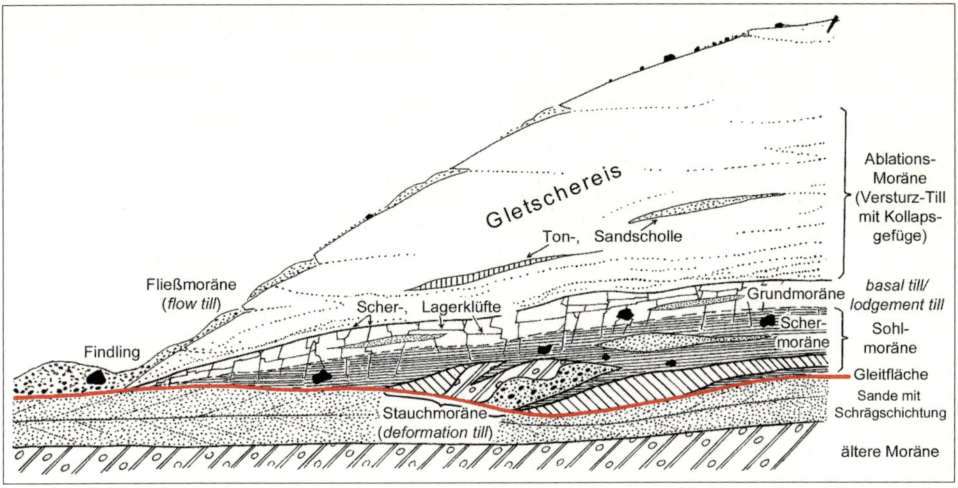

Abb. 9.13 Genetische Begriffe der Gletschersedimente (aus GRUBE 1979, in LIEDTKE 1990, 225). Die Sedimente oberhalb der Gleitfläche (rote Linie) gehören zu den (glazigenen) Moränen. Häufig ist Unterscheidung zwischen Sohlmoräne, Grundmoräne und Ablationsmoräne nicht möglich; man spricht daher zusammenfassend von Grundmoräne. Unterhalb der Gleitfläche sind oft glazifluviale Vorschüttsande (s. 9.7.2) und eventuell ältere Moränen anzutreffen.

unterscheidet die Sohlmoräne von der (bewegten) Grundmoräne. Schließlich kann als oberstes Glied einer Folge von Moränenablagerungen die **Ablationsmoräne** auftreten, die eine Ansammlung von Material aus dem schmelzenden Eis von Gebirgsgletschern darstellt.

Findlinge (Abb. 15.2) sind vom Eis mitgeführte grobe Gesteinsblöcke, die in Norddeutschland mit dem aus Skandinavien stammenden Inlandeis antransportiert wurden. Findlinge gehören zu den **erratischen Geschieben** (**Erratika**); sie sind allgemein Indikatoren für die Herkunft des abgeschmolzenen Gletschereises.

Grundmoränenlandschaften der ehemals vom Inlandeis bedeckten Gebiete zeigen zwei Ausprägungsformen: die flache und die kuppige Grundmoräne. (Im folgenden ist sind Moränen als Formbegriff vornehmlich geomorphologisch zu verstehen). Die **flache Grundmoräne** ist typisch für schwach reliefierte Gebiete, "auf dem das Eis vorwiegend durch Niedertauen aufgezehrt wurde“ (LIEDTKE 1981). Die **kuppige Grundmoräne** ist stark reliefiert. Sie zeigt einen kleinräumigen Wechsel zwischen Höhen und Tiefen, zwischen Hohlformen und Vollformen und tritt in charakteristischer Weise in der Nähe jungglazialer Eisrandlagen (s. 15.2.1) auf. Verschiedene Ursachen trugen zu ihrer Entstehung bei; dazu gehören Stauchungen, das Überfahren von kleinen Endmoränen sowie Einlagerungen von Toteis. Unter **Toteis** versteht man kleine bis riesige Eisblöcke, die keine Verbindung mehr mit dem Eis des Nährgebietes besitzen und die meist von

Schmelzwasserablagerungen bedeckt sind. Infolge der Überdeckung ist das Toteis vor der direkten Sonneneinstrahlung geschützt, und das endgültige Ausschmelzen kann sich über lange Zeiträume erstrecken. Schließlich hinterläßt das Toteis **Hohlformen**, die von **Seen** gefüllt werden. Kleinere Eisblöcke verursachen beim Abtauen rundliche Löcher, die **Sölle** genannt werden.

Sonderformen der kuppigen Grundmoränenlandschaft sind die **Drumlins**. Dies „sind längliche, meist mehrere hundert Meter lange Hügel, die in Schwärmen auftreten und deren Längsrichtung sich in der Bewegungsrichtung des Eises erstreckt. An der dem Eisstrom zugewandten Seite steigen sie meist steil an und sinken stromlinienförmig wieder ab. Ihre Höhe liegt zwischen wenigen Metern und mehreren Zehnern von Metern. Ihre Stromlinienform und Einregelung zeigen, daß sie unter bewegtem Eis entstanden sein müssen. Meist bestehen sie aus Moränenmaterial, aber auch glazifluviale Ablagerungen können im Untergrund der Drumlins vorkommen. Man deutet ihre Entstehung so, daß Ablagerungen eines älteren Eisvorstoßes (Grundmoränen oder glazifluviale Ablagerungen) noch einmal von“ (Busch 1986, 55) jüngerem Eis überfahren wurden. Eine gewisse Verformbarkeit des zuvor abgelagerten Materials ist dabei vorauszusetzen; allerdings gibt es auch Drumlins mit Felskernen.

9.7.2 Glazifluviale Ablagerungen. Wo Schmelzwässer Moränen durchbrechen, erfolgt die Sedimentation der transportierten Partikel entsprechend ihrer Korngröße. Diese **Korngrößensortierung** und die sich daraus ergebende Schichtung sind die wichtigsten Unterscheidungsmerkmale zwischen glazifluvialen Ablagerungen und Moränen. Die glazifluvialen Aufschüttungen vor dem Eisrand nennt man **Sander**. „Nach dem Austritt aus dem Gletscher lagern die subglazifluvialen Entwässerungsbahnen ihre Geröllfracht in [zusammenwachsenden] Schwemmkegeln ab. Oft steht dieses Schmelzwasser unter hydrostatischem Druck, so daß die Spitze des Kegels höher liegt als die Gletschersohle“ (Busch 1986, 55) (Kasten 9.1). Da die Wasserführung und die Transportfähigkeit stark schwanken (glaziales Abflußregime, s. 7.1.2), ändern sich die Sedimentationsbedingungen rasch, und Schichten mit unterschiedlicher Korngröße werden übereinander abgelagert. Während der Zeiten, in denen viel Schmelzwasser anfällt, zeigen die Sanderoberflächen vielfach verzweigte Abflußgerinne. Je nach Zusammensetzung der Moräne und der Kompetenz des abfließenden Wassers (s. 7.3.2) kann das Korngrößenspektrum von Sandern sehr stark variieren. In Norddeutschland handelt es sich bei den Schmelzwasserabsätzen des pleistozänen Inlandeises um Sande. Vor den Endmoränenwällen der alpinen Vorlandvergletscherung sind die Sander als Schotterflächen ausgebildet. Die Entstehung von Sandern ist an eine länger andauernde Stillstandsphase des Eises gebunden, Schmelzwasserabsätze im Vorfeld eines vorrückenden Gletschers werden in Norddeutschland als sogenannte **Vorschüttsande** (s. Abb. 9.13) bezeichnet. Die Schmelzwässer des nordischen Inlandeises haben sich im nördlichen Mitteleuropa wegen der Eisbedeckung neue Abflußwege nach Westen gesucht. Diese werden als **Urstromtäler** bezeichnet (Kasten 9.1).

Glazifluviale Sedimente und Formen kommen nicht nur an der Gletscherstirn, sondern auch schon im stagnierenden Gletscher vor. Dabei entstehen Kames und

Oser. **Kames** (schottisch *kame*) bestehen aus geschichteten glazifluvialen Ablagerungen, die auf oder zwischen abtauendem und zerfallendem Gletschereis abgesetzt wurden. Nach dem vollständigen Abtauen des Gletschereises bilden sie oft unregelmäßig geformte Hügel, teils mit ebener Oberfläche. Häufig ist die Schichtung an den Seiten der Kames durch das Auftauen der unterlagernden Eismassen gestört. Bei Gletschern des alpinen Typs werden häufig **Kamesterrassen** an den Talhängen beobachtet, die das schrittweise Niedertauen der Gletscher dokumentieren.

Oser sind nach dem Abschmelzen des Eises als dammartige Aufschüttungen erhalten. Sie entstehen in Abflußrinnen auf oder unter stagnierendem Eis. Die Oser erreichen „Höhen von wenigen bis zu 30 m Höhe und ziehen sich in Windungen oft mehrere Kilometer durch die Grundmoränenlandschaft; manche sind über 100 km lang (Schweden, Kanada)“ (Busch 1986, 56).

9.7.3 Das Paraglazial. Gletscher hinterlassen nach ihrem Abschmelzen (*deglaciation*) glaziale und glazifluviale Sedimente, die weder durch eine Tundrenvegetation noch durch bodenbildende Prozesse stabilisiert sind. Im Gegensatz zu den Landoberflächen im periglaziären Raum (s. 10.1) unterliegen diese Sedimente viel stärker verschiedenen (nichtglazialen) Abtragungsprozessen (Solifluktion, Abspülung, Rutschungen Deflation o. ä.). So können vergleichsweise große Sedimentmassen mobilisiert und in die Fließgewässer verfrachtet werden. Die Mobilisierungsrate verringert sich im Laufe der Zeit, weil entweder die Feststoffquellen, also die glazialen und glazifluvialen Sedimente, erschöpft sind oder die Abtragsprozesse wegen der abnehmenden Neigungen des Reliefs an Intensität verlieren. Der Zeitraum, in dem nach dem Abschmelzen des Gletschereises die verstärkte Abtragung stattfindet, wird als **Paraglazial** *(paraglacial period)* bezeichnet. Er beginnt mit dem Rückzug der Gletscher im Spät- und Postglazial, ist jedoch im strengen Sinne nicht überregional stratigraphisch festlegbar, denn die Gletscherschmelze variiert räumlich. Das Ausmaß des heutigen (rezenten) Sedimenttransports von Flüssen, die Anschluss an **paraglaziale Systeme** (ehemals und heute noch vergletscherte Hochgebirge, z. B. Alpen und Anden) besitzen, wird hochgradig von der Dynamik des paraglazialen Systems im Einzugsgebiet bestimmt.

Kasten 9.1 Glaziale Serie

Glaziale Serie ist eine Sammelbezeichnung für die idealtypische Anordnung und Abfolge glazialer und glazifluvialer Formen und Sedimente in Landschaften, deren Relief in der Vergangenheit durch ehemalige Eisrandlagen geprägt wurden. Der Begriff geht auf A. Penck und E. Brückner (1901-1909) zurück. Die glaziale Serie beginnt in der Grundmoränenlandschaft; in der Nähe des Eisrandes liegt sie typischerweise als kuppige Grundmoräne vor; hier treten als weitere Elemente auf: Sölle, Drumlins, glazifluviale Kames und Oser sowie die heute häufig von Seen eingenommenen Schmelzwasserrinnen und Zungenbecken. Weiter nach außen folgen die Endmoränen (meist als Satzmoränen), die eine Stillstandsphase des Gletschereises markieren, und anschließend die Schmelzwassersedimente; in Norddeutschland sind dies die Sander und im Alpenvorland die Schotterfelder. Den Abschluß der glazialen Serie der nordischen Vereisung bilden die Urstromtäler, durch die die vereinigten Schmelzwässer nach Westen zur Nordsee abflossen. Im Alpenvorland gibt es keine Entsprechung, da hier das Schmelzwasser ungehindert in bereits existierenden Tälern nach Norden abfließen konnte. Die Formen und Sedimente der glazialen Serie sind nur in den Jungmoränenlandschaften (Würm/Weichsel-Eiszeit) zu erkennen; wegen der periglaziären Überprägung sind in Altmoränenlandschaften die Elemente der glazialen Serie meist nicht mehr zu identifizieren (vgl. 15.2.1 und 15.6).

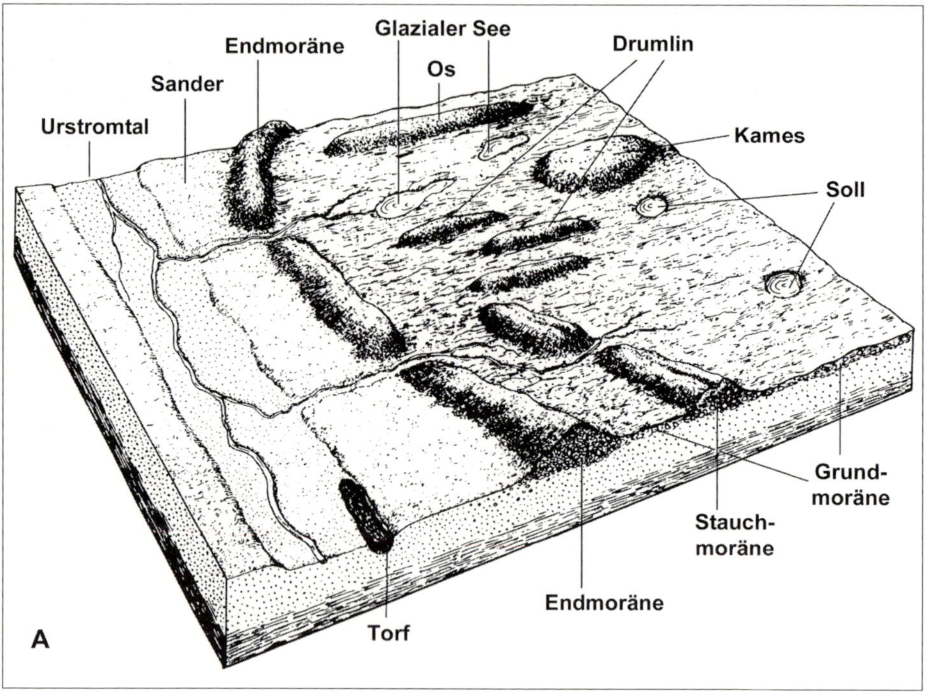

A Die glaziale Serie in Jungmoränenlandschaften Norddeutschlands (aus Mückenhausen 1993)

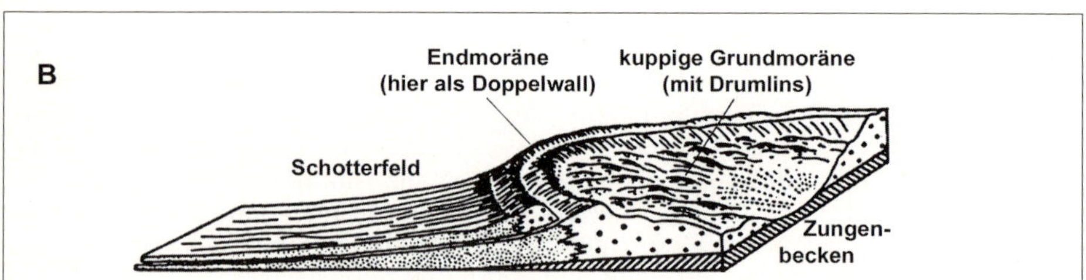

B Die glaziale Serie im Alpenvorland (nach Penck und Brückner 1901-1909)

Kasten 9.2 Literaturauswahl zur Ergänzung und Vertiefung des Kapitels 9

- **Gletscherkunde, Glaziologie und Glazialgeomorphologie**

BENN u. EVANS 1998 (Lehrbuch), BENNETT u. GLASSER 1996 (Lehrbuch), EMBLETON-HAMANN 2007 (Lehrbuch), KUHLE 1991 (Glazialgeomorphologie), MARCINEK 1984 (Lehrbuch, Gletscher der Erde), MENZIES 1995 (Lehrbuch, Modern glacial environments), PATERSON 1994 (Lehrbuch, Physik d. Gletscher), HUBBARD u. GLASSER 2005 (Geländemethoden Glazialmorphologie)
Quartär- und Eiszeitforschung: ANDERSEN u. BORNS 1994 (Eiszeitalter in Nordamerika und Nordeuropa), BARENDREGT u. IRVING 1998 (quartäre Vereisung Nordamerika), DAWSON 1992 (Erde im Eiszeitalter), KLOSTERMANN 1999 (Einführung in das Eiszeitalter), LIEDTKE 1990a (Aufsatzsammlung zum Eiszeitalter), LIEDTKE u. HERGET 1999 (Eiszeitforschung, Mitteleuropa), LOWE u. WALKER 1997[2] (Lehrbuch, Quartärforschung), SIEGERT 2001 (Quartär), THOME 1998 (Quartär, Lehrbuch mit Beispielen aus Mitteleuropa), WILLIAMS 1993 (Einführung Quartär, weltweite Übersicht)
Moränen und verwandte Ablagerungen: GRUBE 1990 (Moränen-Terminologie), SCHAEFER 1981 (glaziale Serie), TROLL 1924 (Inn-Chiemsee-Gletscher)
Glaziale Formung in Mitteleuropa: siehe Kasten 15.3
Fallstudien zur Glazialgeomorphologie: SCHWEIZER 1968 (Formenschatz Hohe Seealpen), HABBE 1965 (Vergletscherung Gardasee-Gebiet), WINKLER 1996 (Gletscherschwankungen, Ostalpen, Norwegen), GURNELL ET AL. 2000 (Entstehung alpiner, proglazialer Schmelzwasserrinnen), WINKLER 1997 (Gletschervorstoß, Norwegen), SCHELLMANN 1998 (Vorlandvergletscherung Patagonien, Argentinien), HEINE 1994 (spätglaziale Vergletscherung, Mexiko), HERGET 2005, KUHLE et al. 1998 (Ausbrüche von Gletscherstauseen), BRÄUNING u. LEHMKUHL 1996 (Glazialmorphologie, E- u. S-Tibet), BALLANTYNE 2002 (Paraglazial)

10 Periglaziale Formung

10.1 Der Periglazialbegriff

Frost und Bodeneis besitzen einen überragenden Einfluß für die Gestaltung der Landoberflächen der hohen Breiten und im Hochgebirge auf die Reliefformung. Zum einen treten dort zu den bisher behandelten Formungsprozessen (Kap. 6 u. 7) weitere, unmittelbar wirkende morphodynamische Prozesse auf, und zum anderen laufen fluviale und denudative Prozesse unter etwas anderen Bedingungen (s. 10.2) und folglich mit anderer Qualität und Intensität ab. Dies rechtfertigt, die unter kaltklimatischen Bedingungen wirkenden Prozesse unter der Bezeichnung **periglaziale Formungsprozesse** zusammenzufassen. Außerdem leiten die Inhalte dieses Kapitels zur Thematik der durch Klimaeinflüsse modifizierten morphodynamischen Prozeßkombinationen über (s. 11).

Der **Periglazialbegriff** (periglazial = „das Eis umgebend") deutet an, daß periglaziale Morphodynamik im Umfeld der Gletscher auftritt; dies ist zwar rich-

Abb. 10.1 Frostmusterstrukturen im Periglazialraum (Spitzbergen; Foto: H. Liedtke)

tig, doch es führt häufig zu der falschen Vorstellung, daß die periglazialen Prozesse auf die nahe Umgebung der Gletscher beschränkt seien. Tatsächlich wirken sie – unter bestimmten Voraussetzungen – auch in großer Entfernung (> 1000 km) von den Gletschern. Die in Mitteleuropa häufig anzutreffende, differenzierte Begriffsverwendung ‚**periglaziär**' zur Kennzeichnung der periglazialen Prozesse und ihrer Verbreitungsgebiete und ‚**periglazial**' zur Kennzeichnung erdgeschichtlicher Zeitabschnitte mit einem Klima, das periglaziale Prozesse bedingt (Periglazialklima), hat sich im internationalen Sprachgebrauch nicht durchgesetzt.

Während der pleistozänen Kaltzeiten, als das nordische Inlandeis dreimal bis nach Mitteleuropa vordrang (s. Kasten 15.1), war die Morphodynamik in den eisfreien Gebieten Mitteleuropas von periglazialen Formungsprozessen bestimmt; periglaziale Substrate machen hier den größten Flächenanteil der unmittelbar an der Erdoberfläche anstehenden Substrate aus; sie konnten erst nach Prozeßstudien in den heutigen Periglazialräumen zufriedenstellend genetisch gedeutet und hinsichtlich ihrer Verbreitungsmuster verstanden werden.

10.2 Kaltklimatische Sonderbedingungen für periglaziale Formungsprozesse

Die kaltklimatischen Voraussetzungen der periglazialen Formung sind gekennzeichnet durch jahres- und tageszeitliche Frostwechsel sowie durch einen bis in größere Tiefen vorhandenen ganzjährig gefrorenen Untergrund (Permafrost).

10.2.1 Permafrost. In erster Näherung kommen solche Sonderbedingungen in Räumen vor, deren Jahresdurchschnittstemperaturen –1 °C und deren Jahresniederschläge 1000 mm nicht überschreiten. Somit gehören nicht nur die Polargebiete mit den arktischen und antarktischen Tundren, sondern auch große Teile der borealen Nadelwaldgebiete zum Periglazialraum. Entscheidend für die Abgrenzung des Periglazialraums ist nicht die Ausprägung thermischer oder hygrischer Klimaelemente, es ist vielmehr neben der Auftautiefe „die morphodynamische Wirksamkeit der Bodengefrornis" (KARTE 1990, 239).

Eine Gegenüberstellung von Temperaturprofilen und –amplituden in Mitteleuropa und in Periglazialräumen (Abb. 10.2) zeigt die wesentlichen Unterschiede auf: In Mitteleuropa dringt der Frost nur im Winter und meist nur einige Dezimeter tief ein. Nur an wenigen Tagen im Jahr ist der Oberboden tags und nachts gefroren. Im Unterboden kommt nie Frost vor. Frostbedingte morphodynamische Prozesse spielen daher – abgesehen vom bekannten Auffrieren von Steinen an die Oberfläche von Äckern – keine Rolle. Im Periglazialraum sind alle Temperaturen im Vergleich zu Mitteleuropa so weit zum Kalten verschoben, daß Bodengefrornis den Normalzustand darstellt. Zwar gibt es auch dort eine Temperaturamplitude zwischen Sommer und Winter, aber nur im Sommer und in manchen Gebieten auch nur tagsüber taut der Boden auf. Darunter herrscht permanenter Frost (Dauerfrost, Permafrost). Als Folge der geothermischen Wärmezufuhr ist mitunter erst in großer Tiefe ungefrorener Boden anzutreffen. Diese Tiefe liegt in einigen Dekametern bis maximal 1500 m. Zwischen Permafrost und jah-

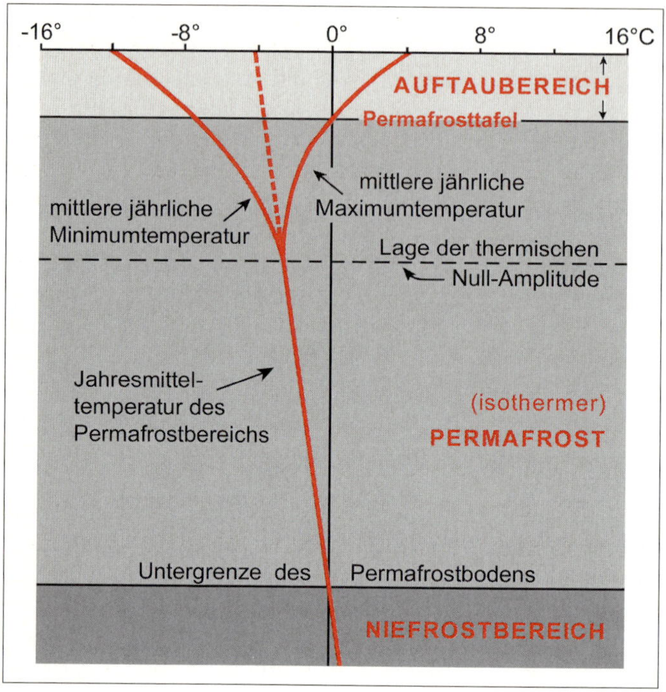

Abb. 10.2 Temperaturprofil und Gliederung des Permafrost-Untergrundes (nach KARTE 1979, 24 und ergänzt nach BLÜMEL 1999, 143)

reszeitlicher Bodengefrornis bestehen Übergänge. Zur Abgrenzung und wegen der im Übergangsbereich auftretenden Witterungsvariabilität aufeinander folgender Jahre wird **Permafrost** definiert als der thermische Zustand des Untergrunds, der durch mindestens zwei Winter und einen dazwischenliegenden Sommer mit Temperaturen unter dem Gefrierpunkt gekennzeichnet ist (KARTE 1979). Man findet auch das abweichende Abgrenzungskriterium, daß Bodentemperaturen unter 0 °C während zweier (aufeinander folgender) Sommer herrschen müssen (THOMPSON et al. 1986, 205). Typische Mächtigkeiten des Auftaubereichs variieren zwischen 30 cm und 2 m.

Vom Permafrost betroffener Untergrund wird in den sommerlichen **Auftaubereich** und den unterlagernden Permafrost gegliedert; dessen Oberfläche wird **Permafrosttafel** genannt. Der Niefrostboden gehört zu den als **Talik** bezeichneten Bereichen des Untergrundes, die flüssiges Wasser enthalten. Talik kommt sowohl unter dem Permafrost (Sub-Permafrost-Talik) als auch in einzelnen Linsen und Taschen im Permafrost (Intra-Permafrost-Talik) vor. Er kann entstehen, wenn – bedingt durch Materialunterschiede – die Gefrierfront mit unterschiedlichen Geschwindigkeiten nach unten und im Untergrund seitlich vordringt. Er kann längere Zeit oberhalb der Permafrosttafel überdauern (***open talik***). Außerdem kann flüssiges Wasser im Untergrund auch durch die Wärmefreisetzung beim Gefriervorgang (Erstarrungswärme) entstehen; als weiterer möglicher temperaturerhöhender Prozeß tritt Gefrierdruck hinzu.

Auch der Permafrostbereich weist noch jahreszeitliche Temperaturunterschiede auf. Zur Bildung großer Permafrostmächtigkeiten bedarf es langer Zeiträume; umgekehrt dauert es mehrere 1000 Jahre, ehe mächtiger Permafrost als Folge einer klimatischen Erwärmung abgebaut ist. Permafrost in Gebieten, die unter dem heutigen Klima keine Permafrostbildung erwarten lassen, wird als Relikt der letzten Kaltzeit gedeutet (**reliktischer Permafrost**).

Mit Permafrost ist in der Regel eishaltiger Untergrund verbunden. Ausnahmen bilden Gesteine, die wegen des Fehlens von Grob- und Feinporen keine Wasserspeicherung ermöglichen (**trockener Permafrost**). **Eishaltiger Permafrost** verhindert die Tiefensickerung des während der sommerlichen Auftauperiode gebildeten Schmelzwassers in den Untergrund. Zusammen mit der geringen Evapotranspiration führt dies zu hohen Wassergehalten bis hin zur Wassersättigung und zum Aufbau positiver Porenwasserdrücke (s. 6.2) im Auftaubereich. Diese wasserstauende Wirkung der Permafrosttafel bildet die wichtigste untere Randbedingung für alle im Periglazialraum ablaufenden morphodynamischen Prozesse. Auf der Nordhalbkugel werden ca. 20% der Landoberflächen von Permafrost unterlagert.

10.2.2 Grundlegende frostdynamische, physikalische Prozesse. Neben dem flächenhaften Vorkommen von Permafrost sind drei frostdynamische, physikalische Prozesse (Abb. 10.3) hervorzuheben, die kleinräumig wirken und deshalb unmittelbare Auswirkungen auf die Erdoberflächenformung besitzen:

- Beim Gefrieren zu Eis dehnt sich Wasser um 9 Vol.-% aus (s. 5.2.4). Dadurch entstehen Drücke (**kryostatischer Druck**), die zu seitlichen Pressungen im Untergrund und zur Anhebung der Bodenoberfläche führen.
- Das Volumen von Eiskörpern im Untergrund wächst durch weitere Eisanlagerung; dies geschieht auf Kosten der flüssigen Phase (**Bildung von Segregationseis**). Folgende physikalische Ursachen können zur Erklärung herangezogen werden: Über Eis ist der Dampfdruck niedriger als über Wasser. Folglich bewegt sich der Wasserdampf entlang des Dampfdruckgefälles in Richtung auf die Eisoberfläche und wird dort angelagert (Phasenübergang gasförmig – fest = Resublimation). Der Wasserdampfverlust im flüssig-feuchten Bodenbereich wird ausgeglichen durch eine Wasserbewegung (flüssig) durch das wasserleitende Porensystem des Bodens.
- Feinmaterial mit einer hohen Leitfähigkeit im wasserungesättigten Zustand (Schluffe und Lehme) ist für die Bildung von Segregationseis prädestiniert. Der zur Gefrierfront gerichtete Wassertransport wird für längere Zeit aufrechterhalten, weil in feinporenhaltigen Sedimenten der Gefrierpunkt abgesenkt ist: Auf diese Weise setzt sich das Eiswachstum fort. Während freies, ungespanntes Wasser und auch das in den groben Poren gespeicherte Wasser (z. B. in Sanden) bei etwa 0 °C gefriert, setzt die Eisbildung des in Mittel- und Feinporen gebundenen Wassers erst bei tieferen Temperaturen ein. So frieren im feinporenreichen Ton nur 50% des Wassers bei –2 °C. Segregationseis liegt oft in Form von oberflächenparallelen Eislamellen, flachen Körpern aus blankem Eis, vor.
- Bei starker und gleichzeitig schneller Temperaturabnahme schrumpft das Vo-

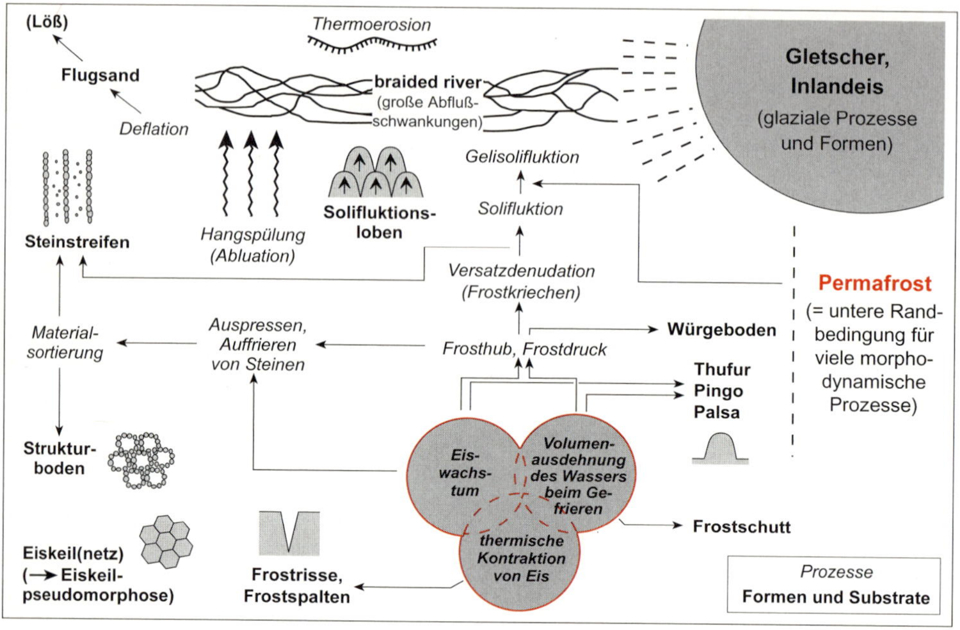

Abb. 10.3 Übersicht zu wichtigen Prozessen, Formen und Substraten im Periglazialraum

lumen des Eises (**thermische Kontraktion**, **Tieffrostkontraktion**), und es kann sich ein Riß bilden. Hierfür ist eine Unterkühlung um ca. 10 Kelvin Voraussetzung. Für eine Ausweitung des Risses in mehrere Meter Tiefe ist ein Temperaturabfall um ca. 40 Kelvin notwendig.

10.3 Periglaziale Denudationsprozesse und Formen

25% der Kontinentflächen sind von Permafrost betroffen, wenn man auch die normalerweise nicht zum Periglazialraum rechnenden Flächen unter den Gletschern berücksichtigt. In Annäherung an die Grenzräume der Permafrostverbreitung werden immer kleinere zusammenhängende Flächenanteile vom Permafrost geprägt. Hierauf basiert die Unterscheidung in drei Typen, den **kontinuierlichen**, den diskontinuierlichen und den sporadischen **Permafrost** (Abb. 10.4 u. 10.5). Beim **diskontinuierlichen Permafrost** sinken die Flächenanteile von 100 auf 50%, der **sporadische Permafrost** ist inselhaft verbreitet mit Flächenanteilen unter 50%.

10.3.1 Eiskeile und Eiskeilnetze. Eiskeile (Abb. 10.6) sind keilförmige, eisgefüllte Spalten, die sich vom Auftauboden in den Permafrost fortsetzen. Nach der allgemein akzeptierten Modellvorstellung von LACHENBRUCH (1962) entstehen **Eiskeile** durch die Kontraktion des gefrorenen Bodens (Tieffrostkontraktion) und die

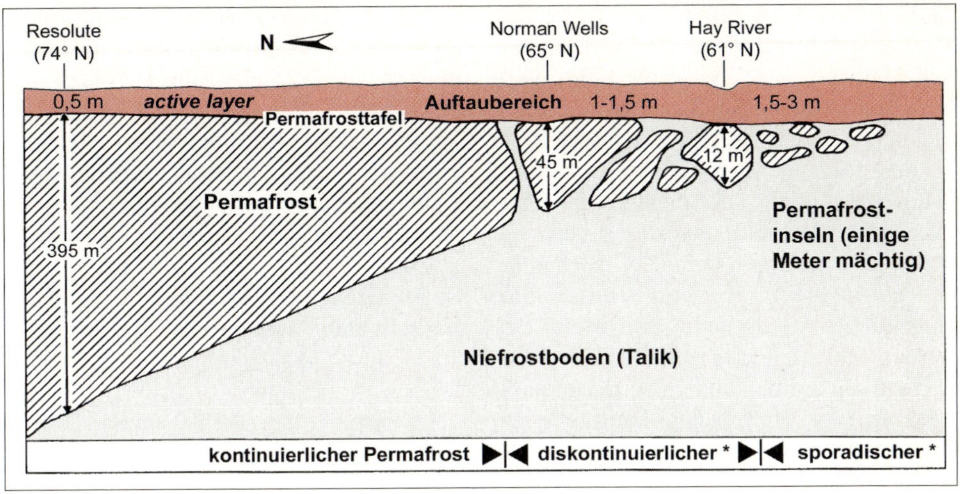

Abb. 10.4 Kontinuierlicher, diskontinuierlicher und sporadischer Permafrost (nach BLÜMEL 1999, 145)

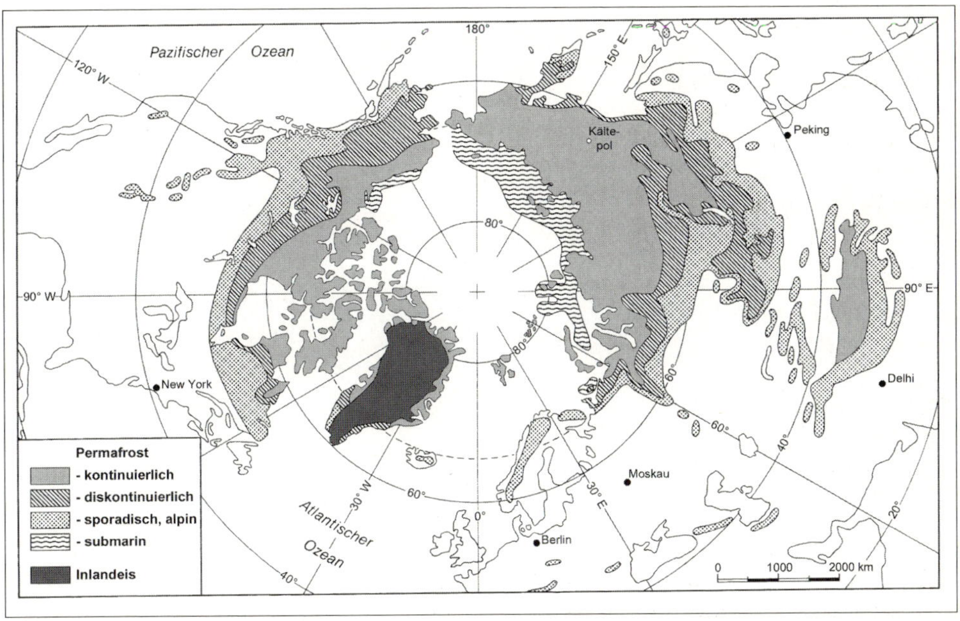

Abb. 10.5 Verbreitung von Permafrostvorkommen auf der Nordhalbkugel (aus BLÜMEL 1999, 139)

Bildung von Segregationseis. Bei spärlicher oder fehlender Schneeüberdeckung reißen im polaren Winter als Folge von Temperaturstürzen Spalten auf, die einige Meter tief in den Untergrund ausreichen. In der folgenden Auftauperiode fließt Schmelzwasser in die Spalten, wo es im Bereich des Permafrostes zu Eis gefriert. Durch kryostatischen Druck (Ausdehnung des gefrierenden Wassers) werden die umgebenden Sedimente verformt; sie werden beiderseits des Eiskeils nach oben in Richtung auf die Bodenoberfläche aufgebogen (vgl. 10.3.3). Die häufige Wiederholung dieses Vorgangs, unterstützt durch die Bildung von Segregationseis, kann zu Eiskeilen mit über 1 m Breite und 4 – 10 m Tiefe führen. Wenn bei trockenem Boden nicht genügend Schmelzwasser oder Schnee zur Verfügung steht, der in die Spalten eindringen kann, dann werden diese gelegentlich durch Sand (Sandkeile) oder Löß verfüllt.

Eiskeile sind in ebenen Gebieten in der Regel flächenhaft verbreitet und bilden **Eiskeilnetze** (**Eiskeilpolygone**, s. Abb. 10.1), deren Maschendurchmesser einige Dekameter betragen.

Im Zuge einer klimatischen Erwärmung können aus Eiskeilen **Eiskeil-Pseu-**

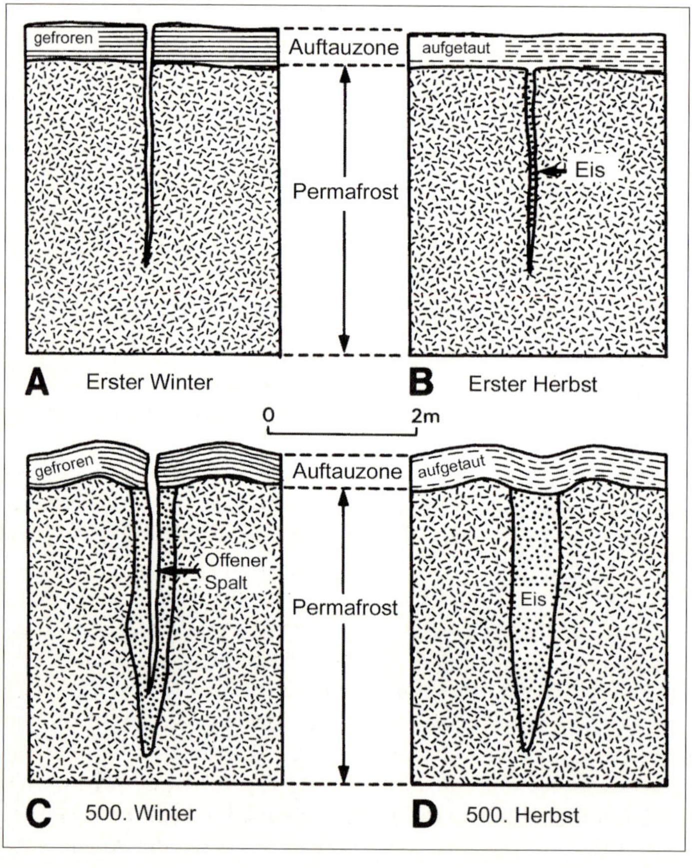

Abb. 10.6 Entstehung eines Eiskeils (nach LACHENBRUCH 1962, aus SUMMERFIELD 1991, 404, verändert)

domorphosen entstehen. Das abtauende Eis wird durch von oben einsinkende oder einfließende Sedimente ersetzt. Auf diese Weise wird die Form des ehemaligen Eiskeils konserviert. Eiskeilpseudomorphosen bilden in ehemaligen Periglazialräumen (z. B. in Mitteleuropa, vgl. Kasten 14.1) wichtige Indikatoren für das Vorzeitklima.

10.3.2 Thufur, Palsa, Pingos. Frosthub und die Bildung von Segregationseis sind verantwortlich für eine Reihe von Vollformen unterschiedlicher Größe.

Thufure (isländisch: Rasenhügel; *earth hummock*) sind rundlich-ovale Hügel mit einer Höhe von 30-80 cm und typischen Durchmessern zwischen 40 und 150 cm. Sie bestehen aus einem im Winter gefrorenen Mineralbodenkern unter meist geschlossener Rasendecke. Thufure sind Erscheinungen des Auftaubereichs.

Palsen (finnisch) sind 10-15 m breite und 15-115 m lange Torfhügel mit blankem Eiskern; ihr Vorkommen ist an Permafrost gebunden. Sie erreichen Höhen von bis zu 10 m. Charakteristisch ist ein steiler Rand.

Zu den spektakulärsten periglazialen Formen gehören die **Pingos** (Eskimowort). In der voll entwickelten Form sind es isolierte, konische Hügel mit rundem bis ovalem Grundriß. Ihre Durchmesser können bis 700 m, ihre Höhen bis 70 m betragen. Sie enthalten einen Eiskern, der von Sediment- und Mineralboden bedeckt ist. Die Bildung der mächtigen Eiskerne wird mit dem permafrostgesteuerten, unterirdischen Zufluß von Seewasser oder Wasser aus dem Talik-Bereich (s. 10.2.1) in Verbindung gebracht. Bei fortgesetzter Aufwölbung bilden sich im steil aufragenden Pingo Risse im überdeckenden Material, die isolierende Schicht verliert ihre Wirkung, und der Eiskern schmilzt. Auf diese Weise können Pingos kollabieren und werden zu einem See umgebildet. Es wird angenommen, daß derartige Entwicklungszyklen mehrere 1000 Jahre in Anspruch nehmen. Wegen ihrer verwandten Genese bestehen zwischen Thufuren, Palsen und Pingos mannigfache Übergänge.

10.3.3 Kryoturbation und Frostmusterstrukturen. Wechsel der Korngrößenzusammensetzung in den Schichten des Auftaubodens bedeuten gleichzeitig Unterschiede in der Wasserspeicherfähigkeit; weiterhin ist vom Wassergehalt die Wärmeleitfähigkeit abhängig. Diese Materialunterschiede führen zu kleinräumig differenzierter Eisbildung, Eiswachstum und gekoppelten seitlich und vertikal gerichteten kryostatischen Drücken. Sie verursachen Deformationen der ursprünglichen Schichtlagerung; Schichtgrenzen werden aufgewölbt, niedergedrückt, gegeneinander verschoben und verschleppt, so daß insgesamt der Eindruck von Deformationen und Verwürgungen (**Kryoturbation**) im Bereich des Auftaubodens entsteht (vgl. 10.3.1). Dies hat im deutschen Sprachgebrauch zu den anschaulichen Bezeichnungen Würgeböden, Brodelböden oder Taschenböden geführt, wenngleich die Kryoturbation nicht zu den Bodenbildungsprozessen im engeren Sinne (s. 5.4.2) gezählt werden sollte.

Frostmusterstrukturen (s. Abb. 10.1) gehen auf oberflächennahe Sortierungsprozesse im Auftauboden zurück. Da Sortierung Entmischung bedeutet, sollten die Frostmusterstrukturen nicht zur Kryoturbation (eisbedingte Durchmischung) gezählt werden. Frostmusterstrukturen sind an feinmaterialreiche Substrate gebunden. Sie überziehen die Oberfläche mit netzartigen Polygonen, ähnlich wie die Eiskeilnetze. Im Unterschied zu diesen sind sie jedoch wesentlich kleiner und auf andere Prozesse zurückzuführen. Skelettarme Lehme zeigen sogenannte **Feinerdenetze** (*non-sorted polygons*), skeletthaltiges Feinmaterial führt zur Bildung von Steinringen (**Steinpolygone**, *sorted circles, sorted polygons*). In Anlehnung an BLÜMEL (1999, 173 ff.) kann die Entstehung von Steinringen wie folgt zusammengefaßt werden: Das winterliche Gefrieren des Auftaubereiches erzeugt kryostatischen Druck und Kompression in der Fläche mit der wichtigen Folge, daß mit regelhaftem räumlichen Muster Teilflächen aufgewölbt werden (Abb. 10.7). Sowohl das Feinmaterial als auch in ihm enthaltene Steine werden dabei angehoben. Der Auftauvorgang setzt von der Bodenoberfläche her ein; dabei sinkt das Feinmaterial zusammen, während die Steine noch auf einem wenige Zentimeter tieferen gefrorenen Untergrund ruhen. Beim Fortschreiten der Auftaufront wird dieses Eis durch Feinmaterial ersetzt, so daß der Stein die Sackungsbewegung des Feinmaterials nicht nachvollzieht. Auf diese Weise wirkt der materialselektive Frosthub: Steine frieren auf. Schwundrisse in der auftauenden Schicht gliedern die Fläche in ein polygonales Muster. Dadurch kann der Auftauprozeß auch seitlich gegen die noch gefrorenen Zentren der Polygone vorrücken. In ähnlicher Weise wie beim Auftauen von der Bodenoberfläche ist damit zu rechnen, daß Steine ebenfalls schneller seitlich-aufwärts bewegt werden als das Feinmaterial. Die an der Oberfläche angereicherten Steine werden vermutlich von den Wölbungszentren nach außen transportiert (AHNERT 1996, 143). Die Entmischung geht so weit, bis

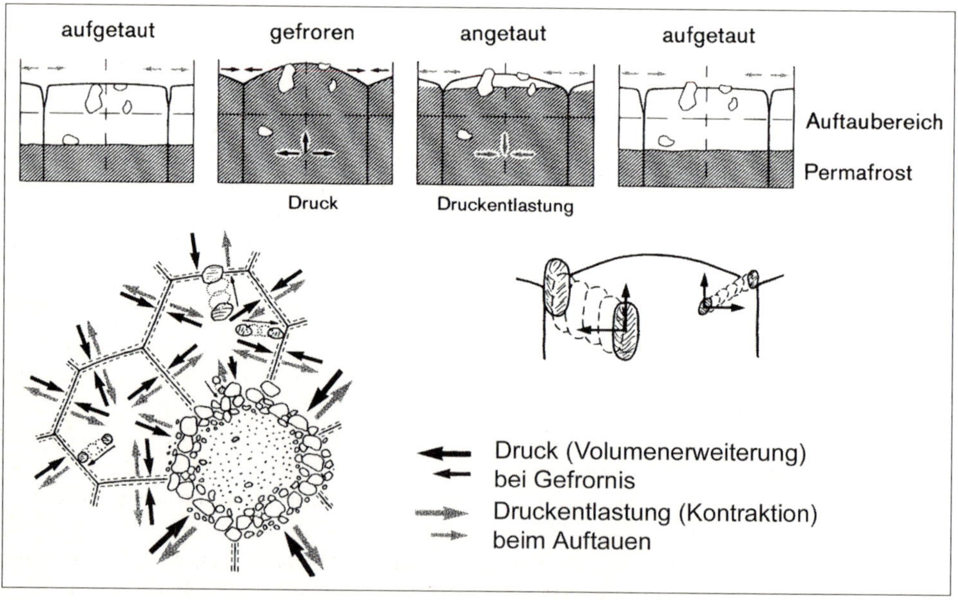

Abb. 10.7 Entwicklung von Steinringen (Modellvorstellung) (aus BLÜMEL 1999, 176)

geschlossene Steinringe sich zu einem Netz zusammenschließen und skelettverarmte Feinmaterialbereiche umschließen. Der Durchmesser der Steinringe beträgt zwischen 10 cm und einigen Metern. Da die Wirkmechanismen im einzelnen sehr komplexer Natur sind, existiert eine Reihe von Erklärungsansätzen und Differenzierungsvorschlägen für Steinringe und ähnliche Formen.

Etwa ab einer Hangneigung von 2° gehen die Steinringe in ellipsenförmige Netze über und bei noch größeren Neigungen in **Steinstreifen**. Die Steinringe und vor allem die dazwischen liegenden Feinmaterialstreifen werden so in die Solifluktionsbewegung (s. 10.3.4) einbezogen, die typisch für alle Hänge im Periglazialraum ist, welche an ihrer Oberfläche genügend Feinmaterial enthalten.

10.3.4 Solifluktion. Unter Solifluktion werden gravitative Massenbewegungen (s. 6) zusammengefaßt, die an Hängen denudativ wirken und bei denen Frostwechsel, Eiswachstum und Permafrost einzeln oder in Kombination beteiligt sind. Zwar legt die wörtliche Übersetzung des Begriffs eine Beschränkung auf reine Fließbewegungen nahe, doch umfaßt die Solifluktion auch die Kammeissolifluktion und die Versatzdenudation.

Kammeissolifluktion ist an die Bildung von nur wenige cm langen, senkrecht über die Bodenoberfläche hinauswachsenden Bündeln von Eisnadeln gebunden. Sie entstehen beim oberflächenparallelen Eindringen der Gefrierfront durch Eiswachstum im feuchten Milieu. Dabei werden Partikel des Mineralbodens angehoben, die nach dem Abschmelzen der Eisnadeln senkrecht niedersinken. Somit resultiert ein hangabwärtiger Versatz (s. 6.3). Kammeissolifluktion ist auf die obersten Zentimeter des Bodens beschränkt. Wenn eine geschlossene Vegetationsdecke vorhanden ist, dann kann diese durch Kammeis aufgelockert werden. Insgesamt führt die häufig wiederholte Bildung von Kammeis zur Lockerung der obersten Bodenschichten, was sie anfälliger für andere Denudationprozesse (Abluation s. 10.3.6; Deflation, s. 8.3) macht.

Voraussetzungen für die **Versatzdenudation** als Teilprozeß der Solifluktion sind feuchtes Feinmaterial und Frostwechsel. Ihre Wirksamkeit steigt mit zunehmendem Wassergehalt, weil dann die Hebungsbeträge während des Gefriervorgangs am größten sind. Andere Einflußgrössen sind die Frostwechselhäufigkeit und die Eindringtiefe des Frostes. Versatzdenudation kommt sowohl im Periglazialraum als auch in der Frostbodenstufe der Gebirge der Mittelbreiten und der Tropen vor.

Die Solifluktion wird **freie** oder **ungebundene Solifluktion** genannt, wenn keine geschlossene Vegetationsdecke ausgebildet ist. Andernfalls spricht man von **gebundener Solifluktion**. Eine Rasendecke bremst die Bewegungsgeschwindigkeit. Hänge mit solifluidaler Bewegung sind durch Fließzungen oder durch terrassenartige Absätze (*terracettes*, „Girlandenböden") geprägt. Im allgemeinen ist die Versatzdenudation ein langsamer Prozeß, jedoch bestehen Übergänge zu schnelleren Bewegungen.

Gelifluktion ist an das Vorkommen einer wasserundurchlässigen Permafrosttafel und eines feinmaterialreichen Substrats gebunden. Während der Auftauperioden wird das Schmelzwasser im Porensystem zurückgehalten; in grobkörnigen Substraten würde es schnell lateral in Grobporen verlagert. Mit dem Wasserstau sind Wassersättigung und im Extremfall der Aufbau von positivem Porenwasserdruck verbunden. Wenn die materialspezifische Fließgrenze (s. 6.6) überschritten ist, fließt der Auftaubereich breiartig hangabwärts. Dies geschieht als rasche Bewegung in parallel zueinander verlaufenden **Fließzungen** (**Solifluktionsloben**, s. Abb. 10.8). An ihrer Stirn ist häufig Grobschutt anzutreffen, während das Innere der Loben aus Feinmaterial besteht.

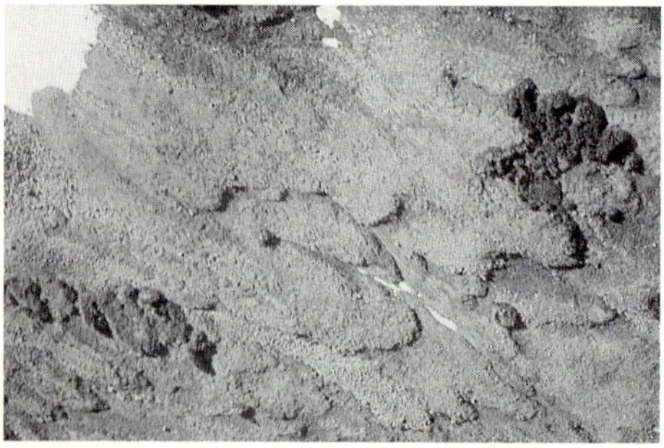

Abb. 10.8 Solifluktionsloben (Britisch-Kolumbien, Kanada). Die Luftaufnahme zeigt, daß der gesamte Hang durch mehrere Meter breite Fließzungen geprägt ist.

10.3.5 Thermokarst. Thermokarst ist die (mißverständliche) Bezeichnung für Abbauprozesse des Permafrostes einschließlich der entstehenden Formen. Der Begriffsbestandteil Karst soll auf die verbreitet auftretenden geschlossenen Hohlformen (Depressionen) hinweisen, die nach dem verzögerten Abschmelzen großer Bodeneiskörper zurückbleiben können. Eine alternative, ebenso mißverständliche Bezeichnung für Thermokarst lautet **Pseudokarst**. Zum Pseudokarst gehören auch kollabierende Pingos (s. 10.3.2). Werden die Depressionen von flachen Seen eingenommen, so spricht man von **Alasen** (singular: Alas, russisch). Von Pseudokarst sind besonders Flachreliefs mit gehemmter Entwässerung betroffen, die gerade eine Klimaerwärmung durchlaufen.

Flüsse in Pseudokarstgebieten schneiden an ihren Ufern häufig Bodeneiskörper (z. B. Eiskeile) an; diese verstärkte Seitenerosion wird als **Thermoerosion** bezeichnet.

10.3.6 Abluation. Abluation (Liedtke 1990) ist eine unter den besonderen Bedingungen des Periglazialraums ablaufende Spüldenudation auf Hangflächen. Auf vegetationsfreien Flächen fließt besonders bei geringer Auftautiefe im Frühsommer Schmelzwasser (Schneeschmelze, abschmelzendes Bodeneis), gelegentlich auch Regenwasser oberflächlich ab. Nach den in Kap. 7.2.1 dargelegten Teilprozessen der Partikelaufnahme, des Transportes und der Sedimentation wirkt die Abluation **korngrößenselektiv**. Am Abtragungsort werden die feineren Bestandteile (Feinsande, Schluffe und Tone) abgespült, und gröbere Bestandteile bleiben zurück. Wenn die in Suspension transportierten Partikel nicht aus dem Hangsystem in den Vorfluter exportiert werden, bilden sich an den Unterhängen feinmaterialreiche Bodensedimente. Die Abluation ist auf Substraten, deren Korngrößenspektrum für solifluidale Prozesse zu geringe Anteile an Feinmaterial enthalten, der wichtigste Denudationsprozeß. In Mitteleuropa unterlagen während der letzten Kaltzeit die nicht vergletscherten Areale Nordwestdeutschlands der Abluation (s. 15.2.1) und kamen auf diese Weise zu ihren sandigen Substraten (Geest).

10.3.7 Nivation und Kryoplanation. Nivation ist eine Sammelbezeichnung für Denudationsprozesse, die an das Vorkommen von Schneeflecken gebunden sind. Schneeflecken bilden sich immer wieder an den selben Reliefpositionen, meist in Geländemulden; sie apern zuletzt aus, wenn die Umgebung bereits schneefrei ist. Unterhalb der Schneeflecken tritt verstärkt Schmelzwasser aus; dadurch sind Schneeflecken Orte verstärkter Durchfeuchtung. So können dort Abluation, Solifluktion und andere frostdynamische Prozesse mit besonderer Intensität wirken. Die anfänglich kleinen Hangmulden werden dadurch (rückwärts) zu hangparallelen, oft halbkreisförmigen **Nivationsnischen** (*nivation cirque, nivation hollow*) erweitert. Durch das Aufwärtswachsen der Nivationsnischen können Verebnungen am Hang (**Nivationsterrassen**) entstehen. Genetisch verwandte, größere Formen sind die **Kryoplanationsterrassen** mit Längserstreckungen bis zu 10 km, Breiten bis 2 km und Stufenhöhen von 70 m (DEMEK 1969); sie sind nur auf Hängen mit Festgesteinsuntergrund anzutreffen.

10.4 Besonderheiten fluvialer Morphodynamik im Periglazialraum

Die **fluviale Morphodynamik** ist **in Periglazialräumen** durch die ausgeprägte Saisonalität des Abflusses geprägt. Während der Auftauperiode verhindert der eishaltige Permafrost die Tiefensickerung; dies bewirkt alljährlich frühsommerliche Hochwasserabflüsse. Glaziale, nivale oder niveoglaziale Abflußregimes (s. Kasten 7.1) mit zum Teil extremen Hochwasser/Niedrigwasser-Verhältnissen sorgen für große Unterschiede der Transportkapazität. Während weniger Tage im Jahr kann die Transportkapazität enorme Größenordnungen erreichen, die angesichts bescheidener mittlerer Jahresabflüsse zunächst nicht vermutet werden. Wenn durch Solifluktionsprozesse im Flußeinzugsgebiet große Sedimentvolumen bis auf die Talsohle befördert werden, so ist der Fluß nur bei **Abflußspitzen** in der Lage, die Sedimente zu transportieren.

In bergigen Flußeinzugsgebieten setzt saisonaler Abfluß häufig mit sog. ***slush streams*** ein; hierunter versteht man bei Schneeschmelze ausbrechende Schnee-Wasser-Gemische, die mit hoher Geschwindigkeit (bis 60 km/h) Schutt und Geröll mitreißen (SCHERER u. PARLOW 1994). Zu Beginn des Frühsommers gelangt das Schneeschmelzwasser über dem gefrorenen Untergrund als Direktabfluß (s. 7.1.1) in die Bäche und Flüsse.

Die „schuttüberlasteten" Flüsse des Periglazialraums fließen auf Aufschotterungssohlen und besitzen in der Regel verzweigte Flußgrundrisse (*braided,* s. 7.3.3). Sie gelten als Anschauungsbeispiele für die periglazialen Flüsse in Mitteleuropa während der Kaltzeiten des Pleistozäns.

Kasten 10.1 Asymmetrische Täler

Talasymmetrien liegen vor, wenn sich die Neigungen der beiden gegenüberliegenden Talhänge stark unterscheiden. Dies kann die verschiedensten Ursachen haben (z. B. Gesteinsunterschiede, Tektonik), doch ist auffallend, daß gerade in Periglazialräumen mit Lockergestein asymmetrische Täler häufig anzutreffen sind. So wurde nach klimamorphologischen Ursachen gesucht.

Entstehung eines asymmetrischen Tals nach der Insolationstheorie (aus Siegburg 1988, 186, verändert)

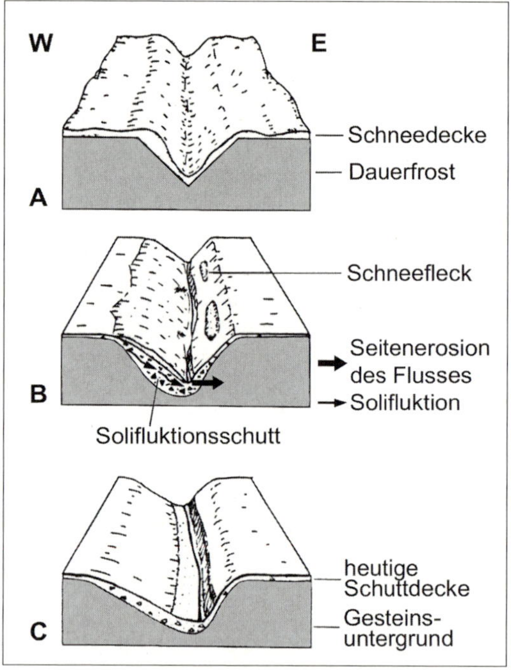

Die Erklärung der Talasymmetrie des abgebildeten Beispiels nach der Insolationstheorie lautet:
Sonnenexponierte Südhänge tauen im Sommer schneller auf, die Durchfeuchtung ist stärker; also ist anzunehmen, daß auch die Denudationsprozesse intensiver als am Schatthang sind. Die gravitativen Massenbewegungen führen zur einer Hangverflachung (Kap. 10.3.4) und gleichzeitig drängen sie das Gewässer an den gegenüberliegenden Rand des Gerinnebetts. Dort wird der Hang fluvial unterschnitten und versteilt. Wegen des jahreszeitlich länger gefrorenen Untergrunds bleibt der kältere Schattenhang trotz Versteilung weitgehend stabil.
Eine Schwierigkeit besteht darin, daß – abweichend vom Beispiel – Steilhänge und Flachhänge gleichermaßen in Süd- und Nordexposition auftreten. So sind in der Vergangenheit diverse Theorien formuliert worden, um die teils widersprüchlichen Phänomene zu erklären. Als weitere geländeklimatische Gesichtspunkte sind z. B. die relativ mächtigere Schnee- oder Lößakkumulation auf den zur Hauptwindrichtung im Lee liegenden Talhängen berücksichtigt worden.

Kasten 10.2 Literaturauswahl zur Ergänzung und Vertiefung des Kapitels 10

Lehrbücher und Übersichten
BLÜMEL 1999 (Lehrbuch, Phys. Geogr. Polargebiete), FRENCH 1996 (Lehrbuch, Periglazialmorphologie), KARTE 1979 U. 1990 (Periglaziär, systematische u. räumliche Übersicht), KLOSTERMANN 1999 (Einführung in das Eiszeitalter), LIEDTKE 1990a (Aufsatzsammlung zum Eiszeitalter), LIEDTKE U. HERGET 1999 (Eiszeitforschung, Mitteleuropa), LOWE U. WALKER 1997[2] (Erforschung der Umweltbedingungen während des Quartärs), SEMMEL 1985 (Lehrbuch Periglazialmorphologie), THOME 1998 (Quartär, Lehrbuch mit Beispielen aus Mitteleuropa), WASHBURN 1979 (Lehrbuch, Geocrylogie), WEISE 1983 (Lehrbuch Periglazialmorphologie), WILLIAMS 1993 (Einführung Quartär, weltweite Übersicht),

Permafrost
BROWN 1970 (Permafrost in Kanada), KING (Permafrost, Schweizer Alpen), STÄBLEIN 1978

spezielle Themen
Blockgletscher: BARSCH 1996 (Blockgletscher), HÖLLERMANN 1983 (Blockgletscher), SCHROTT 1996 (Blockgletscher Anden); *Nivation und Kryoplanation:* DEMEK 1969; *Sulzströme:* SCHERER U. PARLOW 1994 (Sulzströme), MÄUSBACHER ET AL. 1993 (Sulzströme), STRAUCH 1993 (Sulzströme); *Talsasymmetrien:* KARRASCH 1970 (Talasymmetrien), POSER U. MÜLLER 1951 (Talasymmetrien, niederbayer. Hügelland), SIEGBURG 1988 (Talasymmetrien, Bonner Raum)

regionale Fallstudien zur Periglazialmorphologie
BEYLICH 2000 (Fallbeispiel Ost-Island), BLÜMEL 1994 (Geowiss. Spitzbergen-Expedition), EBERLE 1993 (Fallstudie Spitzbergen, Verwitterung und Böden), GINTZ U. SCHMIDT 2000 (Fallstudie Nordsibirien), HÖLLERMANN 1964 (Ortler-Gruppe, Alpen), HÖLLERMANN 1967 (Pyrenäen), MÄUSBACHER 1990 (Antarktis), SCHUNKE 1999 (Aleuten, SW-Alaska)PRIESNITZ U. SCHUNKE 2001 (fluviale Morphodynamik, NW-Kanada), SCHRÖDER 1999 (Hochanden, Chile, Atacama), SCHUNKE 1975 (Periglazialerscheinungen Island), STINGL 1969 (periglazialmorphologisches Profil Ostalpen), STINGL ET AL. 1995 (Variabilität solifluidaler Prozesse), VEIT 1993a (Solifluktion, Ostalpen)

Löß, Decklagen (periglaziale Deckschichten) und Abluation in Mitteleuropa
siehe Kasten 15.3

11 Geomorphologische Prozeßkombinationen und Formengefüge in Abhängigkeit vom Klima

Abb. 11.1 Formengesellschaft in einem Trockengebiet (Death Valley, USA; Foto: J. Herget). In der Bildmitte ist ein Schwemmfächer zu erkennen, dessen Oberfläche heute morphodynamisch weitgehend inaktiv ist (vgl. Abb. 11.8). Die ausgedehnten Dünenfelder im Vordergrund belegen die ausgeprägte äolische Umlagerung. Spärliche Vegetationsbedeckung ist nur in den Senken mit ausreichender Wasserversorgung möglich.

11.1 Geomorphologische Prozeßkombinationen und ihre klimazonal beeinflußte Anordnung

Verwitterungs- und morphologische Prozesse werden in ihrer Intensität und Wirkung vom Klima gesteuert (s. 4.5 und 5.5); glaziale Formung (s. 9) ist ebenso an klimatische Voraussetzungen (Schneeniederschlag, Frost) gebunden wie die Verbreitung periglazialer Prozesse (s. 10); die morphologische Wirkung des Windes kann sich natürlicherweise bevorzugt dort entfalten, wo klimatische Aridität herrscht (s. 8). Diese Beziehungen sind so naheliegend, daß die klimatische Beeinflussung morphodynamischer Prozesse seit langem zu den anerkannten Grundtatsachen der Geomorphologie gehört. In der von mitteleuropäischen Wissenschaftlern betriebenen Geomorphologie entwickelte sich diese Thematik – beginnend etwa nach 1920 und verstärkt nach 1945 (vgl. AHNERT 1996, 407) – zu einem Schwerpunkt der Forschung; der bekannteste Vertreter dieser Richtung im deutschsprachigen Raum war BÜDEL (1977), in Frankreich waren es TRICART & CAILLEUX (1972).

BÜDEL (1948, 1971) veröffentlichte eine vielbeachtete und später kontrovers diskutierte Karte der **klimageomorphologischen Zonierung der Erde**: die Erde wird in Räume gegliedert, in denen eine einheitliche, vom Klima bestimmte Formungstendenz vorherrschen soll. Das Neuartige dieses Kartenentwurfs war der hohe Abstraktionsgrad; BÜDELS Anliegen war nicht eine weltweite genetische Deutung der existierenden Formen, sondern er wollte den Charakter der gegenwärtig ablaufenden Reliefformung herausstellen. Bei einer derartigen Zielsetzung bleiben Formen, die unter einem früheren, vom heutigen abweichenden Klima gebildet worden sind (s. 4.7), aus der Betrachtung ausgeschlossen. So spielen z. B. für die klimageomorphologische Charakterisierung des heutigen Mitteleuropas (s. 15) die deutlichen Spuren der quartären Vereisungen (Formen und Sedimente) keine Rolle. Entscheidend ist hier die unter dem heutigen Klima geringe Formungsaktivität; deshalb faßte BÜDEL die Mittelbreiten zur Zone der ‚**retardierten Talbildung**‘ (retardiert = zögernd, zurückbleibend) zusammen. Der Gegensatz zwischen klimatisch gesteuerter Talbildung in den Außertropen im Gegensatz zu einer sog. **Flächenbildung** in den Tropen (s. 11.2.1) wurde besonders betont.

Spätere Versuche, zu einer klimageomorphologischen Zonierung der Erde zu gelangen, waren wesentlich stärker auf Einzelprozesse bezogen; dies ist sinnvoll, denn die Begriffe Talbildung und Flächenbildung beziehen sich auf das Ergebnis des komplexen Zusammenwirkens der verschiedensten morphologischen Einzelprozesse. So ist z. B. die Talbildung nur durch die gleichzeitige Berücksichtigung der Tiefen- und Seitenerosion im Gerinnebett eines Fließgewässers und der Hangdenudation zu verstehen (s. 7.4.1). Die Hangdenudation kann ihrerseits durch die verschiedensten Einzelprozesse erfolgen; welche Einzelprozesse wirken, hängt maßgeblich vom Klima ab. Dabei ist der Klimaeinfluß nicht einfach über die Angabe typischer Temperatur- oder Niederschlagssummenwerte für eine Klimazone zu beschreiben, sondern das Klima wirkt unter anderem über die Höhe, Intensität und zeitliche Verteilung der Niederschläge, die Frostwirkungen, indirekt über die Abflußregimes, über die Aridität und Humidität sowie als Randbedingung für die Vegetationsstruktur.

HAGEDORN & POSER (1974) unterscheiden 13 morphologische Prozesse (Tab. 11.1), die weltweit in verschiedenen Kombinationen auftreten, so daß sich ein über die Erde verteiltes Mosaik von 33 **Prozeßkombinationen** ergibt. Räume mit gleichen oder ähnlichen Prozeßkombinationen können zu Großregionen zusammengefaßt werden, die zonal angeordnet sind. Abb. 11.2 bietet eine vereinfachte Übersicht über die dominanten geomorphologischen Prozesse.

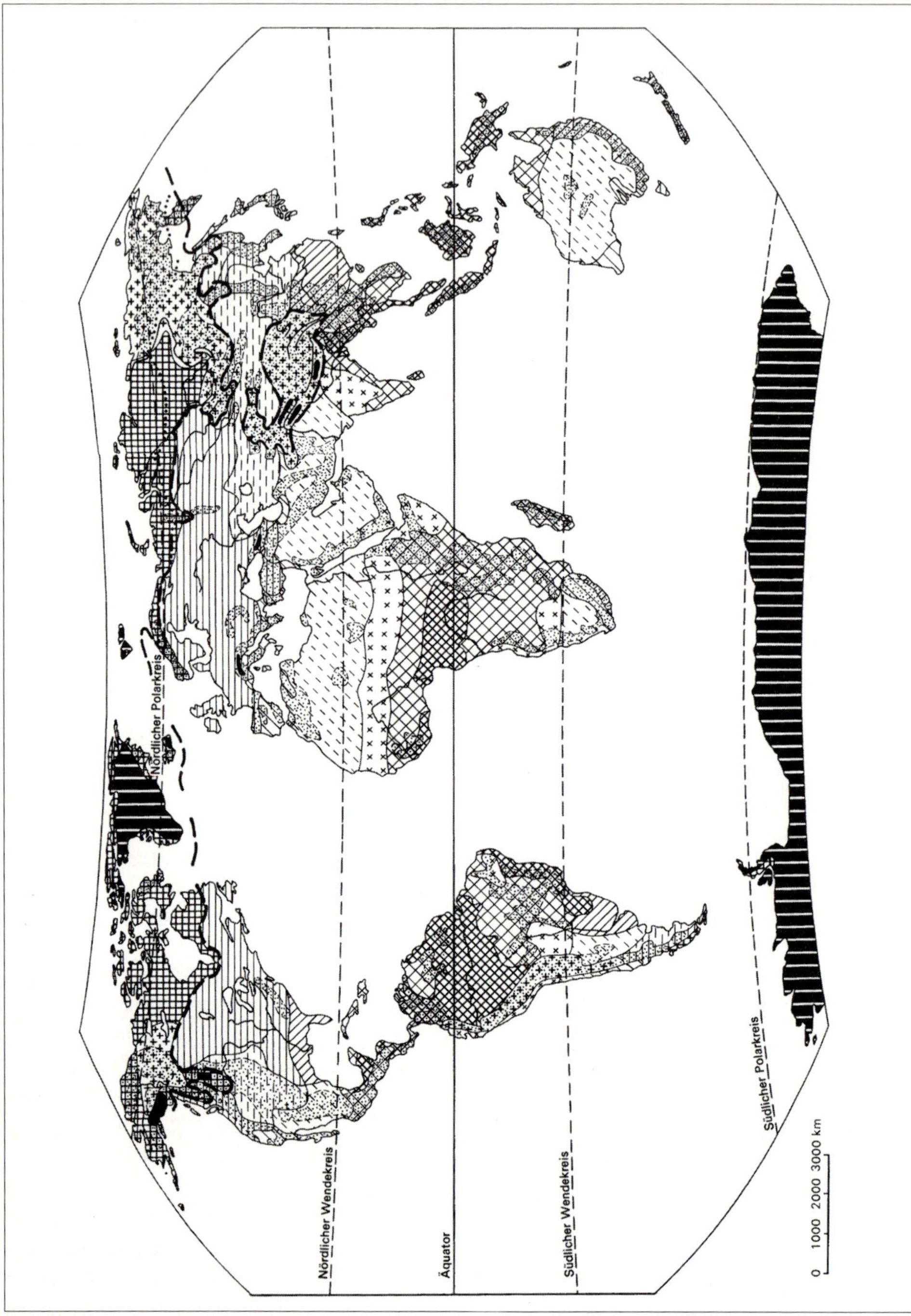
Nördlicher Polarkreis
Nördlicher Wendekreis
Äquator
Südlicher Wendekreis
Südlicher Polarkreis
0 1000 2000 3000 km

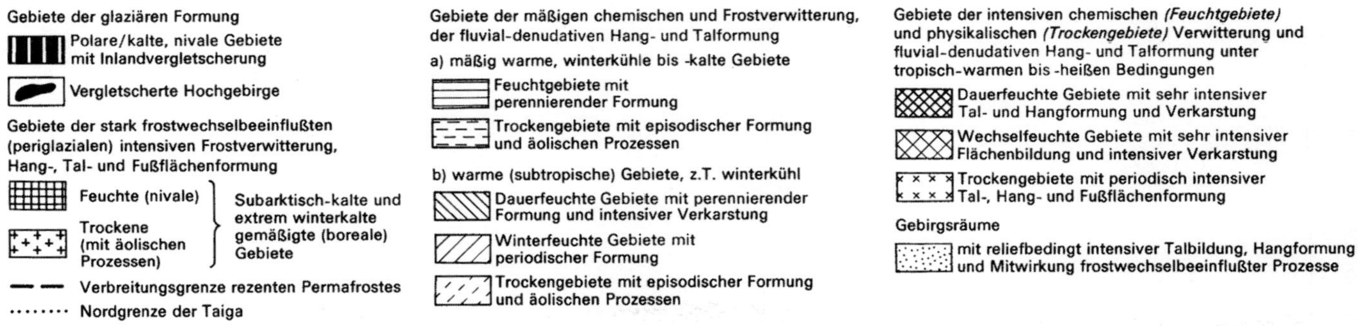

Abb. 11.2 Weltweite Übersicht der vorherrschenden rezenten Formungsprozesse (KUGLER, in HENDL U. LIEDTKE 1997, 226/227, unter Verwendung von HAGEDORN U. POSER 1974). Die Karte vermittelt eine räumliche Modellvorstellung der Formungsprozesse in ihrer Klimabeeinflussung. Die Dominanz einzelner Prozesse in verschiedenen Erdräumen ist auf klimatische Ursachen zurückzuführen. Hier manifestieren sich Unterschiede im Temperaturregime, im jahreszeitlich differenzierten Wasserhaushalt und in der Vegetationsbedeckung. Die Karte steht komplementär zur Übersicht (s. Abb. 2.7) über die endogen angelegten Megareliefformen. Die Gliederung nach heutigen (rezenten) Prozeßintensitäten sollte nicht verwechselt werden mit einer Reliefformengliederung nach genetischen Gesichtspunkten (s. 4.7 und beispielhaft Abb. 11.1).

Tab. 11.1 Morphologische Prozesse (nach HAGEDORN u. POSER 1974, geringfügig verändert)

Prozeßgruppe	Abkürzung	Prozesse	Abkürzung
Fluviale Prozesse	f	f bei perennierendem Abfluß	f1
		f bei periodischem Abfluß	f2
		f bei episodischem Abfluß	f3
		f bei glazifluvialem Abfluß	f4
		f bei perennierendem Abfluß mit ausgedehnten periodischen Überschwemmungen	f5
Abspülungsprozesse	s	Flächenspülung und Hangspülung	s1
		Hangspülung	s2
Denudative Massenbewegungen	d	Sturz- und Rutschungsprozesse	d1
		Gelisolifluktion und Thermokarst	d2
		Tropisches Bodenfließen	d3
Glaziale Prozesse	g	–	–
Äolische Prozesse	a	–	–
Marine u. limnische Prozesse	m	–	–
Korrosive Prozesse	k	–	–

Zwei **Beispiele** illustrieren die differenzierten Aussagen der hier aus technischen Gründen nicht wiedergegebenen Originalkarte von HAGEDORN & POSER (1974). Die **Prozeßkombination in europäischen Mittelgebirgen** wird mit ‚f1 s2 d1' angegeben (fluviale Prozesse bei perennierendem Abfluß, Hangspülung und Sturz- und Rutschungsprozesse). Die Intensität aller Prozesse ist mäßig und schwach, weil unter naturnahen Bedingungen die geschlossene Vegetationsdecke der Hangdenudation durch Oberflächenabfluß entgegensteht und die Niederschlagsintensitäten recht gering sind; auch die Verwitterungsintensitäten sind im Vergleich zu anderen humiden Gebieten nur mäßig. Massenbewegungen sind auf kleine Flächen beschränkt. Dort, wo der Mensch in den Landschaftshaushalt eingreift (Landwirtschaft, Anlage von Verkehrslinien, Wasserbau), kann die morphodynamische Aktivität lokal verstärkt werden. Den ganzjährig fließenden, aus dem Grundwasserabfluß gespeisten Flüssen fehlen größere Abflußschwankungen, die große Umgestaltungen der Gerinnebetten und der Flußauen bedingen könnten.

Dagegen gehört der **Karakorum-Himalaya** mit der Prozeßkombination ‚f4 d1 d2 g' zu den Regionen mit der weltweit intensivsten Morphodynamik; hier wirken glaziale und glazifluviale Prozesse, Sturz- und Rutschungsprozesse sowie die Gelisolifluktion. Die Formungsaktivität ist besonders stark, weil zu den periglazial-klimatischen Rahmenbedingungen als Voraussetzung für intensive Frostverwitterung und Hangdenudation die Gletscherabflüsse mit starken Abflußschwankungen und starker Überformung der Talsohlen treten. Alle schwerkraftabhängigen Erosions- und Denudationsprozesse sind aufgrund des Steilreliefs im jung gehobenen Gebirge besonders wirksam und werden durch die anhaltende, aktive Hebung in Gang gehalten.

In den folgenden beiden Kapiteln werden exemplarisch die morphologischen Prozesse und typische **Formengefüge** von zwei klimatisch bestimmten Zonen der Erde skizziert. Die Besonderheiten der Prozeßkombinationen in heutigen Periglazialgebieten sind in Kap. 10 erwähnt.

11.2 Morphodynamik und typische Formengefüge in den feuchten Tropen

11.2.1 Reliefcharakteristika und morphotektonische Situation. Weite Teile der **humiden Tropen** sind durch ein flachwelliges Relief gekennzeichnet. Wasserscheiden zwischen Flußeinzugsgebieten liegen häufig als nur sanft geneigte Schwellen vor. BÜDEL (1977) bezeichnet die unmerklich in die Umgebung eingesenkten Hohlformen als **Spülmulden**, LOUIS & FISCHER (1979, S. 258/59, 289-301) bevorzugen den Begriff **Flachmuldentäler** und geben detaillierte, quantitative Beschreibungen dieser Formen: Die Neigung der Spülmulden oder Flachhänge bleiben typischerweise im Bereich zwischen 10 – 50‰, typische Talbreiten variieren zwischen 5 – 30 km; ebenfalls niedrig ist das Talgefälle mit 0,2 – 2‰. Vor allem für die wechselfeuchten Tropen (Dauer der Trockenperiode: 2,5 – 5 Monate) sind diese Formen charakteristisch. Wegen der mehrmonatigen Trockenzeit fließen die Flüsse nur periodisch, und häufig fehlt den Gerinnebetten das für die Außertropen so typische, grobe Geröll. Eine weitere Eigenart sind die gesteinsbedingten Knicke im Flußlängsprofil (Schnellen), die anzeigen, daß dieses nicht ausgeglichen ist. Derartige flachwellige Landschaften sind in unterschiedlichen Höhenlagen entwickelt, sie sind keineswegs auf küstennahe Gebiete im Anschluß an das Meeresniveau (= Erosionsbasis) beschränkt. In Tansania kommen derartige **Flachreliefs** noch in 1200 bis über 1800 m Höhe vor (vgl. zusammenfassend LOUIS & FISCHER 1979, BREMER 1989).

Bereits die Literatur um die Jahrhundertwende sprach den tropischen Flachreliefs den Charakter von Rumpfflächen zu. **Rumpfflächen** (s. 4.2) sind definitionsgemäß flachwellige Oberflächen, die ohne Rücksicht auf die Gesteinswiderständigkeit den Untergrund schneiden (VON RICHTHOFEN 1886). Aus diesen flachwelligen Landschaften ragen unvermittelt Bergformen auf. Wegen ihrer inselhaften Verbreitung werden sie seit langem als **Inselberge** (s. Abb. 11.5) bezeichnet; mit einem scharfen Fußknick grenzen die steilen Hänge (mit Neigungen von 40-80°) an die umgebenden Flachreliefs. Im Unterschied zu diesen tragen sie meist keine nennenswerte Verwitterungsdecke, häufig treten die nackten Felswände und

-oberflächen zutage. Inselberge können einige hundert Meter Höhe erreichen.

Unter strukturmorphologischen Aspekten fällt auf, daß **Rumpfflächen mit Inselbergen** in solchen Gebieten ihren Verbreitungsschwerpunkt besitzen, die aus den Kristallingesteinen der alten Schilde (Kratone) aufgebaut und aus dem Gondwana-Kontinent durch plattentektonische Prozesse hervorgegangen sind (s. Abb. 2.7). Die kristallinen Sockel sind teilweise von jüngeren Sedimentschichten bedeckt, die allenfalls tektonisch schräggestellt, jedoch nicht gefaltet worden sind. SEMMEL (1991, 36) vertritt die Auffassung, daß auch in den wechselfeuchten Tropen in Gebieten mit flachlagernden Sedimentgesteinen unterschiedlicher Gesteinsresistenz **Schichtstufenreliefs** (s. 12.3.3) den Normalfall bilden.

Ein dritter Relieftyp kommt in den humiden Tropen vor; es sind die **Kerbtalreliefs** (s. Abb. 11.3) in Mittel- und Südamerika, im Bereich der Guineaschwelle, in Afrika sowie im indonesischen Raum. Die morphotektonische Situation dieser Gebiete ist gekennzeichnet durch jung gefaltete Gebirge entlang plattentektonischer Grenzsäume mit entsprechend großen tektonischen Hebungsraten während der jüngeren Erdgeschichte (s. Abb. 2.7). Kennzeichnend sind steile, gestreckt verlaufende Talhänge, die sich nach oben zu scharfen Graten verschneiden. Die Flüsse führen grobe Gerölle und sind bis auf das Anstehende eingeschnitten, in den Kerbtalabschnitten sind ihre Längsgefälle unausgeglichen. Breitere Täler sind als steilhängige Kerbsohlentäler (s. 7.4.3) ausgebildet.

11.2.2 Klimatisch bestimmte Prozeßkombinationen. Große Verwitterungstiefen und Bodenmächtigkeiten sind für die humiden Tropen charakteristisch (s. 5.5.1). Dies gilt besonders für die präkambrischen Schilde, die mindestens seit dem Beginn des Tertiärs bei weitgehender tektonischer Ruhe durch tropische Verwitterungsprozesse gekennzeichnet sind. Für diese lange Zeitspanne können Klimaänderungen zwischen wechselfeucht und immerfeucht angenommen werden. Auch die tropischen Bergländer sind von der intensiven chemischen Verwitterung und Bodenbildung betroffen.

Für die beschriebenen Flachreliefs der humiden Tropen existieren verschiedene

Abb. 11.3
Tropisches Kerbtalrelief (Papua-Neuguinea) (nach BEHRMANN 1927, aus LOUIS/FISCHER 1979, S. 308)

Erklärungsmodelle. Es stehen sich gegenüber das Konzept der **Pediplanation (Pedimentation)** sowie der Flächenbildung und Inselbergentwicklung durch die **Theorie der doppelten Einebnung** (***edge planation***). Große Jahresniederschläge von über 1500 mm und besonders hohe Niederschlagsintensitäten, die in den Tropen an hochreichende Konvektionen gebunden sind, fördern sowohl Pediplanation als auch die Flächenbildung. Typische **Starkniederschläge in den Tropen** (s. Abb. 11.4) dauern 2-6 Stunden, sie erreichen in der Regel große Intensitäten,

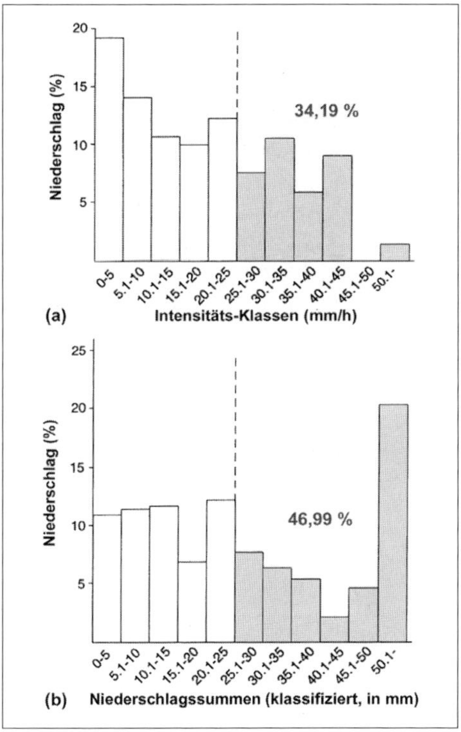

Abb. 11.4 Intensitäten und Summen für einzelne Niederschlagsereignisse in den feuchten Tropen am Beispiel von Neuguinea (nach JACKSON 1989, aus READING ET AL. 1995, 73)

häufig über 25 mm/h. Nach Studien aus Neuguinea machen derartige Intensivniederschläge rund ein Drittel des Jahresniederschlags aus, während man in gemäßigten Breiten einen Anteil von 5% annehmen darf (READING 1995). Intensitäten von 150 mm/h kommen regelmäßig vor; immerhin entfallen 20% der Niederschläge auf Starkregen über 50 mm.

Pediplanation und Flächenbildung werden wirksam, wenn zumindest zeitweise im Jahr die Vegetationsdecke aufgelichtet ist und deshalb die Regentropfenenergie und die Schubspannung durch Oberflächenabfluß unmittelbar an der Mineralbodenoberfläche angreifen kann.

Die bereits in den 30er Jahren entwickelten Grundgedanken der Verwitterung und Formung in den Tropen wurden von BÜDEL (1977) zu einem Modell mit allgemeingültigem Anspruch für die wechselfeuchten Tropen aufgebaut. Doppelte Einebnung bedeutet, daß an der Oberfläche die Formung durch Spüldenudation stattfindet und die Verwitterung an der Grenze zwischen dem Regolit und dem unverwitterten Gestein in die Tiefe fortschreitet (**„untere Einebnungsfläche**). BÜDEL bezeichnet sie als **Verwitterungsbasisfläche**. Unterschiede in der Gesteinswiderständigkeit an der Verwitterungsbasisfläche bedingen einen unregelmäßigen, reliefierten Verlauf. Die petrographischen Unterschiede an der Verwitterungsbasisfläche pausen sich so lange nicht durch, als die Tieferlegungsgeschwindigkeit der Oberfläche langsamer ist als das Voranschreiten der Verwitterungsbasis in die Tiefe. An der Oberfläche wird unter dem Einfluß der tropischen Starkniederschläge bei aufgelichteter Vegetation nach der Trockenzeit das oberflächlich anstehende Material gleichmäßig verspült. Sobald die **Spüldenudationsrate** die maximal mögliche **Verwitterungsrate** des resistenteren Gesteins im Untergrund überschreitet, wird dieses schließlich an der Oberfläche freigelegt. Ragt ein schildförmiger Gesteinsbuckel erst einmal über die Oberfläche hinaus, so ist er dem feuchten Bodenmilieu entzogen, und die Verwitterung schreitet langsamer voran als unter der Regolitbedeckung. Die größere Abtragungsresistenz gegenüber der Spüldenudation ist die Ursache dafür, daß die Felsfläche nun langsamer tiefergelegt wird als die umgebende Spülfläche. So entsteht – entsprechend der Modellvorstellung – aus einem flachen Felsschild ein **Schildinselberg**. Die weitere Formentwicklung ist durch die unterschiedlichen Verwitterungs- und Abtragungsbedingungen zwischen Inselberg und umgebender Spüldenudationsfläche geprägt. Die gegensätzliche, auseinanderlaufende Entwicklung bildet einen sich selbst verstärkenden Prozeß, der auch als **divergierende Abtragung** (BREMER 1989) bezeichnet worden ist.

In die Modellvorstellung der **Pediplanation** gehen die Erkenntnisse der Hangentwicklungsforschung durch Oberflächenabfluß ein. Eine mächtige Verwitterungsdecke ist nicht unbedingt Voraussetzung für die Pediplanation. Im vorliegenden Zusammenhang wird Pediplanation als Prozeß der Bildung von **Pedimenten** verstanden. Pedimente sind schwach geneigte, denudativ entstandene Flächen, die mit einem scharfen Knick an ein höhergelegenes, steileres Gelände grenzen. Pedimente entstehen durch flächenhaften Oberflächenabfluß (Spüldenudation, *sheet wash*) bei fehlender Vorflutereintiefung (s. 7.4.1). Die Rückverlegung des konkaven Oberhangs setzt die Bereitstellung von Material durch Verwitterungsprozesse voraus, das durch Oberflächenabfluß transportiert wird. Im Ergebnis resultiert ein Abtragungspediment, das von einer nur geringmächtigen Schuttdecke überzogen wird. Diese, in den Anfängen auf W. PENCK (1924) zurückgehende Vorstellung, wurde durch theoretische, quantifizierende Modellrechnungen, u. a. von AHNERT (1987) und ROHDENBURG (1971) bestätigt. Aus einem angenommenen horizontalen oder schwach geneigten Ausgangsrelief entwickeln sich zunächst konkave Unterhänge, wenn die Hangtieferlegung größer ist als die Flußeintiefung. Der Unterhang-

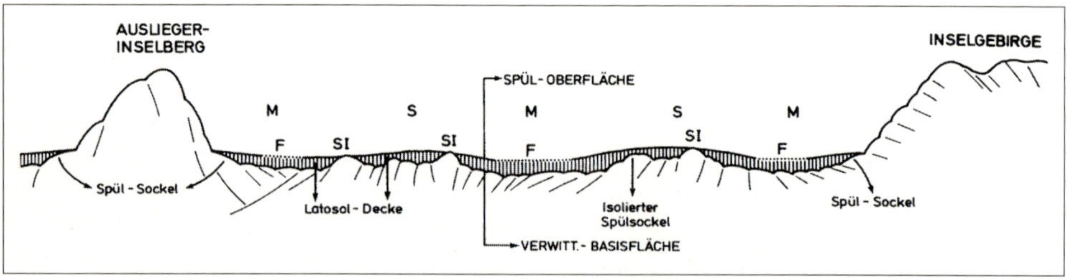

Abb. 11.5: Ausschnitt einer modelltypischen Rumpffläche mit Inselbergen, entsprechend der Terminologie von BÜDEL 1977): M = Spülmulde, S = Spülscheide, SI = Schildinselberg, F = von Feinsand erfülltes Regenzeit-Flußbett (aus BÜDEL 1977, 97)

knick breitet sich allmählich hangaufwärts rückschreitend aus. Am Unterhang profitiert die Spüldenudation vom großen Oberflächenabfluß, der durch den gesamten Hang gespeist wird, am Oberhang ist zwar der Oberflächenabfluß geringer, die Denudation ist dennoch beträchtlich, weil die Hangneigung größer ist. Der Mechanismus der Pediplanation ist nicht an eine große Verwitterungsmächtigkeit, wie sie für die feuchten Tropen herausgestellt worden ist (s. 5.5.1), gebunden.

Nach heutigem Kenntnisstand ist davon auszugehen, daß manche Rumpfflächen der immerfeuchten Tropen sehr alt angelegt sind und aus vorangegangenen, trockeneren Klimaphasen stammen; die spätere Überprägung der Sedimente nach dem Modell der doppelten Einebnung ist denkbar. Es ist heute allgemein akzeptiert, daß Flächenbildung durch Oberflächenabfluß ein Phänomen wechselfeuchter Klimate ist und daß allzu einfache Modellvorstellungen zur Flächenbildung in den feuchten Tropen nicht der Komplexität der Reliefformung gerecht werden.

Gerade in den jungen, stark gehobenen Faltengebirgen der immerfeuchten Tropen wird das außerordentlich starke Denudations- und Erosionsgeschehen durch die Tiefenerosion der ganzjährig fließenden, gefällsstarken Flüsse gesteuert. Wegen der mächtigen Verwitterungsprofile sind gravitative Massenbewegungen (insbesondere Hangrutschungen) an den Steilhängen weitverbreitet. Da vielfach diese Gebirgsregionen auch Gebiete großer seismischer Aktivität sind, werden die Massenbewegungen sehr oft durch Erdbeben ausgelöst. Zu den Rutschungen treten als Besonderheit Solifluktionsprozesse (**tropisches Bodenfließen**) und gelegentlich die **unterirdische Materialabfuhr** (***piping***) hinzu. Das Material der Hangdenudation wird von den Flüssen dank ihrer großen Transportkapazität weiterverfrachtet, so daß sich keine konkaven Unterhänge ausbilden.

Zusammenfassend erscheinen die Formungsprozesse in den Tropen keineswegs so einheitlich, wie es früher aus der mitteleuropäischen Perspektive erscheinen mochte. Rumpfflächen, Schichtstufen, Gebirge mit Kerbtalrelief und **Aufschüttungsflachländer** sind nur bei sehr differenzierter Prozeßbetrachtung vor dem Hintergrund einer sorgfältigen Interpretation von Klima-, Boden- und Vegetationsentwicklung möglich.

Als Besonderheit in den humiden Tropen ist der **reliefdifferenzierende Einfluß von verhärteten Krusten** (***duricrusts*, Lateritkrusten**, s. 5.5.1 und Abb. 11.6) erwähnenswert. Nach einer Denudationsphase, während der das überlagernde Bodenmaterial abgetragen wird, übernehmen die verhärteten Anreicherungskrusten die Funktion einer abtragungsresistenten Schicht. Form und Formentwicklung erinnern an eine Schichtstufe (s. 12.3.3). Da die ursprünglich in einer Senkenposition gebildeten Laterite nun die höchsten Geländeteile bilden, kann von einer Reliefumkehr (s. 12.4) gesprochen werden. Derartige Geländesituationen sind typisch für Sierra Leone, Nigeria und Uganda. Angesichts solcher Geländebefunde erscheint die Rekonstruktion eines Ausgangsreliefs in tropischen Landschaften als sehr problematisch. Neben verhärteten Krusten bieten auch Steinlagen (***stone lines***) in tropischen Boden- und Sedimentkomplexen Hinweise auf Umlagerungsprozesse. Häufig werden sie als Reste von Eisenkrusten (***ferricrete***) und **Kieselkrusten** (***silcrete***) gedeutet (Eitel 1999, 192).

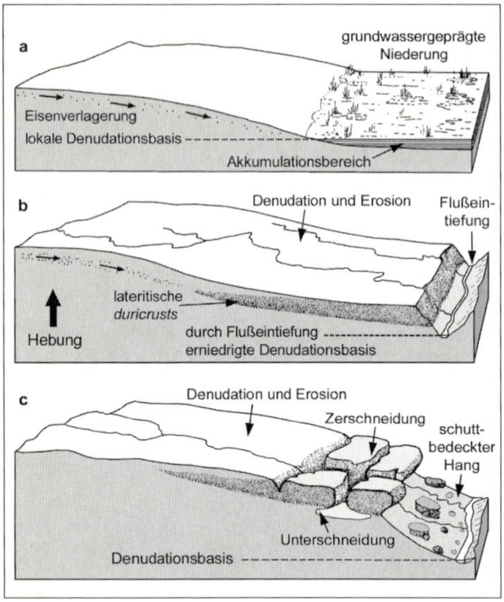

Abb. 11.6 **Lateritbildung und Zerschneidung (schematisch)** (nach PRITCHARD 1986, 28)

11.3 Morphodynamik und typische Formengefüge in den Trockengebieten

11.3.1 Prozeßkombinationen der Trockengebiete. Trockengebiete (aride Räume) wurden bereits von A. PENCK (1909) als Räume definiert, die keinen Abfluß zum Meer besitzen; gemittelt über ein größeres Gebiet zehrt die Verdunstung das gesamte zum Abfluß gelangende Niederschlagswasser auf; kennzeichnend ist die **endoreische Entwässerung** (**Binnenentwässerung**). Sichtbarer Ausdruck der Binnenentwässerung sind **Binnenseen**, die häufig nur episodisch wassererfüllt sind, sowie **Salztonebenen**. Fluviale Formung ist in ariden Gebieten möglich, sie tritt selten, meist nur episodisch und auf kurze Zeiträume beschränkt auf. Charakteristische fluviale Formen sind **Schwemmfächer** (Abb. 11.1), **Spülrinnen** und **Wadis** als nur kurzzeitig durchflossene Gerinnebetten. Weite Teile der Trockengebiete sind morphodynamisch inaktiv, Gesteinsoberflächen sind von einer eisen- und manganreichen, braun-schwarzen Verwitterungsrinde überzogen (**Wüstenlack**).

Trockengebiete und Wüsten sind bekannt für die Wirksamkeit äolischer Prozesse. Die fehlende oder nur spärlich entwickelte Pflanzendecke läßt überall dort, wo genügend Feinmaterial vorliegt oder durch Verwitterungsprozesse (s. 5.5.2) bereitgestellt wird, Deflation, Transport- und Akkumulation von Sand zu (s. 8).

11.3.2 Die arid-morphologische Catena. Die Vergesellschaftung typischer Formen in Trockengebieten kann in der arid-morphologischen Catena schematisch zusammengefaßt werden (Abb. 11.7). Gebirge (häufig aus kristallinen Gesteinen oder als Schichtstufenrelief) sind durch kantigen Felsschutt geprägt, in vollariden Gebieten herrscht weitgehend Formungsruhe. Als Oberflächentyp überwiegt eine durch Wüstenlack geprägte **Hamada** (**Felsschuttwüste**). Das Vorland des Gebirges, die **Bergfußfläche**, grenzt mit scharfem Fußknick an das Bergland. Typischerweise liegt der obere Teil der schwach geneigten Fußfläche als eine Abtragungs- und Transportfläche vor mit geringmächtiger Schuttauflage und Neigungen zwischen 10° und 15°. Genetisch handelt es sich häufig um ein **Pediment** (s. 11.2.2). Mit wachsender Entfernung vom Bergland nimmt die Neigung der Fußfläche, auf Werte unter 12° ab. Häufig liegt ein Akkumulationsbereich vor, der dann als **Glacis** bezeichnet wird. Als Aufschüttungskörper stehen die Glacis häufig in genetischer Verbindung mit aus dem Gebirge heraustretenden Schwemmfächern (Abb. 11.8). Die Akkumulationskörper können durch Deflation Windpflastercharakter (s. 8.3) annehmen, sie sind häufig als **Stein-Schutt-Wüste** (**Reg**) ausgebildet. Idealtypisch folgt auf das Glacis ein fluvialer Akkumulationsbereich, also die Verzahnung von Hangsedimenten mit Flußschottern. Diese sind häufig an der Oberfläche durch Deflation unter Windkanterbildung (s. 8.4) umgestaltet **(Serir, Kieswüste)**. Verbreitet tragen sie ein feinmaschiges Netz von sehr flachen Spülrinnen, deren Feinmaterialbedeckung auf gelegentliche morphodynamische Aktivität hinweist. Inaktive Teile des Serirs sind wiederum mit Wüstenlack überzogen. Im Bereich der abflußlosen Senken können anschließend **Sandschwemmebenen** folgen, die durch Schichtfluten angelegt und

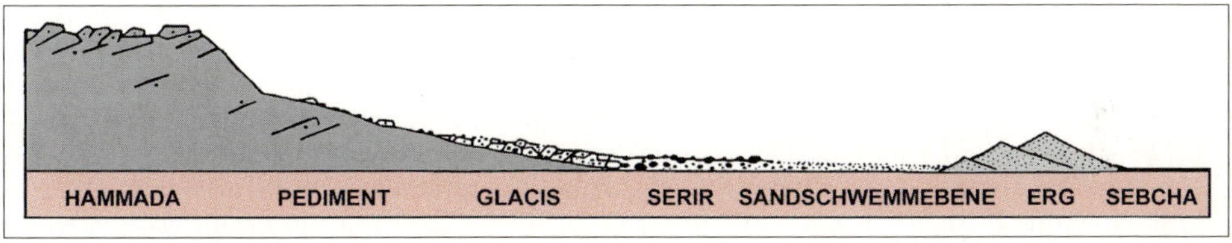

Abb. 11.7 Schema der arid-morphologischen Catena (nach MENSCHING 1973, 138; BESLER 1992, 125)

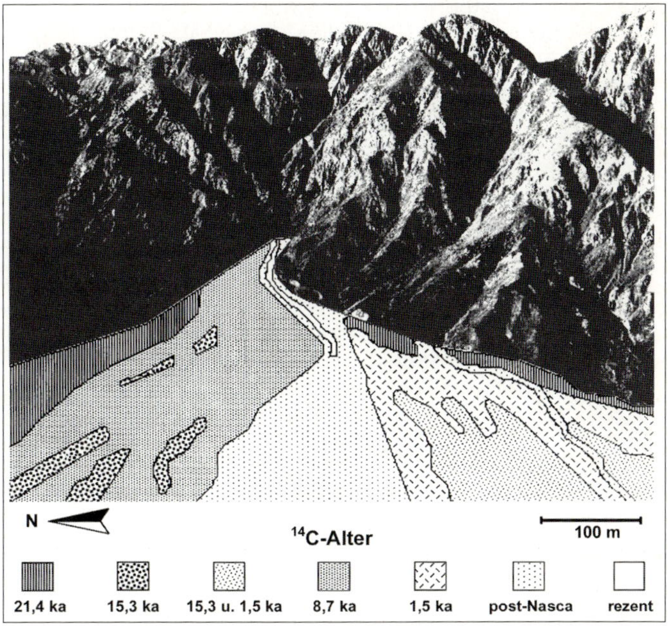

Abb. 11.8: Schwemmfächer mit Radiocarbondatierung, Nazca-Wüste im SW Perus (verändert nach DORN ET AL. 1992). Nur eine kurze schmale Rinne an der Spitze des Schwemmfächers wird heute noch (rezent) geformt. Die größten Teile der Oberfläche sind zuletzt vor einigen Tausend Jahren durch Schichtfluten aus dem Gebirge entstanden (1 ka = 1000 Jahre).

durch äolische Umlagerung weitergebildet werden. Den Abschluß dieser idealisierten Verkettung von Oberflächenformen in Trockengebieten bilden die Dünengebiete der **Ergs**, die ihre Entstehung ausschließlich äolischen Prozessen verdanken.

Ungeachtet lokaler Abweichungen und petrographischer sowie genetischer Komplikationen bietet die Catena ein einprägsames Schema der Abfolge typischer Oberflächenformen in Trockengebieten. Jeweils einzelfallbezogen wird das Alter der Formenanlage häufig kontrovers diskutiert.

Kasten 11.1 Literaturauswahl zur Ergänzung und Vertiefung des Kapitels 11

- **klimatisch bestimmte geomorphologische Prozeßkombinationen**

BÜDEL 1977, (Lehrbuch), BREMER 1989 (Lehrbuch), BUSCHE ET AL. 2005 (Bildatlas), DERBYSHIRE 1976 (Lehrbuch, Geomorphology and Climate), HAGEDORN U. POSER 1974 (Geomorphologische Prozeßkombinationen), RATHJENS 1971 (Klimatische Geomorphologie, Sammlung klassischer Aufsätze), SEUFFERT 1976 (Formungsstile im Relief der Erde), TRICART U. CAILLEUX 1962-69 (5-bändiges Lehrbuch, Klima-Geomorphologie)

- **Morphodynamik und typische Formengefüge in den feuchten Tropen**

Lehrbücher: THOMAS 1996 (Lehrbuch, Geomorphologie der Tropen), READING ET AL. 1995 (feuchte Tropen), BÜDEL 1977 (Lehrbuch, Klima-Geomorphologie), WIRTHMANN 1994 (Geomorphologie der Tropen), SEMMEL 1982 (Catenen in feuchten Tropen), *Fallstudien:* BRÜCKNER U. BRUHN 1992 (S-Indien), BREMER ET AL. 1981 (Sri Lanka), EMMERICH 1997 (Decksedimente in den Tropen), GRUNERT 1992 (SAMMLUNG VON Fallstudien, S-Asien, Afrika), GURNELL U. BOURGEON 1997 (Böden und Klimageomorphologie, Indien), KUBINIOK 1992 (N-THAILAND), KUBINIOK 1999 (N-Thailand, trop. Bergland), LAUFENBERG UND BENNER 2003 (Südindien), RÖMER 1998 (Inselberge, südl Zimbabwe), ROHDENBURG 1970a (Flächen- u. Stufenbildung in den wechselfeuchten Tropen), ROHDENBURG 1977 (Flächenbildung N- und W-Afrika), RUNGE 1997 (Decksedimente und Steinlagen, Zentralafrika), THOMAS ET AL. 1999 (Verwitterung und Reliefentwicklung in NW-Kalimantan, Indonesien), ZEESE 1993 (Flächenbildung Nigeria)

- **Morphodynamik und typische Formengefüge in den Trockengebieten**

Lehrbücher, Übersichten und Sammelwerke: ABRAHAMS u. PARSONS 1994 (Aufsatzsammlung), BESLER 1992 (LEHRBUCH), COOKE ET AL 1973, 1993 (Lehrbuch, Geomorphologie d. Trockengebiete), LIVINGSTONE U. WARREN 2007, MENSCHING 1973 (Pedimente u. Glacis), MENSCHING 1990 (Desertifikation), WARREN ET AL. 2005 (Lehrbuch)
Fallstudien: BARTH 1997 (Sebkhas), BESLER 1972 (Namib,SW-Afrika), BESLER 1997 (äolische Aktivitätsphasen, Ägypten), BLÜMEL ET AL.1998 (Dünen Kalahari, Namibia), BUCH 1996 (Etoscha, N-Namibia), BUSCHE 1998 (Sahara), EITEL U. BLÜMEL 1997 (Kalahari, Namibia), GRUNERT 1983 (Schichtstufe, zentrale Sahara), HEINE 1998 (Namibia), HEINRICH (NE-Nigeria), HÖLLERMANN 1982 (rezente Morphodynamik Teneriffa, Fuerteventura), HÜSER ET AL. 1998 (SW-Afrika), PACHUR ET AL. 1987 (Quartär, E-Sahara), PFEIFFER 1991 (Herkunft Dünensande), RÖGNER 1986a (Negev, Sinai), Rösner 1995 (Syrien), SKOWRONEK 1987 (Böden als Indikator f. klimagesteuerte Landformung, Sahara), TWIDALE U. BOURNE 1998 (geomorphologische Aussagekraft von *duricrusts*, Australien), VEIT 1993b u. 1993c (N-Chile), VÖLKEL 1989 (Dünen, Ostniger)
äolische Formung und Dünen: vgl. Kasten 8.3

- **Geomorphologische Prozeßkombinationen in Hochgebirgen**

STAHR u. HARTMANN 1999 (Landschaftsformen und Landschaftselemente im Hochgebirge, MÄUSBACHER u. SCHULTE 1996 (Sammelband, Hochgebirgsgeomorphologie), SLAYMAKER 1995 (Geomorphologie in Gebirgen), OWENS u. SLAYMAKER 2004 (Sammelband), HÖLLERMANN 1964 (Ortler-Gruppe, Alpen), HÖLLERMANN 1976 (geomorphologische Höhenstufung in Gebirgen), KUHLE 1982 (Himalaya), LEHMKUHL 1989 (Geomorphologische Höhenstufen, Alpen), LEHMKUHL 1997 (Osttibet), ROST 1992 (Qinling Shan, China), LEHMKUHL u. KLINGE 2000 (periglaziale Prozesse, Mongolischer Altai)

12 Struktur- und gesteinsbedingte Formen (Strukturformen)

Die endogenen Kräfte und die geologischen Strukturen der Erdkruste prägen weite Bereiche der Erdoberfläche und bedingen **Strukturformen** (s. 1.2 und Abb. 1.5), die man auch als **endogen bestimmte Formen** bezeichnen kann. Sie sind vor allem in Hügelländern und Gebirgen anzutreffen, in denen mindestens einer der folgenden Einflüsse morphologisch wirksam ist:

- Prozesse des Vulkanismus,
- Unterschiede der Verwitterungs- und Abtragungsresistenz räumlich benachbarter Gesteine,
- Gesteinslagerung,
- differenzierte tektonische Hebung und Senkung von Krustenteilen.

Abb. 12.1 Vom Schichtenbau bestimmte (strukturgestützte) Hanggliederung (Bryce Cañon, USA)

Die Grundzüge der endogenen Prozesse und geologischen Strukturen sind in Kap. 3 vorgestellt worden; deshalb werden in den folgenden Abschnitten im wesentlichen die Formen und ihre Genese abgehandelt.

12.1 Vulkanbauten und Vulkanformen

An die Förderung vulkanischer Laven, Lockerstoffe und Gase (s. 3.3.4) ist eine Vielzahl charakteristischer Formen geknüpft. Sie sollen gegliedert nach Vollformen, Hohlformen und subvulkanischen Phänomenen unterschieden werden. Differenzierend treten Eigenschaften der vulkanischen Förderprodukte (z. B. gasförmig, zäh- oder dünnflüssig, fest) und der Charakter der Förderung (explosiv oder effusiv) hinzu.

12.1.1 Vulkanische Vollformen. Die vulkanischen Vollformen werden nach der Art des Förderweges in Linear- (= Spaltenvulkane) und Zentralvulkane gegliedert. Bei **Linearvulkanen** tritt das Magma aus einer tiefreichenden Spalte oder aus einer Spaltenzone aus; es ist in der Regel basisch, dünnflüssig, entgast leicht und bildet großflächige Lavaebenen, wie z. B. auf Island: Dort wurden beispielsweise aus der Laki-Spalte im Jahr 1783 Laven gefördert, die eine Fläche von 565 km^2 überdeckten. **Lavaebenen** bilden die verbreitetste Art des irdischen Vulkanismus überhaupt; sie sind vor allem beim ozeanischen Rift- und Intraplatten-Vulkanismus anzutreffen; auf den Kontinenten gehören hierzu die **Flut-** und **Plateaubasalte**.

Bei **Zentralvulkanen** ist der Förderweg als Schlot ausgebildet; er verbindet die Magmenkammer mit dem Krater. Idealtypisch besitzt der **Krater** eine zentrale oder eine seitliche Position; vielfach bilden sich jedoch auch Nebenkrater, sog. **parasitäre Krater** an der Flanke des Vulkans, z. B. wenn der zentrale Schlot durch erkaltete Lava verschlossen ist. Bei den Zentralvulkanen unterscheidet man verschiedene Typen: Staukuppen, Schildvulkane, Stratovulkane und Aufschüttungskegel. **Staukuppen** bilden sich nur bei zähflüssigen Laven, die nicht über den Kraterrand auslaufen. Bei ihnen wird aus einem zentralen Schlot das zähflüssige Magma senkrecht nach oben ausgepreßt, so als ob man eine Zahnpastatube senkrecht nach oben ausquetschen würde. Bilden sie steil aufragende Felsnadeln, so werden sie **Stoßkuppen** genannt (Abb. 12.2). Wenn durch die erstarrte Lava der Förderweg verstopft wird, besteht die Gefahr, daß die Staukuppe durch eine verheerende Explosion weggesprengt wird. Das bekannteste Beispiel hierfür bot die Montagne Pelée auf Martinique: Hier war 1902 eine Stoßkuppe von fast 500 m Höhe zu beobachten.

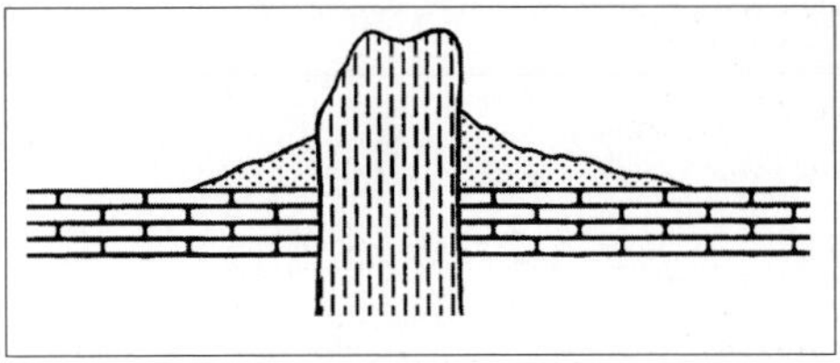

Abb. 12.2 Stoßkuppe (nach Schmidt, aus Busch/Marquardt 1990, 12)

Schildvulkane (Abb. 12.3) entstehen bei einem weiten Ausbreiten dünnflüssiger, basischer Lava. Die einzelnen großflächigen Lavaströme können sich dabei übereinander stapeln, wie dies auf Hawaii beim Mauna Loa und beim Mauna Kea der Fall ist. Sie können mehrere tausend Meter Mächtigkeit erreichen, die Oberflächenneigung beträgt meist unter 10°. Vulkanologisch sind sie mit den Flutbasalten (s. o.) verwandt. **Stratovulkane** (**Schichtvulkane**, Abb. 12.4), der Wortstamm ‚strato‘ deutet auf das griechische Wort für ‚geschichtet‘ hin, sind im Idealfall kegelförmige Berge. Sie sind aus einer Wechselfolge von effusiv ausströmenden Laven und explosiv geförderten Lockerstoffen (Pyroklastika) wie Aschen, Bomben und Lapilli aufgebaut. Ein bekanntes Beispiel bildet der Vesuv (Abb. 12.4).

Dagegen werden **Aufschüttungskegel** (**Aschen-/Schlackenvulkan**) nur aus Lockermaterialien gebildet. Die Kegel besitzen eine Hangneigung von 30-35° (vgl. Winkel der inneren Reibung, s. 6.2), wenn feine Aschen und Schlacken gefördert werden. Sofern auch gröberes Material am Aufbau beteiligt ist, können im oberen Hangbereich die Hangneigungen sogar 40° erreichen; durch die Abfolge von gröberen Schlacken am Oberhang und feineren Aschen am Unterhang ergibt sich insgesamt eine konkave Hangform.

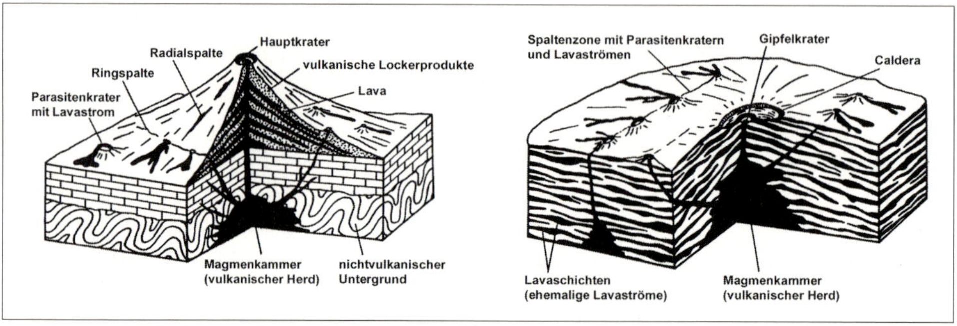

Abb. 12.3 Schildvulkan und Stratovulkan (aus RAST 1987, 56-57)

12.1.2 Vulkanische Hohlformen. Als Folge der Magmenförderung großer Vulkane entsteht im tieferen Untergrund ein Massendefizit; dieses kann so erheblich sein, daß ein ausgedehnter Gipfelbereich des Vulkans in sich zusammenstürzt oder als mehr oder weniger geschlossener Block nachsackt. So entsteht eine große Hohlform, die **Caldera** (**Einsturz-Caldera**) genannt wird. Sie kann mit 10 km Durchmesser beträchtliche Breite einnehmen, wie beim Crater-Lake, Oregon (600 m Tiefe, 150-160 m hohe Wände); später kann sich innerhalb der Caldera ein neuer Vulkankegel bilden.

Außerdem gibt es calderaähnliche Hohlformen, die durch Wegsprengung des Vulkangipfels entstanden sind. Der Doppelvulkan Somma-Vesuv (Abb. 12.4) bildet hierfür ein gutes Beispiel: Der alte Kraterwall – der hier Somma genannt wird – umgibt einen höheren und jüngeren Vulkangipfel, einen kleineren Stratovulkan, den eigentlichen Vesuv; beide werden durch eine ringförmige Hohlform getrennt. Abgeleitet von dieser Typlokalität bezeichnet man vergleichbare Vulkanbauten als **Somma-Vulkane**.

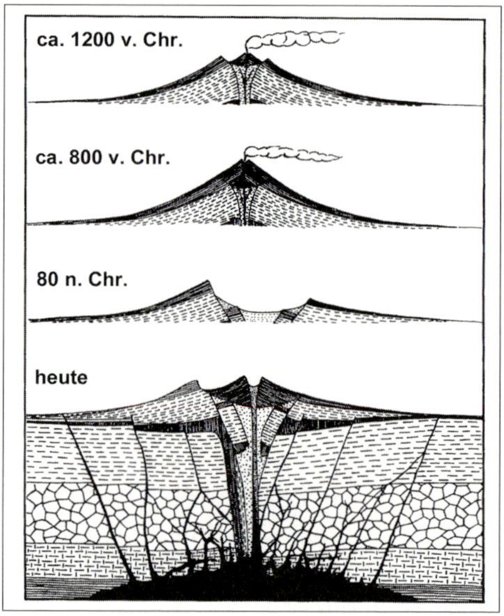

Abb. 12.4 Die Entstehung des Vesuv (nach RITTMANN aus BUSCH/MARQUARDT 1990, 13). Der Vesuv gehört zu den Schichtvulkanen; durch Sprengung des Gipfelbereichs (etwa 79 v. Chr.) und anschließende, erneute Förderung entstand der heutige Doppelgipfel.

Maare verdanken ihren Namen einer Anzahl kleinerer Seen in der Eifel; als Explosionstrichter entstehen sie, indem gasreiche Lockerstoffe das nichtvulkanische Gebirge durchschlagen. Die Hauptmasse der Pyroklastika sinkt nach der Eruption wieder in den Schlot oder in die Durchschlagsröhre zurück; übrig bleibt lediglich ein Ringwall aus Aschen und Tuffen, der sich um die Austrittsöffnung legt. Später werden viele dieser Hohlformen durch Niederschlagswasser gefüllt und zu Seen umgestaltet; wenn sie trocken bleiben, bilden sie **Trockenmaare**.

Von den Maaren zu unterscheiden sind **vulkano-tektonische Einbruchsbecken**. Ähnlich den Calderen entstehen auch sie, indem Materialschwund im Untergrund das überliegende Gestein nachsacken läßt. Der Einbruchsort muß nicht mit dem Ort der vulkanischen Förderung übereinstimmen: Das vulkanische Material kann zu einer oder zu mehreren Seiten abgewandert sein, wenn dort der Austritt an die Oberfläche erleichtert war. Ein bekanntes Beispiel für ein vulkano-tektonisches Einbruchsbecken bietet der Laacher See in der Osteifel.

Zeichen eines abklingenden oder alternden Vulkanismus (Postvulkanismus) sind vulkanische Exhalationen. **Exhalationen** sind Austritte von Gasen. Wenn in erster Linie Wasserdampf mit hohen Temperaturen von 200-900 °C gefördert wird, spricht man von **Fumarolen**. Niedriger temperierte Exhalationen sind **Solfatare** (150-400 °C), die neben Wasserdampf beträchtliche Mengen Schwefelverbindungen enthalten. Schließlich tritt CO_2 in kühlen, d. h. nur bis 100 °C warmen **Mofetten** aus. Spektakuläre Phänomene des Postvulkanismus sind auch Geiser (Geisire), heiße Quellen, Thermen, Kohlensäuerlinge und Mineralquellen. Sie sind vor allem touristisch und wirtschaftlich, aber weniger geomorphologisch interessant.

12.1.3 Subvulkanismus. Subvulkanische Phänomene spielen sich im Gegensatz zum Oberflächenvulkanismus dicht unter der Erdoberfläche ab. Magma, dessen Triebkraft nicht ausreicht, durch die Erdoberfläche an die Atmosphäre zu gelangen, bleibt wie ein Pfropfen in der Erdkruste stecken; dabei dringt sie vielfach keulenförmig (**Quellkuppen**) in das umgebende Gestein ein, wenn dieses nicht zu hart und spröde ist (Abb. 12.5).

In anderen Fällen folgt das Magma im Gestein vorgegebenen Hohlräumen oder Schwächezonen, um in horizontal ausgerichteten, kissenförmigen Körpern (**Lakkolith**, **Lagergang**) zu erstarren.

Beim Subvulkanismus entstehen geologische Strukturen, die ein Nebeneinander von unterschiedlich widerständigen

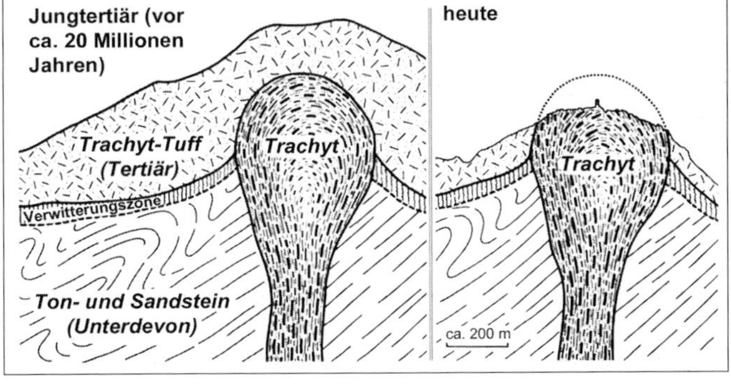

Abb. 12.5 Entstehung der Drachenfels-Quellkuppe (nach H. u. E. CLOOS, 1927, verändert). Trachytische Lava ist als Pfropfen in die überlagernde Tuffdecke eingedrungen und erstarrt; durch Abtragung der Tuffe ist der Trachyt als Härtlingskuppe herauspräpariert worden.

Gesteinen bedeuten; vor allem erstarrte Lava bildet häufig gegenüber dem umgebenden Gestein abtragungsresistenteres Material. Nach der Abtragung überragen die Erstarrungsmassen ihre Umgebung vielfach als **Härtlingskuppen** (vgl. Abb. 12.5 u. 14.13); genetisch kann es sich um Quellkuppen, Staukuppen oder Lakkolithe handeln. Auch freigelegte Spalten- und Gangfüllungen können als Gesteinsrippen morphologisch hervortreten.

12.2 Karst

Das Reliefbild einer durch fluviale - und eingeschränkt auch durch Prozesse der Gebirgsvergletscherung - geformten Landschaft ist durch Täler geprägt. Wenn dagegen in einer Landschaft **geschlossene Hohlformen** gehäuft vorkommen, dann müssen andere Prozesse in Betracht gezogen werden. Hohlformen kommen in Gebieten mit Lockersedimenten (z. B. jungglaziale Eiszerfallslandschaften, s. 9.7.1, Dünenfelder, 8.3 und 8.5.2) vor, und können in jungen vulkanischen Landschaften (s. 12.1.2) auftreten; besonders sind sie typisch für Landschaften mit sogenannten lösungsfähigen (Fest)Gesteinen. Hier wirkt die Korrosion als formgestaltender Prozeß (s. 12.2.2). Es entsteht ein charakteristisches Relief, das nach der namengebenden Landschaft ‚**Karst**' in Slowenien benannt worden ist, das jedoch weltweit verbreitet ist und in verschiedenen Varianten auftritt.

12.2.1 Petrographische und hydrologische Voraussetzungen. Die Wasserlöslichkeit von Gesteinen nimmt über die Carbonate zu den Silikaten ab (Tab. 5.1). Karst ist überwiegend an das Vorkommen von Kalksteinen gebunden, daneben kommt er auch bei Dolomit vor; dabei spielt es keine Rolle, ob die Kalksteine geschichtet oder ungeschichtet massig, z. B. als Riffkalke, vorkommen. Ausschlaggebend sind die chemischen Reaktionen, die dafür sorgen, daß Kalkstein in die wasserlöslichen Ionen Calcium und Hydrogencarbonat überführt wird (s. 5.3.5). Karstformen treten auch bei den selteneren Gipssteinen auf, da diese lösungsfreudiger sind. Dagegen verhindert die extrem hohe Löslichkeit von Salzgesteinen, daß sich in Oberflächennähe Karstformen herausbilden können. In humiden Klimagebieten hätten diese Formen an der Erdoberfläche keinen Bestand. Allerdings kommt es in Landschaften mit Salzgesteinen im Untergrund zu Subrosionserscheinungen (s. 12.2.3).

Weitere Voraussetzungen sind an die Hydrologie gebunden. Für eine fortgesetzte Kalklösung sind Abfluß und Tiefensickerung des Wassers notwendig (**Wasserwegsamkeit**). Deshalb sind Karstgebiete immer über das allgemeine Niveau des Grundwasserspiegels herausgehoben. Ohne diese Heraushebung würde das Wasser im Gestein stagnieren und sich eine kalkgesättigte Lösung bilden, die keine weitere Korrosion mehr zuließe. Wasserdurchlässige Klüfte, Risse und Fugen ermöglichen die Wasserbewegung im Gesteinsverband. Mit der Erweiterung von Klüften und Fugen beginnt die Verkarstung.

Karstgebiete weisen eine unterirdische Entwässerung auf. Der Bereich unterhalb des Karstwasserspiegels, in dem alle Gesteinshohlräume wassererfüllt sind, heißt **phreatische Zone** (Abb. 12.6). „Die Oberfläche der phreatischen Zone, die

Karstwasserfläche, unterscheidet sich vom Grundwasserspiegel nicht verkarsteter, poröser Gesteine. Während beim Grundwasser die Spiegelfläche zur Quelle hin gleichmäßig absinkt, ergeben sich bei Karstwasser oft erhebliche Unterschiede im Wasserstand zwischen benachbarten Spalten und Schächten, obwohl man annehmen sollte, daß dieser sich nach der Art kommunizierender Röhren ausgleichen müßte. Ursache dieser Unterschiede ist das Verhalten von fließendem Wasser in Röhrensystemen mit wechselndem Durchmesser. Weitet sich dieser Durchmesser, verlangsamt sich die Fließgeschwindigkeit, doch der Druck nimmt zu; verengt sich der Querschnitt, beschleunigt sich die Fließgeschwindigkeit, der Druck nimmt jedoch ab. Dieses Verhalten führt dazu, daß in zur Bodenoberfläche führenden Spalten das Wasser an Ausweitungen höher steht als an Engen. Je stärker der Durchfluß in einem System, desto größer sind diese Unterschiede des Wasserstandes. Die oft in Darstellungen eingezeichnete Karstwasserfläche ist also keine echte Fläche, sie gibt nur das mittlere Niveau des Wasserstandes an" (BUSCH 1986, 72).

Oberhalb der phreatischen Zone liegt die **vadose Zone**. Entsprechend der Schwerkraft sickert und fließt das Wasser in den Hohlräumen abwärts, wobei die Hohlräume überwiegend mit Luft erfüllt sind.

Karstwassersysteme reagieren einerseits auf Niederschläge mit kurzer Reaktionszeit; andererseits wirken sich auch Trockenperioden mit nur geringer zeitlicher Verzögerung aus. Folglich unterliegen die Quellschüttungen von **Karstquellen** großen Schwankungen. Während niederschlagsreicher Perioden springen - als Folge der allgemeinen Anhebung des Karstwasserspiegels - zeitweise höher gelegene Quellen an, die während Trockenzeiten kein Wasser liefern. Eine Besonderheit in Karstwassersystemen sind **Quelltöpfe**, bei denen unter Druck stehendes Karstwasser aus dem Untergrund nach oben austritt. Diese entgegen der Schwerkraft gerichtete Wasserbewegung ist Ausdruck des sogenannten **Druckfließens** in der phreatischen Zone. Da die Quelltöpfe meist durch ein größeres unterirdisches Wassereinzugsgebiet gespeist werden, sind ihre Quellschüttungen im Vergleich zu Schichtquellen in nichtverkarstungsfähigen Gesteinen recht hoch.

12.2.2 Grundlagen der Korrosion.

Die Lösung von Kalk durch CO_2-haltiges

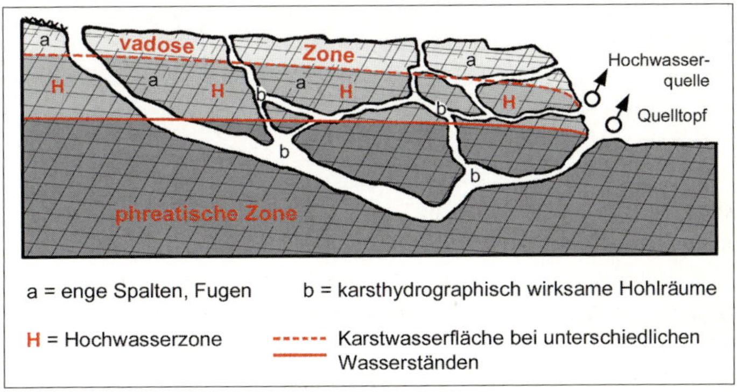

Abb. 12.6 Schematischer Schnitt durch ein Karstwassersystem (nach BÖGLI 1978, verändert aus BUSCH 1986, 72)

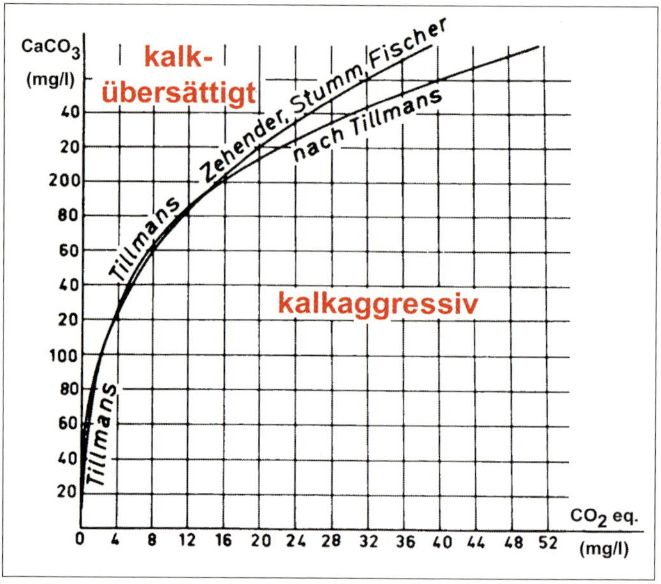

Abb. 12.7
Die Sättigungskurve markiert das bei gegebenen CO_2-Gehalten maximal auflösbare $CaCO_3$ (Kalk-Kohlensäure-Gleichgewicht) (aus BÖGLI 1964, 85)

Wasser wird als **Korrosion** bezeichnet. Gelegentlich, vor allem im englischsprachigen Raum, ist der Begriff *carbonation* (Carbonatisierung = Bildung von Carbonaten) gebräuchlich. CO_2-haltiges Wasser kann 100 – 400 mg $CaCO_3$/l lösen. Die Beziehung zwischen CO_2-Gehalt und gelöstem $CaCO_3$ zeigt Abb. 12.7. Der Anteil des in Wasser gelösten CO_2 hängt ab vom **CO_2-Partialdruck der Bodenluft** und von der Wassertemperatur (s. Kasten 12.1). Durch die **mikrobiologische Aktivität** in der belebten Bodenzone steigen die CO_2-Gehalte in gemäßigten Klimaten bis 3,5 Vol.-%, in tropischen Böden sogar bis 11%.

Die wasserlöslichen **Calcium-** und **Hydrogencarbonat-Ionen** werden im Karstwassersystem verfrachtet. Im Karstwasser stellt sich ein **Kalk-Kohlensäure-Gleichgewicht** ein, und zwar entsprechend der in Abb. 12.7 gezeigten Sättigungskurve. Wässer, die dieses Gleichgewicht noch nicht erreicht haben, sind entweder kalkaggressiv oder kalkübersättigt. Wenn der CO_2-Gehalt des Wassers abnimmt, verlaufen die chemischen Reaktionen in umgekehrter Richtung, d. h. Kalk wird abgeschieden. Mögliche Ursachen einer CO_2-Abnahme können sein:

- Austritt der Kalklösung aus dem Untergrund an die Erdoberfläche, an der höhere Temperaturen herrschen.
- Die gesättigte Kalklösung sickert in einen Bereich der vadosen Zone, dessen CO_2-Gehalt der Luft niedriger ist, z. B. wenn die Kalklösung aus dem belebten Boden in eine Karsthöhle eintritt.
- An der Erdoberfläche wachsende Pflanzen entziehen dem Bodenwasser CO_2.

Die Ausfällung von Calciumcarbonat aus gesättigten Lösungen wird als **Sinterbildung** (**Sinterkalk**, Abb. 12.8) bezeichnet.

Kasten 12.1: Chemische Prozesse bei der Kalklösung (nach Pfeffer 1978)

Kohlensäure und Wasser

Die Fähigkeit des Wassers (= Lösungsmittel) zur Korrosion (= Kalklösung) steigt mit dessen CO_2-Gehalt [Vol.-%]. Dieser hängt vom Partialdruck des CO_2 in der Luft (P_t) und vom temperaturabhängigen Austauschfaktor L ab:

$$CO_2 \text{ gelöst} = L \cdot P_t \cdot 1{,}964 \qquad (1)$$

$$P_t = CO_2 \text{ [Vol.-\%] (} P/100 \qquad (2)$$

mit P = Luftdruck (atmosphärischer Druck)

Abhängigkeit des Austauschfaktors L von der Temperatur:

t °C	0	5	10	15	17	20	30
L	1,713	1,424	1,196	1,019	0,958	0,878	0,665

Demnach besitzt der CO_2-Partialdruck den größten Einfluß auf den CO_2-Gehalt des Bodenwassers; anhand der Daten folgender Tabelle ist dies nachvollziehbar:

Vol.-% CO_2	Partialdruck	CO_2 gelöst in Wasser in mg/l H_2O		
	0°	10°	20°	
0,03	0,0003	1,01	0,70	0,52
0,1	0,001	3,36	2,34	1,72
1,0	0,01	33,6	23,5	17,2
5,0	0,05	168	117	86,2

Das physikalisch gelöste CO_2 verbindet sich mit dem Wasser (H_2O) zu Kohlensäure (H_2CO_3):

$$CO_2 \text{ gelöst} + H_2O \rightarrow H_2CO_3 \qquad (3)$$

Die Kohlensäure dissoziiert, d. h. in Wasser wird sie nach Gleichung 4 in H_3O^+-Ionen und Hydrogencarbonat (HCO_3^-) zerlegt; dieses dissoziiert nach Gleichung 5 ebenfalls, in H_3O^+-Ionen und Carbonat-Ionen (CO_3^{2-}):

$$H_2CO_3 + H_2O \leftrightarrow H_3O^+ + HCO_3^- \qquad (4)$$

$$HCO_3^- + H_2O \leftrightarrow H_3O^+ + CO_3^{2-} \qquad (5)$$

Der pH-Wert einer Lösung ist durch die H_3O^+-Ionen-Konzentration definiert. Somit hängt der pH-Wert über die o. a. Gleichungen mit dem CO_2-Partialdruck zusammen; dies hat Auswirkungen auf die Ionen-Zusammensetzung der Lösung: So liegen z. B. bei pH 6 80% gelöstes CO_2 und nur 20% HCO_3^-, bei pH 8 nur 5% gelöstes CO_2 und 95% HCO_3^- vor.

Kalklösung (Korrosion)

Wasser lagert sich an die Calcitkristalle ($CaCO_3$) an, sie werden am Rand hydratisiert und spalten sich in Calcium- und Carbonat-Ionen auf. Durch Diffusion treten sie in Konkurrenz zu den Carbonat-Ionen des Lösungsmittels (Gleichung 5) und werden durch H_3O^+-Ionen entfernt; solange das Lösungsmittel noch genügend H_3O^+-Ionen besitzt, also noch (kalkaggressive, überschüssige) Kohlensäure enthält, geht die Auflösung des Kalks weiter. Sie endet, wenn das Kalk-Kohlensäure-Gleichgewicht (s. Abb. 12.7) erreicht ist.

Abb. 12.8 Sinterbildung/Sinterkalk (Mammoth Hot Springs, Yellowstone Nationalpark, USA)

Wenn sich im Karstwassersystem kalkgesättigte Wässer treffen, die unterschiedliche Kalkgehalte besitzen – dies kommt vor allem im Bereich des Karstwasserspiegels vor –, dann tritt das Phänomen der **Mischungskorrosion** (Abb. 12.9) auf. Die Mischung der Wässer W_1 und W_2 und ihrer Inhaltsstoffe erfolgt linear: Bei einem Mischungsverhältnis von 1:1 zweier Ausgangswässer mit 74 mg Calciumcarbonat bzw. 273 mg Calciumcarbonat enthält das Mischwasser 173 mg Calciumcarbonat pro Liter (Punkt T). Die zugehörigen CO_2-Gehalte 1,2 mg CO_2 und 47 mg CO_2 ergeben 24,1 mg CO_2 im Liter. Vergleicht man nun dieses neue Mischungsverhältnis mit der Sättigungskurve (hier die Linie W_1-C-A-W_2), so ist erkennbar, daß das Mischwasser kalkaggressiv ist; es enthält rund 14 mg überschüssiges CO_2. Durch weitere – an dieser Stelle nicht wiedergegebene – chemische Berechnungen ergibt sich für dieses Beispiel eine zusätzlich lösbare Kalkmenge von 22 mg. Die Mischungskorrosion ermöglicht Kalklösung in großen Tiefen.

Neuere geochemische Erkenntnisse lösen ein weiteres Verständnisproblem der Kalkkorrosion. Nach den chemischen Reaktionsgleichungen im Kasten 12.1 und den Vorstellungen zur Mischungskorrosion könnte man annehmen, dass die Kalkaggressivität von Wässern beinahe sofort verloren geht, wenn nur genügend Kalk zur Verfügung steht. Heute weiß man, daß die Reaktionsgeschwindigkeit sich

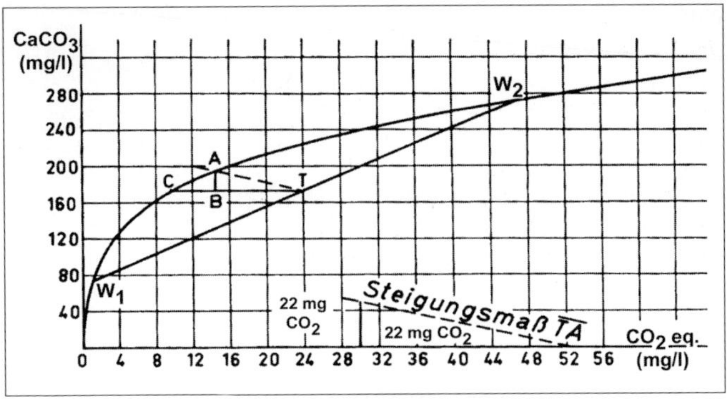

Abb. 12.9 Mischungskorrosion nach Bögli (aus Bögli 1964, 86, vereinfacht)

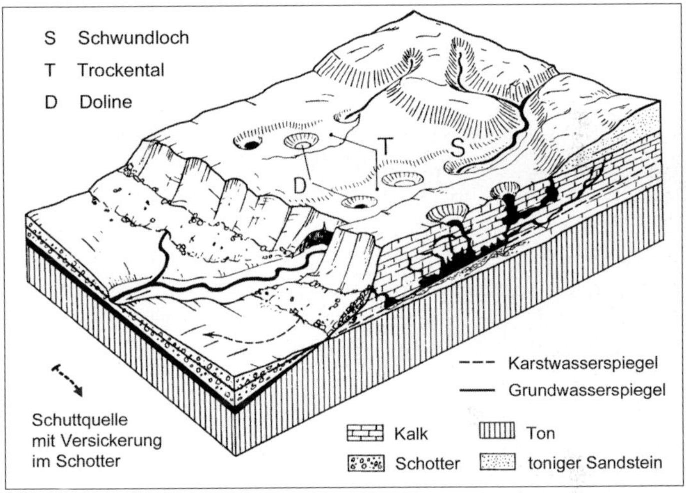

Abb. 12.10 Karstformenschatz in Mitteleuropa (aus Jätzold et al. 1976, 164)

mit Abnahme des CO_2-Gehalts des Wassers etwa ab einer Kalksättigung von 85% stark verlangsamt. Weiterhin hängt die Kalkkorrosion von der Geometrie der vom Karstwasser benetzten Oberfläche (Rauhigkeit, Fugenweite, Porengeometrie etc.) ab, denn in der Grenzschicht zwischen Kalkstein und Wasser stellt sich schnell eine Kalksättigung ein, so daß die weitere Kalklösung durch (langsame) Diffusion erfolgt. Diese zusätzlichen Überlegungen zu den Reaktionsgeschwindigkeiten erklären, weshalb in weiten Bereichen des karsthydrologischen Systems – in der vadosen wie in der phreatischen Zone – Lösungserscheinungen beobachtet werden.

12.2.3 Karstformen. Karstphänomene kommen an der Oberfläche und unter der Oberfläche vor. Von nacktem, bedecktem, überdecktem oder unterirdischem Karst spricht man, je nachdem ob der Karst unmittelbar an der Oberfläche ansteht, von Verwitterungsmaterial oder von nichtverkarstungsfähigem Gestein überdeckt ist.

Nackter Karst bezeichnet eine von Boden und Vegetation bis auf vereinzelte Reste freie Karstoberfläche. **Bedeckter Karst** liegt vor, wenn Boden und Vegetation das verkarstete Gestein überziehen; beim **überdeckten Karst** ist eine verkarstete Fläche nachträglich von jüngeren Sedimenten (z. B. Löß) überdeckt. **Unterirdischer Karst** faßt alle Karstphänomene unter der Erdoberfläche zusammen, die meist in einem Zusammenhang mit Karsthöhlen stehen.

„Formen des **Oberflächenkarstes** (Abb. 12.10) sind Karren, Karstschlote, Dolinen und Uvalas sowie Poljen. Karren oder Schratten nennt man alle aus der Lösungswirkung des Oberflächenwassers sich entwickelnden Kleinformen auf verkarsteten Gesteinen. Man unterscheidet drei Gruppen: Als freie **Karren** (Abb. 12.11) werden die auf nacktem Karst unter dem direkten Einfluß des abfließenden Regenwassers auftretenden Formen bezeichnet, als halbfreie Karren solche unter einer geringen örtlichen Humusdecke, als bedeckte Karren die unter einer Bodendecke sich entwickelnden“ (Busch 1986, 74). Karren werden nach ihrer Form (z. B. Abrundung oder Zuschärfung der Kanten), Tiefe (cm- bis m-Tiefe) sowie nach ihrer Anordnung und ihrem Grundriß (gerade oder gewunden) typisiert. Zu den **freien Karren** gehören Rillen-, Rinnen-, Mäander-, Spitz-, Flach- und Kluftkarren sowie Karstgassen. „Wenn das Kalkgestein von einer Vielzahl sich kreuzender Klüfte durchsetzt ist, bilden sich ausgedehnte Karrenfelder“ (Busch 1986, 75) (z. B. Gottesacker-Plateau am Hohen Ifen, Allgäuer Alpen).

„**Halbfreie Karren** bilden sich dort, wo auf nacktem Karst kleine Vegetationsflecken mit Boden- und Humusbildung auftreten. Durch das biogene Kohlendioxid wird die Korrosion verstärkt. [...] Bedeckte

Abb. 12.11 Karren auf Kalksteinoberfläche (Gardasee, Italien). Durchmesser des Objektivdeckels ca. 5 cm.

Karren besitzen abgerundete Formen. Unter der Bodenbedeckung werden Spitzen und Ecken durch das kalkaggressive Wasser von allen Seiten angegriffen. Kennzeichnend sind deshalb Rundkarren. [...]

Beim bedeckten Karst erfolgt die Korrosion vorwiegend in Klüften und Schichtfugen. Es entstehen abgerundete Kluftkarren mit dazwischen liegenden sackartigen, von Verwitterungslehm erfüllten Schlotten (sog. **geologische Orgeln**).

Karstschlote (**Naturschächte**, **Karstbrunnen**) sind von der Oberfläche steil in die Tiefe führende Öffnungen. Sie können einige Meter, aber auch hunderte von Metern in das Kalkgestein hinabführen und enden dann in einem Höhlenniveau. Sie entstehen oft an Kluftkreuzungen, an denen sich Oberflächenwasser sammelt und in die Tiefe geführt wird. Daraus ergibt sich, daß die Öffnung manchmal sternförmig ausgebildet ist. Meist ist sie jedoch rundlich. Ihr Durchmesser kann einige Zentimeter bis zu mehreren Metern betragen. Längliche, schmale Formen, die sich an Klüften bilden, nennt man **Karstspalten**.

Dolinen (Abb. 12.12) sind trichter-, schüssel- oder kesselförmige Hohlformen an der Oberfläche von Kalkgesteinen. Ihr meist runder Durchmesser kann einige Meter bis zu einem Kilometer betragen, die Tiefe erreicht im allgemeinen nur etwa ein Drittel des Durchmessers. Der Boden einer Doline ist oft von den Lösungsrückständen des Kalkgesteins (vor allem Tonminerale, daneben Quarzkörner) bedeckt" (BUSCH 1986, 77). Dolinen gelten als Leitformen des Karstformenschatzes, weil sie weltweit in nahezu allen Karstlandschaften vertreten sind.

Abb. 12.12 Erdfall (Französisches Jura-Gebirge)

„Nach ihrer Entstehung unterscheidet man Lösungs- und Einsturzdolinen". **Lösungsdolinen** entstehen bevorzugt dort, wo das Gestein durch Klüfte und Schichtfugen durchlässig ist; durch Korrosion werden die vorgegebenen Hohlräume von oben her erweitert. „Die selteneren **Einsturzdolinen** bilden sich durch den Einbruch unterirdischer Hohlräume. Sackt das Gestein erst langsam nach, so entsteht die Sonderform der Einsturzdolinen, die **Senkungs-** oder **Subsidenzdoline**". **Erdfälle** entstehen beim unterirdischen Karst. „Sie treten auf, wenn nicht wasserlösliche Deckschichten über Hohlräumen im unterlagernden Kalkgestein nachstürzen.

Als Übergangsform zwischen Dolinen und Poljen sind die **Uvalas** (slowenisch) aufzufassen. Es sind größere, schüsselförmige abflußlose Tröge mit unebener Bodenfläche. Sie können aus zwei oder mehr Dolinen zusammengewachsen sein. Oft findet man Dolinen in Reihen oder Klüften oder gehäuft über Kluftsystemen des Untergrundes; dann spricht man von **Dolinenfeldern**" (BUSCH 1986, 76).

Poljen (serbisch = Feld, Ebene) sind wannen- oder beckenartige, ringsum geschlossene Hohlformen, die meist mehrere Kilometer lang und breit sind, und deren Bodenfläche meist von fluvial umgelagerten, wasserstauenden Verwitterungs- und Lösungsrückständen bedeckt sind. „Die Hydrographie der Poljen zeigt einige Besonderheiten. Viele der Poljen werden episodisch bei starken Regenfällen oder periodisch in Regenzeiten (im Mittelmeergebiet im Winter) überflutet. Einige stehen immer unter Wasser, bilden also Seen. In den meisten tritt ganzjährig an einer Seite Wasser aus Karstquellen ein, durchfließt sie und versinkt auf der anderen Seite wieder in **Flußschwinden** (**Ponoren**). Die wenig durchlässigen Ablagerungen auf dem Poljeboden verhindern ein Versickern" (BUSCH 1986, 76).

Uvalas und Poljen sind typische Formen des **dinarischen Karstes**. Poljen treten bevorzugt in Gebieten mit gefalteten Kalken auf. Eine Vielzahl von Einflußfaktoren und Prozessen kann bei ihrer Bildung beteiligt sein. Häufig sind sie in tektonischen Grabenpositionen oder im Verlauf von Muldenstrukturen angelegt. Für ihre Weiterbildung scheint eine Bindung an das Niveau des Karstwasserspiegels eine Rolle zu spielen, denn für die Tiefen- und Seitenkorrosion ist eine Zirkulation des Wassers Voraussetzung. Möglicherweise wird die seitliche Ausdehnung der Poljen durch die Abdichtung des Untergrunds mit lehmigtonigen Verwitterungsrückständen gefördert, die das Absickern des Wassers in den

Abb. 12.13 Turmkarst (Thailand, Foto: H. Pientka-Noll)

Untergrund verhindern. Etliche Poljen im Mittelmeergebiet werden auch als Vorzeitformen angesprochen, deren Bildung auf feuchtere und wärmere Klimaphasen zurückgehen soll.

Kegelkarst (Abb. 12.13 u. 12.14) ist eine klimatisch bedingte, tropische Variante des Karstes (nach Busch 1986, 77). Er kommt in feuchten und wechselfeuchten Kalkgebieten der Tropen vor. Die hohe Intensität mikrobiologischer Abbauprozesse und der beschleunigte Abbau der organischen Substanz – verbunden mit der Bildung organischer Säuren – sind die Hauptursachen für die stärkere Korrosion. Im Gegensatz zu den im gemäßigten und subtropischen Klima dominierenden Hohlformen sind für den tropischen Karst die Vollformen charakteristisch: allseitig gerundete Kuppen, Kegel oder Türme. Neben der hohen Korrosionsrate dürften die langen, nicht von Kaltzeiten unterbrochenen Zeiträume für die Entstehung **tropischer Karstformen** wesentlich sein. Die modellhafte Vorstellung der Kegelkarstbildung beginnt mit der Ausbildung von Schlucklöchern und ihrer Erweiterung zu ***cockpits***; dies sind große Hohlformen mit oft sternförmigem rundem Grundriß, deren Böden mit lehmigen Verwitterungs- und Lösungsrückständen ausgekleidet sind. Das Tiefenwachstum der *cockpits* endet, sobald sie das Niveau des Karstwasserspiegels oder eine unterlagernde Schicht aus nichtlösungsfähigem Gestein erreicht haben. Von da an erweitern sich die *cockpits* durch seitliche Lösungsunterschneidung. Bevorzugt werden die an die *cockpits* angrenzenden Bergformen angegriffen und zu Kuppen umgestaltet (**Kuppenkarst**). In der weiteren Entwicklung werden die Kuppen zu Ke-

Abb. 12.14 Formenschatz des tropischen Karstes (nach PRITCHARD 1986, 35)

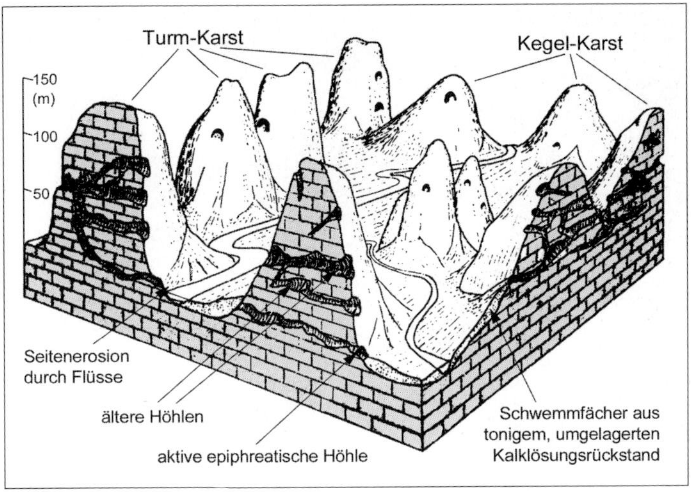

geln umgebildet (Kegelkarst) und später allmählich aufgezehrt, bis nur noch einzelne Karsttürme aus einer ebenen Fläche hervorragen (**Turmkarst**). Die spektakulärsten Karsttürme sind bei Guilin in Südchina entwickelt, andere bekannte Verbreitungsgebiete des tropischen Karstes liegen in Thailand und Kuba.

Die Bildung von Sinterkalk ist ebenso wie die Korrosion Ursache für charakteristische Karstformen. In **Karsthöhlen** entstehen die **Tropfsteine** in mannigfachen Variationen. Wenn das kalkgesättigte Sickerwasser an der Höhlendecke mit der Höhlenluft in Kontakt tritt, dann diffundiert CO_2 in die Höhlenluft, da diese im Gegensatz zur belebten Bodenzone einen geringeren CO_2-Gehalt besitzt. Aus der nunmehr übersättigten Lösung wird Kalk ausgefällt, und an der Decke entsteht ein **Stalaktit**; beim Aufschlag des Tropfens auf den Höhlenboden wird wegen der Vergrößerung der Wasseroberflächen während des Zerspritzens wiederum CO_2 abgegeben und Kalk ausgeschieden; dieser baut den **Stalagmiten** auf, der gewissermaßen vom Boden nach oben wächst. Stalaktiten kommen in Reihen vor, sie bilden Sinterfahnen oder Sintervorhänge.

Nach dem Erklärungsansatz der Mischungskorrosion entstehen Höhlen bevorzugt im Bereich der Karstwasseroberfläche. Karstwasserspiegel und Grundwasser sowie Flußwasser stehen miteinander in hydraulischer Beziehung. Häufig sind in einem verkarsteten Gebirgsstock mehrere Höhlenniveaus übereinander ausgebildet. Bei höhlenkundlichen und flußmorphologischen Untersuchungen in den angrenzenden Tälern sind in vielen Karstgebieten Übereinstimmungen zwischen älteren Terrassenablagerungen an den Talhängen und den Höhlenniveaus festgestellt worden. Außerdem wirken Karstspalten und Kalkschlotten häufig als Sediment- und Bodenfänger, so daß aus der Analyse der Substrate Schlußfolgerungen zur Reliefformung in der erdgeschichtlichen Vergangenheit gezogen werden können.

Beim Absetzen von Kalksintern entstehen Vorsprünge und Kanten, an denen die Turbulenz des Wassers weitere CO_2-Abga-

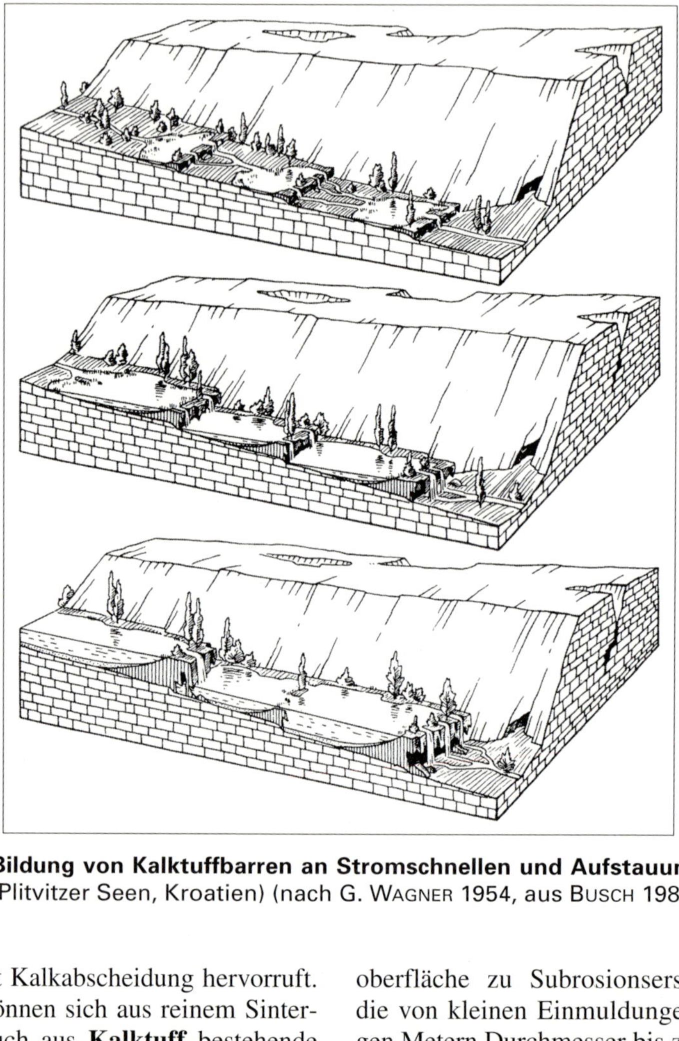

Abb. 12.15 Bildung von Kalktuffbarren an Stromschnellen und Aufstauung von Seen (Plitvitzer Seen, Kroatien) (nach G. WAGNER 1954, aus BUSCH 1986, 78)

be und somit Kalkabscheidung hervorruft. Hierdurch können sich aus reinem Sinterkalk oder auch aus **Kalktuff** bestehende barren- und treppenartige Absätze bilden. Bekannte Beispiele sind die Plitvitzer Seen (Kroatien; Abb. 12.15), die – an Kalktuffbarren aufgestaut – eine Treppe von 16 Einzelseen bilden. Touristisch gut erschlossene **Kalksinterterrassen** (Abb. 12.8) werden gerne in Pamukkale (Türkei) und im Yellowstone-Nationalpark (USA) besucht.

Die **Subrosion**, die unterirdische Lösung von Salzgesteinen, führt an der Erdoberfläche zu Subrosionserscheinungen, die von kleinen Einmuldungen mit wenigen Metern Durchmesser bis zu kilometerbreiten **Subrosionssenken** führen können. In Deutschland treten Subrosionssenken verbreitet in Nordhessen, Südniedersachsen und Thüringen auf (s. 15.3.3); dort müssen sie bei der Beurteilung des Baugrunds und bei wasserwirtschaftlichen Planungen berücksichtigt werden. Wenn Flüsse aktive Subrosionssenken durchqueren, dann erfassen im Laufe von Jahrzehnten und Jahrhunderten die natürlicherweise vorkommenden Hochwässer – als Folge der Absenkung der Erdoberfläche – immer ausgedehntere Flächen.

12.3 Schichttafel-, Schichtstufen- und Schichtkammrelief

12.3.1 Gesteinslagerung und Abtragungsresistenz. Das Ausmaß von Denudations- und Erosionsprozessen wird durch Materialeigenschaften des Untergrunds (z. B. Wasserdurchlässigkeit, Gesteinsfestigkeit, Verwitterungsresistenz) bestimmt. Das Relief in Landschaften, deren Untergrund aus Gesteinen mit unterschiedlicher morphologischer Widerständigkeit aufgebaut ist, zeigt in der Regel Anpassungserscheinungen an die Gesteinsstrukturen und an die Lagerungsverhältnisse. Dies trifft in besonderem Maße auf Gebiete mit Sedimentgesteinen zu. Je nach Lagerung der Gesteinsserien entstehen Schichttafeln, Schichtstufen oder Schichtkämme. Gesteine mit hoher Abtragungsresistenz sind im allgemeinen harte, gebankte Kalksteine, Sandsteine und Quarzite mit kieseligem Bindemittel. Bei den Kalken ist neben der Gesteinsfestigkeit die Klüftigkeit wichtig; sie läßt – insbesondere gefördert durch Verkarstung (s. 12.2) – Niederschlagswasser infiltrieren; dadurch kann es nicht als Oberflächenabfluß abtragend wirken. Geringe Resistenz besitzen schwach verfestigte Mergel und Tone. Die meist geringen Wasserleitfähigkeiten von Tonen fördern den Oberflächenabfluß; außerdem überschreiten sie nach Wasserzugabe die Fließgrenze (s. 6.6) und neigen daher zu Fließungen. Bei der Beurteilung der Gesteinsresistenz müssen klimazonale Unterschiede beachtet werden: Sie wirken sich z. B. auf die Verwitterungsanfälligkeit aus; unter frostklimatischem Einfluß (Permafrost) ändert sich mit dem Wasserhaushalt des Untergrunds auch die Anfälligkeit gegenüber der Abspülung und gravitativen Massenbewegungen.

12.3.2 Schichttafeln. Schichttafeln entstehen bei fluvial gesteuerter Talentwicklung im Bereich horizontal oder sehr flach lagernder, wechselnd widerständiger Sedimentgesteine (Abb. 12.16). Die Talformung wird im Vergleich zu den in Kap. 7.4.1 erläuterten Überlegungen zum Zusammenwirken von Tiefenerosion und Hangdenudation wegen der besonderen geologischen Voraussetzungen in charakteristischer Weise modifiziert. Insgesamt resultieren an die Gesteinshärte und -lagerung angepaßte, gestufte Hangprofile; unter semiaridem Klima bilden sich Pedimente durch Pediplanation (s. 11.2.2). Wenn die Flußeintiefung – etwa durch tektonische Hebung ausgelöste Gefällsversteilung – sehr schnell abläuft, dann können sich kaum breite Talausraumzonen bilden; so entstehen **Cañons** (s. Abb. 3.10).

Charakteristische Formen sind Tafelberge, die bei fortgeschrittener Abtragung zu Felstürmen und –nadeln weitergebildet sein können; sie tragen meist eine schützende Decke aus dem harten Gestein. Dem Schichttafelrelief ähnliche Formen entstehen bei flächenhaft ausgebreiteten Basaltdecken oder nachträglich durch Erosion freigelegte, erhärtete Lateritkrusten (s. 5.5.1, 11.2.2 und Abb. 11.6).

12.3.3 Schichtstufen und Schichtkämme. Schichtstufen (Abb. 12.17) entstehen in Gebieten mit wechselnd abtragungsresistenten Schichten, die mit 1-5° Neigung einfallen. Die Hauptelemente einer Schichtstufe (Abb. 12.18) sind ein steil an-

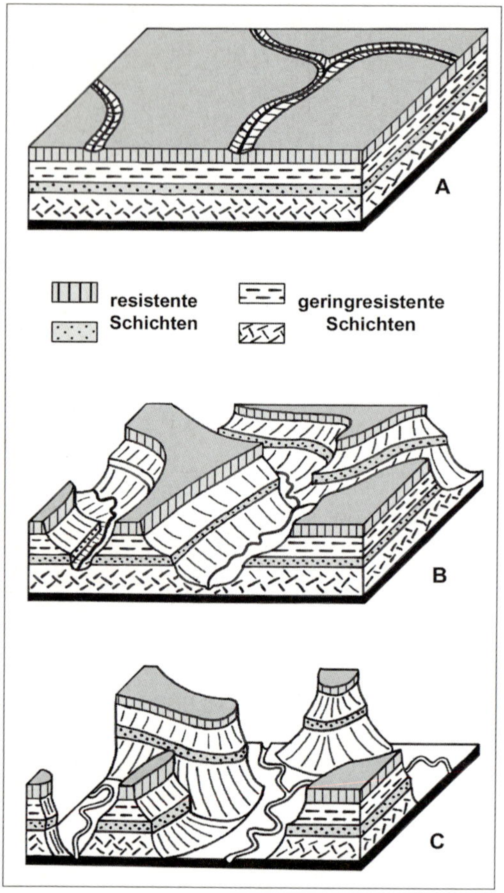

Abb. 12.16
Entwicklung eines Schichttafelreliefs. Ein Schichtenstapel, aufgebaut aus unterschiedlich resistenten Sedimentgesteinen (A), wird bei vorherrschender Tiefenerosion in eine Cañonlandschaft überführt (B); die Berge haben die Form und Struktur von Schichttafeln. Wenn beispielsweise durch die Änderung der Wasserführung der Flüsse, durch Tektonik (Gefallsabnahme) oder dadurch, daß eine besonders resistente und wasserundurchlässige Schicht freigelegt worden ist, das Verhältnis von Tiefenerosion zur Hangdenudation abnimmt, dann werden die Unterhänge flacher und die Breite der Talböden nimmt zu (C). Die in die Hänge eingeschalteten widerständigen Gesteine bilden Steilhangabschnitte oder Felswände, weil auch die Intensität der Hangabtragung durch Materialunterschiede beeinflußt wird; zudem schützen die härteren die unterlagernden weicheren Schichten.

steigender **Stufenhang** und eine sich meist leicht absenkende Stufenfläche. Der Unterhang der Stufe ist konkav, die Hangneigung nimmt in Annäherung an die Stufenstirn zu. Als **Trauf** (Stufenstirn) bezeichnet man den Knickpunkt, an dem der steile Oberhang in die wenig geneigte Stufenfläche übergeht. Die **Stufenfläche** schneidet im Normalfall die widerständige Gesteinsschicht in flachem Winkel; seltener fällt sie mit der Oberfläche des widerständigen Sedimentgesteins (**Schichtfläche**) zusammen. Die Stufenfläche zieht allmählich hinüber zum nächsthöheren widerständigen Gesteinskörper; in diesem ist der Steilhang ausgebildet; deshalb wird es als **Stufenbildner** bezeichnet, das geringresistente Gestein ist der **Sockelbildner**.

Die Entfernung der Stufen voneinander ist abhängig vom Einfallswinkel der Schichten und von der Mächtigkeit der Sockelbildner (s. 15.3.3). Geringmächtige, rasch wechselnde Mergel-, Ton-, Kalk- und Sandsteinlagen verursachen die Bildung von Kleinstufen (s. Abb. 12.1). Dagegen führen mächtige Kom-

Abb. 12.17 Schichtstufe (Mesa Verde, Arizona, USA; Foto: M. J. Müller)

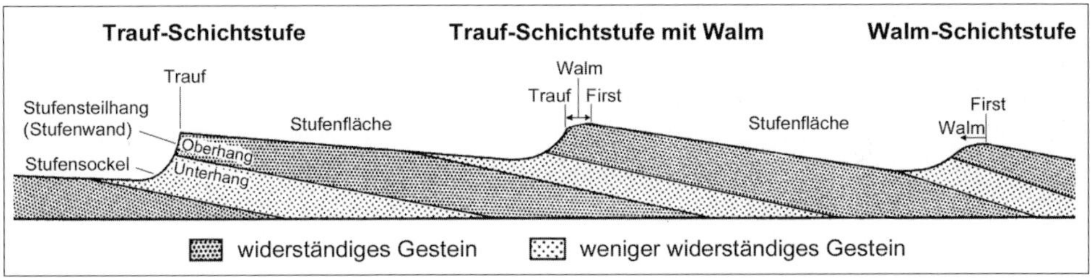

Abb. 12.18 Schema der Schichtstufen-Typen (nach SCHUNKE 1968 und BLUME 1971, aus LOUIS/FISCHER 1979). Schichtstufen können sehr unterschiedlich aussehen: Neben der normalen Trauf-Schichtstufe kommen die Trauf-Schichtstufe mit Walm und die Walmstufe vor; beiden ist gemeinsam, daß der First als höchster Punkt nicht das obere Ende des Steilhangs bildet.

plexe von stufentragenden Sockelgesteinen zu weit voneinander entfernt liegenden Stufen. Die **Stufenhöhe** wird im wesentlichen von der Mächtigkeit des Stufenbildners bestimmt.

Die in Abb. 12.18 erläuterten Schichtstufen werden als **Front**- oder **Stirnstufen** bezeichnet; daneben treten auch **Achterstufen** auf, bei denen die Stufenfläche zum Stufenhang abfällt. Sie kom-

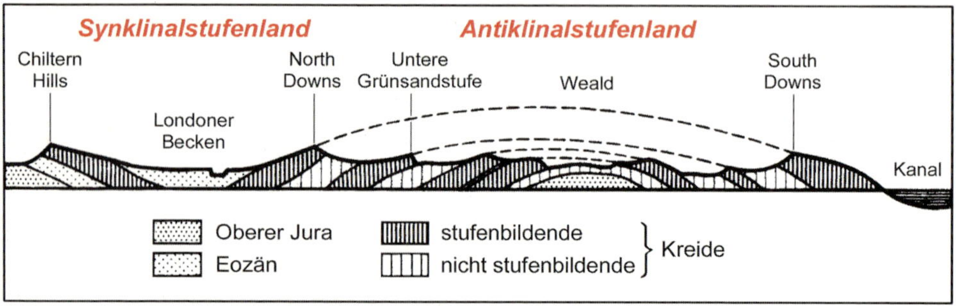

Abb. 12.19 Synklinal- und Antiklinalstufenland in England, vereinfacht (nach Wilhelmy 1981; aus Busch 1986, 83)

men dort vor, wo stufenquerende Flüsse sich – gewissermaßen von hinten – in die Stufenfläche eintiefen. Dies darf umso eher erwartet werden, je flacher die Gesteinsschichten einfallen und je höher das Erosionsvermögen des Flusses ist.

„Die heutige Neigung der ursprünglich flach abgelagerten Schichten ist bedingt durch großräumige Absenkungen und Aufwölbungen der Erdkruste mit Mulden (Synklinalen, s. 3.1.2), und Sätteln (Antiklinalen). Danach spricht man bei Schichtstufenlandschaften, deren Stufenhänge nach innen zu einem Wölbungszentrum weisen, von einem **Antiklinalstufenland**, bei solchen dagegen, deren Stufenhänge – von einem Mulden- oder Beckeninnern her gesehen – nach außen abfallen, von einem **Synklinalstufenland** (Abb. 12.19). Das Südwestdeutsche Schichtstufenland ist der östliche Flügel eines Antiklinalstufenlandes, dessen Gewölbe über der Oberrheinischen Tiefebene eingebrochen (Oberrheingraben) und dessen Westflügel Teil des Französischen Schichtstufenlandes ist. Von Frankreich aus gesehen ist letzterer gleichzeitig Ostteil des Synklinalstufenlandes um das Pariser Becken" (Busch 1986, 83) (s. 14.3.3).

Die Entwicklung von Schichtstufenlandschaften ist in den letzten 100 Jahren teils kontrovers diskutiert worden; dabei wurden Modellvorstellungen (Theorien) entwickelt (vgl. 15.3.3), in denen Gestein, Tektonik und Klima unterschiedliche Bedeutung für die Formungsprozesse eingeräumt wurden. Im wertenden Rückblick entsteht der Eindruck, als könnten die allgemeinen Theorien zur Schichtstufenentstehung und -weiterbildung nicht allgemeingültig angewendet werden; vielmehr müssen in den Schichtstufenlandschaften individuelle Entwicklungen und zeitliche Veränderungen von tektonisch und klimatisch gesteuerten Prozeßkombinationen berücksichtigt werden.

Zur Kennzeichnung der Lagebeziehungen zwischen Stufenrelief und Gewässernetz sind einige Begriffe eingeführt, die noch heute – unabhängig vom ursprünglichen und vollständigen Erklärungszusammenhang im Rahmen der Schichtstufentheorien von Davis (s. Davis & Braun 1915, 17) oder Schmitthenner (1954) – verwendet werden: „Alle [alt angelegten] Flüsse, die ihren Weg in Richtung des Einfallens der Schichten nehmen, nennt Davis **konsequente Flüsse**, die im Schichtstreichen (s. Kasten 3.2) fließenden dagegen **subsequente** oder **Nachfolgeflüsse** (Abb. 12.20); diese werden zu Stufenrandflüssen"

(BUSCH 1986, 83). **Resequente Flüsse** sind im Vergleich zu konsequenten die jüngeren Flüsse, die auf der Stufenfläche neuenstehen. Bei der Rückverlegung der Stufen können die **obsequenten Flüsse** eine wichtige Rolle spielen; vielfach werden sie aus Quellen gespeist, die an der Basis der harten, oft klüftigen und somit wasserdurchlässigen Schicht des Stufenbildners über dem oft wasserstauenden Sockelbildner austreten. Die Fließrichtung der obsequenten Flüssen ist entgegengesetzt zu der Richtung der konsequenten Flüsse. Durch **Quellerosion** und durch rückschreitende Erosion können aus der Schichtstufe **Auslieger** und **Zeugenberge** isoliert werden (Abb. 12.21). „Von Ausliegern spricht man, solange noch ein Teil der Schichten im Zusammenhang mit der Stufenfront steht, von Zeugenbergen, wenn sie frei in der vor der Stufenfront sich ausbreitenden Fläche liegen" (BUSCH 1986, 84) (z. B. Hohenzollern und Hohenstaufen vor der Stufe der Schwäbischen Alb; vgl. 15.3.3). Die Bildung und Verbreitung von Zeugenbergen wird durch tektonische Sondersituationen (z. B. Graben, Schichtverbiegungen) begünstigt.

An der Rückverlegung der Stufen können Steinschlag, Felsstürze, Rutschungen

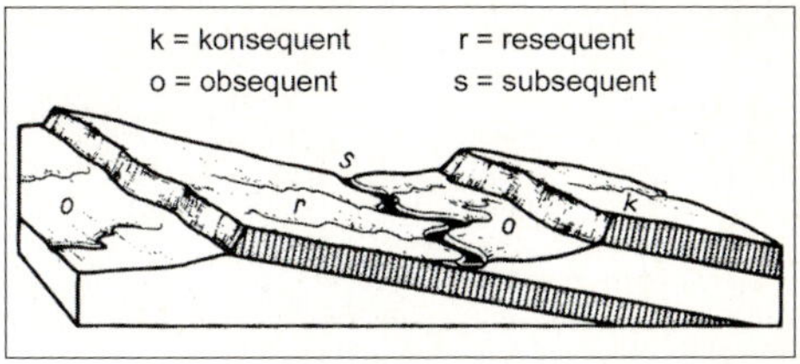

Abb. 12.20 Flußrichtungen in ihrer Lagebeziehung zu Schichtstufen (nach DAVIS, aus BUSCH 1986, 83): k = konsequent; s = subsequent; o = obsequent; r = resequent.

und Fließungen beteiligt sein. Im übrigen gilt, daß die Denudationsprozesse an den Stufenhängen und auf den Stufenflächen sehr stark klimatisch differenziert sind und deshalb übertragbare Verallgemeinerungen problematisch bleiben.

Schichtkämme (oder **Schichtrippen**) können bei stärkerer Schichtneigung (> 10°) entstehen; im Unterschied zu Schichtstufen fehlen Stufenflächen; stattdessen rücken die Firste aus abtragungsresistenten Gesteinen näher aneinander; zwischen ihnen erstrecken sich im Schichtstreichen **Ausraumzonen**, die häufig von Flüssen oder Bächen durchflossen werden (s. Kasten 12.2). Schichtrippen

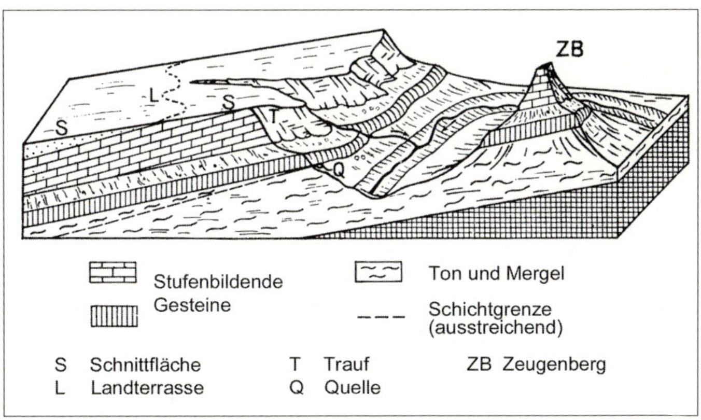

Abb. 12.21 Schichtstufe mit Zeugenberg

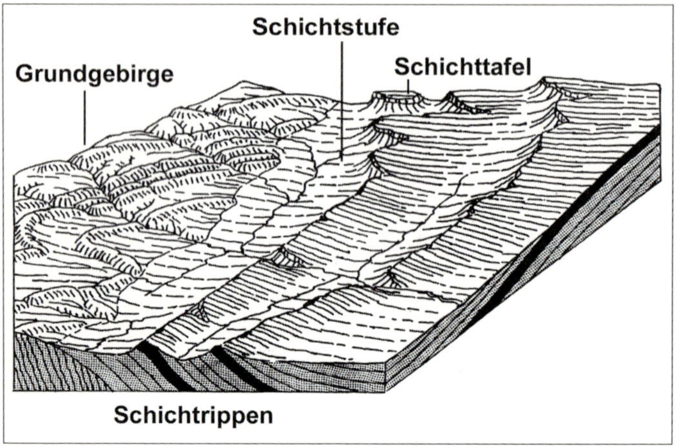

Abb. 12.22 **Schichttafel** (Tafelberg) im Hintergrund bei horizontaler Gesteinslagerung, **Schichtstufen** bei mäßiger Schichtneigung (Mitte) und **Schichtkämme** bei steiler Gesteinslagerung (Vordergrund) (nach DAVIS/RÜHL 1912, aus BUSCH 1986, 82)

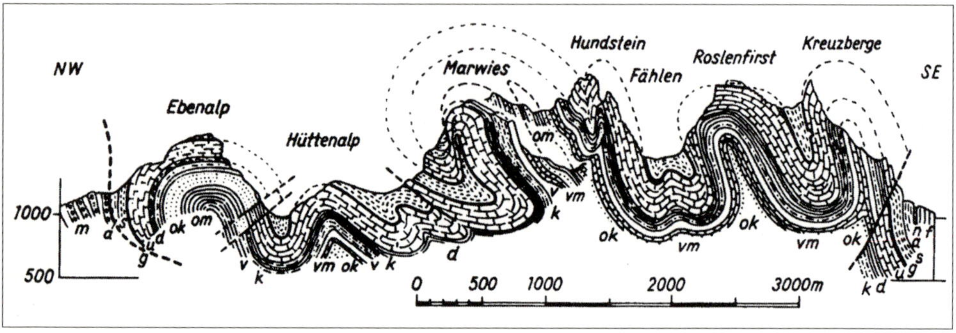

Abb. 12.23 **Schichtrippen im Hochgebirge, Säntis (Schweizer Alpen)** (nach HEIM 1921/22, aus MACHATSCHEK 1973, 13). Die Schichtrippen von Marwies-Hundstein sind an die steil gestellten, resistenten Kalke gebunden, die zusammen mit den liegenden und hangenden, überwiegend Mergel-Schichten intensiv gefaltet sind.

Kasten 12.2 Grundrißmuster von Fluß- und Talnetzen

Häufig läßt der Grundriß des Gewässernetzes Rückschlüsse auf die Beschaffenheit des Untergrundes zu. Vor allem von englischsprachigen Autoren sind die Beziehungen zwischen dem Grundrißmuster von Fließgewässern (*drainage patterns*) und der geologischen Struktur systematisch untersucht worden (s. Tabelle). Sie sind auf tektonische Einflüsse, die Gesteinslagerung sowie auf die Wasserdurchlässigkeit und Abtragsresistenz von Gesteinen zurückzuführen.

Typ	**Grundrißmuster**	**typisch für...**
dendritisch (*dendritic*)	baumartig verzweigt, keine auffällig bevorzugte Ausrichtung (zufällig) der Fließgewässer.	Sedimente oder Sedimentgesteine in söhliger Lagerung; homogene kristalline Gesteine; Abtragungsresistenz in alle Richtungen gleich.
gefiedert (*pinnate*)	federartig, eng geschart mit relativ kurzen Zuflüssen.	gering resistente, horizontal lagernde homogene Gesteine
parallel (*parallel*)	Hauptgewässer fließen parallel und in gleichmäßigen Abständen zueinander, Zuflüsse münden spitzwinklig.	steile gleichmäßig geneigte Oberflächen; meist ein junges Flußnetz auf tektonisch schräg gestellten Flächen, z. B. konsequente Entwässerung auf geneigten Schichtflächen.
rechtwinklig (rectangular)	Gewässer bilden ein rechtwinkliges Netz; keine der beiden Entwässerungsrichtungen ist bevorzugt.	für die Anlehnung des Gewässernetzes an rechtwinklige Kluftsysteme oder Störungen
spalierartig (*Trellis*)	Eine dominante Entwässerungsrichtung wird überlagert von einer untergeordneten, rechtwinklig verlaufenden Fließrichtung.	wechselnd widerständige Sedimentgesteine: Schichtstufen (vgl. Abb. 12.20 und 12.22), Schichtkämme; auch in Drumlinlandschaften und an den Küstenabschnitten mit Strandwällen
radial (*radial*)	Gewässer fließen von einem Zentrum strahlenförmig in alle Richtungen nach außen.	jung gehobene Gebiete mit ausgeprägtem, zentral gelegenem Wölbungskern oder Vulkanberge
ringförmig radial (*annular*)	Überlagerung eines radialen mit einem spalierartigem Muster.	tektonische Hebungszentren, die von wechselnd widerständigen Sedimentgesteinen umgeben sind

zentripetal (*centripetal*)	Gewässer fließen zu einem Zentrum zusammen.	vulkanische Hohlformen, tektonische Becken

Karstgebiete (s. 12.2) sind an fehlender oder spärlicher Gewässerdichte sowie an unterbrochenen Fließgewässern zu erkennen, weil die Entwässerung hauptsächlich unterirdisch stattfindet (s. Abb. 12.10). Anstelle des Anordnungsmusters der Fließgewässer können auch Talverläufe analysiert werden; dies ist vor allem dann zusätzlich sinnvoll, wenn die Täler z. B. aufgrund von Klimaänderungen nur noch abschnittsweise von den heutigen Fließgewässern durchflossen werden.
Jungmoränengebiete der pleistozänen Eisrandlagen im nördlichen Mitteleuropa (s. 15.2.1) und in Nordamerika zeichnen sich durch ein unkonsolidiertes Gewässernetz aus; es erscheint unregelmäßig, richtungslos und ist häufig von kleineren Seen durchsetzt. Dagegen haben sich in Altmoränengebieten bevorzugte Entwässerungsrichtungen und Hierarchien von Haupt- und Nebenflüssen eingestellt.

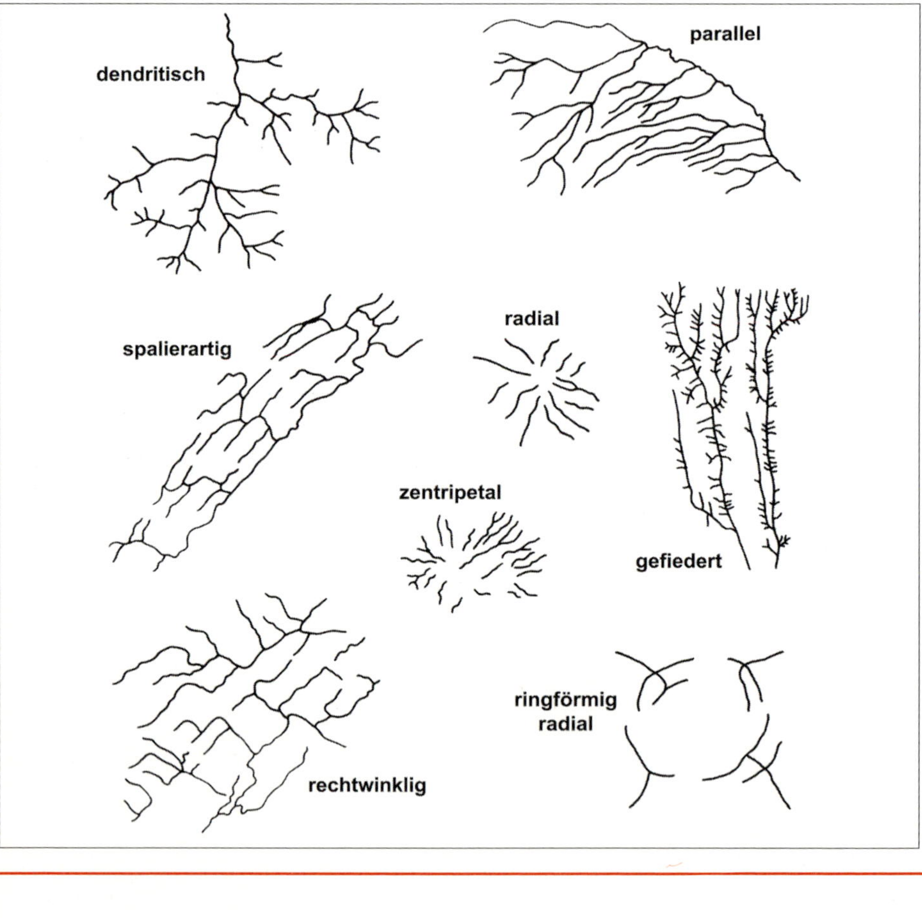

sind in Mitteleuropa ebenso wie Schichtstufen verbreitet im mesozoischen Deckgebirgsstockwerk anzutreffen (vgl. Abb. 15.1 und 15.3.3). Zwischen Schichttafelrelief, Schichtstufen und Schichtkämmen gibt es fließende Übergänge (Abb. 12.22). Schichtrippen kommen auch in exponierten Lagen in Faltengebirgen vor (Abb. 12.23), wo sie häufig zu Graten zugeschärft sind.

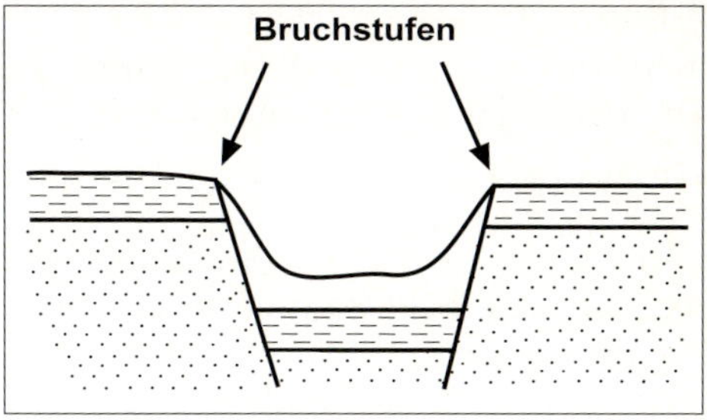

Abb. 12.24 Umbildung einer (tektonischen) Verwerfung zu einer (morphologischen) Bruchstufe

12.4 Bruchstufen und Reliefumkehr

Vertikalbewegungen von Teilen der Erdkruste (s. 3.1.2) entlang von Verwerfungen sind häufig an der Erdoberfläche sichtbar. Die tatsächlichen Oberflächenformen weichen in der Regel von den in den Abb. 3.5, 3.7 u. 3.8 dargestellten Strukturbildern für Verwerfungen, Graben und Horst ab, weil zeitgleich zu den tektonischen Bewegungen (**syngenetisch**) Abtragung und Sedimentation auf den Hoch- bzw. Tiefschollen stattfinden. Im einfachsten Fall unterliegen die Hochschollen wegen der großen Reliefenergie der stärksten Abtragung, während auf den Tiefschollen Sediment akkumuliert wird; an der Oberfläche führt die Verwerfung immer dann zu einer deutlich sichtbaren steilen Böschung, wenn der Ausgleich der Höhendifferenzen geringer ist als die relative Vertikalbewegung beider Schollen zueinander. Der die Verwerfung nachzeichnende Hang bildet dann im morphologischen Sinne eine **Bruchstufe** (s. Abb. 12.24, 15.12 u. Kap. 15.4).

Wenn beiderseits der Verwerfung unterschiedlich resistente Gesteinsschichten anstehen, dann kann unter besonderen Umständen die Regel umgekehrt werden,

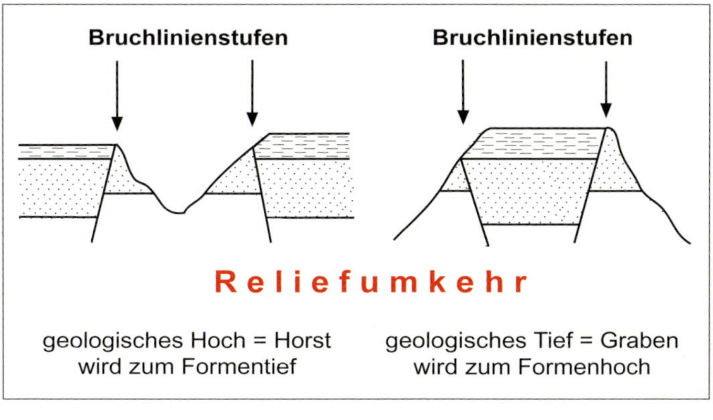

Abb. 12.25 Reliefumkehr. Der tektonische Graben wird zu einem Hochgebiet, beiderseits durch Bruchlinienstufen begrenzt.

daß die tektonische Hochscholle auch morphologisch eine Erhebung darstellt: Voraussetzung für die Umkehr ist, daß im Bereich der Tiefscholle abtragungsresistente Gesteine freigelegt werden, während auf gleichem Höhenniveau geringresistente Schichten anstehen: diese unterliegen im folgenden relativ größeren Abtragungsraten. Dann wird aus der tektonischen Tiefscholle ein morphologisch höheres Gebiet. Der Steilhang entlang der Verwerfungslinie wird in diesem Fall morphologische **Bruchlinienstufe** genannt (Abb. 12.25). Allgemein bezeichnet man die Entwicklung einer tektonischen Tiefscholle zu einer geomorphologisch höheren Reliefform als **Reliefumkehr**. Reliefumkehr kann bei Graben- und Horst-Strukturen sowie bei Gebirgsfalten auftreten (Abb. 12.26).

Gebirge, die durch Bruchstufen begrenzt aus ihrer Umgebung aufragen, werden allgemein als **Bruchschollengebirge** (z. B. Harz, Thüringer Wald, s. 15.3.1) bezeichnet. Auch ihre interne Struktur und Morphologie sind in der Regel stark bruchtektonisch geprägt; es kann sich um Gebirge mit oder ohne Faltenbau handeln.

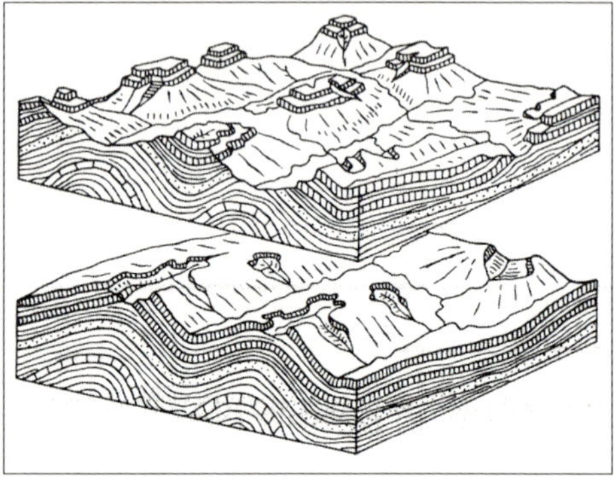

Abb. 12.26
Reliefumkehr bei Faltengebirgen (aus MACHATSCHEK 1973). „Das untere Teilblockbild zeigt den Ausgangszustand. Die Landoberfläche ist noch weitgehend an den Faltenbau angelehnt. In den Faltenmulden fließen die Hauptgerinne in Längstäler. Von den Faltengewölben herab entwickeln sich Nebenflüsse; sie haben die widerständigen Schichten zum Teil schon durchsunken und Schichtstufen ausgebildet. Da die Faltensättel als besonders hoch gehobene Bereiche am stärksten der Erosion und Denudation ausgesetzt sind, kann es in ihnen zu besonders starker Abtragung kommen. Sie werden stärker abgetragen als die Faltenmulden, in denen die Reste der widerständigen Schichten erhalten bleiben“ (DONGUS 1980, 163). Der unteren Abbildung entsprechen weite Teile des schweizerisch-französischen Juragebirges, der oberen Teile der Appalachen Nordamerikas.

Kasten 12.3 Literaturauswahl zur Ergänzung und Vertiefung des Kapitels 12

Lehrbücher und Sammelbände: Dongus 1980 (Lehrbuch, Struktur- und gesteinsbedingte Formen), Frisch 1999 (Aufsatzsammlung, tektonische Geomophologie)

• **Vulkanbauten und Vulkanformen**

Schmincke 2000 (Vulkanismus), Rast 1987 (Vulkane und vulkanische Formen)

• **Karst**

Lehrbücher, Übersichten und Sammelbände: Bögli 1964 (Mischungskorrosion), Bögli 1978 (Lehrbuch, unterirdischer Karst), Ford u. Williams 1996 (Karstgeomorphologie und -hydrologie), Pfeffer 1978 (Lehrbuch Karstmorphologie), Pfeffer 1998 (Aufsatzsammlung mit Kartenbeispielen), Sweeting 1981 (klassische Aufsatzsammlung), Dreybrodt 1988 (Lehrbuch, phys.-chem. Prozeßbetrachtung), Hüttl et al. 1995 (Karbonatlösung)

tropischer Karst: Sponholz 1994 (Silikatkarst, E-Niger), Williams 1993 (trop. Karst), Williams 1997 (Aufsätze zum tropischen u. subtropischem Karst)

unterirdische Materialabfuhr: Botschek et al. 2000 (Tunnelerosion, Berg. Land), Hardenbicker 1998 (subterrane Erosion, Harzvorland), Higgins u. Coates 1990 (Aufsatzsammlung zur Funktion des unterirdischen Wassers für die Oberflächenformung), Poland 1984 (Methoden z. Erfassung von Subsidenzerscheinungen), Stäblein u. Möller 1986 (Subrosionsformen Nordhessen)

Karbonatverwitterung: siehe Kasten 5.3

• **Schichttafel-, Schichtstufen- und Schichtkammrelief**

Lehrbücher, Übersichten und Sammelbände: Blume 1971 (Lehrbuch), Blume 1976 (Überblicksartikel), Dongus 1980 (Lehrbuch, Struktur- und gesteinsbedingte Formen), Schmitthenner 1954 (Theorie der Schichtstufenentwicklung), Stingl u. Garleff 1987 (Struktur- u. Skultpturformen), Tricart 1974 (Lehrbuch Strukturgeomorphologie),

Fallstudien: Barth 1970 (Schichtstufen, Westafrika), Schmidt 1988 (Colorado-Plateau), Schmidt 1989 (Schichtstufen Colorado, USA), Schwarz 1970 (Schichtstufen, Causses, Frankreich), Spönemann 1997 (südwestl. Kapregion, S-Afrika), Stingl 1979 (Strukturformen W-Argentinien),

Beispiele aus Mitteleuropa: siehe Kasten 15.3

• **Bruchstufen und Reliefumkehr**

Dongus 1980 (Lehrbuch), Seuffert 1970 (Grabenregion Sardiniens), Sterr 1980 (Bruchstufen, SW-Utah, USA), Wenzens u. Wenzens 1994 (Tektonik und Flußnetze)

13 Formungsprozesse an Küsten (Litorale Prozesse)

Abb. 13.1 Steilküste (NW-Spanien)

13.1 Küste, Uferlinie und litorale Prozesse

Küste nennt man den Übergangsbereich zwischen Land und Meer. Hier treffen die morphodynamischen Wirkungen des Meeres auf die morphologischen Strukturen des Festlandes; dabei beeinflussen sich die für das Festland typischen morphologischen Prozesse und die litoralen Prozesse wechselseitig. Unter dem Begriff **litorale Prozesse** werden Erosion, Transport und Akkumulation zusammengefaßt, die auf die Meerwasserbewegung in Form von Wellen und Strömungen zurückzuführen sind.

Die Grenze zwischen Meer und Land ist ein Übergangssaum, dessen meerwärtige Begrenzung vom Einfluß der Brandung auf den ufernahen Meeresboden abhängt und dessen landwärtige Grenze weiter reicht als bis zu der Höhe, die der Wellenschlag bei Sturmflut noch erreichen kann. Durch den tröpfchenförmigen

Eintrag von salzhaltigem Meerwasser (**Salzspray**) wird in einem breiteren Streifen die morphologische Formung beeinflußt: Salze behindern die rasche Besiedlung durch Vegetation und begünstigen somit die Ausblasung von Dünensanden, außerdem werden Prozesse der Salzverwitterung gefördert. Die Breite des Küstenraumes variiert naturgemäß mit der Neigung der Küste und den zeitlichen Schwankungen des Meerwasserstandes; besonders breit sind Flachwasserküsten mit großem Tidenhub (Gezeitenküsten, s. Abb. 13.6). „Die Linie mittleren Hochwassers, an Gezeitenküsten des mittleren Tidehochwassers (s. 13.2.5), bezeichnet man als **Uferlinie**" (BUSCH 1986, 58).

Im Verlauf der Erdgeschichte, insbesondere im Quartär, sind die Grenzen zwischen Festland und Meer nur in seltenen Fällen konstant geblieben. Das Abschmelzen der Inlandeismassen, Glazialisostasie (s. Abb. 3.2) und andere tektonische Vertikalbewegungen haben an vielen Küsten zu Verschiebungen der Uferlinien geführt (s. 13.3).

13.2 Formungsprozesse und Küstenformen

13.2.1 Übersicht. Die weltweit wichtigsten litoralen Formungsprozesse gehen auf Wellenwirkungen und küstennahe Meeresströmungen zurück (s. 13.2.2 und 13.2.5); beide können abtragend oder akkumulierend wirken. Außerdem gehören zu den **zerstörenden Prozessen** die **Bioerosion** („Zerstörung durch verschiedenartige Organismen" (Pflanzen, Mikroorganismen oder Tiere)), „wobei sowohl biochemische Wirkungen durch Abscheiden aggressiver Körpersubstanzen als auch mechanische Wirkung durch Bohren, Graben und Fressen vorkommen" (KELLETAT 1989, 100), die Frostsprengung mit oder ohne Beteiligung durch Meerwasser, mechanische Wirkungen von Pack- und Treibeis auf Gesteine und Sedimente der Küsten sowie die Salzverwitterung unter dem Einfluß der Salzspray. Zu den **aufbauenden und akkumulierenden Prozessen** gehört die Entstehung von Riffen und ähnlichen Strukturen durch gesteinsbildende Organismen (z. B. Blaualgen, Korallen). Dabei geht es zum einen um die Organismen, die stromatolitisch „mehr oder weniger geschlossene Krustenüberzüge bilden" (KELLETAT 1989, 149); dagegen bilden andere große eigenständige Aufwuchsformen mit nachhaltiger Veränderung der Lebensumgebung, die typischen **Korallenriffe**.

Die Vergesellschaftung der Küstenformen und Prozesse wird in starkem Maße durch die Wechselwirkungen zwischen dem Festland und dem Meer geprägt: Ist das Festland aus Festgesteinen oder Lockersedimenten aufgebaut? Grenzen Flach-, Hügelland oder Gebirgsrelief an das Ufer? Werden dem Meer vom Festland Sedimente durch Flüsse oder Gletscher zugeführt? Oder beeinflussen vulkanische Prozesse die Küstenlinie? Vor dem Hintergrund der zeitlichen Entwicklung der Einflüsse und der Morphogenese im Küstenraum ergibt sich eine außerordentliche Vielfalt an Küstenformen.

13.2.2 Wellen und Brandung. Wellen entstehen durch die Wirkung des Windes auf die Wasseroberfläche (s. Kasten 13.1). „Bei der Wellenbewegung schwingen die Wasserteilchen in kreisförmigen Bewegungen

Kasten 13.1 Wellen

Im freien Wasser (in großer Entfernung zur Küste) sind Höhe und Länge der Wellen Ausdruck der Windstärke und ihrer Wirkungsdauer. Von diesen Faktoren hängt auch der Tiefgang der Wellenbewegung ab. Unterhalb einer Wassertiefe, die in etwa einer halben Wellenlänge entspricht (**Wellenbasis**), sind die kreisförmigen Bewegungsbahnen der Wasserteilchen (Abb. A) nicht mehr spürbar. Damit sich annähernd ein Gleichgewicht zwischen **Windstärke** und Wellenbewegung (Höhe, Länge, Tiefgang) einstellt (= ausgereifte See), muß ein Wind konstanter Stärke über große Strecken (**Einwirklänge, *fetch***) wehen; diese beträgt bei Windstärke 7 (54 km/h) bereits über 200 km, bei Orkanen der Windstärke 12 (ca. 125 km/h) 1000 km. Da diese Bedingungen in der Realität für große Windstärken recht selten sind, bleiben die tatsächlichen **Wellenhöhen** in der Regel deutlich unter den maximalen (s. Abb. B) zurück.

In der Realität weicht die Wellenform von einer idealisierten sinusförmigen Kurve ab. Minima und Maxima unterschiedlicher Höhen wechseln einander ab; kleinere Wellen sind größeren aufgesetzt: deshalb spricht man von **Wellenspektren**. Die auf der Basis zeitlich hochaufgelöster Wellenaufzeichnungen erstellten Wellenspektren sind Ausgangspunkt zur Abschätzung der **Wellenenergie**. Zwischen den Grundgrößen der Wellenbewegung besteht folgende Beziehung:

$C = L/T$ mit
C = **Fortpflanzungsgeschwindigkeit der Welle** (m/s)
L = **Wellenlänge** (m)
T = **Wellenperiode** (Durchlauf einer Wellenlänge) (s)

Der Kehrwert der Wellenperiode ist die **Wellenfrequenz** (angegeben in Hertz). Zur Beschreibung der Wellenbewegung existieren mehrere, unterschiedlich komplexe Theorien, deren Anwendungsmöglichkeiten im Einzelfall zu überprüfen sind. Für das Wellenverhalten ist weniger die absolute Wassertiefe, als vielmehr die **relative Wassertiefe** wichtig; sie wird berechnet als Quotient aus Wassertiefe (d) und Wellenlänge. Von Flachwasser spricht man bei relativen Tiefen < 0,1, von Tiefenwasser bei Quotienten > 0,5, dazwischen liegt ein Übergangsbereich.

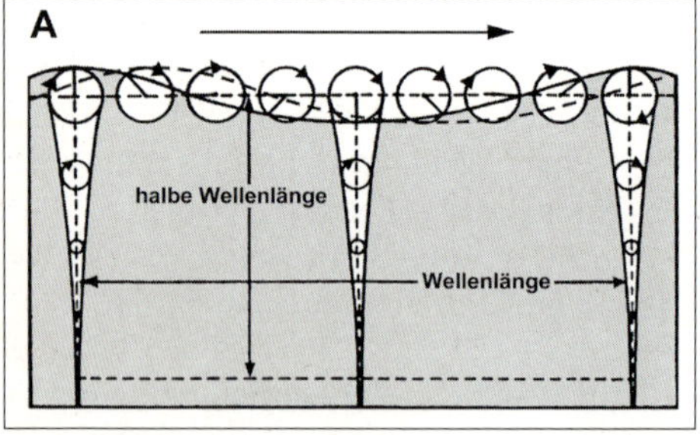

Kreisbewegungen der Wasserteilchen und Wellenbewegung im tiefen Wasser

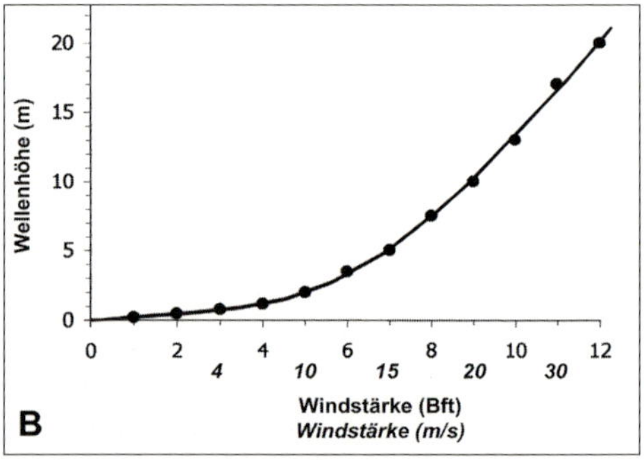

Beziehung zwischen Windstärke und Wellenhöhe (nach Daten aus KELLETAT 1989, 60)

Kasten 13.2 Wellenrefraktion

Wenn Wellen sich vom Tiefenwasser schräg auf eine Uferlinie zubewegen (Abb. A), dann werden sie in flachem Wasser so abgelenkt, daß die Wellen sich parallel zum Ufer ausrichten. Die zuerst in flaches Wasser (d/L < 0,5; s. Kasten 13.1) gelangenden Teile der Wellen (s. Abb. B, a) werden gebremst; die noch weiter vom Ufer entfernten Teile der Wellen bewegen sich noch schneller (s. Abb. B, b). Mit der weiteren Annäherung der Wellen an das Ufer gelangen immer mehr Teile der Wellen in das Flachwasser (Abb. B und C), wo sie um so stärker gebremst werden, je geringer die Wassertiefe wird. Dadurch resultiert insgesamt ein Umschwenken der Wellen parallel zum Ufer.

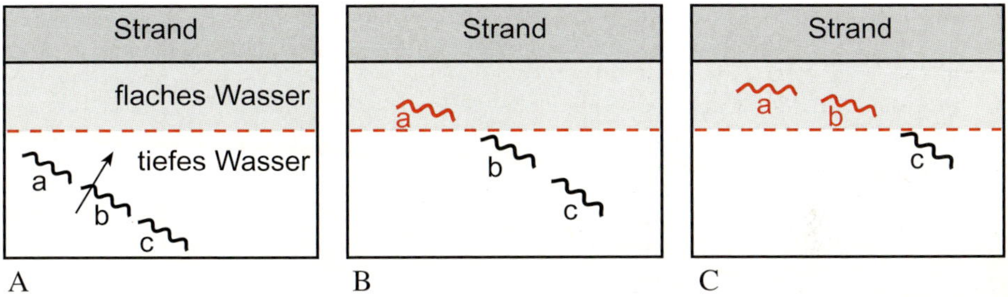

(Orbitalbewegungen). Nach der Tiefe nehmen die Schwingungen schnell ab“ (BUSCH 1986, 59). Wellen pflanzen sich vom Ursprungsort unter Abschwächung fort. Etwa ab einer Windgeschwindigkeit von 13 km/h beginnen Wellenkämme sich zu brechen, weil sie instabil werden. Andere Ursachen hat das Wellenbrechen über dem ansteigenden Meeresboden an der Küste: Mit zunehmender Annäherung an das Ufer ändern die Wellen ihren Charakter von **Oszillations-** zu **Translationswellen**. Mit Translationswellen ist ein Massenfluß zum Ufer verbunden (s. Kasten 13.1), der durch Rückströmungen (vgl. 13.2.5) ausgeglichen wird. Ein bekanntes Beispiel sind die **Ripströmungen**, die als für Badegäste gefährliche seewärts gerichtete Strömungen die Brandungszone durchbrechen (s. Abb. 13.2). Die Ausgleichsströmungen erfolgen häufig auch küstenparallel, z. B. an Küsten mit Gezeiteneinfluß.

Die Form des **Wellenbrechens** (s. Kasten 13.3 u. Abb. 13.3) kann sehr verschieden sein. In flachem Wasser bildet sich auf dem Wellenkamm eine Schaumkrone, die auf der Vorderseite der Welle herunterläuft und anwächst (**Schwallbrecher**, ***spilling breakers***); bei steilerem Ufer und größeren Wellen treten typischerweise **Sturzbrecher** (***plunging breakers***) auf, bei denen wasserfallartig der Kamm zusammenbricht und die eingeschlossene Luft in die Tiefe gepreßt wird; an Steilküsten brechen die Wellen nicht, sondern sie werden reflektiert (**Reflexionsbrecher**). Durch die von der sich brechenden Welle verursachte Turbulenz wird Material vom Meeresboden aufgewirbelt und in die Drehbewegung der Welle einbezogen. An der Küste können Wellen große Materialmengen mobilisieren; jedoch bleibt der Nettotransport, die tatsächliche Verlagerung, quantitativ weit

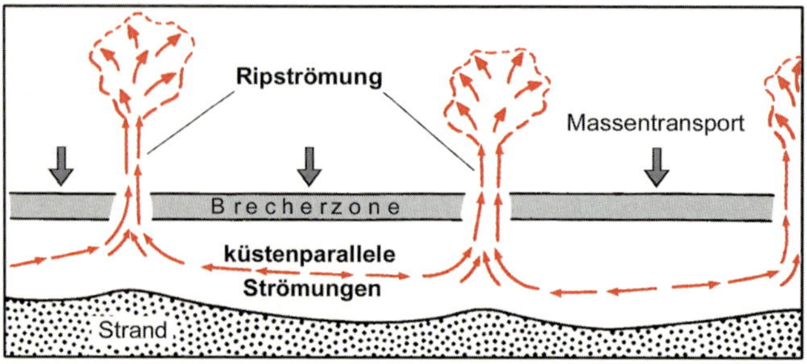

Abb. 13.2
Brandung und Ripströmung (nach CARTER 1988, 71)

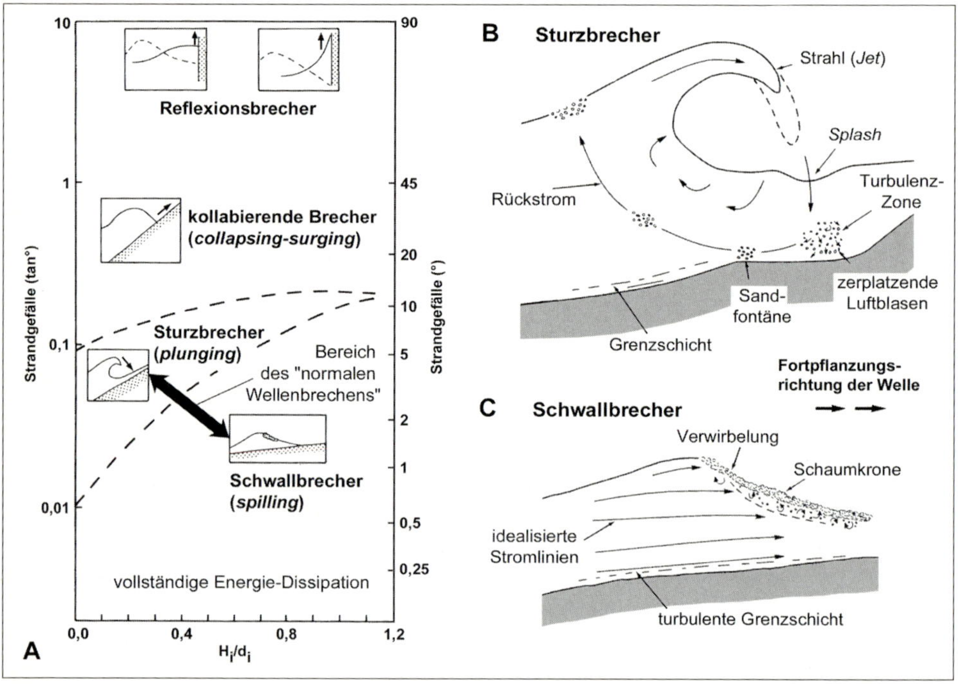

Abb. 13.3 Arten des Wellenbrechens (aus CARTER 1988, 55 und 60). In Abhängigkeit von der Uferneigung und dem Verhältnis zwischen Wellenhöhe im Tiefenwasser (Hi) zu Wassertiefe (di) variiert das Verhalten der Wellen in Ufernähe (vgl. Kasten 13.3 u. Tab. 13.1).

hinter den im Brandungsbereich hin und her bewegten Sedimentmengen zurück.

Während der Brandung überträgt sich ein Teil der **Wellenenergie** auf den Untergrund und das Ufer: Die Energie wird in Turbulenz umgesetzt, in Wärmeenergie umgewandelt, für die Reibungsarbeit eingesetzt und kann durch Erosion und Sedimenttransport morphologisch wirksam werden (s. Kasten 13.3). Die morphologische Wirksamkeit der Wellenenergie hängt in starkem Maße von der Neigung des Meeresbodens

Tab. 13.1 Parameterausprägung und Phänomene nach *coastal domains*
(Quelle: CARTER 1988, 59 und 102, 103)

Parameter/ Phänomene	***coastal domains***		
	dissipative	***transitional***	***reflective***
Anzahl der Wellen in der *surf zone*	> 3	1-3	1
Breite der *surf zone*	> 100 m	10 – 100 m	< 10 m
Iribarren-Zahl	< 0,23	0,23 – 1,0	> 1 m
Wellentyp	Schwall(brecher)	Schwall- und Sturzbrecher	Reflexionsbrecher und kollabierende Wellen
Wellenenergie	niedrig	mittel	hoch
seewärtige Ausgleichs-Strömung	Rip-Strömung		Unterströmung
Strandriffe	mehrere	1-2, häufig halbrundförmig gebogen	fehlend
Neigung des Strandes	< 1°	1 – 3°	> 3°
Strandprofil	gestreckt, gerade	flach, konkav	konkav, getreppt
vorherrschende Korngrößen	Schluff bis Feinsand	Mittelsand	Grobsand, Gerölle und Blöcke
Sortierung entlang des Ufers (Korngröße, Material, Form)	selten	häufig, entlang einzelnen Abschnitten des Strandes	häufig, über die gesamte Strandbreite
Sedimenttransport	Suspensionsfracht	Suspensions- und Bodenfracht	Bodenfracht
Art/Richtung	meerwärts und zum Ufer (*off shore/on shore*)		küstenparallel
äolische Dynamik	hoch	mittel	fehlend

und dem Material im Brandungsbereich ab. Für das Einsetzen der Sedimentbewegung in Ufernähe ist das Verhältnis von der Korngröße an der Oberfläche des Meeresbodens zu kritschen Orbitalgeschwindigkeiten der Wasserteilchen entscheidend. Die Wassertiefe, in der die Partikelablösung einsetzt, ist somit nicht nur von der Wellenlänge abhängig, wie es der Begriff der Wellenbasis suggeriert. Diese ist lediglich ein konventioneller Näherungswert für die Wassertiefe, bei der ein Teil der Wellenenergie in Reibungsarbeit umgesetzt wird.

Die englischsprachige Literatur unterscheidet die Brandungszone und den Strand in Abhängigkeit von der Art und Weise, wie die Wellenenergie freigesetzt wird: die Typen werden als ***reflective***, ***intermediate (transitional)*** und ***dissipative domains*** bezeichnet; sie sind mit charakteristischen morphologischen Phänomenen verknüpft (s. Tab. 13.1). Quantitativ werden die Typen nach der sog. Iribarren-Zahl unterschieden.

$$\Sigma_h = \frac{\tan \beta}{(H_b / L_o)^{0,5}}$$

Kasten 13.3 Brandung

Nach dem Unterschreiten der kritischen Wassertiefe einer halben Wellenlänge werden die Orbitalbewegungen zuerst an der Wellenbasis und später zunehmend in Oberflächennähe gestört; dabei werden sie zunächst zu Ellipsen verformt. Schließlich nehmen Wellengeschwindigkeit und Wellenlänge ab, die Wellenhöhe nimmt zu, und die Wellenkämme werden zugeschärft (Abb. A). In Ufernähe ist die Wellengeschwindigkeit nur noch von der Wassertiefe abhängig. Für den Zeitpunkt des Wellenbrechens sind verschiedene Maße vorgeschlagen worden: ein weit verbreitetes ist H/d = 0,8 (H = Wellenhöhe, d = Wassertiefe); beim Wellenbrechen kommt nur noch das Oberflächenwasser voran, während am Grund sich bereits ein Rückstrom ausbildet. Im Brandungsbereich ist häufig zu beobachten, daß die Wellen in unterschiedlichen Entfernungen vom Ufer brechen, es bilden sich mehrere Brandungslinien aus. Dies ist eine Folge des Wellenspektrums aus unterschiedlichen Wellenlängen und –höhen. Die größeren Wellen mit tieferer Wellenbasis werden bereits in größerer Entfernung zum Ufer instabil.

An einem Sandstrand (Abb. B) erstrecken sich zwischen der **Brandungslinie** und dem Ufer die *surf zone* und die *swash zone*. Die Wellen zwischen der Brandungslinie und der *swash zone* sind meist als Schwallbrecher (*spilling waves*) ausgebildet, die als Translationswellen schwallartig Wasser und Sedimente auf den Strand werfen. Die Wasserbewegung in der *swash zone* (Spülsaum) verläuft in einzelnen Zyklen, während derer das Wasser in dünnen Lagen den Strand hinauf und wieder abwärts fließt (*swash* und *backwash*). Diese Zyklen überlagern sich mit den Wellenperioden

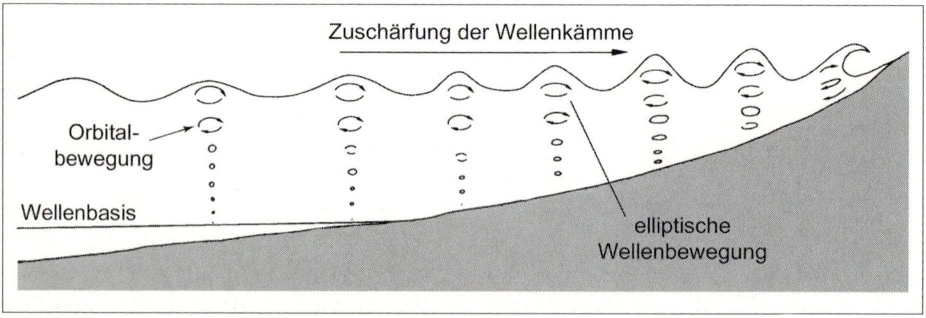

A Übergang von Oszillations- in Translationswellen

der *surf zone*, so daß Turbulenzen entstehen, wenn das zurückfließende Wasser die nächste auflaufende Welle unterströmt. Die Zonen mit maximalem Sandtransport sind in Abb. B schraffiert dargestellt.

Wasserbewegung	Oszillationswelle	Wellenzusammenbruch	Translationswellen und Ausgleichsströmungen	Kollision	*Swash; Backwash*
Dynamische Zonen	Tiefenwasser	*Breaker*	*Surf*	Übergang	*Swash*
Profil	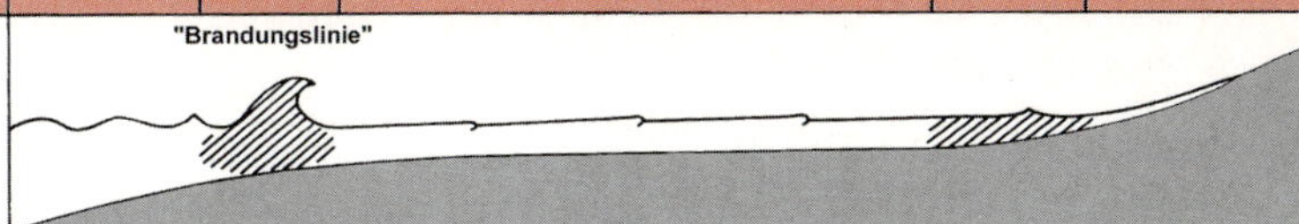				
Geomorphol. Prozesse	Anlagerung	Abtragung	Transport	Abtragung	Anlagerung und Abtragung
Korngrößentrends	— gröber →	größte Fraktionen	← gröber →	bimodale Größenverteilung	← gröber —
Sortierung	← besser —	schlecht	gemischt	schlecht	— besser →

B Gliederung eines Sandstrands (nach CARTER 1988)

β = Neigungswinkel des Strands (°)
H_b = Wellenlänge zum Zeitpunkt des Wellenbrechens (m)
L_o = Wellenlänge (ursprünglich, im tiefen Wasser) (m)

13.2.3 Flachküsten (*dissipative domain*). „Flachküsten können primär durch das Vordringen des Meeres auf flach ansteigendem Land entstanden oder sekundär durch Abrasion in Lockergesteinen ausgearbeitet worden sein. Sie lassen sich in zwei küstenparallele Zonen gliedern, in Schorre und Strand" (BUSCH 1986, 60). Die **Schorre** (s. Abb. 13.4) im engeren Sinn umgreift „nur den Bereich, der ständig der Wirkung bewegten Wassers unterworfen ist. Ihre landseitige Grenze liegt damit an der Linie des mittleren Niedrigwassers (MNW). Von dieser Linie an beginnt landeinwärts der **Strand**. Er reicht bis zur obersten Hochwassergrenze, umfaßt also die Zone, die zeitweise trocken und zeitweise bis sporadisch von Wasser überspült wird.

Die Schorre (im engeren Sinn) der Flachküste ist gekennzeichnet von **Riffen**, flachen in ihrer Längsrichtung annähernd parallel zum Strand verlaufenden Bänken aus Sand oder Kies, je nach dem an der Küste verfügbaren Material. Bei grober See kann man die Lage dieser Riffe an den Brecherkämmen über ihnen deutlich erkennen. Bei niedrigem Wasserstand liegt das strandnächste Riff oft trocken. Es ist dann durch eine wassergefüllte Rinne, den **Strandpriel** (Abb. 13.4), vom Strand getrennt" (BUSCH 1986, 60).

„Der Strand ist die Zone der auflaufenden Translationswellen" (BUSCH 1986, 60). Mit den Wellen werden Sande und Kiese auf den Strand geworfen, sogar bis über den mittleren Wasserspiegel hinaus. Die vom **Rückstrom** (***backwash***) nicht mehr trans-

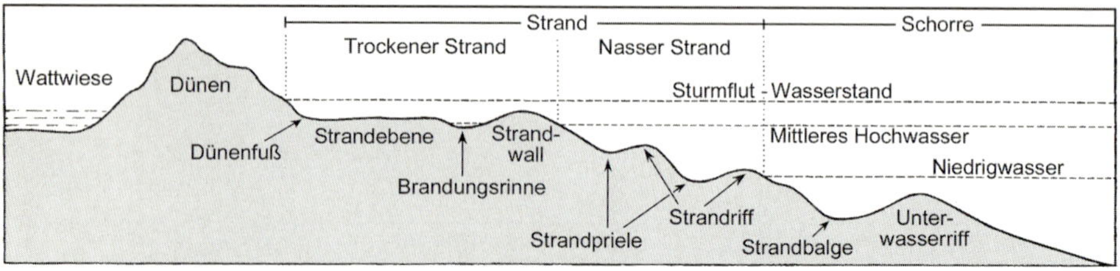

Abb. 13.4 Schorre und Strand am Beispiel einer Düneninsel an der Nordsee (nach SCHRADER 1957, aus BUSCH 1986, 62, ergänzt)

Abb. 13.5 Sommer- und Winterstrand an der Ostseeküste. Die Steilküste mit Kliff ist in Geschiebemergeln der Weichsel-Kaltzeit ausgebildet (vgl. 15.2).

portierbaren Korngrößen bleiben zurück, so daß ein **Strandwall** von wenigen Dezimetern bis Meterhöhe gebildet wird. Die Materialbewegung erfolgt überwiegend als Bodenfracht, während die feineren Bestandteile als Suspensionsfracht meerwärts transportiert werden. Der Strand unterliegt ständigen Veränderungen, weil die Welleneigenschaften zeitlich z. T. extrem variieren. „So schafft die Vielzahl der kleinen **Sturmfluten** im Winter meist einen ausgeprägteren Wall als die Hochwasser des Sommers. Auch liegt der Winterstrandwall höher am Strand“ (BUSCH 1986, 62; s. Abb.

13.5). Während Sturmfluten werden in der Regel Strände erodiert und das Strandprofil versteilt, wohingegen bei normalem Wellengang an Flachküsten eher die Tendenz zur Strandaufhöhung besteht. Es ist anzunehmen, daß sich unter stationären Bedingungen (bei konstanten Wellenspektren und ausgeglichener Transportbilanz) eine Strandneigung einstellt, die von der Korngröße und der Wellengeschwindigkeit bestimmt wird. In der Regel sind Kiesstrände steiler als Sandstrände.

Bei langfristiger Meeresspiegelabsenkung (negative Strandverschiebung; vgl. 13.3) können mehrere Strandwälle zurückbleiben. Enthaltene organische Materialien (Kohlenstoff, Schalen) können für Altersdatierungen herangezogen werden. Im Normalfall liegen die älteren Strandwälle höher und in größerer Entfernung zum heutigen Ufer als die jüngeren.

13.2.4 Steilküsten (*reflective domain*). „An Steilküsten (s. Abb. 13.1) wird das Gestein vor allem in Höhe der Hochwasserlinie stark angegriffen. Eine besondere Wirkung üben dabei ausgebrochene und von den Wellen immer wieder gegen das anstehende Gestein geschleuderte Felsstücke aus. Aber auch in Klüfte und Schichtfugen gepreßtes Wasser und durch dieses Wasser hineingedrückte Luft lösen allmählich den Verband des Gesteins. Spaltenfrost verstärkt die Lockerung.

Am Fuß einer solchen Steilwand (s. Abb. 13.6 und 13.7), eines **Kliffs**, bildet sich eine

Abb. 13.6 Steilküste mit Brandungsplattform (Flamboro' Head, SW-England) (Foto: E. Kroß) In der Bildmitte ist ein Brandungspfeiler erkennbar; am Fuß der Kliffküste sind Brandungshohlkehlen schwach ausgeprägt. Die hellen Kreidefelsen werden von dunklerem Moränenmaterial überlagert.

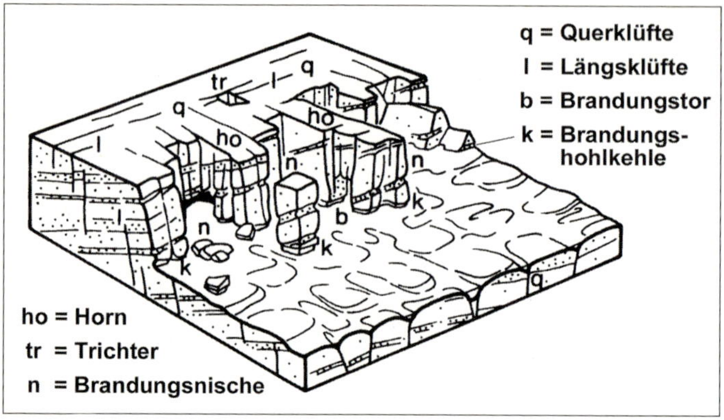

Abb. 13.7 Klifformen und Abrasionsplatte (nach SCHMIDT-THOMÉ/WURSTER 1962, aus BUSCH 1986, 60). Der Formenschatz ist durch Kluft- und Verwerfungssysteme vorgezeichnet.

Brandungshohlkehle, die sich vertieft, bis das überstehende Kliff nachstürzt. Auf diese Weise weicht das Kliff langsam zurück. Vor ihm entsteht eine zum Meer hin leicht abfallende Verebnung, die **Abrasions**- oder **Brandungsplattform**, auch Schorre genannt (s. auch 13.2.3). Das über diese Brandungsplatte vom Sog des zurückflutenden Unterstroms zum Meer transportierte Trümmergestein schleift diese Platte allmählich ab und schüttet vor der untermeerischen Felswand eine **Meereshalde** auf.

In stark von Klüften oder Verwerfungen durchsetztem oder aus unterschiedlich widerständigen Schichten aufgebautem Gestein ergeben sich Schwächezonen, an denen die Brandung besonders leichtes Spiel hat. Es bilden sich Formen wie **Brandungshöhlen** und **-nischen**, **Brandungstore, -gassen** und **-pfeiler** (s. Abb. 13.7). Ein eindrucksvolles Beispiel dafür liefert die Westküste Helgolands".

Die Breite einer Brandungsplattform kann nur maximal 500–1000 m betragen, weil deren aktive Weiterbildung an die Wirkung der Wellenenergie gebunden ist. Bei zu flachem Wasser würden die Wellen zu früh brechen, um morphologisch wirksam zu werden. Die meisten Brandungsplattformen sind um etwa 1° geneigte Rampen, die während der weiteren Entwicklung insgesamt gegen das Kliff vorrücken.

„Mit der Verbreiterung der Brandungsplattform werden die Wellenbewegungen und Brandung immer stärker gebremst. Schließlich erreichen nur noch Sturm-fluthochwasser den Fuß des Kliffs und auch bloß in einer Stärke, so daß Gesteinstrümmer, die von der Verwitterung gelöst wurden, abtransportiert werden können. Am Ende unterliegt ein Kliff allein der Verwitterung und den mit ihr zusammenhängenden Massenbewegungen. Es ist zum toten Kliff geworden. Solche **toten Kliffs** oder **Ruhekliffs** können aber ebenso durch Landhebung bzw. durch Sinken des Meeresspiegels, durch die das Kliff dem Einfluß der Brandung entzogen wurde, entstehen. Umgekehrt können durch Landsenkung oder Steigen des Meeresspiegels die Abrasion wieder belebt und ein totes oder fossiles Kliff erneut zum **aktiven** oder **Arbeitskliff** werden" (BUSCH 1986, 60).

13.2.5 Strömungen, Gezeiten und ihr Einfluß auf Flachküsten. Strömungen an Küsten können verschiedenste Ursachen besitzen: Überlagerung von Wellen unter-

Kasten 13.4 Gezeiten

„Tiden mit Ebbe und Flut entstehen durch das Zusammenwirken der Massenanziehung von Erde und Mond mit der bei ihrer Bewegung um den gemeinsamen Schwerpunkt wirksamen Fliehkraft. Diese Fliehkraft ist für alle Punkte der Erde gleich groß, während sich die Massenanziehung in Richtung Mond verstärkt (Abb. A). Daraus ergeben sich zwei Flutwellen, eine auf der dem Mond zugewandten, eine auf der ihm abgewandten Seite. Während des scheinbaren Mondumlaufs (24 Std. und 50 Min.) steigt (**Flut**) und fällt (**Ebbe**) das Wasser zweimal. Den Wasserstand beim Wechsel nennt man Hoch- bzw. Niedrigwasser, den Unterschied zwischen beiden **Tidenhub**. Dieser beträgt auf den Ozeanen nur 0,50-1 m, kann sich aber beim Eindringen der Gezeiten in Buchten und Flußmündungen gewaltig steigern. So liegt der maximale Tidenhub in Wilhelmshaven bei 3,96 m, an der Rance-Mündung in der Bucht von St. Malo (Gezeitenkraftwerk mit 240 MW installierter Leistung) bei 12 m und in der Fundybay (Kanada) bei 21 m. Ohne diesen Tidenhub wären Häfen wie Bremen, Hamburg und London für größere Schiffe nicht erreichbar.

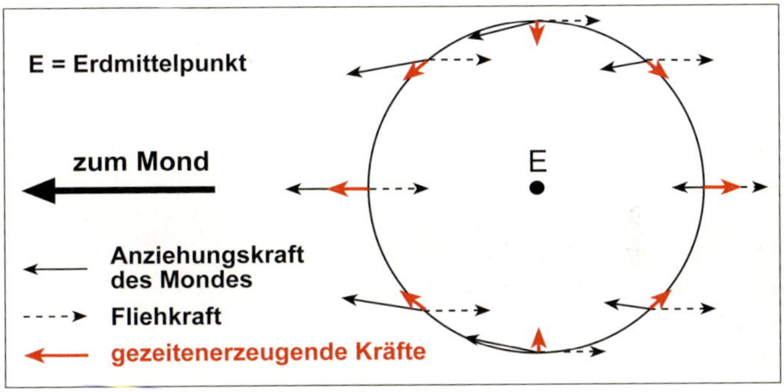

A Entstehung der Gezeiten (aus Busch 1986, 59)

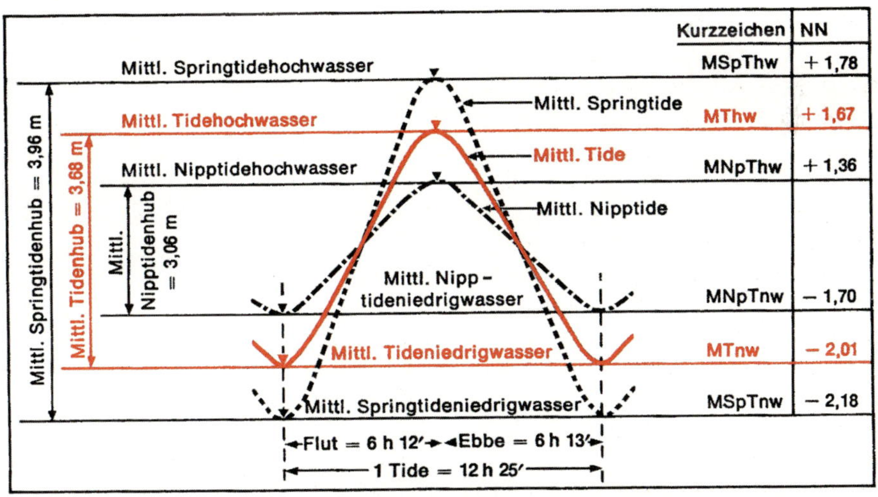

B. Mittlere Tidekurven von Wilhelmshaven (nach H.H. Seedorf 1977, aus Busch 1986, 59)

Auch die Anziehungskraft der Sonne, die infolge der großen Entfernung aber nur knapp halb so stark wie die des Mondes auf die Erde wirkt, beeinflußt die Gezeiten. Bei Voll- und Neumond verstärkt sie die Flut, wir sprechen dann von **Springflut**, bei Halbmond wird sie geschwächt zur **Nippflut**" (Busch 1986, 58).

schiedlicher Wellenhöhe, Wellendiffraktion (Energieweitergabe entlang des Wellenkamms beim Zusammentreffen von Wellen mit unterschiedlicher Fortpflanzungsrichtung), Wind und Gezeiten. Sie treten küstenparallel oder mit besonderen Zirkulationsmustern (z. B. als Ripströmung (Abb. 13.2) auf. Häufige Ursachen für küstenparallele Strömungen sind schräg auf die Küste auftreffende Wellen: die Strömung stellt sich zwischen der **Brandungslinie** (***breaker zone***) und dem **Spülsaum** in der Mitte der ***surf zone*** (vgl. Kasten 13.3) ein. „Mit den schräg auflaufenden Wellen entwickelt sich auch ein **Brandungsstrom** in der allgemeinen Richtung der Winde parallel zur Küste. Er verläuft innerhalb der Lockerriffe und trägt ebenfalls zu Sedimentverlagerungen bei" (Busch 1986, 62).

„**Strandversetzung** tritt ein, wenn die Wellen infolge küstenparalleler oder im spitzen Winkel zur Küste wehender Winde schräg auf die Küste auftreffen. Die Roller laufen dann ebenfalls schräg am Strandwall hoch, ihr Ablauf erfolgt aber dem Gefälle folgend senkrecht. Damit werden Sandkörner oder Gerölle mit jedem Schwall am Strande in Windrichtung versetzt, d. h. ein einzelnes Sandkorn treibt im Zickzackweg an der Küste entlang.

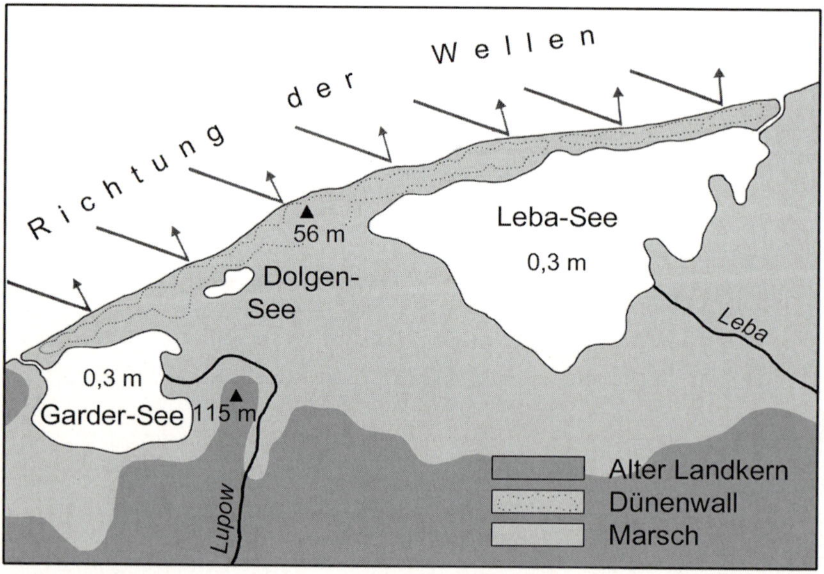

Abb. 13.8 Strandversetzung, Nehrungsbildung und Strandseen an der pommerschen Ostseeküste (nach Solger, aus Busch 1986, 62)

Springt die Küstenlinie z. B. zu einer Bucht zurück, wächst an dem Vorsprung der Strandwall ins Meer hinaus. Es bilden sich **Haken** oder **Nehrungen** (z. B. Kurische Nehrung), die ganze Buchten abschnüren. Ist die Abschnürung durch eine Nehrung vollständig, so daß eine Aussüßung des Wassers der früheren Bucht einsetzt, spricht man von einem **Strandsee** (Abb. 13.8). Wird die völlige Aussüßung jedoch durch eine Lücke in der Nehrung verhindert, nennt man den entstandenen See **Haff** oder **Lagune**. Haff wie Strandsee unterliegen im allgemeinen starker Verlandung, wozu sowohl durch Wind über die Nehrung getragene Sande (s. Wanderdünen) wie auch durch Flüsse eingespülte Sedimente sowie Pflanzen und Vermoorung beitragen.

Ausgleichsküste nennt man einen nahezu geradlinigen Küstenverlauf, der durch Abrasion von Landvorsprüngen und Abschnürung von Buchen durch Nehrungen entstanden ist. Eine gut ausgebildete Ausgleichsküste findet sich an der Ostseeküste in Hinterpommern. Landvorsprünge vorwiegend aus Grundmoräne wurden dort zu Kliffs umgestaltet. Sie liefern die Hauptmasse des Materials für den Aufbau der Nehrungen. Die Rückverlegung der Kliffs wird hier, da es sich um Kliffs aus Lockermassen handelt, vielfach durch Austritte von Regenwasser, das zu Rutsch-, Gleit- und Fließbewegungen an der Kliffwand führt, unterstützt, so daß Hochwassern und winterlichen Sturmfluten meist nur die Aufarbeitung und der Abtransport des am Kliffuß angelagerten Materials bleibt.

13.2.6 Seichtwasserküsten sind Küsten, die so flach ansteigen, daß sich erst im Abstand von mehreren Kilometern von der Uferlinie Tiefen von über 5 m einstellen. Freie Nehrungen, Ketten von Sandinseln, Watt, Marsch oder Mangrovenküste sind kennzeichnende Formen.

Freie Nehrungen oder **Lidi** (Einzahl Lido, nach dem Lido von Venedig), d. h. Nehrungen, die nicht an einen Küstenvorsprung anschließen, können als Durchbrüche durch eine gebundene Nehrung entstanden sein. Am Außensaum einer Seichtwasserküste können sie sich aber auch durch Ausarbeiten einer Schorre und Aufwerfen eines Strandwalls bilden. Durch Dünenaufwehung wird dieser zu einer hochwasserfreien Nehrung (z. B. Golfküste der Vereinigten Staaten).

Ketten von Sandinseln bilden sich überall dort, wo Flußmündungen und starke Gezeitenströme keinen geschlossenen Strandwall erlauben. Beispiel dafür sind die West- und Ostfriesischen Inseln am Saum des Wattenmeeres (s. 15.2.2). Sie befanden sich, solange sie nicht durch kostspielige wasserbauliche Maßnahmen festgelegt waren, in ständiger Um- und Neubildung" (BUSCH 1986, 62-63) (Abb. 1.1 und Kasten 1.1).

„**Watt** nennt man solche Meeresteile, deren Bodenoberfläche zwischen den Tideniedrig- und Tidehochwasserspiegeln liegt und deshalb mit dem regelmäßigen Wechsel der Gezeiten vom Meer überspült wird oder trockenfällt. Entwässert wird das Watt bei Ebbe durch **Priele**. Das sind unregelmäßig verlaufende, sich ständig verlagernde, mehr oder weniger seichte Wasserrinnen. Zum größten Teil besteht das Watt aus Sand, wobei an den Rändern der Priele, vor allem an den Prallufern, und am von der Brandung stark bearbeiteten Außensaum gröbere Sande auftreten (**Sandwatt**). In ruhigeren Bereichen, z. B. hinter Inseln, in Buchten, aber auch im Bereich der Uferlinie, lagert sich Schlick ab, ein Gemenge aus

Tonteilchen, feinen organischen Resten und Schluff (**Schlickwatt**). Die Ablagerungen erfolgen überwiegend beim Kentern des Flutstromes zur Ebbe, zu einer Zeit also, wenn die Strömung vorübergehend zur Ruhe kommt. Begünstigt werden diese Ablagerungen durch Bewuchs salzliebender Pflanzen. An der Nordseeküste ist es vor allem der Queller (*Salicornia herbacea*), zwischen dessen Stengeln sich vermehrt Schlick absetzt.

Marschen heißen die Landstriche an der Küste, deren Böden aus marin abgelagertem Schlick und Feinsand bestehen, aber infolge ausreichender Anhöhung oder Bedeichung von den Tidehochwassern nicht mehr überflutet werden.

Mangrovenküsten sind eine besondere Form der Wattenküsten im tropischen Klimabereich. Durch vielverästelte Stelzwurzeln können sich die Mangroven im schlammigen Boden von Buch-

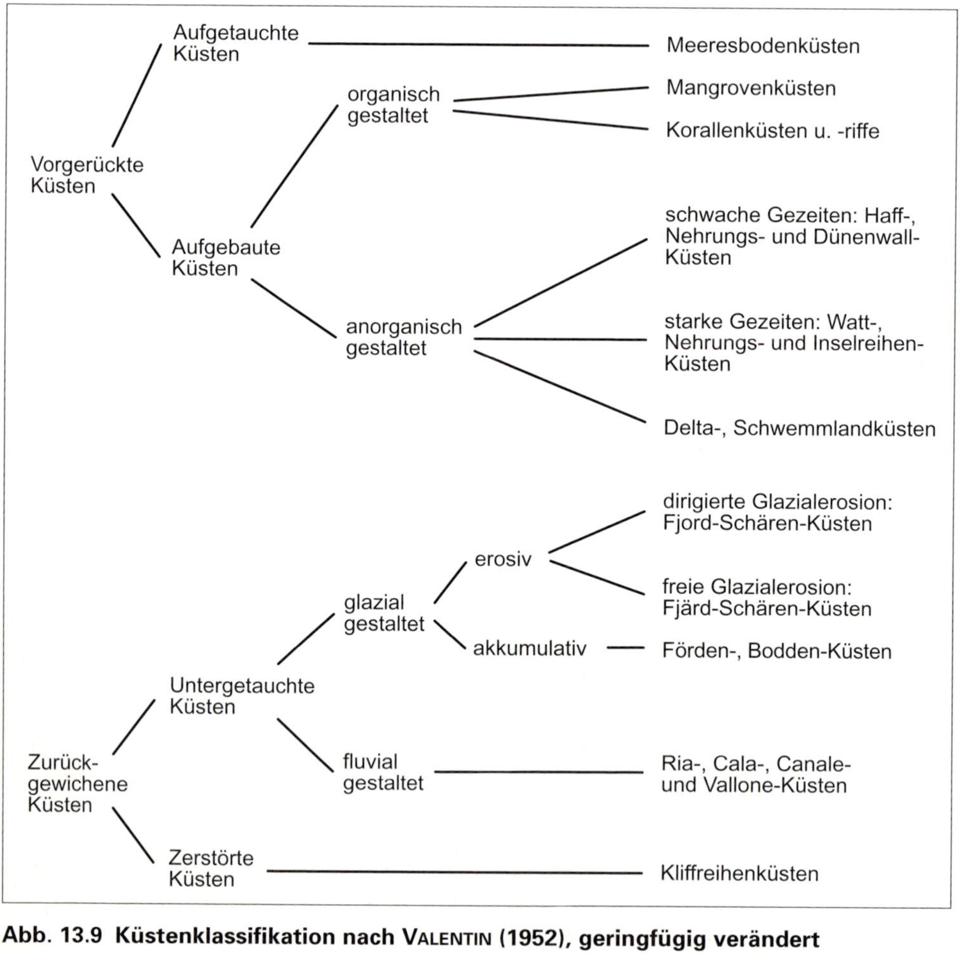

Abb. 13.9 Küstenklassifikation nach VALENTIN (1952), geringfügig verändert

ten oder Flußmündungen festen Halt verschaffen. Ihre Krone beginnt erst in der Höhe des mittleren Tidehochwasserspiegels. Wie der Queller mit seinen Stengeln fördert die Mangrove mit ihrem Wurzelwerk die Schlickablagerung" (BUSCH 1986, 64).

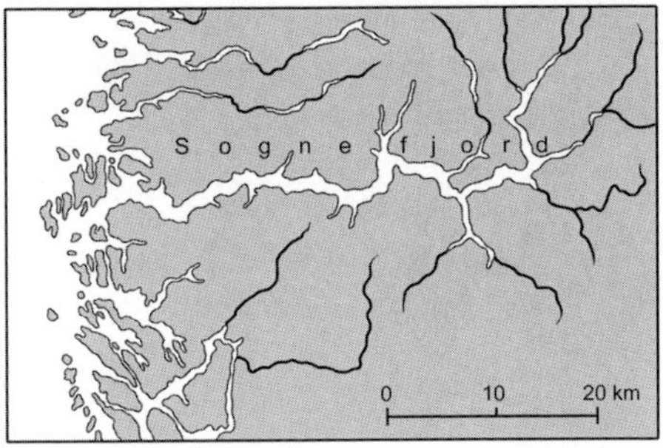

Abb. 13.10 Fjordküste (Westküste Norwegens) (nach BUSCH 1986, 65)

13.3 Küstentypen

„Eine Klassifizierung der Küstenformen (s. Abb. 13.9) nach ihrer Genese ist schwierig, da nicht nur die gegenwärtigen morphologischen Prozesse an ihrer Gestaltung beteiligt sind. Hebung oder Senkung des Meeresspiegels wie des Landes haben zu ihrer Entstehung beigetragen. Ansteigen des Meeresspiegels oder Absenkung des Landes bedeuten ein Vordringen der Uferlinie (**Transgression**, lat. *transgredere* = hinüberschreiten; **positive Strandverschiebung**) und damit ein Untertauchen von Landformen unter das Wasser (untertauchende bzw. **untergetauchte Küsten**, **Senkungsküsten**, **Ingressionsküsten**; lat. *ingredere* = hineinschreiten). Sinken des Meeresspiegels oder Aufsteigen des Landes (**negative Strandverschiebung**) bewirken dagegen, daß vom Meer geschaffene Formen über bzw. hinter die Uferlinie zu liegen kommen (auftauchende bzw. **aufgetauchte Küsten, Hebungsküsten, Regressionsküsten**; lat. *regredere* = zurückschreiten; s. 13.2.3).

Untergetauchte Küsten, Transgressions- und Ingressionsküsten sind am häufigsten, weil nach der letzten Kaltzeit der Meeresspiegel weltweit um rund 80 – 100 m gestiegen ist (Abtauen

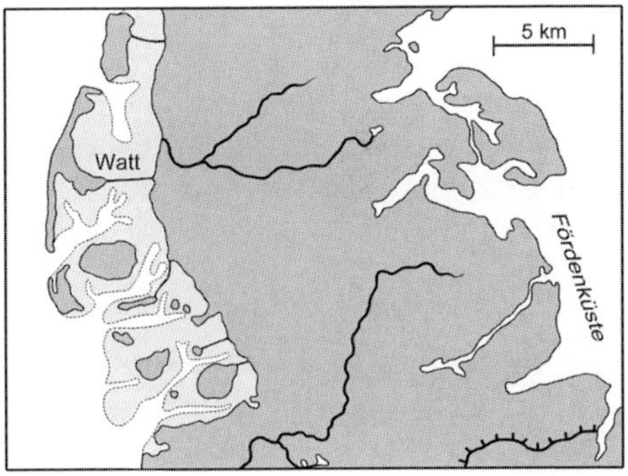

Abb. 13.11 Watten- und Fördenküste (Schleswig-Holstein) (nach BUSCH 1986, 65)

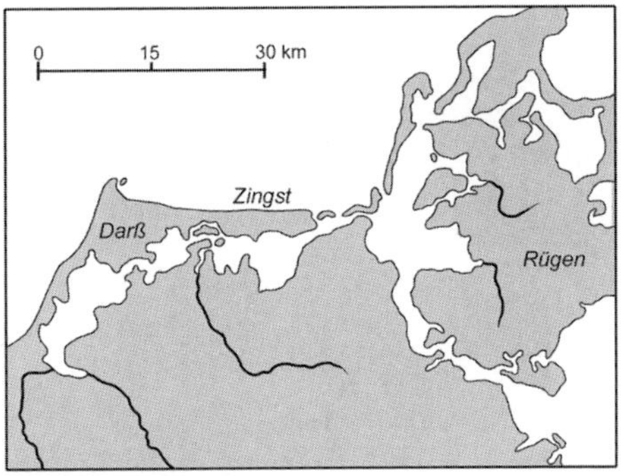

Abb. 13.12 Boddenküste (Mecklenburg) (nach BUSCH 1986, 65)

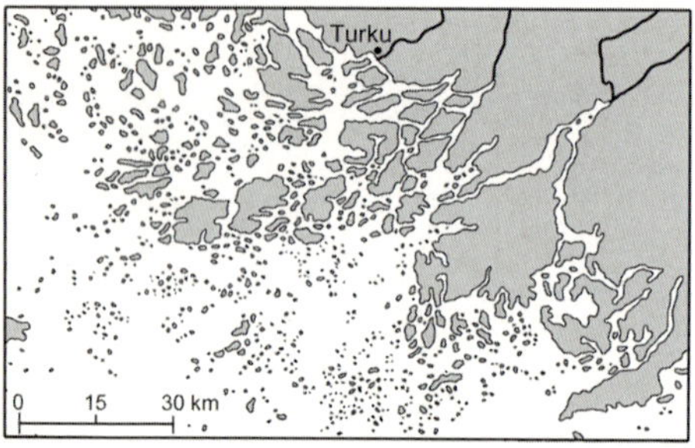

Abb. 13.13 Schärenküste (Finnland) (nach BUSCH 1986, 65)

des auf den Festländern und Inseln gebundenen Eises), am mannigfaltigsten, weil damit die verschiedensten Formen subaerischer (lat. *sub* = unter, griech. *aer* = Luft) morphologischer Tätigkeit überflutet werden. So unterscheidet man nach den überfluteten glazigenen Formen (Abb. 13.10-13): **Fjordküsten** (Trogtäler; Norwegen, Grönland, Alaska), **Förden**- (ausgeschürfte glaziale Rinnen; Ostküste Schleswig-Holsteins und Dänemarks), **Schären**- (Rundhöckerlandschaft; Schärenhöfe vor Stockholm und Turku) und **Boddenküste** (Grundmoränenlandschaft; Küste Vorpommerns).

Untergetauchte fluviale Formen sind die **Rias**- oder **Riaküsten** (nach den Rias in Galicien, Nordwestspanien; Abb. 13.14). Bei ihnen wurden Flußtäler, die sich während der Weichsel-Kaltzeit wegen des niedriger als heute gelegenen Meeresspiegels durch fluviale Erosion kräftig eingetieft hatten, bei wieder steigendem Wasser überflutet. Ehemalige Flußtäler sind auch die **Limane** (Schwarzmeerküste der UdSSR). Die Flußmündungen wurden bei ihnen jedoch durch Strandversetzungen allmählich zugeschüttet, so daß man auch von einer Sonderform der Haffküste sprechen kann. Eine solche Verschüttung wurde möglich, weil diese Flüsse in der Jetztzeit wegen des semiariden Klimas nur zeitweise Wasser führen.

Auch die Anlage von **Ästuaren** oder **Trichtermündungen** ist auf Überflutung zurückzuführen. Mit Ästuar (lat. *aestuarium* = sumpfige Flußmündung) bezeichnet man Mündungen von Flachlandflüssen in Meere mit starken Gezeiten. Durch diese Gezeitenströme, vor allem den Ebbstrom, in dem Flutwasser und gestau-

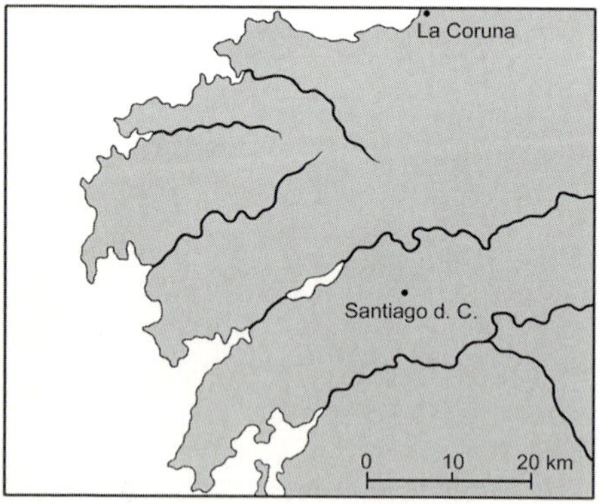

Abb. 13.14 Riasküste (Galicien, Nordwestspanien) (nach BUSCH 1986, 65)

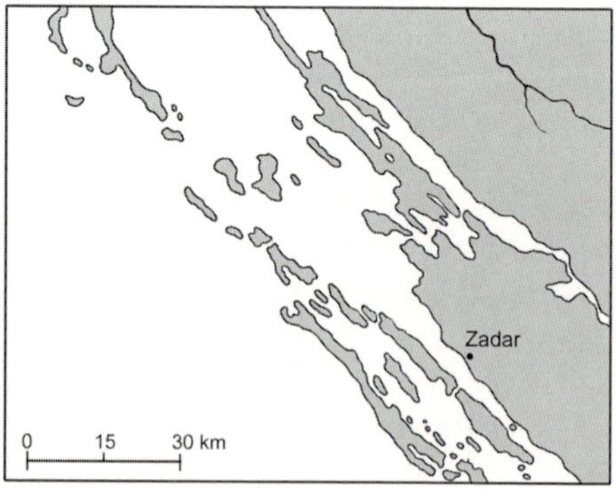

Abb. 13.15 Canaleküste (Dalmatien) (nach BUSCH 1986, 66)

tes Flußwasser abfließen, wurden diese Mündungen trichterförmig erweitert (z. B. Elbe-, Weser-, Themsemündung).

Eine Küste, bei der küstenparallele Gebirgsketten soweit abgesunken sind, daß nur noch die Bergrücken aus dem Wasser ragen, nennt man **Canaleküste**. Die überfluteten Täler zwischen den Bergketten bilden kanalartige Wasserstraßen. Ein Beispiel für diese Küstenform bildet die dalmatinische Küste (Abb. 13.15). **Aufgetauchte Küsten** sind erkennbar an den zum Teil beträchtlich über der heutigen Hochwasserlinie liegenden Strandwällen, Brandungsterrassen und Kliffs" (BUSCH 1986, 64-66).

Kasten 13.5 Literaturauswahl zur Ergänzung und Vertiefung des Kapitels 13

Lehrbücher, Übersichten und Sammelbände

BRÜCKNER 2000 (Überblick: Küsten als sensible Geosysteme), CARTER 1988 (Lehrbuch, Geomorphologie und Ökologie von Küsten), CARTER u. WOODROFFE 1994 (Aufsatzsammlung), DAVIS 1985 (Lehrbuch, Sedimentation an der Küste), KELLETAT 1998 (Aufsatzsammlung zur deutschen Küstenforschung), KELLETAT 1995 (zonale Anordnung von Küsten), KELLETAT 1999 (Lehrbuch), READING 1996 (Lehrbuch Sedimentationsprozesse), SCHWARTZ 2005 (Lehrbuch), SNEAD 1982 (Einführung mit Bildatlas), VALENTIN 1952 (Küstenklassifikation, Küsten der Erde), FLEMMING 2005 (Wellenbasis)

Fallstudien

BECK 1996 (NW-Mallorca), BRÜCKNER u. HALFAR 1994 (Spitzbergen), BRÜCKNER 1998 (Mittelmeerraum), KELLETAT 1996 (Fallstudien zu Küstenveränderungen, weltweit), KLUG 1993 (Gran Canaria), PETHICK 2001 (Küstenveränderungen durch Meeresspiegelanstieg), RADTKE 1988 (marine Terrassen, Korallenriffe, Meeresspiegelschwankungen, Chile, Argentinien, Barbados), RADTKE 1996 (Island), SCHELLMANN 1998 (marine Terrassen, Patagonien, Argentinien), STERR u. PREU 1996 (Aufsatzsamlung Küstenforschung), ZEPP u. PARAKENINGS 2005 (Wangerooge)

14 Weiterführende Modellvorstellungen, Konzepte und Methoden

Abb. 14.1 Vermessungsarbeiten am Dünenkliff auf der Insel Wangerooge. Das frische Sandkliff wird bei Sturmfluten rezent weitergebildet. Die Böschung ist mit Rutschschollen übersät. Jährliche Vermessungen erlauben eine Dokumentation der Küstenerosion.

In den Kapiteln 1 und 4 sind traditionelle **Konzepte** und **Modelle der Geomorphologie** vorgestellt worden, die einen Rahmen für die geomorphologischen Formungsbereiche (Kap. 5-13) bilden. Mit diesen Kapiteln ist ein Verständnis für grundlegende und traditionelle Perspektiven und Fragestellungen der Geomorphologie geschaffen worden (Formenbeschreibung, Formenvielfalt, endogen-exogene Wechselwirkungen, Materialtypen des oberflächennahen Untergrundes, Formengenese gegliedert nach Prozeß-/Formungsbereichen).

Lange Zeit konzentrierten sich viele Vertreter der deutschsprachigen Geomorphologie darauf, die durch Klimawandel gesteuerten Wechsel im Formungsstil der Erdoberfläche zu analysieren (Klimageomorphologie). Leitend für diese Arbeitsrichtung war die Identifikation von **Reliefgenerationen** (vgl. 4.7 u. 4.8). Die beiden Bände ‚Geomorphologie der Bundesrepublik Deutschland' (SEMMEL 1968 und 1984) dokumentieren ein auf Deutschland bezogenes Kondensat dieser Forschungen. Die Erkenntnisse regionalgeomorphologischer Studien sind auch hervorgehobener Bestandteil physischgeographisch länderkundlicher Darstellungen Deutschlands (z. B. LIEDTKE u. MARCINEK 2002). Weitere Beispiele für Arbeiten in dieser Forschungstradition, die Untersuchungsgebiete in der ganzen Welt betreffen, sind in den Schriftenreihen der deutschsprachigen Geographischen Institute dokumentiert.

Weitere Impulse zur **genetischen Geomorphologie** gab ein Schwerpunktprogramm der Deutschen Forschungsgemeinschaft, in dem die systematische Kartierung der Erdoberfläche nach einheitlichen Kriterien methodisch verbessert wurde. Als Hauptziel flächendeckender geomorphologischer Kartierungen ausgewählter Reliefausschnitte Deutschlands wurde formuliert, die Prozesse und Prozesskombinationen zu klären, die die heutige Form der Erdoberfläche maßgeblich geprägt haben. Beeindruckende Karten im Maßstab 1:25.000 und 1:100.000 stehen mittlerweile im Internet als Downloads zur Verfügung. Daneben wurde die systematische Charakterisierung der Reliefformen, der Struktur der Oberflächenformen (Hänge, Täler, Einschnitte, Kanten, Wölbungen etc.) weiterentwickelt (vgl. 14.2.1).

Eine Forschungsrichtung, die besonders in der deutschsprachigen Geomorphologie etabliert ist, bildet die Erforschung der **Hangsedimente**, also jenes Materials, das vor allem in den Mittelgebirgen den oberflächennahen Untergrund bildet und in dem die Bodenentwicklung stattfindet. Zu den Hangsedimenten gehören die periglazialen Deckschichten (s. Kasten 15.2), die in den Kaltzeiten in unvergletscherten Gebieten entstanden sind, und die holozänen Umlagerungsprodukte, die zu einem erheblichen Teil als eine direkte oder indirekte Folge anthropogener Eingriffe in den Landschaftshaushalt anzusehen sind (vgl. 14.3). Die Eigenarten, Potenziale und Funktionen der heutigen Böden werden erheblich durch die Eigenschaften der Hangsedimente vorgeprägt.

Der internationale Austausch unter Geomorphologen sowie der Kontakt zu den Nachbarwissenschaften und dem Kernfach Geographie hat in den letzten Jahrzehnten die Suche nach möglichst übergreifenden, sehr viele Phänomene (Formen und Prozesse, Eigenschaften und Funktionen) integrierenden **theoretischen Vorstellungen** (Konzepte, Modelle) befruchtet. Einige dieser Entwicklungen stehen am Ende dieses Buches, um auf der Basis des Vorwissens aus den vorangegangenen Kapiteln weiter ausgreifende Vorstellungen über Ziele und Konzepte der Geomorphologie nachzuvollziehen. So wie Theorieentwicklung und Empirie als Konfrontation theoretischer Vorstellungen mit Beobachtungen (Messungen) der Realität verstanden werden kann, eröffnen erweiterte theoretische Vorstellungen neue Perspektiven für die empirische Forschung im Gelände; Inhalte vorangegangener Kapitel werden deshalb im folgenden unter veränderten Perspektiven aufgegriffen und weitergeführt.

Namhafte Vertreter der deutschsprachigen Geomorphologie haben jüngst eine Denkschrift vorgelegt, die den bezeichnenden Titel trägt ‚**Die Erdoberfläche – Lebens- und Gestaltungsraum des Menschen**. Forschungsstrategische und programmatische Leitlinien zukünftiger geomorphologischer Forschung und Lehre‘ (DIKAU ET AL. 2006). In der Präambel heißt es: „Geomorphologische Forschung und Lehre ist daher auf das Engste mit den menschlichen Gesellschaften und ihrer

Einwirkung auf die natürlichen Erdoberflächensysteme verbunden. Diese Eingriffe haben zahlreiche und tiefgreifende Fingerabdrücke hinterlassen, deren Entschlüsselung eines der Felder der geomorphologischen Wissenschaft ist. [...] Aufgrund der immer stärker werdenden Inanspruchnahme der Oberfläche des Erdkörpers ist dieses Verständnis [...] für die menschlichen Gesellschaften von zentraler Bedeutung. [...] Mit der Themenstellung, die Wechselwirkungen zwischen natürlichen und gesellschaftlichen Systemen zu erforschen, ist die Geomorphologie einerseits in den Naturwissenschaften und andererseits an der Schnittstelle zwischen den Natur- und Gesellschaftswissenschaften lokalisiert". Die Forschungspraxis zeigt, daß dem Menschen als geomorphologischem Faktor eine höhere Bedeutung als früher zuerkannt wird. So wächst die Fülle der Arbeiten, die die Initiierung und Intensität geomorphologischer Prozesse nicht mehr nur aus natürlichen Wirkmechanismen erklären.

Methodisch arbeitet die Geomorphologie zusammen mit den übrigen Geowissenschaften (z. B. Sedimentologie, Quartärgeologie, Bodenkunde, Paläontologie, Geochemie) eng zusammen. Sie verwendet deren Methoden, um spezifisch geomorphologische Fragestellungen zu beantworten. Dazu gibt das Kapitel 14.2 einige Einblicke; weiterführende Hinweise auf Methodenbücher sind im Literaturkasten zusammengestellt.

14.1 Modellvorstellungen und Konzepte

14.1.1 Häufigkeit und Intensität geomorphologischer Formungsprozesse (Frequenz und Magnitude).

Geomorphologische Prozesse treten quasi kontinuierlich – mit vielleicht nur jahreszeitlich variierenden Differenzierungen – auf, oder es sind unregelmäßig längere Ruhephasen zwischen Aktivitätsphasen eingeschaltet. Beispiele für erstere sind die Solifluktion oder die Staubsedimentation im Rahmen der Lößentstehung; sie erscheinen als gewissermaßen schleichende Prozesse ohne abrupte Wechsel der Intensität. Beispiele für geomorphologische Prozesse, die als abgeschlossene Einzelereignisse unterschiedlicher Stärke wahrgenommen werden, bilden die Sedimentation von Auenlehmen bei Hochwässern, der periodische Abgang von Muren oder das Schluchtreißen in Lockersedimenten nach Starkregen. Ob Prozesse als abgeschlossene Einheiten oder als Kontinua angesehen werden, hängt in starkem Maße von der zeitlichen Auflösung ab, die Wissenschaftler entsprechend der interessierenden Raum-Zeit-Skala (vgl. Abb. 1.6) wählen.

Geomorphologische Ereignisse von großer Intensität wie Bergstürze oder Ausbrüche von Gletscherstauseen treten seltener auf als Ereignisse mittlerer Intensität; wenn sie mit humanitären Katastrophen in Verbindung stehen, werden sie am augenfälligsten. Das Wiederkehrintervall eines Ereignisses einer bestimmten Stärke ist statistisch berechenbar, wenn die Beobachtungsreihe lang genug ist. Bekannt ist die Berechnung von Wiederkehrintervallen (Abb. 14.2) aus der Hochwasserstatistik; der Ansatz kann auch auf Niederschlagshöhen, Murabgänge, Hangrutschungen, Erdbeben oder Vulkanausbrüche angewendet werden. Man bringt dazu alle bekannten Ereignisse in eine ihrer **Stärke (Magnitude, Intensität)** entsprechende Rangfolge; das stärkste Ereignis erhält den Rangplatz

1, das zweitstärkste den Rangplatz 2 usw. Für jedes Ereignis ist so das **Wiederkehrintervall T**

T = (n+1)/m

mit n = Anzahl der Beobachtungseinheiten (Zeiteinheiten wie Jahre, Monate, Tage etc.).
m = Rangplatz des Ereignisses (z. B. Abfluss, Niederschlagssumme).

Das Problem in der Übertragung des aus der Hydrologie stammenden Konzepts in die Geomorphologie besteht in der Schwierigkeit, für viele Prozesse genügend lange Zeitreihen aufzustellen. Neben der zeitlichen Unsicherheit besteht eine örtliche: Die Wahrscheinlichkeit, in einem Gebiet mit zahlreichen Steinschlagrinnen an einer bestimmten Stelle einen größeren Steinschlag zu registrieren, ist geringer als für das Gesamtgebiet. Mit dem Konzept der **Größen-Frequenzanalyse** ist die nicht unproblematische Erwartung verknüpft, aus häufigen, kleinen Ereignissen auf die selteneren Großereignisse schließen zu können; dies geschieht durch die Verlängerung (Extrapolation) der Schätzungs-(Regressions-)Gleichung. Nur ein weiteres in die Beobachtungsreihe aufgenommenes Ereignis großer Magnitude reicht aus, die berechneten Wiederkehrintervalle dramatisch zu verändern. Eine Absicherung scheint dann möglich, wenn es gelingt, Ereignisse aus der erdgeschichtlichen Vergangenheit (Jahrzehnte bis Jahrtausende) in ihrer Magnitude und Frequenz zu rekonstruieren. Dabei ist unterstellt, daß sich das Verhalten des betrachteten geomorphologischen oder hydrologischen Systems im Laufe der Zeit nicht verändert. Angesichts nachgewiesener Klimaänderungen in hi-

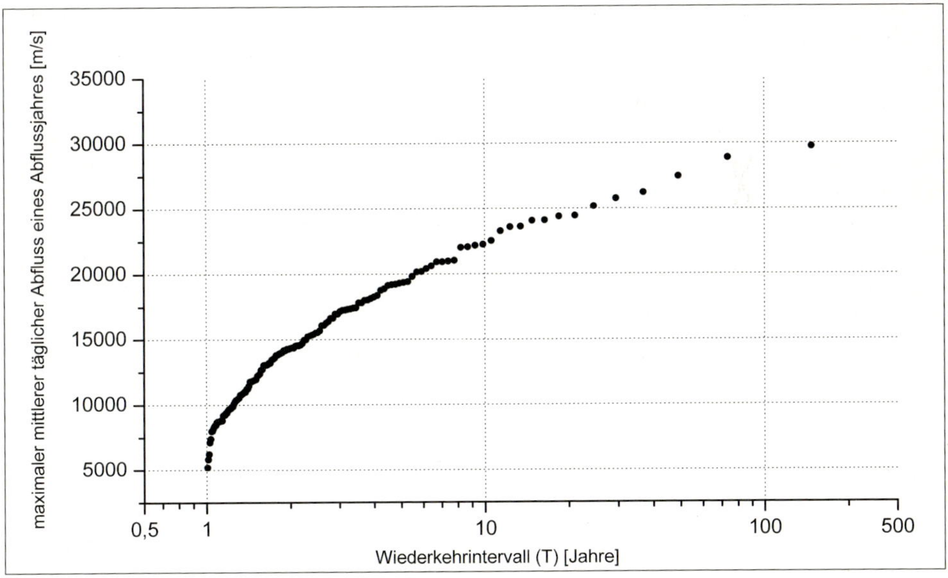

Abb. 14.2 Wiederkehrintervall von Hochwässern des Mississippi (St. Louis, 1861-2007; nach USGS 2007)

storischer und erdgeschichtlicher Vergangenheit vereinfacht diese Annahme die **Komplexität** der Umwelt (vgl. 7.3.6) mit ihren unvorhersehbaren Entwicklungen.

14.1.2 Gleichgewicht und Dynamik in geomorphologischen Systemen. In geomorphologischen Systemen sind Steuergrößen als unabhängige Variablen mit abhängigen Variablen über funktionale Beziehungen miteinander verknüpft. Ein Beispiel für **Wechselwirkungen** in einem fluvialen System gibt Abb. 14.3: Systemvorstellungen abstrahieren aus der unüberschaubaren Vielzahl denkbarer Einflussgrößen Variablen und Prozesse, indem die Auswahl auf besonders bedeutsame reduziert wird. Die **Dynamik** von geomorphologischen Systemen – als Veränderung von Formen und oberflächennahem Untergrund – wird hervorgerufen durch Klimaänderungen, die zeitlichen Veränderungen von Systemvariablen (z. B. Reliefenergie, Basisdistanz durch endogen-exogene Wechselwirkungen), Sedimentation, Stabilisierung von Schutthängen durch Vegetation, oder Destabilisierung von Hängen durch Vegetationszerstörung (natürliches Feuer, Überweidung mit Fraß und Viehtritt, Rodung). Je kleiner die betrachteten Räume sind, die als geomorphologische Systeme aufgefaßt werden, desto weniger stabil
erscheinen die Ausprägungen der Systemvariablen, welche die Intensität von Prozessen steuern. Dies wird bereits durch die Abb. 1.6 sowie 7.36 deutlich (s. Erläuterungstext zur Abb. 7.36).

Systemtheorien treten in mannigfacher Abwandlung auf: Gleichgewichtstheorien eignen sich besonders für die Betrachtung von Prozessen kurzer Zeitdauer. Klassischen Systemtheorien liegt die Vorstellung zugrunde, daß das Verhalten eines Systems prognostizierbar ist, wenn die wichtigsten Elemente in ihrem Zusammenwirken beschrieben werden können. So ändert sich zum Beispiel bei einem Fließgewässer die Mäandergeometrie (s. Kasten 7.6) entsprechend bekannter Gleichungen bei einer Erhöhung des Wiederkehrintervalls des bordvollen Abflusses. **Prozeß-Reaktionssysteme** berücksichtigen abhängige und unabhängige Variablen, unter denen es zu Rückkopplungsmechanismen zwischen Ursache und Wirkung kommen kann (beispielhaft für den Bodenabtrag durch Spüldenudation in Abb. 7.15); in Schwellenwerttheorien (Abb. 14.4) rechnet man mit Systemänderungen, wenn Störgrößen kritische Ausprägungen erreichen. Die Schwellenwerttheorie fluvialer Systeme behandelt z. B. die Frage, wann der Fluß-Grundriß vom Mäandrieren in ein *braided river*-Muster umschlägt. Bei welchen Veränderungen einzelner Variablen des Systems genau und in welcher Kombination das passiert, ist unzureichend geklärt.

Daß Systeme gewissermaßen spontan neue Muster hervorbringen können, ist eine Eigenschaft, die als **Emergenz** bezeichnet wird. Deterministische Systemmodelle, so kann man feststellen, stoßen wegen der Emergenz von Systemen besonders dann an ihre Grenzen, wenn räumliche oder zeitliche Skalensprünge (Maßstabswechsel) überwunden werden sollen. Weiterhin kann man Systemvorstellungen anführen, die auf chaos- und katastrophentheoretischen Überlegungen basieren. Das Verhalten geomorphologischer Systeme erscheint trotz aller Bemühungen, Prozesse physikalisch zu beschreiben und zu quantifizieren, nicht vollständig prognostizierbar zu sein.

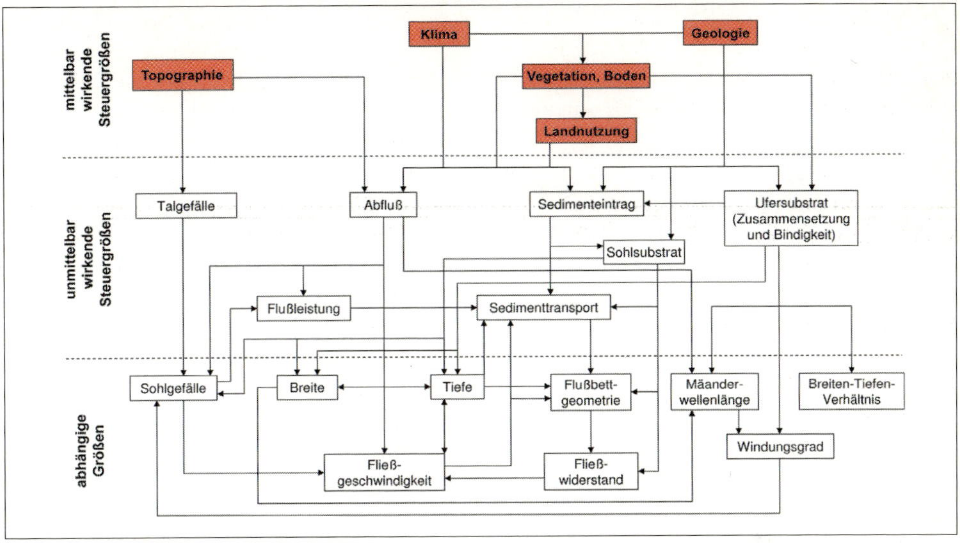

Abb. 14.3 Wechselwirkungen in fluvialen Systemen (verändert nach KNIGHTON 1988, 2 aus HARNISCHMACHER 2002, 7)

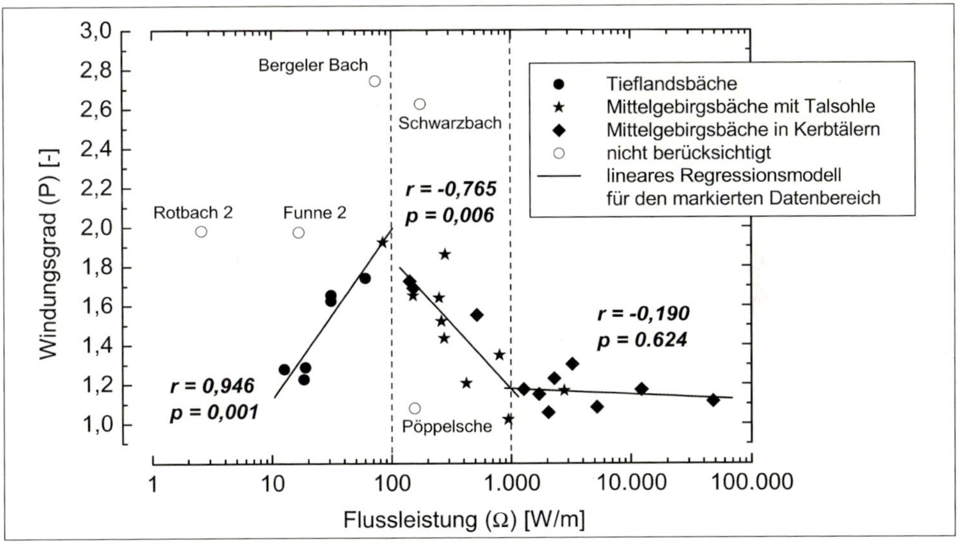

Abb. 14.4 Beziehung zwischen Flußleistung und Windungsgrad für 32 kleine naturnahe Fließgewässer Nordrhein-Westfalens (HARNISCHMACHER 2007, 129)
Ab einem Schwellenwert der Flußleistung von 100 Watt/m sinkt der Windungsgrad. Der Windungsgrad der untersuchten Mittelgebirgsbäche mit Talsohle (*) ist durch Talhänge unbeeinflusst. Erst bei den Mittelgebirgsbächen in Kerbtälern ist der geringe Windungsgrad durch die Talhänge erzwungen.

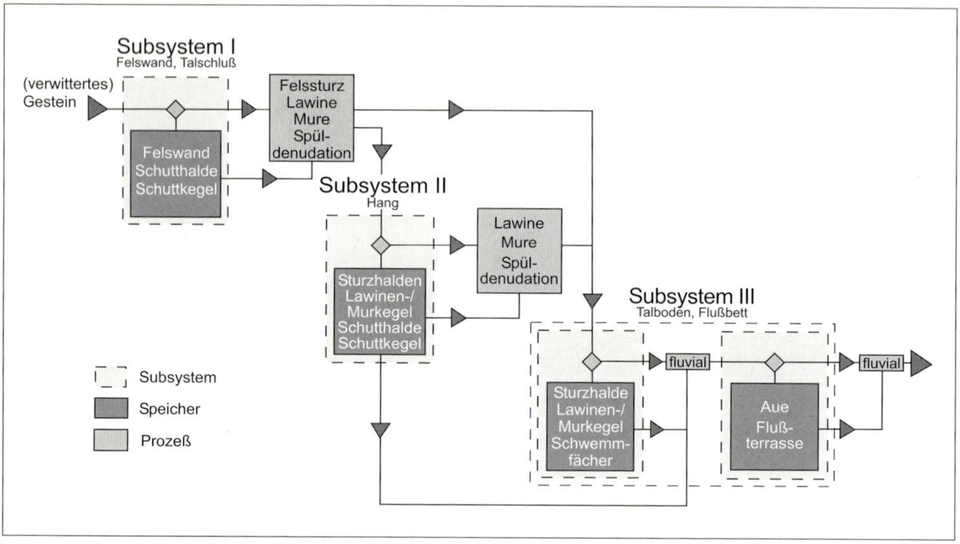

Abb. 14.5 Das Modell einer Sedimentkaskade in einem alpinen Geosystem (nach SCHROTT et al. 2002, S. 180)

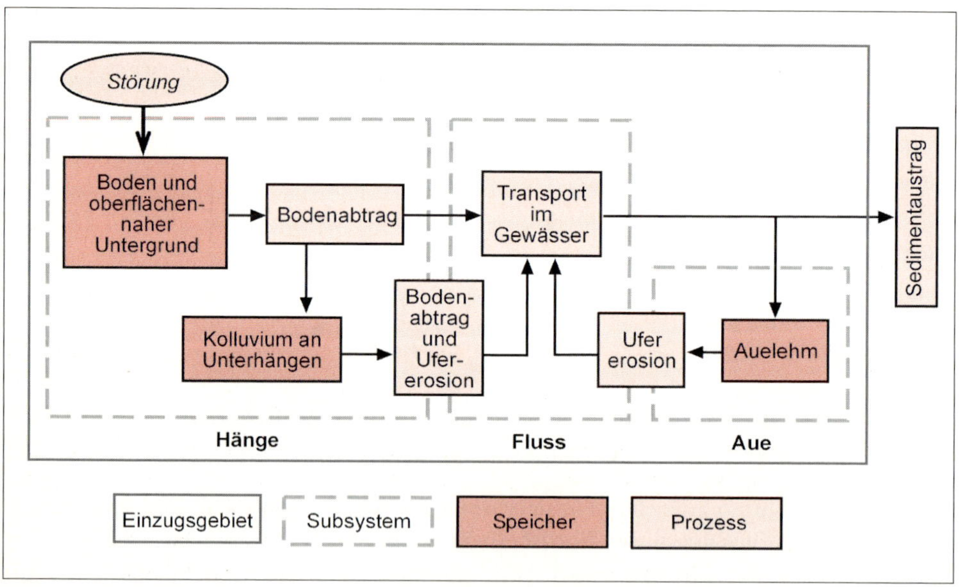

Abb. 14.6 Landnutzungsänderung und ihre geomorphologischen Folgen für geomorphologische Systeme als zeitlich und räumlich gekoppelte Prozess-Reaktionsketten (Entwurf H. nach Abb. 14.15)

14.1.3 Sedimentflüsse und Sedimentkaskaden. Die verschiedenen Abtrags-, Transport- und Sedimentationsprozesse kann man als Bestandteile einer **Sedimentkaskade** auffassen. Systemelemente einer Sedimentkaskade sind Teilräume, die als Speicher für Feststoffe (z. B. Regolith, Hangschutt, Terrassensedimente, Moräne) dienen, zwischen denen Sedimente umgelagert werden. Je nach Anordnung innerhalb der Sedimentkaskade kann ein Speicher gleichzeitig als Quelle für Erosions- und Abtragsprozesse und als Senke für die Akkumulation von Feststoffen dienen. Im einfachsten Fall besteht eine Sedimentkaskade also aus einem Quell- oder Ursprungs- und einem Ablagerungsgebiet mit zwischengeschalteter Transportstrecke. In der Realität ist eine Vielzahl von Speichern über mehrere Prozesse miteinander verknüpft, so daß sich kompliziertere Abfolgen einstellen.

Die Definition und Identifizierung eines Kaskadensystems beginnt mit der Abgrenzung von Teilräumen, die jeweils durch ähnliche Kombinationen geomorphologischer Prozesse geprägt sind. Beispielsweise kann ein Hang im Hochgebirge gleichermaßen durch Solifluktion und Steinschlag geformt werden; oder ein Fluß kann sich an einer Stelle im Gerinnebett einschneiden, an einer benachbarten eine Sandbank aufhöhen. Sodann müssen für die Teilräume **Sedimentbilanzen** (Eintrag minus Austrag) aufgestellt werden; eine zentrale Größe ist die *sediment delivery ratio* (SDR = Sedimenteintrag/Sedimentaustrag; gelegentlich übersetzt als Sedimentanlieferungs- oder Sedimentaustragsrate). Dabei bestehen die methodischen Herausforderungen in der weiten Spanne von Frequenz und Magnitude geomorphologischer Prozesse (siehe 14.1.1); Sedimentflüsse müssen ermittelt, Speicherfüllungen und -änderungen quantifiziert und Zeiträume für Prozesse bestimmt werden. Änderungen im Speicherfüllungsgrad, verbunden mit Verlagerungsprozessen, sind räumlich und zeitlich variabel. Die Dynamik des Gesamtsystems kann sehr unterschiedlich sein. Es gibt Systeme, die durch langsame und kontinuierliche Veränderungen gekennzeichnet sind, und solche, die nach längeren Ruhephasen katastrophenartig plötzliche Reaktionen erfahren.

Schlüsselgrößen für die Erfassung der Systemdynamik sind: ***Disposition*** (Anfälligkeit für Veränderungen) und auslösendes Ereignis (trigger) (Starkniederschlag, Erdbeben, ein schwellenwertüberschreitender Abfluß, Landnutzungsänderungen o. ä.).

Die Reaktion geomorphologischer Systeme auf tiefgreifende externe **Störungen** (z. B. länger anhaltende geringe Veränderungen oder plötzlich auftretende große) ist häufig in der Rückschau möglich. Gerade hier spielt das Auffinden und das Entschlüsseln von Geoarchiven (s. 14.2.3) eine entscheidende Rolle. Für Flußeinzugsgebiete in Hoch- und Mittelgebirgen wurden bereits für das Spätpleistozän und Holozän Sedimentbilanzen einzelner Speicher zu Sedimentkaskaden verknüpft und erfolgreich quantifiziert.

Sedimentbilanzen können auch zur Entschlüsselung der **Energieumsätze** in geomorphologischen Systemen herangezogen werden. Energie in diesen Systemen wird zunächst als potentielle Energie verstanden, die während des Transports in kinetische Energie umgewandelt wird. Dabei wird Arbeit verrichtet, die nach der Formel berechnet werden kann:

$$w = m\, g\, (h_2 - h_1)$$

mit w = Arbeit (Joule)
m = Masse (to)
g = Schwerebeschleunigung (9,81 m/s^2)
$h_2 - h_1$ = entlang der Sedimenttransportstrecke überwundene Höhendifferenz (m).

Die **Leistung** (Watt) **geomorphologischer Prozesse** (vgl. 7.3.2) wird quantifiziert, indem die verrichtete Arbeit durch die Zeitdauer des Massenflusses dividiert wird. Methodisch sind daher Messungen von aktuellen Materialverlagerungen sowie Volumenabschätzungen und Datierungen (s. 14.2.3) früherer Prozesse eine Voraussetzung für derartige Energie-Betrachtungen.

14.2 Ausgewählte Methoden

14.2.1 Geomorphometrie und digitale Reliefanalyse. Die Beschreibung der Erdoberfläche als geometrische Erscheinung, also die **(Geo)Morphographie**, erfolgt zunehmend quantifizierend und unterstützt durch Computer-Software. Die Gliederung des Kontinuums ‚Relief' in einzelne voneinander möglichst klar getrennte Reliefeinheiten entspricht dem Bedürfnis nach Übersicht für die unterschiedlichsten Zwecke. Sie kann auf verschiedenen Maßstabsebenen erreicht werden (Tab. 14.1). In den letzten Jahrzehnten hat sich zur Beschreibung von Reliefformen der Mesoskala (Abb. 1.6) eine Methodik durchgesetzt, die eine vorurteilsfreie Beschreibung von Formen zulässt, d. h. unter Verzicht auf Aussagen über deren Genese. Die Begriffe Ebene, Berg, Tal, Hang erlauben eine erste Charakterisierung des Reliefs, aber für die Klärung genetischer Fragen und für viele angewandte Fragestellungen (z. B. in der Hydrologie, Geländeklimatologie und Bodenkunde) sollten detaillierte Terminologien (Beschreibungs- und Klassifikationssysteme) benutzt werden. In der Geomorphologie versteht man unter einer **Reliefform** im allgemeinen eine **Reliefeinheit**, wobei der Namenszusatz ‚-einheit' darauf hinweist, daß eine Reliefform aus mehreren Teilen besteht, die sich gedanklich zu einer Einheit zusammenfügen lässt (s. Abb. 14.7).

Ein Hang als Beispiel für eine Reliefform (in der Abbildung 14.8 rechts) zeigt das Prinzip auf: Der Hang wird in einzelne Formelemente (FE) gegliedert: in einen konvexen Oberhang (X), einen gestreckten Mittelhang (G) und einen konkaven Unterhang (V). Derartige Formelemente bilden die Bausteine, aus denen Reliefformen gewissermaßen konstruierbar sind. Man unterscheidet drei **Grundtypen von Formelementen** nach ihrer Wölbungsart: **gerade oder gestreckte** (d. h. nicht gewölbte; G), **konvex und konkav gewölbte** (X und V). Die **Wölbungsstärke** kann durch den Radius eines Kreises (s. Abb. 14.8) ausgedrückt werden, den man sich an das gewölbte Formelement angepaßt vorstellt. Auch für konkave Wölbungen können Radien bestimmt werden. Wird der Radius sehr klein, und das hängt vom Maßstab der Betrachtung ab, dann spricht man generalisierend – statt von einem gewölbten Reliefelement – von einer Kante, was in der Abbildung auf der linken Talseite zu sehen ist.

Tab. 14.1 Reliefformen nach Größenordnungsklassen (Skalen) [n. DIKAU 1988]

	Größenhaupttyp			Größentyp			
	B(m)	F(m²)	T/H(m)	B(m)	F(m²)	T/H(m)	Beispiele
MEGARELIEF	$>10^6$	$>10^{12}$		$>10^6$	$>10^{12}$		Schilde, Ebenheiten
	10^6	10^{12}		10^6	10^{12}		
B			$>10^3$			$>10^3$	Ebenen, kontinentale Gebirge
MAKRORELIEF				10^5	10^{10}		
A							Mittelgebirge, Plateaus, Tiefebenen
	10^4	10^8	10^3	10^4	10^8	10^3	
B							Berge, Bergzüge, Sanderflächen, Täler
MESORELIEF				10^3	10^6	10^2	
A							Moränenhügel, Talböden, Täler
	10^2	10^4	10^1	10^2	10^4	10^1	
B							Doline, Düne, Toteisloch, Hangmulde, Rutschung
MIKRORELIEF				10^1	10^2	10^0	
A							Erosionsrinne, -graben, Bachbett
	10^0	10^0	10^{-1}	10^0	10^0	10^{-1}	
PICORELIEF							Karren, Tafoni, Erosionsrille
	10^{-2}	10^{-4}	$<10^{-1}$	10^{-2}	10^{-4}	$<10^{-1}$	
NANORELIEF	$<10^{-2}$	$<10^{-4}$		$<10^{-2}$	$<10^{-4}$		Gletscherschrammen

B = Erstreckung (Basisbreite) F = Fläche T/H = Tiefe/Höhe

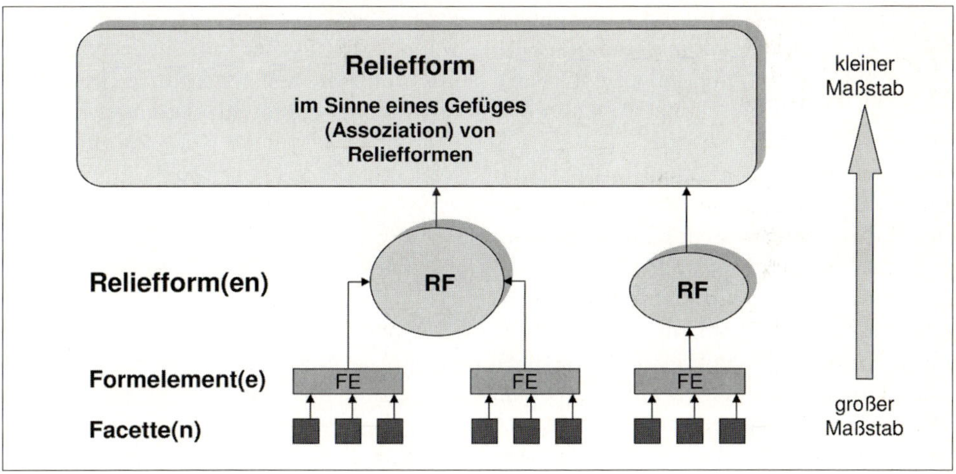

Abb. 14.7 Hierarchische Gliederung Reliefformen

Die Wölbungsart wird bei der Profilansicht in Abb. 14.8 in der Vertikalen betrachtet; wir sprechen von der **Vertikalwölbung**. In Abb. 14.9 ist am Hang im Mittelgrund eine Delle (Hangmulde) zu erkennen. Im Hintergrund folgt ein Rücken oder ein Sporn. Die Art und Abfolge der Vertikalwölbung des Hangs

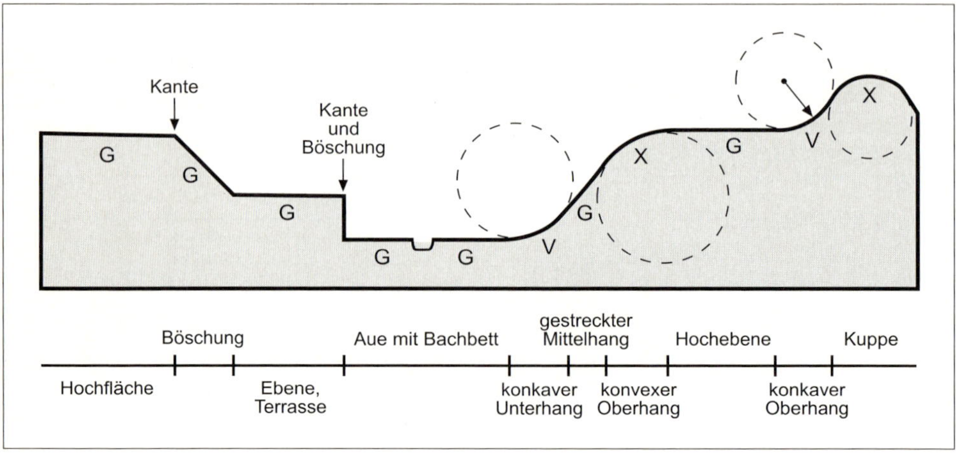

Abb. 14.8 Profil durch ein Tal mit angrenzender Bergkuppe
Das Relief wird analytisch in Formelemente gegliedert, die mit Buchstabenkürzeln gekennzeichnet und unten mit Worten beschrieben sind.

– X-G-V – bleibt davon unberührt, aber es ist sinnvoll das Umschwingen noch durch eine zweite Wölbungsrichtung anzugeben: die Horizontalwölbung. Dies ist besonders augenfällig am Höhenlinienbild. In der Hangmulde würde Wasser auf der Oberfläche zusammenfließen (konvergieren). Deshalb bezeichnen wir die Art der Horizontalwölbung als konvergierend (k). Auf dem Sporn würde Oberflächenwasser auseinanderfließen (divergieren), weshalb wir dort die Wölbungsart divergierend (d) nennen. Auf einem Hangabschnitt ohne horizontale Wölbung würde das Oberflächenwasser in parallelen Bahnen abfließen; deshalb nennen wir hier die horizontale Komponente der Wölbung parallel (p).

In der Natur kommen alle neun möglichen Kombinationen von Vertikal- und Horizontalwölbung vor (Abb. 14.10). Für die **Horizontalwölbung** werden im Schrifttum wie für die Vertikalwölbung ebenfalls die Begriffe konkav, gestreckt und konvex verwendet. Um Verwechselungen auszuschließen, sind in diesem Kapitel die Begriffe **konvergierend**, **parallel** und **divergierend** für die Horizontalwölbung eingeführt und die anderen ausschließlich für die Kennzeichnung der Vertikalwölbung verwendet.

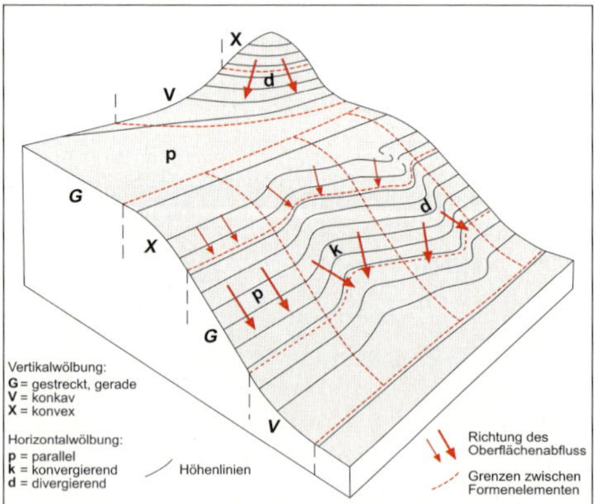

Abb. 14.9 Vertikal- und Horizontalwölbungen

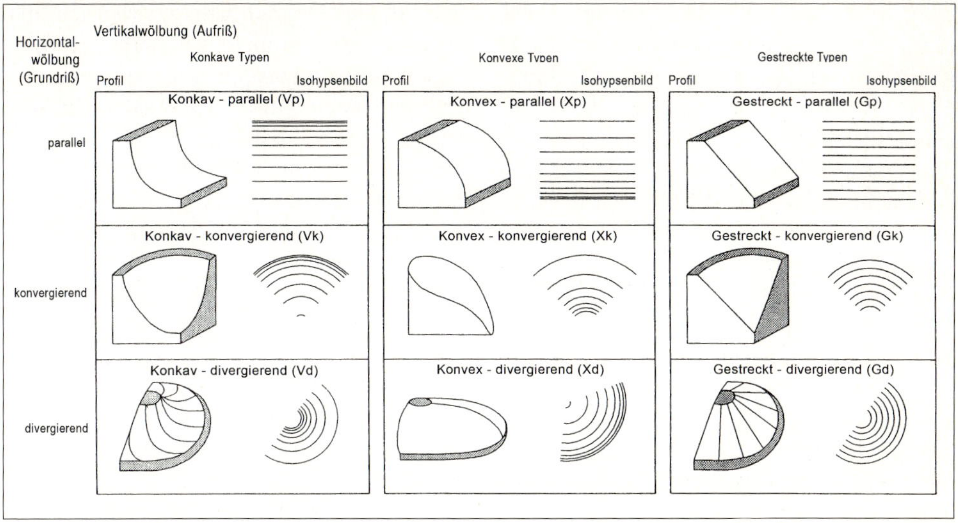

Abb. 14.10 Wölbungsarten und ihre Bezeichnungen (nach MANNSFELD 1994, leicht verändert)

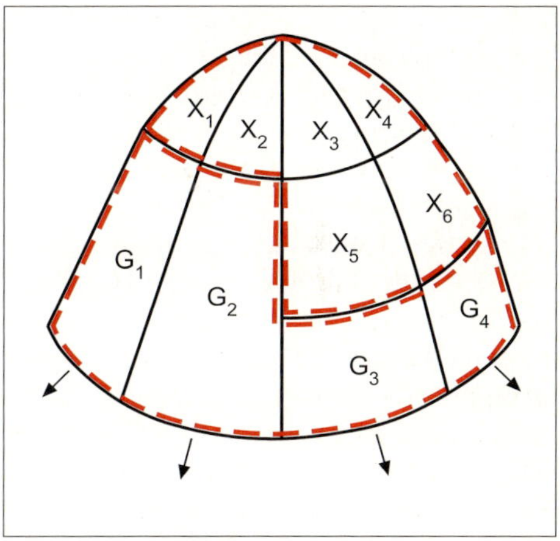

Abb. 14.11 Gliederung einer Kuppe in Facetten

Die Neigung auf einer idealisierten Kuppe (Abb. 14.11) nimmt vom höchsten Punkt (Kulminationspunkt) nach außen zu, und die Exposition durchläuft alle Himmelsrichtungen. An diesem Beispiel ist erkennbar, daß selbst Formelemente mit einheitlicher Wölbungsart in Teilflächen gegliedert werden können. Solche nach Vertikal- und Horizontalwölbung, Neigung und Exposition homogenen kleinen Flächen heißen **Facetten** (auch: Fazetten). Die Kuppe besteht aus zwei Formelementen, die in zehn Facetten zerlegt werden können. Die Kuppe steht stellvertretend für **Vollformen**, also Reliefformen, die nach außen gewölbte Ausschnitte der Erdoberfläche darstellen, im Gegensatz zu **Hohlformen** als nach innen gewölbte Bereiche der Erdoberfläche.

Für Reliefformen und komplexe **Reliefformengefüge** existiert in der Alltagssprache und in der Geomorphologie eine Fülle von Begriffen (vgl. Tab. 14.1). Viele von diesen sind mit Vorstellungsinhalten belegt, die auf eine Genese hinweisen (z. B. Rundhöcker, Düne, Tal, Aschenkegel, Doline, Schichtstufe, Pediment), andere sind wertfrei, aber weitgehend unspezifisch (z. B. Berg, Hügel, Hang, Sporn, Riedel, Vertiefung, Fläche). Dagegen sollte in diesem Kapitel ein formbeschreibendes System aufgezeigt werden, das zugleich möglichst präzise und offen für spätere genetische Deutungen ist. Die Möglichkeit, komplex zusammengesetzte Reliefformen in jeweils kleinere Reliefbausteine (Abb. 14.7: Reliefformen 1. Ordnung, Formelemente oder Facetten) zu gliedern, besitzt eine maßstabsabhängige Untergrenze. Basisbreiten und Grundflächen von Reliefformen können umso kleiner sein, je größer der Kartenmaßstab ist. Deshalb muss für kleine Reliefformen, die so wichtig sind, daß sie trotz ihrer geringen Größe auf einer Karte erscheinen sollen, in der Regel eine generalisierte Darstellung gewählt werden.

Die **Reliefanalyse** wird heute fast ausschließlich rationell computergestützt, d. h. digital, durchgeführt. Grundlage bilden am häufigsten Rasterdatensätze, in denen jedem x- und y-Wert (Rechts- und Hochwert) ein Höhenwert zugeordnet ist. Alternativ gibt es auch Dreiecksnetze (TIN), bei denen die Höhenpunkte in (unregelmäßigen) Dreiecken über die Fläche verteilt sind. Derartige Datensätze heißen **Digitale Höhenmodelle (DHM)** oder **digitale Geländemodelle (DGM)**; ihre Genauigkeit hängt vom Abstand der Höhenpunkte (z. B. als Rasterweite) und von der Präzision der Höhenangabe ab. Es gibt Spezial-Software, die aus diesen Daten Reliefeigenschaften wie Neigung, Exposition und Wölbungsart- und -stärke berechnet. Bereits einfache Geographische Informationssysteme enthalten Funktionen, mit denen Reliefeigenschaften aus DHM berechnet werden können. Die **Lage**, als wichtige weitere Eigenschaft eines Formelements, entspricht der Angabe geographischer oder geodätischer Koordinaten. Bei Formelementen und Formen mit betonter Längserstreckung (Täler, Bergrücken, Drumlins, Oser etc.) ist die **Orientierung** als Abweichung der Längsachse von der Nordrichtung eine sinnvolle Angabe.

Eine **(digitale) Reliefanalyse** ist ein wichtiger Schritt für die qualitative Abschätzung der Intensität und die quantitative Modellierung von Oberflächenabfluß, Bodenerosion, bodennahen Luftmassenströmungen und gravitativen Massenbewegungen. Neigung und Wölbung steuern den Wasser- und Materialfluß. Abb. 7.5 ist unter Verwendung eines DHM und eines GIS erzeugt worden. Sie ist unverzichtbarer Bestandteil von Umweltanalysen im Rahmen raumbezogener Planungen. Die automatische Abgrenzung von Wassereinzugsgebieten, die Detektion von Tiefenlinien, in denen nach Starkniederschlägen Wasser konzentriert abfließt oder etwa die Bestimmung von Fließwegen (-längen) sind heute ohne Verfahren der digitalen Reliefanalyse nicht mehr vorstellbar.

14.2.2 Messung von Prozessen. Eine zeitgemäße Geomorphologie versteht sich als **Prozeß-Geomorphologie**. Dies ist zwar seit Jahrzehnten so, aber die Bezeichnung läßt viel Interpretationsspielraum zu, in welcher Form die Prozess-Geomorphologie betrieben wird. Im Sinne der Gliederung der in Kap. 1.1 gegebenen Explikation von Geomorphologie besagt es zunächst, daß die Formen der Erdoberfläche auf Prozesse zurückgeführt werden sollen, die es zu identifizieren gilt. Eine Kernfrage lautet deshalb: Welche Prozesse oder Prozeßkombinationen (s. 11.) haben in welcher Intensität und Chronologie eine bestimmte Form hervorgebracht? Die Antworten müssen in einem ersten Schritt qualitativer Natur sein. Geomorphologische Detailkarten (s. 14.2.1) sind somit prozessual-genetische Deutungen der Formen der Erdoberfläche.

Die Quantifizierung der durch die verschiedenen Prozesse hervorgerufenen Formveränderungen kann einen nächsten Schritt bilden. Dazu sind erforderlich:

- Messungen (Monitoring) von Formveränderungen durch wiederholte (geodätische) Vermessung
- Rekonstruktion vergangener, weit zurückliegender Formzustände durch die Kombination von Vermessung und Sedimentanalyse in Aufschlüssen
- Rekonstruktion früherer Formzustände durch die Analyse von Erosionsprofilen
- Bestimmung von Transportraten (Feststoffe und Lösungen) auf morphodynamisch aktiven, d. h. rezent durch Abtragung, Transport oder Akkumulation in die Formung einbezogenen Reliefoberflächen.

Diese kurze Zusammenstellung macht bereits deutlich, daß die Messung von geomorphologischen Prozessen nur indirekt möglich ist, und zwar als die Veränderung von Formen oder als Durchsatz von Materie durch einen Fließquerschnitt in einer bestimmten Zeit.

14.2.3 Sedimentanalyse und Datierungen.

- **Sedimentanalyse**

Die Analyse von Sedimenten ist nicht nur für Geomorphologen eine nützliche Angelegenheit. In weiten Teile der Erde bilden Sedimente die Erdoberfläche und den Untergrund, auf bzw. in dem das Leben der Menschen stattfindet. Sedimente können als Rohstoffe gewonnen werden; in ihnen wird Boden- und Grundwasser gespeichert; ihre Eigenschaften müssen für die Siedlungstätigkeit (Baugrund, unterirdische Infrastruktur) bekannt sein; aus ihnen sind die landwirtschaftlich nutzbaren Böden entstanden, deren Eigenschaften auch in der Umweltplanung berücksichtigt werden. Die wissenschaftliche Ansprache – so nennt man die Beschreibung und Deutung von Sedimenten – ist in den Geowissenschaften entwickelt und später durch angewandte Wissenschaften, z. B. die Ingenieur- und Landbauwissenschaften, nach den jeweiligen Nutzungsansprüchen modifiziert worden.

Die geowissenschaftliche Beschreibung und Interpretation der Entstehung (genetische Deutung) der Sedimente ist der Schlüssel zum Verständnis und zur rationellen Kartierung der räumlichen Verbreitung der Sedimente. Dies liegt daran, daß sie in hervorragender Weise die Bedingungen, die zu ihrer Ablagerung geführt haben, widerspiegeln. Das Studium von **Sedimentstrukturen** ist in der Sedimentologie sehr weit fortgeschritten und verfeinert worden. Die Deutung von Sedimentstrukturen basiert auf der Annahme, daß die heute beobachtbaren Bedingungen für die Entstehung der Sedimente auch in früheren erdgeschichtlichen Zeiten gültig waren (**Aktualismus-Prinzip**). Man studiert also die Ablagerungsmilieus der verschiedenen geomorphologischen Prozessbereiche an der heutigen Erdoberfläche, die in den Kapiteln 6-10 und 13 behandelt sind (z. B. im Gletschervorfeld, unter dem Eis, an Flüssen, in Dünenfeldern und Deltas, an Sturzhalden). Man versucht, in Ablagerungen aus der Vergangenheit die prozeßspezifischen Eigenschaften und Merkmale wiederzufinden und entsprechend zu deuten.

In einem **Aufschluß**, also an einem Ort, der einen Blick in die Sedimentstrukturen des Untergrunds zulässt (Kies- oder Sandgrube, Uferanschnitt, Steilküste, Baugrube etc.), können Beobachtungen zu grundlegenden Merkmalsdimensionen (petrographische Zusammensetzung, Größe, Form und Orientierung der Partikel, Dichtlagerung) gemacht werden (s. Abb. 14.12). Das Gesamtbild des Aufschlusses lässt erkennen, ob die Sedimente geschichtet oder ungeschichtet vorliegen.

Die **petrographische Zusammensetzung** bezieht sich auf die Frage, aus welchen Ausgangsgesteinen die Partikel hervorgegangen sind. Bestehen etwa Flußgerölle aus Kalksteinen oder Graniten, gibt es besondere Gesteine, die spezifisch nur in einem Teilgebiet vorkommen? Zeigen verschieden alte Flußablagerungen vielleicht eine unterschiedliche petrographische Zusammensetzung der Sedimente, aus denen man auf ein verändertes Flußeinzugsgebiet schließen könnte? Lässt sich aufgrund der Gesteinsart erkennen, aus welchen Teilen Skandinaviens das Moränenmaterial in der Lüneburger Heide stammt? So gewinnt man Hinweise auf die Herkunft der Sedimente, also auf die Liefergebiete. Erweiterte diagnostische Möglichkeiten bietet z. B. die Analyse von Schwermineralen in feinkörnigen Sedimenten, da Schwermineralassoziationen oder seltene Schwerminerale u. U. Fingerabdrücke des Liefergebietes darstellen.

Mit der **Größe** von Partikeln ist die Korngröße gemeint, die zwischen der Tonfraktion und Blöcken variieren kann (s. Kasten 5.1). Das Material einer Sturzhalde ist grobkörnig, in ruhigem, unbewegtem Wasser abgesetzte Seesedimente sind feinkörnig. Grundlegend ist auch die Unterscheidung, ob verschiedene Korngrößen gemischt nebeneinander, umgangssprachlich ‚durcheinander', fachsprachlich ‚polymikt', vorliegen, oder ob eine Schicht vornehmlich aus nur einer Korngrößenklasse zusammengesetzt wird. Löß ist ein Beispiel für ein sog. gut sortiertes Sediment, das hauptsächlich aus Grobschluff besteht, Moränenmaterial ist polymikt.

Die **Form** von Partikeln lässt Rückschlüsse auf die jeweilige Transportart zu. Sind die Partikel eckig, kantengerundet oder gerundet? Eckig ist in der Regel Schutt, nachdem er nur über kurze Strecken transportiert worden ist; über lange Zeit in der Brandung aufgearbeitete Gerölle zeigen hervorragende Rundungen. Eine weitere Untersuchungsfrage, um Herkunft und Transportweg von Ablagerungen zu klären, wäre: Wie verteilen sich unterschiedliche Formen (Rundungsgrade) auf einzelne Korngrößenklassen und Gesteinsgruppen? Kann man für die unterschiedlichen Partikel in einer Ablagerung unter Umständen verschiedene Herkunftsräume und Transportmechanismen interpretieren, z. B innerhalb einer Hangschuttmasse gerundete Flußterrassenkiese?

Die **Orientierung** der Partikel, besonders des Grobsediments (> 2 mm Durchmesser), hilft bei der Rekonstruktion von Strömungsverhältnissen während der Ablagerung. Die Steine in Solifluktionsschuttecken weisen häufig mit ihrer Längsachse hangabwärts, man sagt, sie sind eingeregelt, Geschiebe in Moränen dagegen meist nicht; plattige fluviale Schotter liegen häufig dachziegelartig übereinander.

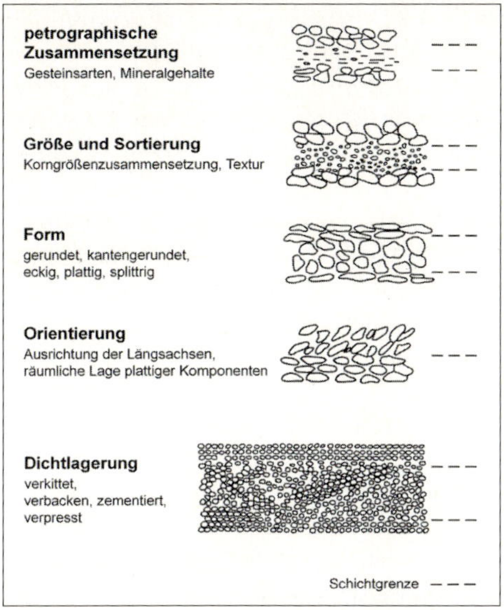

Abb. 14.12 Wichtige Merkmalsdimensionen, die an Sedimenten in Aufschlüssen beobachtet, beschrieben und quantifiziert werden (unter Verwendung von Collinson u. Thompson 1982)

Schließlich verrät die **Dichtlagerung** von im übrigen ähnlichen Sedimenten etwas über das relative Alter von Sedimenten. Dichtlagerung geht im wesentlichen auf zwei Prozesse zurück: die Verringerung des wasser- oder luftgefüllten Porenvolumens durch den auflastbedingten Druck und die Verkittung infolge chemischer Veränderungen, z. B. die Verkittung durch Calciumcarbonat oder Eisenoxide (s. folgendes Teilkapitel über Datierungen).

Wir unterscheiden Sedimentschichten in einem Aufschluss oder in einer Bohrung daran, daß sich mindestens eine der fünf vorgenannten Merkmalsdimensionen ändert. Häufig wechselt zugleich auch der farbliche Eindruck (Grundfarben,

Abb. 14.13 Sedimentstrukturen in einem Aufschluß mit glazialen und glazifluvialen Sedimenten des pleistozänen Illergletschers (Alpenvorland)

Fleckungen). In Abb. 14.13 sind deutlich drei Schichten oder Schichtkomplexe erkennbar; sie erscheinen als mehr oder weniger homogene Sedimentkörper mit einer größeren Breiten- als Vertikalerstreckung.

Die Höhe oder Dicke einer Schicht bezeichnet man als **Mächtigkeit**. Ändert sich die Korngrößenzusammensetzung innerhalb einer Schicht allmählich, d. h. ohne abrupten Wechsel, so liegt eine gradierte Schichtung vor. Werden Flußsedimente von unten nach oben (vom Liegenden zum Hangenden) feinkörniger, deutet dies auf eine Abnahme der Fließgeschwindigkeit während der Sedimentation hin. Die Ursache kann lokal die Verlagerung der Abflußrinne eines Flusses, eine Gefällsverminderung oder ein großräumig klimabedingtes Nachlassen der Wasserführung sein. In Schichtserien, die eine große Zeitspanne abdecken, mag eine veränderte Sedimentbereitstellung im Liefergebiet der Grund sein. Mit derartigen, komplexen Zusammenhängen befaßt sich die **Sequenzstratigraphie**, eine Arbeitsrichtung der Sedimentologie.

In einigen Fällen werden Schichten **horizontal** und in tafelförmigen Lagen (planar) abgesetzt (vgl. Abb. 7.34). Gleithangsedimente werden dagegen immer seitlich, schräg übereinander gelagert. Folglich zeigt das Aufschlussbild eine **Schrägschichtung** (s. Abb. 7.32, weiteres Beispiel in 7.34). Auch Dünensande sind schräg geschichtet, häufig planar mit wechselnden Einfallsrichtungen (Abb. 8.11), was sich aus der Entstehung zwangsläufig ergibt. Früher nannte man Schrägschichtungen mit entgegengesetzten Schüttungsrichtungen Kreuzschichtung; der Begriff wird heute vermieden, da sich Schichten nicht wirklich kreuzen, sondern immer übereinander liegen. Weitere Beispiele für Schichtstrukturen sind wannen- und rinnenförmige Ablagerungen, deren Breite zwischen wenigen Dezimetern und vielen Zehnermetern variiert. In Abb. 14.13 ist eine derartige, feinkörnige Füllung einer ehemaligen Hohlform (vielleicht ein ehemaliger Schmelzwassertümpel) angeschnitten. Hier ist deutlich die wellige Oberfläche der unterlagernden Moräne zu erkennen. Gerade solche, durch die überdeckende Schicht konservierte Oberflächen sind für die Deutung der Ablagerungen hilfreich, weil sie ehemalige Fließzustände (Fließgeschwindigkeit, Turbulenz etc.) anzeigen, wenn z. B. Regentropfeneindrücke, Rippelmarken (Abbn. 7.23, 8.1) und unter Wasser entstandene Dünen erkennbar sind. Sie ermöglichen die Rekonstruktion vergangener Umwelten.

In einem Aufschluss übereinander liegende und nach den erwähnten Merkmalsdimensionen unterscheidbare Bereiche bilden nicht immer Schichten, die ja definitionsgemäß durch Ablagerung entstanden sind. In Abb. 15.3 sind geschichtete Sande zu erkennen, die im oberen Teil durch frostdynamische Prozesse entschichtet worden sind. Dies erweckt den Anschein, als lägen zwei Schichten übereinander. Aber Verwitterungs- und Bodenbildungsprozesse führen ebenfalls zu Erscheinungen, die leicht mit Schichtungen verwechselt werden können. Hierbei handelt es sich jedoch um **Verwitterungs- und Bodenbildungshorizonte**.

Die Analyse des oberflächennahen Untergrundes erfolgt zunehmend gestützt auf **geophysikalische Erkundungsmethoden**. Seismische Methoden helfen, die Tiefenlage von Schichtgrenzen im Untergrund ohne Bohrungen flächendeckend zu kartieren. Besonders gut sind Messungen mit dem Georadar (*ground penetration radar GPR*) geeignet, um die Tiefendifferenzierung des Untergrundes entlang von Transekten zu klären. Hinweise auf Materialunterschiede erlauben geoelektrische Messungen. Magnetometer sind zum Aufspüren von Bereichen mit hohen Gehalten ferromagnetischer Minerale (bestimmte eisenhhaltige Materialien wie Artefakte und Betonteile) besonders in der Geoarchäologie (s. 14.3.2) hilfreich.

- **Datierungen**

Ein grundlegendes Ziel der Geomorphologie besteht darin, eine möglichst richtige und präzise Vorstellung über den zeitlichen Ablauf formbildender Prozesse und gegebenenfalls ihrer Raten zu erhalten. Dazu gehört es, Formen und Sedimente zu datieren. Man unterscheidet die Datierung von Ereignissen (sog. historische Zeit), z. B. eines Vulkanausbruchs, von der Bestimmung von Prozessraten (Leistung = Arbeit/Zeit), wobei eine Zeitspanne angesprochen wird (sog. physikalische Zeit). **Chronologie** bedeutet die Lehre von der relativen und numerischen

Altersstellung (unpräzise: absolute Altersstellung) von Sedimenten, Prozessen und Formen. Eine relative Chronologie liegt vor, wenn die richtige Reihenfolge von Prozessen erkannt ist, die zu den Sedimenten und Formen geführt haben. Bei den Sedimenten scheint eine relative Chronologie recht einfach zu sein, denn in einem Aufschluss (vgl. vorausgegangenes Teilkapitel) liegen jüngere Schichten räumlich über älteren. Dies gilt besonders für parallele Schichtungen.

Jahreszeitlich wechselnde Umweltbedingungen führen bei quasi-kontinuierlicher Sedimentation zu abzählbaren Schichten, die Zeitspannen repräsentieren. Einen klassischen Fall stellen Ablagerungen in Sedimentationsbecken (Tümpel und Seen) am Rand von Gletschern und vom Inlandeis dar. Es entstehen rhythmische Schichten aus sommerlichen hellen, gröberen Schmelzwasserablagerungen (z. B. Sand) und winterlichen dunkleren, feinkörnigen Ablagerungen (z. B. durch Humus dunkel gefärbter Ton), die eine geringere Mächtigkeit aufweisen (Abb. 14.14). Winter- und Sommerablagerungen bilden zusammen eine Warve. Warvenmächtigkeiten variieren mit dem Witterungscharakter. Außergewöhnliche Muster, also gut wiederzuerkennende Abfolgen von Warven oder Lamellen (*beds*) unterschiedlicher Mächtigkeit, sind die Voraussetzung, um Warven aus verschiedenen Aufschlüssen einander zuzuordnen. Für größere Gebiete (z. B. Schweden) sind lückenlose **Warvenchronologien** der letzten 12.800 Jahre zusammengestellt worden. Anhand typischer Muster ist es möglich, unvollständi-

Abb. 14.14 Warven im Okanagan-Tal (Britisch-Kolumbien, Kanada). Der Hammerstiel ist ca. 2 cm breit.

ge Warvenprofile eines einzelnen Aufschlusses, die nur einen begrenzten Ausschnitt des Holozäns umfassen, in die übergeordnete Zeitskala einzuordnen. Dadurch konnte beispielsweise das Zurückschmelzen (*deglaciation*) des skandinavischen Inlandeises räumlich und zeitlich sehr gut rekonstruiert werden.

Komplizierter wird es, eine Chronologie zu erkennen, wenn Schrägschichtungen und Schichtungswechsel auftreten. Auch werden in einer Landschaft an verschiedenen Orten unterschiedliche Sedimente abgelagert, wohingegen an anderen Orten nur Material abgetragen wird. Die Rekonstruktion einer für ein Gebiet und nicht nur einen Aufschluss gültigen relativen Chronologie ist also eine echte Herausforderung, die durch kombinierte Formen- und Faziesanalyse angegangen wird. Sie wird wesentlich unterstützt durch chemische und physikalische Methoden der Altersbestimmung.

Hinweise auf unterschiedliche Alter von Sedimenten in einem Gebiet oder in einem Aufschluss gibt die **Verwitterungsintensität**. Man geht dabei davon aus, daß bei sonst gleichen Verwitterungsbedingungen (Klima, Vegetation, Durchfeuchtung etc.) das Ausmaß der (chemischen) Verwitterung mit dem Alter des Sediments steigt. Als komplexer qualititativer Indikator für ein Paläoklima werden auch die Paläobodenbildungen angesehen, die in Dünen- und Lößprofilen (s. Kasten 8.2) eingeschaltet sind. Augenfällig sind häufig Intensitätsunterschiede in Braun- oder Rottönen, die auf Eisenoxidation zurückgeführt werden können. Das Verhältnis verschiedener Eisenspezies zueinander kann Hinweise über die Verwitterungsintensität geben. Natürlich muss bei allen derartigen Überlegungen vorausgesetzt werden, daß das ursprüngliche Ausgangsmaterial der Verwitterung gleich war. Verwitterungsgrade können auf einzelne Minerale bezogen quantifiziert werden; in diesen Fällen bilanziert man den Mineralverlust im verwitterten Sediment gegenüber dem Mineralgehalt im Ausgangsgestein. Neben der Mineralverwitterung kann auch eine Mineralneubildung mineralogisch nachgewiesen werden. Eine weitere Möglichkeit besteht in der Berechnung von sogenannten Kronberg-Nesbitt-Quotienten. Diese drücken den Grad der Silikathydroloyse und der Akkumulation von Al-Oxiden bei gleichzeitiger Abnahme leicht verwitterbarer Minerale sowie Neubildung sekundärer Verwitterungsminerale aus. Sie werden aus molaren Gehalten von SiO_2, CaO, K_2O, Na_2O, Al_2O_3 gebildet. Daneben gibt es zahlreiche weitere chemische **Verwitterungsindices**.

Häufig sind in Sedimenten Baumstämme eingelagert, z. B. in Flußablagerungen, Moränen, im Hangschutt oder in Mooren. Die Breite der Jahresringe und andere pflanzenphysiologische Details in Baumscheiben variieren im Mittel mit den lokalen klima- und witterungsbestimmten Wuchsbedingungen, wobei allerdings keine einfachen Korrelationen zu Niederschlags- und Temperaturwerten bestehen. In ähnlicher Weise wie bei den Warven erkennt man typische Abfolgen von Jahresringen, die in dendrochronologischen Archiven dokumentiert sind. Diese Archive sind nach Baumarten (in Mitteleuropa u. a. Eiche und Kiefer), Regionen und Zeiträumen, mit Schwerpunkt auf dem Holozän gegliedert. Dieses Prinzip der **dendrochronologischen Datierung** entspricht dem der Warvenchronologie. Durch den visuellen Vergleich – neuerdings durch aufwendige statistische Methoden gestützt – ist eine korrelative Zuordnung von im Gelände aufgefunden Hölzern zu regionalen Zeitreihen möglich. Lokale Einflüsse am Standort können das

Baumwachstum und damit die Ausbildung der Jahresringe überprägen; deshalb ist es immer besser, Baumscheiben mehrerer Bäume zu untersuchen. Die Kombination von ^{14}C-Altersbestimmungen mit Methoden der Dendrochronologie ergibt sehr verlässliche Alterseinstufungen.

Die **Radiokohlenstoffmethode** (^{14}C) wird bevorzugt für Pflanzenreste angewandt, die in oder unter Sedimentschichten begraben sind. Für terrestrische Sedimente liefert die Methode zuverlässige Alterseinstufungen, die in Jahren vor 1950 angegeben werden (konventionelles Alter). Die in der Literatur häufig zu findende Angabe BP (= before present) bedeutet eben dies. Die daneben gebräuchlichen Angaben *cal* BP, *cal* AD und *cal* BC sind nach einer Kalibration (zur Fehlerkorrektur) entstanden; sie stehen für kalibrierte Alter vor 1950 AD (BP), nach Christus (AD) bzw. vor Christus (BC). Ungenau wird die Methode bei Proben, die durch karbonatreiches Wasser beeinflusst sind. Auch an marinen Karbonaten (Muscheln, Korallen etc.) kann die ^{14}C-Methode eingesetzt werden, da Kohlenstoff im Karbonat ($CaCO_3$) eingebaut ist. Hier sind allerdings aufwendige Korrekturen (der physikalisch bestimmten Alter) erforderlich.

Für die Geomorphologie sind strahlendosimetrische Methoden, die verwandt sind, bedeutend geworden:

Lumineszenz-Methoden (TL, OSL, IRSL) bilden eine Gruppe neuerer Verfahren zur Datierung von terrestrischen Sedimenten, die vor der Ablagerung und Überdeckung durch aufliegende Schichten lange Zeit dem Sonnenlicht ausgesetzt waren (Löß, Dünensand), sowie für erhitzte Objekte. Lumineszenz (eine „kalte“ Leuchterscheinung) bedeutet Abgabe von Energie zusätzlich zur thermischen Energie (Temperaturstrahlung), die im Mineralkorn infolge der Absorption ionisierender Strahlung gespeichert ist. Mit der Beleuchtung vor der Ablagerung wird das natürliche Lumineszenzsignal auf Null gestellt, d. h. die ererbte Lumineszenz eines Mineralkorns erlischt. Bei Lumineszenz-Untersuchungen wird durch Wärme oder Licht (optische oder thermische Stimulation bei der OSL bzw. TL) Strahlung von Mineralkörnern angeregt und deren Intensität gemessen. Sie ist eine Folge des radioaktiven Zerfalls von Isotopen, besonders der ^{235}U-. ^{238}U- und ^{232}Th-Zerfallsreihen und von ^{40}K, sowie der kosmischen Strahlung. Es wird der Zeitpunkt der Sedimentablagerung (Überdeckung mit auflagernden Schichten) oder der letzten Erhitzung auf >450°C (z.B. Keramik, vulkanische Gesteine) bestimmt, unter Umständen auch der Zeitpunkt der Mineralbildung.

Für litorale Ablagerungen (Korallenriffe, Strandwälle, verfestigte Dünensande (Äolianite), Muschel- und Schneckenschalen) und für Carbonatbildungen in Höhlen (Sinterkalke, Travertin) wird auch die **Elektronen-Spin-Resonanz-Methode (ESR)** eingesetzt. Sie beruht darauf, daß mit wachsendem Alter Minerale Strahlenschäden erleiden, die als paramagnetische Zentren in Mineralen erfaßt werden können. Deren Konzentration ist ein Maß für die absorbierte Strahlendosis und somit ein Indikator für das Alter.

Während der letzten 400 Millionen Jahre haben sich die Pole des Magnetfelds der Erde mehrmals umgekehrt. Geomorphologisch relevant sind vor allem die jüngeren Polumkehrungen, die in Sediment- und magmatischen Gesteinen gewissermaßen eingefroren sind. Die **Paläomagnetik** bestimmt, ob eine normale Polung – Magnetnadel weist auf der Nordhalbkugel nach Norden – oder eine inverse Polung zum Bildungszeitraum der Gesteine vorlag. Alte und lange Zeiträume umfassende Lößablagerungen zeigen bei 780.000 Jahren vor heute einen Wechsel der Polarität vom Zeitraum (in der Paläomagnetik Chron genannt) von Matuyama zu Brunhes (s. Abb. in Kasten 8.2), der die heutige Polarität aufweist. Kurzzeitige Umkehrungen (*events*) lagen bei ca. 1 Million (Jaramillo-*event*) und 1,8 Mio. Jahre vor heute (Olduvai-*event*). Die **Umwelt- und Gesteinsmagnetik** (besonders die magnetische Suszeptibilität) kann eine Sequenzstratigraphie erstellen, aus der über Korrelationen mit Sequenzen bekannter Altersstellung wie Tiefseekerne oder Eisbohrkerne die Altersinformation gewonnen wird.

Morphologisch besonders interessant sind Methoden, die es erlauben, auf das Expositionsalter von Gesteinsoberflächen zu schließen (**Oberflächen-Expositionsaltersbestimmung TCN** = *terrestrial in situ cosmogenic nuclids*). Bestimmt wird dabei der Zeitpunkt, an dem eine Felsfläche freigelegt worden ist, sei es durch Abtragungsprozesse oder durch die Freilegung von Findlingen nach dem Abschmelzen des Gletschereises. In freiliegenden Gesteinsschichten werden durch kosmische Strahlung Kernreaktionen ausgelöst, wodurch langlebige radioaktive Isotope, z. B. ^{10}Be, ^{14}C, ^{26}Al und ^{36}Cl, sowie stabile Isotope ^{3}He und ^{21}Ne entstehen. Kennt man die von der geographischen Breite und Geländehöhe abhängige isotopenspezifische Produktionsrate, so sind bei bekannten Halb-

Tab. 14.2 Einige Methoden zur numerischen Altersdatierung

Methode	Jahre vor heute	Genauigkeit	Was wird datiert?
^{14}C, ^{14}C-AMS	300 – 50.000 Jahre	sinkt mit zunehmendem Alter der Probe von ±15 Jahre bis 4000 Jahre	Pflanzenreste (Holz, Blätter, Kohle, Torf, Samen), Karbonate
Dendrochronologie	bis 10.000 Jahre	1 Jahr	Jahresringmuster von Baumstämmen
OSL, TL	Jahrzehnte – 150.000 Jahre	5-15% des Ablagerungsalters	Lösse, Dünensande, Kolluvien; vor ihrer Ablagerung intensiv durch Sonnenlicht bestrahlte Sedimente
ESR	Jahrhunderte bis Jahrhunderttausende	5 – 10% des Alters	Litorale Bildungen, Fossilien, Kalksinter, erhitzte Gesteine
TCN	Einige hundert bis 10 Millionen Jahre	5 – 10% des Alters	unbedeckte Oberflächen silikatischer Festgesteine

wertszeiten der häufig in Kombination verwendeten Isotope Datierungen (Expositionsalter) möglich. Neuere Anwendungen ermöglichen sogar die Bestimmung von Erosions- oder Sedimentationsraten.

14.3 Der Mensch als geomorphologischer Faktor

14.3.1 Reliefformung unter dem Einfluss des Menschen. Nach den grundlegenden Landschaftsveränderungen als Folge des Klimawandels der ausgehenden Eiszeit gewinnt im Holozän der Mensch immer größeren Einfluß auf die geomorphologische Formung. Dies geschah und geschieht einerseits planvoll und direkt, um den Lebens- und Nutzungsraum zu erschließen, auszudehnen und ihn zu schützen (z. B. Hochwasserschutz, Küstenschutz (s. Kasten 1.1)). Andererseits waren damit Eingriffe in den Landschaftshaushalt verbunden, deren Folgewirkungen sich oft erst zeitverzögert und zum Teil negativ auf die Nutzungsfähigkeit der natürlichen Lebensgrundlagen bemerkbar machten. Solche quasinatürlichen Anpassungsreaktionen der morphodynamischen Systeme an die vom Menschen veränderten Randbedingungen werden als Katastrophen bezeichnet, wenn sie Schäden verursachen. Tabelle 14.3 enthält wesentliche Nutzungen mit ihren direkten und indirekten Wirkungen auf das Relief.

Jahrhundertealt sind die in Lößlandschaften (vgl. 8.6.2 und Kasten 8.1) zahlreich erhaltenen **Hohlwege**; sie entstanden durch das wiederholte Befahren der unbefestigten Wege mit Wagen und die anschließende Ausspülung. Zum Teil werden sie aus kulturhistorischen Gründen und als Sekundärbiotope für Flora und Fauna unter Schutz gestellt. Im Gegensatz dazu stehen die seit der Neuzeit angelegten **Einschnitte und Dämme des Straßen- und Bahnbaus**; mit der Verringerung von Steigungen und Kurvenradien sowie der Verbreiterung der Verkehrstrassen für Autobahnen und Schnellbahnstrecken nehmen sie immer größere Dimensionen an. Indirekte Wirkungen können von ihnen ausgehen, wenn die Standsicherheit der künstlichen Böschungen (s. 6.2) gefährdet ist.

Spätestens seit den mittelalterlichen Rodungsperioden weitete sich die **Bodenerosion** durch Wasser (s. 7.2.2) und Wind (s. 8) auf weite Flächen des Ackerlandes aus. Zuvor war die fluviale Abtragung außerhalb der Gerinnebetten von Flüssen und Bächen wegen der fast flächendeckenden Bewaldung Mitteleuropas auf Extremstandorte (z. B. Steilhänge an Schichtstufen, Talhängen und im Hochgebirge) sowie auf den Küstenraum beschränkt. Aus zahlreichen Landschaften Mitteleuropas sind Ursachen, Ablauf, Ausmaß, Formen und Sedimente der Bodenerosion gut bekannt. Abbildung 14.14 zeigt ein Beispiel für die mehrfache Abtragung, Schluchtenbildung und Verschüttung des Erosionsreliefs aus dem Eichsfeld. Die historische Bodenerosion lief phasenweise verstärkt und katastrophenartig ab, wenn die anbau- und nutzungsbedingte Disposition (Erosionsanfälligkeit) der Ackerflächen mit Starkregenereignissen oder Schneeschmelzereignissen zusammentraf. Neben den katastrophalen Erosionsereignissen geringer Jährlichkeit (d. h. seltene Ereignisse) tritt die schleichende Bodenerosion, die sich – kaum beachtet – im Laufe von Jahrzehnten und Jahrhunderten ebenfalls zu beträchtlichen Abträgen summieren kann. Bork (1983) beziffert für das Untereichs-

Tab. 14.3 Anthropogene Nutzungen und deren geomorphologische Auswirkungen

Nutzung	geomorphologische Auswirkungen direkt	indirekt
Verkehrswege	Entstehung von Hohlwegen in Lößlandschaften (seit dem Mittelalter)	
	Geländeeinschnitte und Aufschüttung von Dämmen	Auslösung von gravitativen Massenbewegungen
Landwirtschaftliche Flächennutzung	Terrassierung von Nutzflächen in Hanglage (Ackerterrassen, Rebterrassen) Entstehung von historischen Wölbäckern, Ackerbergen, Lesesteinwällen	Bodenerosion durch Wasser und Wind (Abtragung auf Ackerflächen und Akkumulation am Unterhang, im Talgrund und als Auenlehme im Überflutungsbereich von Flüssen und Bächen)
	Zurückdrängen, Begradigung, Kanalisierung, Trockenlegung und Verfüllung von Fließgewässern und ehemaligen Auen	
	Neulandgewinnung an der Küste (Polder)	
Bergbau	Steinbrüche, Abgrabungen, Tagebaue	Tagesbrüche, Bergsenkungen
	Halden	
Entsorgung	Deponien	
Schiffahrt	Begradigungen von Fließgewässern, Uferbefestigungen, Errichtung von Querbauwerken (Schleusen, Wehre, Buhnen etc.)	abschnittsweise verstärkte Tiefenerosion an begradigten Flußabschnitten
Landschafts- und Gartenbau	Landschaftsmodellierung	Eingriffe in Gewässer

feld die mittlere flächenhafte Reliefermiedrigung in historischer Zeit auf über 2 m.

Zum Formenkreis der historischen Veränderungen der Bodenoberfläche (vgl. Abb. 7.17) gehören ebenfalls **Wölbäcker** als mehrere Meter breite, gewölbte Äcker oder Beete, die durch das Aufwerfen der Krume beim Pflügen zur Mitte des Beetes entstanden sind; an Feldgrenzen wurden **Ackerberge, Ackerwälle** aus Bodenmaterial, **Lesesteinwälle** oder Reliefumgestaltungen im Zuge der Wiesenbewässerung geschaffen. Häufig und auch nach Nutzungsänderungen gut erhalten sind **Acker- und Rebterrassen**, die durch die Pflugarbeit entstanden sind und wegen des Erosionsschutzes gepflegt werden müssen.

Der **Neulandgewinnung** für die landwirtschaftliche Nutzung dienten die Eindeichungen mit Aufschlickung und Entwässerung in der Marsch, die Trockenlegung und **Kultivierung von Mooren**. In Geestgebieten Nordwestdeutschlands wurden Reliefunterschiede durch das Aufbringen von Grassoden akzentuiert, die zuvor in feuchten Niederungen gewonnen und in Viehställen zur Anreicherung mit Wirtschaftsdüngern verbracht worden waren (Plaggenesch).

Die Drainage feuchter Talauen war meist mit der **Begradigung und Tieferlegung der Fließgewässer** verbunden. Die Änderung der Landnutzung hat Auswirkungen auf die Abflußbildung (s. 7.1.1), somit auf die Abflußcharakteristik in Bächen und Flüssen. Da deren Grundriß (Begradigung, Gerinnegeometrie (Querprofil) und Sohlenbeschaffenheit ebenfalls geändert wurden (technischer Ausbau), änderten sich Wasserführung sowie Erosions- und Akkumulationsverhalten (s. 7.3 und Kasten 7.7). Die Fließgewässer reagieren abschnittsweise differenziert auf direkte und indirekte anthropogene Eingriffe: zum einen mit verstärkter Erosion, Eintiefung und Querprofilanpassung, zum anderen mit verstärkter Akkumulation. Der natürliche Formungsbereich (Erosion/Akkumulation) der Fließgewässer wird auch durch Dämme (Hochwasserschutz, Gewinnung von Nutzflächen etc.) eingeschränkt. Die **Auenlehmdecken** (s. 7.3.4) in den breiten Talabschnitten der Mittelgebirge und in deren Vorländer werden in weiten Teilen Mitteleuropas als korrelate Sedimente (s. 4.6) der historischen Bodenerosion angesehen.

Mit dem **Bergbau** sind je nach Art der Lagerstätte und der Bergbautechnik spezifische und unterschiedliche Reliefveränderungen verbunden. Früher hatte jedes Dorf seinen eigenen **Steinbruch** oder seine eigene **Sand- oder Tongrube**. Die entsprechenden obertägigen Abbauflächen waren klein; sie wuchsen im Zuge der Modernisierung der Gewinnungstechniken. Es gibt kaum noch ein größeres Flußtal ohne großflächige Kiesgewinnungsflächen; die größten, bis weit über 100 m tiefen und mehrere Quadratkilometer einnehmenden Bergbauhohlformen hinterläßt der **Braunkohlentagebau**. Bei diesen Eingriffen in das Relief gewinnen Fragen der Standsicherheit, der gravitativen Massenbewegungen (s. 6) und Erosion an Bedeutung, d. h. Fragen der morphodynamischen Weiterbildung der künstlichen Formen. Mit den **Halden** (z. B. Abraum im Braunkohlentagebau, Bergematerial bei der Förderung von Steinkohle, Halden des Kalisalz-Bergbaus) hinterläßt der Bergbau Vollformen, deren Ausprägung sich im Laufe des 20. Jahrhunderts von eher planlosen Aufschüttungen über geplante Schüttungen (Spitzkegelhalden, trapezförmige, gestufte Haldenkörper) bis zu sog. Landschaftsbauwerken wandelte; neben technischen Gesichtspunkten fließen in die Gestaltung der Haldenkörper auch landschaftsästhetische Aspekte ein. Ähnliches gilt auch für die Oberflächenmodellierung und Rekultivierung von **Deponien**. Im Zuge landschaftsgärtnerischer Gestaltungen werden nicht nur Standorte, deren Relief durch anthropogene Aktivitäten verändert worden ist, modelliert, sondern auch Park- und Erholungsanlagen mit künstlichem Relief geschaffen.

Zu den Bergbauhohlformen gehören die kleinflächigen **Pingen** und **Grubenfelder** aus historischer Zeit, Dämme, Teiche und Absetzbecken, **Tagesbrüche** über einstürzenden Schächten und oberflächennahen Stollen sowie die großräu-

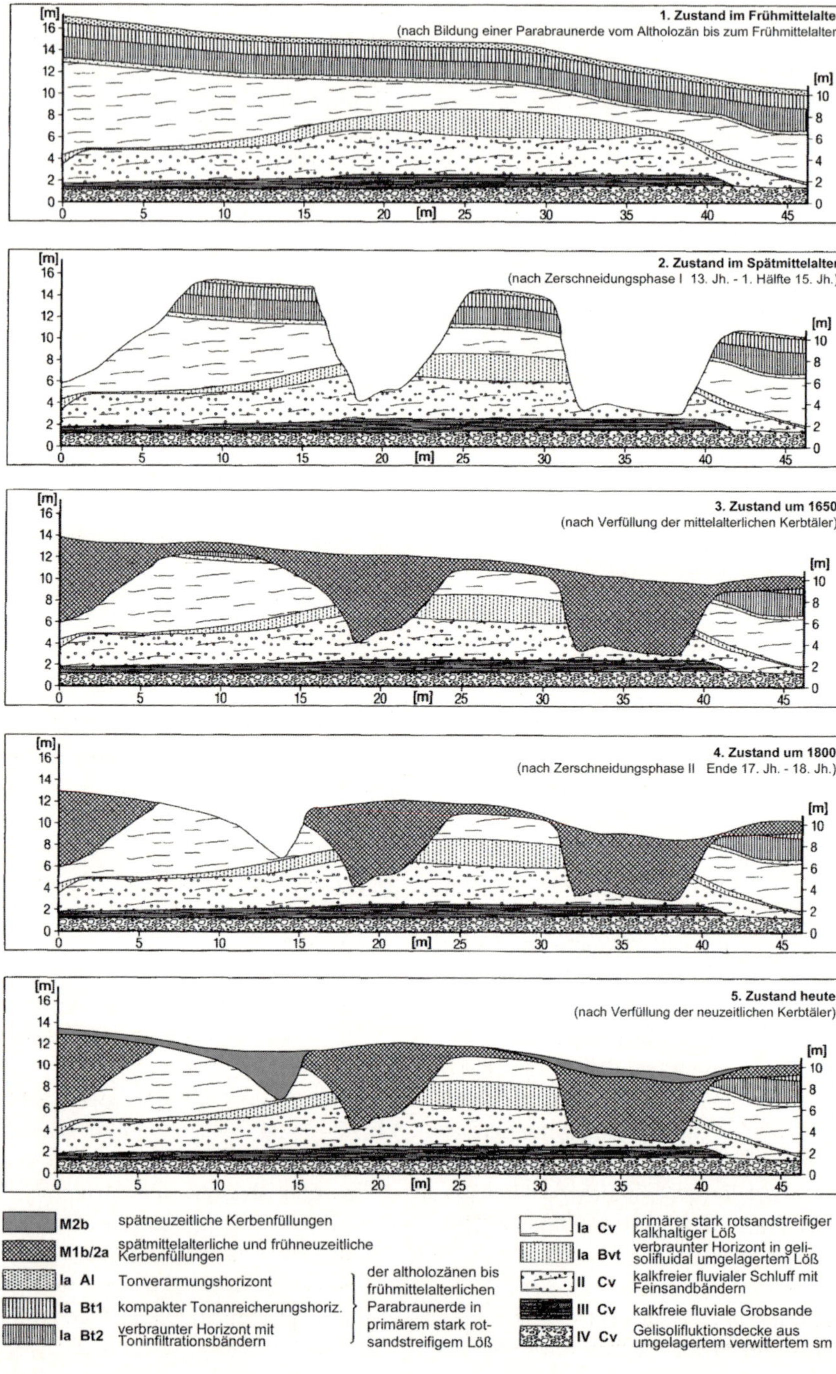

1. Zustand im Frühmittelalter
(nach Bildung einer Parabraunerde vom Altholozän bis zum Frühmittelalter)
2. Zustand im Spätmittelalter
(nach Zerschneidungsphase I 13. Jh. - 1. Hälfte 15. Jh.)
3. Zustand um 1650
(nach Verfüllung der mittelalterlichen Kerbtäler)
4. Zustand um 1800
(nach Zerschneidungsphase II Ende 17. Jh. - 18. Jh.)
5. Zustand heute
(nach Verfüllung der neuzeitlichen Kerbtäler)
[m]
0 2 4 6 8 10 12 14 16
0 5 10 15 20 [m] 25 30 35 40 45
M2b spätneuzeitliche Kerbenfüllungen
M1b/2a spätmittelalterliche und frühneuzeitliche Kerbenfüllungen
Ia Al Tonverarmungshorizont
Ia Bt1 kompakter Tonanreicherungshoriz.
Ia Bt2 verbraunter Horizont mit Toninfiltrationsbändern
der altholozänen bis frühmittelalterlichen Parabraunerde in primärem stark rotsandstreifigem Löß
Ia Cv primärer stark rotsandstreifiger kalkhaltiger Löß
Ia Bvt verbraunter Horizont in gelisolifluidal umgelagertem Löß
II Cv kalkfreier fluvialer Schluff mit Feinsandbändern
III Cv kalkfreie fluviale Grobsande
IV Cv Gelisolifluktionsdecke aus umgelagertem verwittertem sm

migen **Bergsenkungen** des Tiefbaus. In den Steinkohlerevieren Mitteleuropas stellen diese auch nach dem weitgehenden Abbau oder der Einstellung der Förderkapazitäten planungsrelevante und Sanierung erfordernde Phänomene dar.

14.3.2 Geoarchäologie und Sedimentkaskaden als Folge anthropogener Eingriffe in den Landschaftshaushalt. Wurden früher die Einflüsse des Menschen auf die Erdoberfläche eher als ein Aspekt unter vielen betrachtet, in der frühen Forschung über Bodenerosion (z. B. RICHTER 1965) stark regional bezogen und später dann sowohl als messende und modellierende Spezialforschung betrieben (SCHMIDT 1998, RICHTER 1998), so treten durch die Zusammenarbeit mit Archäologen heute Bilanzierungsfragen unter modifizierten Aspekten in den Vordergrund. Einen neuen Arbeitszweig stellt die **Geoarchäologie** dar (FUCHS u. ZÖLLER 2006). Die analytischen Möglichkeiten haben sich mit den in Nachbar- und Grundlagenwissenschaften entwickelten Datierungsmöglichkeiten für Böden, Artefakte und Sedimente (s. 14.2.3) enorm verbessert, so daß die Intensität von Formungsprozessen nicht mehr nur qualitativ beurteilt werden kann, sondern zunehmend Sedimentflüsse an Hängen und in Flüssen mit hoher zeitlicher Auflösung quantifiziert werden. Dies gibt Gelegenheit, sie mit Phasen menschlicher Gestaltung des Lebensraumes zusammenzubringen. In diesem Kontext ist die Geoarchäologie als eine Disziplin anzusehen, die in der Geomorphologie gründet und beheimatet ist. Sie ist eine „Wissenschaft, die mit geowissenschaftlichen Konzepten, Methoden und Kenntnissen kulturgeschichtlich relevante Fragestellungen zu beantworten versucht" (FUCHS u. ZÖLLER 2006, 140). Nach BRÜCKNER (2007) erforscht sie **„Geo-Bioarchive** in einem archäologischen Kontext mit den Methoden der Geographie und der Geowissenschaften, um die Entwicklung früherer Landschaften und Ökosysteme zu rekonstruieren, insbesondere mit Blick auf die Wechselbeziehungen zwischen Mensch und Umwelt". Als Geo-Bioarchive dienen landwirtschaftliche Kolluvien, Auelehme, Dünensande, Torfe, Seesedimente, litorale Ablagerungen oder Ablagerungsmassen gravitativer Massenbewegungen. Aus der Analyse datierter Sedimente können im Verbund mit den archäologischen Fundstücken und weiteren Quellen historische Umweltzustände rekonstruiert werden. So sind Aussagen zu Klima, Relief, Bodeneigenschaften (z. B. Nährstoffe), Wasserhaushalt (Fließgewässerentwicklungen, Grundwasserstände) und Vegetation in zurückliegenden **kulturgeschichtlichen Epochen** möglich, um „Fragen nach der Flexibilität von Gesellschaften bzw. Gesellschaftssystemen auf eine sich wandelnde Umwelt" (BRÜCKNER 2007) sowie in Bezug auf die Nachhaltigkeit früherer Nutzungen zu beantworten. Die Archäologie wird auf diese Weise durch geoarchäologische Forschungen von der lokalen Fundstelle auf übergeordnete Landschaftszusammenhänge aufmerksam. Geoarchäologische Erkenntnisse führen zur Einschätzung, daß nicht nur in den Gebieten der alten Hochkulturen, sondern auch in weiten Teilen Mitteleuropas das Ende der natürlichen Umwelt bereits im 3. Jahrtausend vor Christus erreicht war (GERLACH 2007).

Abb. 14.15 Mehrfache Zerschluchtung und Wiederverfüllung des Erosionsreliefs (nach BORK 1983, aus RICHTER 1998, 25)

Die Orientierung der Forschung an der englischsprachigen Geomorphologie sorgt dafür, daß in der Geomorphologie und in

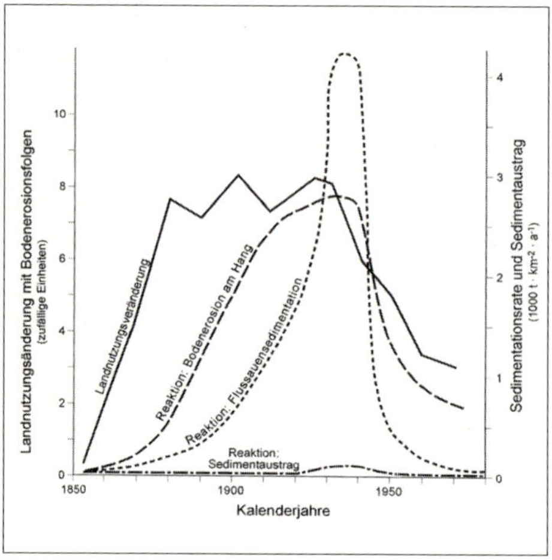

Abb. 14.16 Auslösung einer Sedimentkaskade durch Störung (Entwaldung) eines Flußeinzugsgebietes (DIKAU ET AL. 2006, 34 nach verschiedenen Autoren)

Kasten 14.1 RheinLUCIFS

Die geomorphologische Studie RheinLUCIFS (Land Use and Climatic Impacts In Fluvial Systems) (HOUBEN ET AL. 2006, DIKAU ET AL. 2005) geht der Frage nach, welche Einflüsse Klimaänderungen und die Entwicklung der Landnutzung im Einzugsgebiet des Rheins in den letzten 7.500 Jahren gehabt haben. Dazu werden in exemplarischen Teileinzugsgebieten Materialumlagerungen analysiert, zeitlich datiert und bilanziert. Der Bodenabtrag (Bodenerosion) an Hängen, die Zwischenspeicherung des abgetragenen Bodens (Kolluvium) an Unterhängen, in den Talauen der kleineren Flüsse, in den Sedimentkörpern der größeren Flüssen und des Rheins sowie der Materialtransport im Rhein werden als Teilglieder eines großen, wasserfallartigen Systems der Sedimentflüsse verstanden (Kaskadensystem) und miteinander in Beziehung gesetzt. Internationale Bemühungen streben ähnliche Bilanzen für große Flußeinzugsgebiete an.

der Geoarchäologie zunehmend **systemtheoretische Ansätze** verfolgt werden. In einem fluvialen System lösen Landnutzungsänderungen zeitlich und räumlich neben- und nacheinander, d. h. räumlich und zeitlich entkoppelte Reaktionen aus (Abb. 14.6 u. 14.15). Auf die Bodenerosion am Hang folgt unmittelbar die Akkumulation von Kolluvien am Unterhang und zeitversetzt die Sedimentation von Auenlehm. Als letzte Welle geomorphologischer Veränderungen findet der Austrag von Auelehm aus dem Gewässereinzugsgebiet statt. Voraussetzung für die Fortpflanzung des Anfangsimpulses ist die mehrfache Mobilisierung von Material: es steht zunächst als Boden auf den Hängen zur Verfügung, wird im Zuge der Bodenerosion an Unterhänge verfrachtet und als Kolluvium zwischengespeichert und gelangt anschließend in Fließgewässer, von denen es bei Hochwasser in den Sedimentspeicher Auelehm verfrachtet und später durch Flußerosion wieder abgetragen wird. Dabei treten Rückkopplungen auf: Durch den Bodenabtrag kann die Wasserspeicherung im Wassereinzugsgebiet verringert sein, mit der Folge einer Akzentuierung der Abflußdynamik (z. B. schnellere und höhere Abflußspitzen nach einem Starkniederschlag). Dies bleibt nicht ohne Folgen für die Sedimentdynamik im Fluß und in der Aue.

Der Zeitraum des Beispiels Abb. 14.15 umfaßt rund 100 Jahre. Prozesse in **Sedimentkaskaden** laufen auf verschiedenen Zeitskalen ab. Anpassungsreaktionen können lange Zeiträume in Anspruch nehmen. Für große Flußeinzugsgebiete, die im Pleistozän vergletscherte Hochgebirge einschließen, rechnet man mit Größenordnungen bis zu 10^4 Jahren. Der Sedimentaustrag umfaßt zum größten Teil die fortlaufend remobilisierten, im Pleistozän abgelagerten glazialen Lockersedimente.

Kasten 14.2 Literaturauswahl zur Ergänzung und Vertiefung des Kapitels 14

- **Modellvorstellungen und Konzepte**

DIKAU 2006, DIKAU ET AL. 2006, CAINE 1974, 1976, BARSCH & CAINE 1984, WABURTON 1993; *Häufigkeit und Intensität gemorphologischer Formungsprozesse (Frequenz und Magnitude):* AHNERT 1996, SCHROTT U. GLADE 2007, CROZIER U. MÄUSBACHER (Hg.) 1999; *Gleichgewicht und Dynamik in geomorphologischen Systeme:* AHNERT 1996, CHORLEY U. KENNEDY 1971, HARNISCHMACHER 2002, HARNISCHMACHER 2007, SCHULTE 2007, SCHUMM 1973, PHILIPPS 2003, DIKAU 2007 KNIGHTON 1998; *Sedimentflüsse und Sedimentkaskaden:* SchROTT ET AL. 2002, ZfG 127, 2002, MORCHE ET AL. 2007, SCHROTT ET AL. 2006, SCHMIDT U. MORCHE 2006, MORCHE ET AL. 2007, HOUBEN ET AL. 2006, ROWAN ET AL. 2006,

- **Ausgewählte Methoden** (in Ergänzung zu Kasten 1.4)

PFEFFER 2006 (Lehrbuch); *Geomorphometrie und digitale Reliefanalyse:* http://gidimap.giub.uni-bonn.de/gmk.digital/home.htm, DIKAU 1988, MANNSFELD 1994, BORK U. DALCHOW 2000, LESER 2003, AG BODEN 2005; *Messung von Prozessen: BARSCH et al 1994, BARSCH ET AL. 2000,* REID U. DUNNE 1996; *Sedimentanalyse:* COLLINSON U. THOMPSON 1982, MIALL 1996, SCHÄFER 2005, LESER 1977; *Geophysikalische Erkundung des Untergrunds:* HECHT U. FASSBINDER 2006, FROMM 1989, SCHROTT U. HECHT 2006; *Datierung*: GEYH 2005 (Lehrbuch), WAGNER 1995 (Lehrbuch), ZÖLLER U. WAGNER 2002 (Handbuchartikel), BRÜCKNER U. SCHELLMANN 2006, SCHLICHTING ET AL. 1995 (VERWITTERUNGSGRADE), BÄUMLER 2001, KRONBERG U. NESBITT, 1981 (Verwitterungsindex), BLAND U. ROLLS 1998, *Datierung mit Radionukliden*: IVY-OCHS 1996, ABRAMOWSKI 2004, HEISINGER ET AL. 2002a, HEISINGER ET AL. 2002b, SCHALLER ET AL. 2002, REUTHER ET AL. 2006, REUTHER 2007

- **Der Mensch als geomorphologischer Faktor**

BORK 1983 (Bodenerosion Südniedersachsen), BORK 1988 (Bodenerosion, regionale Beispiele), BORK ET AL. 1998 (Landschaftsentwicklung Mitteleuropa), GERLACH 1990 (Flußdynamik, Main), MOCK 1992 (anthropogene Einflüsse Oberrhein), MÄCKEL U. FRIEDMANN 1999 (holozäner Landschaftswandel, südl. Oberrheinebene, Schwarzwald), RATHJENS 1978 (Lehrbuch), SCHMIDT 1991 (Bodendecke unter anthrop. Einfluß, norddeutsch. Tiefland), SCHULTE U. STUMBÖCK 2000 (Hegau, SW-Deutschland), SEMMEL 1998 (histor. Bodenerosion in Mittelgebirgswäldern), NILLER 2001 (Lößgebiet bei Regensburg), ANDRES 1998 (Terrestrische Sedimente als Zeugen von Umweltveränderungen seit der Eiszeit)
Bodenerosion: siehe auch Kasten 7.8
Geoarchäologie und Sedimentkaskaden als Folge anthropogener Eingriffe in den Landschaftshaushalt: FUCHS U. ZÖLLER 2006, Themenheft ARCHÄOLOGIE IN DEUTSCHLAND 4/2007, RIES 1995, FUCHS 2006, VÖTT U. BRÜCKNER 2006, ZIELHOFER 2006, MÄCHTLE U. EITEL 2006, DIKAU et al. 2006

15 Reliefentwicklung in Mitteleuropa

15.1 Übersicht

Die Dreiteilung Mitteleuropas (Abb. 15.1) in Hochgebirge, Mittelgebirge und Tiefland spiegelt die tektonische Großgliederung wider. Das **Tiefland** bildete während des Tertiärs und Quartärs Senkungsgebiete, die gegenüber der zum Teil kräftigen Hebung der anderen Räume zurückblieben. Deshalb nahmen sie große Sedimentmassen auf, die einerseits – von den angrenzenden Hochgebieten abgetragen – als festländische Sedimente und andererseits als marine Sedimente bei Meeresvorstößen (Transgression) abgelagert wurden. Kennzeichnend für das Tiefland sind geringe Höhenunterschiede und die Dominanz quartärer Lockersedimente an der Erdoberfläche. Die Genese der Oberflächenformen ist somit ganz überwiegend auf exogene Formungsprozesse (fluviale, glaziale, periglaziale, äolische, marine) zurückzuführen, die räumliche Differenzierung ist Ausdruck der Prozeßkombinationen, die je nach Gebiet unterschiedlich im Laufe des Quartärs prägend waren.

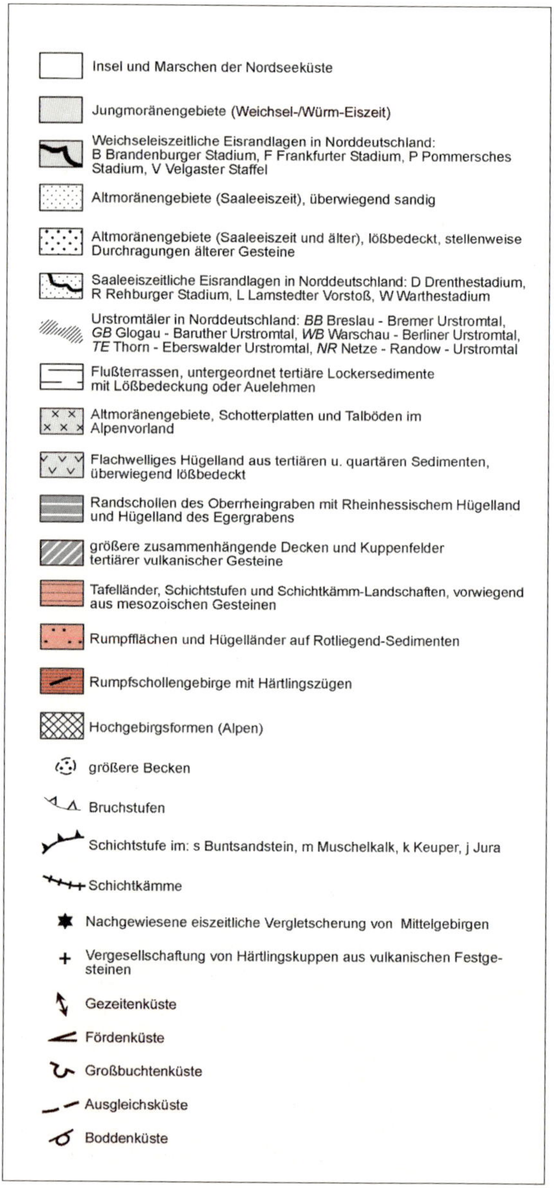

Abb. 15.1 Geomorphologische Übersichtskarte Mitteleuropas
(nach LIEDTKE 1995, verändert)

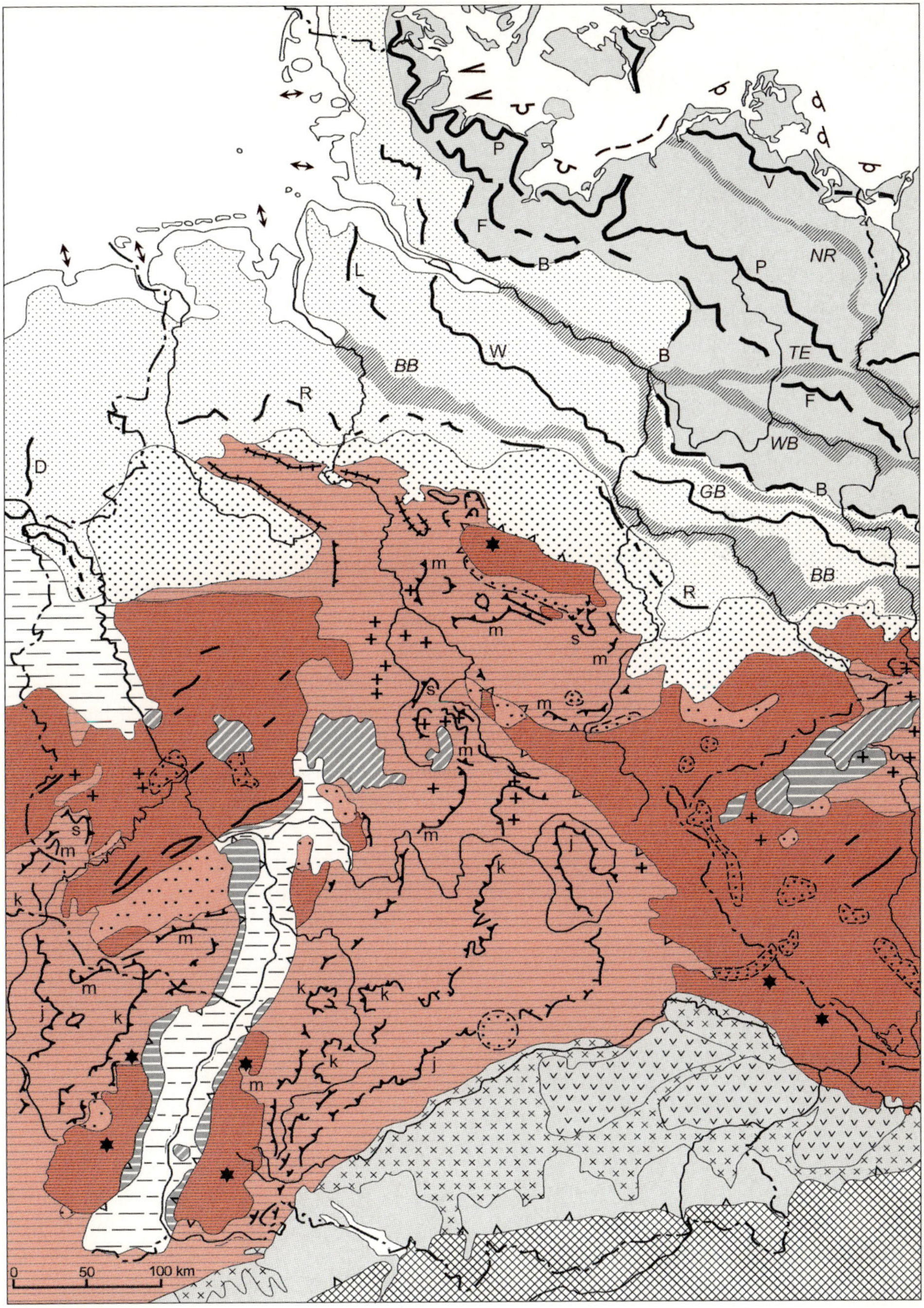
P
V
F
B
L
P
NR
W
BB
B
TE
R
F
WB
D
GB
B
BB
R
m
m
s
m
s
m
m
j
k
s
m
k
m
m
k
k
j
k
k
j
m
0 50 100 km

Die **Mittelgebirgszone** wird bestimmt durch paläozoische und mesozoische Festgesteine im Untergrund, die häufig nur von geringmächtigen jüngeren Sedimenten bedeckt werden. Sie gliedert sich in morphologische Teilräume, die durch Gesteinstypen (s. Abb. 3.23) und tektonischen Baustil unterschieden werden können. Da charakteristische Züge der Oberflächenformen durch geologische Strukturen mitgeprägt sind, sind in den Mittelgebirgen Strukturformen häufig.

Zwischen einzelnen Mittelgebirgsblöcken sind **tektonische Becken und Senken** angelegt (z. B. Oberrheingraben), deren Reliefcharakter dem des Tieflands ähnelt. Mittelgebirgszone und Hochgebirge sind durch das Alpenvorland getrennt, das vor allem im Tertiär als Sedimentbecken für den Abtragungsschutt der aufsteigenden Alpen diente.

Die Alpen unterscheiden sich als **Hochgebirge** zunächst durch ihren tektonischen Baustil (alpinotypes Deckengebirge) von den Mittelgebirgen, jedoch darüber hinaus durch die größere Reliefenergie und durch die glaziale Überprägung des gesamten Gebirges während des Quartärs. Insgesamt ist die Intensität heutiger morphodynamischer Prozesse im Vergleich zu den anderen Räumen gesteigert; in den Hochlagen spielen frostdynamische Prozesse eine Rolle.

15.2 Norddeutsches Tiefland und Küsten

15.2.1 Alt- und Jungmoränenlandschaften. Für die Reliefentwicklung in Norddeutschland waren geomorphologische Prozesse im Quartär maßgeblich. Während der letzten drei Kaltzeiten stieß das Nordische Inlandeis zum Teil weit bis nach Süden an den Rand der Mittelgebirgsschwelle vor. Das eisüberformte Norddeutschland wird in **Jung- und Altmoränenlandschaften** (Abb. 15.1) gegliedert. Als Jungmoränengebiete werden alle Gebiete bezeichnet, die in der **Weichsel-Vereisung** durch glaziäre Prozesse (s. 9.7) geprägt worden sind. Die südlich und westlich anschließenden Räume bis zur Linie des maximalen Eisvorstoßes werden Altmoränengebiete genannt. Ihre Eisüberprägung stammt aus der Saale-Eiszeit sowie aus der Elster-Eiszeit (s. Tab. 15.1 und Kasten 15.1).

Für die Formen und den oberflächennahen Untergrund ist die **Elstereiszeit** nur südöstlich des Harzes und in einem schmalen Streifen von Chemnitz, Dresden bis in die Lausitz von Bedeutung; beiderseits der namengebenden Elster liegen hier die glazialen Sedimente am weitesten nach Süden vorgeschoben. Die **saalekaltzeitliche Vereisung** erreichte östlich des Harzes nicht die maximale Ausdehnung der vorangegangenen Elsterkaltzeit; allerdings stieß das Inlandeis im Westen bis an den Niederrhein und den Nordrand des östlichen Rheinischen Schiefergebirges vor. Die südliche Niederrheinische Bucht bildet das einzige Gebiet nördlich der Mittelgebirge ohne glaziale Sedimente.

Die Grenze zwischen Alt- und Jungmoränengebieten verläuft in N/S-Richtung durch Schleswig-Holstein, schwenkt zwischen Hamburg und Lübeck in S/E-Richtung um, überschreitet jedoch nicht die Elbe; besonders weit nach Süden ist die Jungmoräne in Brandenburg südlich von Berlin vorgeschoben; sie überschreitet die untere Neiße und zieht südlich der Oder nach Osten. In Brandenburg und Mecklenburg-Vorpommern sind die drei

Tab. 15.1 Gliederung des Quartärs

Zeitskala (Jahre vor heute)	Quartärgliederung und stratigraphisches System in Norddeutschland *(Äquivalente im Alpenvorland)*	Vegetations- und Landschaftsentwicklung	Vorstöße des nordischen Inlandeises und Gletscher im Alpenraum	geomorphol. wichtige Prozesse und Sedimente in eisfreien Gebieten
	Holozän	Waldvegetation		Torfe, Marschen, Auensedimente
10.000	**Weichsel-Glazial** *(Würm)* Spätglazial	Flechten-Tundra und Birken-Kiefernzeit	nord. Inlandeis: Eisrand in Finnland und Mittelschweden	Abluation; Solifluktion (Decklagen)
13.000	oberes Pleniglazial (Hochglazial)	Frostschutt-Tundra mit Permafrost	nordisches Inlandeis: Pommersches Stadium Frankfurter Stadium Brandenburger Stadium; Verstoß der Alpengletscher in das Alpenvorl.	Lößbildung, Flugsande und Dünen; freie Solifluktion (Mittellage); Ablagerung der Niederterrassen (Sande und Kiese) entlang der Flüsse
27-30.000	unteres u. mittleres Pleniglazial	Flechtentundra mit Permafrost		Beginn der Lößbildung; Abluation; gebundene Solifluktion (Basislage)
73.000	Frühglazial	Flechtentundra, unterbrochen durch Strauchtundra während der Interstadiale; periodischer Bodenfrost		Abulation fluviale Erosion und Einschneidung
115.000	**Eem-Interglazial**	warm-gemäßigt; Waldvegetation		
130.000	**Saale-Glazial** ***(Riß)*** Warthe-Stadium	Tundrenvegetation	Inlandeisvorstöße und Vorstoß der Alpengletscher bis in das Alpenvorland	Mittelterrassen
350.000				

Fortsetzung der Tab. 15.1

Zeitskala	Quartärgliederung und stratigraphisches System in Norddeutschland *(Äquivalente im Alpenvorland)*	Vegetations- und Landschaftsentwicklung	Vorstöße des nordischen Inlandeises und Gletscher im Alpenraum	geomorphol. wichtige Prozesse und Sedimente in eisfreien Gebieten
	Holstein-Interglazial	warm-gemäßigt; Waldvegetation		
370.000	**Elster-Glazial** ***(Mindel)***	Tundrenvegetation	Inlandeisvorstoß und Vorstoß der Alpengletscher bis in das Alpenvorland	Mittelterrassen
475.000	**Cromer-Komplex**	Wechsel zwischen Warm- und Kaltzeiten	Alpengletscher bis zum Alpenrand	Mittelterrassen und jüngere Hauptterrassen
850.000	Bavel-Komplex	Warm- und Kaltzeiten		
1 Mio	Menap *(Günz)*	hpts. Tundren		ältere Hauptterrassen
1,17 Mio	Eburon *(Donau)*	Kaltzeit		
1,8 Mio	Tegelen	Kalt- und Warmzeiten		
2,35 Mio	Prätegelen-Komplex	Kaltzeiten		
2,6 Mio	Tertiär	subtropisch/tropisch		älteste Flußterrassen

Rückzugsstadien der Weichsel-Vereisung sehr einprägsam bezeichnet. Von Süden nach Norden (in alphabetischer Reihenfolge) sind **Brandenburger**, **Frankfurter** und **Pommersches Stadium** zu erkennen.

Die zugehörigen **Urstromtäler** (Glogau-Baruther, Warschau-Berliner und Thorn-Eberswalder Urstromtal) säumen die ehemaligen Eisrandlagen; das Thorn-Eberswalder Urstromtal durchbricht die Endmoräne des Frankfurter Stadiums, ehe es sich mit den beiden anderen bei Wittenberge zum Elbe-Urstromtal vereinigt. In Schleswig-Holstein sind die verschieden alten Endmoränen auf engem Raum dicht zusammengedrängt.

Kennzeichen von Jungmoränenlandschaften (vgl. Abb. 15.2) sind zusammenfassend folgende: lebhaftes Relief mit charakteristischen, abflußlosen Hohlformen; das Gelände ist durchsetzt mit kleineren und größeren Seen; wegen der Jugendlichkeit des Gewässernetzes ist noch keine vorherrschende, bevorzugte Entwässerungsrichtung erkennbar.

Abb. 15.2 Jungmoräne (Foto: H. LIEDTKE). Die kuppige Endmoräne ist mit erratischen Blöcken (Findlinge) durchsetzt.

Der geringen Überprägung des Jungmoränenreliefs steht die Umgestaltung der Altmoränengebiete gegenüber. Die einzelnen Glieder der glazialen Serie sind selten klar erkennbar, selbst Endmoränen sind nicht immer zweifelsfrei von Grundmoränen zu unterscheiden.

In Schleswig-Holstein sind den Sandern der Weichselvereisung Reste älterer Endmoränen vorgelagert, die in das **Warthe-Stadium der Saale-Eiszeit** gestellt werden. Gleichaltrige Formen finden sich in der Lüneburger Heide, der Altmark, im Fläming und in der Niederlausitz.

Noch weiter nach außen werden vielfach Moränen zusammengefaßt, die sich aus den Niederlanden entlang einer W/E-verlaufenden Linie zum **Rehburger Stadium** (Saale, Drenthe-Stadium) nördlich von Zwolle über die Dammer Berge, nördlich des Steinhuder Meeres und an Hannover vorbei bis südlich von Magdeburg verfolgen lassen; die zeitliche und genetische Stellung der Moränen ist im Detail strittig. Bei großräumiger Betrachtung als weniger problematisch gelten die **drenthestadialen Moränen der Hamelner Phase**. Sie ziehen reliefbildend als Grenzen der maximalen Eisverbreitung von Amsterdam an den linken Niederrhein bis Neuss/Düsseldorf und anschließend – ohne auffällige Prägung des Reliefs – in NNW-Richtung am Südrand der Westfälischen Bucht entlang in das Weserbergland bis Hameln, nördlich am Harz vorbei und erreichen die Saale südlich von Halle.

Während der Weichselkaltzeit lagen die **Altmoränengebiete im Periglazial-**

raum (s. 10). Hier herrschte kaltklimatisches Tundrenklima mit Permafrost und spärlicher Vegetationsbedeckung. Während der frühsommerlichen Schneeschmelze und der Auftauphasen des Permafrostbodens wurden Feinsande, Schluffe und Tone durch oberflächlich abfließendes Schmelzwasser fortgeführt, Blöcke und grobe Sande verblieben an Ort und Stelle. Bei nachlassendem Gefälle wurde der Großteil der Sande am Hangfuß und in den alten, weiten glaziär geschaffenen Tiefenzonen als Talsand abgelagert; dadurch wurden Hohlformen des Glazialreliefs der Saalekaltzeit verfüllt. Schluffe und Tone wurden als Schwebfracht bis in das Meer verfrachtet. Die skizzierten spüldenudativen Prozesse wurden von LIEDTKE (1992) unter dem Begriff **Abluation** zusammengefaßt (s. 10.3.6). Die ablualen Sande werden zeitlich hauptsächlich in die frühe Weichselkaltzeit (s. Tab. 15.1) gestellt.

Im Verbreitungsgebiet der Geschiebelehme fanden **Solifluktionsprozesse** (Gelifluktion und Versatzdenudation) und die **frostdynamische Aufbereitung** des Auftaubodens statt. Aus dem älteren Moränenmaterial entstand auf diese Weise der **Geschiebedecksand** als eigenständige periglaziale Bildung (s. Abb. 15.3). Seine Mächtigkeit beträgt zwischen 15 und 60 cm; erkennbar ist der Geschiebedecksand an Verwürgungen, am Fehlen jeglicher Schichtung, und häufig sind in den unteren Bereichen die Steine zu einer Steinsohle angereichert. Geschiebedecksand ist auf Kuppen, auf Hängen und im flachen Gelände außerhalb der Verbreitungsgebiete holozäner Ablagerungen

Abb. 15.3 Geschiebedecksand. Der obere Abschnitt des Profils (= Geschiebedecksand) hebt sich durch die frostdynamische Entschichtung deutlich von den unterlagernden geschichteten Sanden ab.

und Flugsande anzutreffen. Zeitlich ist die Masse des Geschiebedecksandes in das Hochglazial der Weichselkaltzeit (s. Tab. 15.1) zu stellen; er entspricht zeitlich den quartären Decklagen in den Mittelgebirgen (s. Kasten 15.2).

Große Teile der Altmoränenlandschaft sind durch äolische Sedimente geprägt. Dies sind zum einen die Flugsande, die in Form von Dünen oder als Flugdecksande des Hochglaziales auftreten, und die **Lösse**. Während des Hochglazials waren die Voraussetzungen für die Ausblasung von Schluff und Sand günstig: es herrschte arides bis semiarides Klima, und große Teile der Erdoberfläche waren vegetationsarm. Für das Hochglazial sind Lößsedimentationsraten von 0,6 – 2 mm/Jahr errechnet worden. Flächenhaft kommen Lösse südlich einer Linie Hannover – Braunschweig – Magdeburg – Leipzig und Bauzen vor, ebenso in der Niederrheinischen Bucht und in den Börden am Südrand der Westfälischen Bucht. Desweiteren sind Lösse am Aufbau der periglazialen Deckschichten auf den Festgesteinen der Mittelgebirge (s. 8.6, Kästen 15.1 und 15.2) anzutreffen. Die Flugdecksande und Dünen stammen überwiegend ebenfalls aus dem Hochglazial und dem Spätglazial; jedoch ist Dünen- und Flugdecksandbildung auch aus dem Holozän bekannt und dann – außer an der Küste – anthropogen ausgelöst (Winderosion). Zwischen Löß und Flugsand gibt es vielfältige Übergänge, die als Sandlöß, Flottsand und Flottlehm bekannt sind (s. Abb. 15.4).

Insgesamt haben Solifluktion, Abluation, Flugsand- und Lößsedimentation die morphologische Umgestaltung des ehemals lebhaften Glazialreliefs zur weitgehend ausdruckslosen Altmoränenlandschaft bewirkt.

15.2.2 Moor, Marsch, Watt und Inseln. Zum Ende der Weichselkaltzeit war die Deutsche Bucht landfest und eisfrei. Sie bot das Bild einer Altmoränenlandschaft; Rhein und Elbe mündeten in weit verzweigten Wasserläufen in die Nordsee, und vermutlich bildeten die Themse und der Rhein einen gemeinsamen Mündungsbereich. Nahe der damaligen Nordsee entstanden im Holozän auf den pleistozänen Sanden Sumpfgebiete mit Flachmooren, aus denen der sogenannte **Grenztorf (Basistorf)** entstanden ist. Er bildet die Grenze zwischen pleistozänen und holozänen Ablagerungen. Im Holozän setzte sich der Meeresspiegelanstieg nach dem endgültigen Abschmelzen des

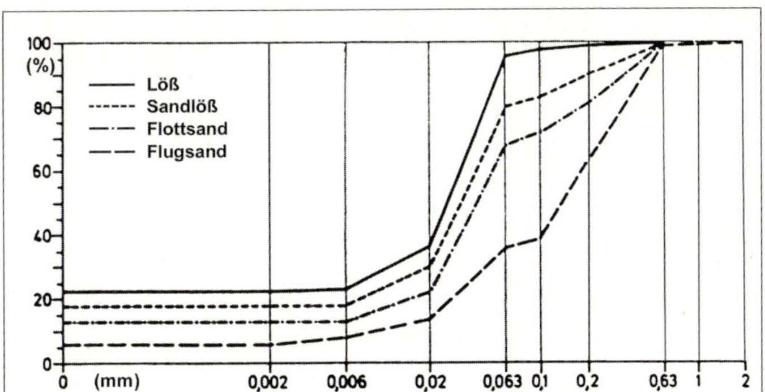

Abb. 15.4 Kornsummenkurven äolischer Sedimente (aus SIEBERTZ 1983)

nordischen Inlandeises fort (**Flandrische Transgression**; s. Tab. 15.1 und Abb. 15.5). Der Meeresboden der Nordsee besteht aus graublauem, ungeschichtetem Sandschlick mit 90% Quarz, 3% Kalk, 2% Ton und 1% organische Substanz. Die Flandrische Transgression wird in die Abschnitte Calais- und Dünkirchen unterteilt, ersterer war durch einen schnelleren Meeresspiegelanstieg (bis 2000 v. Chr.) gekennzeichnet; die zugehörigen Sedimente sind auf einige Hohlformen beschränkt; die Sedimente der langsamer verlaufenden Dünkirchen-Transgression besitzen die größte Verbreitung am Meeresboden und in den Marschen. Das heutige mittlere Tidehochwasser an der Niedersächsischen Küste liegt bei 1,5 m ü. NN; spätrömische, karolingische und mittelalterliche Überflutungsphasen brachten Aufschlickungen bis 1,8 m ü. NN. Den 5-10 km breiten amphibischen Streifen zwischen Festland und den friesischen Inseln bildet das **Wattenmeer**. Landschaftsgenetisch grundlegend ist die Unterscheidung zwischen **Flußmarschen** und **Seemarschen**. Als Unterscheidungskriterium wird das Ca/Mg-Verhältnis benutzt, das in der Seemarsch wegen des biogenen Kalkgehaltes höher ist. Marschböden besitzen in der Regel Tongehalte von über 17%. Nach sedimentologisch-genetischen Kriterien werden in der Bodenkunde noch **Brackmarsch** und **Organomarsch** unterschieden. Eine geomorphologisch klare Abgrenzung zwischen Marsch und Watt ist nicht möglich. Ohne Deiche und ohne Küstenschutz wären große Landflächen regelmäßig zwei Mal pro Tag überflutet. Die ab etwa 1000 n. Chr. errich-

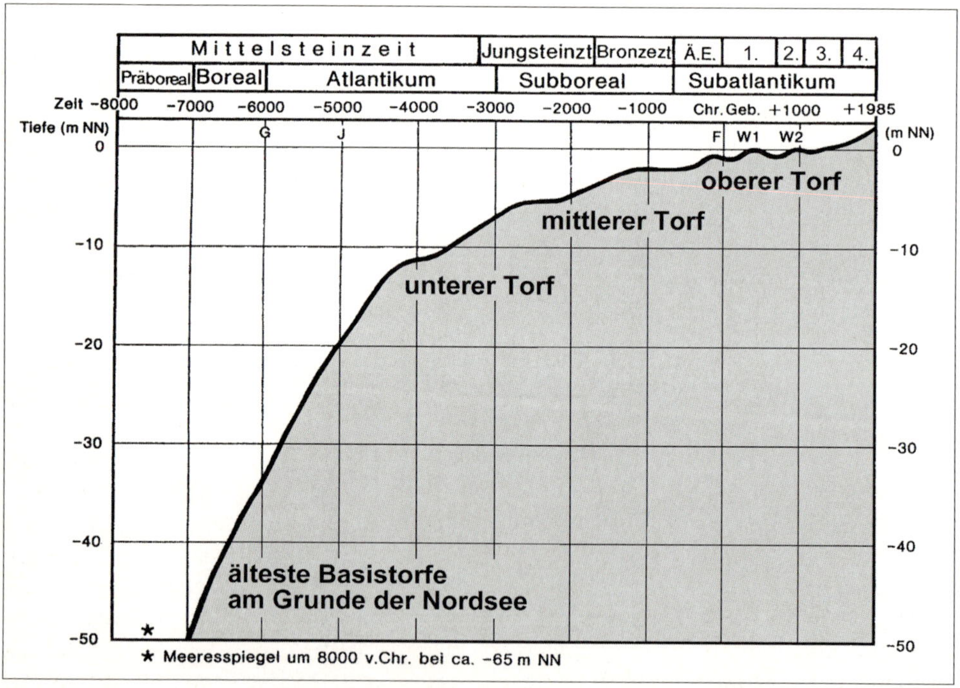

Abb. 15.5 Meeresspiegelanstieg der Nordsee im Holozän (nach BEHRE 1987, verändert)

teten frühen Deiche wurden teilweise durch die mittelalterlichen Fluten zerstört. In Ostfriesland entstanden neue Meeresbuchten (z. B. Dollart, Leybucht, Harlebucht, Jadebusen), die zweite Marcellusflut im Jahr 1362 führte zur Auflösung der Nordfriesischen Küste in die heute vorhandenen Inseln. Durch verstärkte **Neulandgewinnungen**, ermöglicht durch **Deichbauten** nach dem 17. Jahrhundert, konnten große verlorengegangene Flächen dem Meer wieder abgerungen werden.

Durch den holozänen Meeresspiegelanstieg stieg der Grundwasserspiegel im Küstenraum. Besonders betroffen waren die Flußtäler mit ihren Überschwemmungsbereichen sowie die unmittelbar küstennahen Streifen; gleichzeitig wurden die Gewässer zurückgestaut, so daß sich auch Talniederungen in größerer Entfernung zur Küste zu vernäßten Sümpfen entwickelten. Seggen und Schilf wuchsen im Kontakt mit dem nährstoffreichen Grundwasser, und unter Sauerstoffabschluß bildeten sich **Mudden** aus organischem Material. Beginnend ab etwa 5000 v. Chr. beschleunigte sich der Meeresspiegelanstieg (vgl. Abb. 15.5), und in den Niederungsgebieten setzte überall kräftiges **Moor**wachstum ein. Wo der Anstieg des Grundwasserspiegels im Gleichklang mit der Aufhöhung der Mooroberfläche durch abgestorbene Pflanzenreste verlief, bildete sich ein **topogenes Moor (Niedermoor)**, für das wegen des Kontakts zum Grundwasser ein relativ hoher Nährstoffgehalt kennzeichnend ist. Wo die Mooroberfläche durch das starke Wachstum der Moorpflanzen dem Grundwasseranstieg vorauseilte, entstanden **Übergangsmoore** mit anspruchsloseren Pflanzengemeinschaften und zuletzt die **ombrogenen Moore (Hoch- oder Deckenmoore)**, deren Nährstoffzufuhr ausschließlich über die Niederschläge erfolgt. In Norddeutschland sind den ombrogenen Mooren in den meisten Fällen topogene und Übergangsmoore zeitlich vorausgegangen. Sedimentologisch werden in ombrogenen Mooren zwei Torfe unterschieden, der dunkle, stark zersetzte Sphagnumtorf (**Schwarztorf**) und der hellbraune, schwach zersetzte Sphagnumtorf (**Weißtorf**). Die Grenze zwischen beiden wird als **Schwarz-Weiß-Torf-Kontakt** (SWK) bezeichnet. Schwarztorf bildet sich bei guter Durchlüftung und schnellem Abbau der Pflanzensubstanz, Weißtorf bei starker Vernässung und deshalb schlechter Durchlüftung. Vor allem seit dem späten 18. Jh. ist in Norddeutschland fast überall das Moorwachstum durch den Menschen gestoppt worden. So gibt es in Norddeutschland kaum noch ein intaktes Hochmoor. Ursprünglich rechnete man mit einem jährlichen vertikalen Torfzuwachs von 1 mm im Schwarztorf und 2-4 mm im Weißtorf.

Die geomorphologischen Rahmenbedingungen der Torfentstehung begründen die räumliche Verbreitung der Moore. Ältere Moorbildungen kommen zum einen unter älteren Marschensedimenten vor und zum anderen als sogenannte **Geestrandmoore** zwischen Marsch und Geest sowie in den flußbegleitenden Niederungen.

Die Kette der **Ostfriesischen Inseln** entstand im Holozän. Vermutlich haben sie sich aus Sandplaten, die bei wiederholten Sturmfluten über das mittlere Tidehochwasser hinaus angelegt worden sind, entwickelt (vgl. Abb. 1.1 und Kasten 1.1). Als reine Düneninseln unterliegen sie der ständigen Veränderung. Mit dem Sandtransport entlang der Küste – die Gezeitenströmung durchläuft die Deutsche Bucht entgegen dem Uhrzeigersinn – wandern die Inseln; dies ist für die historische Zeit gut dokumentiert. Der Austausch des Meerwassers zwischen dem Wattenmeer und der offenen Nordsee erfolgt im Gezeitenrhythmus durch zwischen den Inseln liegende Seegatten.

Die meisten **Nordfriesischen Inseln** enthalten Geestkerne. Teilweise kräftiger Abtragung unterliegen die seewärtig exponierten Kliffs (z. B. rotes Kliff auf Sylt); sie liefern das Material für die Nehrungen und Strandwälle, die sich im Norden an die Inseln Amrum und Sylt anschließen. Auch Dünenlandschaften sind typisch für die großen nordfriesischen Inseln. Pellworm, Nordstrand und die Halligen bilden die Überreste des bei den mittelalterlichen Sturmfluten untergegangenen Marschlandes.

15.2.3 Ostseeküste. Die Ostsee entwickelte sich nach dem vollständigen Abschmelzen des nordischen Inlandeises im Baltischen Raum; ab 7900 Jahren bis 5700 Jahren vor heute stieg der Meeresspiegel schnell an (0,9 cm/Jahr); danach oszillierte er in etwa um das heutige Niveau. Im vorpommerschen Küstenraum machten sich noch die glazialisostatischen Hebungen (vgl. Abb. 3.2) bemerkbar. Entsprechend der glazialen Vorgeschichte des Ostseeraums stehen an der Küste Geschiebemergel und glazifluviale Sedimente an, die durch Küstenprozesse erodiert und umgelagert wurden. **Steil-**, **Förden-**, **Buchten- und Ausgleichsküsten** wechseln einander ab (s. Abb. 15.1 und 15.6).

Abb. 15.6 Kliff im Geschiebemergel an der Ostseeküste (Jasmund) (Foto: H. LIEDTKE)

15.3 Mittelgebirge

15.3.1 Gemeinsamkeiten und Besonderheiten. Gemeinsam ist allen Mittelgebirgen (s. Abb. 15.1), daß sie spätestens seit dem Tertiär gegenüber den Tiefländern, Senken und Becken als relative **Hochschollen** herausgehoben wurden und deshalb bevorzugte Abtragungsbereiche waren. Deshalb fehlt ihnen weitgehend die Überdeckung durch mächtige quartäre Sedimente (vgl. Abb. 3.23); die quartären Decklagen (s. Kasten 15.2) sind Ausdruck der großflächigen Denudation, und nur lokal erreichen sie größere Mächtigkeiten von über 2 m.

Die Reliefentwicklung reicht bis ins ausgehende Mesozoikum und Tertiär zurück; somit unterlag sie dem **Einfluß unterschiedlicher Paläoklimate** (s. Kasten 15.1). Die klimatische Differenzierung der geomorphologischen Formungsprozesse (s. 11) bei gleichzeitiger, **räumlich differenzierter Gebirgshebung** macht zu einem großen Teil Unterschiede und Besonderheiten der Mittelgebirgsreliefs aus. Unter differenzierter tektonischer Hebung wird hier verstanden, daß einzelne Teile der Gebirge unterschiedlich stark gehoben worden sind; dabei können die Übergänge einmal als Verstellungen mit sanften, allmählichen Übergängen und Anstiegen auftreten, ein anderes Mal liegen sie als Bruchstufen und Bruchlinienstufen vor (s. 12.4). Unterschiede in der Gesteinswiderständigkeit machen sich vor allem in Abtragungsgebieten bemerkbar. Deshalb sind in fast allen Mittelgebirgen gesteinsbedingte Strukturformen (s. 12) anzutreffen. In den Räumen aus mesozoischen Deckgebirgsschichten dominieren sie die Meso-Reliefformen.

Unterschiede der **Abtragungsresistenz der Gesteine** machten sich in allen Mittelgebirgen spätestens unter den Klimaten des Quartärs und des Tertiärs bemerkbar. So sind z. B. die Härtlingsrücken des Soonwaldes und des Taunus an den widerstandsfähigen Taunusquarzit gebunden. Der Gesteinseinfluß ist besonders stark im Bereich des fluvialen Abtragungsreliefs; durch ihn werden häufig die Hanggliederung sowie die Gliederung der Täler in Engtalstrecken und weite Ausraumzonen bestimmt.

Die morphologische Weiterentwicklung der Mittelgebirge im Jungtertiär und Quartär vollzog sich zum einen als Denudation auf den flachgeneigten, talfernen Gebieten, zum anderen als Talentwicklung. Primäre Ursachen der Talentwicklung sind die tektonischen Hebungsimpulse, die zur fluvialen Tiefenerosion führen; die Veränderungen der Abflußdynamik im Gefolge der mehrfachen Klimawechsel zwischen Kalt- und Warmzeiten (s. Kasten 14.2) modifizierten sowohl die Formung im Gerinnebett als auch an den Hängen. So sind in nahezu allen großen Tälern zumindest streckenweise Flußterrassen (s. 7.4.3) erhalten geblieben (s. Abb. 15.7).

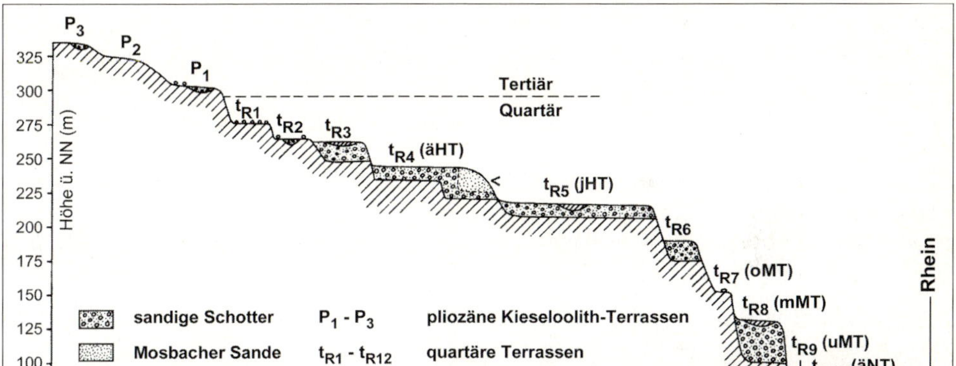

Abb. 15.7 Terrassenabfolge im unteren Mittelrheintal (nach BIBUS 1983, verändert). Unterhalb des Niveaus der jungtertiären und ältestpleistozänen Terrassen (P 3 – t_{R5}) ist das Engtal des Rheins eingeschnitten. Die auch im Landschaftsbild auffallende Hangkante (z. B. Loreleyfelsen) entspricht in etwa dem Niveau der jüngeren Hauptterrasse (= t_{R5} ; jHT). Die Mittelterrassen (obere, mittlere und untere MT) sind meist nur als schmale Talleisten erhalten. Den Abschluß bilden die Niederterrassen aus der Würm-Kaltzeit (ältere und jüngere NT), in die die holozänen Talböden eingesenkt sind.

Kasten 15.1 Paläoklima und Klimaindikatoren

Durch neue Verfahren der **Klimarekonstruktion** konnten in den letzten Jahren die Kenntnisse über das Klima im Tertiär präzisiert werden. Die weltweite, globale Temperaturentwicklung ist durch die Analyse der **Sauerstoff-Isotope** in marinen Fossilien gelungen (Abb. A). Demzufolge hat es während des gesamten **Tertiärs** eine stetige Abkühlung der Ozeanwassertemperaturen gegeben. Aufschluß über die Temperaturveränderungen in Mitteleuropa erlaubten insbesondere die fossilreichen tertiären Ablagerungen in den Braunkohlen-Großtagebauen. Die darin enthaltenen reichhaltigen Faunen- und Florenreste belegen, daß im Alttertiär tropische und subtropische Pflanzen gedeihen konnten. Die Jahresmitteltemperaturen überstiegen 20 °C. Ab dem Eozän sanken die Temperaturen bis zum Ende des Tertiärs kontinuierlich bis auf Werte, die mit den heutigen vergleichbar sind. Schwieriger als Temperaturangaben ist für das Tertiär die Schätzung von Niederschlagssummen und jahreszeitlichen Niederschlagsverteilungen. Es gibt Hinweise, daß es neben den überwiegend humiden, auch trockene Phasen gegeben hat.
Das **feuchttropische Tertiärklima** wird den heutigen Tropenklimaten gegenübergestellt. Dort werden bei insgesamt gesteigerter Verwitterungsintensität mit Kieselsäureabfuhr bevorzugt Tonminerale des Kaolinit-Typs gebildet; für die immerfeuchten Tropen ist auch die residuale Anreicherung von Eisen- und Aluminiumoxiden typisch (s. 5.5.1). Und tatsächlich findet man an vielen Stellen in Mitteleuropa, nämlich dort, wo die weitgehend von Tälern unzerschnittenen, alten Landoberflächen kartiert werden, Verwitterungsreste, die denen der heutigen Tropen ähneln: **Kaolinite**, **Eisenkonkretionen** und -**krusten** (z.T. als sog. **Bohnerze**; Abb. B). Diese Klimazeugen stützen das angenomme tertiäre Alter der häufig hochgelegenen Verebnungen; allerdings finden sie sich nicht mehr in den höchsten Lagen der Mittelgebirge, vermutlich weil sie in diesen besonders stark gehobenen Reliefpositionen bereits wieder abgetragen worden sind. Während die alten Verwitterungsreste in den Schiefergebirgen häufig flächenhaft verbreitet unter periglazialen Decklagen beobachtet werden, sind sie in den verkarsteten Mittelgebirgen bevorzugt in Karstspalten und Schlotten erhalten.

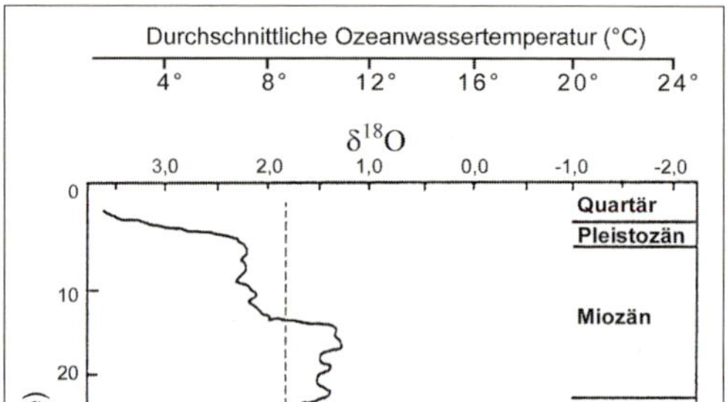

Abb. A Veränderung der Ozeanwassertemperaturen seit der Kreide (nach MILLER et al 1987, in PARRISH 1998, 42, verändert)

Im **Pleistozän** setzte sich die Temperaturabnahme fort; phasenweise herrschte eiszeitliches Frostklima. So ist das hervorstechendste Merkmal des Pleistozäns der **mehrfache Wechsel zwischen Kalt- und**

Warmzeiten (s. Tab. 15.1). Während die Klimate der Warmzeiten größenordnungsmäßig dem heute in Mitteleuropa herrschenden Klima ähnelten, waren die Kaltzeiten mit den Klimaten der heutigen Periglazialräume und Polargebiete vergleichbar. Im Bereich der nordischen Inlandvereisung verdienen die Kaltzeiten im wahrsten Sinne der Bedeutung die Bezeichnung Eiszeiten (Begriff ‚**Eiszeitalter**'!). Je nach Strenge der Maßstäbe, die für eine Zeitspanne angelegt werden, um sie als Kaltzeit zu bezeichnen, werden mindestens sechs Kaltzeiten unterschieden. Sie sind bereits von PENCK u. BRÜCKNER (1901-1909) nach Flüssen im Alpenvorland benannt worden; für das Gebiet der nordischen Vereisung existieren parallele Bezeichnungen. Eindeutige Belege für Kaltzeiten sind die in fluvialen, glazifluvialen und äolischen Sedimenten regelmäßig vertretenen, wieder verfüllten **Frostspalten**, **Eiskeil-Pseudomorphosen**, **Eiskeilnetze** und **Kryoturbationen** (s. 10.3.1, vgl. Kasten 15.2). Schließlich sind die **Moränen** das sicherste Indiz für die Eiszeiten. Keineswegs darf für die Kaltzeiten gleichförmiges Klima angenommen werden; so waren die **Hochglaziale** trocken-kalt, und sie boten deshalb beste Voraussetzungen für die Entstehung äolischer Sedimente, vor allem das Weichsel-Hochglazial (**Löß**, **Flugsand**, vgl. Tab 15.1 und Kasten 8.1), während die Früglaziale eher humidere Zeitabschnitte waren. Zeugen der warmzeitlichen Klimate oder auch der klimabegünstigten Interstadiale (Wärmeschwankungen innerhalb der Kaltzeiten) sind **fossile Böden**, die in mächtigen, mehrere Meter umfassenden Lößprofilen gefunden wurden (vgl. Kasten 8.1). Die Bodenbildungen sind erhalten, weil sie später durch neue Sedimente überdeckt wurden; außerdem geben faunistische und floristische Funde Hinweise auf warmzeitliche Zeitabschnitte im Quartär.

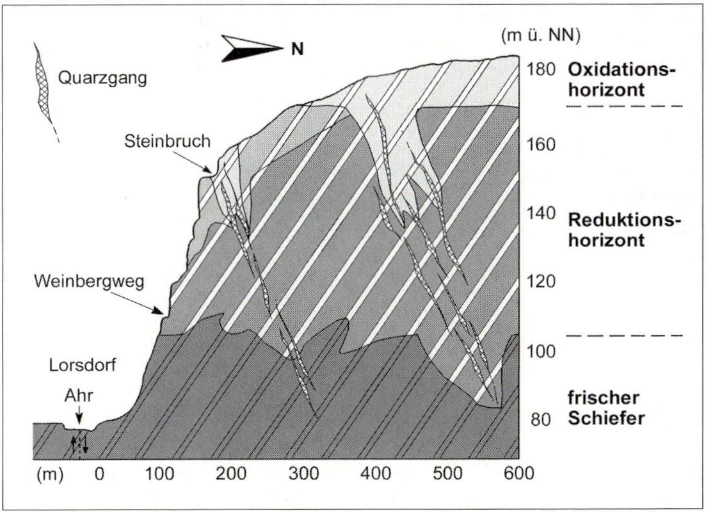

Abb. B Schnitt durch die mesozoisch-tertiäre Verwitterungsdecke im Ahrtal (Nordeifel) (aus FELIX-HENNINGSEN 1990, 59). Die Schiefer sind bis zu einer Tiefe von 100 m saprolitisiert (Oxidations- und Reduktionszone) worden (vgl. 5.5.1 und Kasten 5.2).

Kasten 15.2 Decklagen in Mittelgebirgen

In den meisten Mittelgebirgen überziehen quartäre Decklagen (Schuttdecken, Deckschichten) weitflächig den Festgesteinsuntergrund, dagegen treten Festgesteine nur in Kuppenlagen oder an Steilhängen an die Oberfläche. Die Decklagen sind kaltzeitliche Umlagerungsprodukte, in die das durch Verwitterung und frostdynamische Prozesse aufbereitete Material des Festgesteinuntergrunds und Lösse eingearbeitet sind. Während der quartären Kaltzeiten lagen die Mittelgebirge (mit Ausnahme einiger Gipfellagen im Harz, Schwarzwald und Bayerischen Wald) im Periglazialraum; so konnten durch das Zusammenwirken von Solifluktion, Abspülung und äolischer Sedimentation z.T. mehrgliedrige Lagen entstehen, deren heutige Verbreitung sich häufig regelhaft an die morphologische Hanggliederung anlehnt.

Das idealisierte, vollständige Decklagenprofil besteht aus Basislage, Mittellage, Deck- oder Hauptlage (vgl. Tab. 15.1). Als älteste Lage enthält die **Basislage** keinen Lößlehm, sie ist auf abtragungsgeschützte Reliefpositionen beschränkt. Ihre Zusammensetzung spiegelt den Stoffbestand des Untergrundgesteins am besten wider.

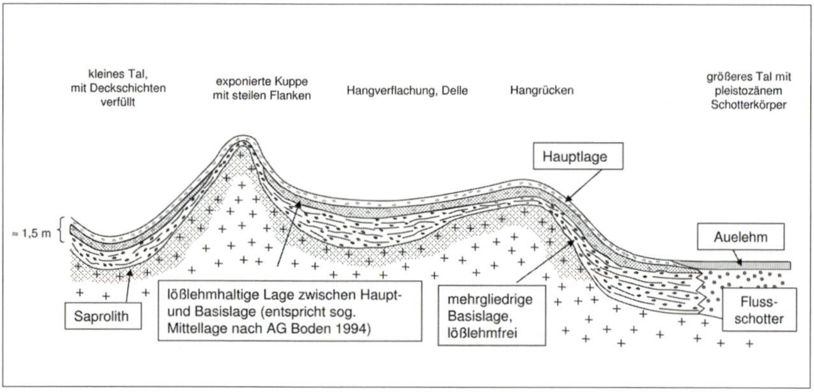

aus: VÖLKEL ET AL. 2002

Weitverbreitet ist sie in weniger stark gehobenen (und damit weniger stark abgetragenen) Teilräumen der Mittelgebirge. Die lößlehmhaltige **Mittellage** kommt nur in erosionsgeschützten Reliefpositionen vor; sie kann mehrgliedrig ausgebildet sein, häufig nimmt der Skelettgehalt nach unten zu. Lößbeimengungen der Mittel- und Hauptlagen beeinflussen in charakteristischer Weise ihren chemisch-mineralogischen Stoffbestand. Die **Hauptlage** ist fast überall außerhalb der holozänen Erosions- und Akkumulationsgebiete anzutreffen.

Aufbau und Verbreitung der quartären Decklagen sind regional sehr unterschiedlich; am Hang kleinräumig wechselnde Ausgangsgesteine führen zu markanten vertikalen Wechseln im Stoffbestand der **Decklagen**: Durch lateralen Transport wurde unterschiedliches Material übereinander geschichtet. Im Gegensatz zur Auflockerungszone des anstehenden Festgesteins bilden die Deckschichten das wichtigste Substrat der Bodenbildung; sie bestimmen in der Regel die Mächtigkeit des Solums; Verdichtungsgrad, Lößlehmanteil und Skelettanteil steuern die Durchwurzelbarkeit, das

Wasser- und Nährstoffspeichervermögen sowie die Wasserdurchlässigkeit. Diese Eigenschaften sind für die land- und forstwirtschaftliche Nutzung, bei Baugrunduntersuchungen und beim Bau neuer Verkehrstrassen zu beachten.

Besonderheiten der Reliefentwicklung zeigen die höchsten Lagen im Harz, Schwarzwald, Vogesen und im Bayerischen Wald. Während der quartären Kaltzeiten waren sie vergletschert; es bildeten sich **Kargletscher** mit bis zu mehreren Kilometer langen Talgletschern. Sie haben Kare hinterlassen, die heute zum Teil von Karseen erfüllt sind; auf den breiten Talböden sind Moränensedimente anzutreffen, und einige Rückzugslagen sind durch Endmoränenwälle dokumentiert.

15.3.2 Rumpfschollengebirge. Die variszisch konsolidierten Rumpfschollengebirge (s. Abb. 15.1) haben – abgesehen von späteren bruchtektonischen Verstellungen – ihre letzte tektonische Prägung während der variszischen Orogenese im Karbon (s. Tab. 3.1) erfahren. Sie treten zum einen als Gebirge aus gefalteten, vorwiegend klastischen Sedimentgesteinen (Sand- und Siltsteine, Grauwacken und Tonschiefer) auf, für die zusammenfassend der Begriff Schiefergebirge geprägt worden ist; außerdem sind Kalksteine und Dolomite sowie paläozoische Sedimentgesteine verbreitet. Wo die Kalke größere Mächtigkeiten annehmen (z. B. in den Kalkmulden des Rheinischen Schiefergebirges) treten Karstphänomene auf, insbesondere solche des unterirdischen Karstes. Den sog. Schiefergebirgen stehen die Mittelgebirge gegenüber, die aus kristallinen Gesteinen (Plutonite und Metamorphite) aufgebaut sind.

Zu den **Schiefergebirgen** gehören das Rheinische Schiefergebirge (Ardennen, Eifel, Hunsrück, Taunus, Teile des Saarlands, Bergisches Land, Westerwald und Sauerland), große Teile des Harzes und das Schiefergebirge beiderseits der Saale (Thüringer Wald, Thüringisch-Voigtländisches Schiefergebirge und Frankenwald). Während des ausgehenden Mesozoikums und Tertiärs waren sie großteils noch nicht über das Meeresspiegelniveau angehoben. Diese tektonische Ausgangslage, zusammen mit der intensiven tropischen Verwitterung, die sicher bis ins Eozän gewirkt hat, hat zumindest in großen Teilgebieten charakteristische, flache Abtragungsreliefs entstehen lassen; Anlaß zu dieser Annahme bieten die weit verbreiteten **Hochflächen** (s. Abb. 15.8 und 15.9) der heutigen Mittelgebirge, die bevorzugt in Wasserscheidenpositionen und fern der größeren Täler anzutreffen sind. Sie sind gekennzeichnet durch ein allenfalls flachwelliges Relief mit geringen Höhenunterschieden; randlich sind sie durch **Taleinschnitte** in einzelne Riedel aufgelöst. In allen Gebirgen wurden Flächen in unterschiedlichen Höhenniveaus kartiert. Allerdings sind die genetische Deutung der Hochflächen und ihre zeitliche Einordnung bis heute kontrovers: Es wurden Parallelen zur Formung in den feuchten Tropen gezogen (s. 11.2). Die **Formähnlichkeit** der Hochflächen **mit tropischen Flachreliefs** und die weite Verbreitung von **Verwitterungsspuren**, die nicht unter quartärem Klima entstanden sein können, haben dazu geführt, Modellvorstellungen der Reliefentwicklung, die in den feuch-

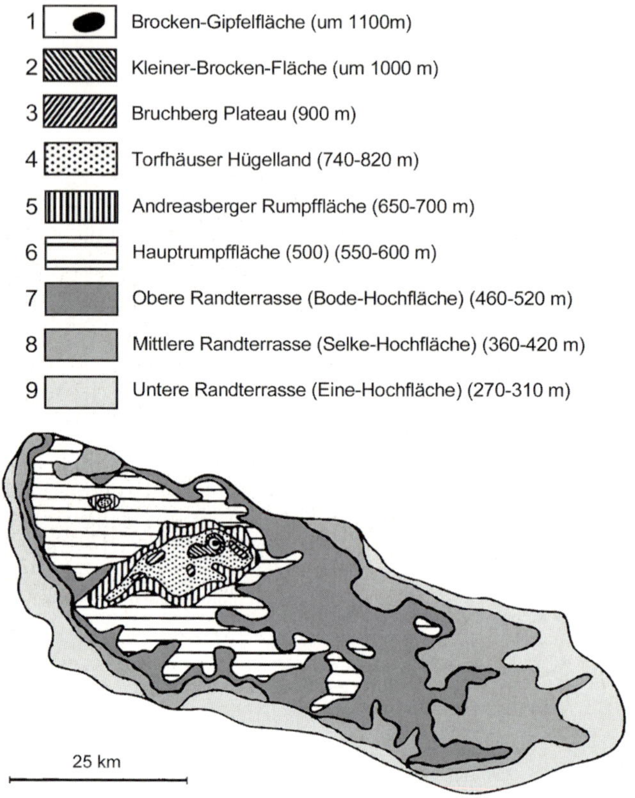

Abb. 15.8 Rumpfflächen im Harz (aus FRÜHAUF et al. 1993). In allen Mittelgebirgen versuchte man Altflächenniveaus in unterschiedlichen Höhen zu rekonstruieren. Indem die Taleinschnitte unberücksichtigt bleiben, stellen sie immer stark abstrahierende Interpretationen dar.

ten Tropen entwickelt wurden, auf die heutigen Höhengebiete der Mittelgebirge zu übertragen; außerdem können sie nach der einfachen Vorstellung des Davis-Zyklus (s. Kasten 4.1) als Altersstadien der Reliefentwicklung angesehen werden. Durch die anschließende Hebung im Jungtertiär und vor allem im Quartär sind die Flachreliefs in ihre heutige Höhenlage gebracht worden. Die Verwendung der Begriffe **Rumpffläche** oder **Altfläche** ist entsprechend mit genetischen Vorstellungen verbunden.

Mittelgebirge aus kristallinen Gesteinen (s. Abb. 15.1) bilden Teile des Harzes, Spessarts, Odenwalds und Thüringer Waldes, die Vogesen, Schwarzwald, Fichtelgebirge, Erzgebirge und Bayerischer Wald. Die tiefgründige, alte Verwitterung auf grobkörnigen Plutoniten hat an vielen Orten zu sandig-grusigen

Abb. 15.9 Hochflächen und Taleinschnitte in der Rur-Eifel. Die seit dem Tertiär um mehrere 100 m gehobenen Hochflächen der Eifel sind besonders im Quartär durch fluviale Erosion in einzelne Riedel aufgelöst worden.

Verwitterungsbildungen geführt (s. Abb. 5.1). Das Relief der kristallinen Mittelgebirge ähnelt dem der Schiefergebirge, wenngleich der Flächencharakter im Landschaftsbild nicht immer so deutlich in Erscheinung tritt. Dagegen bestimmen massige, rundliche Bergformen die Gipfellagen, z. B. der Feldberg im Schwarzwald, der Große Arber im Bayerischen Wald und der Fichtelberg im Erzgebirge. Für das Erzgebirge, insgesamt eine nach Nordwesten abdachende Pultscholle, und das Fichtelgebirge wurde bevorzugt der Begriff der **Rumpftreppe** verwendet, weil sich – einer Treppe ähnlich – vom Zentrum der Gebirges nach außen immer niedrigere Flächenniveaus anschließen. Seit W. PENCK wird die Bedeutung einer kontinuierlichen oder phasenhaften Hebung von Gebirgsmassiven in ihrer Konsequenz für die morphologische Formung diskutiert. Demnach besäßen die zentralen Flächenstockwerke jeweils die relativ höchsten Alter. Einfacher sind tektonische Erklärungsansätze, die Stufen im Relief als Bruchstufen beinhalten.

15.3.3 Schichttafeln, Schichtstufen und Schichtkämme aus Sedimentgesteinen des mesozoischen Deckgebirges. Das mesozoische Deckgebirge (s. Kasten 3.3) besteht aus einer Abfolge unterschiedlich abtragungsresistenter Sedimentgesteine (s. Tab. 15.2 und 12.3). Da diese durch die Erosion und Denudation angeschnitten und freigelegt worden sind, waren die Voraussetzungen für die Bildung von

Tab. 15.2 Kamm- und stufenbildende Gesteine im mesozoischen Deckgebirge. (In Klammern sind nur lokal vorkommende und geringmächtige Stufenbildner aufgeführt.)

Formation	Abteilung	Ostwestfalen-Nordhessen-Südniedersachsen-Thüringen	Süddeutschland
Obere Kreide	Turon	(Pläner-Kalke)	
Untere Kreide	Alb Apt Wealden	(Hils-Sandstein) (Osning-Sandstein) (Wealden-Sandstein)	
Malm	Kimmeridge Oxford	(Kimmeridge-Kalke) (Korallenoolith/ Wiehengebirgs-quarzit)	Riff-Kalke und -Dolomite Malm-β-Kalke
Dogger	Callovien	(Porta-Sandstein)	(Eisensandstein)
Lias			
Keuper	o. Keuper m. Keuper		(Rhät-Sandstein) (Stubensandstein) (Blasensandstein) (Schilfsandstein)
	u. Keuper		
Muschelkalk	o. Muschelkalk	(Trochitenkalk)	(Hauptmuschel-kalk)
	m. Muschelkalk		
	u. Muschelkalk	Wellenkalk/Schaum-kalk	Wellenkalk
Buntsandstein	o. Buntsandstein	(Röt-Quarzit)	
	m. Buntsandstein	Solling-Sandstein	örtlich in mehrere resistente Stufen-bildner aufgeteilt
	u. Buntsandstein		

Strukturformen gegeben. So gibt es keinen Zweifel an der Existenz der vom Schichtenbau bestimmten Strukturformen; allerdings existieren im einzelnen divergierende Ansichten über das **Alter** der heute anzutreffenden Formen und ihre **Entwicklungsgeschichte**. Besonders die Frage, ob sich die heutigen Strukturformen aus tertiären Rumpfflächen entwickelt haben und ob bereits im Tertiär deutliche vom Schichtenbau bestimmte Formen bestanden haben, wird regional sehr unterschiedlich beantwortet. Ebenso umstritten sind das Ausmaß und die Geschwindigkeit der **Stufenrückverlegung**.

Schichttafeln sind in Mitteleuropa auf kleine Flächen beschränkt, in denen die

Deckgebirgsschichten nur wenig tektonisch verstellt sind, z. B. Rheinhessisches Tafelland (tertiäre Gesteine) und einige Tafelberge in Nordhessen.

Kennzeichen der tektonisch-geologischen Strukturen in Südniedersachsen, Nordhessen und Thüringen sind eine Bruchtektonik mit Bruchfalten (in Richtung auf die Verwerfung aufgebogene Schichten) sowie häufige Muldenstrukturen. Dort kommen im tieferen Untergrund mächtige Salze des Zechsteins vor. **Halokinetische Bewegungen** verursachten örtlich besonders steile Aufbiegungen der überlagernden (‚hangenden') Schichten: Das auf tektonische Beanspruchungen mit plastischer Verformung reagierende Salz wurde unter der Auflast der hangenden Schichten in die Bruchzone emporgepreßt. In den Randbereichen der so gebildeten **Salzstöcke** (s. Kasten 3.3) sind die Schichten so stark geneigt, daß **Schichtkammreliefs** entstehen konnten. In Südniedersachsen ist das Nebeneinander von Schichtstufen und Schichtkämmen besonders vielgestaltig (Abb. 15.10): Im Kern der Mulden sind Schichttafelreliefs aus kreidezeitlichen Schichten ausgebildet; den Rand der Mulden bilden Schichtkämme oder **Schichtstufen**. Als

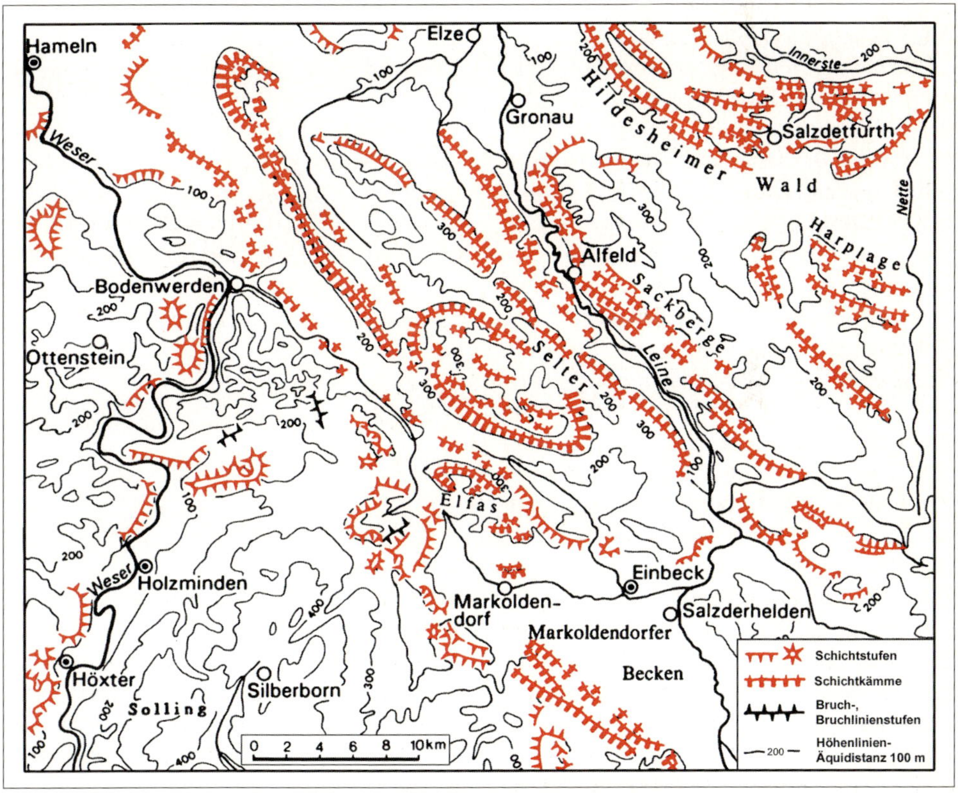

Abb. 15.10 Strukturformen im südniedersächsischen Bergland (nach BRUNOTTE et al. 1980, verändert, Ausschnitt aus SEMMEL 1996, 106)

Kamm- und Stufenbildner erweisen sich vor allem Kalk- und Sandsteine unterschiedlicher stratigraphischer Position (Tab. 15.2). Schichtstufenreliefs bestimmen auch die Umrahmung des Thüringer Beckens; hier tritt die Muschelkalkstufe (Wellenkalkstufe) besonders hervor.

In Niedersachsen, Nordhessen und Thüringen sind Subrosionserscheinungen zu beobachten. Ausgedehnte Subrosionssenken (s. 12.2.3) treten auf, wo Oberflächenwasser in Kontakt mit den Zechsteinsalzen im Untergrund tritt.

In **Süddeutschland** (s. Abb. 15.1 und 15.11) bilden die Malmkalke den oberen Abschluß der Schichtstufenlandschaft, die zum großen Antiklinalstufenland (vgl. Abb. 12.19) mit dem Hebungszentrum im Bereich von Schwarzwald und Vogesen gehört. Das Gegenstück ist das elsässisch-lothringische Stufenland, das in das Pariser Becken überleitet und eine Stufenfolge vom Buntsandstein bis zur Kreide zeigt. In Süddeutschland folgen von innen nach außen die Buntsandstein-, Muschelkalk-, Keuper- und Jura-Stufen mit den in Tab. 15.2 aufgeführten Stufenbildnern. Die fächerartige Anordnung ist die Folge der unterschiedlichen Einfallswinkel der Gesteine; sie sind am größten zwischen dem Südschwarzwald und südwestlicher Schwäbischer Alb und nehmen in nordnordöstliche Richtung ab, so daß in Franken die Abstände der Stufen größer sind. Die eindrucksvollsten Stufen der **Schwäbischen** und **Fränkischen Alb** werden von den Malm-Kalken gekrönt; sie erreichen Stufenhöhen von 200-300 m Höhe und setzen sich aus mehreren Unterstufen zusammen, die die liegenden Dogger- und Lias-Schichten umfassen. Aus mehreren Stufen ist ebenfalls die Keuperstufe gebildet. Für sie gilt in besonderem Maße, daß für die Ausprägung der Stufen die Gesteinsfazies und nicht die zeitliche Stellung entscheidend ist; beispielsweise variiert die Gesteinshärte der Keupersandsteine lokal, und sie können durch zwischengeschaltete Mergellagen in mehrere Sandsteinlagen aufgetrennt sein, die dann Kleinstufen bedingen.

Die Stufenflächen tragen weit verbreitet eine Lößauflage; in Süddeutschland bilden sie die bodenfruchtbaren **Gäulandschaften**. Die Stufenhänge sind durch geringmächtige Verwitterungs- und Schuttdecken gekennzeichnet; die steilen Partien können als Felswände vorliegen. Stufenhänge, deren untere Teile durch tonige Sockelbildner aufgebaut sind, sind häufig rutschungsgefährdet (s. 6.5 und 12.3.3), vor allem nach anthropogenen Eingriffen, die den Wasserhaushalt verändern.

Besonders die Malm-Kalke sind klassische **Karstgebiete** mit Dolinen, Trockentälern, unterirdischen Karstphänomenen (vgl. Abb. 12.10). Eine Besonderheit sind die aus dem Karstwassersystem gespeisten Quelltöpfe (s. 12.2.1) im Süden der Schwäbischen Alb.

15.4 Oberrheingraben

Der Oberrheingraben – die größte Grabensenke (s. 3.1.2, 12.4 und Abb. 14.1) Mitteleuropas – stellt eine Dehnungsstruktur dar, die als Folge der Aufwölbung des oberen Erdmantels in 24–30 km Tiefe seit der Oberkreide und verstärkt seit dem Eozän entstand. Das Hebungszentrum des etwa 300 km langen und bis über 30 km breiten Grabens liegt im Gebiet des Kaiserstuhls westlich von Frei-

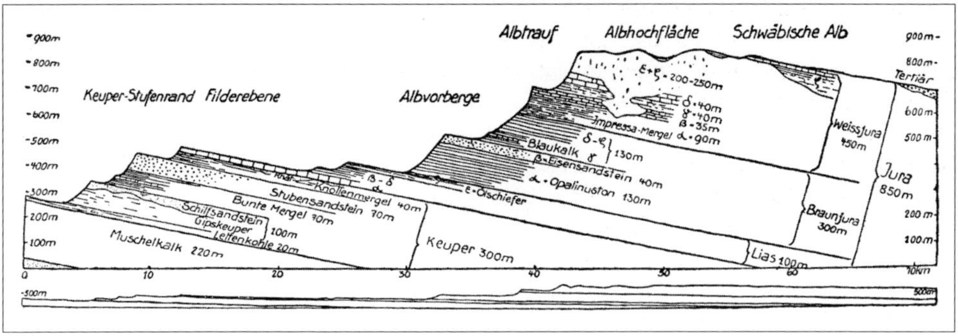

Abb. 15.11 Stratigraphisch-morphologisches Profil der Schwäbischen Jura-Schichtstufe (nach WAGNER 1950, aus SEMMEL 1984, 11)

burg. Die zeitgleich mit der Absenkung des Grabens und der Hebung der umgebenden Hochschollen (u.a. Schwarzwald und Vogesen, Odenwald und Haardt) eingetragene Grabenfüllung kompensiert den Verwerfungsbetrag zu einem großen Teil (Abb. 15.12); so steht der Sprunghöhe von bis über 4000 m ein maximaler Relief-Höhenunterschied von nur gut 1000 m gegenüber. Die Grabenflanken liegen in der Regel als Staffelbrüche vor und sind zu Bruchstufen umgestaltet; am Grabenrand vermitteln daher vielerorts sogenannte **Vorbergzonen** zwischen der Hoch- und der Tiefscholle.

Ab der Wende Pliozän/Pleistozän durchfloß der **Urrhein** den Oberrheingraben (s. 15.7); entsprechend sind am Aufbau des oberflächenahen Untergrundes vor allem pleistozäne Terrassenschotter des Rheins und seiner Nebenflüsse beteiligt; sie werden von jüngeren Deckschichten überlagert: dies sind außerhalb der Niederterrassenflächen auf älteren, höher gelegenen Terrassen sowie in der Vorbergzone und in Hügelländern Lösse, im nördlichen Oberrheingraben auch spätglaziale und holozäne Flugsande, sowie holozäne Auensedimente.

Durch die anthropogenen **Rheinkorrekturen** ist die rezente fluviale Dynamik des Rheins erheblich verändert worden (s. Kasten 7.7).

15.5 Vulkangebiete und Ries

Die Hauptverbreitungsgebiete tertiärer und quartärer Vulkanite (s. 3.3.4, Abb. 15.1 u. 3.23) liegen in der Mittelgebirgszone und in bruchtektonisch beanspruchten Teilen Mitteleuropas. Dabei treten vulkanische Festgesteine des Tertiärs (vor allem Basalte) morphologisch als **Härtlingskuppen** (s. 12.1.3 und Abb. 15.13) hervor: in der Eifel, in der Hessischen Senke und im Leinetalgraben zwischen Gießen und Göttingen sowie in angrenzenden Bergländern, in der Rhön, im Hegau, im Vogtland, in der Lausitz, im Erzgebirge und im Böhmischen Mittelgebirge. Abgetragene, vulkanologisch komplexere Vulkanruinen bilden das Siebengebirge (s. Abb. 12.5), der Vogelsberg und der Kaiserstuhl; auf zusammenhängende, größere **Basaltdecken** trifft

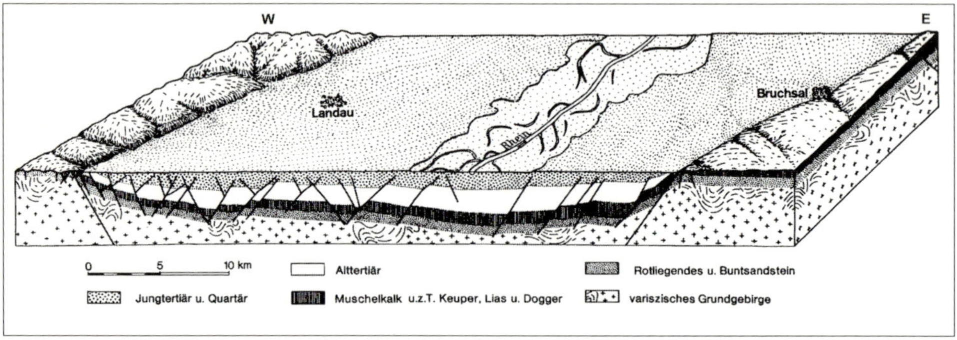

Abb. 15.12 Profil durch den Oberrheingraben nördlich von Karlsruhe (nach ILLIES 1970, aus JÄTZOLD et al. 1976, 107)

man im Westerwald, in der Rhön und im Egergraben südlich von Fichtel- und Erzgebirge.

Quartärer Vulkanismus, u.a. mit Maaren, Aschenkegeln und vulkanotektonischen Einbruchsbecken, gehört zu den Besonderheiten der Eifel (s. Abb. 3.17).

Das Nördlinger Ries sowie das benachbarte kleinere Steinheimer Becken bilden als morphologisch überprägte Meteoritenkrater auffällige Singularitäten.

Abb. 15.13 Härtlingskuppen aus vulkanischen Festgesteinen im Siebengebirge (Drachenfels und Wolkenburg, vgl. Abb. 12.5).

15.6 Alpen und Alpenvorland

Die Alpen sind ein tektonisch komplex gebautes und petrographisch vielfältiges Hochgebirge, dessen geologische Strukturen Prozesse der Beckengenese, der Bildung ozeanischer Kruste durch *sea floor spreading*, der Subduktion (Plattenkollision, Krustenverdickung, Deckenüberschiebung) sowie verschiedenste magmatische Prozesse widerspiegeln (s. 2.2 u. 3); als jung gehobenes Gebirge unterliegen die Alpen der starken, seit dem Tertiär auch morphologisch nachvollziehbaren Abtragung. Dabei verursachten die geologischen Strukturen und Prozesse (tektonische Baueinheiten, Hebungsraten, vorherrschende Gesteinstypen und –lagerung) in Wechselwirkung mit den exogenen Prozessen ein kompliziertes Gefüge morphologischer Formen.

Gemeinsam ist allen Teilräumen der Alpen die starke **glaziale Überprägung** während der **quartären Vereisungen**, insbesondere während der Würm-Kaltzeit. Hiervon zeugen einerseits die über die damalige Oberfläche des Eisstromnetzes herausragenden, durch Glazialerosion zugeschärften Grate und Gipfel sowie andererseits die abgerundeten Bergrücken, Hangflächen im Bereich der Trogschultern und der über die heutigen Wasserscheiden hinweggreifenden Transfluenzpässe. Typische glaziale Erosions- und Akkumulationsformen des Hochgebirges sind in Kap. 9 erläutert. Einige weniger stark gehobene Teile der Ostalpen mit Hochflächencharakter werden als Altflächen der tertiären Reliefbildungsphase interpretiert (Raxlandschaften).

Vielerorts bilden die glazialen und glazifluvialen Substrate das Ausgangsmaterial der Bodenbildung; im Gipfelbereich, an Steilhängen und –wänden treten die Festgesteine an die Oberfläche.

In den **Kalkalpen** (z. B. nördliche Kalkalpen, Dolomiten) überwiegen in Gipfel- und Kammlagen Bergformen mit strukturgestützten Reliefformen (s. 12): Felsbastionen, Felstürme, an Schichten wechselnder Gesteinsresistenz gebunde Stufen und Schichtrippen (s. Abb. 12.23) sind häufig; dagegen herrscht in den **kristallinen Zentralalpen** ein sanfteres Relief mit weniger stark geneigten Hängen vor; hier ist das Steilrelief überwiegend auf die durch Glazialerosion zugeschärften Gipfel und Gebirgsgrate sowie auf die übersteilten Flanken der Trogtäler beschränkt.

Die allgemein hohe Reliefenergie in den Alpen, zurückzuführen auf große Hebungsraten bei gleichzeitiger, intensiver fluvialer und glazialer Erosion, bedingt den rezent starken Materialfluß, z. B. durch Lawinen, Muren, Felsstürze (s. 6), Geschiebetransport durch Wildbäche (s. 7.3.2), Solifluktion (s. 6.6 u. 10.3.4) und Gletscher (s. 9). Die entsprechenden Prozeßspuren (Erosions- und Akkumulationsformen) sind weitverbreitet; die postglazialen Sedimente bedecken vielerorts die älteren quartären Sedimente z. B. als Sturzhalden und Murfächer; glaziale Hohlformen werden durch fluviale und limnische Sedimente sowie durch Moorwachstum verfüllt.

Das **Alpenvorland** (s. Abb. 15.1) hat im Tertiär den Abtragungsschutt der aufsteigenden Alpen aufgenommen; hier bilden diese Sedimente als Meeresmolasse und Süßwassermolasse den tieferen Untergrund. Das hügelige Tälerrelief (**Molasse-Hügelland**) ist im Quartär entstanden; Talasymmetrien (s. Kasten 10.1) und die Lößbedeckung (s. 8.6) sind Belege für die kaltzeitlich-periglaziale Morphogenese. In der Nähe des Alpenrandes sind die Spuren der **Vorlandvergletscherung** als glaziale Serie anzutreffen (s. Kasten 9.1). Die Sandersedimente sind grobkörniger als in Norddeutschland; sie bilden flach geneigte Schotterebenen (z. B. Münchener Schotterebene), in die die spätglazialen und holozänen Alpenrandflüsse eingesenkt sind und Terrassenfluren ausgebildet haben; im Alpenvorland stellten sie die Abflußbahnen der glazialen Schmelzwässer dar. Im Unterschied zu den Schmelzwässern des nordischen Inlandeises wurden sie nicht umgelenkt (s. Urstromtäler). Sie konnten ungehindert nach Norden abfließen.

15.7 Veränderung der Flußeinzugsgebiete

In das Jungtertiär und Quartär fallen die Veränderungen von Flußeinzugsgebieten: An der Wende Tertiär/Quartär vergrößerte der Rhein sein Einzugsgebiet im Süden;

begünstigt durch die fortgesetzte tektonische Absenkung des südlichen Oberrheingrabens zapfte er die aus den Schweizer Alpen kommende Aare an. Zuvor war diese durch die Burgundische Pforte zwischen den Vogesen und dem Jura-Gebirge in den Rhône-Graben geflossen. Mehrfach ist auch das Einzugsgebiet der Donau verändert worden. Ursprünglich im Tertiär noch durch die Aare mit einem bedeutenden alpinen Einzugsgebiet ausgestattet, verlor sie bis in die Gegenwart weitere Einzugsgebietsflächen, z. B. das heutige obere Einzugsgebiet des Mains im frühen Pleistozän und Gebiete im südlichen Schwarzwald (Wutach). Gegenüber den Zuflüssen des Rheins sind die Donauzuflüsse benachteiligt, weil ihre Flußgefälle geringer sind.

Ebenso haben die Flüsse im Gebiet der nordischen Vereisungen Laufverlegungen erfahren.

Kasten 15.3 Literaturauswahl zur Ergänzung und Vertiefung des Kapitels 15

- **Übersichten über das Gesamtgebiet**

Geomorphologie Deutschlands: AHNERT 1989, HERGET 2000 (Klimaänderungen Mitteleuropa seit dem Tertiär), GOHL 1972 (Geomorphologische Übersichtskarte Deutschland), HANTKE 1978, 1980, 1983 (Eiszeitalter), LIEDTKE U. MARCINEK 1995 (Physische Geographie Deutschlands), SEMMEL 1996 (Geomorphologie Deutschlands), SEMMEL 1985 (Relief u. Boden); *neue Bundesländer:* BRAMER ET AL. 1991, WAGENBRETH U. STEINER 1990, *Gemorphologie Europas:* EMBLETON 1984; *Geologie Mitteleuropas:* WALTER 1995; *Geologie Deutschlands:* ROTHE 2005, HENNINGSEN U. KATZUNG 2006

- **Watt, Inseln und Küsten**

Nordsee, Inseln, Watt und Marsch: BEHRE 1987 (Marsch, Meeresspiegelanstieg), EHLERS 1988 (Wattenmeer), FREUND U. STREIF 2000 (Meeresspiegelschwankungen Insel Juist), HOFSTEDE 1991 (Morphodynamik Deutsche Bucht), HOFSTEDE 1997 (Nordfriesland), HOMEIER 1969 (Küste Ostfriesland), LANG 1970 (Elbe-Ästuar), MENKE (1988 (Nordseetransgression), PREUSS 1979 (Wesermarsch), REINECK 1978 (Wattenmeer), ROHDE 1977 (Meeresspiegelanstieg, Sturmfluten, Nordsee),
Ostsee: DUPHORN ET AL. 1995, KLIEWE U. JANCKE 1991 (Ostseeküste, Holozän), STERR 1988 (Kieler Bucht), STERR 1991 (Ostseeküste, Schleswig-Holstein), SCHNELLNHUBER U. STERR 1993 (Klimaänderung und Küste), JANKE U. LAMPE 1998 (Fischland – Darß – Zingst), WIEMER U. GURWELL 1991 (Ostseeküste, Mecklenburg-Vorpommern)

- **Alt- und Jungmoränenlandschaften, Niederrheinische Bucht**

allgemein: EHLERS 1983 (Glazialablagerungen NW-Europa), EHLERS 1990a u. b (Glazialablagerungen Nordeutschland), FRAEDRICH, 1996 (Spuren der Eiszeit, Norddeutschland), LIEDTKE 1981 (nordische Vereisungen in Mitteleuropa), LIEDTKE 1993 (Gliederung der Weichsel-Eiszeit), WOLSTEDT U. DUPHORN 1974 (Norddeutschland und angrenzende Gebiete im Eiszeitalter), SEEDORF U. MEYER 1992 (Niedersachsen) *regional und thematisch speziellere Literatur*: BILLWITZ ET AL. 1998 (Spätglazial, Vorpommern), LANDESAMT F. NATUR UND UMWELT ... 1996 (Paläoböden, Mitteleuropa), MÜLLER 1998 (Jasmunder Boden, Postglazial), SMED 1998 (Rinnentäler, Tunneltäler, Dänemark u. Norddeutschland), Böse 1988 (Pleistozän südl. d. Ostsee), Lüttig 1999 (Geschiebestatistik, nordische Vereisungen), Eissmann 1994 (Quartärgeologie Sachsen, Sachsen-Anhalt, Südbrandenburg, Thüringen), Fränzle 1988 (Altmoräne Schleswig-Holstein), Geologie am Niederrhein 1988, Golte u. Heine 1980 (Eiskeilnetze am Niederrhein), Glatthaar u. Liedtke 1986 (Ablual), Glatthaar u. Liedtke 1992 (Ablual), Haase u. Schmidt 1975 (Substrate ehem. DDR), Hassenpflug 1988 (Eiskeilnetze Schleswig), Herget 1997 (Lippe, Münsterland), Heine 1983 (Inlandeis am Niederrhein), Kaiser 1998 (Müritz), Liedtke 1990b, Marcinek u. Nitz 1973 (Tiefland der ehem. DDR), Brosche 1996 (Frostbodenphänomene, östliches Niedersachsen), Meyer 1984 (histor. Dünen, Dümmer), Müller 1999 (Binnendünen, Schlesw.-Holstein), Nitz 1982 (Sediment- und Reliefgenese im mitteleuropäischen Tiefland), Nitz 1991 (Altmoräne, neue Bundesländer), Panzig 1989 (Geschiebe, Rügen), Radtke 1998 (Datierung von Dünensanden in Deutschland), Schmidt 1982 (Bodendecke, Altmoräne, ehem. DDR), Schwab u. Ludwig 1996 (Quartärbasis in N-Deutschland), Seraphim 1979 (Glazialablagerungen, Westfalen), Skupin et al. 1993 (Vereisung Westfäl. Bucht), Winiarsky 1968 (Talasymmetrien, Altmoräne)

- **Mittelgebirge, Oberrheingraben und Täler**

allgemein: Andres 1989 (Mittelgebirge), Gellert 1990 (Altrelief Mittelgebirge), Rohdenburg 1968 (quartäre Taleintiefung in Mitteleuropa), Hagedorn 1995 (Fallbeispiele zur Fluvialmorphologie in Mitteleuropa), Kostrzewski u. Hagedorn 1999 (Tagungsband, Vergletscherungen in europ. Mittelgebirgen), Rother 1995 (Vergletscherung deutscher Mittelgebirge)

Rheinisches Schiefergebirge: Bibus 1980, 1983 (Talentwicklung Mittelrhein), Bremer et al. 1978 (Eifel), Burger 1982 (Westerwald), Glatthaar 1988 (Westerwald), Glatthaar u. Liedtke 1984 (Westerwald), Junge 1987 (Eifel), Meyer 1988 (Eifel), Pfeffer 1984 (Altformen, Eifel), Quitzow 1959 (Nordeifel, unterer Mittelrhein), Negendank 1978 (Mosel), Zöller 1985 (Hunsrück-Saar-Nahe-Raum), Zolitschka et al. 1990 (Spätquartär, Eifel), Meyer u. Stets 1998a (junge Tektonik, Taleintiefung), Meyer u. Stets 1998b (junge Tektonik, Taleintiefung), Zepp 1983 (obere Erft, Nordeifel)

Niedersächsisches Bergland, Nord-Hessen und Thüringer Becken: Bubenzer 2000 (Südniedersachsen), Spönemann 1966 (Schichtkämme, Niedersächs. Bergland), Schunke 1968 (Schichtstufenhänge, Leine-Weser-Bergland), Brunotte 1980, Brunotte u. Garleff 1989 (Strukturformen Südniedersachsen), Garleff et al. 1988 (Fußflächen, Hessische Senke), Stäblein u. Möller 1986 (Subrosionsformen, Nordhessen), Hempel 1988 (Teutoburger Wald), Lehmeier 1988 (Ith-Hils-Bergland), Rohde 1989 (Wesertal), Rosenkranz (Thüringer Becken)

Harz, Erzgebirge, Thüringer Wald: Mücke 1966 (östl. Harz), Patzelt 2003 (nördl. Harzvorland), Thiem 1974 (Harz), Richter 1955 (Erzgebirge), Richter 1963 (Erzgebirgsvorland), Martens 2003 (Thüringer Wald)

Süddeutschland mit Oberrheingraben (ohne Alpen): Zienert 1986 (Großformenentwicklung Südwestdeutschlands), Zienert 1992 (Großformenentwicklung Frankens), Wagner 1960 (Erd- und Landschaftsgeschichte Süddeutschlands), Geyer u. Gwinner 1991 (Geologie Baden-Württemberg), Dongus 2000 (Oberflächenformen SW-Deutschlands), Leser 1988 (Schichtstufen), Hilgart 1995 (Altmühl-/Donautal), Simon 1987 (Schichstufen, nördl. Baden-Württemberg), Zeese 1971 (Keuperbergland NE-Württembergs), Zeese 1972 (Kocher u. Jagst), Pfeffer 1986 (nördl. Frankenalb, Karst), Kleber 1987 (fränk. Albvorland), Boldt 1998 (Schichtstufen u. Flächenbildung, Franken), Schirmer 1981 (Main), Kurz 1988 (mittl. Maintal), Seidenschwann 1989 (Kinzig), Langhammer 1986 (Nürnberger Becken), Buch 1988 (Donautal b. Regensburg), Poser u. Müller

1951 (Talasymmetrien, niederbayer. Hügelland), PREUSS 1983 (Rheinhess. Tafelland), BECK 1994 (Rheinhessen, Fußflächen), LÖSCHER 1988 (nördl. Oberrheinebene), EITEL 1989 (Kraichgau), FRIEDMANN 1998 (Landschaftsentwicklung in Südbaden), MÄCKEL U. FRIEDMANN 1998 (Oberrheinebene u. Schwarzwald), LESER U. METZ 1988 (Vergletscherung Schwarzwald), METZ 1992 (Glaziale Formen, Schwarzwald), ZIENERT (Schwarzwald- u. Vogesen-Kare), Louis 1984 (Oberpfalz), VOGT 1992 (Oberrheingraben, Elsaß)

- **Lößstratigraphie, Decklagen und Paläoböden**

LANDESAMT F. NATUR... 1996 (Paläoböden, Mitteleuropa), ROESCHMANN ET AL. 1982 (Paläoböden in Niedersachsen, Bremen u. Hamburg), ROHDENBURG U. MEYER 1966 (Lößstratigraphie), PAAS 1968 (niederrheinische Lösse), SIEBERTZ 1983 (äolische Sedimente, Niederrhein), Skupin 1991 (Löß, Hellweg, Münsterland), JANUS 1988 (Löß, Niederrhein. Bucht), ALTERMANN ET AL. 1984 (Altmoräne, neue Bundesländer), SEMMEL 1966 (Schuttdecken Hessen), SEMMEL 1998 (Deckschichten, Kolluvien, Vogelsberg), FRIED 1984 (Odenwald), KLEBER 1997 (Decklagen in Mittelbreiten), BIBUS 1986 (Keuper-Stufenland), BLEICH U. KUHN 1990 (Verwitterung und relikt. Böden Schwäb. Alb), BORGER 1990 (Verwitterung Schwäb. Alb), STAHR 1979 (Decklagen Schwarzwald), FELIX-HENNINGSEN 1990 (mesozoisch-teriäre Verwitterung Rhein. Schiefergebirge), WIECHMANN U. ZEPP 1985 (Graulehme, N-Eifel), FRÜHAUF 1988 (Harz), KUBINIOK 1988 (Kristallinvergrusung, dt. Mittelgebirge), LORZ 1996, 2008 (Decklagen u. Schwermetalle), SCHILLING U. WIEFEL 1962 (Thüringen, Harz), SCHOLTEN 2003 (Rheinisches Schiefergebirge, Harz), FRÜHAUF 1996 (ostdeutsche Mittelgebirge), VÖLKEL 1995 (Deckschichten Bayer. Wald), VÖLKEL U. MAHR 1997 (Deckschichten Bayer. Wald), RÖSNER 1990 (Mainfränkische Lösse), BUCH U. ZÖLLER 1990 (Würmlösse Regensburg), STRUNK 1990 (Bayer. Tertiärhügelland), STRUNK 1996 (Lösse, Donautal), BRUNNACKER 1982 (äolische Decklagen, Bayern), BLEICH 1998 (Löß, Paläoböden, S-Deutschland), BIBUS U. KÖSEL 1997 (Deckschichten Oberschwaben), BRONGER 1966 (Lösse Südbaden), EITEL 1994 (KRAICHGAU), ZÖLLER 1995, ZÖLLER U. SEMMEL 2001 (Lößstratigraphie, TL-Datierung), ARTMANN U. VÖLKEL 1999 (Deckschichten, Kalkalpen)

- **Vulkangebiete**

MERTES U. SCHMINCKE 1983 (Vulkane Westeifel), PFEIFFER 1984 (Vulkanite, ehem. DDR), SCHMINKE ET AL. 1983 (Eifelvulkane), MEYER 1988 (Eifelvulkane), SCHRÖDER 1998 (Rhön)

- **Alpen und Alpenvorland**

allgemein: JERZ 1993 (Das Eiszeitalter in Bayern), HANTKE 1978, 1980, 1983 (Alpen im Eiszeitalter), HABBE 1989 (Alpenvorland), LEHMKUHL 1989 (Geomorphologische Höhenstufen), SCHAEFER 1995 (Alpenvorland zw. Riß und Lech), NUSSER 1997 (Geomorphologie der Alpen), STAHR U. HARTMANN 1999 (Lehrbuch Hochgebirgsgeomorphologie), JERZ 1999 (Bergstürze); vgl. auch Kasten 11.1

regional und thematisch speziellere Literatur: FISCHER 1976 (Allgäuer Alpen), FISCHER 1990 (Berchtesgadener Alpen), DOLLINGER 1998 (Bundesland Salzburg), SEILER 1979 (glaziale Übertiefung, Bayer. Alpen), VAN HUSEN 1987 (Ostalpen in den Eiszeiten), VEIT 1988 (Hohe Tauern), SCHLÜCHTER 1986 (Vergletscherung Schweiz), FURRER 1991 (Gletschergeschichte Schweizer Alpen), HANTKE 1987 (Talentwicklung Alpenrhein), MOSER U. WEIDNER 1998 (Talzuschübe, Alpen), SCHAEFER 1978 (MÜNCHENER EBENE), FELDMANN 1991 (Münchener Schotterebene), RÖGNER 1986 (Iller-Lech-Platte), BIBUS U. STRAHL 2000 (Hochterrassen, nördl. Donauried), FISCHER 1999 (Massenbewegungen u. -transporte), TROLL 1924 (Inn-Chiemsee-Gletscher), WENDEBOURG U. RAMSHORN 1987 (Verzahnung Alpen- und Schwarzwald-Gletscher),

Geologie: BÖGEL U. SCHMIDT 1976 (Geologie Ostalpen), WURM 1961 (Geologie von Bayern), SCHOLZ 1995 (Allgäuer Alpen)

- **Veränderung von Flußeinzugsgebieten**

BROSE U. PRÄGER 1983 (Talentwicklung Norddeutschland), MARCINEK 1975 (Gewässernetz ehem. DDR), MARCINEK 1961 (Baruther Urstromtal), HERGET 1997 (Lippe, Münsterland), SPEETZEN 1990 (Westfälische Bucht), DONGUS 1970 (Donau), VILLINGER (Donau/Aare/Alpenrhein), SCHEUENPFLUG 1991 (Talentwicklung Alpenvorland)

Literatur

Abkürzungen im Literaturverzeichnis

Abhn.	Abhandlungen
Acad.	Academy
Akad.	Akademie
Am.	American
Angew.	Angewandte
Ann.	Annals
Arb.	Arbeiten
ArL	Arbeiten zur rheinischen Landeskunde
Ass.	Association
Beih.	Beiheft(e)
Beitr.	Beiträge
Ber.	Berichte
DAL	Deutsche Akademie für Landeskunde
Dept.	Department
dt.	deutsch(en)
EdF	Erträge der Forschung
EG	Eiszeitalter und Gegenwart
EK	Erdkunde
Erg.-H.	Ergänzungsheft
ESPL	Earth Surface, Processes and Landforms
FdL	Forschungen zur deutschen Landeskunde
Festschr.	Festschrift
Forsch.	Forschung(en)
Geogr.	Geographie, Geography
geogr.	Geographisch, geographical
geol.	Geologie, geologisch
Ges.	Gesellschaft
Gö.	Geoökodynamik
GR	Geographische Rundschau
H.	Heft(e)
Hg.	Herausgeber
Inst.	Institut, Institute
J	Journal
Jb	Jahrbuch
Kl.	Klasse
Mat.	Material(ien)
Math.	Mathematisch(en)
Mitt.	Mitteilungen
N. F.	Neue Folge
Phys.	physikalisch
PM	Petermanns Geographische Mitt.
Publ.	Publication(s)
RBP	Relief, Boden und Paläoklima
Rev.	Review(s)
Schr.	Schrift(en)
Schriftenr.	Schriftenreihe
Sci.	Science
Ser.	Serie, Series
Stud.	Studien, Studies
Univ.	Universität
Verhn.	Verhandlungen
Veröff.	Veröffentlichung(en)
WBG	Wissenschaftliche Buchgesellschaft
Wiss.	Wissenschaft(en), wissenschaftlich
ZfG	Zeitschrift für Geomorphologie
Zs.	Zeitschrift

Literatur

ABELE, G. 1994: Felsgleitungen im Hochgebirge und ihr Gefahrenpotential. In: GR 46, S. 414-420.

ABELE, G. 1997: Rockslide movement supported by the mobilisation of groundwater-saturated valley floor sediments. In: ZfG, 41, S. 1-20.

ABRAHAMS, A. D. u. A. J. PARSONS (Hg.) 1994: Geomorphology of desert environments. London (Chapman & Hall).

ABRAMOWSKI, U. (2004): The use of ^{10}Be surface exposure dating of erratic boulders in the reconstruction of the late Pleistocene glaciation history of mountainous regions, with examples from Nepal and Central Asia. – Diss., Bayreuth.

AG BODEN 1994: Bodenkundliche Kartieranleitung. Hannover (Schweizerbart'sche Verlagsbuchhandlung).

AG BODEN 2005[5]: Bodenkundliche Kartieranleitung. Hannover (Schweizerbart'sche Verlagsbuchhandlung).

AHNERT, F. 1981: Über die Beziehung zwischen quantitativen, semiquantitativen und qualititativen Methoden in der Geomorphologie. In: ZfG, N. F. Suppl.-Band 39, S. 1-28.

AHNERT, F. 1987: Geomorphological models – theoretical and empirical aspects. = Catena, Suppl.-Bd. 10.

AHNERT, F. 1994: Equilibrium, Scale and Inheritance in Geomorphology. In: Geomorphology, 11, S. 125-140.

AHNERT, F. 1996: Einführung in die Geomorphologie. Stuttgart (Ulmer).

ALBERTS, B. 1988[4]: Geologie am Niederrhein. Krefeld (Geologisches Landesamt NRW).

ALLEN, P. A. 1997: Earth Surface Processes. Oxford (Blackwell Sci. Ltd).

ALTERMANN, M, G. HAASE, I. LIEBEROTH u. R. RUSKE 1978: Lithologie, Genese und Verbreitung der Löß- und Schuttsedimente im Vorland der skandinavischen Vereisungen. In: Schriftenr. geol. Wiss. 9, S. 231-255.

ANDERSEN, B. G. u. H. W. BORNS 1994: The Ice Age World. An Introduction to Quaternary History and Research with Emphasis on North America and Northern Europe During the Last 2.5 Million Years. Oslo (Scandinavian University Press).

ANDRES, W. 1989: The Central German Uplands. In: Catena, Suppl.-Bd. 15, S. 25-44.

ANDRES, W. 1998: Terrestrische Sedimente als Zeugen natürlicher und anthropogener Umweltveränderungen seit der letzten Eiszeit. In: Verhandlungen zum 51. Dt. Geographentag Bonn. Stuttgart (Steiner), S. 118-133.

Archäologie in Deutschland 2007: Geoarchäologie. Suche nach vergangener Umwelt. Stuttgart (Konrad Theiss)

ARTMANN, S. u. J. VÖLKEL 1999: Untersuchungen an periglazialen Deckschichten im Nationalpark Berchtesgarden, Nördliche Kalkalpen. In: ZfG, 43, S. 463-481.

AUERSWALD, K 1993: Bodeneigenschaften und Bodenerosion. Wirkungswege bei unterschiedlichen Betrachtungsmaßstäben. Berlin, Stuttgart (Borntraeger) = RBP 6.

AUERSWALD, K. u. P. PERGER 1998: Bodenerosion durch Wasser. Ursachen, Schutzmaßnahmen und Prognose mit PC ABAG. Bonn (AID) = Auswertungs- und Informationsdienst für Ernährung, Landwirtschaft und Forsten 1378.

AURADA, K. D., K. BILLWITZ u. R. LAMPE (Hg.) 1998: Abbildung von Prozessen und Strukturen in Geosystemen. Berlin, Stuttgart (Borntraeger). In: ZfG, N. F. Suppl.-Bd. 112.

BAADE, J. 1994: Geländeexperiment zur Verminderung des Schwebstoffaufkommens in landwirtschaftlich genutzten Einzugsgebieten. Heidelberg (Geogr. Inst.) = Heidelberger Geogr. Arb. 95.

BAADE, J., H. GÜNDRA u. H. ARMBRUSTER 1996: Vergleich von gemessenen und kalkulierten Bodenerosions- und Sedimenttransferraten im Einzugsgebiet des Oberen Biddersbach, Kraichgau, SW-Deutschland. In: Heidelberger Geogr. Arb. 104, S. 188-201.

BAGNOLD, R. A. 1941: The physics of blown and desert dunes. London (Methuen & Co.).

BAGNOLD, R. A. 1953: Forme des dunes de sable et régime des vents. In: Actions Eoliennes, Cent. Nat. de la Rech. Sci., Coll. Int. Paris 35, S. 23-32.

BAGNOLD, R. A. 1980: An empirical correlation of bedload transport rates in flumes and natural rivers. In: Proccedings of the Royal Society, 372A, S. 453-473.

BAHLBURG, H. u. Ch. BREITKREUZ 1998: Grundlagen der Geologie. Stuttgart (Enke).

BAHLBURG, H. u. Ch. BREITKREUZ 2007[3]: Grundlagen der Geologie. Stuttgart (Enke).

BALLANTYNE, C.K. 2002: A general model of paraglacial landscape response. In: The Holocene 12, S. 371-376.

BARENDREGT, R .W. u. E. IRVING 1998: Changes in the extent of North American ice sheets during the late Cenozoic. In: Can. J Earth Sci. 35, S. 504-509.

BARSCH, D. u. R. MÄUSBACHER 1993: Flüsse und Flußlandschaften. Die Erfassung der fluvialen Dynamik. In: GR 45, S. 736-745.

BARSCH, D. et al. 1994: Messungen in fluvialen Systemen. Feld- und Labormethoden zur Erfassung des Wasser- und Stoffhaushaltes. Berlin (Springer).

BARSCH, D. 1996: Rockglaciers. Indicators for the present and former geoecology in High Mountain Environments. Heidelberg (Springer).

BARSCH, D. u. N. CAINE 1984: The nature of mountain geomorphology. Mountain Res. Dev. 4, pp. 287-96

BARSCH, H., K. BILLWITZ u. H.-R. BORK (Hg.) 2000: Arbeitsmethoden in Physiogeographie und Geoökologie. Gotha, Stuttgart (Klett-Perthes)

BARSCH, D. u. G. STÄBLEIN 1989: Geomorphological mapping in the Federal Republik of Germany – the GMK 25 and the GMK 100. In: Catena, Suppl.-Bd. 15, S. 343-347.

BARTH, H.K. 1970: Probleme der Schichtstufenlandschaften Westafrikas am Beispiel der Bandiagara-, Gambaga- und Mampong-Stufenländer. = Tübinger Geogr. Stud. 38.

BARTH, H.-J. 1997: Sebkhas als Ausdruck von Landschaftsdegration im zentralen Küstentiefland der Ostprovinz Saudi-Arabiens. = Regensburger Geogr. Schr. 29.

BAUMHAUER, R. 2006: Geomorphologie. Darmstadt (WBG)

BÄUMLER, R. 2001: Vergleichende bodenkundliche Untersuchungen in Hochasien und Kamptschatka. = RBP 16. Stuttgart (Borntraeger).

BECHT, M. 1986: Die Schwebstofführung der Gewässer im Lainbachtal bei Benediktbeuern. = Münchener Geogr. Abhn.

BECHT, M. u. D. RIEGER 1997: Spatial and temporal distribution of debris flow occurrance on slopes in the Eastern Alps. In: CHEN, CH. (Hg.): Debris-Flow hazards Mitigation: Mechanics, Prediction and Assessment, Proc. of 1. Int. Conference, New York, S. 516-519.

BECHT, M. u. K.-F. WETZEL 1994: Untersuchungen zur aktuellen fluvialen Morphodynamik im Lainbachtal. In: BARSCH, D. et al. (Hg.): Messungen in fluvialen Systemen. Berlin, S. 139-157.

BECK, N. 1994: Reliefentwicklung im nördlichen Rheinhessen unter besonderer Berücksichtigung der periglazialen Glacis- und Pedimententwicklung. Trier (DAL) = FdL 237.

BECK, N. 1996: Sedimente und Formbildungen der Küste und meeresnaher Gebiete in NW-Mallorca. In: Vechtaer Stud. z. Angew. Geogr. und Regionalwissenschaft 18, Vechta (Inst. für Strukturforschung und Planung in agrarischen Intensivgebieten), S. 105-114.

BEHRE, K.-E. 1987: Meeresspiegelschwankungen und Siedlungsgeschichte in den Nordseemarschen. Vorträge der Oldenburgischen Landschaft 17, Oldenburg.

BENN, D. I. u. D. J. A. EVANS 1998: Glaciers and Glaciations. London (Arnold).

BENNETT, M. R. u. N. F. GLASSER 1996: Glacial Geology. Chichester (Wiley).

BERNSDORF, B., G. RICHTER u. R.-G. SCHMIDT 1995: Die Kartierung der Schneeschmelz-Erosion. Probleme und Möglichkeiten der Felderhebung. = Forschungsstelle Bodenerosion Universität Trier, Heft 14.

BESLER, H. 1972: Klimaverhältnisse und klimageomorphologische Zonierung der zentralen Namib (Südwestafrika). = Stuttgarter Geogr. Stud. 83.

BESLER, H. 1992: Geomorphologie der ariden Gebiete. Darmstadt (WBG) = EdF, Bd. 280.

BESLER, H. 1996: Granulometrische Sandtypen im Wüstenvergleich (Häufigkeitsverteilungen als Informationsträger). In: Zs. Geomorphologie N.F. 40, S. 23-46.

BESLER, H. 1997: Periods of aeolian activity and stability in the Great Sand Sea in Egypt. In: Zentralbl. für Geol. u. Paläontol., Teil I, S. 23-39.

BESLER, H. 2000: Dünen als Klimaarchive. In: GR, 52, H. 9, S. 30-35.

BEST, J. L. u. BRISTOW, C. S. (Hg.) 1993: Braided Rivers. London (Geological Society) = Geological Society Special Publication 75.

BEYER, J. 2002: Massenverlagerungen an der Wellenkalk-Schichtstufe im Thüringer Becken und ihre Abhängigkeit von morphometrischen Steuerungsfaktoren. In: Trierer Geogr. Studien 25: 143-160.

BEYER, J. u. K.-H. SCHMIDT 2003: Schichtstufenlandschaften. In: Nationalatlas Bundesrepublik Deutschland. Bd. Relief, Boden und Wasser, S. 84-87. Heidelberg, Berlin (Spektrum Akademischer Verlag).

BIBUS, E. 1980: Zur Relief-, Boden- und Sedimententwicklung am unteren Mittelrhein. = Frankfurter geowiss. Arb. D1.

BIBUS, E. 1983: Distribution and Dimension of Young Tectonics in the Neuwied Basin and the Lower Middle Rhine. In: Plateau Uplift, S. 55-61.

BIBUS, E. 1986: Die Bedeutung periglazialer Deckschichten für Bodenprofil, Standort und junge Reliefentwicklung im Schönbuch bei Tübingen. In: EINSELE, G. (Hg.): Das landschaftsökologische Forschungsprojekt Naturpark Schönbuch. Weinheim (Wiley-VCH), S. 27-57.

BIBUS, E. u. M. KÖSEL 1997: Palöoböden und periglaziale Deckschichten im Rheingletschergebiet von Oberschwaben und ihre Bedeutung für Stratigraphie, Reliefentwicklung und Standort. Tübingen = Tübinger geowiss. Arb. Reihe D: Geoökolgie und Quartärforschung 3.

BIBUS, E. u. M. STRAHL 2000: Zur Gliederung und Altersstellung der bayerischen Hochterrassen nördlich des Donauriedes. In: ZfG, 44, S. 145-164.

BILLWITZ, K. 1997: Allgemeine Bodengeographie, Allgemeine Geoökologie. In: HENDL, M. u. H. LIEDTKE (Hg.): Lehrbuch der Allgemeinen Physischen Geographie. Gotha (Perthes), S. 233-327 u. S. 635-720.

BLACKWELDER, E. 1933: The Insolation Hypothesis of Rock Weathering. in: American J. of Sci. 26, S. 97-113.

BLAND, W. u. D. ROLLS 1998: Weathering. An introduction to the scientific principles. London/New York (Arnold).

BLÄTTLER, R. 1995: Rezente fluviale Morphodynamik im Stubaital/Tirol. Würzburg = Würzburger Geogr. Arb. 90.

BLEICH, K. E. 1998: Zur Deutung und Bedeutung von Paläoböden im (süddeutschen) Löß. Stuttgart (Nägele u. Obermiller). In: Eiszeitalter und Gegenwart 48, S. 50-56.

BLEICH, K. E. u. K. KUHN 1990: Bodenrelikte in Beziehung zu laten Klimaten und Landoberflächen der Schwäbischen Alb. In: Tübinger Geogr. Studien 105, S. 123-160.

BLOOM, A. L. 1978: Geomorphology. A Systematic Analysis of Late Cenozoic Landforms. New Jersey (Prentice-Hall Inc.).

BLUME, H. 1971: Probleme der Schichtstufenlandschaft. Darmstadt = EdF, Bd. 5.

BLUME, H. (Hg.) 1976: Strukturbetonte Reliefs = ZfG, N. F. Suppl. -Bd. 24.

BLUME, H. u. G. REMMELE 1989: Schollengleitungen an Stufenhängen des Strombergs (württembergisches Keuperland). = Jahresbericht 71. Mitt. Oberrhein. Geol. Verl. (N.F.).

BLUME, H. (Hg.) 1990: Handbuch des Bodenschutzes. Bodenökologie und –belastung, Vorbeugende und abwehrende Schutzmaßnahmen. Landsberg/Lech (ecomed).

BLUME, H. 1991: Das Relief der Erde. Ein Bildatlas. Stuttgart (Enke).

BLUME, H. P. 1985: Klimabezogene Deutung rezenter und reliktischer Eigenschaften von Wüstenböden. In: Geomethodica 10, S. 91-121, Basel (Geographisches Institut)

BLUME, H.-P., P. FELIX-HENNINGSEN, W. R. FISCHER, H.-G. FREDE, R. HORN u. K. STAHR 1996: Handbuch der Bodenkunde. Landsberg (ECOMED).

BLÜMEL, W. D. (Hg.) 1997: Äolische Dynamik: Formen und Prozesse. = ZfG, N. F. Suppl.-Bd. 111.

BLÜMEL, W. D. 1981: Pedologische und geomorphologische Aspekte der Kalkkrustenbildung in Südwestafrika und Südostspanien. = Karlsruher Geogr. Hefte 10.

BLÜMEL, W. D. (Hg.) 1994: Geowissenschaftliche Spitzbergen-Expedition 1990-1992. (SPE 90-92).

Berlin, Stuttgart (Borntraeger). = ZfG, N. F. Suppl.-Bd. 97.

BLÜMEL, W. D., B. EITEL u. A. LANG 1998: Dunes in the southwestern Namibia: evidence for Holocene environmental changes in the southwestern Kalahari based on thermoluminescence data. In: Palaeogeography, Palaeoclimatology, Palaeecology, 138, S. 139-149.

BLÜMEL, W. D. 1999: Physische Geographie der Polargebiete. Stuttgart (Teubner) = Teubner Studienbücher Geogr.

BÖGEL, H. u. K. SCHMIDT 1976: Kleine Geologie der Ostalpen. Thun (Ott).

BÖGLI, A. 1964: Mischungskorrosion – ein Beitrag zum Verkarstungsproblem. In: EK, 18, S. 83-92.

BÖGLI, A. 1978: Karsthydrographie und physische Speläologie. Berlin, Heidelberg, New York (Springer).

BÖSE, M. 1989: Methodisch stratigraphische Studien und paläomorphologische Untersuchungen zum Pleistozän südlich der Ostsee. = Berliner Geogr. Abhn. 51.

BOLDT, K. 1998: Das Modell der restriktiven Flächenbildung – ein Ansatz zur Erfassung von Regeln der Landschaftsgenese im Bereich wechselnd widerständiger Sedimentgesteine. In: ZfG, 42, S. 21-37.

BOLT , B. A. 1995: Erdbeben. Heidelberg (Spektrum).

BONNARD, CH. (Hg.) 1990: Landslides. Glissements de Terrain. Proceedings of the 5th Internat. Symposium on Landslides. Rotterdam (Balkema).

BORGER, H. 1990: Bohnerze und Quarzsande als Indikatoren paläogeographischer Verwitterungsprozesse und der Altreliefgenese östlich von Albstadt (Schwäbische Alb). = Kölner Geogr. Arb. 52.

BORK, A.-R. u. C. DALCHOW 2000: Reliefaufnahme. In: BARSCH, H., K. BILLWITZ u. H.-R. BORK (Hg.): Arbeitsmethoden in Physiogeographie und Geoökologie.

BORK, H.-R. 1983: Die holozäne Relief- und Bodenentwicklung in Lößgebieten – Beispiele aus dem südöstlichen Niedersachsen. Braunschweig. = Catena, Suppl.-Bd. 3.

BORK, H.-R. 1988: Bodenerosion und Umwelt. = Landschaftsgenese und Landschaftsökologie 13.

BORK, H.-R., H. BORK, C. DALCHOW, B. FAUST, H.-P. PIORR u. T. SCHATZ 1998: Landschaftsentwicklung in Mitteleuropa. Gotha, Stuttgart (Klett-Perthes).

BORK, H. u. C. DALCHOW 2000: Reliefaufnahme. In: BARSCH, H., K. BILLWITZ U. H.-R. BORK: Arbeitsmethoden in Physiogeographie und Geoökologie. Gotha (Klett-Perthes), S. 143-172.

BOULTON, G. S. 1979: Processes of glacier erosion on different substrata. In: J. of Glaciology, 23, S. 15-38.

BRÄUNING, A. u. F. LEHMKUHL 1996: Glazialmorphologische und dendrochronologische Untersuchungen neuzeitlicher Eisrandlagen Ost- und Südtibets. In: EK, 50, S. 341-359.

BREMER, H. (Hg.) 1978: Zur Landschaftsentwicklung der Eifel. Köln = Kölner Geogr. Arb. 36.

BREMER, H. 1989: Allgemeine Geomorphologie. Methodik – Grundvorstellungen – Ausblick auf den Landschaftshaushalt. Berlin, Stuttgart (Borntraeger).

BREMER, H., A. SCHNÜTGEN u. H. SPÄTH 1978: Altformen auf der Eifelhochfläche südlich Kelberg. In: Kölner Geogr. Arb. 36, S. 187-194.

BREMER, H., A. SCHNÜTGEN u. H. SPÄTH 1981: Zur Morphogenese in den feuchten Tropen. Verwitterung und Reliefbildung am Beispiel von Sri Lanka. Stuttgart (Borntraeger) = RBP 1.

BRIDGES, E. M. 1990: World Geomorphology. Cambridge (Cambridge University Press).

BRINKMANN, R. 1975[11]: Abriß der Geologie. 2 Bände, Stuttgart (Enke).

BRINKMANN, R. u. W. ZEIL 1980: Brinkmanns Abriß der Geologie. Stuttgart (Enke).

BRONGER, A. 1966: Geologie. Lösse, ihre Verbraunungszonen und fossilen Böden - Ein Beitrag zur Gliederung des oberen Pleistozäns in Südbaden. Kiel, S. 1-113 = Schriften des Geogr. Inst. der Universität Kiel, 25/2.

BRONGER, A. 1999: Löß-Paläoboden-Sequenzen Zentralasiens als Indikatoren einer globalen Klimageschichte des Quartärs? Stuttgart (Nägele u. Obermiller). In: EG, 49, S. 35-54.

BRONGER, A. u. N. BRUHN-LOBIN 1997: Paleopedology of Terrae rossae - Rhodoxeralfs from Quarternary calcarenites in NW Morocco. In: Catena, 28, S. 279-295.

BROSCHE, K.-U. 1996: Wirkungen des pleistozänen kaltzeitlichen Klimas, insbesondere des Bodenfrostes, in den Sedimenten des östlichen Ostfalen (Raum Hannover – Wolfsburg – Helmstedt – Bad Harzburg – Salzgitter-Bad – Hannover) Teil 1. Stuttgart (Nägele u. Obermiller). In: EG, 46, S. 1-17.

BROSCHE, K.-U. 1997: Wirkungen des pleistozänen kaltzeitlichen Klimas, insbesondere des Bodenfrostes, in den Sedimenten des östlichen Ostfalen (Eiskeile, Löß-Flugsand, asymmetrische Täler). Stuttgart (Nägele u. Obermiller). In: EG, 47, S. 89-106.

BROSE, F. u. F. PRÄGER 1983: Regionale Zusammenhänge und Differenzierungen der holozänen Flußgenese im nordmitteleuropäischen Vereisungsgebiet. In: Das Jungquartär und seine Nutzung. Erg.-Heft 282 zu PM, S. 164-175.

BRÜCKNER, H. 1998: Coastal research and geoarchaeology in the Mediterranean region. In: D. H. KELLETAT (Hg.): German geographical coastal research – The last decade. Institute for Scientific Cooperation, Tübingen and Committee of the Federal Republic of Germany for the Int. Geographical Union, Tübingen, S. 235-258.

BRÜCKNER, H. 2000: Küsten – sensible Geo- und Ökosysteme unter zunehmendem Stress. In: PM, Pilotheft, S. 6-21.

BRÜCKNER, H. u. N. BRUHN 1992: Aspects of wheathering and peneplanation in Southern India. In: ZfG, N.F., 91, S. 43-66.

BRÜCKNER, H. u. R. A. HALFAR 1994: Evolution and age of shorelines along Woodfiord, northern Spitsbergen. In: ZfG, N. F. Suppl. -Bd. 97.

BRÜCKNER (2007): schriftl. Mitteilung (Vortrag auf dem Dt. Geogr. Tag 2007 in Bayreuth).

BRUNNACKER, K. 1982: Äolische Deckschichten und deren fossile Böden im Periglazialbereich Bayerns. In: Geol. Jb F 14, S. 15-25.

BRUNOTTE, E. u. K. GARLEFF 1989: Structural landforms and planation surfaces in Southern Lower Saxony. In: Catena, Suppl.-Bd. 15, S. 151-164.

BRUNOTTE, E. u. H. SANDER 2000: Bodenerosion in lößhaltigen Sedimenten Nordnamibias (Becken von Opuwo) hervorgerufen durch Gullybildung und Mikropedimentation. In: ZfG, 44, S. 249-267.

BROWN, R. J. E. 1970: Permafrost in Canada. Its influence on Northern Development. Toronto (University of Toronto Press) = Canadian Building Series, 4.

BUCH, M. W. 1987: Spätpleistozäne und holozäne Geomorphodynamik im Donautal östlich von Regensburg – ein Sonderfall unter den mitteleuropäischen Flußsystemen? In: ZfG, N.F. Suppl.-Bd. 66, S. 95-111.

BUCH, M. W. 1988: Spätpleistozäne und holozäne fluviale Geomorphodynamik im Donautal zwischen Regensburg und Straubing. = Regensburger Geogr. Schr. 21 I/II.

BUCH, M. W. u. L. ZÖLLER 1990: Gliederung und Thermolumineszenz-Chronologie der Würmlösse im Raum Regensburg. In: EG, 40, S. 63-84.

BUCH, M. W. 1996: Geochrono-Geomorphostratigraphie der Etoscha Region, Nord-Namibia. In: Die Erde, 127, S. 1-22.

BÜDEL, J. 1977: Klima-Geomorphologie. Berlin-Stuttgart (Borntraeger).

BULL, W. 1991: Geomorphic responses to climatic change. Oxford (Univ. Press).

BURGER, D. 1982: Reliefgenese und Hangentwicklung im Gebiet zwischen Sayn und Wied. = Kölner Geogr. Arb. 42.

BURGER, D. 1992: Quantifizierung quartärer subtropischer Verwitterung auf Kalk - Das Beispiel Travertinkomplex von Antalya. Tübingen (Borntraeger) = RBP 7.

BUSCH, P. 1986: Geomorphologie. = Teil III, Paderborn (Schöningh) = Grundriß Allgemeine Geographie.

BUSCH, P. U. D. MARQUARD 1990: Geologische und bodenkundliche Grundlagen. Paderborn (Schöningh) = Grundriß Allgemeine Geographie.

BUSCHE, D. 1998: Die zentrale Sahara. Oberflächenformen im Wandel. Gotha (Perthes).

BUSCHE, D., J. KEMPF u. I. STENGEL 2005: Landschaftsformen der Erde. Bildatlas der Geomorphologie. Darmstadt (Primus).

CAINE, N. 1974: The geomorphic processes of the alpine environment. In: IVES, J. D. and BARRY, R. G. (Hg.) Arctic and alpine environments, S. 721-48 (Methuen, London).

CAINE, N. 1976: A uniform measure of subaerial erosion. In: Bull. Geol. Am. 87, 137-40.

CARSON, M. A. u. M. J. KIRKBY 1972: Hillslope Form and Process. Cambridge Geogr. Studies, 3, Cambridge (Cambridge Univ. Press).

CARTER, R. W. G. 1988: Coastal environments. An introduction to the physical, ecological and cultural systems of coastlines. London (Academic Press).

CARTER, R. W. G. u. C. D. WOODROFFE (Hg.) 1994: Coastal evolution. Cambridge (Cambridge University Press).

CATT, J. A. 1992: Angewandte Quartärgeologie. Stuttgart (Enke).

CHEN, J. , H.-P. BLUME u. B. BEYER 2000: Weathering of rocks induced by lichen colonization - a review. In: Catena, 39, S. 121-146.

CHORLEY, R. J. u. B. A. KENNEDY 1971: Physical geography: a systems approach. London (Prentice Hall)

CHOW, V. T., D. R: MAIDMENT u. L. W. MAYS 1988: Applied Hydrology. New York (McGraw Hill).

CLOOS, H. u. CLOOS, E. 1927: Die Quellkuppe des Drachenfels am Rhein. Ihre Tektonik und Bildungsweise. In: Zs. Vulkanol., 11, 33-40.

COHEN, S. M. u. D. R. DETHIER 1986: Rate of Chemical Weathering of Rocks and minerals. New York (Academic Press).

COLLINS, A. L., D. E. WALLING u. G. J. L. LEEKS 1997: Source type ascription for fluvial suspended sediment based on a quantitative composite fingerprinting technique. In: Catena, 29, S. 1-27.

COLLINSON, J. u. D. B. THOMPSON, 1982[3] : Sedimentary structures. London (George Allen & Unwin).

COLLINSON, J., D. B. THOMPSON u. N. MOUNTNEY 2006[3] : Sedimentary structures. Terra Publishing.

COLTORTI, M. 1997: Human impact in the Holocene fluvial and coastal evolution of the Marche region, Central Italy. In: Catena, 30, S. 311-335.

COOKE R. U. u. A. WARREN 1973: Geomorphology in Deserts. London (Chapman & Hall).

COOKE, R., A. WARREN u. A. GOUDIE 1993: Desert Geomorphology. London (UCL Press Ltd.).

CROZIER, M. J. 1986: Landslides: causes, consequences & environment. London (Croom Helm).

CROZIER, M. u. R. MÄUSBACHER (Hg.) 1999: Magnitude and frequency in Geomorphology. = ZfG, N. F. Suppl. -Bd. 115.

CROZIER, M. J. u. MÄUSBACHER, R. (Hg.) 1999: Magnitude and frequency in Geomorphology. Suppl-Bd. 115, Berlin, Stuttgart (Gebr. Bornträeger).

DAVIS, R. A. 19852: Coastal sedimentary environments. New York (Springer).

DAVIS, W. M. 1899: The geographical cycle. In: Geogr. Journal 14, S. 481-504.

DAVIS, W. M. u. G. BRAUN 1915-1917: Grundzüge der Physiographie. Leipzig (Teubner).

DAWSON, A. G. 1992: Ice age earth. London (Routledge).

DEMEK, J. 1969: Mass movements near the community of Stadice in North Western Bohemia. Brno (Geografiek_ ústav _SAV) = Studia Geographica.

DERBYSHIRE, E. (Hg.) 1976: Geomorphology and climate. London (Wiley).

DERBYSHIRE, E. 1983: Geomorphological Processes. London (Butterworth).

DIKAU, R. 1992: Aspects of Constructing a Digital Geomorphological Base Map. In: Geologisches Jahrbuch 122, S. 357-370.

DIKAU, R. 1994: Computergestützte Geomorphographie und ihre Anwendung in der Regionalisierung des Reliefs. In: PM 138, S. 99-114.

DIKAU, R. 1998: The Need for Field Evidence in Modelling Landform Evolution. In: HERGARTEN, S. u. H. NEUGEBAUER (Hg.): Process modelling and landform evolution. Heidelberg, Berlin (Springer), S. 9-19.

DIKAU, R. 2006: Nichtlineare Systeme. In: GEBHARDT H., GLASER, R., RADTKE, U., REUBER, P. (Hg.): Geographie, Heidelberg (Elsevier), S. 286.

DIKAU, R., D. BRUNDSEN, L. SCHROTT u. M. L. IBSEN 1996: Landslide recognition. Chichester (Wiley & Sons).

DIKAU, R., HERGET, J. & K. HENNRICH 2005: Land use and climate impacts on fluvial systems during the period of agriculture in the River Rhine catchment (RhineLUCiFS) – an introduction. EK 59: 177-183.

DIKAU, R., K. FRIEDRICH U. H. LESER 1999: Die Aufnahme und Erfassung Landschaftsökologischer Daten. In: ZEPP, H. u. M. J. MÜLLER: (Hg.): Landschaftsökologische Erfassungsstandards. Flensburg (DAL) = FdL, 244, S. 29-127.

DIKAU, R. u. J. SCHMIDT 1999: Georeliefklassifikation. In: SCHNEIDER-SLIWA, R., SCHAUB, D., U. G. GEROLD (Hg.): Angewandte Landschaftsökologie. Berlin (Springer), S. 217-244.

DIN 4049 1992: Hydrologie. Berlin, Wien, Zürich (Beuth).

DOLLINGER, F. 1998: Die Naturräume im Bundesland Salzburg. Erfassung chorischer Naturraumeinheiten nach morphodynamischen und morphogenetischen Kriterien zur Anwendung als Bezugsbasis in der Salzburger Raumplanung (mit CD im Anhang). Flensburg (DAL) = FdL 245.

DONGUS, H. 1970: Über die Schotter des jungtertiären Albdonausystems und einige geomorphologische Konsequenzen aus ihrer Lage, ihrer Korngröße und ihrer Zusammensetzung. In: Ber. z. dt. Landeskunde, 44, S. 245-266.

DONGUS, H. 1980: Die geomorphologischen Grundstrukturen der Erde. Stuttgart (Teubner).

DONGUS, H. 2000: Die Oberflächenformen Südwestdeutschlands. Geomorphologische Erläuterungen zu Topographischen und Geologischen Übersichtskarten. Berlin, Stuttgart (Borntraeger).

DORN, R. I. 1992: The role of climatic change in alluvial fan development. In: ABRAHAMS, A. D. u. A. J. PARSONS (Hg.) 1994: Geomorphology of desert environments. London (Chapman & Hall), S. 593-615.

DREYBRODT, W. 1988: Processes in Karst Systems. Physics, Chemistry and Geology. Berlin (Springer).

DU BOYS, M. P. 1879: Études du régime er l'action exercée par les eaux sur un lit à fond de graviers indéfinitement affouillable. In: Annales des Ponts et Chaussées, Serie 5, 18, S. 141-195.

DUDECK, J.: Karsterscheinungen in Deutschland. http://www.showcaves.com/german/de/Maps/index.html

DUPHORN, K., KLIEWE, H., R.-O. NIEDERMAYER, W. JANKE u. F. WERNER 1995: Die Deutsche Ostseeküste. = Sammlung Geologischer Führer 88.

DURY, G. H. 1964: Principles of underfit streams. Washington (U. S. Gov. Print. Off.).

DURY, G. H. 1969: Perspectives of geometric processes. Washington (Association of American Geographers).

DUTTMANN, R. 1999: Partikuläre Stoffverlagerungen in Landschaften. Ansätze zur flächenhaften Vorhersage von Transportpfaden und Stoffumlagerungen auf verschiedenen Maßstabsebenen unter besonderer Berücksichtigung räumlich-zeitlicher Änderungen der Bodenfeuchte. Hannover (Geogr. Institut) = Geosynthesis, Bd. 10.

DVWK 1991: Hydraulische Berechnung von Fließgewässern. Merkblätter zur Wasserwirtschaft 220, (DK 551.51/54 Fließgewässer; DK 532.543 Hydraulik), Hamburg, Berlin (Parey).

DVWK (Hg.) 1996: Bodenerosion durch Wasser – Kartieranleitung zur Erfassung aktueller Erosionsformen. DVWK Merkblätter zur Wasserwirtschaft Nr. 239. Bonn.

DYCK, S. u. G. PESCHKE 19953: Grundlagen der Hydrologie. Berlin (Huss-Medien).

EBERLE , J. 1993: Untersuchungen zur Verwitterung, Pedogenese und Bodenverbreitung in einem hochpolaren Geosystem (Liefdfjord und Bockfjord /Nordwestspitzbergen) = Stuttgarter Geogr. Studien 121.

EHLERS, J. 1983: Glacial deposits in North-West Europe. Rotterdam (Balkema).

EHLERS, J. 1988: The Morphodynamics of the Wadden Sea. Rotterdam/Brookfield (Balkema).

EHLERS, J. 1990a: Gliederung der eiszeitlichen Ablagerungen in Norddeutschland. In: LIEDTKE, H. (Hg.): Eiszeitforschung. Darmstadt (WBG), S. 159-172.

EHLERS, J. 1990b: Untersuchungen zur Morphodynamik der Vereisungen Norddeutschlands unter Berücksichtigung benachbarter Gebiete. = Bremer Beitr. zur Geogr. u. Raumpl. 19.

EHLERS, J. 1994: Allgemeine und historische Quartärgeologie. Stuttgart (Enke).

EHLERS, J. u. H. MENSCHING 1982: Geomorphologische Karte der Bundesrepublik Deutschland 1:25 000, (GMK 25) Bl. 10, 2213 Wangerooge. Berlin (Inst. f. Angew. Geodäsie).

EHLICH, CH. u. H. ZEPP 1998: Die Geographische Landesaufnahme als Grundlage für eine Geomorphologische Übersichtskarte? – Eine methodische Skizze am Beispiel Westfalens. - In: Bochumer Geogr. Arb. Sonderreihe 13, (= Festschr. für HERBERT LIEDTKE), S. 138-145.

EINSTEIN, H. A. u. H. W. SHEN 1964: A study of meandering in straight alluvial channels. In: Journal of Geophysical Research, 69, S. 5239-5247.

EISBACHER, G. H. 1996: Einführung in die Tektonik. Stuttgart (Enke).

EISBACHER, G. H. u. J. KLEY 2001: Grundlagen der Umwelt- und Rohstoffgeologie. Stuttgart (Enke).

EISSMANN, E. 1994: Grundzüge der Quartärgeologie Mitteldeutschlands (Sachsen, Sachsen-Anhalt, Südbrandenburg, Thüringen). In: Altenburger Naturwissenschaftliche Forsch. 7, S. 55-135.

EITEL, B. 1989: Morphogenese im südlichen Kraichgau unter besonderer Berücksichtigung tertiärer und pleistozäner Decksedimente. Stuttgart = Stuttgarter Geogr. Stud. 111.

EITEL, B. 1994a: Morphogenese im südlichen Kraichgau unter besonderer Berücksichtigung tertiärer und pleistozäner Decksedimente. Ein Beitrag zur Landschaftsgeschichte Südwestdeutschlands. Stuttgart = Stuttgarter Geogr. Stud. 111.

EITEL, B. 1994b: Kalkreiche Decksedimente und Kalkkrustengenerationen in Namibia. Zur Frage der Herkunft und Mobilisierung des Calciumcarbonats. Stuttgart = Stuttgarter Geogr. Stud. 123.

EITEL, B. 1999: Bodengeographie. Braunschweig (Westermann) = Das Geogr. Seminar.

EITEL, B. & B. MÄCHTLE 2006: Holozäner Umweltwandel in der nördlichen Atacama und sein Einfluss auf die Nasca-Kultur (Südperu). – GR, Jg 58, H. 4, S. 30-36.

EITEL, B. u. W. D. BLÜMEL 1997a: Pans and dunes in the southwestern Kalahari (Namibia): Geomorphology and evidence for Quaternary paleoclimates. In: ZfG, N.F. Suppl. -Bd. 111, S. 73-95.

EITEL, B. u. W. D. BLÜMEL 1997b: Gesteinsverwitterung durch Calciumcarbonat: Beispiele aus Namibia. Würzburg (Geogr. Inst.), S. 253-268 = Würzburger Geogr. Arb. 92.

EMBLETON, C. (Hg.) 1984: Geomorphology of Europe. Weinheim (Verlag Chemie).

EMBLETON, C. (Hg.) 1988: Applied geomorphological mapping: methodology by example. = ZfG, N. F. Suppl.-Bd. 68.

EMBLETON-HAMANN, C 2007: Geomorphologie in Stichworten. III. Exogene Morphodynamik. Karstmorphologie – Glazialer Formenschatz – Küstenformen. Stuttgart (Borntraeger).

EMMERICH, K.-H. 1997: Decksedimente in den Tropen. In: GR, 49, H. 1, S. 18-23.

ENDLICHER, W. 1991: Klima, Wasserhaushalt, Vegetation. Grundlagen der Phys. Geographie II. Darmstadt (WBG).

ENGELHARD, W. v. 1973: Die Bildung von Sedimenten und Sedimentgesteinen. Sediment-Petrologie, Teil III, Stuttgart (Schweizerbart'sche Verlagsbuchhandlung).

ERGENZINGER, P. 1998: Chaos and order, the geometry of gravel bed braided rivers. In: Catena, Suppl.-Bd. 10, S. 85-95.

ERGENZINGER, P., C. DE JONG 1998: Linking Hydraulics, Bedload Transport and River Bed Adjustment with the Conceptual FAST Model. In: ASHWORTH, B. J. et al (Hg.): Coherent flow structures in open channels, Chichester, S. 655-679.

ERISMANN, T. H. u. G. ABELE 2001: Dynamics of Rockslides and Rockfalls. New York (Springer).

FAUPL, P. 2000: Historische Geologie. Eine Einführung. Paderborn (Schöningh) = UTB 2149.

FELDMANN, L. 1991: Neue Untersuchungen zur „Fluvioglazialen Serie" auf der Münchener Schotterebene. Freiburg (Geogr. Inst.) In: Freiburger Geogr. H. 33, S. 107-119.

FELIX-HENNINGSEN, P. 1990: Die mesozoisch-tertiäre Verwitterungsdecke (MTV) im Rheinischen Schiefergebirge. Aufbau, Genese und quartäre Überprägung. Berlin, Stuttgart (Borntraeger) = RBP 6.

FELIX-HENNINGSEN, P. u. K. BLEICH 1996: Böden und Bodenmerkmale unterschiedlichen Alters. In: Blume, H.-P. et al. (Hg.) 1996: Handbuch der Bodenkunde, Landsberg (ecomed), I, 4.5.1.

FISCHER, H. (Hg.) 1999: Massenbewegungen und Massentransporte in den Alpen als Gefahrenpotential. Berlin, Stuttgart (Borntraeger).

FISCHER, K. 1976: Das Formenbild der Allgäuer Alpen. In: Verband dt. Höhlen- und Karstforscher 22, S. 43-48.

FISCHER, K. 1990: Höhlenniveaus und Altreliefgenerationen in den Berchtesgadener Alpen. In: Mitt. d. Geogr. Ges. München 32, S. 1-14.

FLEMMING, B.W. 2005: The concept of wave base: Fact and fiction. In: Schriftenr. Dt. Ges. f. Geowiss. 38, S. 37.

FOHRER, N. 1995: Auswirkungen von Bodenfeuchte, Bodenart und Oberflächenbeschaffenheit auf Prozesse der Flächenerosion durch Wasser = Bodenökologie und Bodengenese 19. Berlin (TU Berlin).

FORD, D. u. P. WILLIAMS 1996: Karst geomorphology and hydrology. London (Chapman & Hall).

FOWLER, C.M.R. 1990: The solid earth. Cambridge (Univ. Press).

FRÄNZLE, O. 1988: Periglaziale Formung der Altmoränengebiete Schleswig-Holsteins. In: Berliner Geogr. Abhn. 47, S. 23-35.

FRAEDRICH, W. 1996: Spuren der Eiszeit. Landschaftsformen in Europa. Berlin, Heidelberg (Springer).

FRATER, H. 1998: Landforms of the earth. Multimedia Program on CD-Rom. Heidelberg (Springer).

FRENCH, H. M. 19962: The Periglacial Environment. Harlow (Addison Wesley).

FRIED, G. 1984: Gestein, Relief und Boden im Buntsandstein-Odenwald. = Frankfurter Geowiss. Arb. Serie D, 4.

FRIEDMANN, A. 1998: Pollenanalytische Untersuchungen im Wasenweiler Ried (Südbaden). In: MÄCKEL, R. u. A. FRIEDMANN (Hg.): Wandel der Geo-Biosphäre in den letzten 15000 Jahren im südlichen Oberrheintiefland und Schwarzwald. Freiburg (Geogr. Inst.) = Freiburger Geogr. H. 54.

FRISCH. W. (Hg.) 1999: Tectonic Geomorphology. = ZfG, N. F. Suppl.-Bd. 118.

FRISCH, W. u. J. LOESCHKE 1993: Plattentektonik. Darmstadt (WBG) = EdF, Bd. 236.

FRISCH, W. u. M. MESCHEDE 2005: Plattentektonik. Kontinentverschiebung und Gebirgsbildung. – Darmstadt (WBG).

FROMM, K. 1989: Paläomagnetische Datierung hochgelegener Sand-Kies-Terrassen der Weser. In: EG 39. S. 57-61.

FRÜHAUF, M. 1988: Die Bedeutung lößhaltiger periglazialer Lockermaterialdecken für die Bodenbildung und Standorteigenschaften im Harz. In: Wiss. Zs. Univ. Halle 37, S. 3-12.

FRÜHAUF, M., H.J. BARTMUß U. A. SCHELLBACH 1993: Der Ostharz – Geographische Geschichte einer mitteldeutschen Landschaft. In. Mitt. d. Geogr. Gesellsch.zu Lübeck 58, S. 11-49.

FRÜHAUF, M. 1996: Periglaziale Lockermaterialdecken in ostdeutschen Mittelgebirgen - Forschungsstand und Versuch einer kritischen Bestandsaufnahme. In: MÄUSBACHER, R. u. A. SCHULTE (Hg.): Beiträge zur Physiogeographie. Heidelberg (Geogr. Inst.), S. 133-146 = Festschrift für Dietrich Barsch.

FUCHS, M. 2006: Mensch und Umwelt in der Antike Südgriechenlands. – GR, Jg 58, H. 4, S. 4-11.

FUCHS, M. u. L. ZÖLLER, 2006: Geoarchäologie aus geomorphologischer Sicht. Eine konzeptionelle Betrachtung. In: EK, 60, S. 139-146.

FÜCHTBAUER, H. (Hg.) 1988: Sedimente und Sedimentgesteine. Stuttgart (Schweizerbart).

FURRER, G. 1991: 25000 Jahre Gletschergeschichte – dargestellt an einigen Beispielen aus den Schweizer Alpen. In: Neujahrsblatt Naturforsch. Ges. Zürich 193.

GELLERT, J. F. u. J. DEMEK 1976: Handbuch der geomorphologischen Detailkartierung. Wien (Hirt).

GELLERT, J. F. 1990: Verebnungsflächen und Gebirgsstockwerke als Leithorizonte der regionalen Morphochronologie und Morphotektonik. In: Zs. für Geomorph. N.F. 34, S. 335-353.

GERLACH, R. 1990: Die Flußdynamik des Mains unter dem Einfluß des Menschen seit dem Spätmittelalter. Flensburg (DAL) = FdL 234.

GERRARD, A. J. 1981: Soils and Landforms, An Integration of Geomorphology and Pedology. London (Allen & Unwin).

GEYER, O. F. u. M. P. GWINNER 1991[4]: Geologie von Baden-Württemberg. Stuttgart (Schweizerbart).

GEYH, M. A. 2005: Handbuch der physikalischen und chemischen Altersbestimmung. Darmstadt (WBG).

GILL, R. 1993: Chemische Grundlagen der Geowissenschaften. Stuttgart (Enke).

GISI, U., R. SCHENKER, R. SCHULIN, F. X. STADELMANN u. H. STICHER (Hg.) 1990: Bodenökologie. Stuttgart, New York (Thieme).

GLADE, T. 1996: The temporal and spatial occurrence of landslide-triggering rainstorms in New Zealand. In: MÄUSBACHER, R. u. A. SCHULTE (Hg.): Beiträge zur Physiogeographie, S. 237-250, Festschrift für Dietrich Barsch = Heidelberger Geogr. Arb. 104.

GLATTHAAR, D. 1988: Vertikalbewegungen und ihre Bedeutung für die Formenentwicklung im Westerwald. In: Berliner Geogr. Abhn. 47, S. 93-106.

GLATTHAAR, D. u. H. LIEDTKE 1984: Die tertiäre Reliefentwicklung zwischen Sieg und Lahn. ein Beitrag zur Entstehung der Oberflächenformen im Rheinischen Schiefergebirge. In: Ber. zur dt. Landeskunde, 58, S. 129-146.

GLATTHAAR, D. u. H. LIEDTKE 1986: Kaltzeitliche Aufschüttungen in der Dümmereniederung. In: N. Jb. geol. Paläontol. Mh. 3, S. 157-164.

GOHL, D. 1972: Karte 1:1 000 000: Deutsche Landschaften und Formen – Bau und Formen. Frankfurt (BfLR, IfAG) = FdL 184.

GORDON N. D., T. A. MCMAHON B.L. FINLAYSON C. J. GIPPEL u. R. J. NATHAN 20042: Stream Hydrology. An Introduction for Ecologists. West Sussex (Wiley).

GOUDIE, A. 1990: Geomorphological Techniques. London (Unwin Hyman).

GOUDIE, A. 1995a: Physische Geographie - Eine Einführung. Heidelberg (Spektrum Akademischer Verlag).

GOUDIE, A. 1995b: The Changing Earth. Rates of Geomorphological Processes. Oxford (Blackwell).

GOUDIE, A. (Hg.) 1998: Geomorphologie. Ein Methodenhandbuch für Studium und Praxis. Berlin, Heidelberg (Springer).

GREGORY, K. J. u. D. E. WALLING 1973: Drainage basin, form and process. London (Edward Arnold).

GRIGGS, D. T. 1936: The factor of fatigue in rock exfoliation. In: J of Geology 44, S. 781-796.

GRUBE, F. 1990: Morphogenese und Sedimentation in NW-Deutschland. In: LIEDTKE, H. (Hg.): Eiszeitforschung. Darmstadt (WBG), S. 220-230.

GRUNERT, J. 1983: Geomorphologie der Schichtstufen am Westrand des Murzuk-Beckens (Zentrale Sahara). Stuttgart (Borntraeger) = RBP 2.

GRUNERT, J. (Hg.) 1992: Geomorphology of the Tropics with special reference to South Asia and Africa. = ZfG, N. F. Suppl.-Bd. 91.

GRUNERT, J. u. U. HARDENBICKER 1991: Hangrutschungen im Bonner Raum. In: ZfG, N. F. Suppl.-Bd. 89, S. 35-48.

GRUNERT, J. u. V. SCHMANKE 1997: Hangstabilität im Südwesten Bonns. Erstellung einer Stabilitätskarte mit Hilfe eines GIS. In: GR 49, S. 584-591.

GUNNELL, Y. u. G. BOURGEON 1997: Soils and climatic geomorphology on the Karnataka Plateau, peninsular India. In: Catena, 29, S. 239-262.

GURNELL, A. u. G. PETTS (Hg.) 1995: Changing River Channels. Chichester (Wiley).

GURNELL, A. , P. J. EDWARDS, G. E. PETTS u. J. V. WARD 2000: A conceptual model for alpine proglacial river and channel evolution under changing climatic conditions. In: Catena, 38, S. 223-242.

HAASE, G. u. R. SCHMIDT 1975: Struktur und Gliederung der Bodendecke der DDR. In: PM, 119, S. 279-300.

HABBE, K. A. 1969: Die würmzeitliche Vergletscherung des Gardasee-Gebietes. Freiburg = Freiburger Geogr. Arb. 3.

HABBE, K. A. 1989: Die pleistozänen Vergletscherungen des süddeutschen Alpenvoralndes – Ein Resümee. In: Mitt. d. Geogr. Ges. München, 74, S. 27-51.

HAGEDORN. J. (Hg.) 1995: Late Quaternary and present-day fluvial processes in Central Europe. Berlin, Stuttgart (Borntraeger). = ZfG, N. F. Suppl.-Bd. 100.

HAGEDORN, J. u. H. POSER 1974: Räumliche Ordnung der rezenten geomorphologischen Prozesse und Prozeßkombinationen auf der Erde. In: Abhn. der Akademie der Wissenschaften in Göttingen, Math.-Phys. Klasse, 3. Folge, 29, 426-439.

HANTKE, R. 1978, 1980, 1983: Eiszeitalter. Die jüngste Erdgeschichte der Schweiz und ihre Nachbargebiete. Thun (Ott Verlag), in 3 Bänden.

HANTKE, R. 1987: Zur jungtertiären Geschichte des Alpen-Rheintals. In: Mitt. Österr. Geol. Ges. 80, S. 207-228.

HARDENBICKER, U. 1994: Hangrutschungen im Bonner Raum. = ArL 64.

HARKE, H. , H. BRAMER, M. HENDL, F. KÖHLER, R. OGRISSEK u. B. ZUCKERMANN (Hg.) 1985: Lehrbuch der Physischen Geographie. Frankfurt a. M. (Harri Deutsch).

HARNISCHMACHER, S. 2007: Thresholds in small rivers? Hypothesis developed from fluvial morphological research in western Germany. In: Geomorphology 92, S. 119-133.

HARNISCHMACHER, S. & H. ZEPP 2000: Der Bochumer Lottenbach – Morphologische Eigendynamik an einem renaturierten Stadtbach. –In: Angewandte Landschaftsökologie 37, S. 187-197.

HARTGE, K.-H. 1978: Einführung in die Bodenphysik. Stuttgart (Enke).

HARTGE, K.-H. u. R. HORN 1999³: Einführung in die Bodenphysik. Stuttgart (Enke).

HASSENPFLUG, W. 1998: Bodenerosion durch Wind. In: Richter, G. (Hg.): Bodenerosion. Analyse und Bilanz eines Umweltproblems. Darmstadt (WBG), S. 69-82.

HASSENPFLUG, W. 1988: Polygonmuster auf Schleswiger Geest. In: GR, 40, S. 27-32.

HECHT, St. & J. FASSBINDER 2006. Der Blick in den Untergrund: Magnetometrie und geoelektronische Tomographie in der Geoarchäologie. – GR, Jg 58, H. 4, S. 38-45.

HEINE, K. 1983: Der Vorstoß des nordischen Inlandeises am Niederrhein (Raum Kleve – Kalkar – Goch). In: ArL 51, S. 39-49.

HEINE, K. 1994: The late-glacial moraine sequences in Mexico: is there evidence for the Younger Dryas event? Palaeogeogr., Palaeoecol., Palaeclim. 112, S. 113-123.

HEINE, K. 1998: Climate change over the past 135,000 years in the Namib Desert (Namibia) derived from proxy data. In: Palaeoecology of Africa 25.

HEINE, K. u. W. GOLTE 1980: Fossile Rieseneiskeilnetze als periglaziale Klimazeugen am Niederrhein. In: ArL 46, S. 15-26.

HEINRICH, J. 1992: Naturraumpotential, Landnutzung und aktuelle Morphodynamik im südlichen Gongola-Becken, Nordost-Nigeria. In: GÖ, 13, 41-61.

HEISINGER, B., D. LAL, A. J. T. JULL, P. KUBIK, S. IVY-OCHS K., K. KNIE u. NOLTE, E. 2002: Production of selected cosmogenic radionuclides by muons 2. Capture of negative muons, Earth and Planetary Science Letters 200: 357-369.

HEISINGER, B., D. LAL, A. J. T. JULL, P. KUBIK, S. IVY-OCHS K., S. NEUMAIER, K. KNIE, V. LAZAREV u. NOLTE, E. 2002: Production of selected cosmogenic radionuclides by muouns. – 1. Fast muons, Earth and Planetary Science Letters 200: 345-355.

HEMPEL, L. 1974: Einfühung in die Physiogeographie. Einleitung und Geomorphologie. Stuttgart (Steiner).

HEMPEL, L. 1988: Rezente und fossile Mesoformen der Abtragung und Aufschüttung in Ausräumen von Schichtkammlandschaften im Teutoburger wald. In: Berliner Geogr. Abh. 47, S. 37-47.

HENDL, M. u. H. LIEDTKE (Hg.) 1997³: Lehrbuch der Allgemeinen Physischen Geographie. Gotha (J. Perthes) = Perthes Geographiekolleg.

HENNINGSEN, D. u. G. KATZUNG 2006⁷: Einführung in die Geologie Deutschlands. Heidelberg (Spektrum).

HERGET, J. 1997: Die Flußentwicklung des Lippetals. Bochum (Geogr. Inst.) = Bochumer Geogr. Arb. 62.

HERGET, J. 2000: Klimänderungen in Mitteleuropa seit dem Tertiär. In: PM, H. 4, S. 56-65.

HERGET, J., 2005: Reconstruction of Pleistocene icedammed lake outburst floods in the Altai Mountains, Siberia. = G.eological Society of America. Special Paper 386.

HERWEG, K.-H. 1988: Bodenersosion und Bodenkonservierung in der Toscana. Basel (Geogr. Inst.) = Physiogeographica 9.

HERWEG, K.-E. u. E. LUDI 1999: The performance of selected soil and water conservation measures – case studies from Ethiopia and Eritrea. In: Catena, 36, S. 99-114.

HEUBERGER, H., L. MASCH, E. PREUSS u. A. SCHRÖCKER 1984: Quaternary landslides and rock fusion in Central Nepal and in the Tyrolean Alps. In: Mountain Research and Development 4, S. 345-362.

HEWITT, K. 2001: Catastrophic rockslides and the geomorphology of the Hunza and Gilgit River Valleys, Karakoram Himalaya. In: EK, 55, H. 1.

HIGGINS, C. G. u. D. R. COATES (Hg.) 1990: Groundwater Geomorphology. The Role of Subsurface Water in Earth-Surface Processes and Landforms Boulder. Boulder, Colorado, USA (The Geological Society).

HILGART, M 1995: Die geomorphologische Entwicklung des Altmühl- und Donautales im Raum Dietfurt-Kelheim-Regensburg im jüngeren Quartär. Flensburg (DAL) = FdL 242.

HINTERMAIER-ERHARD, G. u. W. ZECH 1997: Wörterbuch der Bodenkunde. Stuttgart (Enke).

HJULSTRÖM, F. 1935: Studies of the morphological activity of rivers as illustrated by the river Fyris. In: Bull. of the Geological Institute, University of Uppsala, 25, 221-527.

HÖLLERMANN, P. W. 1964: Rezente Verwitterung, Abtragung und Formenbildung im oberen Suldental (Ortlergruppe/Südtirol). = ZfG, N. F. Suppl.-Bd 4.

HÖLLERMANN, P. W. 1967: Zur Verbreitung rezenter periglazialer Kleinformen in den Pyrenäen und Ostalpen. = Göttinger Geogr. Abh. 40.

HÖLLERMANN, P. 1976: Probleme der rezenten geomorphologischen Höhenstufung im Rahmen einer vergleichenden Hochgebirgsgeographie. In: 40. Deutscher Geographentag Innsbruck 1975. Tagungsbericht u. wiss. Abhandl., Wiesbaden (Steiner), S. 61-75.

HÖLLERMANN, P. 1982: Studien zur aktuellen Morphodynamik und Geoökologie der Kanareninseln Teneriffa und Fuerteventura. Göttingen (Vandenhoeck u. Ruprecht) = Abhandl. D. Akad. der Wiss. in Göttingen, Math.-Phys. Kl., 3. Folge 34.

HÖLLERMANN, P. W. 1983: Blockgletscher als Mesoformen der Periglazialstufe. Studien aus europäischen und nordamerikanischen Hochgebirgen. = Bonner Geogr. Abh. 67.

HÖLLERMANN, P. W. 1997: Vergleichende Untersuchungen an Kalksanddünen der Kanarischen Inseln (Spanien). In: ZfG, N. F. Suppl.-Bd. 111, S. 51-72.

HOFSTEDE, J. L. A. 1991: Hydro- und Morphodynamik im Tidebereich der Deutschen Bucht. Berlin = Berliner Geogr. Stud. 31.

HOFSTEDE, J. L. A. 1997: Process-response Analysis for the North Frisian supradital sands. In: Journal of Coastal Research, 13/1, S. 1-7.

HOOKE, J. M. 1995: River channel adjustment to meander morphology. In: GARDINER, V. (Hg.): International geomorphology 1986 part I. Chichester (Wiley), S. 591-609.

HOMEIER, H. 1969: Der Gestaltwandel der ostfriesischen Küste im Laufe der Jahrhunderte. Ein Jahrtausend ostfriesischer Deichgeschichte. In: Ostfriesland im Schutz des Deiches, 2, S. 1-75.

HORMANN, K. 1971: Morphometrie der Erdoberfläche. Kiel (Geogr. Inst.) = Schriften des Geogr. Inst. der Univ. Kiel 36.

HOUBEN, P., T. HOFFMAN, A. ZIMMERMANN u. R. DIKAU 2006: Land use and climatic impacts on the Rhine system (RheinLUCIFS): Quantifying sediment fluxes and human impact with available data. – Catena 66, S. 42-52.

HUBBARD, B. u. N. F. GLASSER 2005: Field Techniques in Glaciology and Glacial Geomorphology: Chichester (Wiley).

HUBER, M. 1992: Das Relief in der Digitalen Geoökologischen Karte. In: Geographica Bernensia, Jg. 39, S. 43-51.

HUGGETT, R. J. 2003: Fundamentals of Geomorphology. London (Routledge).

HÜSER, K. 1973: Die tertiärmorphologische Erforschung des Rheinischen Schiefergebirges. Ein kritischer Literaturtext. Karlsruhe = Karlsruher Geogr. H. 5.

HÜSER, K. 1974: Gedanken zum Objekt und zur Methodik der heutigen Geomorphologie. In: Beitr. zu Methodik u. Methoden der Geomorphologie. Karlsruhe In: Karlsruher Geogr. H., H. 6, S. 9-27.

HÜSER, K., W. D. BLÜMEL u. B. EITEL 1998: Landschafts- und Klimageschichte des südwest lichen Afrikas. In: GR 50, S. 238-244.

HÜTTL C., K. RÖGNER u. O. SASS 1995: Erste Ergebnisse von Studien zu Verwitterungsprozessen in den Kalkhochalpen (Wetterstein- und Karwendelgebirge). In: Mitt. Österr. Geogr. Ges. 137, S. 51-75.

IVY-OCHS, S. (1996): The dating of rock surface using in situ produced ^{10}Be, ^{26}Al and ^{36}Cl, with examples from antarctica and the Swiss Alps. – Diss. ETH No. 11763, Zürich, 197 p.

JACOB, M. 2000: The impacts of logging on landslide activity at Clayoquot Sound, British Columbia. In: Catena, 38, S. 279-300.

JACOBSHAGEN, V., J. ARNDT, H.-J. GÖTZE, D. MERTMANN u. C. M. WALLFASS 2000: Einführung in die geologischen Wissenschaften. Stuttgart (Ulmer) = UTB 2106.

JUNGE, H. 1987: Reliefgenerationen und Petrovarianz im Norden der Eifeler Nord-Süd-Zone. Köln (Geogr. Inst.) = Kölner Geogr. Arb. 46.

JASMUND, K. u. G. LAGALY 1993: Tonminerale und Tone. Darmstadt (Steinkopf Verlag).

JÄTZOLD, R., J. NEGENDANK, G. RICHTER u. H. SCHROEDER-LANZ (Hg.) 1976[7]: Physische Geographie. München (List) = Harms Handbuch der Geographie.

JERZ, H. 1993: Das Eiszeitalter in Bayern – Erdgeschichte, Gesteine, Wasser, Boden. Stuttgart (Schweizerbart).

JERZ, H. 1995: Nacheiszeitliche Bergstürze in den Bayerischen Alpen. = Relief Boden Paläoklima, 1999.

KAISER, K. 1998: Die hydrologische Entwicklung der Müritz im jüngeren Quartär – Befunde und ihre

Interpretation. ZfG, Suppl.-Bd 112, 143-176. Stuttgart (Borntraeger).

KAISER, K.-H. 1975: Die Inlandeis-Theorie, seit 100 Jahren fester Bestand der Deutschen Quartärforschung. – EG 26, 1-30.

KARRASCH, H. 1970: Das Phänomen der klimabedingten Reliefasymmetrie in Mitteleuropa. = Göttinger Geogr. Abh. 56.

KARTE, J. (1979): Räumliche Abgrenzung und regionale Differenzierung der Periglaziärs. Bochum (Schöningh) = Bochumer Geographische Arbeiten 35.

KARTE, J. 1990: Das Ensemble der periglaziären Formen in dreidimensionaler Sicht. In: H. LIEDTKE: Eiszeitforschung. Darmstadt (WBG), S. 238-249.

KELLER, E. A. 1972: Development of alluvial stream channels: a five-stage model. In: Bulletin of the Geological Society of America, 82, S. 753-756.

KELLER, E. A. u. W. N. MELHORN 1978: Rhythmic spacing and origin of pools and riffles. In: Bulletin of the Geological Society of America, 89, S. 723-730.

KELLER, E. A. u. N. PINTER 1996: Active Tectonics. Earthquakes, Uplift, and Landscape. New Jersey (Prentice Hall).

KELLETAT, D. 1989: Physische Geographie der Meere und Küsten. Stuttgart (Teubner).

KELLETAT, D. 1995: Atlas of Costal Geomorphology and Zonality. In: Journal of Coastal Research, Spec. Issue, 13.

KELLETAT, D. (Hg.) 1998: German Geographical Coastal Research - The last Decade. Tübingen (Inst. for Scietific Cooperation).

KELLETAT, D. 1999²: Physische Geographie der Meere und Küsten. Stuttgart (Teubner).

KELLETAT, D. H. u. N. P. PSUTY (Hg.) 1996: Field Methods and Models to Quantify Rapid Coastal Changes. Berlin, Stuttgart (Borntraeger). In: ZfG, N. F. Suppl.-Bd. 102.

KELLETAT, D. 1999²: Physische Geographie der Meere und Küsten. Stuttgart (Teubner).

KERN, K. 1994: Grundlagen naturnaher Gewässerentwicklung. Geomorphologische Entwicklung von Fließgewässern. Berlin, Heidelberg, New York (Springer).

KING, L. 1998: Permafrost distribution and implications for construction work in the Zermatt area, Swiss Alps. In: Mountain Permafrost Working Group Report. Proceedings of the Senenth International Conference on Permafrost. Yellowknife, Canada, Vol. 6.

KIRBY, M. J. (Hg.) 1994: Process Models and Theoretical Geomorphology. Chichester (Wiley).

KIRBY, M. J. u. R. P. C. MORGAN (Hg.) 1980: Soil Erosion. New York (Wiley).

KLEBER, A. 1987a: Die jungtertiären und ältestquartäre Entwicklung von Flächen und Tälern im nördlichen Vorland der Südlichen Frankenalb. Bayreuth (Geogr. Inst.) = Bayreuther geowiss. Arb. 10.

KLEBER, A. 1987b: Reliefentwicklung im Vorland der südlichen Frankenalb. Bayreuth (Geogr. Inst.) = Bayreuther Geowiss. Arb. 10.

KLEBER, A. 1997: Cover-beds as soil parent materials in midlatitude regions. In: Catena, 30, S. 197-213.

KLENGEL, K. J. u. J. PASEK 1974: Zur Terminologie von Hangbewegungen. In: Zs. Angew. Geologie 20, H. 3, S. 128-132.

KLIEWE, H. u. W. JANKE 1991: Holozäner Küstenausgleich im südlichen Ostseegebiet bei besonderer Berücksichtigung der Boddenausgleichsküste Vorpommerns. In: PM, 135, S. 1-15.

KLOSTERMANN, J. 1999: Das Klima im Eiszeitalter. Stuttgart (Schweizerbart).

KLUG, H. 1993: Reliefgefüge, Küstenentwicklung und Morphodynamik im Süden Gran Canarias (Kanarische Inseln). In: Münchner Geogr. Abhn., Reihe B, 13, S. 111-123.

KNIGHTON, D. 1984: Fluvial Forms and Processes. Rivers. London (Arnold).

KNIGHTON, D. 1998: Fluvial Forms and Processes. A New Perspective. London (Arnold).

KÖNIG, D. 1992: Erosionsschutz in Agroforstsystemen - Möglichkeiten zur Begrenzung der Bodenerosion in der kleinbäuerlichen Landwirtschaft Rwandas im Rahmen standortgerechter Landnutzungssysteme. Mainz (Geogr. Inst.) = Mainzer Geogr. Stud. 37.

KÖTHE , R. u. F. LEHMEIER 1993: Ein Programmsystem zur Automatischen Relief-Analyse. In: Standort. Zs. für Angew. Geogr. , H. 4, S. 11-21.

KÖTHE , R. u. LEHMEIER, F. 1996²: SARA. System zur Automatischen Relief-Analyse – Morphometrie. Benutzerhandbuch. Göttingen (Geogr. Inst.).

KOSTRZEWSKI, A. u. H. HAGEDORN 1999: Vergletscherungen in europäischen Mittelgebirgen. In: ZfG, N. F. Suppl.-Bd. 113.

KRETZSCHMAR, T., J. LOESCHKE, V. LANGER U. M. STRECK 1990: Zur Geologie der Norischen Decke nordwestlich von Kalwang (Eisenerzer Alpen, Steirische Grauwackenzone, Österreich). = Jb. Geolog. B.-A. Wien 133.

KRONBERG, B., H.W. NESBITT 1981: Quantification of weathering, soil geochemistry and soil fertility. In: Journal of Soil Science 32, 453-459.

KUBINIOK, J. 1988: Kristallinvergrusung an Beispielen aus Südostaustralien und deutschen Mittelgebirgen. Köln (Geogr. Inst.) = Kölner Geogr. Arb. 48.

KUBINIOK, J. 1992: Soils and weathering as indicators of landform development in the mountains and basins of Northern Thailand. In: ZfG, N.F., 91, S. 67-78.

KUBINIOK, J. 1999: Reliefentwicklung, Pedogenese und geoökolgische Probleme agrarischer Nutzung eines tropischen Berglandes. – Das Beispiel Nordthailand. = ZfG, N. F. Suppl.-Bd. 117.

KUGLER, H. 1964: Die geomorphologische Reliefanalyse als Grundlage großmaßstäbiger geomorphologischer Kartierung. Leipzig (Bibliographisches Inst.), In: Wissenschaftliche Veröffentl. Deut. Inst. für Länderkunde 21/22, N.F, S. 541-655.

KUGLER H. u. K. BILLWITZ 1977: Geologie – Geomorphologie – Bodengeographie. Teil II: Geomorphologie/Bodengeographie. Lehrmaterial zur Ausbildung von Diplomlehrern, Geographie. Potsdam

KUHLE, M. 1982: Der Dhaulagiri- und Annapurna-Himalaya - Ein Beitrag zur Geomorphologie extremer Hochgebirge. = ZfG, Suppl.-Bd. 42.

KUHLE, M. 1991: Glazial-Geomorphologie. Darmstadt (WBG).

KUHLE, M., S. MEINERS u. L. ITURRIZAGA 1998: Glacier – induced hazards as a concequence of glacigenic mountain landscapes, in particular glacier – and moraine dammed lake outbursts and holocene debris production. In: KALUODA, J. u. L. ROSENFELD (Hg.): The Geo Journal Library: Geomorphological Hazards in High Mountain Areas. Dordrecht (Kluwer), S. 63-96.

KUNTZE, H., G. ROESCHMANN u. G. SCHWERDTFEGER 1994[5]: Bodenkunde. Stuttgart (Ulmer) = UTB f. Wissenschaft: Große Reihe.

LACHENBRUCH, A. H. 1962: Mechanics of thermal contraction cracks and ice-wedge polygons in permafrost. = Geological Society of America Special Paper 70.

LANCASTER, N. 1994: Dune Morphology and Dynamics.. In: ABRAHAMS, A. D. u. A. J. PARSONS (Hg.): Geomorphology of desert environments. London (Chapman & Hall), S. 474-505.

LANCASTER, N. u. W. G. NICKLING 1994: Aeolian Sediment Transport. In: ABRAHAMS, A. D. u. A. J. PARSONS (Hg.): Geomorphology of desert environments. London (Chapman & Hall), S. 447-473.

LANDESAMT F. NATUR UND UMWELT DES LANDES SCHLESWIG-HOLSTEIN (Hg.) 1996: Böden als Zeugen der Landschaftsentwicklung. Kiel (Selbstverlag) = Festschrift für H. E. STREMME.

LANG, A. W. 1970: Untersuchungen zur morphologischen Entwicklung des südlichen Elbe-Ästuars von 1560-1960. = Hamburger Küstenforschung 12.

LANGBEIN, W. B. u. S. A. SCHUMM 1958: Yield of sediment in relation to mean annual precipitation. In: Transactions of the American Geophysical Union, 39, S. 1076-1084.

LANGHAMMER, H.-A. u. K. BRUNNACKER 1986: Das Quartär im Nürnberger Becken. In: Geol. Bavarica, 89, S. 229-234.

LAUFENBERG M. u. H. BREMER 2003: Verwitterung und Morphogenese im Dekkan – eine Prozessanalyse. = Relief, Boden, Paläoklima 18. Stuttgart (Borntraeger).

LEHMEIER, F. 1988: Zum Formenschatz der Schichtkammlandschaft im Niedersächsischen Bergland (insbesondere im Ith-Hils-Bergland). Berlin In: Berliner Geogr. Abh. 47, S. 49-61.

LEHMKUHL, F. 1989: Geomorphologische Höhenstufen in den Alpen unter besonderer Berücksichtigung des nivalen Formenschatzes. Göttingen = Göttinger Geogr. Abhn. 88.

LEHMKUHL, F. 1995: Geomorphologische Untersuchungen zum Klima des Holozäns und Jungpleistozäns Osttibets. Göttingen = Göttinger Geogr. Abh. 102.

LEHMKUHL, F. 1997: The spatial distribution of loess and loess-like sediments in the mountain areas of Central and High Asia. In: ZfG, N.F., 11, S. 97-116.

LEHMKUHL, F., J. BÖHNER u. G. STAUCH 2003: Geomorphologische Formungs- und Prozessregionen in Zentralasien. PM 147, S. 6-13.

LEHMKUHL, F. u. M. KLINGE 2000: Bodentemperaturmessungen aus dem Mongolischen Altai als Indikatoren für periglaziale Geomorphodynamik in hochkontinentalen Gebirgsräumen. In: ZfG, 44, S. 75-102.

LENZI, M. u. L. MARCHI 2000: Suspended sediment load during floods in a small stream of the Dolomites (northeastern Itlay). In: Catena, 39, S. 267-282.

LEOPOLD, L. B. u. T. MADDOCK 1953: The hydraulic geometry of stream channels and some physiographic implications. = U.S. Geological Survey Professional Paper 252.

LEOPOLD, L. B. u. M. G. WOLMAN 1957: River channel patterns – braided, meandering and straight. = United States Geological Survey Professional Paper 282B.

LESER, H. 1977: Feld- und Labormethoden der Geomorphologie. Berlin (de Gruyter).

LESER, H. 1988: Schichtstufen und Talrandstufen in Südwestdeutschland. Berlin In: Berliner Geogr. Abh. 476, S. 129-147.

LESER, H. 2003[8]: Geomorphologie. Braunschweig (Westermann) = Das Geogr. Seminar.

LESER, H. 1998b: Das GMK-Projekt und seine Folgen – Gedanken zum DFG-Schwerpunktprogramm „Geomorphologische Kartierung in der Bundesrepublik Deutschland". In: Bochumer Geogr. Arb. Sonderreihe 13, (= Festschr. für HERBERT LIEDTKE), S. 37-44.

LESER, H. u. B. METZ 1988: Vergletscherungen im Hochschwarzwald. In: Berliner Geogr. Abh. 47, S. 155-175.

LESER, H. u. W. PANZER 1981: Geomorphologie. Braunschweig (Westermann). = Das Geogr. Seminar.

LESER, H. u. G. STÄBLEIN 1975: Geomorphologische Kartierung. Richtlinien zur Herstellung geomorphologischer Karten 1:25000. Berlin (Institut für Physischen Geographie der Freien Universität Berlin).

Lexikon der Geowissenschaften 2002. Stuttgart (Enke).

LIEBEROTH, J. 1991[4]: Bodenkunde. Berlin (Landwirtsch. Verl.).

LIEDTKE 1981[2]: Die nordischen Vereisungen in Mitteleuropa. Erläuterungen zu einer farbigen Übersichtskarte im Maßstab 1:1 Mio. Zentralausschuß f. dt. Landeskunde. Trier (DAL) = FdL 204.

LIEDTKE, H. (Hg.) 1990a: Eiszeitforschung. Darmstadt (WBG).

LIEDTKE, H. 1990b: Abluale Abspülung während der Weichseleiszeit. In: LIEDTKE, H. (Hg.): Eiszeitforschung. Darmstadt (WBG), S. 261-269.

LIEDTKE, H. u. D. GLATTHAAR 1992: Abluation auf den Gesteinen des Siktefjellet am Liefdefjord (Spitzbergen). = Stuttgarter Geogr. Studien 117, S. 303-314.

LIEDTKE, H. u. J. HERGET 1999: Eiszeitforschung in Mitteleuropa heute. In: GR 51, H. 1, S. 12-17.

LIEDTKE, H. u. J. MARCINEK (Hg.) 1995²: Physische Geographie Deutschlands. Gotha (Perthes).

LIVINGSTONE, I. (Hg.) 1999: Aeolian Geomorphology. In: ZfG, N. F. Suppl.-Bd. 116.

LITTMANN, T. u. K.-H. SCHMIDT 1989: The response of different relief units to climatic change in an arid environment (Southern Marocco). In: Catena, 16, S. 343-355.

LIU, T. u. Z. DING 1998: Chinese loess and the paleomonsoon. In: Ann. Rev. Earth Planet. Sci., 26, S. 111-145.

LIVINGSTON, I u. A. WARREN 2007: Wind and Landscape: Introduction to Aeolian Geomorphology. (Terra Publishing).

LONGWELL, C. R. , R. F. FLINT u. J. E. SANDERS 1969: Physical Geology. New York (Wiley).

LÓPEZ, M. V. 1998: Wind erosion in agricultural soils: an example of limited supply of particles available for erosion. In: Catena, 33, S. 17-28.

LORZ, C. 1996: Zur Problematik des geologischen Aufbaus der Bodendecke und der Verteilung von geogenen Schwermetallen. In: GÖ, 17, S. 25-44.

LÖSCHER, M. 1988: Stratigraphische Interpretation der jungpleistozänen Sedimente in der Oberrheinebene zwischen Bruchsal und Worms. In: Königswald, W. (Hg.): Zur Paläoklimatologie des letzten Interglazials in der Oberrheinebene. Stuttgart, New York (Fischer), S. 79-104.

LORZ, C 2008: Ein substratorientiertes Boden-Evolutions-Konzept für geschichtete Bodenprofile. = RBP 23.

LOUIS, H. 1984: Zur Reliefentwicklung der Oberpfalz. In: RBP 3, S. 1-66

LOUIS, H. u. K. FISCHER 1979⁴: Allgemeine Geomorphologie. In: SCHMITHÜSEN, J. (Hg.): Lehrbuch der Allgemeinen Geomorphologie. Berlin, New York (de Gruyter).

LOWE, J. J. u. M. J. C. WALKER 19972: Reconstructing Quaternary Environments. Harlow (Addison Wesley Longman).

LU, H. u. D. SUN 2000: Pathways of dust input to the Chinese Loess Plateau during the last glacial and interglacial periods. In: Catena, 40, S. 251-261.

LÜTTIG, G. 1999: Geschiebestatistische Anmerkungen zur Quartärstratigraphie des nordischen Vereisungsgebietes. In: EG, 49, S. 144-163.

MACHATSCHEK, F. 1973¹⁰: Geomorphologie. Stuttgart (Teubner).

MÄCKEL, R. u. A. FRIEDMANN 1998: Wandel der Geo-Biophäre in den letzten 15000 Jahren im südlichen Oberrheintiefland und Schwarzwald. Freiburg = Freiburger Geogr. H. 54.

MÄCKEL, R. u. A. FRIEDMANN 1999: Landschaftswandel im südlichen Oberrheintiefland und Schwarzwald. In: EG, 49, S. 1-20.

MÄUSBACHER, R. 1985: Die Verwendbarkeit der Geomorphologischen Karte 1:25000 (GMK 25) der Bundesrepublik Deutschland für Nachbarwissenschaften und Planung. = Berliner Geogr. Abhn. 40.

MÄUSBACHER, R. 1990: Die junquartäre Relief- und Klimageschichte im Bereich der Fildeshalbinsel, Südshetlandinseln, Antarktis. = Heidelberger Geogr. Abh. 69.

MÄUSBACHER, R. et al. 1993: Slush stream phenomena - process and geomorphic impact. In: ZfG, N.F. Suppl. -Bd. 92., S. 39-52.

MÄUSBACHER, R. u. A. SCHULTE (Hg.) 1996: High Mountain Geomorphology. Berlin, Stuttgart (Borntraeger). = ZfG, N. F. Suppl.-Bd. 104.

MÄUSBACHER, R. , J. BAADE u. M. GUDE (Hg.) 2000: Geomorphologische Prozeßforschung. Berlin, Stuttgart (Borntraeger). = ZfG, N. F. Suppl.-Bd. 121.

MAHANEY, W. C. u. W. ANDRES 1991: Glacially-crushed quartz grains in loess as indicators of long-distance transport from major European ice centers during the Pleistocene. In: Boreas, 20, S. 231-239.

MANGELSDORF, J. u. K. SCHEURMANN 1980: Flußmorphologie. Ein Leitfaden für Naturwissenschaftler und Ingenieure. München (Oldenbourg).

MANNSFELD, K. 1994: Relief (Oberflächengestalt). In: Bastian, O. u. Schreiber, K.-F. (Hg.): Analyse und ökologische Bewertung der Landschaft, S. 63-73.

MARESCH, W. u. O. MEDENBACH 1987: Gesteine. Steinbachs Naturführer. München (Mosaik Verlag).

MARCINEK, J. 1975: Zur Entwicklung des Gewässernetzes im Raum der dt. Demokratischen Republik. In: Geogr. Ber. 20, S. 192-214.

MARCINEK, J. 1984: Gletscher der Erde. Leipzig (Harri Deutsch).

MARCINEK, J. u. B. NITZ 1973: Das Tiefland der Deutschen Demokratischen Republik. Gotha (Haack).

MARCINEK, J. u. E. ROSENKRANZ 1996: Das Wasser der Erde. Eine geographische Meeres- und Gewässerkunde. Gotha (Perthes). = Perthes Geogr.-Kolleg.

MARTENS, Th. 2003: Thüringer Wald = Sammlung geologischer Führer 95, Stuttgart (Borntraeger).

MARTINI, I. P. u. W. CHESWORTH 1992: Weathering, Soils and Paleosoils. Amsterdam (Elsevier).

MATTHESS, G. u. K. UBELL 1983: Allgemeine Hydrogeologie – Grundwasserhaushalt. Stuttgart (Borntraeger).

MEYER, W. u. J. STETS 1998b: Junge Tektonik im Rheinischen Schiefergebirge und ihre Quantifizierung. In: Zs. dt. geol. Gesellsch. 149, S. 359-379.

MENKE, B. 1988: Die holozäne Nordseetransgression im Küstenbereich der südöstlichen Deutschen Bucht. Off-Bücher 66, S. 117-137.

MENSCHING, H. 1973: Pedimente und Glacis, ihre Morphogenese und ihre Einordnung in das System der klimatischen Geomorphologie aufgrund von Beobachtungen im Trockengebiet Nordamerikas. In: ZfG, N.F. Suppl. -Bd. 17, S. 133-155.

MENSCHING, H. 1990: Desertifikation - Ein weltweites Problem der ökologischen Verwüstung in den Trockengebieten der Erde. Darmstadt (WBG.).

MENZIES, J. 1995: Modern glacial environments. Oxford (Butterworth-Heinemann).

MERTES, B. u. H. U. SCHMINCKE 1983: Age distribution of Quaternary volcanoes in the West Eifel Volcanic Field. = N. Jb. Geol. Palaeontol. Abh. 1966, S. 260-293.

METZ, B. 1992: Glaziale Formen und Formungsprozesse im Schwarzwald. Schwarzwald und Oberrheintiefland. In: Freiburger Geogr. H., 36, S. 57-80.

MEYER, H.-H. 1984: Jungdünen und Wehsande aus historischer Zeit im Gebiet nördlich des Dümmern. In: Oldenburger Jb, 84, S. 403-436.

MEYER, W. 1982: Geologie der Eifel. Stuttgart (Schweizerbart).

MIALL, A. D. 1996: The Geology of Fluvial Deposits: Sedimentary Facies, Basin Analysis and Petroleum Geology. New York (Springer).

MILLIMAN, J. D. u. R. H. MEADE 1983: World-wide delivery of river sediment to the oceans. In: Journal of Geology, 91, S. 1-21.

MILLIMAN, J. D. 1997: Fluvial sediment discharge to the sea and the importance of regional tectonics. In: W. F. RUDDIMAN (Hg.): Tectonic uplift and climate change. New York (Plenum Press), S. 239-257.

MILLWARD, A. u. J. E. MERSEY 1999: Adapting the RUSLE to model soil erosion potential in a mountainous tropical watershed. In: Catena, 38, S. 109-129.

MOCK, J. 1992 Auswirkungen des Hochwasserschutzes. In: H. R. BÖHM u. M. DENEKE (Hg.): Wasser. Eine Einführung in die Umweltwissenschaften. Darmstadt (Wiss. Buchg.), S. 176-196.

MORCHE, D., K.-H SCHMIDT, T. HECKMANN u. F. HAAS 2007: Hydrology and geomorphic effects of a high-magnitude flood in an alpine river. In: Geogr. Ann., 89 A (1): S. 5-19.

MORGAN, R. P. (Hg.) 1986: Soil Erosion and its Control. New York (Van Nostrand Reinhold).

MORISAWA, M. 1985: Rivers. Form and process. London, New York (Longman) = Geomorphology Texts 7.

MOSER, M. 1997: Zur Prognose von Massenbewegungen. In: Eclogae geol. Helv., 90, S. 381-391.

MOSER, M. u. S. WEIDNER 1998: Die Auswirkungen von Talzuschüben auf die alpine Umwelt. In: N. Jb. Geol. Paläont. Abhn. 208, S. 531-548.

MOSIMANN, T. 1995: Schätzung der Bodenerosion in der Praxis und Beurteilung der Gefährdung der Bodenfruchtbarkeit durch Bodenabtrag. Beitrag Nr. 4070. In: D. ROSENKRANZ et al: Bodenschutz. Ergänzbares Handbuch der Massnahmen und Empfehlungen für Schutz, Pflege und Sanierung von Böden, Landschaft und Grundwasser. Berlin (Schmidt).

MÜCKE, E. 1966: Zur Großformung der Hochfläche des östlichen Harzes. In: Hercynia N. F. 3, S. 221-244.

MÜCKENHAUSEN, E. 1993: Die Bodenkunde und ihre geologischen, mineralogischen, geomorphologischen und petrologischen Grundlagen. Frankfurt (DLG).

MÜLLER, A. 1998: Zur postglazialen Sedimentationsgeschichte des Großen Jasmunder Boddens, südliche Ostsee. In: EG, 48, S. 118-132.

MÜLLER, M.J. 1999: Genese und Entwicklung schleswig-holsteinischer Binnendünen. In: Ber. zur dt. Landeskunde 73, S. 129-150.

MÜLLER-HAUDE, P. 1994: Rezente Umlagerungsvorgänge und Böden in Decklehmen im Süden von Burkina Faso. In: Frankfurter Geowiss. Arb., Serie D 17, S. 55-66.

MURAWSKI, H. 1977: Geologisches Wörterbuch. Durchges. u. erw. Aufl., Stuttgart (Enke).

MURAWSKI, H. u. W. MEYER 2004[11]: Geologisches Wörterbuch. Stuttgart (Enke).

NADOLNY, I. 1994: Morphologie und Hydrologie naturnaher Flachlandbäche unter gewässertypologischen Gesichtspunkten. Karlsruhe (Inst. für Wasserbau und Kulturtechnik).

NEARING, M. A. 1998: Why soil erosion models over-predict small soil losses and under-predict large soil losses. In: Catena, 32, S. 15-22.

NEGENDANK, J. F. W. 1978: Zur känozoischen Geschichte von Eifel und Hunsrück (Sedimentpetrographische Untersuchungen im Moselbereich). = FdL 211.

NILLER, H.-P. 2001: Wandel prähistorischer Landschaften. Kolluvien, Auenlehme und Böden: Archive zur Rekonstruktion vorgeschichtlicher anthropogener Landschaftsveränderungen im Lößgebiet bei Regensburg. In: EK, 55, S. 32-48.

NITZ, B. 1965: Windgeschliffene Geschiebe und Steinsohlen zwischen Fläming und Pommerscher Eisrandlage. In: Geologie 14, S. 686-698.

NITZ, B. 1966: Zur Frage des Vorkommens windgeschliffener Geschiebe zwischen Fläming und Pommerscher Eisrandlage. In: Wiss. Zs. der Humboldt-Univ. zu Berlin, Math.-Nat. Reihe 153, S. 455-473.

NITZ, B. 1984: Grundzüge der Beckenentwicklung im mitteleuropäischen Tiefland - Modell einer Sediment- und Reliefgenese. In: PM, 128, H. 2, S. 133-142.

NITZ, B. 1991: Das Altmoränenland. In: H. BRAMER et al. 1991: Physische Geographie: Mecklenburg-Vorpommern, Brandenburg, Sachsen-Anhalt, Sachsen, Thüringen. Gotha (Haack), S. 453-553.

NUSSER, H. 1997: Die Geomorphologie der Alpen. München (Nusser).

OBERLANDER, T. M. 1994: Rock Varnish in Deserts. In: ABRAHAMS, A. D. u. A. J. PARSONS (Hg.): Geomorphology of desert environments. London (Chapman & Hall), S. 106-119.

OLLIER, C. 1975: Weathering. In: K. M. CLAYTON (Hg): Geomorphology Text, Bd. 2, London (Longman).

OLLIER, C. u. C. PAIN 1996: Regolith, Soils and Landforms. Chichester (Wiley).

ORTIGAO, J. A. R. u. A. SAYAO 2004: Handbook of Slope Stabilisation Engineering. New York (Springer).

OWENS P. N. u. O. SLAYMAKER 2004: Mountain Geomorphology. London (Arnold).

PAAS, W. 1968: Stratigraphische Gliederung des Niederrheinischen Lösses und seiner fossilen Böden. In: Decheniana, 121, S. 9-38.

PACHUR, H. J., H. P. RÖPER, S. KRÖPELIN u. M. GOSCHIN 1987: Late Quaternary of the eastern Sahara. In: Berliner Geogr. Abh. (A) 75.2, S. 331-384.

PAIN, C. F. (Hg.) 1999: Wheathering and Soils. Berlin, Stuttgart (Borntraeger). = ZfG, N. F. Suppl.-Bd. 119.

PANZIG, W.-A. 1989: Das geschiebestatistische Normalprofil des Till-Inventars von NO-Rügen. In: Wiss. Zs. Univ. Greifswald, Math.-Nat. R. 38, S. 53-63.

PARDÉ, M. 19472: Fleuves et rivières. Paris (Colin).

PARDÉ, M. 1964: Études potamologiques sur la Loire et ses affluents. Poitiers (Texier).

PARRISH, J. T. 1998: Interpreting Pre-Quaternary Climate from the Geologic Record. New York (Columbia Press).

PARSONS, A. J. 1988: Hillslope Form. London (Routledge).

PATERSON, W. S. B. 1994: The physics of glaciers. Oxford (Pergamon Press).

PATT, H., P. JÜRGING u. W. KRAUS 1998: Naturnaher Wasserbau. Entwicklung und Gestaltung von Fließgewässern. Berlin (Springer).

PATZELT, G. 2003: Nördliches Harzvorland = Sammlung geologischer Führer 96, Stuttgart (Borntraeger).

PECSI, M. (Hg.) 1979: Studies on Loess. Budapest (Akademiai Kiado) = Acta Geologica Academiae Scientiarum Hungaricae 22.

PECSI, M. u. G. RICHTER 1996: Löß. Herkunft-Gliederung-Landschaften. = ZfG, N. F. Suppl.-Bd. 98.

PECSI, M. u. F. SCHWEITZER (Hg.) 1995: Concept of Loess, Loess-Paleosol Stratigraphy. Budapest (Geogr. Res. Inst.) = Loess in Form 3.

PENCK, A. 1882: Die Vergletscherung der deutschen Alpen. Leipzig (Barth).

PENCK, A. 1909: Die Morphologie der Wüsten. In: Geographische Zs. Bd. 15, S. 545-558.

PENCK, A. u. E. BRÜCKNER 1909: Die Alpen im Eiszeitalter, in 3 Bänden, Leipzig (Tauchnitz).

PENCK, W. 1924: Die morphologische Analyse. Ein Kapitel der physikalischen Geologie. Stuttgart (Engelhorn).

PETHICK, J. 2001: Coastal management and sea-level rise. In: Catena, 42, S. 307-322.

PFEFFER, K.-H. 1978: Karstmorphologie. Darmstadt (WBG). = EdF, Bd. 79.

PFEFFER, K.-H. (Hg.) 1998: International Atlas of Karst Phenomena. Union Internationale de Spéléologie. In: ZfG, N. F. Suppl.-Bd. 109.

PFEFFER, K.-H. 1984: Die präquartäre Entwicklung des Reliefs in der westlichen Eifel. In: 44. Deutscher Geographentag Münster, 24. bis 28. Mai 1983. Tagungsbericht u. wiss. Abh. Stuttgart, S. 79-83.

PFEIFFER, L. 1991: Schwermineralanalysen an Dünensanden aus Trockengebieten mit Beispielen aus Südsahara, Sahel und Sudan sowie der Namib und der Taklamakan. Bonn (Dümmer) = Bonner Geogr. Abhn. 83.

PHILIPPS, J. D. 2003: Sources of nonlinearity and complexity in geomorphic systems. Progress in Physical Geography 27 (1), S. 1-23.

PHILIPPSON, A. 1931: Grundzüge der Allgemeinen Geographie. II. Bd./2. Halbbd. Morphologie (zweiter Teil). Leipzig (Akademische Verlagsgesellschaft).

POLAND, J. F. 1984: Guidebook to studies of land subsidence = Unesco Studies and reports in hydrology 40.

POSER, H. u. TH. MÜLLER 1951: Studien an den asymmetrischen Tälern des Niederbayrischen Hügellandes. In: Nachr. Akad. Wissensch. Göttingen, Math.-Phys. Kl., Biol.-Physiol.-Chem. Abt. 1, S. 1-32.

POWELL, D. 1995: Interpretation geologischer Strukturen durch Karten. Berlin (Springer).

PRESS, F. u. R. SIEVER 2008[5]: Allgemeine Geologie. Heidelberg (Spektrum).

PRIESNITZ, K. u. E. SCHUNKE 2001: Zur fluvialen Morphodynamik bei Schneeschmelz- und bei Pluvialabfluss in kleinen Periglazialen Flussgebieten NW-Kanadas. In: EK, 55, S. 1-20.

PRINZ, H. 19972: Abriss der Ingenieurgeologie. Stuttgart (Enke).

PRITCHARD, J. M. 1986: Landform and Landscape in Africa. London (Arnold).

PYE, K. 1987: Aeolian Dust and Dust Deposits. London (Academic Press).

PYE, K. (Hg.) 1994: Sediment Transport and Depositional Processes. Oxford (Blackwell Sci. Publ.).

QUINTON, J. N. 1997: Reducing predictive uncertainty in model simulations: a comparison of two methods using the European Soil Erosion Model (EUROSEM). In: Catena, 30, S. 101-117.

RADTKE, U. 1988: Marine Terrassen und Korallenriffe – Das Problem der quartären Meeresspiegelschwankungen erläutert an Fallstudien aus Chile, Argentinien und Barbados. = Düsseldorfer Geogr. Schr. 27.

RADTKE, U. et al. 1996: The Quaternary coral reef tracts of Hateruma (Ryukyu Islands, Japan). In: Quaternary International, 31, S. 61-70.

Radtke, U. (Hg.) 1998: Lumineszenzdatierung äolischer Sedimente – unter besonderer Berücksichtigung der spätglazialen und holozänen Dünengenese in Deutschland. = Kölner Geogr. Arb. 70.

Radtke, U. u. H. Brückner 1991: Investigations on age and genesis of silcretes in Queensland (Australia) – preliminary results. = ESPL, 17, S. 547-554.

Rast, H. 1987: Vulkane und Vulkanismus. Stuttgart (Enke).

Rathjens, C. (Hg.) 1971: Klimatische Geomorphologie. Darmstadt (WBG). = Wege der Forschung CCXVIII.

Rathjens, C. 1979: Die Formung der Erdoberfläche unter dem Einfluß des Menschen. Stuttgart (Teubner) = Teubner Studienb. Geogr.

Reading H. G. 19862: Sedimentary Environments and Facies. Oxford (Blackwell).

Reading, H. G. (Hg.) 19963: Sedimentary environments: processes, facies and stratigraphy. Oxford (Blackwell).

Rech, J. A., R. W. Reeves u. D. M. Hendricks 2001: The influence of slope aspect on soil weathering processes in the Springerville volcanic field, Arizona. In: Catena, 43, S. 49-62.

Reid, L. M. u. T. Dunne 1996: Rapid Evaluation of Sediment Budgets. Reiskirchen (Catena).

Reineck, H. E. 1978: Die Watten der deutschen Nordseeküste. In: Die Küste, 32, S. 64-82.

Reinsch, D. 1991: Natursteinkunde. Eine Einführung für Bauingenieure, Architekten, Denkmalpfleger und Steinmetze. Heidelberg (Spektrum).

Reuther, A. U. 2007: Surface exposure dating of glacial deposits from the last glacial cycle. Evidence from the Eastern Alps, the Bavarian Forest, the Southern Carpathians and the Altai Mountains = RBP 21.

Reuther, A. U., J. Herget, S. Ivy-Ochs, P. Borodavko, P.W. Kubik u. K. Heine 2006: Constraining the timing of the most recent cataclysmic flood event from ice-dammed lakes in the Russian Altai Mountains, Siberia, using cosmogenic in situ 10Be. In: Geology 34, S. 913-916.

Rhoads, B. L. u. C. E. Thorn (Hg.) 1996: The Scientific Nature of Geomorphology. = Proceedings of the 27th Binghampton Symp. in Geomorph. 27-29 Sept. Chichester (Wiley).

Richter, G. 1965: Bodenerosion. Schäden und gefährdete Gebiete in der Bundesrepublik Deutschland. = FdL 152.

Richter, G. (Hg.) 1998: Bodenerosion. Analyse und Bilanz eines Umweltproblems. Darmstadt (Wiss. Buchgesellschaft).

Richter H. 1955: Beiträge zur morphologischen Untersuchung des Erzgebirges. In: Wiss. Zs. Univ. Leipzig, 5, S. 543-560.

Richter, H. 1963: Das Vorland des Erzgebirges. Die Landformung während des Tertiärs. In: Wiss. Veröff. d. Dt. Inst. Länderkunde Leipzig, N. F. 19/20, S. 3-231.

Richter, M. R. 1969^{2}: Geologie. Braunschweig (Westermann) = Das geogr. Seminar.

Ries J.-B. 1995: Geomorphodynamische Prozesse im östlichen Zentral Himalaya – Auswirkungen von Landnutzung und Bodenerosion auf die vorgelagerten Tiefebenen? In: Mitt. Österr. Geogr.Ges. 137, S. 187-202.

Rittmannm, A. 19813: Vulkane und ihre Tätigkeit. Stuttgart (Enke).

Reading, A. J., R. D. Thompson u. A. C. Millington 1995: Humid Tropical Environments. Oxford (Blackwell).

Rögner, K. 1986a: Geomorphologische Untersuchungen in Negev und Sinai - Ein Beitrag zur rezenten Morphodynamik, zur Quantifizierung arid-morphodynamischer Prozesse. = Paderborner Geogr. Stud. 1.

Rögner, K. 1986b: Genese und Stratigraphie der ältesten Schotter der südlichen Iller-Lech-Platte (Bayerisch-Schwaben). In: EG, 36, S. 111-119.

Römer, W. 1998: Geomorphologische Beobachtungen an Inselbergen im südlichen Zimbabwe. In: EK, 52, H. 1.

Roeschmann, G., J. Ehlers, B. Meyer, u. H. Rohdenburg 1982: Paläoböden in Niedersachsen, Bremen und Hamburg. In: Geol. Jahrbuch, Reihe F. 14, S. 255-309.

Rösner, U. 1990: Die Mainfränkische Lößprovinz. Sedimentologische, pedologische und morphodynamische Prozesse der Lößbildung während des Pleistozäns in Mainfranken. Erlangen (Geogr. Inst.) = Erlanger Geogr. Arb. 51.

Rösner, U. 1995: Zur quartären Landschaftsentwicklung in den Trockengebieten Syriens. Berlin (Borntraeger) = RBP 10.

Rohde, H. 1977: Sturmfluthöhen und säkularer Wasserstandsanstieg an der deutschen Nordseeküste. In: Die Küste, 30, S. 52-143.

Rohde, P. 1989: Elf pleistozäne Sand-Kies-Terrassen der Weser. Erläuterungen eines Gliederungsschemas für das obere Weser-Tal. In: EG, 39, S. 42-56.

Rohdenburg, H. 1968: Zur Deutung der quartären Taleintiefung in Mitteleuropa. In: Die Erde, 99, S. 279-304.

Rohdenburg, H. 1970a: Hangpedimentation und Klimawechsel als wichtigste Faktoren der Flächen- und Stufenbildung in den wechselfeuchten Tropen. In: ZfG, 14, S. 58-78.

Rohdenburg, H. 1970b: Morphodynamische Aktivitäts- und Stabilitätszeiten statt Pluvial- und Interpluvialzeiten. In: EG, 21, S. 81-96.

Rohdenburg, H. 1971: Einführung in die klimagenetische Geomorphologie. Gießen (Lenz).

Rohendburg, H. 1977: Beispiele für holozäne Flächenbildung in Nord- und Westafrika. In: Catena, 4, S. 65-109.

Rohdenburg, H. 1989: Landschaftsökologie – Geomorphologie. Darmstadt (Catena).

Rohendburg, H. u. B. Meyer 1966: Zur Feinstratigraphie und Paläopedologie des Jungpleistozäns nach Untersuchungen an südniedersächsischen und nordhessischen Lößprofilen. In: Mitt. d. dt. Bodenkundl. Ges. 5, S. 1-137.

ROO, A. P. J. (Hg.) 1999: Soil Erosion Modelling at the Catchment Scale. = Catena, 37.

ROSENKRANZ, E. 1978: Die Reliefgliederung am Ostrande des Thüringer Beckens. In: PM, 122, S. 29-36.

ROSGEN, D. 1994: A classification of natural rivers. In: Catena, 22, S. 164-199.

ROSGEN, D. 1996: Applied River Morphology. Pagosa Springs (Wildland Hydrology).

ROST, K. T. 1992: Geomorphologische Höhenstufen in Qinling Shan (VR China) unter besonderer Berücksichtigung der jungpleistozänen Vergletscherungen. Göttingen = Göttinger Geogr. Abh. 97.

ROST, K. T. 1997: Observations on distribution and age of loess–like sediments in the high–mountain ranges of Central China. In: ZfG,, N.F. Suppl.-Bd. 111, S. 117-129.

ROTHE, P. 1994: Gesteine. Entstehung – Zerstörung – Umbildung. Darmstadt (WBG).

ROTHE, P. 2000: Erdgeschichte. Spurensuche im Gestein. Darmstadt (WBG).

ROTHE, P. 2005: Geologie Deutschlands. 48 Landschaften im Portrait. – Darmstadt (WBG).

ROTHER, K. 1995: Die eiszeitliche Vergletscherung der deutschen Mittelgebirge im Spiegel neuerer Forschungen. In: PM, 139, S. 45-52.

ROUSSEAU, D.-D., L. ZÖLLER u. J.-P. VALET 1998: Late Pleistocene Climatic Variations at Achenheim, France, Based on Magnetic Susceptibility and TL Chronology of Loess. In: Quaternary Research 49, S. 255-263.

ROWAN J. S., R. W. DUCK u. A. WERRITTY (Hg.) 2006: Sediment Dynamics and the Hydromorphology of Fluvial Systems. IAHS Publication 306.

RUNGE, J. 1997: Altersstellung und paläoklimatische Interpretation von Decksedimenten, Steinlagen (stone-lines) und Verwitterungsbildungen in Ostzaire (Zentralafrika). In: GÖ, 18, S. 91-108.

RUXTON, B. P. u. I. MCDOUGALL 1967: Denudation rates in northeast Papua from potassium-argon dating of lavas. In: American J of Sci., 265, S. 545-561.

SAUERBORN, J. 1994: Die Erosivität der Niederschläge in Deutschland. Ein Beitrag zur quantitativen Prognose der Bodenerosion in Mitteleuropa. = Bonner Bodenkundliche Abhn. 13.

SCHAEFER, I. 1978: Die Gliederung der Münchener Ebene. Eine geomorphologische Analyse. = Mitt. Geogr. Ges. München, S. 37-67.

SCHAEFER, I. 1981: Die Glaziale Serie – Gedanken zum Kernstück der alpinen Eiszeitforschung. In: ZfG, N. F., 25, S. 271-289.

SCHAEFER, I. 1995: Das Alpenvorland im Zenit des Eiszeitalters. Forschungen in seinem Kerngebiet zwischen Riß und Lech. 2 Bände, Stuttgart (Steiner).

SCHÄFER, A. 2005: Klastische Sedimente. Fazies und Sequenzstratigraphie. München (Elsevier).

SCHALLER, M., F.v. BLANCKENBURG, A. VELDKAMP, L. A. TEBBENS, N. HOVIUS, & P. W. KUBIK, 2002: A 30 000 yr record of erosion rates from cosmogenic ^{10}Be in Middle Europe river terraces. Earth and Planetary Science Letters 2004: 307-320.

SCHEFFER, F. u. P. SCHACHTSCHABEL 1998[14]: Lehrbuch der Bodenkunde. Suttgart (Enke).

SCHELLNHUBER, H.-J. u. H. STERR 1993: Klimaänderung und Küste. Berlin (Springer).

SCHELLMANN, G. 1998: Jungkänozoische Landschaftsgeschichte Patagoniens (Argentinien). Andine Vorlandvergletscherungen, Talentwicklung und marine Terrasen. = Essener Geogr. Arb. 29.

SCHERER, D. u. E. PARLOW 1994: Terrain as an important controlling factor for climatological, meteorological and hydrological processes in NW-Spitzbergen. In: ZfG, N. F. Suppl.-Bd. 97, S. 175-194.

SCHEUENPFLUG, L. 1991: Die frühpleistozäne Augsburger Altwasserscheide am Ostrand der Iller-Lech-Platte (Süddeutsches Alpenvorland, Bayern). In: EG, 41, S. 47-55.

SCHILLING, W. u. H. WIEFEL 1962: Jungpleistozäne Periglazialbildungen und ihre regionale Differenzierung in einigen Teilen Thüringens und des Harzes. In: Geologie, 11, S. 428-460.

SCHIRMER, W. 1981: Holozäne Mainterrassen und ihr pleistozäner Rahmen. (Exkurison G am 25.4.1981). In: Jber. Mitt. oberrhein. geol. Ver. N. F. 63, S. 103-115.

SCHLICHTING, E. 1986[2]: Einführung in die Bodenkunde. Hamburg, Berlin (Parey).

SCHLICHTING, E., H.-P. BLUME u. K. STAHR 1995[2]: Bodenkundliches Praktikum. Berlin (Blackwell).

SCHLÜCHTER, C. 1986: The Quaternary Glaciations of Switzerland, with special refernce to the Northern Alpine Foreland. In: SIBRAVA, V., D. Q. BOWEN & G. M. RICHMOND (Hg.): Quarternary Glaciations in the Northern Hemispere (= Quarternary Sci. Reviews 5), S. 413-419.

SCHMIDT, J. 1998: in: RICHTER, G. Bodenerosion

SCHMIDT, J. u. R. DIKAU 2000: Slope evolution and landslides. A multiscale approach. Bonn (SFB). = Schriftenreihe des SFB 350, No. 88.

SCHMIDT, K.-H. 1975: Geomorphologische Untersuchungen in Karstgebieten des Bergisch-Sauerländischen Gebirges. = Bochumer Geogr. Abh. 22.

SCHMIDT, K.-H. 1984: Der Fluß und sein Einzugsgebiet. Hydrogeographische Forschungspraxis. Wiss. Paperbacks Geographie, Wiesbaden (Steiner).

SCHMIDT, K.-H. 1985: Regional variation of mechanical and chemical denudation. Upper Colorado Basin (USA). In: ESPL, 10, S. 497-508.

SCHMIDT, K.-H. 1988: Die Reliefentwicklung des Colorado Plateau. = Berliner Geogr. Abh. 49.

SCHMIDT, K.-H. 1989: The significance of scarp retreat for Cenozoic Landform Evolution on the Colorado Plateau, USA. In: ESPL, 14, S. 93-105.

SCHMIDT, K.-H. 1996: Messung und Bewertung der zeitlichen und räumlichen Variabilität des

Schwebstofftransports. In: Heidelberger Geogr. Arb. 104, S. 352-372

SCHMIDT, R. 1982: Die Struktur der Bodendecke der Grundmoränengebiete der DDR. In: PM 126, S. 153-170.

SCHMIDT, R. 1991: Genese und anthropogene Entwicklung der Bodendecke am Beispiel einer typischen Bodencatena des Norddeutschen Tieflandes. In: PM, 135, S. 29-37.

SCHMIDT, R.-G. 1979: Probleme der Erfassung und Quantifizierung von Ausmaß und Prozessen der aktuellen Bodenerosion (Abspülung) auf Ackerflächen - Methoden und ihre Anwendung in der Rheinschlinge zwischen Rheinfelden und Wallbach (Schweiz). = Physiogeographica 1.

SCHMIDT, K.-H. u. J. BEYER 2003: Higher magnitude landslide events on a limestone-scarp in Central Germany. Morphometric characteristics and climatic controls. Geomorphology 49: 325-342.

SCHMIDT, K.-H., D. MORCHE 2006: Sediment output and effective discharge in two small high mountain catchments in the Bavarian Alps, Germany. In: Geomorphology 80: S. 131-145.

SCHMIDT-THOMÉ, P. 1972: Tektonik. In: R. Brinkmann (Hg.): Lehrbuch der Allgemeinen Geologie. Stuttgart (Enke), Bd. 2.

SCHMINCKE, H. U., V. LORENZ & H. A. SECK 1983: The Quaternary Eifel Volcanic Fields. In: Plateau Uplift, S. 139-151.

SCHMINCKE, H.-U. 2000: Vulkanismus. Darmstadt (WBG).

SCHMITTHENNER, H. 1954: Die Regeln der morphologischen Gestaltung im Schichtstufenland. In: PM, 98, S. 3-10.

SCHNEIDER-SLIVA, R., D. SCHAUB u. G. GEROLD (Hg.) 1999: Angewandte Landschaftsökologie. Grundlagen und Methoden. Berlin, Heidelberg (Springer).

SCHOLTEN Thomas 2003: Beitrag zur flächendeckenden Ableitung der Verbreitungssystematik und Eigenschaften periglaziärer Lagen in deutschen Mittelgebirgen. = RBP 19, Stuttgart (Borntraeger).

SCHOLZ, H. 1995²: Bau und Werden der Allgäuer Landschaft. Zwischen Lech und Bodensee. Eine süddeutsche Erd- und Landschaftsgeschichte. Stuttgart (Schweizerbart).

SCHREINER, A. 1992: Einführung in die Quartärgeologie. Stuttgart (Schweizerbart).

SCHRÖDER, B. 1998: Känozoische Landschaftsgeschichte am Ostrand der Rhön – Vulkan- und Subrosionsschlote als Hauptindikatoren. In: Bochumer Geogr. Arb. Sonderreihe 13, (= Festschr. für HERBERT LIEDTKE), S. 80-85.

SCHRÖDER, H. 1999: Vergleichende Periglazialmorphologie im Sommerregengebiet der Atacama. In: EK, 53, S. 119-135.

SCHROTT, L. 1996: Some geomorphlogical-hydrological characteristics of rock glaciers in the Andes, San Juan, Argentina. In: ZfG, N. F. Suppl.-Bd. 104, S. 161-173.

SCHROTT, L. u. Th. GLADE 2008: Frequenz und Magnitude natürlicher Prozesse. In: Felgentreff, C., Glade, T. (Hg.): Naturrisiken und Sozialkatastrophen. S. 133-140.

SCHROTT, L., J. GÖTZ, M. GEILHAUSEN, and D. MORCHE 2006: Spatial and temporal variability of sediment transfer and storage in an Alpine basin (Bavarian Alps, Germany). In: Geographica Helvetica 61, S. 191-200.

SCHROTT, L., G. HUFSCHMIDT, M. HANKAMMER, T. HOFFMANN, u. R. DIKAU, 2003: Spatial distribution of sediment storage types and quantification of valley fiell deposits in an alpine basin, Reintal, Bavarian Alps, Germany. In: Geomorphology, 55, S. 45-63

SCHÜTT, B. 1993: Der Stoffhaushalt der Kall/Nordeifel – Untersuchungen zum Wasserhaushalt, Schwebstoffhaushalt und Haushalt gelöster Stoffe in einem Flußeinzugsgebiet auf silikatischen Gesteinen. Aachen (Geogr. Inst.) = Aachener Geogr. Arb. 27.

SCHÜTT, B. 1998: Reconstruction of palaeoenvironmental conditions by investigation of Holo-cene playa-sediments in the Ebro Basin, Spain: Preliminary results. In: Geomorphology 23, S. 273-383.

SCHULTE, A. 1995: Hochwasserabfluß, Sedi-menttransport und Gerinnebettgestaltung an der Elsenz im Kraichgau. = Heidelberger Geogr. Arb. 98.

SCHULTE, A. 2006: Schwellenwerte in der Geomorphologie. In: ZfG Suppl.-Bd. 148: 71-77.

SCHULZ, D. 1999: Abiturwissen, Formung und Formen der Erdoberfläche. Stuttgart (Klett).

SCHUMM, S. A. 1967: Meander wavelength of alluvial rivers. In: Science 157, S. 1549-1550.

SCHUMM, S. A. 1973: Geomorphic thresholds and complex response of drainage systems. In: Morisawa (Hrsg.) Fluvial geomorphology, Bingham, New York, S. 299-309.

SCHUMM, S. A. 1977: The fluvial system. New York (Wiley & Sons).

SCHUMM, S. A. et al. 1985: Geomorphology. London (Methuen).

SCHUNKE, E. 1968: Die Schichtstufenhänge im Leine-Weser-Bergland in Abhängigikeit vom geologischen Bau und Klima. Göttingen (Geogr. Inst.) = Göttinger Geogr. Abh..

SCHUNKE, E. 1975: Die Periglazialerscheinungen Islands in Abhängigkeit von Klima und Substrat. = Abh. d. Ak. d. wiss. Göttingen, Math.-Physik. Kl., 3. Folge, 30.

SCHUNKE, E. 1999: Zur periglaziären Morphodynamik auf den Aleuten, SW-Alaska. In: EK, 53, S. 136-149.

SCHWAB, G. u. A. O. LUDWIG 1996: Zum Relief der Quartärbasis in Norddeutschland. Bemerkungen zu einer neuen Karte. In: Zs. geol. Wiss. 24, S. 343-349.

SCHWAB, M. 1997: Geologische Grundlagen. In: HENDL, M. u. H. LIEDTKE (Hg.): Lehrbuch der Allgemeinen Physischen Geographie. Gotha (Perthes), S. 33-140.

SCHWARTZ, M. 2005: Encyclopedia of Coastal Science. (Kluwer).

SCHWARZ, R. 1970: Die Schichtstufenlandschaft der Causses. = Tübinger Geogr. Studien 39.

SCHWEIZER, G. 1968: Der Formenschatz des Spät- und Postglazials in den Hohen Seealpen. In: ZfG, N.F. Suppl. -Band 6.

SCHWERTMANN, U., W. VOGL u. M. KAINZ 1990²: Bodenerosion durch Wasser. Vorhersage des Abtrags und Bewertung von Gegenmaßnahmen. Stuttgart.

SEEDORF, H. H. 1977: Topographischer Atlas Niedersachsen und Bremen: eine Landeskunde in 111 Karten. Neumünster (Wachholtz).

SEEDORF, H. H. u. H.-H. MEYER 1992: Landeskunde Niedersachsens I: Historische Grundlagen und naturräumliche Ausstattung. Neumünster (Wachholtz).

SEIBOLD, E. u. W. H. BERGER 1993: The sea floor. Heidelberg (Springer).

SEIDENSCHWANN, G. 1989: Die pleistozäne Talverschüttung im Kahl- und Kinziggebiet, ihre Gliederung und geomorphologisch-stratigraphische Stellung innerhalb der Terrassenfolgen von Kahl und Kinzig. = Jber. wetterauische Ges. Naturkunde, 140-141, S. 71-96.

SEILER, K.-P. 1979: Glazial übertiefte Talabschnitte in den Bayerischen Alpen – Ergebnisse glazialgeologischer, hydrologischer und geophysikalischer Untersuchungen. In: EG, 29, S. 35-48.

SEMMEL, A. 1964: Junge Schuttdecken in hessischen Mittelgebirgen. In: Notizbl. hess L.-Amt Bodenforsch., 92, S. 275-285.

SEMMEL, A. 1972: Geomorphologie der Bundesrepublik Deutschland. Grundzüge, Forschungsstand, aktuelle Fragen – erörtert an ausgewählten Landschaften. In: E. MEYNEN u. E. PLEWE (Hg.): Erdkundliches Wissen. H. 30, Wiesbaden (Steiner).

SEMMEL, A. 1982: Catenen der feuchten Tropen und Fragen ihrer geomorphologischen Deutung. In: Catena, Suppl.-Bd. 2, S. 123-140.

SEMMEL, A. 1984⁴: Geomorphologie der Bundesrepublik Deutschland. Stuttgart (Steiner) = Erdkundliches Wissen.

SEMMEL, A. 1985a: Periglazialmorphologie. Darmstadt (WBG) = EdF, Bd. 231.

SEMMEL, A. 1985b: Relief und Boden in der Bundesrepublik Deutschland. In: Ber. zur dt. Landeskunde 59, S. 145-160.

SEMMEL, A. 1991: Relief, Gestein, Boden. Grundlagen der Physischen Geographie I. Darmstadt (WBG).

SEMMEL, A. 1993⁴: Grundzüge der Bodengeographie. Stuttgart (Teubner).

SEMMEL, A. 19942: Periglazialmorphologie. Darmstadt (WBG) = EdF, Bd. 231.

SEMMEL, A. 1996⁵: Geomorphologie der Bundesrepublik Deutschland. Grundzüge, Forschungsstand, aktuelle Fragen – erörtert an ausgewählten Landschaften (= Erdkundliches Wissen, H. 30). Wiesbaden (Steiner).

SEMMEL, A. 1998a: Historische Bodenerosion und ihre geoökologischen Folgen in Mittelgebirgswäldern. In: Bochumer Geogr. Arb. Sonderreihe 13, (= Festschr. für HERBERT LIEDTKE), S. 90-95.

SEMMEL, A. 1998: Lockerbraunerden, periglaziale Solifluktionsdecken und holozäne Kolluvien im Oberwald (Hoher Vogelsberg). In: EG, 48, S. 67-71

SEMMEL, A. 2000: Relief und Baugrund an der ICE-Neubaustrecke Köln-Rhein/Main in Hessen. In: Ber. z. dt. Landeskunde 74, S. 329-344.

SERAPHIM, E. TH. 1979: Der sog. Senne-Sander, eine Kames-Terrasse – Drenthestadiale Grundmoräne und postmoränale Schmelzwasser-Sedimente der Oberen-Senne. In: Berichte der Naturw. Vereins, 24, S. 19-33.

SEUFFERT, O. 1970: Die Reliefentwicklung der Grabenregion Sardiniens. Ein Beitrag zur Frage der Entstehung von Fußflächen und Fußflächensystemen. = Würzburger Geogr. Arb. 24.

SEUFFERT, O. 1976: Formungsstile im Relief der Erde. Programmierung, Prozesse und Produkte der Morphodynamik im Abtragungsbereich. = Braunschweiger Geogr. Studien, Sonderheft 1.

SEUFFERT, O. et al. 1999: REI – An integrated Rainfall-Erosivity Index for assessing and correlating rainfall structure, runoff and erosion. In: GÖ, 20, S. 1-45.

SHARP, A. 1963: Wind ripples. In: J of Geology 71, S. 617-636.

SHIELDS, A. 1936: Anwendung der Ähnlichkeitsmechanik und der Turbulenzforschung auf die Geschiebebewegung. Berlin (Eigenverlag der Preußischen Versuchsanstalt für Wasserbau und Schiff).

SIEBERTZ, H. 1983: Neue sedimentologische Untersuchungsegebnisse von wechselzeitlichen äolischen Decksedimenten auf dem Niederrheinischen Höhenzug. In: ArL 51, S. 51-97.

SIEGBURG, W. 1988: Periglaziale Täler und andere eiszeitliche Formen im Raum Bonn. In: ArL 58, S. 181-193.

SIEGERT, M. 2001: Ice sheets and Late Quaternary Environmental Change. Chichester (Wiley).

SIMON, TH. 1987: Zur Entstehung der Schichtstufenlandschaft im nördlichen Baden-Württemberg, In: Jh. Geol. Landesamt Baden-Württemberg, 29, S. 145-167.

SKINNER, B. J. u. S. C. PORTER 19953: The dynamic Earth. An Introduction to Physical Geology. New York (Wiley).

SKOWRONEK, A. 1987: Böden als Indikator klimagesteuerter Landformung in der zentralen Sahara. Stuttgart (Borntraeger) = RBP 5.

SKUPIN, K. 1991: Der Löß des Hellwegs. Beobachtungen zur Altersstellung. In: Spiecker. Landeskundl. Beiträge und Berichte 35, S. 55-63.

SKUPIN, K., SPEETZEN, E. u. J. G. ZANDSTRA 1993: Die Eiszeit in Nordwestdeutschland. Krefeld (Geolog. Landesamt Nordrhein-Westfalen).

SLAYMAKER, O. (Hg.) 1995: Steepland Geomorphology. Cichester (Wiley).

SMALLEY, I. J. 1980: Loess. A Partial Bibliography. Norwich (Geo Abstracts).

SMED, P. 1998 : Die Entstehung der dänischen und norddeutschen Rinnentäler (Tunneltäler) – Glaziologische Gesichtspunkte. Stuttgart (Nägele u. Obermiller). In: EG, 48, S. 1-18.

SMITH, B. J. 1994: Weathering Processes and Forms. In: ABRAHAMS, A. D. u. A. J. PARSONS (Hg.) 1994: Geomorphology of desert environments. London (Chapman & Hall), S. 39-63

SMITH, M.-W., N.-J. COX u. L.-J. BRACKEN 2007: Applying flow resistance equations to overland flows. In: Progress in Physical Geography 31, S. 363-387.

SPEETZEN, E. 1990: Die Entwicklung der Flußsysteme in der westfälischen Bucht (NW-Deutschland) während des Känozoikums. In: Geologie-Paläontologie Westfalen 16 (Münster), S. 7-25.

SPÖNEMANN, J. 1996: Geomorphologische Untersuchungen an Schichtkämmen des Niedersächsischen Berglandes. = Göttinger Geographische Abhandlungen 36.

SPÖNEMANN, J. 1997: Zur Morphotektonik eines passiven Kontinentalrandes: Die Highveldstufe in der südwestlichen Kapregion (Südafrika). In: Göttinger Geogr. Abh. 100, S. 43-61.

SPONHOLZ, B. 1994: Silicate karst associated with lateritic formations (examples from eastern Niger). In: Catena, 21, S. 269-278.

SPONHOLZ, B. U. P. MÜLLER-HAUDE 1997: Untersuchungen an kugelförmigen Verkieselungen im präkambrischen Sandstein des Volta-Beckens. In: Würzburger Geogr. Arb. 92, S. 239-251.

STÄBLEIN, G. 1978: Geomorphologische Detailaufnahme. Berlin (Geogr. Inst.).

STÄBLEIN, G. u. K. MÖLLER 1986: Subrosionsformen im Bereich des Meißners in Nordhessen. In: Geol. Jb Hessen, S. 295-310.

STAHR A. u. TH. HARTMANN 1999: Landschaftsformen und Landschaftselemente im Hochgebirge. Berlin (Springer).

STAHR, K. 1979: Die Bedeutung periglazialer Deckschichten für Bodenbildung und Standorteigenschaften im Südschwarzwald. = Freiburger Bodenkundl. Abh. 9.

STANLEY, S. M. 1994: Historische Geologie. Heidelberg (Spektrum).

STERR, H. 1980: "Seismotectonic history and morphologic evolution of fault scarps in SW-Utah". = Univ. Colorado Diss. Series 175.

STERR, H. 1988: Seegangsverhältnisse, Sedimenttransport und Materialbilanz in der Kieler Bucht, Ostsee. In: Hamburger Geogr. Studien 44, S. 99-119.

STERR, H. 1991: Natürliche und anthropogene Gestaltung der Ostseeküste Schleswig-Holsteins. In: Wasser und Boden 43, S. 6-10.

STERR, H. u. CHR. PREU (Hg.) 1996: Beiträge zur aktuellen Küstenforschung, Aspekte - Methoden - Perspektiven. In: Vechtaer Studien zur Angewandten Geographie und Regionalwissenschaft, 18, S. 53-64.

STINGL, H. 1969: Ein periglazialmorphologisches Nord-Süd-Profil durch die Ostalpen. = Göttinger Geogr. Arb. 49.

STINGL, H. 1979: Strukturformen und Flußflächen im westlichen Argentinien. = Erlanger Geogr. Arb., Sonderbd. 10.

STINGL, H. u. K. GARLEFF 1987: Neue Ergebnisse zum alten Thema „Struktur- und Skulpturformen". In: ZfG, N. F. Suppl.-Bd. 66, S. 65-71.

STINGL, H.,VEIT, H. U. B. JOHN 1995: Zeitliche und räumliche Variabilität solifluidaler Prozesse und ihre Ursachen. In: ZfG, N.F. Suppl. -Bd. 99, S. 107-122.

STRAHLER, A. H. u. A. N. STRAHLER 1992[4]: Modern Physical Geography. New York, Chichester, Brisbane, Toronto, Singapore (Wiley).

STRAHLER, A. H. u. A. N. STRAHLER 1999: Physische Geographie. Stuttgart (Ulmer). = UTB für Wissenschaft: Große Reihe.

STRAHLER, A. N. 1973[3]: Introduction to Physical Geographie. New York, London, Sydney, Toronto (Wiley).

STRAKOW, N. M. 1962: Principles of Lithogenesis. Izdat. Akad. Nauk SSSR, Moskau (auf Russisch) engl. Übersetzung by Consultants Bureau and Oliver & Boyd, Edinburgh und London.

STRAUCH, D. 1993: Slush Stream Phenomena - Process and Geomorphic Impact. In: ZfG, N.F. Suppl. -Bd. 92, S. 39-52.

STROBACH, K. 1991: Unser Planet Erde. Ursprung und Dynamik. Berlin, Stuttgart (Gebr. Borntrager)

STRUNK, H. 1990: Das Quartärprofil von Hagelstadt im Bayerischen Tertiärhügelland. In: EG, 40, S. 85-96.

STRUNK, H. et al. 1996: Neue Befunde zur Gliederung der Riß- und Würm-Lösse im Donautal bei Regensburg, dargestellt an der Typlokalität "Napoleonstein". In: Landesamt für Natur und Umwelt des Landes Schleswig-Holstein (Hg.): Böden als Zeugen der Landschaftsentwicklung. Festschrift zum 80. Geburtstag von Prof. Dr. H. E. STREMME (Kiel), S. 67-75.

STRUNK, H. 1997a: A 3,300 years history of debris flow activity in the southern Alps: vegetation cover, soil depth, forest fire and overgrazing as controlling factors. In: MATTHEWS, J.A. et al. (Hg.): Rapid mass movement as climatic evidence for Holocene times. In: Paläoklimaforschung/Palaeoclimate Research 19, ESF Special Issue 12, Stuttgart, S. 223-232.

STRUNK, H. 1997b: Dating of geomorphological processes using dendrogeomorphological methods. In: Catena, 31, S. 137-151.

STRUNK, H. 1997c: Dating of geomorphological processes using dendrogeomorphological methods. In: Catena, 31, S. 137-151.

SUEAD, R. E. 1982: Coastal Landforms and Surface Features. A Photographic Atlas and Glossary. Stroudsburg (Hutchinson Ross).

SUGDEN, D. E. u. B. S. JOHN 1976: Glaciers and landscape: a geomorphological approach. London (Arnold).

SUMMERFIELD, M.A. 1991[4]: Global Geomorphology. An introduction to the study of landforms. Essex/New York (Wiley).

SWEETING, M. M. (Hg.) 1981: Karst Geomorphology. Stroudsburg (Hutchinson Ross).

SYMES, R.F. et al. 1994: Gesteine und Mineralien. Die verborgenen Schätze unserer Erde. Entstehung – Aussehen – Fundorte. Hildesheim (Gerstenberg).

THIEM, W. 1974: Neue Aspekte für die Rekonstruktion der Reliefentwicklung des Harzes. In: Hercynia, N. F., 11, S. 233-260.

THOMAS, M., M. THORP u. J. MCALISTER 1999: Equatorial weathering, landform development and the formation of white sands in north western Kalimantan, Indonesia. In: Catena, 36, S. 205-232.

THOMAS, M. F. 1996: Geomorphology in the tropics. New York (Wiley & Sons).

THOMAS, M. F. 2001: Landscape sensitivity in time and space – an introduction. In: Catena, 42, S. 83-98.

THOME, K. N. 1998: Einführung in das Quartär. Das Zeitalter der Gletscher. Heidelberg (Springer).

THOMPSON, A. 1986: Secondary flows and pool-riffle unit: a case study of the processes of meander deveopment. In: ESPL 11, S. 631-641.

THOMPSON, R. D., A. M. MANNION, C. W. MITCHELL, M. PARRY u. J. R. G. TOWNSHEND 1986: Processes in Physical Geography. London, New York (Longman).

TRICART, J. 1974: Structural Geomorphology. London (Longman).

TRICART J. u. A. CAILLEUX: 1962-69: Traité de geómorphologie. Paris. Bd. 1: Introduction a la géomorphologie climatique (1965). Bd. 2: Le modèle des régions périglaciaires (1967). Bd. 3: Le modèle glaciaire et nival (1962). Bd. 4.: Le modèle des régions sèches (1969). Bd. 5: Le modèle des régions chaudes, forêts et savanes (1965).

TRICART, J. u. A. CAILLEUX 1972: Introduction a la Geomorphologie Climatique. Harlow (Longman).

TRIMBLE, S. W: 1998: Dating fluvial processes from historical data and artifacts. In: Catena, 31, S. 283-304.

TROLL, C. 19242: Der diluviale Inn-Ciemseegletscher – Das geographische Bild eines typischen Alpenvorlandgletschers. In: Forsch. zur dt. Volkskunde 23, S. 1-121.

TROMBE, F. 1952: Traité de spéléologie. Paris (Payot).

TSOAR, H. u. K. PYE 1987: Dust transport and the question of desert loess formation. In: Sedimentology, 34, S. 139-154.

TWIDALE, C. R. u. J. A. BOURNE 1998: The use of duricrusts and topographic relationships in geomorphological correlation: conclusions based in Australian experience. In: Catena, 33, S. 105-122.

VALENTIN, H. 1952: Die Küsten der Erde. In: PM, Ergänzungsheft Nr. 246.

VAN DER HEYDEN, C. J. 2004: The hydrology and hydrogeology of dambos: A review. In: Progress in Physical Geography 28, S. 544-564.

VAN HUSEN, D. 1987: Die Ostalpen in den Eiszeiten. Wien (Geol. Bundesanstalt).

VEDER, CH. 1979: Rutschungen und ihre Sanierung. Wien (Springer).

VEIT, H. 1998: Fluviale und solifluidale Morphodynamik des Spät- und Postglazials in einem zentralalpinen Flußeinzugsgebiet (südliche Hohe Tauern, Osttirol). = Bayreuther Geowiss. Arb. 13, S. 1-167.

VEIT, H. 1993: Holocene solifluction in the Austrian and southern Tyrolean Alps: dating and climatic implications. In: Paläoklimaforschung 11, S. 23-32.

VEIT, H. 1993: Untersuchungen zur Genese und zum Alter jungquartärer fluvialer und limnischer Sedimente im nordchilenischen Trockenraum. In: Berliner Geogr. Abh. 79, S. 163-187.

VEIT, H. 1993: Upper Quaternary landscape and climate evolution in the Norte Chico (Northern Chile): an overview. In: Mountain Research and Development 13 (2), S. 139-144.

VILES, H. A. (Hg.) 2000: Recent advances in field and laboratory studies of rock weathering. Berlin, Stuttgart (Borntraeger) = ZfG, NF, Suppl Bd. 120.

VILLINGER, E. 1986: Untersuchungen zur Flußgeschichte von Aare-Donau/Alpenrhein und zur Entwicklung des Malm-Karsts in Südwestdeutschland. In: Jahresh. Geolog. Landesamt Baden-Württemberg 11, S. 141-203.

VINX, R. 2005: Gesteinsbestimmung im Gelände. Stuttgart (Enke).

VÖLKEL, J.: Geomorphologische und pedologische Untersuchungen zum jungquartären Klimawandel in den Dünengebieten Ost-Nigers. = Bonner Geogr. Abh. 79.

VÖLKEL, J. 1995: Periglaziale Deckschichten und Böden im Bayerischen Wald und seinen Randgebieten als geogene Grundlagen landschaftsökologischer Forschungen. In: ZfG, N. F. Suppl. 96.

VÖLKEL, J., u. A. MAHR 1997: Neue Befunde zum Alter der periglazialen Deckschichten im Vor-deren Bayerischen Wald. In: ZfG, N.F., 41, S. 131-137.

VÖLKEL, J., H. ZEPP u. A. KLEBER 2002: Periglaziale Deckschichten in Mitteleuropa – ein offenes Forschungsfeld. In: Ber. z. dt. Landeskunde 76, S. 101-114.

VÖTT, A. u. H. BRÜCKNER 2006: Versunkene Häfen im Mittelmeerraum. Antike Küstenstädte als Archive für die Geoarchäologische Forschung. In: GR, Jg. 58, H. 4, S. 12-21

VOGT, H. 1992: Le relief en Alsace. Etude géomorphologique du rebord su-occidental du Fossé rhénan. Strasbourg (Oberlin).

VON ENGELHARDT, W. 1973: Die Bildung von Sedimenten und Sedimentgesteinen. Sediment-Petrologie Teil III. Stuttgart (Nägele u. Obermiller).

VON RICHTHOFEN, F. 1886: Führer für Forschungsreisende. Anleitung zu Beobachtungen über Gegenstände der physischen Geographie und Geologie. Neudruck 1901. Hannover (Verlag von Gebr. Jänecke).

WAGENBRETH, O. u. W. STEINER 1990⁴: Geologische Streifzüge – Landschaft und Erdgeschichte zwischen Kap Arkona und Fichtelberg. Heidelberg (Spektrum).

WAGNER, G. 1960³: Einführung in die Erd- und Landschaftsgeschichte mit besonderer Berücksichtigung Süddeutschlands. Öhringen (Hohenlohische Buch.).

WAGNER, G. 1995: Altersbestimmung von jungen Gesteinen und Artefakten. Stuttgart (Enke).

WAGNER, J. 1964: Physische Geographie. München (List).

WAGNER, J. u. R. JÄTZOLD 1976: Physiche Geographie und Nachbarwissenschaften. = Harms Handbuch der Geographie. München (List).

WALTER, R. 1995: Geologie von Mitteleuropa. Stuttgart (Borntraeger).

WARBURTON, J. 1993: Energenetics of alpine proglacial geomorphic processes. Transactions of the Institute of British Geographers. New Series 18, S. 197-206 (http://www.jsotr.org)

WARREN, A., A. GOUDIE u. G. NANSON 20052: Desert Geomorphology. London (Taylor and Francis).

WASHBURN, A. L. 1979: Geocryology: a survey of periglacial processes and environments. London (Arnold).

WEISE, O. 1983: Das Periglazial. Stuttgart (Borntraeger).

WENDEBOURG, J. u. CH. RAMSHORN 1987: Der Verzahnungsbereich alpiner und Südost-Schwarzwälder Rißvereisung. In: Jhb. geol. Landesamt Baden-Württemberg 29, S. 255-268.

WENZENS, E. U. G. WENZENS 1994: The influence of Quaternary tectonics on river conture and drainage patterns in the Huércal-Overa-Basin, southeastern Spain. In: LEWIN, J., MACKLIN, M.G., J.C. WOODWARD (Hg.): Mediterranean Quaternary River Environments. Rotterdam.

WERRITTY, A. u. K. F. LEYS 2001: The sensitivity of Scottish rivers and upland valley floors to recent environmental change. In: Catena, 42, S. 251-273.

WETZEL, K.-F. 1992: Abtragsprozesse an Hängen und Feststofführung der Gewässer. Dargestellt am Beispiel der pleistozänen Lockergesteine des Lainbachgebietes. = Münchener Geogr. Abh. 17, Bd. B.

WIECHMANN, H. u. H. ZEPP 1985: Zur morphogenetischen Bedeutung der Graulehme in der Nordeifel. In: Catena, Suppl.-Bd. 6, S. 121-135.

WIEMER, R. u. B. GURWELL 1991: Die Ostseeküste in Mecklenburg-Vorpommern. In: Wasser u. Boden 43, S. 13.17.

WILHELM, F. 1987: Hydrogeographie: Grundlagen der allgemeinen Hydrogeographie. Braunschweig (Höller u. Zwick) = Das Geographische Seminar.

WILHELMY, H. 19813a: Geomorphologie in Stichworten. I Endogene Kräfte, Vorgänge und Formen. Kiel (Hirt).

WILHELMY, H. 1981⁴b: Geomorphologie in Stichworten. II. Exogene Morphodynamik. Verwitterung – Abtragung – Tal- und Flächenbildung. Kiel (Hirt).

WILHELMY, H. 1981⁴c: Geomorphologie in Stichworten. III. Exogene Morphodynamik. Karsterscheinungen – Glazialer Formenschatz - Küstenformen. Kiel (Hirt).

WILHELMY, H., FISCHER, H. u. CHR. EMBLETON-HAMANN. 1992⁵:Geomorphologie in Stichworten. Kiel (Hirt).

WILLIAMS, M. A. J., DUNKERLEY, D. L., DE DEKKER, P. u. T. J. STOKES 1993: Quaternary Environments. London (Arnold).

WILLIAMS, P. W. 1993: The role of the subcutaneous zone in karst hydrology. In: Journal of Hydrology, 61, S. 45-67.

WILLIAMS, P. W. (Hg.) 1997: Tropical and Subtropical Karst. Berlin, Stuttgart (Borntraeger). = ZfG, N. F. Suppl.-Bd. 108.

WINIARSKI, H. 1968: Zur Frage des Auftretens der Talasymmetrie im norddeutschen Alt- und Jungmoränengebiet am Beispiel ausgewählter Täler des Flämings und der Barnimhochfläche nördlich von Berlin. In: wiss. Zs. Humboldt-Univ. Berlin, Math.-Nat. R. 15, S. 479-491.

WINKLER, S. 1996: Frührezente und rezente Gletscherstandsschwankungen in Ostalpen und West-/Zentralnorwegen. = Trierer Geogr. Studien 15.

WINKLER, S. et al 1997: Glaziale Dynamik in Westnorwegen – Ablauf und Ursachen des aktuellen Gletschervorstoßes am Jostedalsbreen. In: PM 141, S. 43-63.

WIRTHMANN, A. 1994: Geomorphologie der Tropen. Darmstadt (WBG).

WIRTHMANN, A. 1987: Geomorphologie der Tropen. Darmstadt = EdF 248.

WISCHMEIER, W. H. 1959: A rainfall erosion index for a universal soil loss equation. In: Proceedings Soil Sci. Society, 23, S. 247-248.

WISCHMEIER, W. H. u. D. D. SMITH 1958: Rainfall energy and its relationship to soil loss. In: Trans. Amer. Geophysical Union, 11, S. 258-291.

WISCHMEIER, W. H. u. D. D. SMITH 1978: Predicting rainfall erosion losses – a guide to conservation planning. Washington D.C. (U.S. Department of Agriculture) = U.S. Department of Agriculture Handbook 537.

WOLDSTEDT, P. u. K. DUPHORN 1974: Norddeutschland und angrenzende Gebiete im Eiszeitalter. Stuttgart (Koehler).

WUNDERLICH, J. 1989: Untersuchungen zur Entwicklung des westlichen Nildeltas im Holozän. = Marburger Geogr. Schr. 114.

WURM, A. 19612: Geologie von Bayern . Berlin (Borntraeger).

Xu, J. 2000: Grain-size characteristics of suspended sediment in the Yellow River, China. In: Catena, 38, S. 243-263.

Zanke, U. 1982: Grundlagen der Sedimentbewegung. Berlin (Springer).

Zeese, R. 1971: Die Stufenrückwanderung im Keuperbergland Nordost-Württembergs. In: Tübinger Geogr. Studien 46, S. 53-57.

Zeese, R. 1972: Die Talentwicklung von Kocher und Jagst im Keuperbergland. = Tübinger Geogr. Studien 49.

Zeese, R. 1993: Flächenbildung und Flächenumgestaltung in Nigeria seit dem Tertiär. In: Berliner Geogr. Arb. 79, S. 188-225.

Zeese, R., Schwertmann, U., Tietz, G. F. u. U. Jux 1994: Mineralogy and stratigraphy of three deep lateric profiles of the Jos plateau (Central Nigeria). In: Catena, 21, S. 195-214.

Zeil, W. 1990[14]: Allgemeine Geologie. Stuttgart (Enke). = Abriss der Geologie.

Zeller, J. 1967: Flußmorphologische Studie zum Mäanderproblem. In: Geographica Helvetica, 22, 57-95.

Zepp, H. 1983: Reliefentwicklung an der oberen Erft. Ergebnisse einer geomorphologischen Detailkartierung. In: ArL 51, S. 25-38

Zepp, H. u. M. J. Müller (Hg.) 1999: Landschaftsökologische Erfassungsstandards. Ein Methodenhandbuch. Flensburg (DAL) = FdL 228.

Zepp, H. 2007: Die Erosionsterminante und andere Beiträge Philippsons zur Geomorphologie. In: Colloquium Geographicum 29, S. 45-74.

Zepp, H. u. M. Parakenings 2005: Künstliche Strandaufhöhung und quasinaturliche Morphodynamik an der Nordseite der Insel Wangerooge. In: Ber. z. dt. Landeskunde 79, S. 105-123.

Zepp, J. 1933: Morphologie des Kyllgebietes. Bonn (Naturhistorischer Verein) = Verhandlungen des Naturistorschen Vereins d. preuß. Rheinlande und Westfalen 90, S. 1-69.

Zepp, P. 1930: Beitrag zur Frage der Rheinterrassen-, Löss- und Flugsandbildung auf Grund von Beobachtungen. In: Festschrift A. Philippson. Leipzig, Berlin, S. 117-123.

Zielhofer, C. 2006: Römische Landnutzung und deren Einfluss auf die antike Umwelt in Nordtunesien. – GR, Jg 58, H. 4, S. 22-29.

Zienert, A. 1967: Vogesen- und Schwarzwaldkare. In: EG, 18, S. 51-75.

Zienert, A. 1986: Grundzüge der Großformenentwicklung Südwestdeutschlands. Heidelberg.

Zienert, A. 1992: Grundzüge der Großformenentwicklung in Franken. Heidelberg.

Zimmermann, M., Mani, P. u. H. Romang 1997: Magnitude-frequency aspects of alpine debris flows. In: Eclogae geol. Helv. 90, S. 415-420.

Zmarlsly, E., Kuttler, W. u. H. Pethe 2002[2]: Meteorologisch-klimatologisches Grundwissen. Eine Einführung mit Übungen, Aufgaben und Lösungen. Stuttgart (Ulmer).

Zmarlsly, E., W. Kuttler u. H. Pethe 2002[2]: Meteorologisch-klimatologisches Grundwissen. Eine Einführung mit Übungen, Aufgaben und Lösungen. Stuttgart (Ulmer).

Zöller, L. 1985: Geomorphologische und quartärgeologische Untersuchungen im Hunsrück-Saar-Nahe-Raum. Trier = FdL 225.

Zöller, L. 1995: Würm- und Rißlößstratigraphie und Thermolumineszenz-Datierung in Süddeutschland und angrenzenden Gebieten. Heidelberg (Habil.-Schrift, unveröffentlicht).

Zöller, L. u. G. Wagner 2002: Datierungsmethoden. In: Horn et al. (Hg.): Handbuch der Bodenkunde. 13. Erg. Lieferung 5/02, S. 1-26. Landsberg

Zöller, L. u. A. Semmel 2001: 175 years of loess research in Germany – long records and „unconformities". Earth-Science Reviews 54 (Elevier). 19-28.

Zolitschka, B. 1990: Spätquartäre jahreszeitlich geschichtete Seesedimente ausgewählter Eifelmaare. Paläolimnologische Untersuchungen als Beitrag zur spät- und postglazialen Klima- und Besiedlungsgeschichte. München In: Documenta naturae, 60.

Sachregister

n = Seitenzahl **fett** = hauptsächliche Erläuterungen oder Nennung des Begriffes auf Seite n
n = Seitenzahl normal = (zusätzliche) Erwähnung des Begriffes auf Seite n
n°= Erwähnung des Begriffes in Abbildung und/oder in Abbildungserläuterung auf Seite n
n⁺= Erwähnung des Begriffes in Kasten/Tabelle auf Seite n

Geographische Namen (Landschafts-, Ortsnamen, etc.) des Kapitels 14 (Reliefentwicklung in Mitteleuropa) sind nur in Ausnahmefällen in das Sachregister aufgenommen worden.